本书第二版荣获首届全国优秀教材一等奖
“十二五”普通高等教育本科国家级规划教材

畜产品加工学

XUCHANPIN JIAGONGXUE

第三版

周光宏 主编

中国农业出版社
北京

图书在版编目（CIP）数据

畜产品加工学 / 周光宏主编．—3 版．—北京 ：
中国农业出版社，2023.5（2024.12 重印）
“十二五”普通高等教育本科国家级规划教材
ISBN 978-7-109-30694-3

Ⅰ.①畜…　Ⅱ.①周…　Ⅲ.①畜产品—食品加工—高等学校—教材　Ⅳ.①TS251

中国国家版本馆 CIP 数据核字（2023）第 084648 号

中国农业出版社出版
地址：北京市朝阳区麦子店街 18 号楼
邮编：100125
责任编辑：甘敏敏　张柳茵　李　晓
版式设计：王　晨　　责任校对：吴丽婷
印刷：中农印务有限公司
版次：2002 年 1 月第 1 版　　2023 年 5 月第 3 版
印次：2024 年 12 月第 3 版北京第 3 次印刷
发行：新华书店北京发行所
开本：889mm×1194mm　1/16
印张：24.75
字数：732 千字
定价：59.80 元

第三版编写人员

主　编　周光宏

副主编　吴菊清　张兰威　马美湖　徐幸莲
　　　　孔保华　彭增起　李洪军

编　者（按姓氏笔画排序）

丁世杰（南京农业大学）
马美湖（华中农业大学）
王　鹏（南京农业大学）
孔保华（东北农业大学）
包怡红（东北林业大学）
李述刚（合肥工业大学）
李洪军（西南大学）
李　春（东北农业大学）
李春保（南京农业大学）
杨　勇（四川农业大学）
吴菊清（南京农业大学）
迟玉杰（东北农业大学）
张万刚（南京农业大学）
张兰威（中国海洋大学）
陈洪生（东北农业大学）
林　凯（中国海洋大学）
罗　欣（山东农业大学）
周光宏（南京农业大学）
孟　利（黑龙江大学）
赵改名（河南农业大学）
夏秀芳（东北农业大学）
徐幸莲（南京农业大学）
唐长波（南京农业大学）
黄　明（南京农业大学）
黄　群（贵州医科大学）
彭增起（南京农业大学）
蔡朝霞（华中农业大学）

第一版编审人员

主　编　周光宏

副主编　张兰威　李洪军　马美湖

　　　　　孔保华　徐幸莲　彭增起

主　审　骆承庠

副主审　周永昌

编　者（按姓氏笔画排序）

丁　武（西北农林科技大学）
马俪珍（天津农学院）
马美湖（湖南农业大学）
王志耕（安徽农业大学）
孔保华（东北农业大学）
叶劲松（四川农业大学）
刘安军（天津轻工业大学）
刘铁玲（天津农学院）
孙京新（莱阳农学院）
李洪军（西南农业大学）
李增利（华东船舶工业学院职业技术师范学院）
杨　军（内蒙古农业大学）
杨　勇（四川农业大学）
邹晓葵（南京农业大学）
迟玉杰（东北农业大学）
张兰威（东北农业大学）
尚永彪（西南农业大学）
罗　欣（山东农业大学）
岳喜庆（沈阳农业大学）
周光宏（南京农业大学）
胡铁军（中国人民解放军军需大学）
贺银凤（内蒙古农业大学）
徐幸莲（南京农业大学）
宾冬梅（衡阳生物职业技术学院）
彭增起（南京农业大学）
葛长荣（云南农业大学）

第三版前言

《畜产品加工学》自2002年出版以来得到业界广泛好评，被全国200多所高校选用，多次入选国家级规划教材和精品教材，2021年被国家教材委员会评为“全国优秀教材一等奖”。第三版主要修订内容如下：

肉与肉制品篇：根据肉品科学研究进展和我国肉类产业发展状况，本次修订将原来的九章内容整合为肉类生产、屠宰分割、组织化学、食用品质、贮藏保鲜、加工原理、肉品加工七章，每章内容及图表数据都进行了不同程度的更新，并增加了细胞培养肉、肌肉蛋白加工特性等新内容。

乳与乳制品篇：我国乳与乳制品的消费已经实现了由营养品到日常膳食构成的跨越，本次修订增补了乳中重要的功能性成分介绍，更新了原料乳的国家安全质量标准，突出了婴配乳粉原料选择依据，对关键生产设备、重要乳制品配上了直观的视频表达，并增加了再制奶酪、干酪素与乳糖等生产工艺介绍。

蛋与蛋制品篇：“一枚蛋几乎包含了人类成长需要的所有营养成分”，本次修订对蛋品中的蛋白质及脂质的结构与功能进行了更加深入的介绍，增加了蛋品品质与质量分级、蛋壳膜利用及功能成分提取等内容，丰富了腌渍蛋制品、液蛋、干蛋品等加工内容。

畜禽副产物综合利用篇：是指对畜禽血液、骨、内脏、皮毛和蹄等进行综合加工，本次修订进一步突出了血液、骨骼和油脂的深度利用，修订了血红素制备、超氧化物歧化酶提取、软骨黏多糖制取和超细骨粉加工等技术。

本次修订由周光宏、张兰威、马美湖和孔保华分别负责肉与肉制品、乳与乳制品、蛋与蛋制品和畜禽副产品综合利用的编写，周光宏进行全文统稿。吴菊清、唐长波等老师为本次修订做了大量工作，在此一并致谢。

编　者

2022年12月

第一版前言

《畜产品加工学》是经教育部批准的全国高等教育“面向21世纪课程教材”，是食品科学与工程、动物科学本科专业的主干课程教材。

我国第一本《畜产品加工学》教材编于1980年，由中国畜产品加工研究会原会长、东北农业大学骆承庠教授主编。这本教材的问世对我国畜产品加工行业的发展，尤其是对本学科的教学和科研起到了重大作用，然而，本学科在过去的20年得到了迅速发展，涌现出大量的新理论和新技术；此间又正值我国实行改革开放，世界上先进的畜产品加工科学理论和先进技术以及设备的引进，使我国本行业发生了巨大的变化；另外，20年前畜产品加工学是作为畜牧学的一个分支，而现在是作为食品科学与工程学科的一个分支，学科上的调整也带来内容的相应变化。鉴于以上原因，有必要编写一本能反映现代畜产品加工理论和加工技术的教材，以满足大专院校食品科学与工程专业以及相关专业师生、科学研究人员、企业技术人员之需求。

编写分工：

绪论　周光宏

第一篇　肉与肉制品

第一章　周光宏　葛长荣

第二章　周光宏　邹晓葵　丁　武

第三章　周光宏

第四章　刘安军　周光宏

第五章　周光宏

第六章　彭增起　邹晓葵

第七章　徐幸莲　孙京新

第八章　李洪军　尚永彪

第九章　罗　欣　徐幸莲

第二篇　乳与乳制品

第一章　马俪珍

第二章　贺银凤

第三章　贺银凤　张兰威

第四章　张兰威

第五章　张兰威

第六章　刘铁玲　王志耕

第七章　张兰威

第八章　马俪珍　岳喜庆

第九章　张兰威　李增利

第三篇　蛋与蛋制品

第一章　马美湖　宾冬梅

第二章　马美湖

第三章　杨　勇　叶劲松

第四篇　畜禽副产品综合利用

第一章　马美湖　胡铁军

第二章　孔保华　杨　军

第三章　迟玉杰　杨　军

本教材参编人员多，写作风格差异较大，所以进行了多次统稿和审改工作。首先进行了分篇统稿，分工如下：第一篇由彭增起、徐幸莲负责，第二篇由张兰威负责，第三篇由马美湖负责，第四篇由孔保华负责。在此基础上，由周光宏、周永昌、李洪军、张兰威、彭增起和徐幸莲组成编审小组对初稿进行了集中修改，最后由周光宏统稿审定。

尽管作者在编写和统稿过程中尽了很大努力，但可能还会存在一些缺点和错误，恳请读者批评指正。在本书编写过程中，得到了汤晓艳、李春保、高峰、江龙建、赵改名、韩敏义和刘源等的大力支持，在此一并致谢。

编　者

2002 年 2 月

目录

第二篇　乳与乳制品

第三篇 蛋与蛋制品

第四篇　畜禽副产品综合利用

02 第二章 血液、骨骼及油脂的利用/357

03 第三章 脏器及生化制药/371

绪 论

畜产品是指通过畜牧生产获得的产品，如肉、乳、蛋和皮毛等。虽然有些畜产品可以被人们直接利用，但是绝大多数的畜产品必须经过加工处理后方可供利用，或使其利用价值提高。这种对畜产品进行加工处理的过程叫作畜产品加工，而研究畜产品加工的科学理论和工艺技术的学问就是畜产品加工学。

畜产品加工学是一门理、工、农相结合的应用型学科，是食品科学与工程学科的一个分支。它的研究范围很广，凡是以畜禽产品为原料的加工生产都属于其研究范畴，主要有肉品、乳品、蛋品和皮毛等内容。随着科学技术和行业的发展，学科上的分工越来越细，某些畜产品加工学的内容已单独成为一门学科，如毛纺学、制革学等。

随着生产的发展和生活水平的逐步提高，人类对畜产品的加工和利用越来越普遍和多样化，出现了具有各种风土特色的畜产品加工方法和产品。由于人类社会的进一步发展，人们对畜产品的需求不断增加，加工生产的社会化和加工技术的不断改进，逐步形成了现代规模化生产的各种畜产品加工工业，如肉类工业、乳品工业和皮革工业。

我国畜产品加工历史悠久，畜产资源丰富。“肉干”“肉脯”以及“腊肠”的文字记载可追溯到3 000多年前，“奶子酒”的记载可追溯到2 000多年前的汉文帝时期，西汉时期《淮南子》中提到“食肉者勇敢而悍”表述了古代人们对食肉作用的认知，到了北魏末年，杰出的农学家贾思勰所著的《齐民要术》就系统地介绍了当时的肉品和乳品生产工艺。我国畜产品资源十分丰富，由于气候、地理、风俗习惯的不同，各族人民在生产和生活实践过程中创造了多种多样的畜产品加工方法，制成了各种美味的畜产食品和繁多的生产及生活用品。例如，在肉制品方面，金华火腿和宣威火腿，不但历史悠久，而且驰名中外；蛋制品方面，皮蛋、糟蛋都具有我国独特的风味；我国的猪鬃和羽绒，在国际市场上享有盛名。但是，在中国历史上，长期的封建统治使畜产品的加工生产一直处于分散的个体经营和落后的手工操作，并未得到应有的发展。新中国成立后，特别是改革开放以来，随着畜牧业的快速发展，畜产品的产量和质量有了空前的扩大和提高，如我国的肉类和蛋类产量已跃居世界首位，由此也带来我国畜产品加工业的迅猛发展，加工生产的机械化和自动化程度显著提高，产品种类和生产规模日益扩大，涌现出一大批现代化畜产品加工企业，畜产品加工的科学研究和人才培养也方兴未艾。

为了适应本学科教学需求，以及科研和产业的需要，中国畜产品加工研究会组织全国本行业专家编写了这本反映现代畜产品加工科学理论和加工技术的教材——《畜产品加工学》。本教材分为四篇，分别为：肉与肉制品、乳与乳制品、蛋与蛋制品和畜禽副产品综合利用。

第一篇　肉与肉制品：由肉类生产、肉品质量和肉品加工与贮藏三部分组成。肉类生产部分讲述了动物的生长发育规律、畜禽品种及其产肉性能、细胞培养肉生产技术、畜禽的屠宰分割工艺和卫生检验要求；肉品质量部分介绍了肉的组织结构和基本性质、肌肉收缩及宰后变化、肉的食用品质及其评定；肉品加工与贮藏部分的内容包括肉的贮藏及质量控制、肉品加工原理及设备、肉制品加工工艺和配方。

第二篇　乳与乳制品：由乳的生产与质量控制、乳品加工两部分组成。第一部分介绍了乳的化学组成和性质、原料乳的卫生质量及控制；第二部分讲解了乳制品加工常见的单元操作与设备，消毒乳、酸乳及乳酸菌饮料、炼乳、乳粉、奶油以及乳品冷饮与其他乳制品的加工。

第三篇　蛋与蛋制品：由禽蛋的基础理论与蛋品加工两部分组成。第一部分介绍了禽蛋的结构与品质、理化成分与特性等内容；第二部分讲述了蛋的贮藏保鲜与洁蛋生产，盐渍蛋制品、液蛋与干蛋品、休闲蛋制品的加工，以及蛋功能成分提取与利用、禽蛋副产物加工利用等。

第四篇　畜禽副产品综合利用：概略地介绍了除肉、乳、蛋以外的畜产品的加工和利用，重点讲解皮革、羽绒和肠衣的加工以及骨髓、脏器、油脂和血液的综合利用。

01

第一篇　肉与肉制品

广义地讲，凡作为人类食物的动物体组织均可称为“肉”。然而，现代人类消费的肉主要来自家畜、家禽和水产动物，如猪、马、牛、羊、鸡、鸭、鹅和鱼、虾等。狭义地讲，肉指动物的肌肉组织和脂肪组织以及附着于其中的结缔组织、微量的神经和血管。因为肌肉组织是肉的主体，它的特性支配着肉的食用品质和加工性能，因而肉品研究的主要对象是肌肉组织。

肉也有许多约定俗成的名称，如“瘦肉”或“精肉”（lean meat）指剥去脂肪的肌肉，“肥肉”（fat meat）主要指脂肪组织。我国将家畜屠宰后的胴体称为“白条肉”（carcass meat），将内脏称为“下水”（gut）；鸡、鸭、鹅等禽类的肉称为“禽肉”（poultry meat）；野生动物的肉又可称为“野味”（game meat）。

在肉品生产中，把刚宰后不久的肉称为“鲜肉”（fresh meat）；经过一段时间的冷处理，使肉保持低温而不冻结的肉称为“冷却肉”（chilled meat）；经低温冻结后的肉则称为“冷冻肉”（frozen meat）；按不同部位分割包装的肉称为“分割肉”（cut meat）；剔去骨头的肉称“剔骨肉”（boneless meat）；将肉经过进一步的加工处理生产出来的产品称为“肉制品”（meat product）。

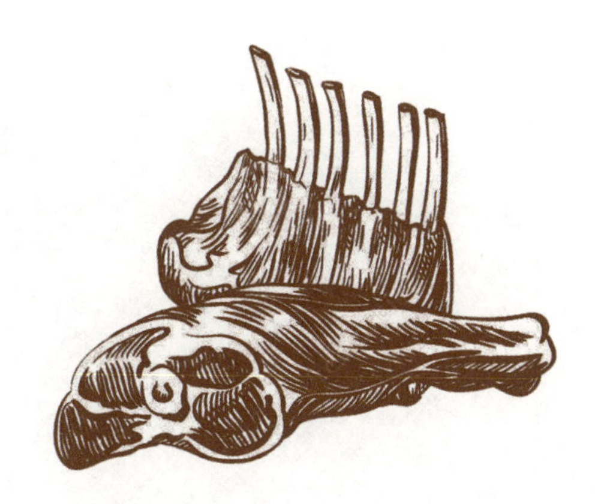

肉类生产

本章学习目标 理解动物及其组织的生长发育规律；了解主要肉用畜禽品种及其产肉性能。

第一节 动物及其组织的生长发育

肉类的生产实际上是来自动物肌肉等组织的生长发育，所以有必要了解动物生长发育的基本概念和与肉类生产关系密切的基本规律。

一、生长发育概述

（一）概念

早在20世纪40年代，现代畜牧科学创始人之一汉蒙（Hammond）教授就对动物生长发育做了精辟的分析，将其归纳为两种过程：一种是由受精卵分化出不同的组织器官，从而产生不同的体态结构与机能，这个过程叫发育；另一种是由于同类细胞的增生或体积增大，从而使个体由小变大、体重增加，这个过程叫生长。

（二）生长发育指标

动物生长发育过程中的生长速度和强度变化可以通过累积生长、绝对生长和相对生长三个指标来衡量和描述。

1. 累积生长 是指动物被测定以前生长发育的累积结果。动物的累积生长曲线呈现典型的S形（图1-1-1）。

2. 绝对生长 是指在一定时间内某一指标的净增长量，显示某个时期动物生长发育的绝对速度。绝对生长速度一般用G表示，其计算公式如下：

$$G=\frac{W_1-W_0}{t_1-t_0}$$

式中 W_0——始重；

W_1——末重；

t_0——起始时间；

t_1——测定时间。

3. 相对生长 绝对生长只反映生长速度，并没有反映生长强度。而相对生长则表示生长发育

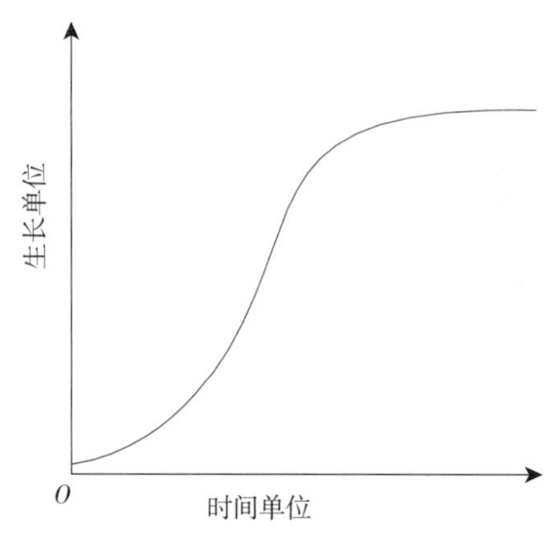

图 1-1-1　动物生长的典型曲线

的强度。相对生长是指某一时间内绝对增长量占基础生长的百分比，用 R 表示，其计算公式如下：

$$R=\frac{W_1-W_0}{\frac{1}{2}(W_1+W_0)}\times100\%$$

（三）产肉性能指标

1. 增重　一般用日增重表示，指断奶至屠宰时饲养期的平均每日增重量，是产肉力的一项重要指标。日增重还可按生长阶段分别计算和比较。

2. 料重比　单位增重的饲料消耗量。料重比越小，饲料转换效率越高。

3. 屠宰率　指胴体占宰前空腹重的百分比。猪的屠宰率一般为 75%左右，肉牛在 60%左右，家禽在 75%左右。

4. 瘦肉率　指瘦肉（肌肉）占胴体的百分比，是反映产肉力和胴体品质的重要指标。我国地方猪种瘦肉率一般在 40%～50%，而良种瘦肉型猪在 60%以上，杂交商品猪在 55%左右。

二、个体生长发育

肉类生产是畜禽生长发育的结果，主要是指肌肉和脂肪在体躯内的增加和积累。畜禽的绝对生长和相对生长是不均衡的，但是有一定规律，了解这些规律可更有效地进行肉类生产。

1. 体重增长速度的变化　各种体组织的生长综合反映为体重的增长。在正常情况下，增重速度主要受生长阶段的影响，日增重随体重增长而增大，在青年期达到高峰，一般成年后绝对增重很少。从体重生长的强度变化分析，可以发现，年龄越小，生长强度越高，胚胎期比生后期生长强度大，幼年期比成年期生长强度大。例如，猪的受精卵只有 0.4mg，初生重为 1kg 左右，由受精卵到出生的重量增长 $2^{21.20}$ 倍。

2. 体躯各部位生长发育的变化　畜禽在生后的发育过程中，整个体型及各部位的比例都会发生变化，这种变化主要是由身体各部分的组织生长速度不同而引起的，各部分生长速度的变化也有一定的顺序。动物生长发育主要有两个生长波：第一个生长波起始于头向躯干扩散；第二个生长波起始于四肢末端并向上扩散，两波相汇于腰部最后肋骨处，此处也是生长发育最迟的部位。所以动物初生时头和四肢发育快，躯干较短而浅，然后体高和体长同时增加，二者有规律地更替，其后是体躯深度和宽度增加。至性成熟前，后躯的臀部生长很快，腰部是体躯中最后成熟的部位。臀部和腰部是畜体肌肉附着数量最大和质量最佳的体躯部位。

3. 体组织成分的变化　体组织成分主要指畜体的骨骼、皮肤、肌肉和脂肪四种成分。据不同 6

月龄畜禽屠宰测定表明，这四种主要成分的生长速度是有差别的。骨骼发育最早也是最先生长变缓的组织，皮肤和肌肉无论在胚胎期或生后期，生长强度都占优势，但在成年后生长变缓。与骨骼相反，脂肪组织发育最晚，也是生长变缓最迟的组织。脂肪组织在生长后期才加快生长。脂肪沉积的部位也随年龄不同而有区别，脂肪先贮存在内脏器官附近，其次在肌肉之间，继而在皮下，最后贮积于肌肉纤维中，形成大理石状花纹。所以，早熟家畜肉质细嫩，老龄牛、羊若经过肥育，使肌肉内有一定数量的脂肪沉积，也可增加其肉质的嫩度。不同年龄牛体组织比例的变化见图1-1-2。

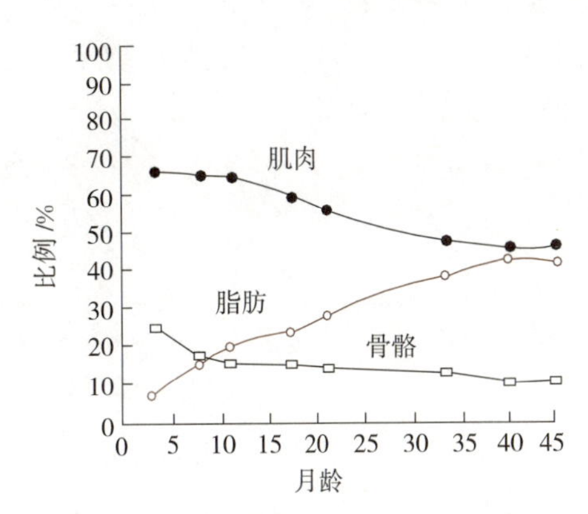

图1-1-2 牛体在生长中肌肉、脂肪和骨骼的比例变化

4. 畜体化学成分的变化 畜体化学成分是指蛋白质、脂肪、矿物质和水分等，它们在畜体内的含量也随年龄不同而变化。生长前期，体内水分含量最高，脂肪沉积量很少，随着年龄的增加，肌肉生长加快，体内蛋白质沉积量增加，越到生长后期，脂肪组织生长越快，机体水分含量明显减少。在肥育后期，畜体内有大量脂肪沉积的情况下，体组织内的蛋白质、矿物质含量将进一步减少，能量水平增加。不同阶段猪体的化学成分比例见表1-1-1。

表1-1-1 不同阶段猪体的化学成分比例（%）

天数或重量	水分	脂肪	蛋白质	灰分
初生	77.95	2.45	16.25	4.06
25d	70.67	9.74	16.56	3.06
45kg	66.76	16.16	14.94	3.12
68kg	56.07	29.08	14.03	2.85
90kg	53.99	28.54	14.48	2.66
116kg	51.28	32.14	13.37	2.75
136kg	42.48	42.64	11.63	2.06

三、组织生长发育

1. 肌肉 肌肉通常分为骨骼肌、平滑肌和心肌三种类型，其中骨骼肌占比最多，其形成如图1-1-3所示。受精卵经桑椹期和囊胚期，发育形成内胚层、外胚层和中胚层结构，一部分中胚层细胞分化形成体节及肌节，肌节细胞很快分化为成肌祖细胞并发育成为肌管，经过进一步生长发育形成动物的骨骼肌。肌肉的增长主要是由于肌细胞内肌原纤维的增生，与此同时，细胞核数目和肌内微血管也在连续增加，后者保证了肌肉的血液供应。肌肉干细胞可以增殖分化形成新的肌纤维，有利于肌肉组织损伤的修复。

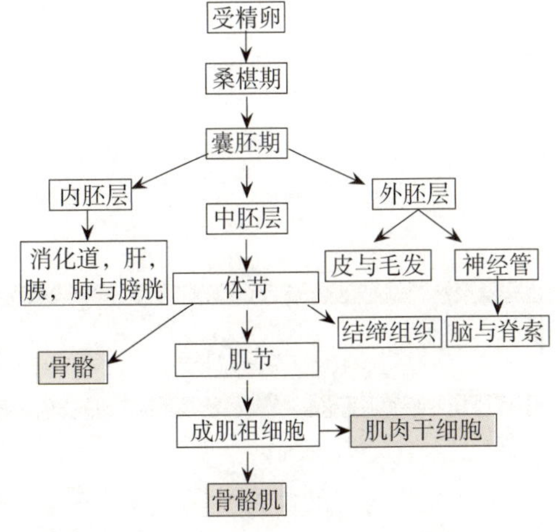

图1-1-3 肌肉及其他组织器官的形成

2. 脂肪 广泛分布于动物器官周围、皮下、肌肉间及肌肉内，其主要功能是贮存能量。脂肪细胞是在富有微血管和成纤维细胞的疏松结缔组织中生成，通过脂肪酸合成和脂质积累（脂肪滴）逐步形成脂肪组织。脂肪在动物组织中变量最大，以猪为例，仔猪的

总脂肪含量为2%～3%，成年猪可达到25%～40%。脂肪可细分为白色脂肪、棕色脂肪和米色脂肪，其发育见图1-1-4，随着动物年龄的增长，动物体的棕色和米色脂肪组织越来越少，而白色脂肪组织会逐渐增加。

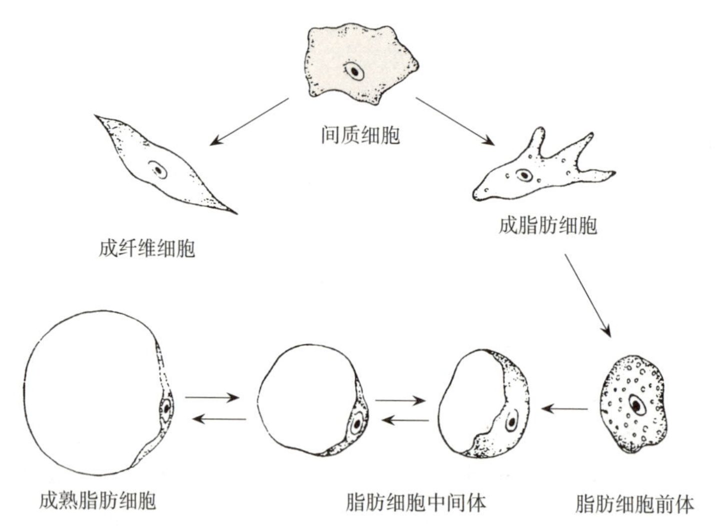

图1-1-4　脂肪组织的发育

3. 骨骼　动物的骨骼不论在胚胎期，还是生后均由结缔组织分化而成。具体是由成骨细胞、成纤维细胞和成软骨细胞直接或间接转化而来。形成途径一般分两类，一类是通过软骨转化，另一类直接由结缔组织转化。前者是由于软骨内骨化，使软骨转化为骨骼，如肋骨；后者是由于结缔组织基质层的骨化直接将结缔组织转化为骨骼，如头颅骨，骨骼的变厚也属于此类，是由骨膜（结缔组织）的骨化而致。负责骨形成的祖细胞主要是成骨细胞，而负责骨分解吸收的祖细胞主要是破骨细胞，两者的动态平衡可以确保骨骼质量的一致性。骨骼的生长和骨质化过程见图1-1-5。

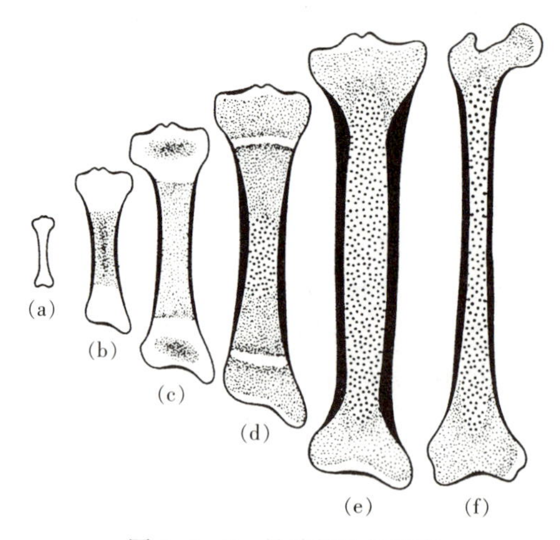

图1-1-5　骨骼的生长发育

第二节　畜禽品种及其产肉性能

用于人类食肉的动物种类很多，有家养动物，亦有野生动物。自从动物驯化圈养以来，家养动物，也就是家畜、家禽，或统称为畜禽，逐渐成为人类肉食品的主要来源。当今，用来生产肉类的畜禽主要是兼用型品种和专门化的肉用型品种，后者如肉牛、瘦肉型猪和肉用型家禽等，是根据人们的需要，以提高产肉效率为目标定向培育而成。

一、猪

猪历来是我国肉食品的主要来源，至 20 世纪 70 年代，猪肉占到我国肉类总量的 95%，虽然现在比例有所下降，但仍为我国最主要的肉用动物。我国是世界上第一养猪和猪肉生产大国，存栏猪超过 4 亿头，几乎占全世界的一半。虽然猪的用途近年来有所扩大，如作为实验动物、宠物和提炼生化药物等，但其最主要的用途仍然是产肉。

（一）中国猪种

中国是猪种资源最丰富的国家，尤其是地方品种，依各地气候条件、地形地貌、农作制度、经济条件等的差异形成了 6 大类型 48 个品种。利用地方品种与国外引进的品种又培育了 30 多个培育品种（品系）。

1. 地方猪种 中国地方猪种具有肉质好、耐粗饲、繁殖率高的优点，但也存在生长速度慢、瘦肉率低的缺点，以下介绍几个代表性品种。

（1）民猪 产于中国的东北与华北地区，主要分布在东北三省，被毛黑色，属华北型猪种，肥育猪 8 月龄体重可达 90kg。60kg 和 90kg 体重屠宰时，胴体瘦肉率分别为 53.29%和 46.13%。民猪腹内脂肪生长强度大，体重 90kg 时，板油重 2.83kg，占胴体重的 4.46%。

（2）金华猪 产于浙江省金华地区。毛色黑白相间，头尾黑色，又称“两头乌”，属华中型猪。该品种皮薄骨细，早熟易肥，肉质优良，适于腌制火腿，金华火腿由此得名。金华猪 70kg 时的屠宰率为 72.12%，胴体瘦肉率为 43.14%。

（3）太湖猪 产于江苏、浙江和上海交界的太湖流域。该品种被毛黑色或青灰色，以繁殖性能高而闻名世界，其中的梅山猪已被美国、法国、英国等多个国家引进。太湖猪 75kg 体重屠宰时，屠宰率为 69.43%，胴体瘦肉率为 45.08%。太湖猪肉质好，皮厚且胶质多，特别适合于蹄髈的加工。

（4）乌金猪 产于云南、贵州、四川省接壤的乌蒙山和大、小凉山地区。毛色为黑色或棕褐色，属西南型猪。90kg 的猪屠宰率为 71.8%，胴体瘦肉率为 46.25%。乌金猪后腿肌肉发达，肉质坚实，是加工火腿的上等原料，由其加工的“云腿”与金华火腿齐名。

2. 培育猪种

（1）三江白猪 以长白猪和东北民猪为亲本，经 6 个世代定向选育 10 余年而成，是我国培育出的第一个瘦肉型品种。三江白猪在 20～90kg 期间日增重 600g，90kg 屠宰时胴体瘦肉率为 56%。

（2）湖北白猪 是采用地方良种与长白猪和大约克夏猪进行三元杂交组建基础群，并开展多世代闭锁繁育而成的瘦肉型新品种。20～90kg 期间肉猪日增重 560～620g，胴体瘦肉率为 58%。

（3）苏太猪 由杜洛克猪和太湖猪为亲本经杂交选育而成。苏太猪繁育性能高，平均产仔数 14.45 头，180d 体重可达 90kg，屠宰率和胴体瘦肉率分别为 72%和 55%左右。

（二）世界猪种

世界猪种以大白猪和长白猪在各国分布最广，其次为杜洛克、汉普夏等瘦肉型猪种，各国多以这些猪种直接用于生产商品猪或用以培育本国专门化品系。现介绍几个著名猪种。

1. 大约克夏猪（Large Yorkshire） 又称大白猪（Large White），产于英国，原分为大、中、小三型，小型为脂肪型，中型为肉脂兼用型，大型为瘦肉型。目前大约克夏猪是世界上数量最多、分布最广的猪种。胴体瘦肉率为65%。大白猪具有强抗应激能力，发生PSE肉（一种由应激引起的劣质肉）的频率亦很低。

2. 长白猪（Landrace）　产于丹麦，是世界最著名的瘦肉型品种。许多国家从丹麦引进长白猪后，结合本国的自然条件和经济条件，育成本国的猪种，如法国、美国、荷兰和加拿大等国都有各自的长白猪。长白猪增重快，瘦肉率高，胴体瘦肉率大于65%。长白猪易发生应激，各国长白猪抗应激能力不同，其中丹麦长白猪抗应激能力较强，而比利时长白猪易发生应激。

3. 杜洛克猪（Duroc）　产于美国，原为脂肪型猪种，20世纪50年代开始转型，逐渐成为瘦肉型猪种。杜洛克猪毛色为红棕色，屠宰率74%，胴体瘦肉率63%。杜洛克猪的肉质好，抗应激能力强，未发现PSE肉发生。

4. 皮特兰猪（Pietrain）　皮特兰猪属肉用型品种，产于比利时，该猪体躯短宽，后驱和双肩肌肉丰满。毛色从灰色到栗色或间有红色，呈大片黑白花。屠宰率73%，胴体瘦肉率可达70%。

（三）杂交商品猪

杂交商品猪是现代肉猪生产的主要形式。杂交猪一般为二元杂交或三元杂交。二元杂交一般用引进品种为父本，当地猪为母本，如长白猪和太湖猪杂交产生的商品代简称“长太”。三元杂交一般用二元杂交后代做母本，再与一引进品种（父本）杂交来产生三元杂交商品代。由于杂交优势原因，商品代猪具有生长快、瘦肉率高和肉质好的特点。

二、牛

牛的用途较为广泛，以产奶为主的称为“乳牛”，以役用为主的称为“耕牛”或“役用牛”，以产肉为主的称为“肉牛”。兼用两种生产性能以上的称为“兼用型牛”，如乳肉兼用、肉乳兼用、乳役兼用和役肉兼用等。

改革开放前，牛在农区主要为役用，只有老牛和残牛才能屠宰以生产牛肉，没有专门肉牛品种，也没有肉牛产业。20世纪80年代以来，随着农村经济的发展，大量役用牛转为役肉兼用或肉用。近年来依靠黄牛改良、提高牛肉产量和出栏率，并随着肥育技术和现代屠宰工艺的应用，肉牛生产已成为一个新兴的产业。

（一）世界肉牛品种

1. 海福特牛（Hereford）　产于英格兰，是英国古老的肉牛品种之一。海福特牛体格较小，肌肉发达，身体为红色，头、四肢下部等部位为白色。成年公牛体重900～1 000kg，母牛520～620kg。海福特牛一般屠宰率为60%～65%，净肉率为60%。脂肪主要沉积在内脏，皮下结缔组织和肌肉间脂肪较少，肉质细嫩多汁，风味好。

2. 夏洛来牛（Charolais）　产于法国，体型大，全身肌肉发达。毛色白色或浅奶油色。成年公母牛体重分别为1 100～1 200kg和700～800kg。在良好饲养管理条件下，3岁阉牛活重可达830kg，屠宰率为67.1%。

3. 西门塔尔牛（Simmental）　产于瑞士西部及法国、德国和奥地利等国的阿尔卑斯山区，分肉乳兼用和乳肉兼用类型。全身被毛为黄白花或淡红白花，成年公母牛体重分别为1 000～1 100kg和700～750kg。西门塔尔牛易育肥，在放牧育肥或舍饲育肥时平均日增重800～1 000g，15岁时体重达440～480kg。公牛肥育后屠宰率为65%左右。

4. 和牛（Wagyu）　产于日本，成年公牛体重800kg，母牛500kg。和牛以其优良的肉质闻名于世，尤其是肌间脂肪（大理石花纹）非常丰富，犹如雪花镶嵌其中，“雪花牛肉”即由此而来。

（二）中国牛种

我国至今尚没有专门化的肉牛品种，但我国有近亿头黄牛，而这些牛现在大都向役肉兼用、肉役兼用和专门肉用的方向发展，大量的试验和生产实践表明黄牛具有很好的肉用性能，是我国肉牛产业的品种基础。另外，我国还有大量的水牛和牦牛也可作为役肉兼用牛。

1. 黄牛 黄牛是中国对牦牛和水牛以外的所有家牛的惯称。我国现有28个品种，分布于全国各地，其中，秦川牛、南阳牛、鲁西牛、晋南牛、延边牛和蒙古牛这六大地方品种分布最广、数量最多。这当中前四种的屠宰率在50%～55%，是我国生产优质牛肉的主要当地品种。

（1）秦川牛 产于陕西省关中地区。属大型役肉兼用品种。秦川牛体型高大，骨骼粗壮，肌肉丰满，体质强健。毛色多为紫红色或红色。成年公母牛体重分别为600kg和400kg，阉牛近500kg。

（2）南阳牛 产于河南省西南部的南阳地区。属大型役肉兼用品种。南阳牛体型高大，骨骼结实，肌肉发达，背腰宽广，皮薄毛细。毛色有黄、红、草白三种，以深浅不等的黄色为最多。成年公母牛体重分别为650kg和410kg。

（3）鲁西牛 产于山东省西部、黄河以南、运河以西一带，属役肉兼用品种。鲁西牛有肩峰。被毛从棕红到淡黄色都有，以黄色最多。成年公母牛体重分别为450kg和350kg。

2. 水牛 在我国凡有水田的亚热带地区大都养有水牛。有上海水牛、湖北水牛、四川涪陵水牛等品种。水牛成熟较晚，一般要到6岁，体重在500kg左右。

3. 牦牛 产于西南、西北地区，是海拔3 000～5 000m高山草原上的特有牛种，有九龙牦牛、青海高原牦牛、天祝白牦牛、麦洼牦牛、西藏高山牦牛等品种。牦牛多为乳、肉、毛、皮、役兼用种。因海拔高氧气少，肌肉内贮氧的肌红蛋白含量高，故其肉色呈深红色。

三、羊

羊可分为绵羊和山羊两大类型，绵羊大多以产毛为主，有细毛羊、粗毛羊、半细毛羊等，还有一些产肉、羔皮和裘皮的绵羊；山羊用途较为多样，以产乳为主的称为“乳山羊”，产肉为主的称为“肉山羊”，产绒毛为主的称为“绒山羊”，另外，还有“毛用山羊”和“裘皮山羊”。以下主要介绍一些绵羊和山羊品种及其产肉性能。

（一）绵羊

1. 中国绵羊品种

（1）乌珠穆沁羊 产于内蒙古的乌珠穆沁草原，属肉脂兼用短尾粗毛羊。在全年放牧条件下，成年羊（阉羊）秋季宰前体重平均60kg，胴体重32kg，屠宰率53.5%。

（2）阿勒泰羊 产于新疆，属肉脂兼用粗毛羊品种。尾椎周围脂肪大量沉积而形成“臀脂”，毛色以棕红色为主。在放牧条件下，3～4岁羊秋季平均宰前体重74.7kg，胴体重39.5kg，屠宰率52.88%，臀脂重7.1kg，占胴体重的17.97%。羔羊具有良好的早熟性，生长发育快，产肉脂能力强，适于做肥羔生产。

（3）大尾寒羊 产于河北、山东及河南一带，毛色大部为白色。大尾寒羊具有屠宰率和净肉率高、尾脂肪多的特点，脂尾出油率可达80%。

（4）小尾寒羊 产于河北、河南、山东及皖北、苏北一带，是肉裘兼用品种。毛色为白色，少数羊眼圈周围有黑色刺毛。小尾寒羊生长发育快，产肉性能高，经测定，周岁公羊体重平均72.8kg，胴体重40.48kg，屠宰率55.6%。

2. 世界绵羊品种

（1）道莫尔羊　产于澳大利亚新南威尔斯州。具有早熟和生长发育快的特点。5～6 月龄屠宰，胴体 17～22kg，体表脂肪少，瘦肉多。

（2）考力代羊　产于新西兰，属毛肉兼用半细毛羊。胸宽深，背腰平直，体躯呈圆桶状，肌肉丰满，产肉性较好。据测定，成年公羊宰前活重 66.5kg，屠宰率 51.8%；成年母羊相应为 60.0kg 和 52.2%。

（二）山羊

我国山羊品种主要有太行山羊、黄淮山羊、陕西白山羊、马头山羊、成都麻羊和雷州山羊等，其共同特点为适应性强、肉质细嫩，但体型较小、出肉率低。

世界上最著名的肉用山羊为产于南非的波尔山羊。现已分布于世界各地，我国也已引进。波尔山羊后躯发育好，肌肉多，毛色为白色，头部红色并存有一条白色毛带。羊肉脂肪含量适中，胴体品质好。

四、家禽

家禽体格小，维持生命活动需要的能量少，与猪、牛、羊等家畜比较，生产单位产品所需饲料少，饲料转化效率高。另外，家禽空间占有率小，适宜于集约化饲养，加上其品种培育成本低、饲养周期短的优势，使得家禽业成为畜牧业中发展最快的一个产业。禽肉在美国已超过牛肉，成为第一大肉类。2021 年，我国禽肉、牛肉和猪肉分别占肉类总产量的 27.1%、10.1%、56.1%。禽肉产量从 1996 年起位居第二位。下面将介绍有关肉用禽类的品种及其产肉性能。

（一）鸡

1. 中国品种　中国鸡种大多属兼用型，有的偏于产蛋，有的偏于产肉，下面主要介绍偏于产肉的鸡种。

（1）北京油鸡　原产北京城近郊一带，具有“三羽”（凤头——羽、毛腿——胫羽和胡子嘴——髯羽）特征。其中，黄羽油鸡体型略大，赤褐色油鸡体型较小。北京油鸡生长较为缓慢但肉质细嫩，肉味鲜美，适于多种烹调方法。

（2）武定鸡　产于云南省楚雄彝族自治州。武定鸡体型高大，公鸡羽毛多为赤红色，母鸡的翼羽和尾羽为黑色，武定鸡产肉性能好，屠宰率高。

（3）清远麻鸡　产于广东省清远市。以体型小、皮下和肌间脂肪发达、皮薄骨软而著名。清远麻鸡体型特征可概括为“一楔二细三麻身”，指体型像楔形，前躯紧凑，后躯圆大；头细、脚细；背羽面有麻黄、麻棕、麻褐三色。

（4）丝羽乌骨鸡　产于江西省泰和县和闽南沿海地区。丝羽乌骨鸡是中药“乌鸡白凤丸”的主要原料，亦是一种滋补品。丝羽乌骨鸡体型小、头大、颈短、脚矮，结构细致紧凑，体态小巧轻盈，全身具有白色丝状柔软的羽毛。全身皮肤以及眼、脸、喙、胫、趾均呈乌色；肌肉略带乌色，内脏膜及腹脂膜为乌色，骨质暗乌，骨膜深黑色。乌骨鸡肉质细嫩，配中药清炖烹调，味鲜幽香。

2. 世界品种

（1）艾维茵肉鸡　是由美国艾维茵国际禽场有限公司培育的白羽肉用鸡种。艾维茵父系增重快，成活率高，母系产蛋量高。7 周龄时平均体重和料重比分别为 2 287g 和 1.97。

（2）爱拔益加肉鸡　是由美国爱拔益加育种公司（AA 公司）培育而成的四系配套白羽肉鸡，又称 AA 肉鸡。AA 肉鸡适应性和抗病力强，生长快，耗料少，屠体美观，肉嫩味美。7 周龄商品代肉仔鸡平均活重 1 987g，料重比 1.92，屠宰率 81%～84%。

（3）罗曼鸡　是由德国罗曼公司培育的白羽肉用鸡种。罗曼肉用仔鸡生长快，饲料转化率高，7周龄时平均体重和料重比分别为2 000g和2.05。

（4）明星鸡　是由法国伊莎育种公司培育的五系配套白羽肉用鸡种，又称伊莎弗迪特肉鸡。由于育种过程中引入了矮小基因，故其体型小、耗料少，成年体型比传统肉鸡小30%左右，饲料消耗降低近20%。肉用仔鸡7周龄体重达1 950g，料重比1.95。肉鸡胸肉多、脂肪低、皮薄、骨细。

（二）鸭

1. 中国品种

（1）北京鸭　产于北京，是世界著名的肉用型品种。体型硕大丰满，全身羽毛洁白，成年公鸭体重4kg，母鸭3～3.5kg。北京鸭生长快，易肥育，肉质好。填肥后的鸭，肉脂分布均匀，皮下脂肪厚，适宜烤制，著名的“北京烤鸭”即以该品种为原料。

（2）高邮鸭　产于江苏省高邮市、宝应县等地。是大型麻鸭品种，属肉蛋兼用型。成年体重2.5kg，年产蛋150枚。

2. 世界品种

（1）樱桃谷鸭　是由英国林肯郡樱桃谷农场培育的鸭种，为世界著名的肉用型品种。樱桃谷鸭全身羽毛洁白，成年公鸭体重4～4.5kg，母鸭3.5～4kg。7周龄时体重可达3.3kg，料重比2.6，屠宰率72.55%。

（2）狄高鸭　是由澳大利亚狄高育种公司培育的配套系肉鸭。狄高鸭体型大，胸部肌肉丰满，全身羽毛洁白。成年体重3.5kg左右，7周龄时体重可达3kg。

（三）鹅

1. 中国鹅种

（1）狮头鹅　产于广东省，是世界著名的大型鹅种。狮头鹅头部前额肉瘤发达，向前突出，酷似狮子，故得此名。成年公鹅体重10～12kg，母鹅9～10kg。

（2）中国鹅　分布在东亚大陆，以耐粗饲、适应性广、产蛋多而著称，成年公母鹅体重分别为5～6kg和4～5kg。

2. 世界鹅种

（1）莱茵鹅　产于德国莱茵州，是世界著名鹅种。体型中等偏小，成年鹅全身羽毛洁白。成年公鹅5～6kg，母鹅4.5～5kg。莱茵鹅生长快，仔鹅8周龄时活重达4.2～4.3kg，料重比2.5～3.0。

（2）朗德鹅　产于法国，是世界上最著名的生产肥肝的专用品种。成年公鹅体重7～8kg，母鹅6～7kg。朗德鹅产肝性能好，经填饲，其体重可达10～11kg，肥肝重达700～800g。

（四）其他禽类

1. 火鸡

（1）青铜火鸡　原产于美洲，是世界分布最广的品种。青铜火鸡个体硕大，生长迅速，有较强的耐寒力和抗病力。成年公火鸡体重16kg，母火鸡9kg。

（2）贝蒂纳火鸡　是由法国贝蒂纳火鸡育种公司培育的小型火鸡配套系。适应性强，可舍饲，亦可放牧。成年公火鸡体重7.5kg，母火鸡4.5kg。

2. 肉鸽

（1）石岐鸽　产于广东省中山市石岐一带，是利用中国鸽为母本与引进的鸾鸽、卡奴鸽、王鸽等经多元杂交培育的肉用鸽。石岐鸽耐粗饲易养，生长快，公鸽的最大体重可达900g，母鸽最大体重达750g，乳鸽达600g。

（2）王鸽　产于美国新泽西州。用多品种杂交培育而成，是著名的大型肉鸽，体重 1 000g 左右，是专门生产乳鸽的肉用品种，年产仔鸽 7～8 对。仔鸽 22～25 日龄体重 500～700g。

3. 鹌鹑　鹌鹑原为一种野生鸟类，分布很广，经驯化和人工选育成为人工饲养的经济禽类，约有 20 个品种。

（1）法国巨型肉用鹌鹑　是由法国法迪克公司培育的品种。体型大，生长快，6 周龄体重可达 240g，肉用仔鹌鹑 45 日龄屠宰，活重约 270g。

（2）美国法拉安肉用鹌鹑　是美国培育的品种。成年体重 300g 左右。经肥育后的仔鹌鹑 35 日龄体重可达 250～300g，生长速度快，屠宰率高，肉质好。

4. 珍珠鸡　珍珠鸡原产非洲西部，由野生驯化而成，世界许多品种、品系均由此培育而成。珍珠鸡肉质细嫩，味道鲜美，具有浓厚的野禽风味，瘦肉多，蛋白质含量高，脂肪含量低，具有特殊的滋补作用。

5. 鹧鸪　鹧鸪原为一种野鸟，散居世界各地，有 7 个品种，其中驯养最著名的一种，为石鸡鹧鸪，经美国选育称为美国鹧鸪或印度鹧鸪或石鸡。公鹧鸪成年体重 600～800g，母鹧鸪 500～600g。

6. 鸵鸟　产于非洲，体型硕大，成年体重可达 180kg，生长速度快，日增重可达 500g，是一种新型的肉用动物。鸵鸟肉色深红，与肉牛相似，具有高蛋白、低脂肪的特点。

五、其他肉用动物

（一）肉兔

兔肉脂肪含量少、营养丰富、肉质细嫩、易于消化吸收，已愈来愈被重视。肉兔品种很多，现介绍几个著名品种。

1. 中国家兔　又称中国菜兔，分布于全国各地。毛色以白色居多，早熟，繁殖力高，抗病力强，耐粗饲。成年公兔体重 1.8～2kg，母兔 2.2～2.3kg。中国家兔生长缓慢，产肉能力低，屠宰率 45%左右。但肉质鲜嫩味美，适宜制作缠丝兔等传统肉类食品。

2. 哈尔滨白兔　是中国农业科学院培育的大型肉用品种。全身被毛纯白色，成年体重 6kg 以上，生长发育快，产肉性能好，屠宰率 53.5%。

3. 加利福尼亚兔　原产于美国加利福尼亚州，是世界著名肉用品种。被毛为白色，耳、鼻端、四肢下部及尾部为黑褐色，有“八点黑”之称。成年公兔体重 3.5～4kg，母兔 3.5～4.5kg。该兔早期生长快，2 月龄时体重可达 1.8～2kg，屠宰率 52%～54%。

（二）驴

驴主要为役用家畜，由于其肉质嫩、味道美，亦成为人们喜食的肉类食品，古代就有“天上龙肉，地下驴肉”之说。

1. 德州驴　产于鲁北平原沿渤海各县，是大型驴种。毛色为黑色，成年体重 260kg 左右。

2. 晋南驴　产于山西省南部的运城、临汾地区，为大型驴种。毛色以黑色为主，有“三白”特征。成年体重 240kg 左右。

（三）骆驼

骆驼是沙漠地带的主要运输工具，以役用为主，但其毛、肉、乳等亦是上好的产品。

1. 河西双峰驼　产于甘肃。有较好的产肉性能，据甘肃农业大学测定，12～14 岁淘汰去势驼，平均体重为 332kg，屠宰率为 46.5%，胴体瘦肉率高达 69.8%，脂肪组织仅占胴体的 33.5%。

2. 新疆双峰驼　产于新疆，成年母驼体重 580kg，公驼 680kg。

第三节　细胞培养肉及仿真肉

随着全球人口的持续上升和肉类消费的快速增长，给地球资源环境带来越来越大的压力，依靠动物养殖来生产肉类存在着资源消耗比较多、温室气体排放量较大和环境污染等问题，同时也有动物福利和人畜共患病等隐患。

进入21世纪以来，以细胞培养肉及仿真肉为代表的新型肉类生产技术研发逐渐兴起。

一、细胞培养肉

细胞培养肉

细胞培养肉是依据肌肉在动物机体里的生长规律，利用体外培养和生物制造方式培养动物细胞而生产的可食用肌肉组织。简言之，是通过养细胞而不是养动物而获得肉类。根据生命周期评估，培养肉可减少约一半的能源消耗，温室气体排放量、土地和水的使用量不到传统肉类生产的20%。2013年荷兰Mark Post教授研发出世界首块培养牛肉汉堡，证明培养肉概念的可行性，2019年南京农业大学培养出中国第一块细胞培养肉，2020年新加坡食品监管部门批准了细胞培养鸡肉上市，目前，全球多个国家正在积极推进细胞培养肉产业化。

细胞培养肉通常先分离制备种子细胞，利用营养液实现种子细胞的大规模扩增，再诱导细胞分化形成肌肉、脂肪等组织，最终利用食品加工技术研制成细胞培养肉产品，细胞培养肉的典型生产方式见图1-1-6。

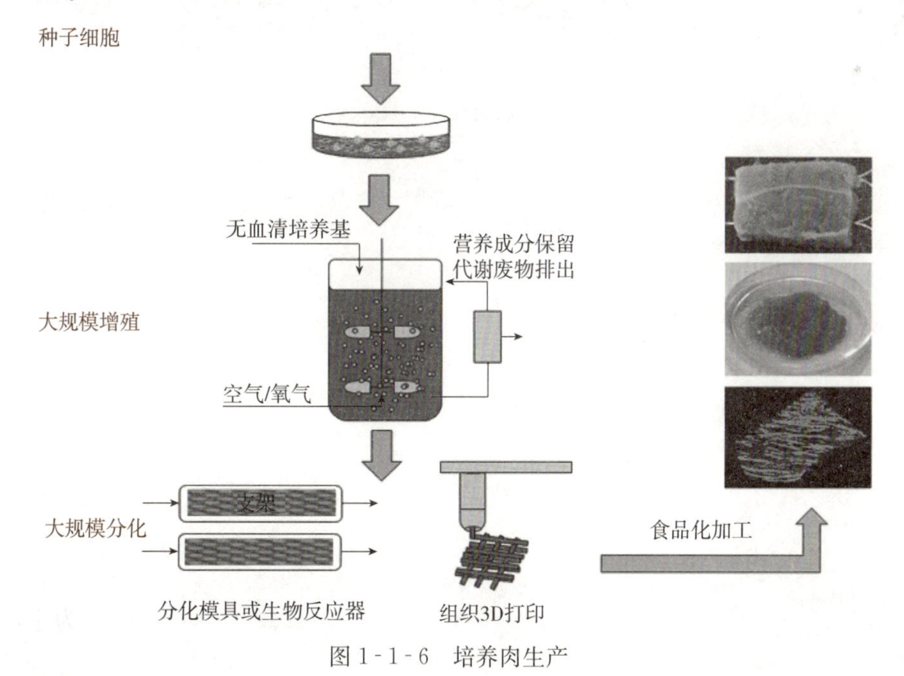

图1-1-6　培养肉生产

二、仿真肉

1. 植物基仿真肉　以植物蛋白为主要原料，通过挤压重塑等手段形成类似于肌肉纤维状的蛋白结构，再添加油脂、色素、黏合剂等非动物来源食品配料，加工制成接近真实动物肉的形态色泽与风味口感的仿肉产品。我国早在公元前965年就已经开展了大豆的相关加工，有数千年历史的素鸡便是典型的仿肉制品。随着科技进步，用拉丝技术和挤压技术使植物蛋白产品从结构、质地和口感更像肌肉，许多植物基仿真肉产品已经出现在市场，其典型生产方式见图 1-1-7。

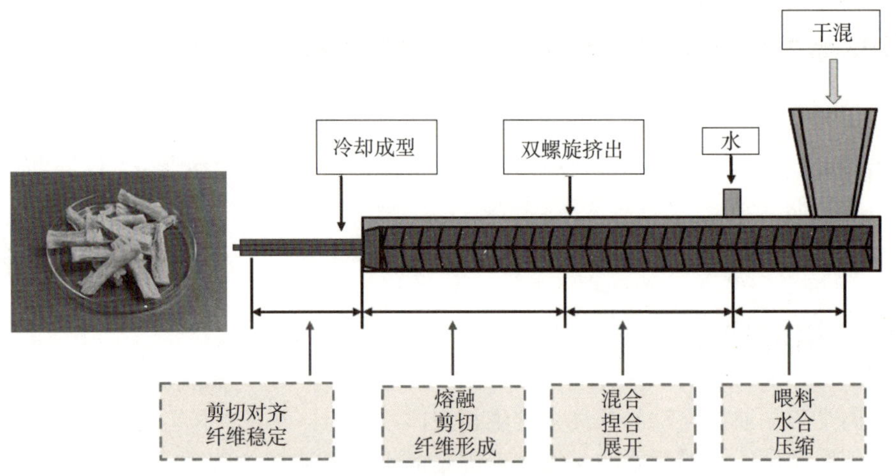

图 1-1-7　植物基仿真肉的生产

2. 微生物基仿真肉　是指通过微生物培养发酵和进一步食品化处理产生与肉类组织近似的产品，典型产品如“阔恩素肉”（quorn），一种丝状真菌仿真肉产品。

由于生命科学和工程技术的不断发展，用动物细胞培养、从植物中提取并重组、利用微生物发酵并加工得到的蛋白食品被称为替代蛋白，替代蛋白技术可以补充或部分替代传统的肉类生产。

思考题

1. 什么是生长发育？
2. 动物生长过程中，肌肉、脂肪和骨骼的比例有什么变化？
3. 世界上主要瘦肉型猪和牛的品种有哪些？
4. 细胞培养肉的技术挑战有哪些？
5. 简述发展细胞培养肉产业的必要性。

CHAPTER 2

第二章 屠宰分割

本章学习目标 认识畜禽屠宰分割及卫生检验的重要性；了解屠宰加工厂的设计、设施及卫生要求；掌握畜禽屠宰、分割、检验、分级的基本要求和工艺操作要点。

第一节 屠宰厂设计及设施要求

屠宰厂的设计要考虑准备生产多少产品，即产能，如何保障产品的质量与安全，控制和屠宰工艺的要求，要符合国家及地方政府相关条例和规范，在水电供应、废水及废弃物处理、异味和噪声控制等方面要特别重视，具体设计与建设可参照《畜禽屠宰与分割车间设计规范》等国家相关标准。

一、设计要求

（一）厂址选择

屠宰厂应建在水源充足、交通方便、无有害气体及其他污染源的地方，应位于居民区的下游和下风向。

（二）工厂布局

车间布局须符合流水作业的要求，按饲养、屠宰、分割、加工、冷藏的顺序合理设置，应避免产品倒流，避免原料、半成品和成品之间，健畜和病畜之间，产品和废弃物之间互相接触，以免交叉污染。屠宰厂的整体布局要将畜禽饲养区、生产作业区与人员生活区分开，厂区应分别设置人员进出、成品出厂和活畜进厂的大门。

二、设施要求

（一）厂房与设施

整体结构要便于清洗和消毒，必须设有防止蚊、蝇、鼠及其他害虫侵入设施；屠宰车间按流水作业排序，屠宰、放血、去内脏、修整胴体等按连续作业设置，中间须设有兽医卫生检验设施，车间内应有充足的自然光线或人工照明；接触肉品的设备、工器具和容器应用经得起反复清洗与消毒的材料制作；冷库需设有预冷间（0～4℃）和冷藏间（－18℃以下）。

（二）卫生设施

必须设有废水处理系统，废水的处理和排放应符合相关环保规定；在车间内合适地点须设置非手动式洗手设施，以及工器具、容器和固定设备的清洗和消毒设施；对进入生产区域的人员、器具和车辆应设置相应的清洗和消毒设施。

（三）通风、温控、供排水等设施

车间内应有良好的通风、排气装置，以便及时换气和排出水蒸气；分割肉车间、冷却间和成品库应有降温或调节温度的设施；车间供水应充足，备有冷、热两种水，同时要有完善的排水系统。

第二节　屠宰工艺及卫生检验

畜禽经致昏，放血，去除毛皮、内脏、头、蹄，最后形成胴体的过程叫作屠宰加工。

一、屠宰工艺流程

（一）猪、牛、羊屠宰工艺流程

猪、牛、羊屠宰工艺流程类同，其中猪屠宰工艺流程见1-2-1。

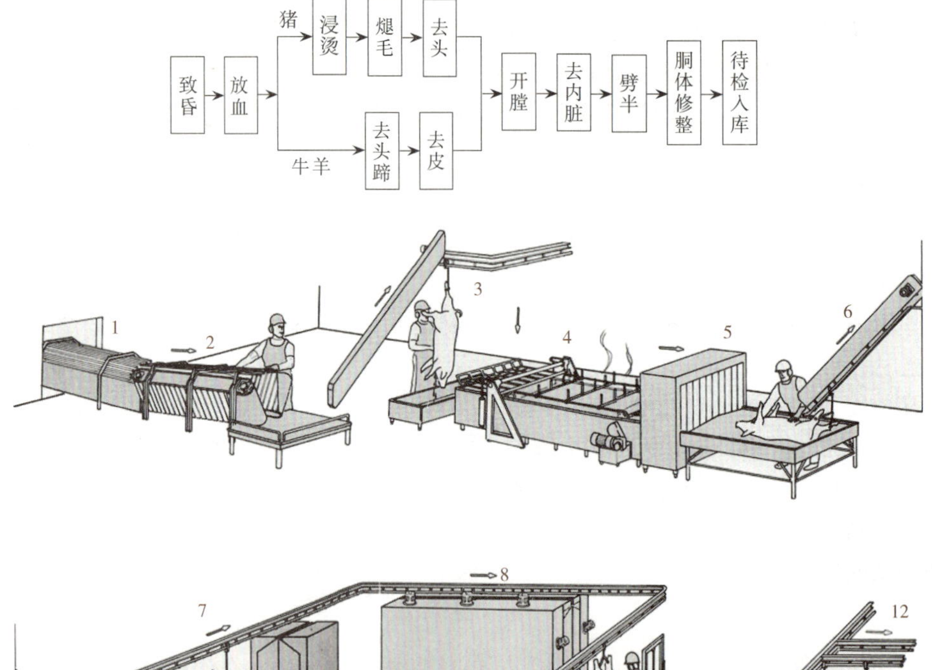

生猪屠宰

图1-2-1　猪屠宰工艺流程

1. 送宰　2. 致昏　3. 放血　4. 浸烫　5. 煺毛　6. 吊挂　7. 燎毛
8. 清洗　9. 开膛、去内脏　10. 劈半　11. 胴体修整　12. 待检入库

（二）禽屠宰工艺流程

禽屠宰工艺流程如下：

电击昏→放血→烫毛→脱毛→去绒毛→清洗、去头脚→净膛→待检入库

二、屠宰工艺要点

（一）宰前管理

畜禽宰前应得到充分休息，以消除应激反应，其间禁食不禁水，宰前可实施淋浴，以便清洗体表污物，提高产品质量。

（二）致昏

使畜禽在宰杀前短时间内处于昏迷状态，让其失去知觉、减少痛苦，以保障动物福利，同时也可减轻畜禽在此过程中因挣扎而消耗过多的体内糖原，避免肉质变劣。猪的致昏方法有电击晕、机械击晕和二氧化碳麻醉法等，其中电击晕应用比较普遍。禽类的致昏一般在通有低压电的水槽实施。

（三）其他工艺要点

猪、牛、羊的屠宰工艺，包括放血、浸烫、煺毛、燎毛、清洗、开膛、去内脏、劈半、胴体整修、检验、入库等。牛、羊有去皮的环节，猪根据商业需求可去皮，也可以带皮。禽的屠宰工艺包括放血、烫毛、脱毛、去绒毛、清洗、去头、切脚、去内脏、检验、修整、入库。

三、卫生检验

卫生检验是保障肉食品安全的重要措施，包括宰前检验和宰后检验。

（一）宰前检验

由动物卫生监督机构的官方兽医实施检疫，出具动物检疫证明，加施检疫标志，可参照《动物检疫管理办法》。

当畜禽由产地运到屠宰厂时，首先要看官方兽医签发的检疫证明书，了解产地有无疫情，如基本合格可将畜禽卸入候宰圈。如发现疑似牛瘟、非洲猪瘟和禽流感等恶性传染病时，不得进行畜禽屠宰，必须及时向当地兽医部门通报，并按照相关规定处理。

（二）宰后检验

肉品在检验合格后加盖肉品品质检疫合格验讫印，并签发检疫合格证方可入库及销售。如发现胴体和脏器色泽、形态或组织状态有异常现象，在场兽医需要通过剖检组织及脏器进行病理学检查，或留样到实验室检测，发现问题要按照《畜禽屠宰卫生检疫规范》（NY 467—2001）规定处理。

第三节　胴体分割

肉的分割是按不同国家、不同地区的分割标准将胴体进行分割，以便进一步加工或直接供给消

费者。

一、牛胴体分割

中国牛胴体分为带骨牛肉和去骨牛肉。带骨牛肉包括肩胛部肉、前腿部肉、肋脊部肉、腰脊部肉、胸腹部肉、胸腩连体、后腿部肉、牛小排、带骨胸肋排；去骨牛肉包括脖肉、上脑、眼肉、肩肉、板腱、辣椒条、牛前腱、金钱腱、胸肉、S腹肉、肋条肉、腹肉、牛腩、里脊、外脊、米龙、臀肉、大黄瓜条、三角尾扒、小黄瓜条、牛霖、牛后腱及牛碎肉、分割副产品等。

中国牛胴体部位分割图见图1-2-2。

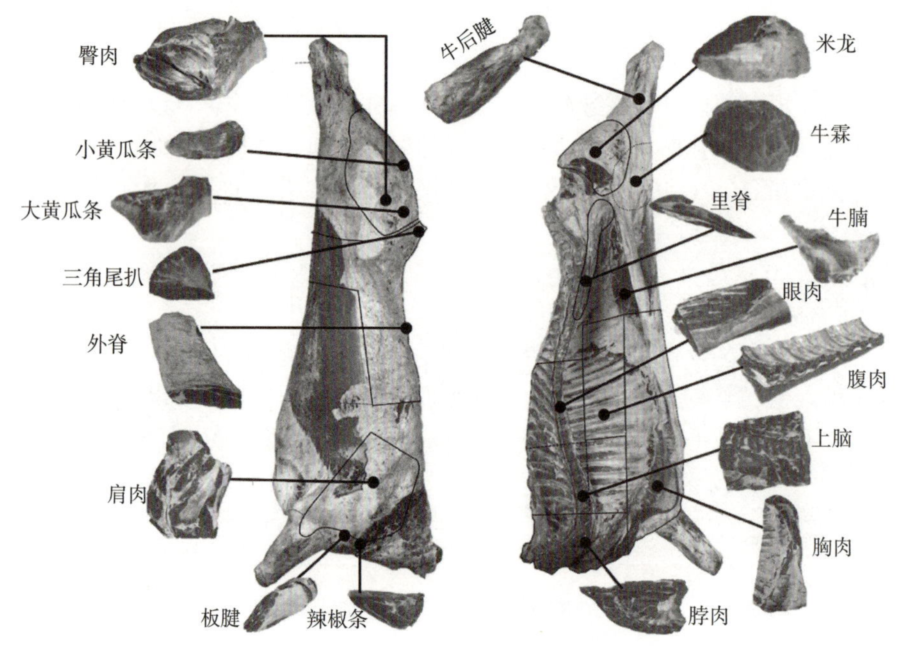

图1-2-2　牛胴体部位分割图

二、猪胴体分割

中国猪胴体分为带骨猪肉和去骨猪肉。其中带骨猪肉分割成后腿肉、中段、胸腹肉、通脊排、背腰脊排、带骨臀腰肉、带骨上脑、全肋排、仔排、方切肩肉、后蹄筋、前/后蹄、前/后蹄髈。去骨猪肉分为：大黄瓜条、小黄瓜条、膝圆、米龙、臀腰肉、里脊、上脑、背腰脊、外脊、五花肉。中国猪胴体部位分割图见图1-2-3。

三、羊胴体分割

中国羊胴体分为带骨羊肉和去骨羊肉。其中带骨羊肉分割成后腿肉、带骨臀腰肉、鞍肉、背腰肉、方切肩肉、肩脊排、前腿肉、胸腹肉、全肋排、仔排、羊颈、前腱子、后腱子。去骨羊肉分为：大黄瓜条、小黄瓜条、膝圆、米龙、臀腰肉、里脊、上脑、通脊、眼肉、外脊。

羊胴体部位分割图见图1-2-4。

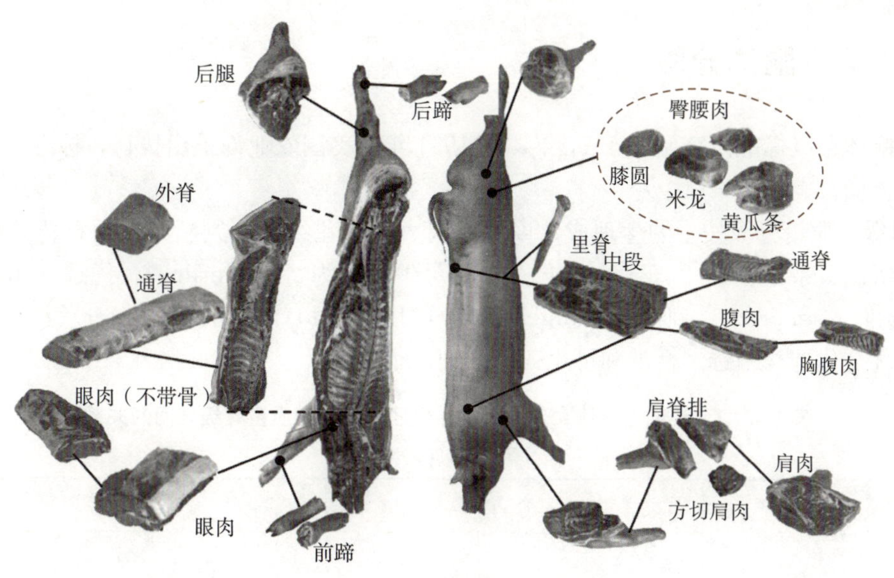

图 1-2-3 猪胴体部位分割图

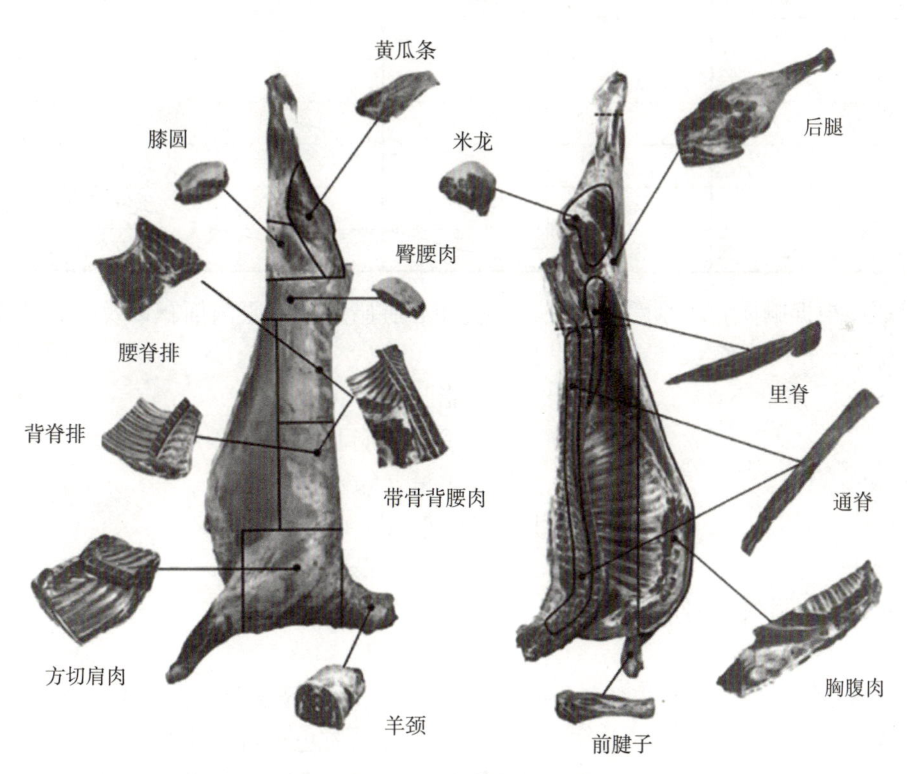

图 1-2-4 羊胴体部位分割图

第四节 胴体分级

分级的目的是对畜禽的产肉性能及肉品质量进行评价，一般在胴体层面进行，所以称胴体分级。分级对于肉品生产和消费具有规范和导向作用，有利于形成优质优价的市场规律，有助于产业向高品质、可持续方向发展。在各类畜产品中牛肉分级比较普遍，美国和日本在此方面发展得比较成熟，我国在“九五”期间研究制定了首个牛肉质量分级标准。

一、美国牛胴体分级

美国牛胴体分级标准研究始于 1917 年，在 1931 年由美国农业部推出执行，标准包括质量级和产量级两个方面。

1. 质量级 质量分级按牛的生理成熟度和肌肉大理石花纹程度判断，大理石花纹和生理成熟度与质量等级的关系如表 1-2-1 所示。阉牛、小母牛可分为特优（prime）、优选（choice）、精选（select）、标准（standard）、商用（commercial）、可用（utility）、切碎（cutter）7 个级别，小公牛可分为特优、优选、精选、标准和可用 5 个级别。

表 1-2-1 美国牛胴体大理石花纹、生理成熟度与质量等级之间的关系

（USDA，2017 年）

大理石花纹	生理成熟度				
	A	B	C	D	E
稍微丰富（slightly abundant）	特优				
中等（moderate）			商用		
中等偏下（modest）	优选				
少量（small）					
微量（slight）	精选			可用	
稀量（traces）					切碎
几乎没有（practically devoid）	标准				

2. 产量级 根据胴体脂肪厚度，肾脏、骨盆和心脏脂肪量，眼肉面积以及热胴体重量等四个指标确定，按以下公式计算：

产量等级＝2.50＋0.984 25×脂肪厚度（cm）＋
0.20×肾脏、骨盆和心脏脂肪的百分比＋
0.008 36×热胴体重量（kg）－
0.049 6×眼肉面积（cm^2）

二、日本牛胴体分级

日本牛胴体分级标准包括质量级和产量级两个方面，最终等级由二者结合得出。

1. 质量级 根据肌肉的大理石花纹、肉色、质地和脂肪色泽等 4 个指标判断，每个指标均分为 5 级，其中 1 级最差，5 级最好。肉质评分的最终等级是按照四个指标中最低的一个确定，如肉色是 3 级，即使其他指标均为 5 级，最终等级仍为 3 级。

2. 产量级 以出肉率为衡量标准，按照以下公式计算：

产量百分数（%）＝67.37＋0.13×眼肌面积（cm^2）＋
0.667×肋部肉厚（cm）－
0.025×左半冷胴体体重（kg）－
0.896×皮下脂肪厚度（cm）

产量级分为 A、B、C 三个级别，产量百分数在 72%以上为 A 级，在 69%～72%为 B 级，在 69%以下为 C 级。将质量级和产量级相结合得出最终等级（表 1-2-2），共有 15 个等级，其中 A5 最好，C1 最差。

表 1-2-2 日本牛胴体最终等级的确定

产量评分	肉质评分				
	5	4	3	2	1
A	A5	A4	A3	A2	A1
B	B5	B4	B3	B2	B1
C	C5	C4	C3	C2	C1

三、中国牛胴体分级

“九五”期间，由南京农业大学牵头，中国农业科学院、中国农业大学和多家企业参与制定了我国第一个肉品质量标准，即《牛肉质量分级》，该标准经过多年实践及修订，现已成为国家标准。中国牛肉分级标准在对胴体分级的基础上，还对主要分割肉进行了单独分级。

1. 胴体分级 根据背最长肌横切面大理石花纹等级、肉色、脂肪颜色、生理成熟度进行判定，将牛胴体质量分为特级、优级、良好级和普通级。中国牛胴体等级划分见表 1-2-3。

表 1-2-3 牛胴体等级划分

大理石花纹等级	肉色、脂肪颜色、生理成熟度等级	
	肉色等级：3 级～7 级 脂肪颜色等级：1 级～4 级 生理成熟度等级：A 级～B 级	肉色等级：1 级、2 级或 8 级 脂肪颜色等级：5 级～8 级 生理成熟度等级：C 级～E 级
5 级（极丰富）	特级	优级
4 级（丰富）		
3 级（较丰富）	优级	良好级
2 级（少量）		
1 级（几乎没有）	良好级	普通级

2. 分割肉质量等级

（1）外脊、眼肉和上脑的质量等级 根据大理石花纹、肉色及脂肪颜色的等级、分割肉的大小和外观，将外脊、眼肉和上脑的质量分为 S 级、A 级、B 级和 C 级，其中 S 级最好，依次顺排。

（2）里脊的质量等级 根据分割肉的大小，将里脊质量分为 S 级、A 级、B 级和 C 级。

（3）辣椒条、胸肉、臀肉、米龙、大黄瓜条、小黄瓜条、牛霖、腹肉、腱子肉、肋条肉和板腱的质量等级 根据分割肉的外观和肉色等级，分为优级和普通级。

思考题

1. 屠宰厂的建造原则有哪些？屠宰加工车间的布局应注意哪些事项？
2. 畜禽宰前为什么要休息、禁食、饮水？
3. 畜禽宰前电击昏有何好处？
4. 简述胴体分割及分级的必要性。

CHAPTER 3

第三章 组织化学

本章学习目标 了解肉的组织结构特点及其与肉品质的关系；掌握肉的化学组成分、营养价值、四大加工特性及其影响因素。

第一节 肌肉的构造

肌肉组织在组织学上可分为三类，即骨骼肌（skeletal muscle）、平滑肌（smooth muscle）和心肌（cardiac muscle）。从数量上讲，骨骼肌占绝大多数。骨骼肌与心肌在显微镜下观察有明暗相间的条纹，因而又被称为横纹肌。骨骼肌的收缩受中枢神经系统的控制，所以又叫随意肌，而心肌与平滑肌被称为非随意肌。与肉品加工有关的主要是骨骼肌，所以本节将侧重介绍骨骼肌的构造。下面提到的肌肉是指骨骼肌。

一、一般结构

家畜体上有 300 块以上形状、大小各异的肌肉，但其基本结构是一样的（图 1-3-1）。肌肉的基本构造单位是肌纤维，肌纤维与肌纤维之间被一层很薄的结缔组织膜围绕隔开，此膜叫肌内膜（endomysium）。每 50～150 条肌纤维聚集成束，称为初级肌束（primary bundle）。初级肌束被一层结缔组织膜所包裹，此膜叫肌束膜（perimysium）。由数十条初级肌束集结在一起并由较厚的结缔组织膜包围就形成了次级肌束（或叫二级肌束）。由许多二级肌束集结在一起形成肌肉块，其外面包有一层较厚的结缔组织膜，此膜叫肌外膜（epimysium）。这些分布在肌肉中的结缔组织膜既起着支架的作用，又起着保护作用，血管、神经通过三层膜穿行其中，伸入肌纤维的表面，以提供营养和传导神经冲动。此外，还有脂肪沉积其中，使肌肉断面呈现大理石样纹理。

二、显微结构

肌纤维中细胞骨架蛋白位置

1. 肌纤维（muscle fiber） 和其他组织一样，肌肉组织也是由细胞构成的，但肌细胞是一种相当特殊化的细胞，呈长线状，不分支，二端逐渐尖细，因此也叫肌纤维。肌纤维直径为 10～100μm，长度为 1～40mm，最长可达 100mm。

2. 肌膜（sarcolemma） 肌纤维本身具有的膜叫肌膜，又称肌纤维膜，它是由蛋白质和脂质组成的，具有很好的韧性，因而可承受肌纤维的伸长和收缩。肌膜的构造、组成和性质，类似体内

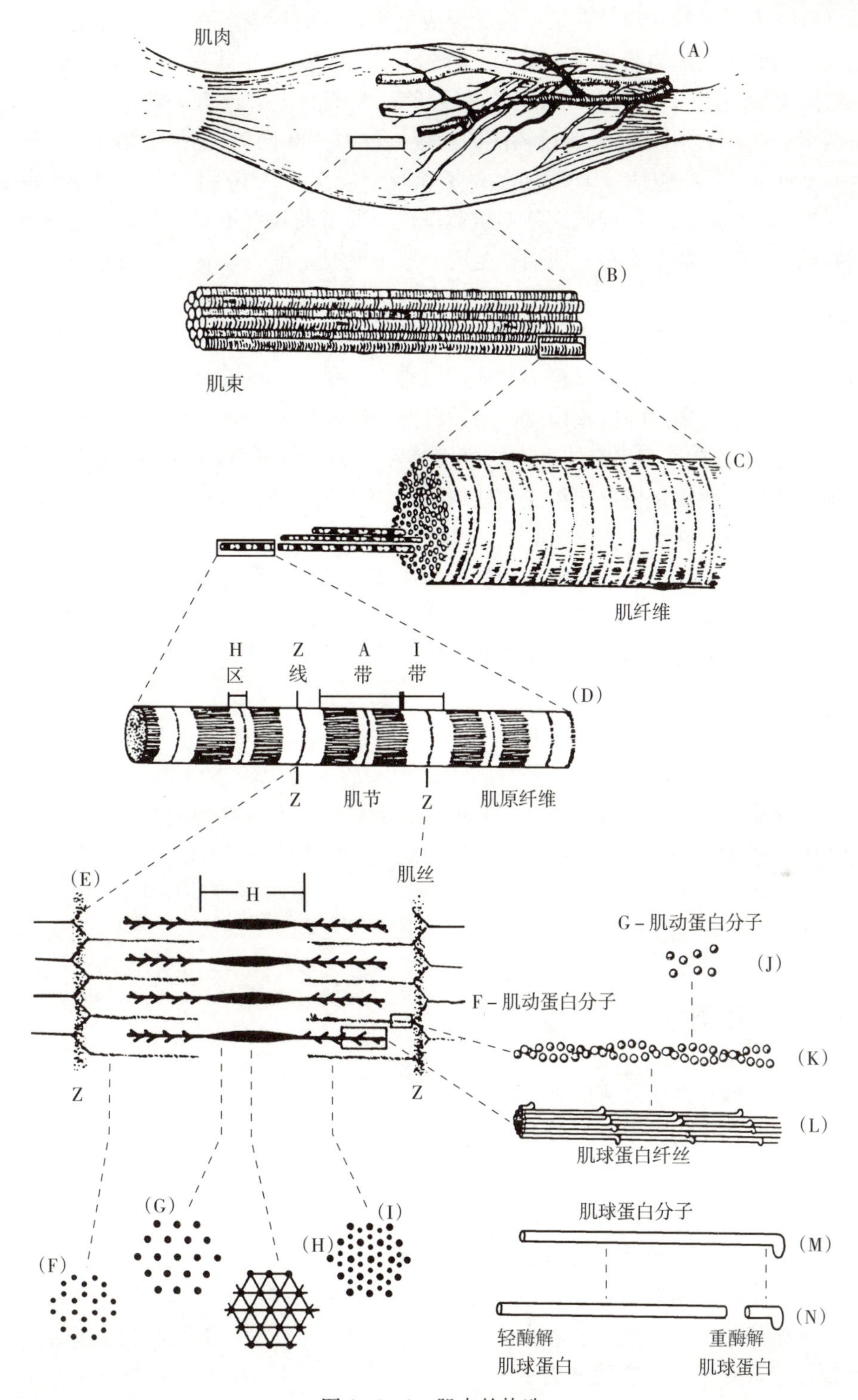

图 1-3-1 肌肉的构造

其他细胞膜。肌膜向内凹陷形成网状的管，叫作横小管（transverse tubules），通常称为 T-系统（T-system）或 T 小管（T-tubules）。

3. 肌原纤维（myofibrils） 肌原纤维是肌细胞独有的细胞器，占肌纤维固形成分的 60%～70%，是肌肉的伸缩装置。它呈细长的圆筒状结构，直径 1～2μm，其长轴与肌纤维的长轴相平行并浸润于肌浆中。一个肌纤维含有 1 000～2 000 根肌原纤维。肌原纤维又由肌丝（myofilament）组成，肌丝可分为粗丝（thick myofilament）和细丝（thin myofilament）。两者均平行整齐地排列

肌原纤维和粗丝

肌节的组成

于整个肌原纤维。由于粗丝和细丝在某一区域形成重叠，从而形成了横纹，这也是"横纹肌"名称的来源。光线较暗的区域称为暗带（A带），光线较亮的区域称为明带（I带）。I带的中央有一条暗线，称为"Z线"，它将I带从中间分为左右两半；A带的中央也有一条暗线称"M线"，将A带分为左右两半。在M线附近有一颜色较浅的区域，称为"H区"。把两个相邻Z线间的肌原纤维称为肌节（sarcomere），它包括一个完整的A带和两个位于A带两侧的二分之一I带。肌节是肌原纤维的重复构造单位，也是肌肉收缩基本机能单位。肌节的长度不是恒定的，它取决于肌肉所处的状态。当肌肉收缩时，肌节变短；肌肉松弛时，肌节变长。哺乳动物肌肉放松时典型的肌节长度为2.5μm。

构成肌原纤维的粗丝和细丝不仅大小形态不同，而且它们的组成性质和在肌节中的位置也不同。粗丝主要由肌球蛋白组成，故又称为"肌球蛋白丝"（myosin filament），直径约10nm，长约1.5μm。A带主要由平行排列的粗丝构成，另外有部分细丝插入。每条粗丝中段略粗，形成光镜下的中线及H区。粗丝上有许多横突伸出，这些横突实际上是肌球蛋白分子的头部。横突与插入的细丝相对。细丝主要由肌动蛋白分子组成，所以又称为"肌动蛋白丝"（actin filament），直径6～8nm，自Z线向两旁各伸展约1.0μm。I带主要由细丝构成。

4. 肌浆（sarcoplasm）　肌纤维的细胞质称为肌浆，填充于肌原纤维间和核的周围，是细胞内的胶体物质，含水分75%～80%。肌浆内富含肌红蛋白、酶、肌糖原及其代谢产物和无机盐类等。骨骼肌的肌浆内有发达的线粒体分布，说明骨骼肌的代谢十分旺盛，习惯上把肌纤维内的线粒体称为"肌粒"。

肌浆中还有一种重要的细胞器叫溶酶体（lysosomes），它是一种小胞体，内含有多种能消化细胞和细胞内容物的酶。在这种酶系中，能分解蛋白质的酶称为组织蛋白酶（cathepsin），有几种组织蛋白酶均对某些肌肉蛋白质有分解作用，它们对肉的成熟具有很重要的意义。

5. 肌细胞核　骨骼肌纤维为多核细胞，但因其长度变化大，所以每条肌纤维所含核的数目不定，一条几厘米的肌纤维可能有数百个核。核呈椭圆形，位于肌纤维的周边，紧贴在肌纤维膜下，呈有规则的分布，核长约5μm。

三、肌纤维分类

了解肌肉纤维类型有助于理解肌肉的生物化学特性以及肌肉向食用肉转化的诸多变化。

根据肌纤维外观和代谢特点，一般分为红肌纤维、中间型纤维和白肌纤维三类。红肌纤维颜色红、纤维细，能量转化以有氧代谢为主，如鸡腿肉；白肌纤维颜色白，纤维粗，能量转化以糖原发酵（即无氧酵解）为主，如鸡胸肉；中间型就是既有有氧代谢也有无氧酵解。需要说明的是，大多数家畜的肌肉是由两种或三种类型的肌纤维混合而成。

为了更精确判定，现在根据收缩特性、能量利用方式、结构、色泽、ATP酶活性等将肌纤维分为Ⅰ型、ⅡA型和ⅡB型三类。Ⅰ型是慢收缩型，类似红肌纤维，能量转化主要靠有氧代谢；Ⅱ型是快收缩型，能量转化以无氧酵解为主、有氧代谢为辅，其中ⅡA型（类似中间型纤维）有氧代谢能力强，ⅡB型（类似白肌纤维）有氧代谢能力弱，有关肌纤维的具体分类及特性描述如表1-3-1所示。

表1-3-1　肌纤维类型和特性

特性	Ⅰ型	Ⅱ型	
		ⅡA	ⅡB
色泽	红	红	白

（续）

特性	Ⅰ型	Ⅱ型	
		ⅡA	ⅡB
肌红蛋白含量	高	高	低
纤维直径	小	小至中等	大
收缩速度	缓慢	快速	快速
收缩特性	连续紧张的，不易疲乏	连续紧张的	断续的，易疲乏
线粒体数目	多	中等	少
线粒体大小	大	中等	小
毛细管密度	高	中等	低
细胞色素氧化酶活性	强	强	—
ATPase 活性	弱	弱	强
有氧代谢	高	中等	低
无氧酵解	低	中等	高
脂质含量	高	中等	低
糖原含量	低	中等	高

第二节　结缔、脂肪与骨组织的构造

一、结缔组织

结缔组织是将动物体内不同部分联结和固定在一起的组织，分布于体内各个部位，构成器官、血管和淋巴管的支架，包围和支撑着肌肉、筋腱和神经束，将皮肤联结于机体。

结缔组织是由少量的细胞和大量的细胞外基质构成，后者的性质变异很大，可以是柔软的胶体，也可以是坚韧的纤维。在软骨，它的质地如橡皮，在骨骼中因充满钙盐而变得非常坚硬。肉中的结缔组织是由基质、细胞和细胞外纤维组成，胶原蛋白和弹性蛋白都属于细胞外纤维。结缔组织有固定和游动两种细胞。固定细胞包括成纤维细胞、间充质细胞和脂肪细胞；游动细胞主要参与机体修复，包括嗜酸细胞、乳腺细胞、淋巴细胞和巨噬细胞。

（一）细胞

结缔组织含有多种细胞，其中成纤维细胞、间充质细胞与肉品质量关系密切，下面对这两种细胞做简要介绍。

成纤维细胞有梭状、星状等，大部分为细长的梭状，成纤维细胞产生用于合成结缔组织胞外成分的物质，这些物质释放到细胞外基质后合成胶原蛋白和弹性蛋白。弹性蛋白的合成途径可能与此类似。

间充质细胞呈梭形，略小于成纤维细胞，它有可能发展成为纤维细胞，也有可能变为贮存脂肪的细胞，即成脂肪细胞（lipoblast），这种细胞位于疏松结缔组织的基质中靠近血管的位置，当它开始贮存脂肪，就变成了脂肪细胞。

（二）基质和纤维

如前所述，结缔组织中细胞很少，占很大比例的是细胞外的基质和纤维。

1. 基质 基质是由黏稠的蛋白多糖构成，还有结缔组织代谢产物和底物，如胶原蛋白和弹性蛋白的前体物。蛋白多糖是一类大分子化合物，含有许多氨基葡聚糖（黏多糖）。氨基葡聚糖中最典型的是透明质酸和硫酸软骨素。透明质酸非常黏稠，存在于骨节和结缔组织纤维之间。硫酸软骨素则存在于软骨、筋腱和骨骼中。这两种物质及有关蛋白起到润滑、黏结作用。

2. 纤维 和肌纤维不一样，结缔组织的纤维存在于细胞外，所以又称细胞外纤维（extracellular fibers）。细胞外纤维可以构成致密结缔组织，也可以构成网状的疏松结缔组织。细胞外纤维主要成分包括胶原蛋白和弹性蛋白。

（1）胶原蛋白 胶原蛋白是动物体内最多的一种蛋白质，占动物体中总蛋白的 20%～25%，是结缔组织的主要结构蛋白，筋腱的主要组成成分，也是软骨和骨骼的组成成分之一。胶原蛋白的生成和结构见图 1-3-2。

（2）交联（cross-link） 胶原蛋白的不溶性和坚韧性是由其分子间的交联，特别是成熟交联所致。交联是由胶原蛋白分子特定结构形成的，并整齐地排列于纤维分子之间的共价化学键。如果没有交联，胶原蛋白将失去力学强度，可溶解于中性盐溶液。随着动物年龄的增加，肌肉结缔组织中的交联，尤其是成熟交联的比例增加，这也是动物年龄增加，其肉嫩度下降的原因。

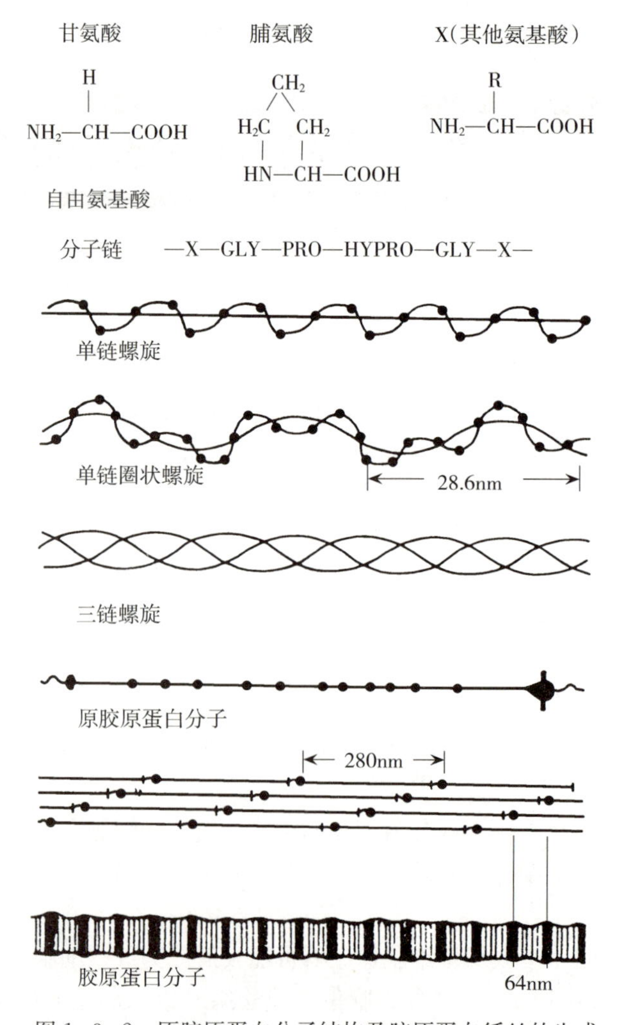

图 1-3-2 原胶原蛋白分子结构及胶原蛋白纤丝的生成

（3）其他蛋白　除胶原蛋白外，结缔组织中的纤维还有弹性蛋白和网状蛋白。弹性蛋白是一种具有高弹性的纤维蛋白，其在韧带和血管中分布较多，在肌肉中含量一般只有胶原蛋白的1/10，但在半腱肌中，其比例可达到胶原蛋白的40%。网状蛋白形状和组成与胶原蛋白相似，但含有10%左右的脂肪，主要存在于肌内膜。

二、脂肪组织

脂肪组织的构造单位是脂肪细胞，脂肪细胞或单个或成群地借助于疏松结缔组织联在一起，细胞中心充满脂肪滴，细胞核被挤到周边。脂肪细胞外层有一层膜，膜由胶状的原生质构成，细胞核即位于原生质中。脂肪细胞是动物体内最大的细胞，直径为30～120μm，最大者可达250μm，脂肪细胞越大，里面的脂肪滴越多，因而出油率也高。脂肪细胞的大小与畜禽的肥育程度及不同部位有关，如肥育牛肾周围的脂肪细胞直径为90μm，而瘦牛只有50μm，又如猪皮下脂肪细胞的直径为152μm，而腹腔脂肪细胞为100μm。

脂肪在体内的蓄积，依动物种类、品种、年龄和肥育程度不同而异。猪多蓄积在皮下、肾周围及大网膜；羊多蓄积在尾根、肋间；牛主要蓄积在肌肉内；鸡蓄积在皮下、腹腔及肌胃周围。脂肪蓄积在肌束内最为理想，这样的肉呈大理石样纹理，肉质较好。脂肪在活体组织内起着保护组织器官和提供能量的作用，在肉中脂肪是风味的前体物质之一。

三、骨组织

骨组织和结缔组织一样也是由细胞、纤维性成分和基质组成，但不同的是其基质已被钙化，所以很坚硬，起着支撑机体和保护器官的作用，同时又是钙、镁、钠等元素的贮存组织。

成年动物骨骼含量比较恒定，变动幅度较小。猪骨占胴体的5%～9%，牛占15%～20%，羊占8%～17%，兔占12%～15%，鸡占8%～17%。

骨由骨膜、骨质和骨髓构成（图1-3-3），骨膜是致密结缔组织包围在骨骼表面的一层硬膜，里面有神经、血管。骨质根据构造的致密程度分为密质骨和松质骨，密质骨主要分布于长骨的骨干和其他类型骨的表面，致密而坚硬；松质骨分布于长骨的内部、骺以及其他类型骨的内部，疏松而多孔。按形状骨又分为管状骨、扁平骨和不规则骨，管状骨密质层厚，扁平骨密质层薄。在管状骨的骨髓腔及其他骨的松质层孔隙内充满着骨髓。骨髓分红骨髓和黄骨髓，红骨髓主要存在于胎儿和幼龄动物的骨骼中，含各种血细胞和大量的毛细血管；成年动物黄骨髓含量较多，黄骨髓主要是脂类成分。

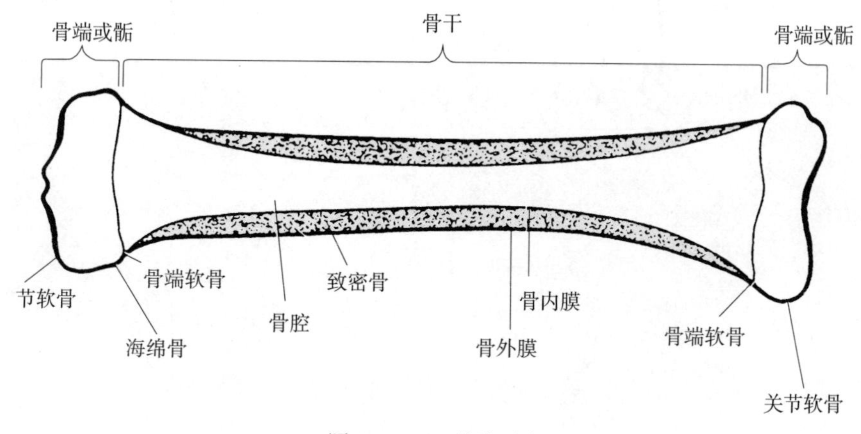

图1-3-3　骨骼示意

骨的化学成分中，水分占40%～50%，胶原蛋白占20%～30%，无机质约占20%，无机质的成分主要是钙和磷。

将骨骼粉碎可以制成骨粉，作为饲料添加剂，此外还可熬出骨油和骨胶。利用超微粒粉碎机可将骨骼制成骨泥，是肉制品的良好添加剂，也可用作其他食品以强化钙和磷。

第三节　肉的化学组成

动物胴体主要由肌肉、脂肪、结缔组织、骨骼四部分组成，其中后二者比较恒定，变化比较大的是肌肉和脂肪。专门的肉用型畜禽，肌肉发达，瘦肉占胴体的比例也高，肉牛、瘦型猪、肉用山羊均可达60%以上。脂肪比例则因品种和肥育程度不同而变异很大，如瘦肉型猪一般在25%左右，而肥猪则可高达40%以上；在家禽中，鸭比较容易贮存皮下脂肪，其皮脂占胴体的比例可高达35%以上。

一般来说，猪、牛、羊的分割肉块含水量55%～70%，粗蛋白15%～20%，脂肪10%～30%。家禽肉水分在73%左右，胸肉脂肪少，为1%～2%，而腿肉在6%左右，前者粗蛋白约为23%，后者为18%～19%。从化学组成上分析，肉主要由蛋白质、脂肪、水分、浸出物、维生素和矿物质6种成分组成，肌肉的典型化学成分以及常见动物肌肉的化学组成见表1-3-2、表1-3-3。

表1-3-2　成年哺乳动物肌肉的化学成分（%）

成分	含　量
水分	75.0
蛋白质	19.0
肌原纤维	11.5
肌浆	5.5
结缔组织和小胞体	2.0
脂类	2.5
糖类	1.2
可溶性无机物和非蛋白含氮物	2.3
无机物	0.65
含氮物	1.65
维生素	微量

表1-3-3　常见动物肌肉的化学组成（%）

名称	水分	蛋白质	脂肪	糖类	灰分	热量（kJ/kg）
猪肉（肥瘦）	46.8	13.2	37.0	2.4	0.6	16 530
猪肉（瘦）	71.0	20.3	6.2	1.5	1.0	5 980
牛肉（肥瘦）	72.8	19.9	4.2	2.0	1.1	5 230
牛肉（瘦）	75.2	20.2	2.3	1.2	1.1	4 440
羊肉（肥瘦）	65.7	19.0	14.1	0	1.2	8 490
羊肉（瘦）	74.2	20.5	3.9	0.2	1.2	4 940
鸡肉（平均）	69.0	19.3	9.4	1.3	1.0	6 990

（续）

名称	水分	蛋白质	脂肪	糖类	灰分	热量（kJ/kg）
鸭肉（平均）	63.9	15.5	19.7	0.2	0.7	10 040
鹅肉	61.4	17.9	19.9	0	0.8	10 500
兔肉	76.2	19.7	2.2	0.9	1.0	4 270
驴肉（瘦）	73.8	21.5	3.2	0.4	1.1	4 850
马肉	74.1	20.1	4.6	0.1	1.1	5 100
狗肉	76.0	16.8	4.6	1.8	0.8	4 850
骆驼肉	67.2	19.5	9.2	3.7	0.4	7 370
鸽肉	66.6	16.5	14.2	1.7	1.0	8 410
鹌鹑肉	75.1	20.2	3.1	0.2	1.4	4 600
火鸡腿肉	77.8	20.0	1.2	0	1.0	3 810

资料来源：中国疾病预防与控制中心营养与食品安全所，中国食物成分表，2009。

一、水分

水分是肉中含量最多的成分，不同组织水分含量差异很大，肌肉含水70%，皮肤60%，骨骼12%～15%，脂肪组织含水甚少，所以动物越肥，其胴体水分含量越低。肉品中的水分含量及其持水性能直接关系到肉及肉制品的组织状态、品质，甚至风味。

肉中的水分并非像纯水那样以游离的状态存在，其存在的形式大致可以分为以下三种：

1. 结合水 约占水分总量的5%，由肌肉蛋白质亲水基所吸引的水分子形成一紧密结合的水层。结合水通过本身的极性与蛋白质亲水基的极性而结合，水分子排列有序，不易受肌肉蛋白质结构或电荷变化的影响，甚至在施加严重外力条件下，也不能改变其与蛋白质分子紧密结合的状态。该水层无溶剂特性，冰点很低（－40℃）。

2. 不易流动水 肌肉中80%水分是以不易流动水状态存在于纤丝、肌原纤维及肌细胞膜之间。此水层距离蛋白质亲水基较远，水分子虽然有一定朝向性，但排列不够有序。不易流动水容易受蛋白质结构和电荷变化的影响，肉的保水性能主要取决于肌肉对此类水的保持能力。不易流动水能溶解盐及溶质，在－1.5～0℃结冰。

3. 自由水 指存在于细胞外间隙中能自由流动的水，它们不依电荷基而定位排序，仅靠毛细管作用力而保持，自由水约占总水分的15%。

二、蛋白质

肌肉中蛋白质约占20%，分为三类：肌原纤维蛋白（myofibrillar protein），占总蛋白的49%～75%；肌浆蛋白（myogen），占20%～34%；结缔组织蛋白，占1%～17%。这些蛋白质的含量因动物种类、解剖部位等不同而有一定差异（表1-3-4）。

表1-3-4 动物骨骼肌中不同种类蛋白质的含量（%）

种类	哺乳动物	禽类	鱼肉
肌原纤维蛋白	49～55	60～65	65～75
肌浆蛋白	30～34	30～34	20～30
结缔组织蛋白	10～17	5～7	1～3

（一）肌原纤维蛋白

构成肌原纤维的蛋白质，支撑着肌纤维的形状，因此也称为结构蛋白或不溶性蛋白质。肌原纤维蛋白主要包括肌球蛋白（myosin）、肌动蛋白（actin）、肌动球蛋白（actomyosin）、原肌球蛋白（tropomyosin）和肌钙蛋白（troponin）等。

1. 肌球蛋白 是肌肉中含量最高也是最重要的蛋白质，约占肌肉总蛋白质的1/3，占肌原纤维蛋白的50%～55%。肌球蛋白是粗丝的主要成分，构成肌节的A带，相对分子质量为470 000～510 000，形状很像“豆芽”，由两条肽链相互盘旋构成。在酶的作用下，肌球蛋白裂解为两个部分，即由头部和一部分尾部构成的重酶解肌球蛋白（heavy meromyosin，HMM）和尾部的轻酶解肌球蛋白（light meromyosin，LMM）。肌球蛋白不溶于水或微溶于水，可溶解于离子强度为0.3以上的中性盐溶液中，等电点5.4。肌球蛋白可形成具有立体网络结构的热诱导凝胶。在pH5.6、加热到35℃时，肌球蛋白就可形成热诱导凝胶。当pH接近6.8～7.0时，加热到70℃才能形成凝胶。肌球蛋白的溶解性和形成凝胶的能力与其所在溶液的pH、离子强度、离子类型等有密切的关系。肌球蛋白形成热诱导凝胶的特性是非常重要的工艺特性，直接影响碎肉或肉糜类制品的质地、保水性和风味等。

在饱和的NaCl或$(NH_4)_2SO_4$溶液中可盐析沉淀。肌球蛋白的头部有ATP酶活性，可以分解ATP，并可与肌动蛋白结合形成肌动球蛋白，与肌肉的收缩直接有关。

2. 肌动蛋白 约占肌原纤维蛋白的20%，是构成细丝的主要成分。肌动蛋白只有一条多肽链构成，其相对分子质量为41 800～61 000。肌动蛋白能溶于水及稀的盐溶液中，在半饱和的$(NH_4)_2SO_4$溶液中可盐析沉淀，等电点4.7。肌动蛋白有两种存在形式，即珠状肌动蛋白（G）和纤维状肌动蛋白（F），后者与原肌球蛋白等结合成细丝，参与肌肉的收缩。肌动蛋白不具备凝胶形成能力。

3. 肌动球蛋白 是肌动蛋白与肌球蛋白的复合物。肌动球蛋白的黏度很高，具有明显的流动双折射现象，由于其聚合度不同，因而分子质量不定。肌动蛋白与肌球蛋白的结合比例为1∶(2.5～4)。肌动球蛋白也具有ATP酶活性，但与肌球蛋白不同，Ca^{2+}和Mg^{2+}都能激活。肌动球蛋白能形成热诱导凝胶，从而影响肉制品的工艺特性。

4. 原肌球蛋白 形态为杆状分子，占肌原纤维蛋白的4%～5%，构成细丝的支架。每1分子的原肌球蛋白结合7分子的肌动蛋白和1分子的肌钙蛋白，相对分子质量为65 000～80 000。

5. 肌钙蛋白 又叫肌原蛋白，占肌原纤维蛋白的5%～6%。肌钙蛋白对Ca^{2+}有很高的敏感性，每一个蛋白分子具有4个Ca^{2+}结合位点。肌钙蛋白沿着细丝以38.5nm的周期结合在原肌球蛋白分子上，相对分子质量为69 000～81 000。肌原蛋白有三个亚基，各有自己的功能特性。其中，钙结合亚基，相对分子质量18 000～21 000，是Ca^{2+}的结合部位；抑制亚基，相对分子质量20 500～24 000，能高度抑制肌球蛋白中ATP酶的活性，从而阻止肌动蛋白与肌球蛋白结合；原肌球蛋白结合亚基，相对分子质量30 000～37 000，能结合原肌球蛋白，起连接的作用。

（二）肌浆蛋白

肌浆（sarcoplasm）是指在肌纤维中环绕并渗透到肌原纤维的液体和悬浮于其中的各种有机物、无机物以及亚细胞结构的细胞器等。通常把肌肉磨碎压榨便可挤出肌浆，主要包括肌溶蛋白、肌红蛋白（myoglobin）、肌球蛋白X（globulin X）、肌粒蛋白（granule protein）和肌浆酶等。肌浆蛋白的主要功能是参与肌细胞中的物质代谢。

1. 肌红蛋白 肌红蛋白是一种复合性的色素蛋白质，由一分子的珠蛋白和一个血红素结合而成，为肌肉呈现红色的主要成分，相对分子质量17 000，等电点6.78。关于此蛋白的结构和功能在第一篇第四章将有详细叙述。

2. 肌浆酶 肌浆中还存在大量可溶性肌浆酶，其中糖酵解酶占 2/3 以上。白肌纤维中糖酵解酶含量比红肌纤维多 5 倍，这是因为白肌纤维主要依靠无氧的糖酵解产生能量，而红肌纤维则以氧化产生能量，所以红肌纤维糖酵解酶含量少，但红肌纤维中肌红蛋白、乳酸脱氢酶含量高。

3. 肌溶蛋白 是一种清蛋白，存在于肌原纤维中，因溶于水，故容易从肌肉中分离出来，肌溶蛋白在 52℃即凝固。

4. 肌粒蛋白 主要为三羧酸循环酶系及脂肪氧化酶系，这些蛋白质定位于线粒体中。在离子强度 0.2 以上的盐溶液中溶解，在 0.2 以下则呈不稳定的悬浮液。

（三）结缔组织蛋白

结缔组织构成肌内膜、肌束膜、肌外膜和筋腱，其本身由有形成分和无形的基质组成，前者主要有三种，即胶原蛋白（collagen）、弹性蛋白（elastin）和网状蛋白（reticulin），它们是结缔组织中主要蛋白质。

1. 胶原蛋白 是构成胶原纤维的主要成分，约占胶原纤维固形物的 85%。胶原蛋白呈白色，是一种多糖蛋白，含有少量的半乳糖和葡萄糖。胶原蛋白性质稳定，具有很强的延伸力，不溶于水及稀溶液，在酸或碱溶液中可以膨胀。不易被一般蛋白酶水解，但可被胶原酶水解。胶原蛋白遇热会发生收缩，热缩温度随动物的种类有较大差异，一般鱼类为 45℃，哺乳动物为 60～65℃。当加热温度大于热缩温度时，胶原蛋白就会逐渐变为明胶，变为明胶的过程并非水解的过程，而是氢键断开，原胶原分子的三条螺旋被解开，溶于水中，当冷却时就会形成明胶。明胶易被酶水解，也易消化。在肉品加工中，利用胶原蛋白的这一性质加工肉冻类制品。

2. 弹性蛋白 弹性蛋白因含有色素残基而呈黄色，相对分子质量 70 000，约占弹性纤维固形物的 75%，胶原纤维固形物的 7%。因其具有高度不可溶性，所以也称其为硬蛋白，它对酸、碱、盐都稳定，不被胃蛋白酶、胰蛋白酶水解，可被弹性蛋白酶（存在胰腺中）水解。与胶原蛋白以及网状蛋白不一样，弹性蛋白加热不能分解，因而其营养价值甚低。

3. 网状蛋白 其氨基酸组成与胶原蛋白相似，但它与含有肉豆蔻酸的脂肪结合，因此区别于胶原蛋白，网状蛋白呈黑色，胶原蛋白呈棕色。网状蛋白水解后，可产生与胶原蛋白同样的肽类。网状蛋白对酸、碱比较稳定。

（四）氨基酸

蛋白质是由氨基酸组成，蛋白质的营养价值高低在于各种氨基酸的比例。肌肉蛋白质的氨基酸组成与人体非常接近，含有人体必需的所有氨基酸，所以，肉类蛋白质营养价值要高于植物性蛋白质，鲜肉蛋白质的氨基酸组成见表 1-3-5。

表 1-3-5 100g 鲜肉蛋白质的氨基酸组成（g）

名称	分类	牛肉	猪肉	羊肉
异亮氨酸	必需	5.1	4.9	4.8
亮氨酸	必需	8.4	7.5	7.4
赖氨酸	必需	8.4	7.8	7.6
蛋氨酸	必需	2.3	2.5	2.3
苯丙氨酸	必需	4.0	4.1	3.9
苏氨酸	必需	4.0	5.1	4.9
色氨酸	必需	1.1	1.4	1.3

（续）

名称	分类	牛肉	猪肉	羊肉
缬氨酸	必需	5.7	5.0	5.0
精氨酸	新生儿必需	6.6	6.4	6.9
组氨酸	新生儿必需	2.9	3.2	2.7
半胱氨酸	非必需	1.4	1.3	1.3
丙氨酸	非必需	6.4	6.3	6.3
天门冬氨酸	非必需	8.8	8.9	8.5
谷氨酸	非必需	14.4	14.5	14.4
甘氨酸	非必需	7.1	6.1	6.7
脯氨酸	非必需	5.4	4.6	4.8
丝氨酸	非必需	3.8	4.0	3.9
酪氨酸	非必需	3.2	3.0	3.2

加工可能使某些氨基酸利用率下降，如牛肉氨基酸利用率在70℃时为90%，而在160℃时只有50%，又如罐装牛肉中可利用赖氨酸的损失数量和加工的程度存在一定线性关系。罐装食品保存时间太长，氨基酸利用率会变得很低。

三、脂肪

脂肪是肌肉中仅次于肌肉的另一个重要组织，对肉的食用品质影响甚大，肌肉内脂肪的多少直接影响肉的多汁性和嫩度，脂肪酸的组成在一定程度上决定了肉的风味。家畜的脂肪组织中90%为中性脂肪，7%～8%为水分，蛋白质占3%～4%，此外还有少量的磷脂和固醇。肌肉中的脂肪含量变化很大，少到1%，多到20%，主要取决于畜禽的肥育程度。另外，品种、解剖部位、年龄等也对脂肪含量有影响。肌肉中的脂肪含量和水分含量呈负相关，脂肪越多，水分越少，反之亦然。

（一）中性脂肪

中性脂肪一般指甘油三酯，是由1分子甘油与3分子脂肪酸化合而成的。脂肪酸可分两类，即饱和脂肪酸和不饱和脂肪酸。饱和脂肪酸分子链中不含有双键，不饱和脂肪酸含有一个及以上的双键，由于脂肪酸的不同，所以动物脂肪都是混合甘油酯。含饱和脂肪酸多则熔点和凝固点高，脂肪组织比较硬、坚挺。含不饱和脂肪酸多则熔点和凝固点低，脂肪组织比较软。因此，脂肪酸的性质决定了脂肪的性质。肉中脂肪含有20多种脂肪酸，最主要的有4种，即棕榈酸和硬脂酸两种饱和脂肪酸以及油酸和亚油酸两种不饱和脂肪酸。一般反刍动物硬脂酸含量较高，而亚油酸含量低，这也是牛羊脂肪较猪禽脂肪坚硬的主要原因。

亚油酸（$C_{18:2}$）、亚麻酸（$C_{18:3}$）和花生四烯酸（$C_{20:4}$）等不饱和脂肪酸是人体细胞膜、线粒体和其他部位的组分，人体不能合成，必须从食物中摄取。禾谷类种子富含此类不饱和脂肪酸，尤其是亚油酸的含量大约是肉类食物的20倍。植物性食物的碘值（反映不饱和程度）约为120，而肉类食物大约为60。

肌肉和器官中多不饱和脂肪酸和胆固醇的含量列于表1-3-6。显然，猪肉中亚油酸的含量比牛肉和羊肉都高出许多。这样的物种差异也表现在肾和肝上。所有物种的肝和肾中都含有一定量不饱和脂肪酸。

表 1-3-6 肌肉和器官中多不饱和脂肪酸和胆固醇含量（每 100g 总脂肪酸含量）

来源	多不饱和脂肪酸/g					胆固醇/mg
	$C_{18:2}$	$C_{18:3}$	$C_{20:3}$	$C_{20:4}$	$C_{22:5}$	
猪肉	7.4	0.9	微量	微量	微量	69
牛肉	2.0	1.3	微量	1.0	微量	59
羊肉	2.5	2.5	—	—	微量	79
大脑	0.4		1.5	4.2	3.4	2 200
猪肾	11.7	0.5	0.6	6.7	微量	410
牛肾	4.8	0.5	微量	2.6		400
羊肾	8.1	4.0	0.5	7.1	微量	400
猪肝	14.7	0.5	1.3	14.3	2.3	260
牛肝	7.4	2.5	4.6	6.4	5.6	270
羊肝	5.0	3.8	0.6	5.1	3.0	430

（二）磷脂和固醇

磷脂的结构和中性脂肪相似，只是其中 1～2 个脂肪酸被磷酸取代，磷脂在组织脂肪中比例较高，另外磷脂的不饱和脂肪酸比中性脂肪多，最高可达 50%以上。

磷脂主要包括卵磷脂、脑磷脂、神经磷脂以及其他磷脂类，卵磷脂多存在于内脏器官，脑磷脂大部分存在于脑神经和内脏器官，这两种磷脂在肌肉中较少。

胆固醇除在脑中存在较多外，并广泛存在于动物体内（表 1-3-6）。

四、浸出物

浸出物是指除蛋白质、盐类、维生素外能溶于水的可浸出性物质，包括含氮浸出物和无氮浸出物。

（一）含氮浸出物

含氮浸出物为非蛋白质的含氮物质，如游离氨基酸、磷酸肌酸、核苷酸类及肌苷、尿素等。这些物质为肉滋味的主要来源，如 ATP 除供给肌肉收缩的能量外，逐级降解为肌苷酸，是肉鲜味的成分。又如磷酸肌酸分解成肌酸，肌酸在酸性条件下加热则为肌酐，可增强熟肉的风味。肉中主要含氮浸出物含量见表 1-3-7。

表 1-3-7 100g 肉中主要含氮浸出物的含量

含氮浸出物	含量/mg
肌苷	250.0
氨基酸	85.0
肌苷酸	76.8
磷酸肌酸	67.0
尿素	9.9
ATP	8.7

（二）无氮浸出物

无氮浸出物为不含氮的可浸出性有机化合物，包括碳水化合物和有机酸。碳水化合物包括糖原、葡萄糖、核糖，有机酸主要是乳酸及少量的甲酸、乙酸、丁酸、延胡索酸等。

糖原主要存在于肝和肌肉中，肌肉中含0.3%～0.8%，肝中含2%～8%，马肉肌糖原含量在2%以上。宰前动物疲劳或受到刺激则肉中糖原贮备少。肌糖原含量的多少，对肉的pH、保水性、颜色等均有影响，并且影响肉的贮藏性。

五、维生素

肉中主要有B族维生素，是人们获取此类维生素的主要来源之一，特别是尼克酸。据报道，在英国人们摄取的尼克酸有40%来自于肉类。另外，动物器官中含有大量的维生素，尤其是脂溶性维生素，如肝是众所周知的维生素A补品。生肉和器官组织中维生素含量分别列于表1-3-8、表1-3-9。

表1-3-8 100g生肉的维生素含量

维生素种类	牛肉	小牛肉	猪肉	腌猪肉	羊肉
维生素A/IU	微量	微量	微量	微量	微量
维生素B_1/mg	0.07	0.10	1.0	0.4	0.15
维生素B_2/mg	0.2	0.25	0.20	0.15	0.25
尼克酸/mg	5.0	7.0	5.0	1.5	5.0
泛酸/μg	0.4	0.6	0.6	0.3	0.5
生物素/μg	3.0	5.0	4.0	7.0	3.0
叶酸/mg	10	5	3	0	3
维生素B_6/mg	0.3	0.3	0.5	0.3	0.4
维生素B_{12}/μg	2	0	2	0	2
维生素C/mg	0	0	0	0	0
维生素D/IU	微量	微量	微量	微量	微量

表1-3-9 100g器官组织中维生素含量

来源	维生素A/IU	维生素B_1/mg	维生素B_2/mg	尼克酸/mg	生物素/μg	叶酸/μg	维生素B_6/mg	维生素B_{12}/μg	维生素C/mg	维生素D/μg
脑	微量	0.07	0.02	3.0	2.0	6	0.10	9	23	微量
羊肾	100	0.49	1.8	8.3	37.0	31	0.30	55	7	—
牛肾	150	0.37	2.1	6.0	24.0	77	0.32	31	10	—
猪肾	110	0.32	1.9	7.5	32.0	42	0.25	14	14	—
羊肝	20 000	0.27	3.3	14.2	41.0	220	0.42	84	10	0.5
牛肝	17 000	0.23	3.1	13.4	33.0	330	0.83	110	23	1.13
猪肝	10 000	0.31	3.0	14.8	39.0	110	0.68	25	13	1.13
羊肺	—	0.11	0.5	4.7	—	—	—	5	31	—
牛肺	—	0.11	0.4	4.0	6		—	3	39	—
猪肺	—	0.09	0.3	3.4	—	—	—	—	13	—

六、矿物质

肌肉中含有大量的矿物质，尤以钾、磷含量最多，在腌肉中由于加入盐，使钠占主导地位。几种肉和肉制品中矿物质含量见表1-3-10。

表1-3-10 100g肉和肉制品中矿物质含量（mg）

名称	钠	钾	钙	镁	铁	磷	铜	锌
生牛肉	69	334	5	24.5	2.3	276	0.1	4.3
烤牛肉	67	368	9	25.2	3.9	303	0.2	5.9
生羊肉	75	246	13	18.7	1.0	173	0.1	2.1
烤羊肉	102	305	18	22.8	2.4	206	0.2	4.1
生猪肉	45	400	4	26.1	1.4	223	0.1	2.4
烤猪肉	59	258	8	14.9	2.4	178	0.2	3.5
生腌猪肉	975	268	14	12.3	0.9	94	0.1	2.5

烹调后矿物质含量上升，这主要是由于水分损失和调味料中添加矿物质。牛肉中铁的含量最高，这是由于牛肉中肌红蛋白的含量高于羊肉和猪肉。此外，肾和肝中的铁、铜和锌的含量远高于肌肉组织。器官组织中矿物质含量见表1-3-11。

表1-3-11 100g器官组织中的矿物质含量（mg）

器官组织	钠	钾	钙	镁	铁	磷	铜	锌
脑	140	270	12	15.0	1.6	340	0.3	1.2
羊肾	220	270	10	17.0	7.4	240	0.4	2.4
牛肾	180	230	10	15.0	5.7	230	0.4	1.9
猪肾	190	290	8	19.0	5.0	270	0.8	2.6
羊肝	76	290	7	19.0	9.4	370	8.7	3.9
牛肝	81	320	6	19.0	7.0	360	2.5	4.0
猪肝	87	320	6	21.0	21.0	370	2.7	6.9

七、影响因素

（一）种类

动物种类对肉化学组成的影响是显而易见的，表1-3-12列出了不同种类的成年动物背最长肌的化学成分。由表1-3-12可见，这5种动物肌肉的水分、总氮及总可溶性磷比较接近，而其他成分有显著差别。如肌红蛋白含量各种动物差异很大，牛和羊的肌红蛋白含量远高于猪和家兔，所以牛羊肌肉颜色比较深，而猪和家兔则较浅；蓝鲸肌红蛋白含量特别高，其肉色呈黑红色，这是由于其呼吸频率低，需要很强的贮氧功能所致，而肌红蛋白的主要生理功能是贮存氧。

表1-3-12 成年动物背最长肌的化学成分

项目	家兔	羊	猪	牛	蓝鲸
水分（除去脂肪）/%	77.0	77.0	76.7	76.8	77.7
肌内脂肪/%	2.0	7.9	2.9	3.4	2.4

（续）

项目	家兔	羊	猪	牛	蓝鲸
肌内脂肪碘值	—	54	57	57	11.9
总氮（除去脂肪）/%	3.4	3.6	3.7	3.6	3.6
总可溶性磷/%	0.20	0.18	0.20	0.18	0.20
肌红蛋白/%	0.02	0.25	0.06	0.50	0.91

另外，不同种类的动物的脂肪组成也有很大差异，从表1-3-13可看出猪脂肪中的硬脂酸（饱和脂肪酸）比例较低，而亚油酸（不饱和脂肪酸）是牛和羊的好几倍。所以猪脂肪因其脂肪酸不饱和度高而较牛、羊脂肪软。牛、羊脂肪饱和度高的主要原因是瘤胃中的微生物能将不饱和脂肪酸氢化，以使其饱和。

表1-3-13　畜禽脂肪酸构成（%）

脂肪酸	分子式	脂肪中的脂肪酸含量			
		牛	羊	猪	鸡
棕榈酸	$C_{15}H_{31}COOH$	29	25	28	18
硬脂酸	$C_{17}H_{35}COOH$	20	25	13	8
棕榈油酸	$C_{15}H_{29}COOH$	2	—	3	—
油酸	$C_{17}H_{33}COOH$	42	39	46	52
亚油酸	$C_{17}H_{31}COOH$	2	4	10	17
亚麻酸	$C_{17}H_{29}COOH$	0.5	0.5	0.7	—
花生四烯酸	$C_{19}H_{31}COOH$	0.1	1.5	2	—

（二）年龄

动物体的化学组成随着年龄的增加会发生变化，一般来说除水分下降外，其他成分会有所增加，特别是脂肪。幼年动物肌肉水分含量高，一些风味物质尚未有足够的沉积，除特殊情况外（如烤乳猪），畜禽大都不在幼年屠宰肉用，而是等其生长发育到一定程度时再屠宰。同时，随着年龄的增长，肌肉会逐渐变得粗硬，其异味也随着年龄增大而加剧。所以肉用畜禽都有一个合适的屠宰月龄，在良好的饲养条件下，一般肉牛在1.5～2岁，猪在6～10个月屠宰为宜。不同月龄猪背最长肌的化学变化见表1-3-14。

表1-3-14　不同月龄猪背最长肌的化学成分（%）

成分	5月龄	6月龄	7月龄
肌内脂肪	2.85	3.28	3.96
水分	76.72	76.37	75.9
肌红蛋白	0.030	0.038	0.044
粗蛋白	23.2	23.4	24.2

（三）部位

动物体内的肌肉按解剖部位来分有300多块，每块肌肉组成都不尽一致。差异比较大的是肌内脂肪、结缔组织以及肌红蛋白、矿物质和一些氨基酸（如羟脯氨酸）等的含量，见表1-3-15。

表 1-3-15 猪不同部位肌肉部分组成（%）

肌肉	水分	肌内脂肪	粗蛋白（去脂）	肌红蛋白	羟脯氨酸/（μg/g）
背最长肌	76.33	3.36	23.56	0.044	670
腰大肌	77.98	1.66	22.38	0.082	426
胸直肌	78.46	0.99	21.31	0.086	795
腕桡侧伸肌	79.04	1.39	21.0	0.099	2 470

（四）其他

除动物种类、年龄和部位外，营养状况、品种、性别也会影响肉的化学组成。一般来说营养状况好的肉畜，其体成分中脂肪比例较高，水分较少。脂肪除沉积在皮下以外，还会沉积在肌肉内，使肉的横切面呈现大理石样纹状，此性状是影响肉的食用品质的重要指标之一，特别是牛肉，一般优质牛肉都需要有较丰富的大理石花纹。不同用途的畜禽品种其肌肉组成也有一定差异，如赛马背最长肌的肌红蛋白含量远高于其他马，因为赛马奔跑时背部总是拱起的，背最长肌需要持续用力。另外，瘦肉型猪的肌肉脂肪含量就低于一般品种的猪。性别除对动物体组成有一定影响外，因为受性激素影响，还在肌肉中沉积一些异味物质，特别是在性成熟后这种影响会加大。

第四节　肌肉收缩及其宰后变化

活体肌肉是一种能通过收缩将化学能转化为机械能的高度分化组织，它附着在骨骼的特定位置上，通过收缩和松弛产生运动。当动物屠宰后，肌肉转化为既富含营养又美味可口的食肉时，这种收缩、松弛的能力也随之消失。然而，在刚宰后的一段时期内，肌肉的收缩功能并没有立即停止，还要维持一段时间，并与食肉的嫩度变化有一定的关系，因此，了解肌肉宰后变化将有助于我们理解许多宰后肌肉特性在食品中的作用。

一、肌肉收缩

（一）收缩形式

1. 等长收缩（isometric contraction）　是指固定肌肉两端，在使肌肉长度不缩短的状态下进行的收缩。等长收缩是机体中常见的收缩形式，它对机体各部位的固定、身体姿势的维持起着重要的作用。

2. 等张收缩（isotonic contraction）　是指使肌肉在一定负荷的条件下进行的收缩。在等张收缩时，肌肉要抵抗负荷而发生收缩，即产生运动，从而对外做功。

（二）骨骼肌的收缩

1. 骨骼肌收缩的原理　经过研究证明，每一个肌节间的细肌丝（肌动蛋白）和粗肌丝（肌球蛋白）之间的相对滑动，导致了肌节的变短，引起了肌肉的收缩。但是在整个收缩过程中，A 带的宽度是保持恒定的，肌节的缩短是靠 I 带和 H 带的缩短来实现的（图 1-3-4）。随着收缩的进行，当肌肉达到最大收缩状态时，肌球蛋白细丝中肌球蛋白的头部滑动到 Z 线，使 I 带与 A 带基本重合，H 带缩小到几乎等于零。此时电子显微镜观察不到 I 带、A 带、H 带的明显界线。

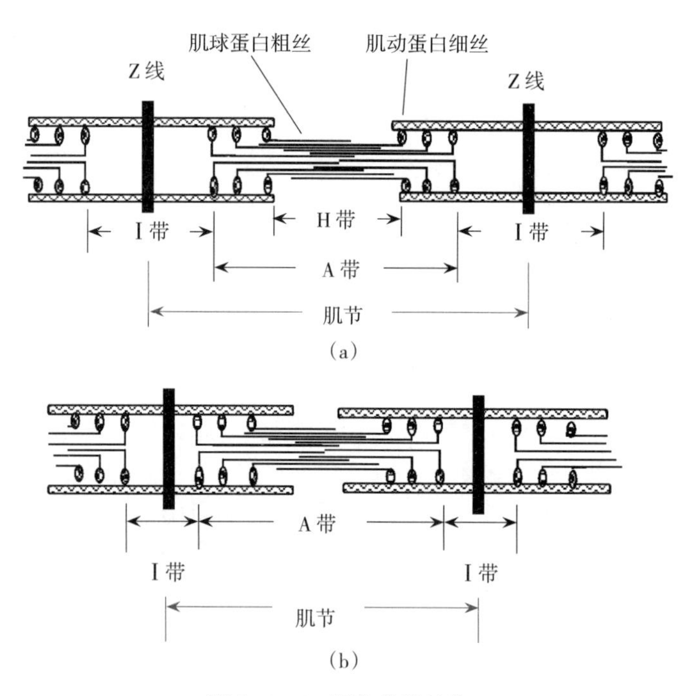

图 1-3-4　肌肉收缩结构

（a）静息状态下的肌纤维　（b）收缩状态下的肌纤维

肌肉的松弛与收缩

骨骼肌收缩的“滑动学说”：掌握肌球蛋白粗丝如何在肌动蛋白细丝上滑动是理解骨骼肌收缩原理的关键。首先，当乙酰胆碱刺激细胞膜产生的电位冲动传导到包围肌纤维的肌浆网时，刺激肌浆网使贮存在其中的 Ca^{2+} 释放出来，细胞内 Ca^{2+} 浓度的提高诱发结合在肌球蛋白头部的 Pi（磷酸）被释放出去，促使肌球蛋白-ADP 复合体与肌动蛋白的结合（图 1-3-5 步骤Ⅲ）；同时，肌球蛋白头部通过摆动轴由 90°摆动成 45°，带动肌动蛋白细丝移动，形成肌肉收缩，这时结合在肌球蛋白头部的 ADP 被释放出去（图 1-3-5 步骤Ⅳ）。ADP 释放出去后，肌球蛋白头部的能量供应已经全部用尽，肌动蛋白与肌球蛋白处于一种牢固的结合状态，被称为尸僵复合体。如果没有 ATP 补充，这种尸僵状态将会持续下去，动物屠宰后的肌肉死后尸僵就是这个原理。但是在活体肌肉中，不断有 ATP 供应，当肌球蛋白分子头部结合 ATP 后，引发肌动蛋白-肌球蛋白结合弱化，并使肌球蛋白头部从肌动蛋白中脱离（图 1-3-5 步骤Ⅰ）；在肌球蛋白具有 ATP 酶活性和肌动蛋白的结合点，ATP 和肌动蛋白结合点竞争性地结合肌球蛋白头部，当有大量的 ATP 存在时，ATP 结合在肌球蛋白头部，从而抑制肌动蛋白与肌球蛋白复合体的形成。

另外，ATP 酶的活性中心是半胱氨酸的巯基，Mg^{2+} 是抑制剂，Ca^{2+} 是激活剂。当肌球蛋白头部的 ATP 被分解时，促使肌球蛋白头部活化，并通过摆动轴产生摆动性。但是分解物 ADP 和 Pi 仍然结合在肌球蛋白分子中。肌动蛋白头部的摆动使其恢复到垂直于肌动蛋白细丝的排列状态，从而完成一次收缩（图 1-3-5 步骤Ⅱ）。

Ca^{2+} 对肌肉收缩的调节是通过结合在肌动蛋白细丝上的两个蛋白质分子——原肌球蛋白和肌钙蛋白来实现的。肌钙蛋白由三个亚单位 TnC、TnI 和 TnT 组成：其中 TnC 可以和 Ca^{2+} 结合；TnI 抑制肌球蛋白与肌动蛋白的结合；TnT 将两个亚单位结合在肌动蛋白上。当 Ca^{2+} 增加时，TnC 与 Ca^{2+} 结合，从而促使肌钙蛋白中的三个亚单位的结构改变，解除 TnI 对肌球蛋白和肌动蛋白的抑制作用，使原肌球蛋白向肌动蛋白的槽内移动，暴露出与肌球蛋白头部的结合点，促使肌动蛋白和肌球蛋白形成复合体，同时 ATP 酶被 Ca^{2+} 激活分解 ATP，供给肌肉收缩需要的能量。

2. 骨骼肌的松弛　骨骼肌的松弛是指肌肉静息状态的重新建立。收缩后的肌肉要恢复静息状态，各项生理生化指标必须达到静息状态要求值。

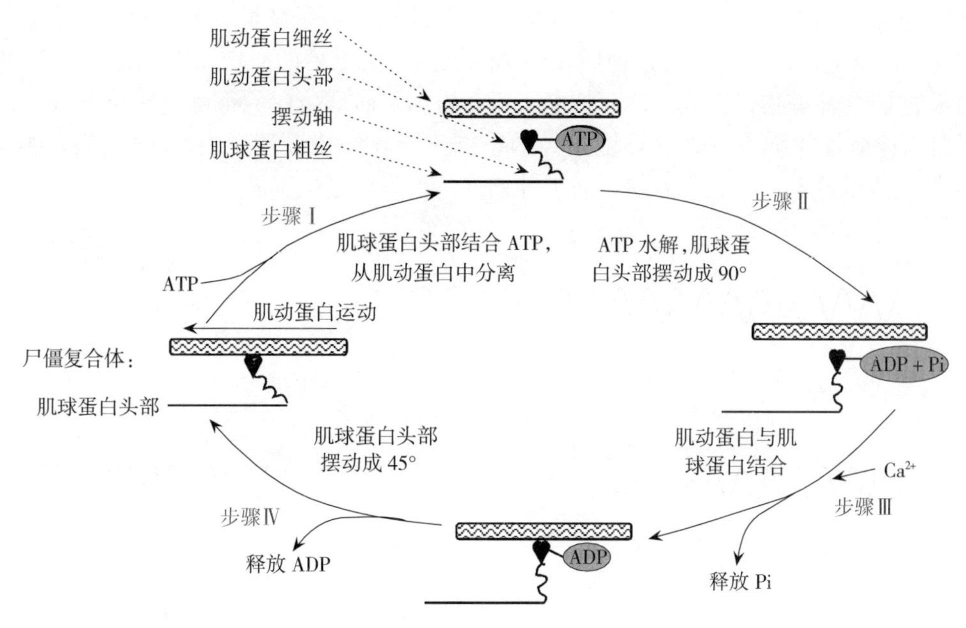

图 1-3-5 骨骼肌收缩机理示意

Ca^{2+}浓度的降低是经过肌浆网膜将胞液Ca^{2+}降低到静息状态水平。Ca^{2+}的回收需要通过肌浆网膜上的Ca^{2+}泵实现，并需要克服逆浓度梯度差运输的能量。运送到肌浆网中的Ca^{2+}被贮存在末端终池里，待下次刺激到来时再释放。当肌浆中Ca^{2+}浓度降低后，肌球蛋白头部和肌动蛋白的结合被拆开，从而使肌钙蛋白释放出束缚在其上的Ca^{2+}。随着肌钙蛋白Ca^{2+}的丧失，通过使原肌球蛋白越过横桥处恢复原位从而阻止肌球蛋白头部与肌动蛋白细丝的结合，张力消失，这时依靠存在于肌肉中的弹性蛋白的拉力使肌原纤维被动地互相滑动，恢复到静息状态。

二、肌肉宰后变化

动物经过屠宰放血，其机体因抵抗外界因素影响而维持体内平衡的能力丧失，导致死亡。但是，机体的器官和组织代谢并没有马上停止，细胞仍在进行各种活动，就肌肉组织而言，由于机体的死亡导致呼吸与血液循环的停止，氧气供应中断，肌肉组织内的各种需氧性反应停止，转变成厌氧性活动，所以肌肉在宰后所发生的各种反应与活体肌肉完全处于不同状态，进行着不同性质的反应。研究这些变化对于了解作为运动器官的“肌肉”（muscle）是如何转变为蛋白丰富、具有特定质地和风味的“肉”（meat）具有重要意义。

肌肉转化为肉的过程中主要包括以下变化：①可用能量逐渐耗尽；②从有氧代谢向无氧代谢转变，由于乳酸积累，导致组织的酸碱度从接近中性下降到 5.4～5.8；③由于离子泵丧失功能，各种离子浓度发生变化，其中钙离子强度的升高导致钙激活酶活性增强；④细胞逐渐丧失功能。所有这些发生在肌肉中的变化都会影响肉的食用品质。

（一）物理变化

动物放血的同时，就标志着肌肉宰后一系列物理和化学变化的开始。血液是机体输送包括氧气在内的各种营养物和代谢废物进出肌肉的主要运输工具，而放血就等于切断了肌肉组织与其他器官以及外界环境的一切沟通，从而使肌肉形成了一个崭新的环境：氧气阻断、肌肉内代谢物蓄积、糖原分解、ATP 减少和肌肉内环境的改变。

1. 肌肉伸缩性的逐渐丧失 刚刚屠宰后的肌肉如果给它一定的负荷，肌纤维就会伸长，去掉负荷肌纤维会恢复原状，显示出与活体肌肉同样的伸缩性，但是随着时间的变化，伸缩性逐渐减小，直至消失。宰后肌肉之所以有这种性质，是因为刚刚屠宰后的肌肉中有充足的ATP存在，使得肌浆网中的Ca^{2+}能够得以回收，从而抑制了肌动蛋白与肌球蛋白的不可逆性结合。

宰后肌肉伸缩性的维持受许多环境条件的影响，一般保持温度越高（生理范围内），肌肉内ATP以及肌糖原的分解、消失得越快，肌肉伸缩性的消失也越快（图1-3-6）。

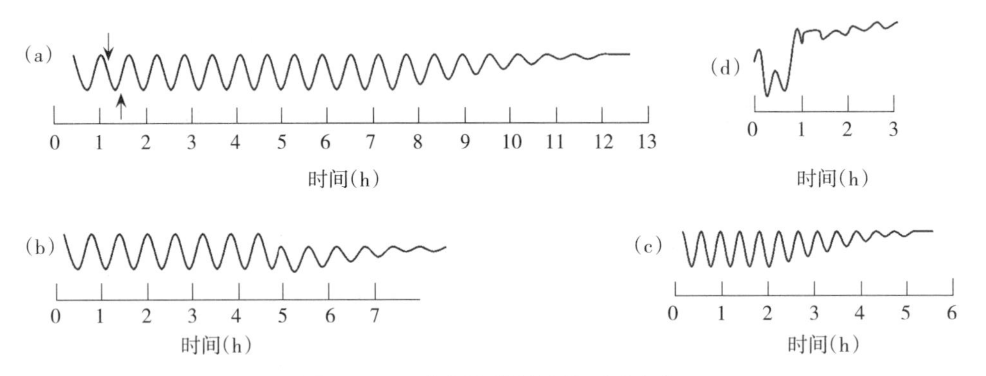

图1-3-6 兔腰肌伸缩性的死后变化

将屠宰后的腰肌取出后上端固定，在下端负重（↓）、减重（↑），重复进行，记录下肌肉长度的变化曲线。

（a）家兔在充足的营养下饲养，麻醉后屠宰，并将肌肉放置于17℃贮藏。最终pH由7.0降至5.7。伸缩时间维持了近10h

（b）其他条件与（a）相同，只是放置于37℃下贮藏。伸缩性缩短到近4h

（c）其他条件与（a）相同，只是未经麻醉直接屠宰。伸缩性缩短到近2h

（d）宰前注射胰岛素使糖原耗尽，宰后贮藏于17℃，最终肌肉的pH一直维持在7.25以上

2. 肌肉的宰后缩短（收缩） 把刚刚屠宰的肌肉切一小块放置，肌肉会顺着肌纤维的方向缩短，而横向变粗。如果肌肉仍连接在骨骼上，肌肉只能发生等长性收缩，肌肉内部产生拉力。肌肉的宰后缩短，是肌纤维中的细肌丝在粗肌丝之间的滑动引起的，收缩的原理与活体肌肉一致，但与活体肌肉相比，此时的肌肉失去了伸缩性，即只能收缩，不能松弛，收缩是因为肌肉中残存有ATP，不能松弛是因为其静息状态无法重新建立（参见“骨骼肌的松弛”）。而最终肌肉的解僵松弛是肌肉蛋白质的分解，与活体肌肉的松弛不是一个原理。

肌肉的宰后缩短程度与温度有很大关系。一般来说，在15℃以上，与温度是正相关，温度越高，肌肉收缩越剧烈。如果在夏季室外屠宰，没有冷却设施，其肉就会变得很老；在15℃以下，肌肉的收缩程度与温度是负相关，也就是说，温度越低，收缩程度越大，所谓的冷收缩（cold-shortening）就是在低温条件下形成的，经测定在2℃条件下肌肉的收缩程度与40℃一样大。温度对不受束缚的牛肉的收缩程度的影响见图1-3-7。

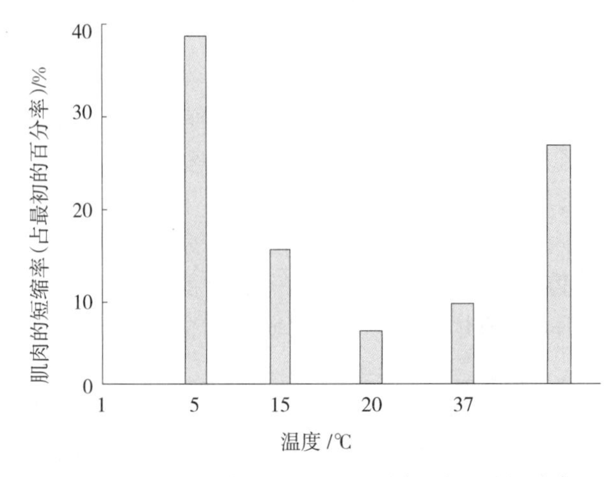

图1-3-7 牛颈肉在死后10h不同温度下的短缩率

3. 解冻僵直 如果宰后迅速冷冻，这时肌肉还没有达到最大僵直，在肌肉内仍含有糖原和ATP。在解冻时，残存的糖原和ATP作为能量使肌肉收缩形成僵直，称为解冻僵直（thaw rigor）。此时达到僵直的速度要比鲜肉在同样环境

时快得多，且收缩激烈，肉变得更硬，并有很多的肉汁流出，这种现象称为解冻僵直收缩。因此，为了避免解冻僵直收缩现象，最好是在肉的最大僵直后期进行冷冻。

（二）化学变化

糖原是动物细胞的主要贮能形式，按其分布可以分为肝糖原和肌糖原，肌糖原与运动状态有关，在休息期占肌肉的 0.1%～1%。

肌肉中有 10 多种酶参与肌糖原的分解与能量产生，在活体时体内的能量代谢主要是通过一系列的有氧分解最终产生 CO_2、H_2O 和 ATP。但是，放血后肌肉内形成厌氧环境，肌糖原分解代谢则由原来的有氧分解转为无氧酵解，产生乳酸。

1. pH 的下降 宰后肌肉内 pH 的下降是由肌糖原的无氧酵解产生乳酸以及 ATP 分解产生磷酸根离子等造成的，通常 pH 降到 5.4 左右时，就不再继续下降。因为肌糖原无氧酵解过程中的酶会被 ATP 降解时产生的氨气、肌糖原无氧酵解时产生的酸所抑制而失活，使肌糖原不能再继续分解，乳酸也不能再产生。这时的 pH 是死后肌肉的最低 pH，称为极限 pH。

正常饲养并正确屠宰的动物，即便是达到极限 pH，其肌肉内仍有肌糖原存在。但是屠宰前如果激烈运动或注射肾上腺类物质，屠宰前的肌糖原大量消耗，死后肌糖原就会在达到极限 pH 之前耗尽，从而产生高极限 pH 肉。

肉的保水性与 pH 有密切的关系，实验表明当 pH 从 7.0 下降到 5.0 时，保水性也随之下降，在极限 pH 时肉的保水性最差（图 1-3-8）。从此图也能看出，死后肌肉 pH 降低是肉的保水性下降的主要原因，同时，肉充分成熟后，其保水性有所增加。

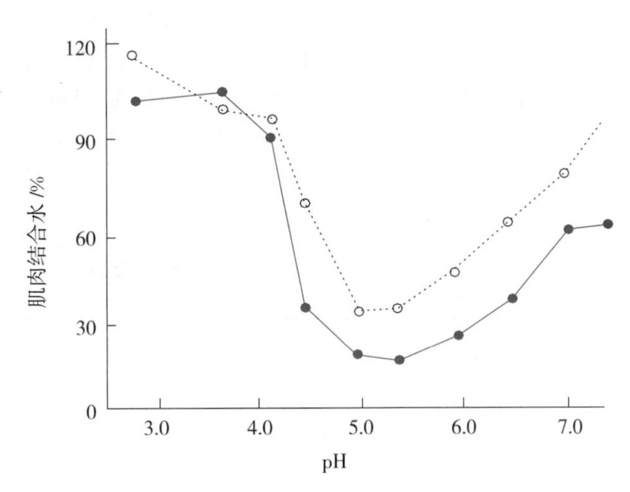

图 1-3-8 死后 1d（●）和 7d（○）牛颈肉在不同 pH 下的保水性

2. ATP 的降解与僵直产热 死后肌肉中肌糖原分解产生的能量转移给 ADP 生成 ATP。ATP 又经 ATP 分解酶分解成 ADP 和磷酸，同时释放出能量。机体死亡之后，这些能量不能用于体内各种化学反应和运动，只能转化成热量，同时由于死后呼吸停止产生的热量不能及时排出，蓄积在体内造成体温上升，即形成僵直产热。

死后 ATP 在肌浆中的分解是一系列的反应，它由多种分解酶参与，其反应过程如下：

$$\text{ATP} \xrightarrow{\text{ATPase}} \text{ADP} + H_3PO_4$$

$$2\text{ADP} \xrightarrow{\text{肌激酶}} \text{ATP} + \text{AMP}$$

$$\text{AMP} \xrightarrow{\text{腺苷酸脱氢酶}} \text{IMP} + NH_3$$

$$\text{IMP} \longrightarrow \text{肌苷}$$

IMP（次黄嘌呤核苷酸）是重要的呈味物质，对肌肉死后及其成熟过程中风味的改善起着重要的作用。由 ATP 转化成 IMP 的反应在肌肉达到僵直以前一直在发生，在僵直期达到最高峰，但是

IMP 最高浓度不会超过 ATP 的浓度。

（三）宰后僵直

1. 宰后僵直的机理 刚刚宰后的肌肉以及各种细胞内的生物化学等反应仍在继续进行，但是由于放血而带来了体液平衡的破坏、供氧的停止，整个细胞内很快变成无氧状态，从而使葡萄糖及糖原的有氧分解（最终氧化成 CO_2、H_2O 和 ATP）很快变成无氧酵解而产生乳酸。在有氧条件下每个葡萄糖分子可以产生 39 分子的 ATP，而无氧酵解则只能产生 3 分子的 ATP，从而使 ATP 的供应受阻，但体内（肌肉内）ATP 的消耗造成宰后肌肉内的 ATP 含量迅速下降。ATP 水平的下降、乳酸浓度的提高、肌浆网钙泵的功能丧失，引起肌纤维形成不可逆的僵直的肌动球蛋白，使整体肌肉变得僵直，这个过程称为宰后僵直（rigor mortis）。宰后僵直需要的时间与动物的种类、肌肉的种类及宰前状态等都有一定的关系，就畜禽种类而言，家禽宰后 2～4h 就进入僵直，猪需要 4～18h，牛需要 10～24h。

达到宰后僵直时期的肌肉在进行加热等成熟时，肉会变硬，肉的保水性小，加热损失多，肉的风味差，不适合于肉制品加工。但是，达到宰后僵直后的肉如果继续贮藏，肌肉内仍将发生诸多的化学反应，导致肌肉的成分、结构发生变化，使肉变软，同时肉的保水性增加，肉的风味增强。

2. 宰后僵直的过程 如上所述，不同品种、不同类型的肌肉的僵直时间有很大的差异，它与肌肉中 ATP 的降解速度有密切的关系。肌肉从屠宰至达到最大僵直的过程中，根据其不同的表现可以分为三个阶段：僵直迟滞期（delay phase）、僵直急速形成期（rapid phase）和僵直后期（post-rigor phase）。在屠宰的初期，肌肉内 ATP 的含量虽然减少，但在一定时间内几乎恒定，因为肌肉中还含有另一种高能磷酸化合物——磷酸肌酸（CP），在磷酸激酶存在并作用下，磷酸肌酸将其能量转给 ADP 再合成 ATP，以补充减少的 ATP。正是由于 ATP 的存在，使肌动蛋白细肌丝在一定程度上还能沿着肌球蛋白粗肌丝进行可逆性的收缩与松弛，从而使这一阶段的肌肉还保持一定的伸缩性和弹性。这一时期称为僵直迟滞期。

随着宰后时间的延长，磷酸肌酸的能量耗尽，肌肉 ATP 的来源主要依靠葡萄糖的无氧酵解，致使 ATP 的水平下降，同时乳酸浓度增加，肌浆网中的 Ca^{2+} 被释放，从而快速引起肌肉的不可逆性收缩，使肌肉的弹性逐渐消失，肌肉的僵直进入急速形成期。当肌肉内的 ATP 的含量降到原含量的 15%～20%时，肌肉的伸缩性几乎丧失殆尽，从而进入僵直后期。进入僵直后期时肉的硬度要比僵直前增加 10～40 倍。

（四）解僵与成熟

解僵指肌肉在宰后僵直达到最大程度并维持一段时间后，其僵直缓慢解除、肉的质地变软的过程。解僵所需要的时间因动物品种、肌肉类型、温度以及其他条件不同而异。在 0～4℃的环境温度下，鸡需要 3～4h，猪需要 2～3d，牛则需要 7～10d。

成熟（aging 或 conditioning）是指尸僵完全的肉在冰点以上的温度条件下放置一定时间，使其僵直解除、肌肉变软、系水力和风味得到很大改善的过程。肉的成熟过程实际上包括肉的解僵过程，二者所发生的许多变化是一致的。

1. 成熟的基本机制 肉在成熟期间，肌原纤维和结缔组织的结构发生明显的变化。

（1）肌原纤维小片化 刚屠宰后的肌原纤维和活体肌肉一样，是 10～100 个肌节相连的长纤维状，而在肉成熟时则断裂为 1～4 个肌节相连的小片状（图 1-3-9）。

（2）结缔组织的变化 肌肉中结缔组织的含量虽然很低（占总蛋白质的 5%以下），但是由于其性质稳定、结构特殊，在维持肉的弹性和强度上起着非常重要的作用。在肉的成熟过程中胶原纤维的网状结构被松弛，由规则、致密的结构变成无序、松散的状态（图 1-3-10）。同时，存在于

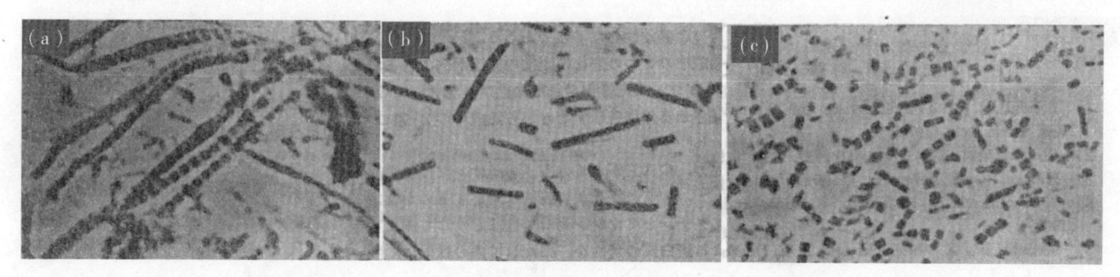

图 1-3-9 成熟过程中肌原纤维（鸡胸肉）的小片化

(a) 屠宰后 (b) 5℃成熟 5h (c) 5℃成熟 48h

胶原纤维间以及胶原纤维上的黏多糖被分解，这可能是造成胶原纤维结构变化的主要原因。胶原纤维结构的变化，直接导致了胶原纤维剪切力的下降，从而使整个肌肉的嫩度得以改善。

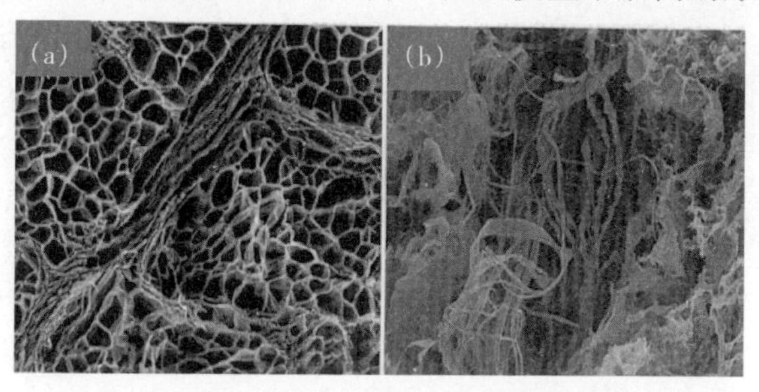

图 1-3-10 成熟过程中结缔组织结构变化（牛肉）

(a) 屠宰后 (b) 5℃成熟 28d

2. 成熟对肉质的作用

宰后肉的嫩度变化

（1）嫩度的改善 随着肉成熟的发展，肉的嫩度产生显著的变化。刚屠宰之后肉的嫩度最好，在极限 pH 时嫩度最差，成熟肉的嫩度有所改善。

（2）肉保水性的提高 肉在成熟时，保水性又有回升。一般宰后 2～4d pH 下降，极限 pH 在 5.5 左右，此时水合率为 40%～50%；最大尸僵期以后 pH 为 5.6～5.8，水合率可达 60%。因在成熟时 pH 偏离了等电点，肌动球蛋白解离，扩大了空间结构和极性吸引，使肉的吸水能力增强，肉汁的流失减少。

（3）蛋白质的变化 肉成熟时，肌肉中许多酶类对某些蛋白质有一定的分解作用，从而促使成熟过程中肌肉中盐溶性蛋白质的浸出能力增加。伴随肉的成熟，蛋白质在酶的作用下，肽链解离，游离的氨基增多，肉的水合力增强，变得柔嫩多汁。

（4）风味的变化 成熟过程中改善肉风味的物质主要有两类，一类是 ATP 的降解物次黄嘌呤核苷酸（IMP），另一类则是组织蛋白酶类的水解产物氨基酸。随着成熟，肉中浸出物和游离氨基酸的含量增加，多种游离氨基酸存在，其中谷氨酸、精氨酸、亮氨酸、缬氨酸和甘氨酸较多，这些氨基酸都具有增加肉的滋味或有改善肉质香气的作用。

3. 影响肉成熟的因素

（1）温度 温度对嫩化速度影响很大，它们之间成正相关。在 0～40℃，每增加 10℃，嫩化速度提高 2.5 倍。当温度高于 60℃后，由于有关酶类蛋白变性，导致嫩化速度迅速下降，所以加热烹调会中断肉的嫩化过程。

（2）电刺激 在肌肉僵直发生后进行电刺激可以加速僵直发展，嫩化也随着提前，尽管电刺激不会改变肉的最终嫩化程度，但电刺激可以使嫩化加快，减少成熟所需要的时间，如一般需要成熟 10d 的牛肉，应用电刺激后则只需要 5d。

（3）成熟程度的判定 一般可用 pH、剪切力、肌原纤维小片化指数等判定肌肉的成熟程度。

思考题

1. 简述肌肉的构造。
2. 简述结缔组织的构造。
3. 肌原纤维蛋白中的主要蛋白质包括哪些？
4. 简述宰后变化对肉的品质影响。
5. 简述肌肉化学组成各成分对肌肉食用品质的影响。

CHAPTER 4

第四章 食用品质

本章学习目标 了解肉中色素的组成，掌握肌肉色泽变化机理及影响肉色的因素；掌握嫩度的概念、影响因素、测定方法和改善嫩度的方法；了解肉品风味的产生途径；掌握肌肉系水力的概念和影响因素；了解多汁性与肉的嫩度、风味、脂肪含量等的关系；掌握综合评定肉品质量的方法。

第一节 肉 色

对肉及肉制品的评价，人们大都从色、香、味、嫩等几个方面来评价，其中给人的第一印象就是颜色。肉的颜色主要取决于肌肉中的色素物质——肌红蛋白和血红蛋白，如果放血充分，前者占肉中色素的80%～90%，占主导地位。所以肌红蛋白的多少和化学状态变化造成不同动物不同肌肉的颜色深浅不一，肉色千变万化，从紫色到鲜红色，从褐色到灰色，甚至还会出现绿色。本节主要介绍肌红蛋白的性质、影响因素以及保持正常肉色的一些措施。

一、肌红蛋白及其化学变化

（一）肌红蛋白的构造

肌红蛋白（myoglobin，Mb）是一种复合蛋白质，相对分子质量在17 000左右，由一条多肽链构成的珠蛋白和一个血红素组成（图1-4-1），血红素是由四个吡咯形成的环加上铁离子所组成的铁卟啉（图1-4-2），其中铁离子可处于还原态（Fe^{2+}）或氧化态（Fe^{3+}），处于还原态的铁离子能与O_2结合，氧化后则失去O_2，氧化和还原是可逆的，所以肌红蛋白在肌肉中起着载氧的功能。

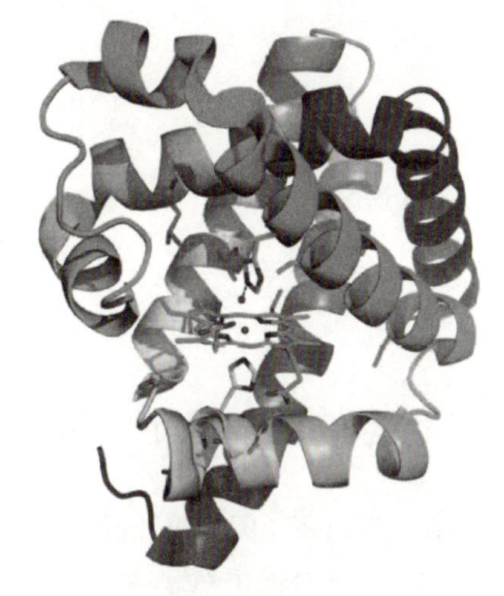

图1-4-1 肌红蛋白构造

（二）肌红蛋白的含量

肌肉中肌红蛋白含量受动物种类、肌肉部位、运动程度、年龄以及性别的影响。不同种类的动物肌红蛋白含量差异很大，牛>羊>猪>兔，肉颜色的深度也依次排序，牛羊肉深红，猪肉次之，兔肉就近乎白色。同种动物不同部位肌肉肌红蛋白含量差异也很大，这与肌纤维组成有关，红肌纤维富含Mb，而白肌纤维则不然。虽然肌肉纤维组成大都为混合型，但红、白肌纤维比例在不同的肌肉差异很大，最典型的是鸡腿肉和胸脯肉。鸡腿肉主要由红肌纤维组成，而鸡胸脯肉则大都由白肌纤维组成，前者肌红蛋白含量是后者的5～10倍，所以前者肉色红，后者肉色白。另外，随着动物年龄增长，肌肉中Mb含量增多，如5、6、7月龄猪背最长肌Mb含量分别为0.30、0.38和0.44 mg/g。除品种、部位、纤维类型、年龄以外，运动对肌肉Mb含量也有影响。因为运动要消耗氧，而Mb的主要生理功能就是载氧，所以，运动多的动物或肌肉部位，其Mb含量也高，如野兔肌肉的Mb要比家兔多，不停运动的腹膜肌Mb要比较少运动的背肌多。另外，不同性别的肌肉Mb含量也有差异，一般公畜肌肉含有较多的Mb。

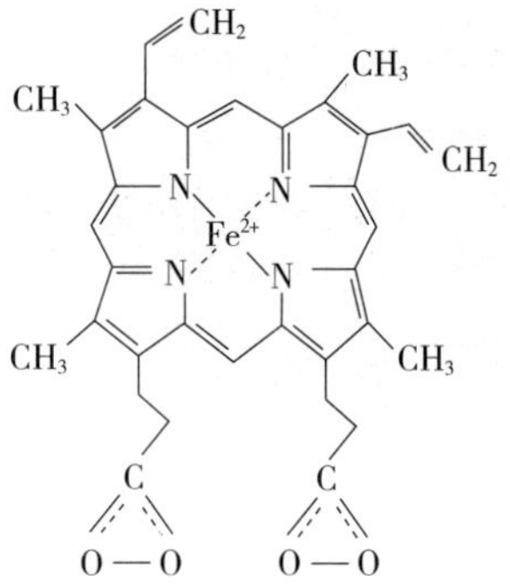

图1-4-2　血红素分子结构

（三）肌红蛋白的变化

Mb本身是紫红色，与氧结合可生成氧合肌红蛋白，为鲜红色，是新鲜肉的特征；Mb和氧合肌红蛋白均可以被氧化生成高铁肌红蛋白，呈褐色，使肉色变暗；有硫化物存在时Mb还可被氧化生成硫代肌红蛋白，呈绿色，是一种异色；Mb与亚硝酸盐反应可生成亚硝基肌红蛋白，呈粉红色，是腌肉的典型色泽；Mb加热后蛋白质变性形成球蛋白氯化血色原，呈灰褐色，是熟肉的典型色泽。图1-4-3是不同化学状态肌红蛋白之间的转化关系。

氧合肌红蛋白和高铁肌红蛋白的形成和转化对肉的色泽最为重要。因为前者为鲜红色，代表着肉新鲜，为消费者所钟爱。而后者为褐色，是肉放置时间过长的表现。如果不采取任何措施，一般肉的颜色将经历两个转变：第一个是由紫红色转变为鲜红色，第二个是由鲜红色转变为褐色。第一个转变很快，将肉置于空气中30min内就会发生，而第二个转变快者几个小时，慢者几天。转变的快慢受环境中O_2分压、pH、细菌繁殖程度和温度等诸多因素的影响。减缓第二个转变，即减缓由鲜红色转为褐色，是肉品保色的关键。

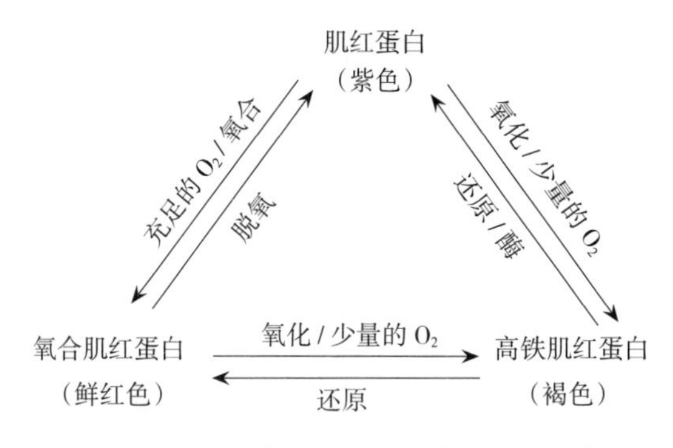

图1-4-3　肌红蛋白、氧合肌红蛋白和高铁肌红蛋白之间的转化

二、影响肉色稳定的因素

肉在贮存过程中因为肌红蛋白被氧化生成褐色的高铁肌红蛋白，使肉色变暗，品质下降。当高铁肌红蛋白≤20%时肉仍然呈鲜红色，达30%时肉显示出稍暗的颜色，在50%时肉呈红褐色，达到70%时肉就变成褐色，所以防止和减少高铁肌红蛋白的形成是保持肉色的关键。采取真空包装、充气包装、低温存贮、抑菌和添加抗氧化剂等措施可达到以上目的。不同因素对肉色的影响归纳于表1-4-1。

表1-4-1　影响肉色的因素

因素	影响
肌红蛋白含量	含量越多，颜色越深
品种、解剖位置	牛、羊肉色颜色较深，猪次之，禽腿肉为红色，而胸肉为浅白色

（续）

因素	影响
年龄	年龄愈大，肌肉 Mb 含量越高，肉色越深
运动	运动量大的肌肉，Mb 含量高，肉色深
pH	终 pH>6.0，不利于氧合 Mb 形成，肉色黑暗
肌红蛋白的化学状态	氧合 Mb 呈鲜红色，高铁 Mb 呈褐色
细菌繁殖	促进高铁 Mb 形成，肉色变暗
电刺激	有利于改善牛、羊的肉色
宰后处理	迅速冷却有利于肉保持鲜红颜色 放置时间延长、细菌繁殖、温度升高均可促进 Mb 氧化，肉色变深
腌制（亚硝基形成）	生成亮红色的亚硝基肌红蛋白，加热后形成粉红色的亚硝基血色原

1. 真空包装 除了冷冻冷藏外，真空包装是目前肉品保鲜的最常用措施。真空包装一方面可以降低细菌繁殖，延长肉的保鲜时间；另一方面限制或减少了高铁肌红蛋白的形成（图 1-4-4），使肉的肌红蛋白保持在还原状态，呈紫红色，在打开包装后能像新鲜肉一样在表面形成氧合肌红蛋白，呈鲜红色。

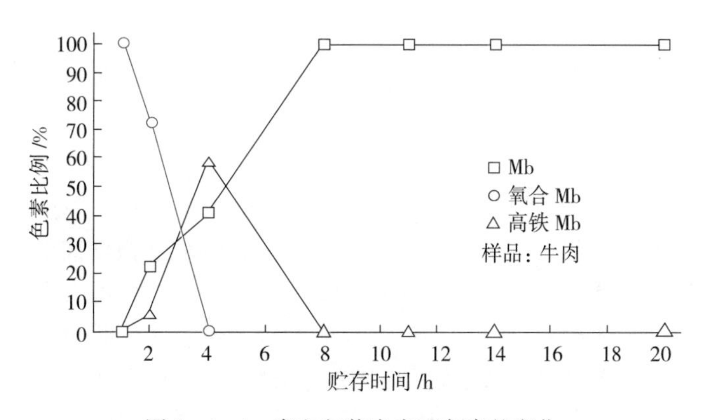

图 1-4-4 真空包装肉表面色素的变化

实验表明用低透氧薄膜比用高透氧薄膜的效果好，如用透氧率在 10 cm^3/（m^2 · d）以下的薄膜包装，可使肉在 2℃环境下保持 28d，打开后可保持 3～4d，肉的颜色仍然可接受。

无论用什么薄膜进行真空包装，大部分肉在零售时还需要重新包装，一般是用透氧的聚氯乙烯薄膜包装，使 Mb 转化为氧合 Mb，呈鲜红色，一般在 4℃环境下可保持肉色 3～4 d。

2. 充气包装 充气包装是通过调节包装袋中的气体组成来抑制需氧微生物繁殖，从而延长肉的保存时间。充气包装也控制肌红蛋白的氧合和氧化，从而对肉的颜色有调节作用。没有氧气，肉的肌红蛋白是以还原状态存在的，呈紫（红）色，低氧（1%）有利于褐色的高铁肌红蛋白形成，而高氧有利于鲜红色的氧合肌红蛋白形成。充气包装的气体组成多样，最常用的有纯 CO_2、CO_2+O_2 和 CO_2+N_2 几种。在 CO_2 达到 25%时即可对大多数细菌的生长起到抑制作用，在 40%～60%时效果最佳。但纯 CO_2 包装对肉色不利，所以充气包装大多采用混合气体，用 CO_2 抑制细菌，用 O_2 来保持肉色。另外，气体中如含有 1%～2%的 CO，将对肉色保存很有利，但大部分国家禁止采用 CO 作为充气包装的气体组成。

3. 抗氧化剂

（1）维生素 E 维生素 E 是一种抗氧化剂，实验表明在饲料中添加维生素 E 能有效地延长肉色的保持时间（图 1-4-5），这主要是因为维生素 E 可降低氧合肌红蛋白的氧化速度，同时促进高铁肌红蛋白向氧合肌红蛋白转变。

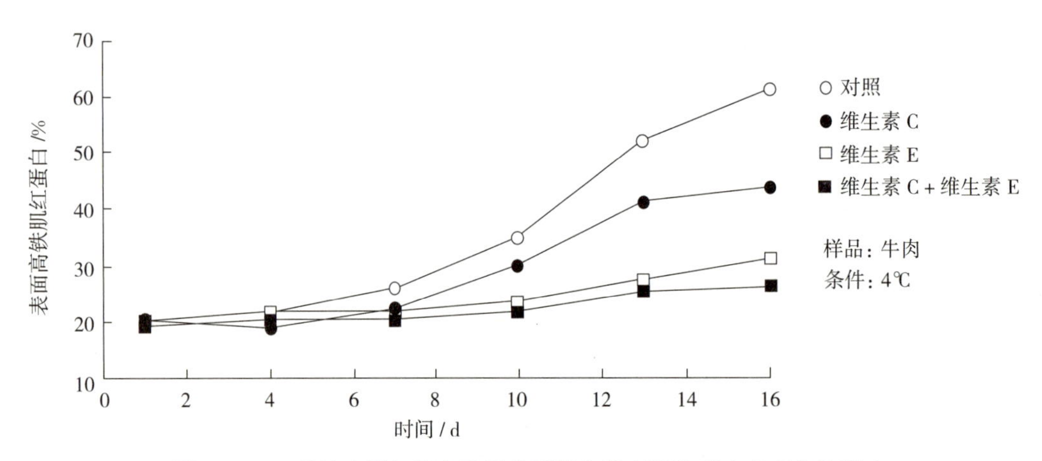

图1-4-5 日粮中添加维生素E及用维生素C浸泡对肉色变化的影响

（2）维生素C 维生素C既能抗氧化，又有抑菌作用，用维生素C溶液处理鲜肉，除了有抑制微生物生长的效果外，还能延长肉色保持期。在动物屠宰前注射维生素C也有同样的效果。

三、异质肉色

灰白色的PSE（pale，soft and exudative）肉、黑色的DFD（dark，firm and dry）肉和黑切牛肉（dark cutting beef）均为异质肉。

（一）黑切牛肉及DFD肉

DFD牛肉

黑切牛肉早在20世纪30年代就引起了人们注意，因为颜色变黑使肉的商品价值下降，这个问题现在仍然存在。黑切牛肉除肉色发黑外，还有pH高、质地硬、系水力高、氧的穿透能力差等特征。应激是产生黑切牛肉的主要原因，任何使牛应激的因素都在不同程度上影响黑切牛肉的发生。

宰后动物肌肉主要依靠糖酵解利用糖原产生能量来维持一些耗能反应。糖酵解的终产物是乳酸，由于它的积累使肌肉pH在4～24h内从6.8下降到5.5左右。当pH低于5.6时肌肉线粒体摄氧功能就被抑制。而受应激的动物肌肉中的糖原消耗较多，以至于没有足够的糖原来进行糖酵解，也就没有足够的乳酸使pH下降，一般1 g肌肉中需要100μmol乳酸才能使pH下降至5.5，应激动物肌肉只能产生40μmol的乳酸，只能使pH降到6.0左右，这样肌肉中的线粒体摄氧功能没有被抑制，大量的氧被线粒体摄去，在肉的表面能氧合肌红蛋白的氧气就很少，抑制了氧合肌红蛋白的形成，肌红蛋白大都以紫色的还原形式存在，使肉色发黑。DFD肉的发生机理与黑切牛肉类似。

黑切牛肉容易发生于公牛，一般防范措施是减少应激，如上市前给予较好的饲养，尽量减少运输时间，长途运输后要及时补饲，注意分群，避免打斗、爬胯等现象。

（二）PSE肉

PSE肉

PSE即灰白（pale）、柔软（soft）和多渗出水（exudative）的意思，PSE肉首先在丹麦被发现和命名（1954年）。PSE肉发生的原因也是动物应激，但其机理与DFD肉相反，是因为肌肉pH下降过快造成。容易产生PSE的肌肉大多是混合纤维型，具有较强的无氧糖酵解潜能，其中背最长肌和股二头肌最典型。PSE肉常发生在一种对应激敏感并产生综合征的猪上，即PSS（porcine stress syndrome）。通过遗传研究表明应激敏感症与一种叫氟烷的敏感基因相关联，因而通过基因PCR扩增就能快速检出此类猪。

四、熟肉颜色和腌肉颜色

(一) 熟肉色

肉在加热后蛋白质发生变性，肌红蛋白也不例外，加热后形成变性的珠蛋白与高铁血色原复合物，呈灰褐色，是熟肉的典型颜色。在此复合物的形成过程中高铁血色素中的第五、第六结合位点分别被变性珠蛋白中的羧化离子和水占据。

(二) 腌肉色

硝酸盐或亚硝酸盐常用于腌肉，除赋予其粉红的典型颜色外，还有抑菌和抗氧化作用。实际上，硝酸盐必须转化为亚硝酸盐才能起到发色作用，所以现在通常选用亚硝酸盐作发色剂。

硝酸盐或亚硝酸盐发色机理是在肉中生成亚硝基肌红蛋白，此蛋白最大吸收峰与氧合肌红蛋白接近，呈粉红色，加热后生成亚硝基血色原，为稳定的粉红色。

第二节　嫩　　度

嫩度（tenderness）是肉的主要食用品质之一，它是消费者评判肉质优劣的最常用指标。肉的嫩度指肉在食用时口感的老嫩，反映了肉的质地（texture），由肌肉中各种蛋白质结构特性决定。

一、影响嫩度的因素

(一) 宰前因素

影响肉的嫩度的宰前因素很多，有动物种类、品种、年龄、性别以及肌肉部位等因素。这些因素之所以影响肉的嫩度是因为它们的肌纤维粗细、质地以及结缔组织质量和数量有着明显的差异，而肌纤维的粗细及结缔组织的质地是影响肉嫩度的主要内在因素。

1. 种类、品种及性别　一般来说，畜禽体格越大其肌纤维越粗大，肉亦越老。在其他条件一致的情况下，一般公畜的肌肉较母畜粗糙，肉也较老。

2. 年龄　动物年龄越小，肌纤维越细，结缔组织的成熟交联越少，肉也越嫩。归纳起来，年龄增加使肉嫩度下降是因为结缔组织成熟，交联增加，肌纤维变粗，胶原蛋白的溶解度下降并对酶的敏感性下降。

3. 肌肉部位　不同部位的肌肉因功能不同，其肌纤维粗细、结缔组织的数量和质量差异很大。一般来说运动越多，负荷越大的肌肉因其有强壮致密的结缔组织支持，所以这些部位肌肉越老，如腿部肌肉就比腰部肌肉老。表 1-4-2 列出不同部位牛肉根据剪切力值和口感评定所反映出的嫩度情况。

表 1-4-2　不同部位牛肉烹调后的剪切力和嫩度

肌肉	剪切力/kg	嫩度
半膜肌	5.4	稍老
半腱肌	5.0	稍老
股二头肌	4.1	中等

（续）

肌肉	剪切力/kg	嫩度
臀中肌	3.7	较嫩
腰大肌	3.2	很嫩
背最长肌	3.8	较嫩
冈上肌	4.2	中等
臂三头肌	3.9	中等
斜方肌	6.4	很老

4. 肌内脂肪　肌内脂肪多会改善嫩度，大理石花纹多的肉块嫩度好，如雪花牛肉。

（二）宰后因素

动物被屠宰后，由于供氧中断，一系列依靠氧的活动停止，肌细胞内能量产生骤减。肌动蛋白和肌球蛋白由于屠宰刺激形成结合的肌动球蛋白因缺乏能量而不能像活体那样分开，肌肉自身的收缩和延伸性丧失，导致肌肉僵直。僵直期许多肌肉处于收缩状态，而肌肉收缩程度与肉的嫩度呈负相关，所以僵直期的肉嫩度最差。

1. 温度　肌肉收缩程度与温度有很大关系。一般来说，在15℃以上，与温度呈正相关，温度越高，肌肉收缩越剧烈。如果在夏季室外屠宰，没有冷却设施，其肉就会变得很老；在15℃以下，肌肉的收缩程度与温度呈负相关，也就是说，温度越低，收缩程度越大，所谓的冷收缩（cold-shortening）就是在低温条件下形成的。经测定，2℃条件下肌肉的收缩程度与40℃一样。

2. 成熟　肉在僵直后即进入成熟阶段。成熟又称为熟化，这并不是通常烹调加热致熟，而是肉在冰点以上温度下自然发生一系列生化反应，导致肉变得柔嫩和具有风味的过程。

熟化过的肉和没有熟化的肉的嫩度大不一样，这是因为组织蛋白酶和肌浆钙离子激活因子（calpain）在熟化过程中降解了一些关键性的蛋白质，如肌钙蛋白，T、Z线肌间蛋白，交联蛋白等，这就破坏了原有肌肉结构支持体系，使结缔组织变得松散、纤维状细胞骨架分解、Z线断裂，从而导致肉的牢固性下降，肉就变得柔嫩。肉成熟的过程也是肉嫩化的过程，嫩化在一开始较为强烈，随着时间的延长，嫩化速度降低。

3. 烹调加热　加热对肉嫩度的影响见图1-4-6。在烹调加热过程中，随着温度升高，蛋白质发生变性，变性蛋白的特性决定了肉的质地。

在40～50℃，由测定剪切力得知肉硬度增加，这是因为变性肌原纤维蛋白主要是肌动球蛋白凝聚。在60～75℃，由胶原蛋白组成的肌内膜和肌束膜变性而引起的收缩导致切割力第二次增加。第二次收缩所产生的张力大小取决于肌束膜的热稳定性，后者是由交联的质和量决定的。动物越老，其热稳定交联越多，在收缩时产生的张力越大。在曲线的第三阶段，随着温度的继续升高，切割力下降，硬度的下降是由于肽键的水解和变性，胶原蛋白交联的破裂以及纤维蛋白的降解，最后将熟肌肉纤维固定在一起的是变性胶原蛋白纤维，在持续加热条件下逐步降解，并部分转化为明胶，使肉的嫩度得到改善。

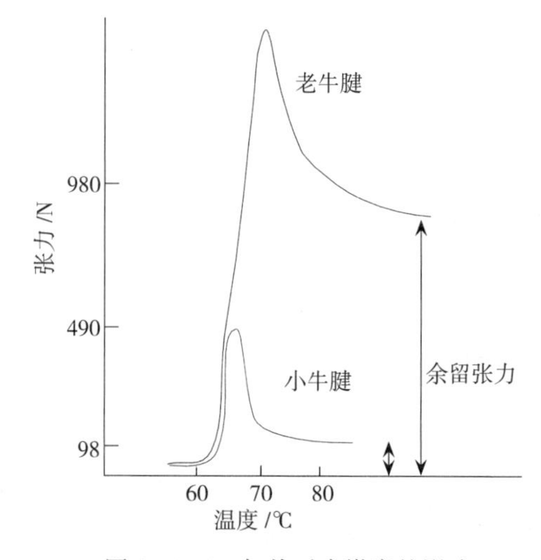

图1-4-6　加热对肉嫩度的影响

影响肉嫩度的因素列于表1-4-3。

表1-4-3 影响肉嫩度的因素

因素	影响
年龄	年龄越大，肉亦越老
运动	一般运动多的肉较老
性别	公畜肉一般较母畜和阉畜肉老
大理石纹	与肉的嫩度有一定程度的正相关
成熟（aging）	改善嫩度
品种	不同品种的畜禽肉在嫩度上有一定差异
电刺激	可改善嫩度
成熟（conditioning）	尽管和aging一样均指成熟，而又特指将肉放在10～15℃环境中解僵，这样可以防止冷收缩
肌肉	肌肉不同，嫩度差异很大，源于其中的结缔组织的量和质不同
僵直	动物宰后将发生死后僵直，此时肉的嫩度下降，僵直过后，成熟肉的嫩度得到恢复
解冻僵直	导致嫩度下降，损失大量水分

二、肉的人工嫩化

人们很早就知道可以人为地使肉嫩化。例如，敲击肉及将肉切成小块以达到破坏其结构和结缔组织的目的。还有用醋、酒、盐及酶类物质浸泡，以嫩化肌肉。下面介绍几种人工嫩化方法。

（一）酶

500年前墨西哥的印第安人为了使肉柔嫩可口，将要煮的肉用巴婆果叶包起来。后来发现这种植物叶子含有对肌肉起作用的水解酶类。当人们认识到酶可以使肉变嫩，便发展了一系列技术，如将肉浸泡在含酶溶液中；或将含酶溶液直接泵入肌肉的血管系统，通过微血管等使其溶入肉中。现在已开发出多种酶嫩化剂，有粉状、溶液，还有气雾液等，既可在家庭烹饪使用，也可用于工厂化规模生产线上，非常方便实用。

（二）电刺激

对动物胴体进行电刺激有利于改善肉的嫩度，这主要是因为电刺激引起肌肉痉挛性收缩，导致肌纤维结构破坏，同时电刺激可加速家畜宰后肌肉的代谢速率，使肌肉尸僵发展加快，成熟时间缩短。

电刺激对牛羊肉嫩度改善较大，据美国对1 200头牛胴体电刺激的结果表明，嫩度可提高23%，对猪肉进行电刺激嫩化效果不如牛羊，通常只有3%左右。

（三）醋渍法

将肉在酸性溶液中浸泡可以改善肉的嫩度。据实验，溶液pH介于4.1～4.6时嫩化效果最佳，用酸性红酒和醋来浸泡肉较为常见，它不但可以改善嫩度，还可增加肉的风味。此外，NaCl、磷酸盐等可通过提高肉的持水能力改善嫩度。

（四）压力法

给肉施加高压可以破坏肉的肌纤维中亚细胞结构，使大量 Ca^{2+} 释放，同时也释放组织蛋白酶，使得蛋白水解活性增强，一些结构蛋白被水解，从而导致肉的嫩化。

三、嫩度的评定

对肉嫩度的主观评定主要根据其柔软性、易碎性和可咽性来判定。柔软性，即舌头和颊接触肉时产生触觉，嫩肉软乎而老肉则有木质化感觉；易碎性，指牙齿咬断肌纤维的容易程度，嫩度很好的肉对牙齿无多大抵抗力，很容易被嚼碎；可咽性，可用咀嚼后肉渣剩余的多少及吞咽的容易程度来衡量。

对肉嫩度的客观评定是借助于仪器来测量切断力、穿透力、咬力、剁碎力、压缩力、弹力和拉力等指标，而最通用的是切断力，又称剪切力（shear force），即用一定钝度的刀切断一定粗细的肉所需的力量，以千克（kg）为单位。一般来说，剪切力大于 4kg 的肉就比较老了，难以被消费者接受。

第三节　风　　味

肉的风味大都通过烹调后产生，生肉一般只有咸味、金属味和血腥味。当肉加热后，前体物质反应生成各种呈味物质，赋予肉以滋味和芳香味。这些物质主要是通过美拉德反应（Maillard reaction）、脂质氧化和一些物质的热降解三种途径形成。风味是食品化学的一个重要领域，随着高灵敏度和高专一性分析技术发展，如高分辨率气相色谱、高效液相色谱、气质联用和液质联用等技术的应用，肉的风味研究正日趋活跃。据 Maarse 和 Visscher（1992）统计，熟肉中与风味有关的物质已超过 1 000 种。

鉴于肉的基本组成类似，包括蛋白质、脂肪、碳水化合物等，而风味又是由这些物质反应生成，加上烹调方法具有共同性，如加热，所以无论来源于何种动物的肉均具有一些共性的呈味物质，当然不同来源的肉还有其独特的风味，如牛、羊、猪、禽肉有明显的不同。风味的差异主要来自脂肪的氧化，这是因为不同种动物脂肪酸组成明显不同，由此造成氧化产物及风味的差异。另一些异味物质如羊膻味和公猪腥味分别来自脂肪酸和激素代谢产物。

肉的风味由肉的滋味和香味组合而成，滋味的呈味物质是非挥发性的，主要靠人的舌面味蕾（味觉器官）感觉，经神经传导到大脑反应出味感。香味的呈味物质主要是挥发性的芳香物质，主要靠人的嗅觉细胞感受，经神经传导到大脑产生芳香感觉，如果是异味物，则会产生厌恶感和臭味的感觉。

一、滋味物质

从表 1 - 4 - 4 可看出肉中的一些非挥发性物质与肉滋味的关系。其中，甜味来自葡萄糖、核糖和果糖等；咸味来自一系列无机盐和谷氨酸盐及天冬氨酸盐；酸味来自乳酸和谷氨酸等；苦味来自一些游离氨基酸和肽类；鲜味来自谷氨酸钠（monosodium glutamate，MSG）以及核苷酸等。另外 MSG、核苷酸和一些肽类除给肉以鲜味外，同时还有增强以上 4 种基本味的作用。

表 1-4-4 肉的滋味物质

滋味	化合物
甜咸酸苦	葡萄糖、果糖、核糖、甘氨酸、丝氨酸、苏氨酸、赖氨酸、脯氨酸、羟脯氨酸、无机盐、谷氨酸钠、天冬氨酸钠 天冬氨酸、谷氨酸、组氨酸、天冬酰胺、琥珀酸、乳酸、二氢吡咯羧酸、磷酸肌酸、肌苷酸、次黄嘌呤、鹅肌肽、肌肽、其他肽类、组氨酸、精氨酸、蛋氨酸、缬氨酸、亮氨酸、异亮氨酸、苯丙氨酸、色氨酸、酪氨酸
鲜	MSG、5′-肌苷酸（5′-IMP）、5′-鸟苷酸（5′-GMP）、其他肽类

二、芳香物质

生肉不具备芳香性，烹调加热后一些芳香前体物质经脂肪氧化、美拉德褐变反应以及硫胺素降解产生挥发性物质，赋予熟肉芳香性。据测定，芳香物质的 90%来自脂质反应，其次是美拉德反应，硫胺素降解产生的风味物质所占比例最小。虽然后两者反应所产生的风味物质在数量上不到 10%，但并不能低估它们对肉风味的影响，因为肉风味主要取决于最后阶段的风味物质，另外对芳香的感觉并不绝对与数量呈正相关。

Mottram（2017）总结了 100 余篇有关肉风味物质的文献资料，并进行了汇总。这些资料表明硫化物占牛肉总芳香物质的 20%，是牛肉风味形成的主要物质；羊肉含的羟酸高于其他肉类；醛和酮是禽肉中主要的挥发性物质；腌猪肉则会有较多的醇和醚，这可能与其烟熏有关。

与风味芳香有关的物质很多，可以列出上千种，但对那些起主导作用的物质一直缺乏共识。近来的研究发现起决定性作用的可能主要有十几种，如 2-甲基-3-呋喃硫醇、糠基硫醇（2-furfurythiol）、3-巯基-2-戊酮（3-mercapto-2-pentanone）和甲硫丁氨醛（methional）被认为是肉的基本风味物质。除牛肉以外，其他肉的风味形成是在此基础上增加脂肪氧化产物，因为各种动物脂肪组成不同而造成了其肉风味的差异，禽肉风味受脂肪氧化产物影响最大，其中最主要的是 2(E),4(E)-癸二烯醛［2(E),4(E)-decadienal］，还有 2-十一（烷）醛（2-undecanal）和 2,4-癸二烯醛（2,4-decadienal）等以及其他不饱和醛类。纯正的牛肉和猪肉风味来自瘦肉，受脂肪影响很小，牛肉的呈味物质主要来自硫氨素降解，代表了牛肉的基本风味。

羊肉膻味来自 4-乙基辛酸和 4-甲基辛酸等支链脂肪酸和其他短链脂肪酸，公猪腥味则来自 C_{19}-Δ^{16}-类固醇。

三、产生途径

（一）美拉德反应

人们较早就知道将生肉汁加热可以产生肉香味，通过测定成分的变化发现在加热过程中随着大量的氨基酸和绝大多数还原糖的消失，一些风味物质随之产生，这就是所谓的美拉德反应：氨基酸和还原糖反应生成香味物质。此反应较复杂，步骤很多，在大多数生物化学和食品化学图书中均有陈述，此处不再一一列出。

（二）脂质氧化

脂质氧化是产生风味物质的主要途径，不同种类肉品风味的差异主要是由于脂质氧化产物不同。肉在烹调时的脂肪氧化（加热氧化）原理与常温脂肪氧化相似，但加热氧化由于热能的存在使其产物与常温氧化大不相同。总的来说，常温氧化产生酸败味，而加热氧化产生风味物质。

（三）硫胺素降解

肉在烹调过程中有大量的物质发生降解，其中硫胺素（维生素 B_1）降解所产生的硫化氢（H_2S）对肉的风味，尤其是牛肉味的生成至关重要。H_2S 本身是一种呈味物质，更重要的是它可以与呋喃酮等杂环化合物反应生成含硫杂环化合物，赋予肉强烈的香味，其中 2-甲基-3-呋喃硫醇被认为是肉中最重要的芳香物质。

（四）腌肉风味

亚硝酸盐是腌肉的主要特色成分，它除了具有发色作用外，对腌肉的风味也有重要影响。亚硝酸盐（抗氧化剂）抑制了脂肪的氧化，所以腌肉体现了肉的基本滋味和香味，减少了脂肪氧化所产生的具有种类特色的风味以及过热味（warmed-over flavor，WOF）。

四、影响因素

对肉的风味能产生影响的因素及其作用列于表 1-4-5。

表 1-4-5　影响肉风味的因素

因素	影响
年龄	年龄越大，风味越浓
种类	种类间风味差异很大，主要由脂肪酸组成上的差异造成 种类间除风味外还有特征性异味，如羊膻味、猪味、鱼腥味等
脂肪	风味的主要来源之一
氧化	氧化加速脂肪产生酸败味，随温度升高而加速
饲料	饲料中鱼粉腥味、牧草味，均可带入肉中
性别	未去势公猪，因性激素有强烈异味，公羊膻腥味较重，牛肉风味受性别影响较小
宰后成熟	宰后成熟过程中，肉变嫩，风味增加
腌制	抑制脂肪氧化，有利于保持肉的原味
细菌繁殖	产生腐败味

第四节　多汁性

多汁性（juiciness）也是影响肉食用品质的一个重要因素，尤其对肉的质地影响较大，据测算10%～40%肉质地的差异是由多汁性好坏决定的。对多汁性评定，较可靠的是主观评定，现在尚没有较好的客观评定方法。

一、主观评定

对多汁性较为可靠的评测仍然是人为的主观感觉（口感）评定，对多汁性的评判可从以下四个方面进行：一是开始咀嚼时根据肉中释放出的肉汁多少；二是根据咀嚼过程中肉汁释放的持续性；

三是根据咀嚼时刺激唾液分泌的多少；四是根据肉中脂肪在牙齿、舌头及口腔其他部位的附着给人以多汁性的感觉。

多汁性是一个评价肉食用品质的主观指标，与它对应的指标是口腔的用力度、嚼碎难易程度和润滑程度，多汁性和以上指标有较好的相关性。Hutchings 和 Lillford（1988）综合考虑以上指标建立了一个衡量多汁性的模型（图 1-4-7），此模型为三维结构，由咀嚼时间、食物结构度和润滑度三个坐标组成。

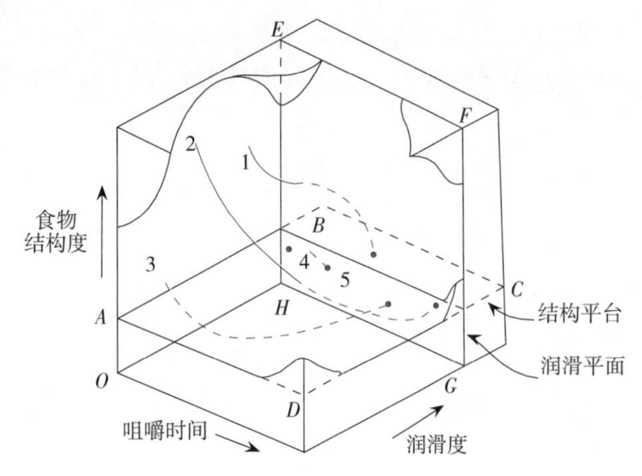

图 1-4-7 肉的多汁性

另外，此模型有一个平台（即"*ABCD* 平台"或称为"结构平台"）以及一个面（即"*EFGH* 平面"或称为"润滑平面"）。食物结构必须低于 *ABCD* 平台，并润滑到 *EFGH* 平面以后才能被吞咽。当吃多汁嫩肉时，其迅速通过润滑平面，但降低结构，通过结构平台的时间较长（曲线 1）；而吃干硬的肉时，食品结构迅速下降，但将其润滑需要较长的时间（曲线 2）。像牡蛎这样的食品进嘴即可吞咽（曲线 4），吃干的蛋糕马上可以低于结构平台，但需要较长的时间来润滑，才能被吞咽（曲线 3）。水虽然不需要润滑但其结构过于低，故需要一点时间分段成团吞咽（曲线 5）。一些煮得过烂的肉也有类似情况，当超过润滑平面后需要重新增加其结构（形成团状）才能吞咽。

二、影响因素

（一）肉中脂肪含量

在一定范围内，肉中脂肪含量越多，肉的多汁性越好。因为脂肪除本身产生润滑作用外，还刺激口腔释放唾液。脂肪含量多少对重组肉的多汁性尤为重要，据 Berry 等的测定，脂肪含量为 18%和 22%的重组牛排远比脂肪含量为 10%和 14%的重组牛排多汁。

（二）烹调

一般烹调结束时温度越高，多汁性越差，如 60℃（rare）烹调结束的牛排就比 80℃（well done）结束的牛排多汁，而后者又比 100℃结束的牛排多汁。Bower 等人仔细研究了肉内温度从 55℃到 85℃这一阶段肉的多汁性变化，发现多汁性下降主要发生在两个温度范围，一个是 60～65℃，另一个是 80～85℃。

（三）加热速度和烹调方法

不同烹调方法对多汁性有较大影响，同样将肉加热到 70℃，采用烘烤方法肉最为多汁，其次是蒸煮，然后是油炸，多汁性最差的是加压烹调。这可能与加热速度有关，加压和油炸速度最快，而烘烤最慢。另外，在烹调时若将包围在肉上的脂肪去掉将导致多汁性下降。

（四）肉制品中的可榨出水分

生肉的多汁性较为复杂，其主观评定和客观评定相关性不强，而肉制品中可榨出水分能较为准确地用来评定肉制品的多汁性，尤其是香肠制品，两者呈较强的正相关。

思考题

1. 根据肉色的变化机理，谈谈肉色的影响因素及如何护色。
2. 简述影响肉嫩度的因素。
3. 肉制品风味的产生途径有哪些？影响因素有哪些？

CHAPTER 5

第五章 贮藏保鲜

本章学习目标 了解肉的贮藏保鲜原理与控制体系；掌握冷却贮藏、冷冻贮藏等贮藏方法在肉品贮藏保鲜中的应用；了解肉品物流管理中的市场需求、技术规范、冷链系统和生鲜市场。

肉中营养物质丰富，是微生物繁殖的良好培养基，如果控制不当，很容易被微生物污染，导致腐败变质。肉的安全和卫生性越来越受到消费者的重视，20 世纪多起食源性传染病的流行暴发促使肉类工业和流通领域更加重视和改善卫生条件，减少和防止微生物对肉类制品的污染。目前，常用的肉品贮藏保鲜方法主要有冷却、冷冻、辐照、真空与气调包装、化学防腐等。

第一节 贮藏保鲜原理

一、肉中的微生物及肉的腐败

（一）肉中的微生物

在正常条件下，刚屠宰的动物深层组织通常是无菌的，但在屠宰和加工过程中，肉的表面受到微生物的污染。在一开始，肉表面的微生物只有经由循环系统或淋巴系统才能穿过肌肉组织，进入肌肉深部。当肉表面的微生物数量很多，出现明显的腐败或肌肉组织的整体性受到破坏时，表面的微生物便可直接进入肉中。

1. 鲜肉中的微生物 胴体表面初始污染的微生物主要来源于动物的皮表、被毛及屠宰环境，皮表或被毛上的微生物来源于土壤、水、植物以及动物粪便等。胴体表面初始污染的微生物大多是革兰阳性嗜温微生物，主要有小球菌、葡萄球菌和芽孢杆菌，主要来自粪便和表皮。少部分是革兰阴性微生物，主要为来自土壤、水和植物的假单胞杆菌，也有少量来自粪便的肠道致病菌。在屠宰期间，屠宰工具、工作台和人体也会将细菌带给胴体。在卫生状况良好的条件下屠宰的动物肉，表面的初始细菌数为 10^2～10^4 cfu/cm^2，其中 1%～10%能在低温下生长。猪肉初始污染的微生物数不同于牛羊肉，热烫煺毛可使胴体表面微生物数减少到小于 10^3 cfu/cm^2，而且存活的主要是耐热微生物。动物体的清洁状况和屠宰车间的卫生状况影响微生物的污染程度，肉的初始载菌量越小，保鲜期越长。

2. 冻结肉中的微生物 冻结肉的细菌总数明显减少，微生物种类也发生明显变化。如冻结前牛肉的平均细菌总数大约为 10^5 cfu/g，而经－30℃冻结后，平均细菌总数减少到 10cfu/g。一般革兰阴性菌比革兰阳性菌、繁殖体比芽孢对冻结致死更敏感。如牛肉冻结前革兰阳性菌占 15%，革兰阴性菌占 85%，经－30℃冻结后，革兰阳性菌的比例上升到 70%，革兰阴性菌下降为 30%。在商业冻藏温度（-15℃以下），细菌不仅不能生长，其总数也减少。但长期冻藏对细菌芽孢基本上没有影响，酵母和霉菌对冻结和冻藏的抗性也很强。因而，在通风不良的冻藏条件下，胴体表面会有霉菌生长，形成黑点或白点。

3. 真空包装鲜肉中的微生物 20世纪80年代中期，美国市场上80%以上的牛肉采用真空包装。不透氧的真空包装袋可使鲜牛肉的货架期达到15周以上，而透氧薄膜仅能使货架期达到2～4周。

在不透氧真空包装袋内，由于肌肉和微生物需氧，O_2很快消耗殆尽，CO_2趋于增加，氧化还原电位降低。真空包装的鲜肉贮藏于0～5℃时，微生物生长受到抑制，一般3～5d之后微生物缓慢生长。贮藏后期的优势菌是乳酸菌，占细菌总数的50%～90%，主要包括革兰阳性乳杆菌和明串珠菌。革兰阴性假单胞杆菌的生长则受到抑制，相对数量减少。

腌肉的盐分高，室温下主要的微生物类群是微球菌。真空包装的腌肉在贮藏后期的优势菌仍然是微球菌，链球菌（如肠球菌）、乳杆菌和明串珠菌也占一定比例。

4. 解冻肉中的微生物 如上所述，在正常冻结冻藏条件下，经过长期保存的冻结肉的细菌总数明显减少，即肉在解冻时的初始细菌数比其原料肉的细菌数少。在解冻期间，肉的表面很快达到解冻介质的温度。解冻形状不规则的肉时，微生物的生长依肉块部位不同而有差异，同时取决于解冻方法、肉表面的水分活度、温度以及肉的形状和大小。

在正常解冻下，当温度达到微生物的生长要求时，由于延迟期，微生物并不会立即开始生长。延迟期的长短取决于微生物本身、解冻温度和肉表面的微环境。-20℃下冻藏的肉在10℃下解冻时，假单胞杆菌的延迟期为10～15h；在7℃下解冻时的延迟期为2～5d。与鲜肉相比，解冻后的肉更易腐败，应尽快加工处理。

（二）肉类的腐败

肉类腐败变质时，往往在肉的表面产生明显的感官变化。

1. 发黏 微生物在肉表面大量繁殖后，肉体表面有黏液状物质产生，拉出时如丝状，并有较强的臭味，这是微生物繁殖后所形成的菌落，以及微生物分解蛋白质的产物。主要是由革兰阴性细菌、乳酸菌和酵母菌产生。当肉的表面有发黏、拉丝现象时，其表面含菌数一般为10^7cfu/cm^2。

2. 变色 肉类腐败时肉的表面常出现各种颜色变化。最常见的是绿色，这是由于蛋白质分解产生的硫化氢与肉中的血红蛋白结合后形成的硫化氢血红蛋白（H_2S-Hb），这种化合物积蓄在肌肉和脂肪表面即显示暗绿色。另外，黏质赛氏杆菌在肉表面产生红色斑点，深蓝色假单胞杆菌能产生蓝色斑点，黄杆菌能产生黄色斑点。有些酵母菌能产生白色、粉红色、灰色等斑点。

3. 霉斑 肉体表面有霉菌生长时，往往形成霉斑，特别是在一些干腌制肉制品上较为多见。如枝霉和刺枝霉在肉表面产生羽毛状菌丝；白色侧孢霉和白地霉产生白色霉斑；扩展青霉、草酸青霉产生绿色霉斑；蜡叶芽枝霉在冷冻肉上产生黑色斑点。

4. 变味 肉类腐烂时往往伴随一些不正常或难闻的气味，最明显的是肉类蛋白质被微生物分解产生的恶臭味。此外，还有乳酸菌和酵母菌作用下产生的挥发性有机酸的酸味，霉菌生长繁殖产生的霉味等。

二、控制体系

（一）HACCP管理系统

HACCP（hazard analysis and critical control point）意为危害分析和关键控制点，是保证食品安全和产品质量的一种预防控制体系，是一种先进的卫生管理方法。HACCP体系是20世纪60年代美国宇航局、陆军Natick研究所和美国Pillsbury公司共同发展起来的一套科学的卫生质量监控系统。HACCP 系统经过 60 多年的发展和完善，已被食品界公认为确保食品安全的较佳管理方案。

HACCP 体系是将食品质量的管理贯穿于食品从原料到成品的整个生产过程当中，侧重于预防性监控，不依赖于对最终产品进行检验，打破了传统检验结果滞后的缺点，从而使危害消除或降低到最低程度。HACCP 由以下 7 部分构成。

1. 进行危害分析 危害分析是 HACCP 体系的基础。为了建立一个有效的预防食品安全危害的计划，关键是找出食品原料和加工过程中存在的显著危害，并制定出相应的控制措施。

HACCP 原则上只针对食品安全危害。在危害分析期间，应根据各种危害发生的可能性和严重性来确定某种危害的潜在性和显著性。

通常根据工作经验、流行病学数据、客户投诉及技术资料的信息来评估危害发生的可能性，用政府部门、权威研究机构向社会公布的风险分析资料和信息来判定危害的严重性。

危害分析一般分为两个阶段，即危害识别和危害评估。

首先应对照工艺流程图从原料接收到成品完成的每个环节进行危害识别，列出所有可能的潜在危害。危害主要包括生物性危害（细菌、病毒、寄生虫等）、化学性危害（天然毒素，化学药品如清洗剂、消毒剂等，杀虫剂，药物残留如农药、兽药、重金属等，未被认可的食品添加剂等）、物理性危害（金属、玻璃等）。

在确定潜在危害后，然后就可进入危害评估阶段。评估潜在危害的可能性和显著性包括三个步骤：一是如果潜在危害不被控制，对人体健康造成伤害是否严重；二是如果没有被适当控制，潜在危害是否有发生的可能性；三是如果潜在危害已被列明在 HACCP 计划中，根据上面两个步骤进行重新判断。

2. 确定关键控制点 在危害分析中确定的每一个显著危害，均必须有一个或多个关键控制点对其进行控制。关键控制点是具有相应的控制措施，使食品安全危害被预防、消除或降低到可接受水平的一个点、步骤或过程。一个关键控制点可以用于控制一种以上的危害，例如，冷冻贮藏可以同时控制病原体的生长繁殖和组胺的产生。同样，几个关键控制点可以用来共同控制一种危害。

完全消除和预防显著危害也许是不太可能的，因此在加工过程中将危害尽可能地减少是 HACCP 唯一可行并且合理的目标。所以说，HACCP 体系不是零风险的体系。

进行危害分析时能清楚地知道，危害是从哪里被引入、形成或增加的，哪里可以防止危害的发生，一般认为控制危害效果最好的地方应该是危害介入的那个点。但事实并非总是如此，也可能是离危害介入点较远的一个点。判定某一点是不是关键控制点，可以借助 CCP 判断树（decision tree）进行，见图 1-5-1。

经过对每个工序进行详细的危害分析之后，剖析哪些因素一旦失去有效控制，就会对产品安全、卫生及品质产生危害以及危害的程度，从而确定关键控制点。一般来说，HACCP 计划中的关键控制点不超过 6 个。

3. 建立关键限值 关键控制点确定后，必须为每一个关键控制点建立关键限值。关键限值是在关键控制点上用于控制危害的生物的、化学的或物理的参数，是一个或一组最大值或最小值。这些值能够保证把发现的食品安全危害预防、消除或降低到可接受水平。

每个 CCP 上必须至少有一个具体的控制指标或限值，如原料肉的微生物总数、加热温度、时间、冷却温度和速度、感官品质、产品货架期等，并具有相关的预防控制措施。当加工操作偏离关键限值时，应采取纠正措施以保证食品安全，防止、消除危害，或使危害降低到可接受的水平。

4. 关键控制点的监控 监控是指实施一个有计划的观察和测量程序，以评估一个 CCP 是否受控，并且为将来验证使用时做出准确的记录。为确保加工始终符合关键限值，对 CCP 实行监控是必需的。要实施对 CCP 的监控，就必须事先建立 CCP 的监控程序。每个监控程序必须包括“3W1H”，即监控什么（what）、怎样监控（how）、何时监控（when）、谁来监控（who）。为此，

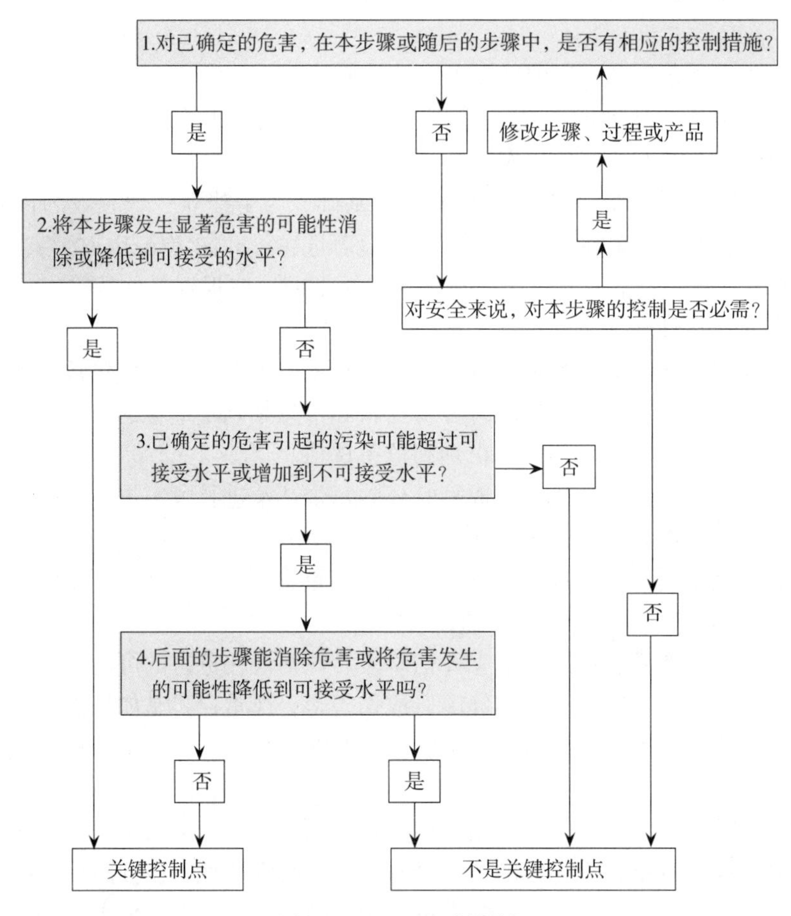

图 1-5-1　CCP 判断树

要采用可靠的仪器和检测技术，对各个关键控制点上的标准进行及时而有效的检测，以便跟踪加工过程操作，查明和注意可能偏离关键限值的趋势并及时采取措施进行调整。

5. 纠正措施　为发生偏离或不符合关键限值时采取的步骤。

纠正措施是当监控结果显示关键限值有偏离时才被实施的，因此，有效的纠正措施在很大程度上依赖于完善的监控程序。

纠正措施由以下两个方面组成：一是纠正和消除偏离的起因，重建加工控制，即分析偏离产生的原因，及时采取措施将发生偏离的参数重新控制到关键限值规定的范围内。同时要采取预防措施，防止这种偏离再次发生。二是确认偏离期间加工的产品并确定对这些产品的处理方法，如果有可能的话，在现场及时采取纠正措施，会取得满意的效果。偏离越早被确认，纠正措施就越容易实施，把不符合要求的产品减少到最小量的可能性就越大。

6. 建立记录保持程序　建立有效的记录保持程序是 HACCP 计划的重要组成部分。记录可以提供关键限值得到满足或者当关键限值发生偏离时采取了相应的纠正措施的书面证据。同样，由于记录也提供了一种监控手段，由此引起的加工调整可以预防失控的发生。

HACCP 体系必须保存的 4 种记录为 HACCP 计划和用于制订计划的支持性文件、关键控制点的监控记录、纠正措施记录、验证活动记录。

7. 建立验证程序　验证是用监控以外的方法来评价 HACCP 计划和体系的适宜性、有效性和符合性。

最复杂的 HACCP 要素之一就是验证。验证程序的正确制定和执行是 HACCP 计划成功实施的基础。“验证才足以置信”，这是验证原理的核心。

HACCP 计划的宗旨是防止食品安全危害的发生，验证的目的是提供置信水平，也即验证要说明两方面的问题，一是证明 HACCP 计划是建立在严谨、科学的基础上的，它足以控制产品本身和工艺过程中出现的安全危害；二是证明 HACCP 计划所规定的控制措施能被有效实施，整个 HACCP 体系在按规定有效运转。

验证措施包括建立验证过程中的检查计划、复查 HACCP、CCP 记录、偏差、随机样品收集和分析，以及验证过程中的检查记录。验证检查报告应包括管理和更新 HACCP 计划的负责人，在操作过程中直接监控 CCP 数据，证明监控设备性能良好及使用的纠正措施。

一个完整的食品安全预防控制体系即 HACCP 体系，它包括 HACCP 计划、良好卫生操作规范（GMP）和卫生标准操作程序（SSOP）三个方面。GMP 是政府强制性地对食品生产、包装、贮运等过程的卫生要求，以保证食品具有安全性的良好生产管理体系。GMP 是食品生产企业实现生产工艺合理化、科学化、现代化的首要条件。SSOP 是食品生产加工企业为了达到 GMP 的要求而制定的卫生操作控制文件，以消除与卫生有关的危害。GMP 和 SSOP 是企业建立以及有效实施 HACCP 计划的基础条件。只有三者有机结合在一起，才能构筑出完整的食品安全预防控制体系（HACCP）。如果抛开 GMP 和 SSOP 谈 HACCP 计划，HACCP 计划只能成为空中楼阁；同样，只靠 GMP 和 SSOP 控制，也不能保证完全消除食品安全隐患，因为良好的卫生控制，并不能代替危害分析和关键控制点。三者之间的关系可用图 1-5-2 来表示。

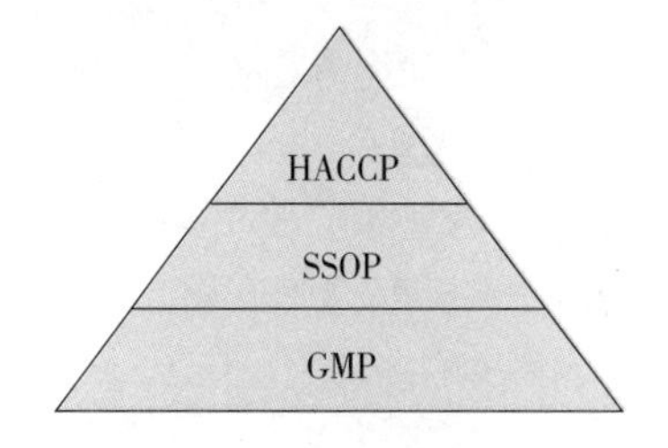

图 1-5-2　HACCP、SSOP、GMP 三者关系

（二）栅栏技术

栅栏理论是德国肉类食品专家 L. Leistner 提出的一套系统科学地控制食品保质期的理论。栅栏技术（hurdle technology）是指在食品设计和加工过程中，利用食品内部能阻止微生物生长繁殖的因素之间的相互作用，控制食品安全性的综合性技术措施。在食品防腐方面，栅栏技术已经得到广泛的应用。

1. 栅栏因子（hurdle factors）　阻止食品内微生物生长繁殖的因素统称栅栏因子。这些因子很多，但发挥重要作用的只是少数栅栏因子。

（1）*食品内在的栅栏因子*　包括食品的 pH、水分活度（A_W）、氧化还原电位（Eh）和食品中的抗菌成分等。

①pH：微生物需要在一定酸碱度下才能正常生长繁殖。pH 对微生物生命活动影响很大。pH 或氢离子浓度能影响微生物细胞膜上的电荷性质，从而影响细胞正常物质代谢的进行。每种微生物都有自己的最适 pH 和一定的 pH 范围。大多数细菌的最适 pH 为 6.5～7.5。霉菌、酵母菌和少数乳酸菌可在 pH4.0 以下生长（表 1-5-1）。超出其生长范围的酸碱环境，微生物的生长繁殖就会受到抑制或停止。因而 pH 是主要的栅栏因子之一。

表 1-5-1　几种食源性微生物生长的 pH 范围

微生物	最低 pH	最高 pH	微生物	最低 pH	最高 pH
霉菌	1.0	11.0	沙门菌	4.2	9.0
酵母菌	1.8	8.4	大肠杆菌	4.3	9.4
乳酸菌	3.2	10.5	肉毒梭菌	4.6	8.3
金黄色葡萄球菌	4.0	9.7	产气荚膜梭菌	5.4	8.7
醋酸杆菌	4.0	9.1	蜡样芽孢杆菌	4.7	9.3
副溶血性弧菌	4.7	11.0	弯曲杆菌	5.8	9.1

②水分活度（A_W）：水分是微生物生长繁殖必需的物质。一般来说，食品水分含量越高越易腐败。但微生物的生长繁殖并不取决于食品的水分总含量，而取决于微生物能利用的有效水分，即A_W的大小。A_W是指食品在密闭容器内的水蒸气压力与同温度下纯水的蒸气压力之比。纯水的A_W是1.0，浓度为3.5%的NaCl溶液的A_W为0.98，16%的NaCl溶液A_W为0.90。细菌生长比霉菌和酵母菌所需的A_W高，大多数腐败细菌的A_W下限为0.94，致腐酵母菌为0.88，致腐霉菌为0.8，但有些微生物生长所需的A_W值较低。食物中重要微生物的最低水分活度见表1-5-2。降低水分活度的效应是延长微生物生长的延迟期，降低生长速度，从而延长食品的货架期。

表1-5-2　食物中重要微生物的最低水分活度

微生物	A_W	微生物	A_W
肉毒梭状芽孢杆菌E型	0.97	乳酸链球菌	0.93
假单胞杆菌	0.97	灰葡萄孢霉	0.93
埃希氏大肠杆菌	0.96	金黄色葡萄球菌	0.86
产气肠杆菌	0.95	棒状青霉菌	0.81
枯草杆菌	0.95	灰绿曲霉	0.70
肉毒梭状芽孢杆菌A型和B型	0.94	鲁氏酵母	0.62
副溶血性弧菌	0.94	双孢红曲霉	0.61

③氧化还原电位（*Eh*）：氧化还原反应中电子从一种化合物转移到另一种化合物时，两种物质之间产生的电位差叫作氧化还原电位，其大小用毫伏（mV）表示。氧化能力强的物质其电位较高，还原能力强的物质其电位较低，两类物质浓度相等时，电位为零。红肉中维持还原状态的物质是—SH。氧化还原电位对微生物的生长繁殖有明显的影响。

微生物生长需要适宜的*Eh*。好氧微生物的生长需要正的*Eh*，如芽孢杆菌属；而厌氧微生物需要负的*Eh*，如梭状芽孢杆菌属。而乳杆菌和链球菌在微弱的还原条件下能较好生长。理解微生物*Eh*和食品的关系，对食品设计、加工控制或延长食品货架期具有重要指导意义。

表1-5-3　某些食品的氧化还原电位

食品	*Eh*/mV	食品	*Eh*/mV
植物液汁（如果汁）	+300～+400	马胸头肌（刚宰后）	+250
肉块	−200	马胸头肌（宰后30h）	−130
碎肉	+200	鲜牛乳	+230～+250
熟肉汁	−200	乳酪	−20～−200

由表1-5-3可以看出，需氧菌和霉菌是果汁类食品腐败的常见原因。肉在僵直前没有梭状芽孢杆菌繁殖，而僵直后的肉有梭状芽孢杆菌繁殖，这是因为僵直前肉的*Eh*高，不适宜厌氧菌生长。

pH、水分活度、氧化还原电位以及食品内固有的天然抗菌成分（如某些香辛料中的抗菌成分、乳中的过氧化氢酶体系、蛋清中的溶菌酶等）是食品防腐中常用的内在栅栏因子。

（2）影响食品防腐的外在栅栏因子　这些因子很多，主要包括采用的工艺技术及其参数，如处理温度（高温或低温）、包装技术、烟熏、高压、辐射（放射、微波、紫外线）、竞争性菌群、食品防腐剂和抗氧化剂等。

2. 栅栏效应（hurdle effect）　食品在贮藏期间，与防腐有关的内在和外在栅栏因子的效应以及这些因子的互作效应决定了食品中微生物的稳定性，各种食品有其独特的抑菌防腐栅栏因子，它们发挥各自的功能。栅栏因子间的相互作用以及与食品中微生物相互作用的结果，不仅仅是这些因子单独效应的简单叠加，而且是相乘作用，这种效应称作栅栏效应。如图1-5-3所示，食品内含有 6 个栅栏因子。经过 T_1处理后残存的微生物连续越过 5 个栅栏，但最终未能逾越 Pres 栅栏而得到抑制，食品的可贮性得到保证。如果肉的初始细菌数低或杀菌效果好，则少数几个栅栏即可起到抑菌防腐作用。其实，栅栏效应的重要作用在于食品内不同因子以各自不同的方式（如破坏酶的活性、影响生物合成等）作用于微生物细胞，破坏细胞的代谢平衡，使其失去生长繁殖能力而延长延迟期，甚至死亡。

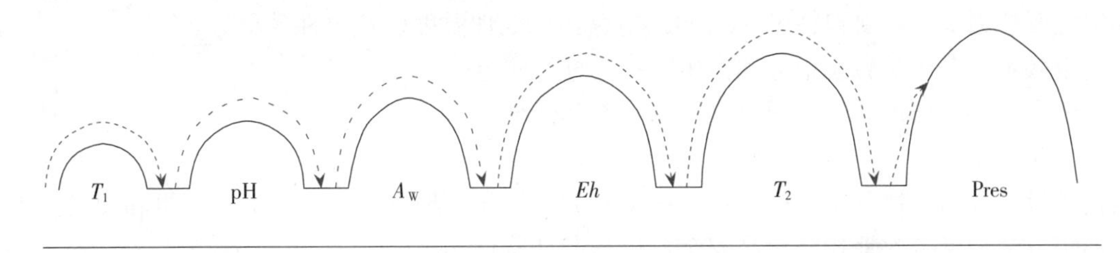

图 1-5-3 栅栏效应示意

T_1. 食品的热处理温度 T_2. 食品的贮藏温度 Pres. 食品防腐剂

肉中蛋白质含量高、种类多，其缓冲能力强，氢离子浓度的小幅变化对肉的 pH 影响不大。但有些细菌能提高食品的 pH，如丙酮丁醇梭菌能把丁酸还原成丁醇，产气肠杆菌能把丙酮酸转变为三羟基丁酮，从而使 pH 升高。NaCl 浓度影响微生物的最适 pH 范围。

A_W受温度、pH 和 Eh 的影响。在任何温度下，随着 A_W的降低，微生物的生长能力减弱，延迟期和世代间隔延长。在最佳生长温度下微生物的 A_W范围最宽。降低贮藏温度和不利的 pH 可使微生物生长所需的最低 A_W提高。在 A_W、温度和 pH 三个栅栏因子的互作中，A_W和温度之间的相互作用最明显。贮藏环境的相对湿度影响食品的 A_W，也直接影响微生物的生长。因为肉类腐败菌基本上是需氧菌，在 0～4℃相对湿度较高的冰箱中存放包装不当的肉，容易发生表面腐败。

微生物特别是需氧菌影响其生长环境的 Eh。当需氧菌生长时，食品中的氧气被消耗，使 Eh 降低；微生物的代谢产物，如 H_2S 可直接与氧气反应，从而使食品介质的 Eh 降低。肉中的—SH、添加的还原糖和肉的 pH 也影响制品的 Eh。

充气包装是鲜肉保鲜的重要栅栏因子。早在 20 世纪 30 年代，人类就用 CO_2保存肉。CO_2的抑菌效应随着贮藏温度的降低而加强。高浓度 CO_2可使肉的 pH 稍有下降。革兰阴性菌对 CO_2敏感，特别是假单胞杆菌最敏感，乳酸菌和厌氧菌对 CO_2的耐性最强。用高浓度 CO_2包装鲜肉的总效应是微生物区系发生转变，即由革兰阴性菌构成的微生物区系转变为主要由乳杆菌和其他乳酸菌构成的微生物区系。如猪肉在 4℃下有氧存放 8d，假单胞杆菌占 90%以上，而在 5 个大气压的 CO_2下则乳杆菌占优势；正常 pH 和高 pH 牛肉于 4℃下在 100% CO_2中存放 51d 后，同型乳酸菌占 100%。

3. 栅栏技术的应用 基于栅栏技术的食品在发达国家和发展中国家都很流行。栅栏技术在过去以及现在常常是根据经验来应用的，人们并不懂其原理。通过更好地理解原理和开发先进的监控设备，能够使栅栏技术更深入地应用。

（1）范例 栅栏技术在肉类工业上的应用由来已久。中国腊肠和意大利色拉米（salami）发酵香肠就是用栅栏技术延长货架期的成功典型。

传统的中国腊肠主要原料和辅料包括高档猪瘦肉和背膘、食盐、糖、酱油。切肉混合后经过干燥而成，其 A_W小于 0.75。所以，只依靠 A_W即可保持制品的稳定性，不需冷藏，可保存 2～3 个月。

色拉米香肠主要原料和辅料是猪瘦肉、背膘、食盐、奶粉、糖、香辛料和亚硝酸盐。产品 A_W约为 0.94，但由于多个栅栏因子相互作用，其安全性能够得到保证。在色拉米成熟早期，主要的栅栏因子是亚硝酸盐，随着成熟期间亚硝酸盐浓度逐渐下降，亚硝酸盐的栅栏效应逐渐减弱或消失；色拉米中细菌的逐步繁殖使 Eh 下降，提高了 Eh 的栅栏效应，抑制需氧微生物生长，支持竞争性菌群生长；乳酸菌的代谢活动使制品酸化，从而产生 pH 栅栏效应。随着时间的延长，亚硝酸盐、Eh、竞争性微生物和 pH 的栅栏作用逐渐消失，此时，在整个成熟过程中变得日益重要的 A_W 栅栏因子，就成为决定发酵香肠稳定性的主要因素。

（2）栅栏技术的应用步骤

①确定产品类型、感官特性及货架期。

②制定工艺流程和工艺参数。

③确定栅栏因子，主要包括 A_W、pH、防腐剂、处理温度、竞争性菌群等。

④测定效果，对产品感官指标和微生物指标进行测定。

⑤调整和改进，通过分析，调整栅栏因子及其强度。

⑥工厂化试验，在生产条件下验证设计方案，并使方案切实可行。

在食品设计和加工过程中，应用栅栏技术与 HACCP 管理系统，并借助计算机和现代技术改造现有的加工方法，可有效地控制食品安全，提高产品质量。

第二节　冷却保鲜

冷却保鲜是常用的肉和肉制品保存方法。这种方法将肉品冷却到 0℃左右，并在此温度下进行短期贮藏。由于冷却保存耗能少，投资较低，适宜于保存短期内要加工的肉类和不宜冻藏的肉制品。

一、肉的冷却

（一）冷却目的

刚屠宰完的胴体，其温度一般在 38～41℃，这一温度范围正适合微生物生长繁殖和激活肉中酶的活性，对肉的保存很不利。肉的冷却目的就是在一定温度范围内使肉的温度迅速下降，使微生物在肉表面的生长繁殖减弱到最低程度，并在肉的表面形成一层皮膜；减弱酶的活性，延缓肉的成熟时间；减少肉内水分蒸发，延长肉的保存时间。

肉的冷却是肉的冻结过程的准备阶段。在此阶段，胴体或肉逐渐成熟。

（二）冷却条件和方法

目前，畜肉的冷却主要采用空气冷却，即通过各种类型的冷却设备，使室内温度保持在 0～4℃左右。冷却时间取决于冷却室温度、湿度和空气流速，以及胴体大小、肥度、数量、胴体初温和终温等。禽肉可采用液体冷却法，即以冷水和冷盐水为介质，采用浸泡或喷洒的方法进行冷却，此法冷却速度快，但必须进行包装，否则肉中的可溶性物质会损失。

冷却终温一般在 0～4℃，牛肉多冷却到 3～4℃，然后移到 0～1℃冷藏室内，使肉温逐渐下降；加工分割胴体，先冷却到 12～15℃，再进行分割，然后冷却到 1～4℃。

1. 冷却条件的选择

（1）冷却间温度　为尽快抑制微生物生长繁殖和酶的活性，保证肉的质量，延长保存期，要尽快把肉温降低到一定范围。肉的冰点在－1℃左右，冷却终温以 0℃左右为好。因而冷却间在进肉之前，应使空气温度保持在－4℃左右。在进肉结束之后，即使初始放热快，冷却间温度也不会很快升高，使冷却过程保持在 0℃左右。

对于牛肉、羊肉来说，在肉的 pH 尚未降到 6.0 以下时，肉温不得低于 10℃，否则会发生冷收缩。

(2) 冷却间相对湿度　冷却间的相对湿度对微生物的生长繁殖和肉的干耗（一般为胴体重的3%）起着十分重要的作用。湿度大，有利于降低肉的干耗，但微生物生长繁殖快，且肉表面不易形成皮膜；湿度小，微生物活动减弱，有利于肉表面皮膜的形成，但肉的干耗大。在整个冷却过程中，水分不断蒸发，总水分蒸发量的50%以上是在冷却初期（最初1/4冷却时间内）完成的。因此在冷却初期，空气与胴体之间温差大，冷却速度快，相对湿度宜在95%以上，之后，宜维持在90%～95%，冷却后期相对湿度以维持在90%左右为宜。这种阶段性地选择相对湿度，不仅可缩短冷却时间，减少水分蒸发，抑制微生物大量繁殖，而且可使肉表面形成良好的皮膜，不致产生严重干耗，达到冷却目的。

对于刚屠宰的胴体，由于肉温高，要先经冷晾，再进行冷却。

(3) 空气流速　空气流动速度对干耗和冷却时间也极为重要。相对湿度高，空气流速低，虽然能使干耗降到最低程度，但容易使胴体长霉和发黏。为及时把由胴体表面转移到空气中的热量带走，并保持冷却间温度和相对湿度均匀分布，要保持一定速度的空气循环。冷却过程中，空气流速一般应控制在0.5～1m/s，最高不超过2m/s，否则会显著提高肉的干耗。

2. 冷却方法　冷却方法有空气冷却、水冷却、冰冷却和真空冷却等。我国目前主要采用空气冷却法。

进肉之前，冷却间温度降至－4℃左右。进行冷却时，把经过冷晾的胴体沿吊轨推入冷却间，胴体间距保持3～5cm，以利于空气循环和较快散热，当胴体最厚部位中心温度达到0～4℃时，冷却过程完成。冷却操作时要注意以下几点：

①胴体要经过修整、检验和分级。

②冷却间符合卫生要求。

③吊轨间的胴体按“品”字形排列。

④不同等级的肉，要根据其肥度和重量的不同，分别吊挂在不同位置。肥而重的胴体应挂在靠近冷源和风口处，薄而轻的胴体挂在距排风口较远的地方。

⑤进肉速度快，并应一次完成进肉。

⑥冷却过程中尽量减少人员进出冷却间，保持冷却条件稳定，减少微生物污染。

⑦在冷却间按每立方米1W的功率安装紫外线灯，每昼夜连续或间隔照射5h。

⑧冷却终温的检查，当胴体最厚部位中心温度达到0～4℃，即达到冷却终点。

一般冷却条件下，牛半片胴体的冷却时间为48h，猪半片胴体为24h左右。

二、冷却肉的贮藏

经过冷却的肉类，一般存放在－1～1℃的冷藏间（或排酸库），一方面可以完成肉的成熟（或排酸），另一方面可达到短期贮藏的目的。冷藏期间温度要保持相对稳定，以不超出上述范围为宜。进肉或出肉时温度不得超过3℃，相对湿度保持在90%左右，空气流速保持自然循环。冷却肉的贮藏条件和贮藏期见表1-5-4。

表1-5-4　冷却肉的贮藏条件和贮藏期

品名	温度/℃	相对湿度/%	贮藏期/d
牛肉	－1.5～0	90	28～35
小牛肉	－1～0	90	7～21
羊肉	－1～0	85～90	7～14
猪肉	－1.5～0	85～90	7～14

（续）

品名	温度/℃	相对湿度/%	贮藏期/d
全净膛鸡	0	80～90	7～11
腊肉	−3～1	80～90	30
腌猪肉	−1～0	80～90	120～180

冷却肉在贮藏期间常见的变化有干耗、表面发黏和长霉、变色、变软等。在良好卫生条件下屠宰的畜肉初始微生物总数为10^3～10^4cfu/cm^2，其中1%～10%的微生物能在0～4℃下生长。

贮藏期间发黏和长霉是常见的现象。先在表面形成块状灰色菌落，呈半透明，然后逐渐扩大成片状，表面发黏，有异味。防止或延缓肉表面长霉、发黏的主要措施是尽量减少胴体最初微生物污染程度和防止冷藏间温度升高。

肉在贮藏期间一般都会发生色泽变化。以牛肉为例，其表面由于受冷藏间空气温度、湿度、氧化等因素的影响，由紫红色逐渐变为褐色，存放时间越长，褐色部分越多，温度越高、湿度越低、空气流速越快，则褐变越快。

三、冷却肉加工工艺技术

随着肉类工业现代化技术的应用，从卫生条件的改进和节约能源等方面考虑，猪胴体冷却工艺趋于快速冷却和急速冷却方向发展。其指导性工艺参数见表1-5-5。

表1-5-5　猪胴体冷却工艺参数

工艺参数	快速冷却	急速冷却		超急速冷却	
		第一阶段	第二阶段	第一阶段	第二阶段
制冷功率/（W/m^3）	250	450	110	600	500
室温/℃	0～2	−6～−10	0～2	−25～−30	4～6
制冷风温/℃	−10	−20	−10	−40	−5
风速/（m/s）	2～4	1～2	0.2～0.5	3	自然循环
冷却时间/h	12～20	1.5	8	1.5	8
胴体温度/℃	7～4	7		7	
干耗/%	1.8（7℃）	0.95		0.95	

急速冷却采用两段冷却法，即在第一阶段采用低于肉冻结点的温度和较高的风速，时间1.5h；第二阶段转入0～2℃的冷却间经过8h，使胴体温度均衡并最终降至7℃以下。两段冷却法有利于抑制微生物的生长繁殖，冷却时间短，干耗小，但肉汁流失（drip-loss）较多。

改进冷却工艺须遵循的原则：中心温度在16～24h内降至7℃（或4℃）以下，尽可能降低干耗和肉汁流失，保持良好的肉品质量（色泽、质构），节约能源和人力。

第三节　冷冻保鲜

冷却肉由于其贮藏温度在肉的冰点以上，微生物和酶的活动只受到部分地抑制，冷藏期短。当肉在0℃以下冷藏时，随着冻藏温度的降低，肌肉中冻结水的含量逐渐增加，肉的A_W逐渐下降（表1-5-6），使细菌的活动受到抑制。当温度降到－10℃以下时，冻肉则相当于中等水分食品。大多数细菌在此A_W下不能生长繁殖。当温度下降到－30℃时，肉的A_W值在0.75以下，霉菌和酵母的活动也受到抑制。冻藏能有效地延长肉的保藏期，防止肉品质量下降，在肉类工业中得到广泛应用。

表1-5-6 温度与肉A_W之间的关系

温度/℃	肌肉（含水75%）中冻结水百分比/%	A_W
0	0	0.993
－1	2	0.990
－2	50	0.981
－3	64	0.971
－4	71	0.962
－5	80	0.953
－10	83	0.907
－20	88	0.823
－30	89	0.746

一、肉的冻结

肉中的水分部分或全部变成冰的过程叫作肉的冻结。从物理化学的角度看，肉是充满组织液的蛋白质胶体系统，其初始冰点比纯水的冰点低（表1-5-7）。初始冻结后，肉所处的温度越低，冻结水越多，剩余水相中的溶质浓度越高，所以需要逐渐降低温度才能使剩余的水变成冰。

表1-5-7 几种肉类食品的含水量和初始冰点

种类	含水量/%	初始冰点/℃
瘦肉	74	－1.5
腌肉（含3%食盐）	73	－4
瘦鱼肉	80	－1.1
肥鱼肉	65	－0.8
鸡肉	74	－1.5

一般对于瘦肉来说，初始冰点时肉中冻结水约占50%。而在－5℃时，冻结水的百分比约占80%。由此可见，从初始冰点到－5℃时，肉中约80%的水冻结成冰。从－5℃到－30℃，虽然温度下降很多，但由于溶质浓度的增加，其冰点相应地降低，冻结水的百分比只增加了10%。因而，从初始冰点到－5℃这个大量形成冰结晶的温度范围叫作最大冰结晶生成带。肉在通过最大冰结晶生成带时，要放出大量的热量，因而需要的时间较长。

（一）缓慢冻结

瘦肉中冰形成过程的研究表明，冻结过程越快，所形成的冰晶越小。在肉冻结期间，冰结晶首先在肌纤维之间形成，这是因为肌细胞外液的冰点比肌细胞内液的冰点较高。缓慢冻结时，冰结晶在肌细胞之间形成和生长，从而使肌细胞外液浓度增加。由于渗透压的作用，肌细胞会失去水分而发生脱水收缩，所以在收缩后的细胞之间会形成相对少而大的冰晶。

（二）快速冻结

快速冻结时，肉的热量散失很快，使得肌细胞来不及脱水便在细胞内形成了冰晶。换句话说，肉内冰层推进速度大于水移动速度。结果，在肌细胞内外形成了大量的小冰晶。

冰晶在肉中的分布和大小是很重要的。缓慢冻结的肉类因为水分不能返回到其原来的位置，在解冻时会失去较多的肉汁，而快速冻结的肉类不会产生这样的问题，所以冻肉的质量高。此外，冰晶的形状有针状、棒状等不规则形状，冰晶大小从 10μm 到 800μm 不等。如果肉块较厚，冻肉的表层和深层所形成的冰晶也不同，表层形成的冰晶体积小、数量多，深层形成的冰晶少而大。

（三）冻结速度

冻结速度对冻肉的质量影响很大。常用冻结时间和单位时间内形成冰层的厚度表示冻结速度。

1. 用冻结时间表示 食品中心温度通过最大冰结晶生成带所需时间在 30min 之内者，称快速冻结，在 30min 以上者为缓慢冻结。

冻结期间从肉的表面到中心，温度变化或温度下降极为不同（图 1-5-4），所以单位时间内的温度变化（℃/h）难以描述确切的冻结过程。

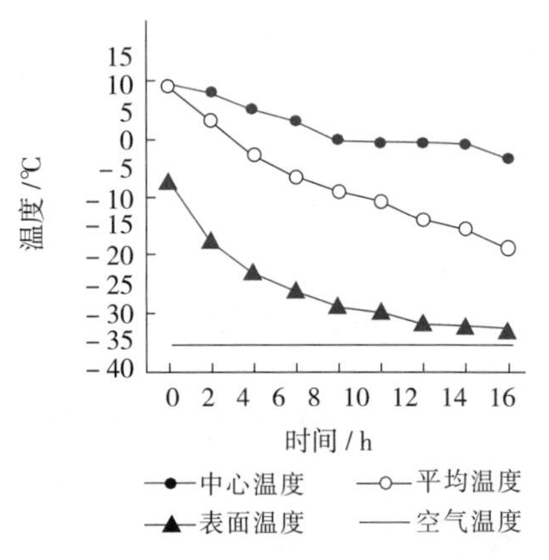

图 1-5-4　大块肉冻结期间的温度变化

2. 用单位时间内形成冰层的厚度表示 因为产品的形状和大小差异很大，如牛胴体和鹌鹑胴体，比较其冻结时间没有实际意义。通常，将冻结速度表示为由肉品表面向热中心形成冰的平均速度。实践上，平均冻结速度可表示为由肉块表面向热中心形成的冰层厚度与冻结时间之比。国际制冷协会规定，冻结时间是品温从表面达到 0℃开始，到中心温度达到－10℃所需的时间。冰层厚度用 cm 表示，冻结时间用 h 表示，则冻结速度（v）为：

$$v = 冰层厚度（cm）/冻结时间（h）$$

冻结速度为 10cm/h 以上者，称为超快速冻结，用液氮或液态 CO_2 冻结小块物品属于超快速冻结；5～10cm/h 为快速冻结，用平板式冻结机或流化床冻结机可实现快速冻结；1～5cm/h 为中速冻结，常见于大部分鼓风冻结装置；1cm/h 以下为慢速冻结，纸箱装肉品在鼓风冻结期间多处于缓慢冻结状态。

（四）冻结方法

肉类的冻结方法多采用空气冻结法、板式冻结法和液体冻结法，其中空气冻结法最为常用。根据空气所处的状态和流速的不同，又分为静止空气冻结法和鼓风冻结法。

1. 静止空气冻结法 这种冻结方法是把食品放入－10～－30℃的冻结室内，利用静止冷空气进行冻结。由于冻结室内自然对流的空气流速很低（0.03～0.12m/s）、空气的导热系数小，肉类食品冻结时间一般在 1～3d，因而这种方法属于缓慢冻结。当然冻结时间还与食品的类型、包装大小、堆放方式等因素有关。

2. 鼓风冻结法 工业生产上普遍使用的方法是在冻结室或隧道内安装鼓风设备，强制空气流动，加快冻结速度。鼓风冻结法常用的工艺条件：空气流速一般为 2～10m/s，冷空气温度为－25～－40℃，空气相对湿度为 90%左右。这是一种速冻方法，主要是利用低温和冷空气的高速流动，食品与冷空气密切接触，促使其快速散热。这种方法冻结速度快，冻结的肉类质量高。

3. 板式冻结法 这种方法是把薄片状食品（如肉排、肉饼）装盘或直接与冻结室中的金属板架接触，冻结室温度一般为－10～－30℃。由于金属板直接作为蒸发器传递热量，冻结速度比静止空气冻结法快，且传热效率高，食品干耗少。

4. 液体冻结法 这种方法是商业上用来冻结禽肉常用的方法，也用于冻结鱼类。此法热量转移速度慢于鼓风冻结法。热传导介质必须无毒，成本低，黏性低，冻结点低，热传导性能好，一般常用液氮、食盐溶液、甘油、甘油醇和丙烯醇等。但值得注意的是，食盐水常引起金属槽和设备腐蚀。

二、冻肉的冻藏

冻肉冻藏的主要目的是阻止冻肉的各种变化，以达到长期贮藏的目的。冻肉品质的变化不仅与肉的状态、冻结工艺有关，与冻藏条件也有密切的关系。温度、相对湿度和空气流速是决定冻肉贮藏期和质量的重要因素。

（一）冻藏条件及冻藏期

冻藏间的温度一般保持在－18～－21℃，温度波动不超过±1℃，冻结肉的中心温度保持在－15℃以下。为减少干耗，冻藏间空气相对湿度保持在95%～98%。空气流速采用自然循环即可。

冻肉在冻藏间内的堆放方式也很重要。对于胴体肉，可堆叠成约3m高的肉垛，其周围空气流畅，避免胴体直接与墙壁和地面接触。对于箱装的塑料袋小包装分割肉，堆放时也要保持周围有流动的空气。

因为冻藏条件、堆放方式、原料肉品质、包装方式都会影响冻肉的冻藏期，所以很难制定准确的冻肉贮藏期。冻牛肉比冻猪肉的贮藏期长，脂肪含量高的鱼贮藏期短。各种肉类的冻藏条件和冻藏期见表1-5-8。

表1-5-8 各种肉类的冻藏条件和冻藏期

类别	冻结点/℃	温度/℃	相对湿度/%	冻藏期/月
牛肉	－1.7	－18～－23	90～95	9～12
猪肉	－1.7	－18～－23	90～95	4～6
羊肉	－1.7	－18～－23	90～95	8～10
小牛肉	－1.7	－18～－23	90～95	8～10
兔肉	—	－18～－23	90～95	4～6

（二）肉在冻结和冻藏期间的变化

各种肉类经过冻结和冻藏后，都会发生一些物理变化和化学变化，肉的品质会受到一定影响。冻结肉的功能特性不如鲜肉，长期冻藏可使猪肉和牛肉的功能特性显著降低。

1. 物理变化

（1）容积 水变成冰所引起的容积增加大约是9%，而冻肉由于冰的形成所造成的体积增加约为6%。肉的含水量越高，冻结率越大，则体积增加越多。在选择包装方法和包装材料时，要考虑到冻肉体积的增加。

（2）干耗 肉在冻结、冻藏和解冻期间都会发生脱水现象。对于未包装的肉类，在冻结过程中，肉中水分减少0.5%～2%，快速冻结可减少水分蒸发。肉在冻藏期间重量也会减少。冻藏期间空气流速小，温度尽量保持不变，有利于减少水分蒸发。

（3）冻结烧 肉在冻藏期间由于表层冰晶的升华，形成了较多的微细孔洞，增加了脂肪与空气中氧的接触机会，最终导致冻肉产生酸败味，表面发生黄褐色变化，表层组织结构粗糙，这就是所谓的“冻结烧”。冻结烧与肉的种类和冻藏温度的高低有密切关系。禽肉和鱼肉脂肪稳定性差，易发生冻结烧。猪肉脂肪在−8℃下贮藏6个月，表面有明显酸败味，且呈黄色。而在−18℃下贮藏12个月也无冻结烧发生。采用聚乙烯塑料薄膜密封包装，隔绝氧气，可有效防止冻结烧。

(4) 重结晶　冻藏期间冻肉中冰晶的大小和形状会发生变化，特别是冻藏室内温度高于−18℃，且温度波动的情况下，微细的冰晶不断减少或消失而形成大冰晶。实际上，冰晶的生长是不可避免的。经过几个月的冻藏，由于冰晶生长，肌纤维受到机械损伤，组织结构受到破坏，解冻时会引起大量肉汁损失，肉的质量下降。

采用快速冻结，并在−18℃下贮藏，尽量减少温度波动次数和波动幅度，可使冰晶生长减慢。

2. 化学变化　速冻对肉的化学变化影响不大，而肉在冻藏期间会发生一些化学变化，从而引起肉的组织结构、外观、气味和营养价值的变化。

(1) 蛋白质变性　与盐类电解质浓度的提高有关，冻结往往使鱼肉蛋白质尤其是肌球蛋白发生一定程度的变性，从而导致韧化和脱水。牛肉和禽肉的肌球蛋白比鱼肉肌球蛋白稳定得多。

(2) 肌肉颜色　冻藏期间冻肉表面颜色逐渐变暗。颜色变化也与包装材料的透氧性有关。

(3) 风味和营养成分变化　大多数食品在冻藏期间会发生风味的变化，尤其是脂肪含量高的食品。多不饱和脂肪酸经过一系列化学反应发生氧化而酸败，产生许多有机化合物，如醛类、酮类和醇类。醛类是使风味和味道异常的主要原因。冻结烧、Cu^{2+}、Fe^{2+}、血红蛋白也会使酸败加快。添加抗氧化剂或采用真空包装可防止酸败。对于未包装的腌肉来说，由于低温浓缩效应，即使低温腌制，也会发生酸败。

三、冻结肉的解冻

解冻是冻结的逆过程，使冻结肉中的冰晶融化成水，肉恢复到冻前的新鲜状态，以便于加工。冻肉完全恢复到冻前状态是不可能的。随着温度升高，肉会出现一系列变化。

(一) 解冻的条件和方法

解冻方法有多种，如空气解冻、水或盐水解冻、真空解冻、微波解冻等。在肉类工业中大多采用空气解冻和水解冻。解冻的条件主要是控制温度、湿度和解冻速度。

1. 空气解冻　空气解冻又分自然解冻和流动空气解冻。空气温度、湿度和流速都能影响解冻肉的质量。

自然解冻又称静止空气解冻，是一种在室温条件下解冻的方法，解冻速度慢。随着解冻温度的提高，解冻时间变短。在4℃和相对湿度90%条件下解冻时，冻结肉由−18℃上升到2℃，解冻时间2～3d；在12～20℃和相对湿度50%～60%条件下解冻，需15～20h。解冻速度也与肉块的形状和大小有关。流动空气解冻是采用强制送风，加快空气循环，缩短解冻时间。采用空气-蒸汽混合介质解冻则比单纯空气解冻所需时间短。

空气解冻的优点是不需特殊设备，适合解冻任何形状和大小的肉块，缺点是解冻速度慢，水分蒸发多，重量损失大。

2. 水解冻　水的导热系数比空气大得多，用水作解冻介质，可提高解冻速度。用4～20℃的水解冻猪肉的半胴体，比空气解冻快7～8倍，如在10℃水中解冻半胴体，解冻时间为13～15h。家禽胴体在5℃空气中自然解冻，解冻时间为24～30h，而在相同温度的静水中解冻，仅需3～4h。流水解冻比静水解冻快。

水解冻法还可采用喷淋解冻。根据肉的形状、大小和包装方式，也可采用空气解冻与喷淋解冻相结合的方法。

水解冻的肉表面色泽呈浅粉红或近乎白色，湿润；表面吸收水分，使肉的重量增加3%左右。静水浸渍解冻时水中微生物数量明显增加。包装的分割肉在水中解冻效果较好。

生产实践中要根据肉的形状、大小、包装方式、肉的质量、污染程度以及生产需要等，采取适宜的解冻方法。而且还要根据生产的需要，将肉解冻到完全解冻状态或半解冻状态。

（二）解冻肉的质量变化

肉汁流失是解冻中常出现的对肉的质量影响最大的问题。

1. 肉汁流失　影响肉汁流失的因素是多方面的，通过对这些影响因素的控制，可将肉汁流失减少到最小程度。

（1）肉汁流失的内在因素

①肉的成熟阶段与pH：肉的成熟阶段对肉汁流失有很大的影响。处于极限pH的肉，解冻时肉汁流失最多，为肉重的8%～10%。成熟肉在同样条件下的肉汁流失为3%～4%。换句话说，肉的pH越接近其肌球蛋白的等电点，肉汁流失越多。

②肉组织的机械性损伤和肌纤维脱水：冰晶越大，肌肉组织的损伤程度越大，流失的肉汁越多。同时，由于冰晶的形成和增大，细胞内脱水，盐类浓度增大，导致蛋白质变性。解冻时，变性的蛋白质分子空间结构不能复原，不能重新吸附水分，造成肉汁流失增加。

（2）工艺条件对肉汁流失的影响

①冻结速度和冻藏时间：缓慢冻结的肉，解冻时可逆性小，肉汁流失多。不同温度下冻结的肉在同一温度（20℃）解冻时，肉汁流失差异很大。例如，在－8℃、－20℃和－43℃三种不同条件下冻结的肉块，在20℃的空气中解冻，肉汁流失分别为11%、6%和3%。

冻藏温度和冻藏时间不同，解冻时肉汁流失各异。冻藏温度低且稳定，解冻时肉汁流失少，反之则多。例如，在－20℃下冻结的肉块，分别在－1～－1.5℃、－3～－9℃和－19℃的温度下保存3d，然后自然解冻，肉汁流失分别为12%～17%、8%和3%。

②解冻速度：缓慢解冻肉汁流失少，快速解冻肉汁流失多。例如，在－23℃冻结的肉块，在－20℃下冻藏4个月后，分别在1℃、10℃下自然解冻，肉汁流失量分别为1.76%和3.27%。一般认为，10℃以下的低温解冻可使肉保持较少的肉汁流失和较少的微生物数。

2. 营养成分的变化　由于解冻造成的肉汁流失，导致肉的重量减轻，水溶性维生素和肌浆蛋白等营养成分减少。此外，反复冻结会导致肉品质恶化，如组织结构变差，形成胆固醇氧化物等。

第四节　其他贮藏方法

一、辐照保鲜

辐照保鲜是利用原子能射线的辐射能量对食品进行杀菌处理而保存食品的一种物理方法，是一种安全卫生、经济有效的食品保存技术。1980年由联合国粮农组织（FAO）、国际原子能机构（IAEA）、世界卫生组织（WHO）组成的“辐照食品卫生安全性联合专家委员会”就辐照食品的安全性得出结论：食品经不超过10kGy的辐照，没有任何毒理学危害，也没有任何特殊的营养或微生物学问题。

（一）辐照保藏食品的原理

1. 辐射和辐射杀菌的基本原理

（1）α、β、γ射线的特性及形成　α射线是从原子核中射出的带正电的高速离子流；β射线则是带负电的高速粒子流；γ射线是一种光子流，它是原子核从高能态跃迁到低能态时放出的。γ射线的能量最大，约为几十万电子伏特以上，而可见光只有几个电子伏特。从电离能力来看，α射线最强，γ射线最弱；从对物质的穿透能力来看，γ射线最强，β射线的电离及穿透能力介于α、γ射线。

（2）辐射源　辐射源是进行食品辐射杀菌最基本的工具。常用的辐射源有电子束辐射源（产生电子射线）、X射线源和放射性同位素源。用于肉类辐照保鲜的辐射源主要是放射性同位素源，如^{60}Co和^{137}Cs辐射源，其中^{60}Co最为常用。

（3）辐射产生的变化　食品的辐射杀菌，通常是用X射线、γ射线，这些高能带电或不带电的射线能引起食品中微生物、昆虫发生一系列生物、物理和生物化学反应，使它们的新陈代谢、生长发育受到抑制或破坏，甚至使细胞组织死亡等。而对食品来说，发生变化的原子、分子只是极少数，加之已无新陈代谢，或只进行缓慢的新陈代谢，故发生变化的原子、分子几乎不影响或只轻微地影响食品的新陈代谢。

2. 辐射的剂量单位

（1）电子伏特（eV）　$1eV=1.602\times10^{-19}J$

（2）戈瑞（Gy）　是照射剂量的国际单位，即1kg物质吸收1J的能量为1Gy。

$$1Gy=1J/kg \qquad 1kGy=1\ 000Gy$$

（二）辐照的应用

辐　照

1. 控制旋毛虫　旋毛虫在猪肉的肌肉中，防治比较困难，但其幼虫对射线比较敏感，用0.1kGy的γ射线辐照，就能使其丧失生殖能力。因而将猪肉在加工过程中通过射线源的辐照场，使其接受0.1kGy γ射线的辐照，就能达到消灭旋毛虫的目的。在肉制品加工过程中，也可以用辐照方法来杀灭调味品和香料中的害虫，以保证产品免受其害。

2. 延长货架期　叉烧猪肉经^{60}Co γ射线8kGy照射，细菌总数从20 000cfu/g下降到100cfu/g，在20℃恒温下可保存20d，在30℃高温下也能保存7d，对其色、香、味和组织状态均无影响。新鲜猪肉去骨分割，用隔水、隔氧性好的食品包装材料真空包装，用^{60}Co γ射线5kGy照射，细菌总数由54 200cfu/g下降到53cfu/g，可在室温下存放5～10d不腐败变质。

3. 灭菌保藏　新鲜猪肉经真空包装，用^{60}Co γ射线15kGy进行灭菌处理，可以全部杀死大肠菌群、沙门菌和志贺菌，仅个别芽孢杆菌残存下来。这样的猪肉在常温下可保存两个月。用26kGy的剂量辐照，则灭菌较彻底，能够使鲜猪肉保存一年以上。香肠经^{60}Co γ射线8kGy辐照，杀灭其中大量细菌，能够在室温下贮藏一年。由于辐照香肠采用了真空包装，在贮藏过程中也就防止了香肠的氧化褪色和脂肪的氧化酸败。

肉品经辐照会产生异味，肉色变淡，1kGy照射鲜猪肉即产生异味，30kGy异味增强。这主要是含硫氨基酸分解的结果。不同食品的照射剂量规定见表1-5-9。

表1-5-9　不同食品的辐射剂量（FAO）

食品	主要目的	达到的手段	剂量/kGy
肉、禽、鱼及其他易腐食品	不用低温，长期安全贮藏	能杀死腐败菌、病原菌和肉毒梭菌	40～60
肉、禽、鱼及其他易腐食品	在3℃下延长贮藏期	减少嗜冷菌数	5～10
冻肉、鸡肉、鸡蛋及其他易污染病原菌的食品	防止食品中毒	杀灭沙门菌	3～10
肉及其他有病原寄生虫的食品	防止食品媒介的寄生虫	杀灭旋毛虫、牛肉绦虫等	0.1～0.3
香辛料、辅料	减少细菌污染	降低菌数	10～30

(三) 辐照工艺

只有合理的辐照工艺，才能获得理想的效果。辐照工艺流程如下：

前处理→包装→剂量的确定→检验→运输→保存

1. 前处理 辐照保鲜就是利用射线杀灭微生物，并减少二次污染，从而达到保藏的目的。因此，辐照保藏的原料肉必须新鲜、优质、卫生，这是辐照保鲜的基础。辐照前应对肉品进行挑选和品质检查，要求质量合格，初始含菌量、含虫量低。

2. 包装 屠宰后的胴体必须剔骨，去掉不可食部分，然后进行包装。包装的目的是避免辐射过程中的二次污染，便于贮藏、运输。包装可采用真空或充入氮气。包装材料可选用金属罐或塑料袋。塑料袋一般选用抗拉度强、抗冲击性好、透氧率指标好，γ射线辐照后其化学、物理变化小的复合薄膜制成。一般选择聚乙烯（PE）、聚对苯二甲酸乙二酯（PET）、聚乙烯醇（PVA）、聚丙烯（PP）和尼龙6（PA6）等薄膜复合结构，有时在中层夹铝箔效果更好。采用热合封口包装是肉制品辐射保鲜的一个重要环节，因而要求包装能够防止辐照食品的二次污染。

3. 辐照 常用辐照源有^{60}Co、^{137}Cs和电子加速器三种，其中^{60}Co辐射源释放的γ射线穿透力强，设备较简单，因而多用于肉品辐照。辐照箱的设计，根据肉品的种类、密度、包装大小、辐射剂量均匀度以及贮运销售条件决定，一般采用铝质材料，长方体结构，长、宽、高的比例可为2∶15∶5。辐照条件根据辐照肉品的要求而定，如为减少辐照过程中某些营养成分的损失，可采用高温辐照。在辐照方法上，为了提高辐照效果，经常使用复合处理的方法，如与红外线、微波等物理方法相结合。

4. 剂量的确定 辐射处理的剂量和处理后的贮藏条件往往直接影响其效果。辐射剂量越高，保存时间越长。各种肉类辐射剂量与保藏时间见表1-5-10。

表1-5-10 各种肉类辐射剂量与保藏时间

肉类	辐射源	辐射剂量/kGy	保藏时间
鲜猪肉	^{60}Co γ射线	15	常温保存2个月
鸡肉	γ射线	2～7	延长保藏时间
牛肉	γ射线 γ射线	5 10～20	3～4周 3～6个月
羊肉	γ射线	47～53	灭菌保藏
猪肉肠	γ射线 γ射线	照射 47～53	减少亚硝酸盐用量 灭菌保藏
腊肉罐头	^{60}Co γ射线	45～56	灭菌保藏

5. 辐照后的保藏 肉品辐照后可在常温下贮藏。采用辐射耐贮杀菌法处理的肉类，结合低温保藏效果更好。肉品辐射处理是一项综合性措施，要把好每一个工艺环节才能保证辐照的效果和质量。

虽然食品辐照可有效减少或去除病原菌和腐败微生物，保证食品的卫生和感官品质，但是许多消费者仍不愿接受辐照食品。为此科学家们研究了电子束辐射在食品贮藏中的应用，因为机械加速的电子束辐射不使用任何放射性材料，可能会提高消费者的认同。

二、真空包装

真空包装是指除去包装袋内的空气，经过密封，使包装袋内的食品与外界隔绝。在真空状态下，好气性微生物的生长减缓或受到抑制，减少了蛋白质的降解和脂肪的氧化酸败。另外，经过真空包装，乳酸菌和厌气菌增殖，pH 降至 5.6～5.8，进一步抑制了其他菌的生长，从而延长了产品的贮存期。

（一）真空包装的作用

对于鲜肉，真空包装的作用表现在以下几个方面：

①抑制微生物生长，并避免外界微生物的污染。食品的腐败变质主要是由于微生物的生长，特别是需氧微生物。抽真空后可以造成缺氧环境，抑制许多腐败性微生物的生长。

②减缓肉中脂肪的氧化速度，对酶活性也有一定的抑制作用。

③减少产品失水，保持产品重量。

④可以和其他方法结合使用，如抽真空后再充入 CO_2 等气体。还可与一些常用的防腐方法结合使用，如脱水、腌制、热加工、冷冻和化学保藏等。

⑤产品整洁，增加市场效果，可更好地实现市场目的。

（二）对真空包装材料的要求

1. 阻气性　主要目的是防止大气中的氧重新进入经真空的包装袋内，避免需氧菌生长。乙烯、乙烯-乙烯醇共聚物都有较好的阻气性，若要求非常严格时，可采用一层铝箔。

2. 水蒸气阻隔性　应能防止产品水分蒸发，最常用的材料是聚氯乙烯薄膜。

3. 香味阻隔性能　应能保持产品本身的香味，并能防止外部的一些不良气味渗透到包装内，聚酰胺和聚乙烯混合材料一般可满足这方面的要求。

4. 遮光性　光线会促使肉品氧化，影响肉的色泽。只要产品不直接暴露于阳光下，通常用没有遮光性的透明膜即可。按照遮光效能递增的顺序，可采用的方式有：印刷、着色、涂聚偏二氯乙烯、上金、加一层铝箔等。

5. 机械性能　包装材料最重要的机械性能是具有防撕裂和防封口破损的能力。

（三）真空包装存在的问题

真空包装虽然能延长产品的贮存期，但也有质量缺陷，主要存在以下几个问题：

1. 色泽方面　肉的色泽是决定鲜肉货架寿命长短的主要因素之一。鲜肉经过真空包装，氧分压低，肌红蛋白生成高铁肌红蛋白，鲜肉呈红褐色。真空包装鲜肉的色泽问题可以通过双层包装，即内层为一层透气性好的薄膜、外层用真空包装袋包装来解决。销售前拆除外层包装，由于内层包装透气性好，与空气充分接触可形成氧合肌红蛋白，使肉呈鲜红色。

2. 抑菌方面　真空包装虽能抑制大部分需氧菌生长，但即使氧气含量降到 0.8%，仍无法抑制好气性假单胞菌的生长。但在低温下，假单胞菌会逐渐被乳酸菌取代。

3. 肉汁渗出及失重问题　真空包装易造成产品变形和肉汁渗出，感官品质下降，失重明显。国外采用特殊制造的吸水垫吸附渗出的肉汁，使感官品质得到改善。

三、充气包装

充气包装是通过特殊的气体或气体混合物，抑制微生物生长和酶促腐败，延长食品货架期的一种方法。充气包装可使鲜肉保持良好色泽，减少肉汁渗出。

（一）充气包装使用的气体

肉品充气包装常用的气体主要为 O_2、CO_2 和 N_2。

1. O_2 肌肉中肌红蛋白与氧分子结合后，成为氧合肌红蛋白而呈鲜红色。混合气体中 O_2 一般在 50%以上才能保持肉的这种颜色。鲜红色的氧合肌红蛋白的形成还与肉表面的潮湿程度有关。表面潮湿，则溶氧量多，易于形成鲜红色。但 O_2 的存在有利于好气性假单胞菌生长，使不饱和脂肪酸氧化酸败，致使肌肉褐变。

2. CO_2 CO_2 是一种稳定的化合物，无色、无味，在空气中约占 0.03%。在充气包装中，它的主要作用是抑菌。提高 CO_2 浓度可使好气性细菌、某些酵母菌和厌气性细菌的生长受到抑制。早在 20 世纪 30 年代，澳大利亚和新西兰就用高浓度 CO_2 保存鲜肉。

此外，CO 对肉呈鲜红色的效果比 CO_2 更好，也有很好的抑菌作用，但因危险性较大，尚未应用。

3. N_2 N_2 惰性强，性质稳定，对肉的色泽和微生物没有影响，主要用作填充和缓冲。

（二）充气包装中各种气体的最适比例

在充气包装中，CO_2、O_2、N_2 必须保持合适比例，才能使肉品保藏期长，且各方面均能达到良好状态。欧美国家大多以 80%O_2＋20% CO_2 方式零售包装，其货架期为 4～6d。英国在 1970 年有两项专利，其气体混合比例为（70%～90%）O_2＋（10%～30%）CO_2 或（50%～70%）O_2＋（30%～50%）CO_2，而一般多用 80% O_2＋20% CO_2，具有 8～14d 的鲜红色效果。表 1-5-11 为各种肉制品所用充气包装的气体比例。

表 1-5-11 充气包装肉及肉制品所用气体比例

肉的品种	混合比例	国家
新鲜肉（5～12d）	70%O_2＋20%CO_2＋10%N_2 或 75%O_2＋25%CO_2	欧洲
鲜碎肉制品和香肠	33.3%O_2＋33.3%CO_2＋33.3%N_2	瑞士
新鲜斩拌肉馅	70%O_2＋30%CO_2	英国
熏制香肠	75%CO_2＋25%N_2	德国及北欧四国
香肠及熟肉（4～8 周）	75%CO_2＋25%N_2	德国及北欧四国
家禽（6～14d）	50%O_2＋25%CO_2＋25%N_2	德国及北欧四国

四、化学保鲜

肉的化学保鲜主要是将化学合成的防腐剂和抗氧化剂应用于鲜肉和肉制品的保鲜防腐。化学保鲜与其他贮藏手段相结合，在肉及肉制品贮藏中发挥着重要的作用。常用的防腐剂和抗氧化剂包括有机酸及其盐类（山梨酸及其钾盐、苯甲酸及其钠盐、乳酸及其钠盐、双乙酸钠、脱氢乙酸及其钠盐、对羟基苯甲酸酯类等）、脂溶性抗氧化剂［丁基羟基茴香醚（BHA）、二丁基羟基甲苯（BHT）、特丁基对苯二酚（TBHQ）、没食子酸丙酯（PG）］、水溶性抗氧化剂（抗坏血酸及其盐类）等。

脂质氧化是肉在贮存期间发生酸败、肉质变差的主要原因，往往导致异味、色泽和质构变差、汁液损失增加、营养价值下降，甚至产生有毒物质。通过添加化学的或合成的抗氧化剂虽然可解决氧化问题，但这些抗氧化剂具有毒副作用。据称，BHA、BHT 和 TBHQ 等合成的抗氧化剂具有致癌和其他副作用。因此，天然抗氧化剂是今后的发展方向，如 α-生育酚乙酯、茶多酚等。

α-生育酚、茶多酚、黄酮类物质等具有防腐和抗氧化性能的天然物质在肉类防腐保鲜方面的研究方兴未艾，是今后的发展方向。

乳酸链球菌素（nisin）、溶菌酶等生物制剂，对肉类保鲜有效果。上述这类物质与其他方法结合使用，可起到良好的防腐效果。

第五节　物流管理

一、市场需求与技术规范

建立合理的技术规范对肉类产品加工、运输、贮藏、销售是非常必要的。从技术角度而言，可以预测消费者的需求特性和产品的需求量。从消费角度来讲，可以使消费者了解鉴别产品质量的方法，比如颜色、嫩度、多汁性、风味等。从贸易角度来说，可以有一个稳定的价格体系，意味着买卖双方都很明确他们交易的产品能够达到什么样的价格。

(一) 技术规范的特性

1. 动物生产特性　对于活体动物来说，技术规范主要包括动物的品种、性别（包括雄性动物去势与否）、年龄、体重（宰前活重和宰后重量）和动物福利的实施情况（包括宰前圈养及健康状况）等。动物的品种、性别、年龄和体重与肉的脂肪含量、肉的组成、屠宰率、肉的风味与嫩度以及其他质量特性密切相关，并且这些因素之间都是互相联系的。譬如，昂古斯牛肉大理石花纹丰富，产品的适口性较好；对于相同年龄的动物来说，公牛的体重要大一些。动物的屠宰年龄也涉及肉类的安全问题。在英国，超过 30 月龄的牛禁止屠宰进入消费链，因为涉区疯牛病，但在欧洲其他国家，只要经检测无疯牛病即无此限制；动物宰前的饲养水平对肉类的品质也有较大的影响。饲养水平低，会延迟屠宰期，降低肌内脂肪蓄积量，使牛肉颜色变暗，肉的适口性降低。饲养水平过高，虽然增加了肌内脂肪蓄积量，提高了肉的适口性，但是会造成肉类脂肪含量高，对于后续的加工以及销售都有不利影响。饲料的组成又会影响肌肉和脂肪的色泽。含有玉米的饲料会使牛肉的肌肉呈粉红色，脂肪呈白色。以青草为主的饲料会使牛肌肉呈深红色，脂肪呈黄色。

2. 加工特性　产品的加工特性包括屠宰、成熟、分割、包装等，对于产品最终的品质具有至关重要的影响。

动物屠宰的方法一般是相对固定的，然而，对于不同的市场又有不同的要求。如面向穆斯林消费者的市场，牛的屠宰必须采用切喉管的方法才允许销售。但可以采用电刺激工艺，因为电刺激可提高肌肉的嫩度。

成熟能显著提高肌肉的嫩度。一般来说，延长成熟时间能提高肌肉的嫩度，但不同动物的肉类成熟时间不同，猪肉一般为 3～5d，羊肉 7～10d，牛肉 10～21d。冷却工艺对肉的成熟有一定的影响，因为温度影响肌肉中酶的活性。成熟过程中胴体的吊挂方式也有影响，如骨盆悬吊法能提高部分肌肉的嫩度，已被英国和爱尔兰的一些零售商所应用。注射嫩化剂，如木瓜蛋白酶，有助于破坏肌肉中的结缔组织，提高肌肉的嫩度。在实际生产中，肉类成熟的时间主要由市场位置决定，供应本地市场的肉类成熟时间为几天，而对于出口的产品可以有几周的成熟时间。其他促进成熟的方法可以根据需要配合使用。

分割方式影响产品的产量和经济效益。肉类分割的技术规范根据解剖学位置和/或表层脂肪分离要求有所不同。初加工和深加工肉类的分割也要根据具体情况而定。近年来，由于疯牛病的影响，欧洲的肉类分割规范中要求，凡是超过 12 月龄的牛屠宰后脊柱必须除去。

加工水平在一定程度上决定了包装的技术要求。初分割肉一般采用真空包装，零售的分割肉常采用充气包装，当然也可以采用其他的包装方式。该工序其他的技术规范包括大理石花纹、细菌总数、外伤、pH、水分渗出以及货架期等。

（二）产品技术规范的差异

对于不同的市场和消费者，产品的技术规范是不同的。用来进一步加工的肉类，购买者一般选择去骨肉，这类肉要求具有较高的瘦肉率，如70%或90%等，因为这与经济效益紧密相关。大部分零售商要求涉及供应链各方面更详细的技术规范，因为品质是产品销售和经济效益的决定因素。

零售商和餐饮业的技术规范也有所不同。欧盟国家的零售商的技术规范依赖于所购买的肉类是否带骨或是1/4胴体、大块分割肉或小块分割肉。目前流行的趋势是购买预包装肉尤其是真空包装的去骨肉。餐饮业的技术规范差异就更大了，取决于产品的出路是面向一个事业机构（如医院）还是餐馆以及规模、大小、处理肉类的水平等。

对于不同的国家和市场，产品的技术规范也有所不同。譬如，爱尔兰和英国的消费者喜欢肌肉为红色、脂肪为黄色的肉类。而意大利人则偏爱粉红色的瘦肉和白色脂肪。不同市场上胴体的重量也有所不同，在地中海一带的市场上，人们喜爱羔羊肉的重量为8～12kg，北欧市场上为17～21kg，而在美国市场则为25～35kg。

（三）产品技术规范的评价

一些技术规范是客观的，而有些则是主观的，因为许多技术规范的制定是依据产品质量来进行的，既有对动物胴体客观的测定，也包括对生产方法的主观判断。感官检查常用来对胴体皮下脂肪的比例和胴体特殊部位（如肩部、腰部和腿部等）形态和组成的判定，同时也可以采用一些方法进行分级，如欧洲对脂肪和形态的分级方法。然而，其他一些特性，如动物的饲养方式和预防寄生虫用药剂量等就需要查看详细的记录，这种方法是肉类品质和安全性的最基本保证。

一些客观的判定方法也存在主观上的差异。如根据牙齿来判断动物年龄基本是准确的，但也受到不同个体、动物品种以及营养状况的影响。很多客观的方法，如用DNA分析判定动物品种等，还不能在实际中应用，但方法越来越多，如超声波测定宰前活体动物被用来预测牛肉的产量，生物阻抗分析技术测定胴体瘦肉率等。

随着消费者对食品安全性的日益关注以及技术的进步，将会产生更多、更详细、更客观的技术规范。

二、冷链系统

为了向消费者提供安全、优质的肉及肉制品，必须建立一个完整的冷链系统。冷链系统主要包括冷却、冷冻、冷藏、解冻、运输、销售和家庭贮藏等过程，其目的是使肉类在冷藏、冷冻、运输、零售等过程中维持较低的环境温度，稳定肉类的品质。

热鲜肉的冷却、冷冻、冷藏、解冻在本章已进行了详细叙述。肉在运输过程中要保持在较低的温度范围内。水运和陆运是冷却肉及其制品应用最广泛的运输方式。空运起初主要应用在价格较高且容易腐烂的产品运输上，如草莓、芦笋和鲜活的龙虾等，现在运输范围扩大到一些反季节食品。为了保证产品的货架期，避免细菌的生长，肉及其制品的运输温度始终都应维持在－1℃±0.5℃。

冷却肉及低温肉制品在展示柜中的销售是冷链中最薄弱的环节。包装和未包装的产品货架期以及对环境条件的要求都有所不同。包装的肉及其制品的货架期是几天到数周，未包装的鲜肉和熟肉制品的货架期通常为1d。对于包装的肉类，环境温度要尽可能保持在肉的冰点温度（约－1.5℃）左右。对于未包装肉类，色泽的变化是判断货架期的主要标准。另外，重量的变化也是判断的标准之一，因为大多数未包装的肉及其制品是以重量出售的。

三、鲜活市场

鲜活市场是传统农贸市场的一个部分，主要售卖活禽、肉类、水产品等。传统鲜活市场的优势是离居民区近，便于购买，产品比较新鲜，缺点是卫生条件普遍较差，食品安全隐患多。自从“禽流感”暴发以来，各国政府相继出台了限制或禁止活禽在市场中宰杀交易的政策，鼓励“集中屠宰、统一检疫、冷链配送、冷鲜上市”的销售模式。

思考题

1. 肉的腐败和酸败是如何引起的？
2. 如何防止冻结烧的发生？
3. 肉汁流失有几种形式？其机理是什么？如何减少肉汁流失？
4. 试述肉类辐照保鲜的原理及方法。如何减少辐照对肉品的不利影响？
5. 简述肉品非辐照保鲜技术的特点以及对肉的功能特性的影响。
6. 试述主要栅栏因子及其互作对肉品保鲜防腐的作用机制。
7. 简述 HACCP 管理系统原则和一般应用方法。
8. 了解肉品物流管理中的技术规范特点、冷链系统的目的及组成。

CHAPTER 6
第六章 加工原理

本章学习目标 掌握肉制品加工常用工艺的原理和方法，并了解有关常用设备；了解肉制品加工工艺的发展趋势；开拓开发新型肉品的思路。

第一节 肌肉蛋白的加工特性

肌肉蛋白的加工特性主要包括溶解性、凝胶性、乳化性、保水性等。影响肌肉加工特性的因素很多，如肌肉中各种组织和成分的性质与含量、肌肉蛋白在加工中的变化、添加成分的影响，等等。

一、溶解性

肌肉蛋白的溶解性指的是在特定的提取条件下，溶解到溶液里的蛋白质占总蛋白质的百分比。肌肉蛋白在饱和状态下的溶解性是溶质（蛋白质）和溶剂（水）达到平衡的结果。蛋白质的溶解性在肉的加工中有特殊的重要性，因为它和蛋白质的许多加工特性有关。例如，凝胶类肉制品加工中的凝胶化、乳化、保水作用就是溶解了的肌肉蛋白和肉的各种成分相互作用的结果。

影响肌肉蛋白溶解性的因素很多，如蛋白质结构、离子强度、磷酸盐、肌纤维类型等。肌浆蛋白表面带电荷和不带电荷的极性基团使得肌浆蛋白的等电点接近中性，氨基酸的分布和蛋白质的三级结构使得肌浆蛋白有高度亲水性，在水中或稀的盐溶液中呈可溶状态；肌原纤维蛋白在生理条件下或低离子强度下是不溶的，随着离子强度的增加，肌原纤维蛋白又回到溶解状态。胶原蛋白在通常加工条件下也不溶，但长时间湿热作用或限制性酸/碱水解下可溶解。在肉类加工过程中，向肉中添加食盐和磷酸盐使体系的 pH 提高，并延长腌制（滚揉、斩拌、搅拌）时间，肌原纤维蛋白就会被提取到溶液中。高浓度的 NaCl 还可降低肌球蛋白的等电点，从而使肌球蛋白在通常的 pH 范围内带有更多的净电荷。白肌蛋白比红肌蛋白更容易提取，磷酸盐对前者的提取效果也更明显。肌球蛋白溶解度的不同也会造成红肌和白肌可提取蛋白数量的差异。

二、凝胶性

肌肉蛋白凝胶是提取出来（可溶）的蛋白质分子解聚后交联而形成的集聚体。当规则的聚集达到一定程度，小的集聚体单元之间以共价键互相联结，连续的三维空间网络就形成了，网络结构中保持了大量的水。形成凝胶的能力是肌肉蛋白在肉加工过程中最为重要的物理化学特征之一。肌肉蛋白凝胶的微细结构和流变特性与凝胶类肉制品的质构、外观、切片性、保水性、乳化稳定性和产率有密切关系。

肉制品中的肌原纤维蛋白凝胶一般都由热诱导产生。肌原纤维蛋白可以形成两种类型的凝胶：肌球蛋白凝胶和混合肌原纤维蛋白凝胶。在热诱导凝胶形成过程中，肌球蛋白分子通过头-头相连、头-尾相连和尾-尾相连的方式发生交联，从而形成三维网络结构，即为凝胶（gel）（图 1-6-1）。在肉类加工中，混合肌原纤维蛋白凝胶也被称作肌原纤维蛋白凝胶、肌动球蛋白凝胶或盐溶性蛋白凝胶，是大多数加工肉制品中常见的凝胶。然而，即使在混合蛋白质系统中，肌浆蛋白（肌溶蛋白、肌红蛋白、肌浆酶、肌粒蛋白、肌质网蛋白等）也不能单独形成凝胶，它们和调节蛋白、肌钙蛋白和原肌球蛋白一样，对肌球蛋白的凝胶形成能力几乎没有影响。

乳化凝胶的形成

图 1-6-1　肉的凝胶过程

热诱导凝胶的形成是一个动态过程。在凝胶形成或凝胶化过程中，肌肉蛋白会发生流变特性变化。脂肪和水物理地嵌入或化学地结合在这个蛋白质三维网络结构中。凝胶强度与蛋白质所暴露的疏水基团、巯基含量和蛋白质的分散性之间存在着很强的相关性，凝胶的微细结构也随内在蛋白质的性质和环境条件的变化而改变，如 pH、离子强度、离子类型、肌肉类型、蛋白质浓度、肌球蛋白与肌动蛋白的物质的量之比、煮制终温都影响胶凝作用。

三、乳化性

蛋白质乳化

肌肉蛋白的乳化特性对稳定肉糜类肉制品中的脂肪具有重要作用。肌肉中对脂肪乳化起重要作用的蛋白质是肌球蛋白。经典乳化理论认为，脂肪球周围的蛋白质包衣使肉糜稳定（图 1-6-2），决定乳化性的主要蛋白质依次是肌原纤维蛋白、肌浆蛋白、结缔组织蛋白。乳化作用对乳化型产品来说显得特别重要。因为斩拌或乳化使脂肪细胞受到破坏，脂肪熔化，形成脂肪滴。如果乳化效果不好，表现在产品上就是“出油”。乳化的第一步是蛋白向脂肪滴表面靠拢，影响这一过程的因素主要是蛋白质分子的溶解情况、分子大小、温度条件以及连续相的黏度等。第二步是蛋白质吸附在脂肪滴上。在这个过程中，蛋白质要克服界面张力等障碍，与已经吸附在脂肪球上的其他物质竞争并使自己吸附上去。蛋白质表面的氨基酸性质、介质 pH、离子强度和温度影响该过程。第三步是蛋白质分子发生构象变化，蛋白质分子展开，疏水基团与非极性相连接，亲水基团与极性的水相相连。另一种乳化学说认为，流体的脂肪滴须经乳化方能稳定，而固体脂肪颗粒是在斩拌期间被蛋白质包裹，物理地嵌入肉糜网络中，从而得到稳定，并非形成真正的乳状液。肌肉蛋白表面的疏水性、巯基含量、溶解度、分散性、加工工艺等影响其乳化特性。

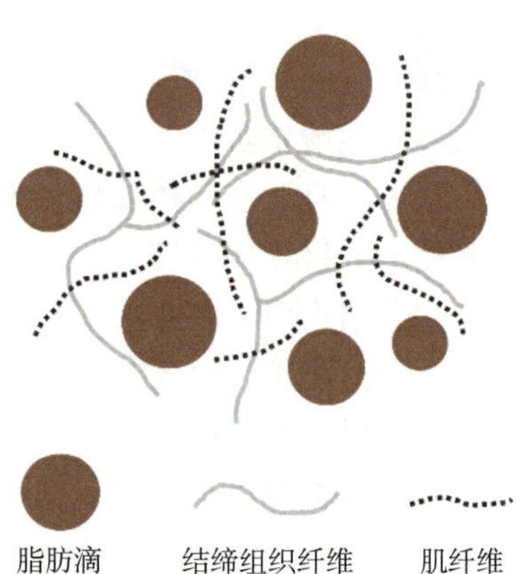

图 1-6-2　肉的乳化结构

四、保水性

广义地讲，肌肉的保水性（water-hold capacity，WHC）或系水力是指当肌肉受到外力作用时，其保持原有水分与添加水分的能力。所谓外力指压力、切碎、冷冻、解冻、贮藏、加工等。衡量保水性的主要指标有汁液损失（drip loss）、蒸煮损失（cook loss）、贮藏损失（purge loss）。影响的因素很多，宰前因素包括品种、年龄、宰前运输、是否饥饿、能量水平、身体状况等。宰后因素主要有屠宰工艺、胴体贮存、尸僵开始时间、熟化、肌肉的解剖学部位、脂肪厚度、pH 的变化、蛋白质水解酶活性和细胞结构，以及加工条件如切碎、盐渍、加热、冷冻、融冻、干燥、包装等。

肌肉中自由水是借助毛细管作用和表面张力而被束缚在肌肉中，自由水的数量主要取决于蛋白质的结构，其中肌原纤维蛋白对肉的保水性有至关重要的作用，这是由肌原纤维蛋白的性质和结构决定的。如肌球蛋白含有 38%的极性氨基酸，其中有大量的天冬氨酸和谷氨酸残基，每个肌球蛋白分子可以结合 6～7 个水分子。

肌肉中大部分水被束缚在肌原纤维的粗肌丝与细肌丝之间。肌丝间隙是可变的，随内部环境（如肌肉类型、肌节长度、收缩状态）和外部环境（如酸碱度、离子强度、渗透压、某些二价阳离子或多聚磷酸盐）的变化而改变。静电荷增加将提高肌原纤维间的静电斥力，从而增加其溶胀程度和保水性。因此，存在于肌原纤维周围的任何可以增加蛋白电荷或极性的电荷（如高浓度盐溶液、偏离等电点的酸碱度）都将提高肉的保水性。肉的保水性受肌原纤维结构的影响。肌肉在僵直过程中，肌球蛋白与肌动蛋白发生交联，从而抑制肌原纤维溶胀，进一步影响肉的保水性。一些肌原纤维的结构，如 Z 线和 M 线，也能抑制肌原纤维溶胀。

pH 和离子强度对肉的保水性影响很大。pH 的影响实质上是蛋白质分子的净电荷效应。蛋白质分子所带有的净电荷对系水力有双重意义：一是净电荷是蛋白质分子吸引水分的强有力中心；二是净电荷增加了蛋白质分子之间的静电斥力，使结构松散开，留下容水的空间。当净电荷下降，蛋白质分子间发生凝聚紧缩，系水力下降。

肌肉 pH 接近蛋白质等电点（pH 5.0～5.4），正电荷和负电荷基数接近，反应基减少到最低值，这时肌肉的系水力也最低（图 1-6-3）。

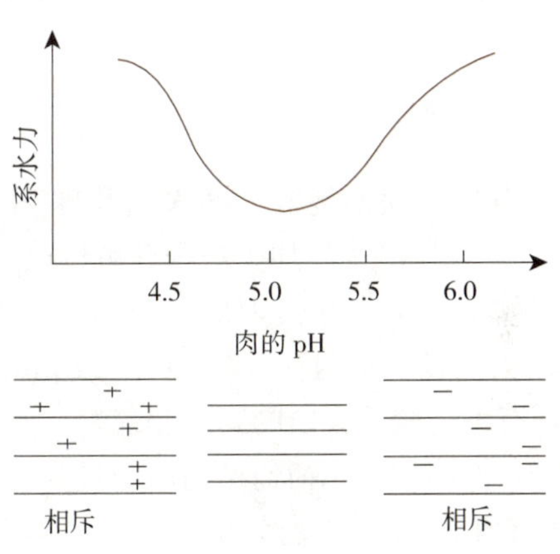

图 1-6-3　肉的保水性与 pH 的关系

离子强度对肌肉系水力的影响也取决于肌肉的 pH。当 pH>pI（等电点）时，盐可提高系水力；当 pH<pI 时，盐起脱水作用使系水力下降。这是因为 NaCl 中的 Cl^-，当 pH>pI 时，Cl^- 提高净电荷斥力，蛋白质分子内聚力下降，网状结构松弛，保留较多的水分；当 pH<pI 时，Cl^- 降低净电荷的斥力，使网状结构紧缩，导致系水力下降。

第二节　肉品加工辅料

肉制品生产加工过程中，为了改善和提高肉制品的感官特性及品质，延长肉制品的保存期和便于生产加工，常要添加一些其他可食性物料，这些物料称为辅料。正确使用辅料，对提高肉制品的质量和产量，增加肉制品的花色品种，提高其营养价值和商品价值，保障消费者的身体健康有重要的意义。

辅料的广泛应用，带来了肉制品加工业的繁荣，同时引起了一些社会问题。在肉制品加工的辅料中，有少数物质对人体具有一定的副作用，所以生产者必须认真研究和合理使用。本节主要介绍在肉制品加工中最常用的辅料，如调味料、香辛料和食品添加剂。

一、调味料

调味料是指为了改善食品的风味、赋予食品特殊味感（咸、甜、酸、苦、鲜、麻、辣等）、使食品鲜美可口、增进食欲而添加入食品中的天然或人工合成的物质。

（一）鲜味料

1. 谷氨酸钠 谷氨酸钠（monosodium l-glutamate）即“味精”，是食品烹调和肉制品加工中常用的鲜味剂。谷氨酸钠为无色至白色柱状结晶或结晶性粉末，具特有的鲜味。高温易分解，酸性条件下鲜味降低。在肉品加工中，一般用量为0.02%～0.15%。除单独使用外，宜与肌苷酸钠和核糖核苷酸等核酸类鲜味剂配成复合调味料，以提高效果。

2. 肌苷酸钠 肌苷酸钠（disodium 5′-inosinate）是白色或无色的结晶或结晶性粉末，性质比谷氨酸钠稳定。与L-谷氨酸钠合用对鲜味有相乘效应。肌苷酸钠有特殊强烈的鲜味，其鲜味比谷氨酸钠强10～20倍。一般均与谷氨酸钠、鸟苷酸钠等合用，配制混合味精，以提高增鲜效果。

3. 5′-鸟苷酸钠 5′-鸟苷酸钠（disodium 5′-guanylate）为无色至白色结晶或结晶性粉末，是具有很强鲜味的5′-核苷酸类鲜味剂。5′-鸟苷酸钠有特殊香菇鲜味，鲜味程度约为肌苷酸钠的3倍以上，与谷氨酸钠合用有很强的相乘效果。亦与肌苷酸二钠混合配制成呈味核苷酸二钠，作混合味精用。

（二）甜味料

1. 蔗糖 蔗糖是常用的天然甜味剂，其甜度仅次于果糖。果糖、蔗糖、葡萄糖的甜度比为4∶3∶2。肉制品中添加少量蔗糖可以改善产品的滋味，并能促进胶原蛋白的膨胀和疏松，使肉质松软、色泽良好。蔗糖添加量以0.5%～1.5%为宜。

2. 葡萄糖 葡萄糖（dextrose或glucose）为白色晶体或粉末。葡萄糖除可以改善产品的滋味外，还有助于胶原蛋白的膨胀和疏松，使制品柔软。葡萄糖的保色作用较好，而蔗糖的保色作用不太稳定。肉品加工中葡萄糖的使用量为0.3%～0.5%。

3. 饴糖 饴糖由麦芽糖（50%）、葡萄糖（20%）和糊精（30%）组成。味甜爽口，有吸湿性和黏性，在肉品加工中常作为烧烤、酱卤和油炸制品的增色剂和甜味助剂。

（三）咸味料

1. 食盐 食盐的主要成分是氯化钠（NaCl），味咸、中性，呈白色细晶体。食盐具有调味、防腐保鲜、提高保水性和黏着性等重要作用。但高钠盐食品会导致高血压，新型食盐代用品有待深入研究与开发。

2. 酱油 酱油是我国传统的调味料，优质酱油咸味醇厚，香味浓郁。肉制品加工中选用的酿造酱油浓度不应低于22波美度，食盐含量不超过18%。酱油的作用主要是增鲜增色，改良风味。在中式肉制品中广泛使用，使制品呈美观的酱红色并改善其口味。在香肠等制品中，还有促进发酵成熟的作用。

（四）其他辅料

1. 食醋 食醋是以谷类及麸皮等经过发酵酿造而成，含醋酸3.5%以上，是肉和其他食品常用的酸味料之一。食醋可以促进食欲，帮助消化，亦有一定的防腐去膻腥作用。

2. 料酒 料酒是肉制品加工中广泛使用的调味料之一，有去腥增香、提味解腻、固色防腐等作用。

3. 调味肉类香精 调味肉类香精包括猪、牛、鸡、羊等各种肉味香精，系采用纯天然的肉类为原料，经过蛋白酶适当降解成小肽和氨基酸，加还原糖在适当的温度条件下发生美拉德反应，生成风味物质，经超临界萃取、微胶囊包埋或乳化调和等技术加工的粉状、水状、油状系列调味香精。如猪肉香精、牛肉香精等。可直接添加或混合到肉类原料中，使用方便，是目前肉类工业上常用的增香剂，尤其适用于高温肉制品和风味不足的西式低温肉制品。

二、香辛料

（一）常用香辛料

香辛料是某些植物的果实、花、皮、蕾、叶、茎、根，它们具有辛辣和芳香风味成分，其作用是赋予产品特有的风味，抑制或矫正不良气味，增进食欲，促进消化。许多香辛料有抗菌防腐作用、抗氧化作用，同时还有特殊生理药理作用。常用的香辛料有以下几种。

1. 大茴香 大茴香（star aniseed）是木兰科乔木植物的果实，多数为八瓣，故又称八角。八角果实含精油2.5%～5%，其中以茴香脑为主（80%～85%），即对丙烯基茴香醛、蒎烯、茴香酸等。有独特浓烈的香气，性温微甜。有去腥和防腐的作用。

2. 小茴香 小茴香（fennel）系伞形科多年草本植物茴香的种子，含精油3%～4%，主要成分为茴香脑和茴香醇，占50%～60%，另有小茴香酮及莰烯、α-蒎烯等。是肉制品加工中常用的调香料，有增香调味、防腐除膻的作用。

3. 花椒 花椒（Chinese pepper）为云香科植物花椒的果实。花椒果皮含辛辣挥发油及花椒油香烃等，主要成分为柠檬烯、香茅醇、萜烯、丁香酚等，辣味主要是山椒素。在肉品加工中，整粒多供腌制肉制品及酱卤汁用，粉末多用于调味和配制五香粉。使用量一般为0.2%～0.3%。花椒不仅能赋予制品适宜的辛辣味，而且还有杀菌、抑菌等作用。

4. 肉豆蔻 肉豆蔻（nutmeg）由肉豆蔻科植物肉豆蔻果肉干燥而成。肉豆蔻含精油5%～15%，其主要成分为α-蒎烯、β-蒎烯、d-莰烯（约80%）等。皮和仁有特殊浓烈芳香气，味辛，略带甜、苦味。肉豆蔻不仅有增香去腥的调味功能，亦有一定抗氧化作用。可用整粒或粉末，肉品加工中常用作卤汁、五香粉等调香料。

5. 桂皮 桂皮（cinnamon）系樟科植物肉桂的树皮及茎部表皮经干燥而成。桂皮含精油1%～2.5%，主要成分为桂醛，占80%～95%，另有甲基丁香酚、桂醇等。桂皮用作肉类烹饪用调味料，亦是卤汁、五香粉的主要原料之一，能使制品具有良好的香辛味，而且还具有重要的药用价值。

6. 砂仁 砂仁（cardamomum）为姜科多年生草本植物的果实，一般除去黑果皮（不去果皮的叫苏砂）。砂仁含香精油3%～4%，主要成分为龙脑、右旋樟脑、乙酸龙脑酯、芳梓醇等。其具有樟脑油的芳香味，是肉制品中重要的调味香料，具有矫臭去腥、提味增香的作用。含有砂仁的制品，食之清香爽口，风味别致。

7. 草果 草果（fructus amomi tsao-ko）为姜科多年生草本植物的果实，含有精油、苯酮等，味辛辣。可用整粒或粉末。肉制品加工中常用作卤汁、五香粉的调香料，起抑腥调味的作用。

8. 丁香 丁香（clove）为桃金娘科植物丁香干燥花蕾及果实，丁香富含挥发性香精油，具有特殊的浓烈香味，兼有桂皮香味。丁香是肉品加工中常用的香料，对提高制品风味具有显著的效果，但丁香对亚硝酸盐有分解作用，使用时应加以注意。

9. 月桂叶 月桂叶（laurel）系樟科常绿乔木月桂树的叶子，含精油1%～3%，主要成分为桉叶素，占40%～50%，此外，还有丁香酚、α-蒎烯等。有近似玉树油的清香香气，略有樟脑味，与食物共煮后香味浓郁。肉制品加工中常用作矫味剂、香料，用于原汁肉类罐头、卤汁、肉类、鱼类调味等。

10. 鼠尾草　鼠尾草（sage）又叫山艾，系唇形科多年生宿根草本鼠尾草的叶子，约含精油2.5%，其特殊香味的主要成分为侧柏酮，此外有龙脑、鼠尾草素等。主要用于肉类制品，亦可作色拉味料。

11. 胡椒　胡椒（peper）是多年生藤本胡椒科植物的果实，有黑胡椒、白胡椒两种。胡椒的辛辣味成分主要是胡椒碱、佳味碱和少量的嘧啶。胡椒性辛温，味辣香，具有令人舒适的辛辣芳香，兼有除腥臭、防腐和抗氧化作用。在我国传统的香肠、酱卤、罐头及西式肉制品中广泛应用。

12. 葱　葱属百合科多年生草本植物，有大葱（scallion）、小（香）葱、洋葱（onion）等。葱的香辛味主要成分为硫醚类化合物，如烯丙基二硫化物（葱蒜辣素，$C_6H_{10}S_2$，二丙烯基二硫、二正丙基二硫等），具有强烈的葱辣味和刺激性。洋葱煮熟后带甜味。葱可解除腥膻味，促进食欲，并有开胃消食以及杀菌发汗的功能。

13. 蒜　蒜（garlic）为百合科多年生宿根草本植物大蒜的鳞茎，其主要成分是蒜素，即挥发性的二烯丙基硫化物。因其有强烈的刺激气味和特殊的蒜辣味，以及较强的杀菌能力，故有压腥去膻、增加肉制品蒜香味、刺激胃液分泌、促进食欲和杀菌的功效。

14. 姜　姜（ginger）属姜科多年生草本植物，主要利用地下膨大的根茎部。姜具有独特强烈的姜辣味和爽快风味，其辣味及芳香成分主要是姜油酮、姜烯酚、姜辣素、柠檬醛、姜醇等，具有去腥调味、促进食欲、开胃驱寒和减腻解毒的功效。在肉品加工中常用于酱卤、红烧罐头等的调香料。

其他常用的香辛料还有白芷、山柰、陈皮、芫荽、百里香、迷迭香、牛至、罗勒等。

（二）混合香辛料

传统肉制品加工过程中常用由多种未粉碎香辛料组成的料包经沸水熬煮出味或同原料肉一起加热使之入味。现代化西式肉制品则多用已配制好的混合性香料粉（如五香粉、咖喱粉等）直接添加到制品原料中，若混合性香料粉经过辐照，则细菌及其孢子数大大降低，制品货架寿命会大大延长；也可使用萃取的单一或混合液体香辛料注射腌制的肉块制品，这种预制香辛料使用方便、卫生，是今后发展趋势。

1. 五香粉　五香粉是将5种或超过5种的香料研磨成粉状混合一起，常在煎、炸前涂抹在鸡、鸭肉等上，也可与细盐混合做蘸料之用。广泛用于东方料理的辛辣口味的菜肴，尤其适合用于烘烤、快炒、炖、焖、煨、蒸、煮菜肴调味。其名称来自中国文化对酸、甜、苦、辣、咸五味的平衡要求。五香粉的基本成分是磨成粉的花椒、肉桂、八角、丁香、小茴香籽。有些配方里还有干姜、肉豆蔻、甘草、胡椒、陈皮等。主要用于炖制的肉类或者家禽菜肴，或加在卤汁中增味，或用于拌馅。

2. 咖喱粉　咖喱粉的组成香料非常多，这些香料均各自拥有独特的香气与味道，有的辛辣，有的芳香，交揉在一起，不管是搭配肉类、海鲜或蔬菜，彼此协调，具有多样层次与口感。组成咖喱粉的香料有红辣椒、姜、丁香、肉桂、大茴香、小茴香、肉豆蔻、芫荽籽、芥末、鼠尾草、黑胡椒以及咖喱的主色——姜黄粉等。

三、食品添加剂

食品添加剂是食品在生产加工中加入的能改善其色、香、味、形及延长保藏期等功效的少量天然或合成物质。肉品加工中经常使用的食品添加剂有以下几种：

（一）发色剂

1. 硝酸盐　硝酸盐（nitrate）是无色结晶或白色结晶粉末，易溶于水。将硝酸盐添加到肉制品中，硝酸盐在微生物的作用下，最终生成NO，后者与肌红蛋白生成稳定的亚硝基肌红蛋白络合物，使肉制品呈现鲜红色，因此把硝酸盐称为发色剂。

2. 亚硝酸钠 亚硝酸钠（sodium nitrite）是白色或淡黄色结晶粉末，亚硝酸钠除了能防止肉品腐败，提高保存性之外，还具有改善风味、稳定肉色的特殊功效，此功效比硝酸盐还要强。在肉品腌制时常与硝酸钾混合使用，能缩短腌制时间。亚硝酸盐用量要严格控制。《食品安全国家标准 食品添加剂使用标准》（GB 2760—2014）中对硝酸钠和亚硝酸钠的使用量规定如下：使用范围，肉类罐头、肉制品；最大使用量，硝酸钠0.5g/kg、亚硝酸钠0.15g/kg；最大残留量（以亚硝酸钠计），添加物为硝酸钠时，肉制品不得超过30mg/kg，添加物为亚硝酸钠时，肉类罐头不得超过50mg/kg，西式火腿不得超过70mg/kg，其他肉制品不得超过30mg/kg。

（二）发色助剂

肉发色过程中亚硝酸被还原生成NO。NO的生成量与肉的还原性有很大关系。为了使之达到理想的还原状态，常使用发色助剂。

1. 抗坏血酸、抗坏血酸钠 抗坏血酸即维生素C，具有很强的还原作用，但是对热和重金属极不稳定，因此一般使用稳定性较高的钠盐，肉制品中的使用量为0.02%～0.05%。

2. 异抗坏血酸、异抗坏血酸钠 异抗坏血酸是抗坏血酸的异构体，其性质与抗坏血酸相似，发色、防止褪色及防止亚硝胺形成的效果几乎相同。

3. 烟酰胺 烟酰胺与抗坏血酸钠同时使用形成烟酰胺肌红蛋白，使肉呈红色，并有促进发色、防止褪色的作用。

（三）着色剂

着色剂又称色素。目前经国家批准允许生产和使用的着色剂共69种，其中，人工着色剂21种，天然着色剂48种。

1. 人工着色剂（化学合成着色剂） 人工着色剂常用的有苋菜红、胭脂红、柠檬黄、日落黄、亮蓝等。人工着色剂在限量范围内使用是安全的，其色泽鲜艳、稳定性好，适于调色和复配。价格低廉是其优点，但安全性仍是问题。

2. 天然着色剂 天然着色剂是从植物、微生物、动物可食部分用物理方法提取精制而成的。天然着色剂的开发和应用是发展趋势，如在肉制品中应用越来越多的有焦糖色素、红曲红、高粱红、栀子黄、姜黄色素等。天然着色剂一般价格较高，稳定性稍差，但比人工着色剂安全性高。

红曲红是以大米为原料，采用红曲霉液体深层发酵工艺和特定的提取技术生产的粉状纯天然食用色素，其工业产品色价高，色调纯正，对光、热稳定性强，pH适应范围广，水溶性好，同时具一定的保健和防腐功效。肉制品中用量为50～500mg/kg。

高粱红是以高粱壳为原料，采用生物加工和物理方法制成，有液体制品和固体粉末两种，属水溶性天然色素，对光、热稳定性好，抗氧化能力强，与天然红等水溶性天然色素调配可呈紫色、橙色、黄绿色、棕色、咖啡色等多种色调。肉制品中使用量视需要而定。

（四）品质改良剂

1. 磷酸盐 已普遍地应用于肉制品中，以改善肉的保水性能。国家规定可用于肉制品的多聚磷酸盐主要有三种：焦磷酸钠、三聚磷酸钠和六偏磷酸钠。2013年，聚偏磷酸钾也作为食品添加剂新品种被国家增补批准使用。焦磷酸盐溶解性较差，因此在配制腌制液时要先将磷酸盐溶解后再加入其他腌制料。由于多聚磷酸盐对金属容器有一定的腐蚀作用，所以加工设备材料应选用不锈钢。

各种磷酸盐混合使用比单独使用好，混合的比例不同，效果也不同。在肉品加工中，使用量一般为肉重的0.1%～0.4%，用量过大会导致产品风味劣变，结构粗糙，呈色不良。此外，添加到肉中的多聚磷酸盐可被肉中磷酸酶水解。在一定时间内，水解成的正磷酸盐可在肉制品表面形成“白霜”。减少磷酸盐的使用量，可以预防起霜。

2. 淀粉 最好使用变性淀粉，它们是由天然淀粉经过化学或酶处理等使其物理性质发生改变，以适应特定需要而制成的淀粉。变性淀粉一般为白色或近白色无臭粉末。变性淀粉不仅能耐热、耐酸碱，还有良好的机械性能，是肉类工业良好的增稠剂和赋形剂，其用量一般为原料的3%～20%。优质肉制品用量较少，且多用玉米淀粉。淀粉用量过多，会影响肉制品的黏着性、弹性和风味，故许多国家对淀粉使用量做出规定，如日本要求在香肠中最高添加量不超过5%，混合压缩火腿在3%以下；美国要求用3.5%谷物淀粉。

3. 大豆分离蛋白 粉末状大豆分离蛋白有良好的保水性。当浓度为12%时，加热的温度超过60℃，黏度就急剧上升，加热至80～90℃时静置、冷却，就会形成光滑的沙状胶质，这种特性使大豆分离蛋白进入肉组织时能改善肉的质地。此外，大豆分离蛋白还有很好的乳化性。

4. 卡拉胶 卡拉胶（carrageenan）主要成分为易形成多糖凝胶的半乳糖、脱水半乳糖，多以Ca^{2+}、Na^{+}、NH_4^{+}等盐的形式存在。卡拉胶可保持自身重量10～20倍的水分。在肉馅中添加0.6%的卡拉胶时，可使肉馅保水率从80%提高到88%以上。

卡拉胶是天然胶质中唯一具有蛋白质反应性的胶质。它能与蛋白质形成均一的凝胶。由于卡拉胶能与蛋白质结合形成巨大的网络结构，所以可保持制品中的大量水分，减少肉汁的流失，并且具有良好的弹性、韧性。卡拉胶还具有很好的乳化效果，能够稳定脂肪，表现出很低的离油值，从而提高制品的出品率。另外，卡拉胶能防止盐溶性蛋白及肌动蛋白的损失，抑制鲜味成分的溶出。

5. 酪蛋白 酪蛋白（casein）能与肉中的蛋白质结合形成凝胶，从而提高肉的保水性。在肉馅中添加2%酪蛋白时，可提高保水率10%；添加4%时，可提高16%。如与卵蛋白、血浆等并用，效果更好。酪蛋白在形成稳定的凝胶时，可吸收自身重量5～10倍的水分。用于肉制品时，可增加制品的黏着性和保水性，改进产品质量，提高出品率。

（五）抗氧化剂

抗氧化剂有油溶性抗氧化剂和水溶性抗氧化剂两大类。油溶性抗氧化剂能均匀地分布于油脂中，对油脂或含脂肪的食品可以很好地发挥其抗氧化作用。人工合成的油溶性抗氧化剂有丁基羟基茴香醚（BHA）、二丁基羟基甲苯（BHT）、没食子酸丙酯（PG）等；天然的有生育酚（维生素E）混合浓缩物等。水溶性抗氧化剂主要有L-抗坏血酸及其钠盐、异抗坏血酸及其钠盐等；天然的有植物（包括香辛料）提取物，如茶多酚、异黄酮类、迷迭香抽提物等。多用于对食品的护色（助发色剂），防止氧化变色，以及防止因氧化而降低食品的风味和质量等。肉制品在贮藏期间因氧化变色、变味而导致其货架期缩短是肉类工业一个突出的问题，因此高效、廉价、方便、安全的抗氧化剂亟待开发。

（六）防腐剂

防腐剂分化学防腐剂和天然防腐剂，防腐剂经常与其他保鲜技术结合使用。

1. 化学防腐剂 化学防腐剂主要是各种有机酸及其盐类。肉类保鲜中使用的有机酸包括乙酸、甲酸、柠檬酸、乳酸及其钠盐、抗坏血酸、山梨酸及其钾盐、磷酸盐等。许多试验已经证明，这些酸单独或配合使用，对延长肉类货架期均有一定效果。其中使用最多的是乙酸、乳酸钠、山梨酸及其钾盐和磷酸盐。

（1）乙酸　1.5%的乙酸就有明显的抑菌效果。在3%范围以内，因乙酸的抑菌作用，减缓了微生物的生长，避免了霉斑引起的肉色变黑变绿。当浓度超过3%时，对肉色有不良作用，这是由酸本身造成的。如采用3%乙酸+3%抗坏血酸处理时，由于抗坏血酸的护色作用，肉色可保持很好。

(2) 乳酸钠　乳酸钠的使用目前还很有限。美国农业部（USDA）规定最大使用量高达4%。乳酸钠的防腐机理有两方面：一是乳酸钠的添加可减低产品的水分活性；二是乳酸根离子对乳酸菌有抑制作用，从而阻止微生物的生长。目前，乳酸钠主要应用于禽肉的防腐。

(3) 山梨酸钾　山梨酸钾在肉制品中的应用很广。它能与微生物酶系统中的巯基结合，破坏许多重要酶系，达到抑制微生物增殖和防腐的目的。山梨酸钾在鲜肉保鲜中可单独使用，也可和磷酸盐、乙酸结合使用。

(4) 磷酸盐　磷酸盐作为品质改良剂发挥其防腐保鲜作用。磷酸盐可明显提高肉制品的保水性和黏着性，利用其螯合作用延缓制品的氧化酸败，增强防腐剂的抗菌效果。

2. 天然防腐剂　天然防腐剂一方面安全上有保证，另一方面更符合消费者的需要。目前国内外在这方面的研究十分活跃，天然防腐剂是今后防腐剂发展的趋势。

(1) 茶多酚　主要成分是儿茶素及其衍生物，它们具有抑制氧化变质的性能。茶多酚对肉品防腐保鲜以三条途径发挥作用：抗脂质氧化、抑菌、除臭味物质。

(2) 香辛料提取物　许多香辛料如大蒜中的蒜辣素和蒜氨酸，肉豆蔻所含的肉豆蔻挥发油，肉桂中的挥发油以及丁香中的丁香油等，均具有良好的杀菌、抗菌作用。

(3) 细菌素　应用细菌素（如nisin）对肉类保鲜是一种新型技术。Nisin是由乳酸链球菌合成的一种多肽抗生素，为窄谱抗菌剂。它只能杀死革兰阳性菌，对酵母、霉菌和革兰阴性菌无作用，可有效阻止肉毒杆菌的芽孢萌发。Nisin在保鲜中的重要价值在于它针对的细菌是食品腐败的主要微生物。

第三节　基本加工技术

一、腌制

用食盐或以食盐为主，并添加硝酸钠（或硝酸钾）、亚硝酸钠、蔗糖和香辛料等腌制辅料处理肉类的过程为腌制（curing）。今天腌制目的已从过去单纯的防腐保藏，发展到主要为了改善风味和颜色，提高肉的品质。因此，腌制已成为肉制品加工过程中一个重要的工艺环节。

（一）腌制成分及其作用

肉类腌制使用的主要腌制辅料为食盐、硝酸盐（或亚硝酸盐）、糖类、抗坏血酸盐、异抗坏血酸盐和磷酸盐等。

1. 食盐　食盐是肉类腌制最基本的成分，也是唯一必不可少的腌制材料。食盐的作用表现在以下几个方面：

①突出鲜味作用：肉制品中含有大量的蛋白质、脂肪等具有鲜味的成分，常常要在一定浓度的咸味下才能表现出来。

②防腐作用：盐可以通过脱水作用和渗透压的作用，抑制微生物的生长，延长肉制品的保存期。

③促使硝酸盐、亚硝酸盐、糖向肌肉深层渗透：然而单独使用食盐，会使腌制的肉色泽发暗，质地发硬，并仅有咸味，影响产品的可接受性。

5%的NaCl溶液能完全抑制厌氧菌的生长，10%的NaCl溶液对大部分细菌有抑制作用，但一些嗜盐菌在15%的NaCl溶液中仍能生长。某些种类的微生物甚至能够在饱和NaCl溶液中生存。

肉的腌制宜在较低温度下进行，腌制室温度一般保持在 2～4℃，腌肉用的食盐、水和容器必须保持卫生状态，严防污染。

2. 糖 在腌制时常用糖类有葡萄糖、蔗糖和乳糖。糖类主要作用：

①调味作用：糖和盐有相反的滋味，在一定程度上可缓和腌肉咸味。

②助色作用：还原糖（葡萄糖等）能吸收氧而防止肉脱色；糖为硝酸盐还原菌提供能源，使硝酸盐转变为亚硝酸盐，加速 NO 的形成，使发色效果更佳。

③增加嫩度：糖可提高肉的保水性，增加出品率；糖也利于胶原膨润和松软，因而增加了肉的嫩度。

④产生风味物质：糖和含硫氨基酸之间发生美拉德反应，产生醛类等羰基化合物及含硫化合物，增加肉的风味。

⑤在需发酵成熟的肉制品中添加糖，有助于发酵的进行。

3. 硝酸盐和亚硝酸盐 在腌肉中使用硝酸盐已有几千年的历史。亚硝酸盐由硝酸盐生成，也用于腌肉生产。腌肉中使用亚硝酸盐主要有以下几方面作用：抑制肉毒梭状芽孢杆菌的生长，并且具有抑制许多其他类型腐败菌生长的作用；优良的呈色作用；抗氧化作用，延缓腌肉腐败，这是由于它本身有还原性；有助于腌肉独特风味的产生，抑制蒸煮味产生。

亚硝酸盐是唯一能同时起上述几种作用的物质，至今还没有发现其他物质能完全取代它。对其替代物的研究仍是一个热点。

亚硝酸很容易与肉中蛋白质分解产物二甲胺作用，生成二甲基亚硝胺，其反应式如下：

$$(H_3C)_2NH + HONO \longrightarrow (H_3C)_2N\text{—}NO + H_2O$$

二甲胺　　亚硝酸　　二甲基亚硝胺

亚硝胺可以从各种腌肉制品中分离出，这类物质具有致癌性，因此在腌肉制品中，硝酸盐的用量应尽可能降到最低限度。美国食品安全检验署（Food Safety and Inspection Service，FSIS）仅允许在肉的干腌品（如干腌火腿）或干香肠中使用硝酸盐，干腌肉最大使用量为 2.2g/kg，干香肠 1.7g/kg，培根中使用亚硝酸盐不得超过 0.12g/kg（与此同时，须有 0.55g/kg 的抗坏血酸钠作助发色剂），成品中亚硝酸盐残留量不得超过 40mg/kg。

4. 碱性磷酸盐 肉制品中使用磷酸盐的主要目的是提高肉的保水性，使肉在加工过程中仍能保持其水分，减少营养成分损失，同时也保持肉的柔嫩性，增加出品率。可用于肉制品的磷酸盐主要有三种：焦磷酸钠、三聚磷酸钠和六偏磷酸钠。磷酸盐提高肉保水性的作用机理有以下几点：

（1）*提高肉的 pH 的作用* 焦磷酸盐和三聚磷酸盐呈碱性反应，加入肉中可提高肉的 pH，这一反应在低温下进行得较缓慢，但在烘烤和熏制时会急剧加快。

（2）*对肉中金属离子有螯合作用* 聚磷酸盐有与金属离子螯合的作用，加入聚磷酸盐后，则原来与肌肉的结构蛋白质结合的钙镁离子，被聚磷酸盐螯合，肌肉蛋白中的羟基游离，由于羧基之间静电力的作用，使蛋白质结构松弛，可以吸收更多的水分。

（3）*增加肉的离子强度的作用* 聚磷酸盐是具有多价阴离子的化合物，因而在较低的浓度下可以具有较高的离子强度。由于加入聚磷酸盐使肌肉的离子强度增加，有利于肌球蛋白的解离，因而提高了保水性。

（4）*解离肌动球蛋白的作用* 焦磷酸盐和三聚磷酸盐有解离肌肉蛋白质中肌动球蛋白为肌动蛋白和肌球蛋白的特异作用。而肌球蛋白的持水能力强，因而提高了肉的保水性。

5. 抗坏血酸盐和异抗坏血酸盐 在肉的腌制中使用抗坏血酸钠和异抗坏血酸钠主要有以下几个目的：

①抗坏血酸盐可以同亚硝酸发生化学反应，增加 NO 的形成，使发色过程加速。

$$2HNO_2 + C_6H_8O_6 \longrightarrow 2NO + 2H_2O + C_6H_6O_6 \text{（脱水抗坏血酸）}$$

如在法兰克福香肠加工中，使用抗坏血酸盐可使腌制时间减少 1/3。

②抗坏血酸盐有利于高铁肌红蛋白还原为亚铁肌红蛋白，因而加快了腌制的速度。

③抗坏血酸盐能起到抗氧化剂的作用，因而可稳定腌肉的颜色和风味。

④在一定条件下抗坏血酸盐具有减少亚硝胺形成的作用，因而抗坏血酸盐被广泛应用于肉制品腌制中。已表明用 550mg/kg 的抗坏血酸盐可以减少亚硝胺的形成，但确切的机理还未知。目前许多腌肉都同时使用 120mg/kg 的亚硝酸盐和 550mg/kg 的抗坏血酸盐。

通过向肉中注射 0.05%～0.1%的抗坏血酸盐能有效地减轻由于光线作用而使腌肉褪色的现象。

6. 水 浸泡法腌制或盐水注射法腌制时，水可以作为一种腌制成分，使腌制配料分散到肉或肉制品中，补偿热加工（如烟熏、煮制）的水分损失，使得制品柔软多汁。

（二）腌肉的呈色机理

1. 硝酸盐和亚硝酸盐对肉色的作用 肉在腌制时会加速血红蛋白（Hb）和肌红蛋白（Mb）的氧化，形成高铁肌红蛋白（Met-Mb）和高铁血红蛋白（Met-Hb），使肌肉丧失天然色泽，变成带紫色调的浅灰色。而加入硝酸盐（或亚硝酸盐）后，由于肌肉中色素蛋白和亚硝酸盐发生化学反应，形成鲜艳的亚硝基肌红蛋白（NO-Mb），且在以后的热加工中又会形成稳定的粉红色。亚硝基肌红蛋白是构成腌肉颜色的主要成分，关于它的形成过程虽然有些理论解释但还不完善。亚硝基是由硝酸盐或亚硝酸盐在腌制过程中经过复杂的变化形成的。

①硝酸盐在酸性条件和还原性细菌作用下形成亚硝酸盐。

$$NaNO_3 \xrightarrow[+2H]{\text{细菌还原作用}} NaNO_2 + H_2O$$

②亚硝酸盐在微酸性条件下形成亚硝酸。

$$NaNO_2 \xrightarrow{H^+} HNO_2$$

肉中的酸性环境主要是乳酸造成的。由于血液循环停止，供氧不足，肌肉中的糖原通过酵解作用分解产生乳酸，随着乳酸的积累，肌肉组织中的 pH 逐渐降低到 5.5～6.4，促进亚硝酸盐生成亚硝酸。

③亚硝酸在还原性物质作用下形成 NO。

$$3HNO_2 \xrightarrow{\text{还原性物质}} H^+ + NO_3^- + H_2O + 2NO$$

这是一个歧化反应，亚硝酸既被氧化又被还原。NO 的形成速度与介质的酸度、温度以及还原性物质的存在有关，所以形成亚硝基肌红蛋白（NO-Mb）需要一定的时间。直接使用亚硝酸盐比使用硝酸盐的呈色速度要快。

2. 影响腌肉制品色泽的因素

（1）亚硝酸盐的使用量　肉制品的色泽与亚硝酸盐的使用量有关，用量不足时，颜色淡而不均，在空气中氧气的作用下会迅速变色，造成贮藏后色泽的恶劣变化。为了保证肉呈红色，亚硝酸钠的最低用量为 0.05g/kg。用量过大时，过量的亚硝酸根的存在又能使血红素中的卟啉环上的 α-甲炔键硝基化，生成绿色的衍生物。为了确保安全，我国规定在肉类制品中亚硝酸盐最大使用量为 0.15g/kg，在这一范围内根据肉类原料的色素蛋白的数量及气温情况变动。

（2）肉的 pH　肉的 pH 影响亚硝酸盐的发色作用。亚硝酸钠只有在酸性介质中才能还原成 NO，故 pH 接近 7.0 时肉色就淡，特别是为了提高肉制品的持水性，常加入碱性磷酸盐，加入后常造成 pH 向中性偏移，往往使呈色效果不好，所以必须注意其用量。在过低的 pH 环境中，亚硝酸盐的消耗量增大，如使用亚硝酸盐过量，又容易引起绿变，一般发色最适宜的 pH 范围为 5.6～6.0。

（3）温度　生肉呈色的进行过程比较缓慢，经过烘烤、加热后，则反应速度加快。如果配好料后不及时处理，生肉就会褪色，特别是灌肠机中的回料，因氧化作用而褪色，这就要求迅速操作，及时加热。

（4）腌制添加剂　当抗坏血酸用量高于亚硝酸盐时，在腌制时可起助呈色作用，在贮藏时可起护色作用；蔗糖和葡萄糖由于其还原作用，可影响肉色强度和稳定性；加烟酸、烟酰胺也可形成比较稳定的红色，但这些物质没有防腐作用，所以暂时还不能代替亚硝酸盐。另外，有些香辛料如丁香对亚硝酸盐还有消色作用。

（5）其他因素　微生物和光线等影响腌肉色泽的稳定性。正常腌制的肉，切开置于空气中切面会褪色发黄，这是因为亚硝基肌红蛋白在微生物的作用下会引起卟啉环的变化。亚硝基肌红蛋白不仅受微生物影响，对可见光也不稳定，在光的作用下，NO-血色原失去 NO，再氧化成高铁血色原，高铁血色原在微生物等的作用下，使得血红素中的卟啉环发生变化，生成绿色、黄色、无色的衍生物。这种褪/变色现象在脂肪酸败、有过氧化物存在时可加速发生。

综上所述，为了使肉制品获得鲜艳的颜色，除了要有新鲜的原料外，必须根据腌制时间长短，选择合适的发色剂，掌握适当的用量，在适宜的 pH 条件下严格操作。此外，要低温、避光，并采用添加抗氧化剂、真空或充氮包装、添加去氧剂脱氧等方法避免氧的影响，保持腌肉制品的色泽。

（三）腌制与保水性和黏着性的关系

肉制品（如西式培根、成型火腿、灌肠等）加工过程中腌制的主要目的，除了使制品呈现鲜艳的红色外，还可提高原料肉的保水性和黏着性。

保水性是指肉类在加工过程中肉中的水分以及添加到肉中的水分的保持能力。保水性和蛋白质的溶剂化作用相关联，因而与蛋白质中的自由水和溶剂化水有关。黏着性表示肉自身具有的黏着物质而可以形成具有弹力制品的能力，其大小则以对扭转、拉伸、破碎的抵抗程度来表示，黏着性和保水性通常是相辅相成的。

食盐和复合磷酸盐是腌制过程中广泛使用的增加保水性和黏着性的腌制材料。试验表明，绞碎的肉中加入 NaCl，使其离子强度为 0.8～1.0，即相当于 NaCl 浓度为 4.6%～5.8%时的保水性最强，超过这一范围反而下降。

肉中起保水性、黏着性作用的是肌肉中含量最多的结构蛋白质中的肌球蛋白，用离子强度为 0.3 以上的盐溶液即可提取到肌球蛋白，而纯化的肌动蛋白已被证实在热变性时不显示黏着性，但当溶液中肌球蛋白和肌动蛋白以一定比例存在时，肌动蛋白能加强肌球蛋白的黏着性。若宰后时间增长，或提取的时间延长，则肌球蛋白与肌动蛋白结合生成肌动球蛋白，此时被提取的物质是以肌动球蛋白为主体的混合物，通常将此混合物称为肌球蛋白 B。

未经腌制的肌肉中的结构蛋白质处于非溶解状态，而腌制后由于受到离子强度的作用，非溶解状态的蛋白质转变为溶解状态，也就是腌制时肌球蛋白或肌球蛋白 B 被提取是增加保水性和黏着性的根本原因。腌肉时添加焦磷酸盐，可直接作用于肌动球蛋白，使肌球蛋白解离出来，是增加黏着性的直接原因。而添加复合磷酸盐还通过提高 pH、增强离子强度以及结合到蛋白质分子上而发挥提高保水性和黏着性的作用。

（四）腌肉风味的形成

腌肉中形成的风味物质主要为羰基化合物、挥发性脂肪酸、游离氨基酸、含硫化合物等物质，当腌肉加热时就会释放出来，形成特有风味。风味在腌制 10～14d 后产生，40～50d 达到最大限度。

腌肉制品的成熟过程不仅是蛋白质和脂肪分解形成特有风味的过程，而且是肉内进行着腌制剂如食盐、硝酸盐、亚硝酸盐、异抗坏血酸盐以及糖分等均匀扩散，并和肉内成分进一步反应的过程。腌肉成熟过程中的化学和生物化学变化，主要由微生物和肉组织内本身酶活动引起，关于腌肉成熟的机理尚待深入研究。

亚硝酸盐是腌肉的主要特色成分，它除了具有发色作用外，对腌肉的风味也有着重要影响。大量研究发现腌肉的芳香物质色谱要比其他肉简单得多，其中腌肉中缺少的大都是脂肪氧化产物，因此推断亚硝酸盐（抗氧化剂）抑制了脂肪的氧化，所以腌肉体现了肉的基本滋味和香味，减少了脂肪氧化所产生的具有种类特色的风味以及过度蒸煮味，后者也是脂肪氧化产物所致。

（五）腌制方法

肉类腌制的方法可分为干腌法、湿腌法、盐水注射法及混合腌制法 4 种。

1. 干腌法 干腌法（dry curing）是将食盐或混合盐涂擦在肉的表面，然后层堆在腌制架上或层装在腌制容器内，依靠外渗汁液形成盐液进行腌制的方法。干腌法腌制时间较长，但腌制品有独特的风味和质地。我国名产火腿、咸肉、烟熏肋肉均采用此法腌制。

由于这种方法腌制时间长（如金华火腿约需一个月以上，培根需 8～14d），食盐进入深层的速度缓慢，很容易造成肉的内部变质。经干腌法腌制后，还要经过长时间的成熟过程，如金华火腿成熟时间为 5 个月，这样才能有利于风味的形成。此外，干腌法失水较大，通常火腿失重为5%～7%，且腌制不均匀。

2. 湿腌法 湿腌法（pickle curing）就是将肉浸泡在预先配制好的食盐溶液中，通过扩散和水分转移，让腌制剂渗入肉内部，并获得比较均匀的分布，常用于腌制分割肉、肋部肉等。

一般采用老卤腌制，即老卤水中添加食盐和硝酸盐，调整好浓度后用于腌制新鲜肉。湿腌时有两种扩散，第一种是食盐和硝酸盐向肉中扩散，第二种是肉中可溶性蛋白质等向盐液中扩散，由于可溶性蛋白质既是肉的风味成分之一，也是营养成分，所以用老卤腌制可以减少第二种扩散，即减少营养和风味的损失，同时可赋予腌肉以老卤特有的风味。湿腌的缺点是其制品的色泽和风味不及干腌制品；其腌制时间长，蛋白质流失多（0.8%～0.9%），产品含水分多不宜保藏；卤水容易变质，保存较难。

3. 盐水注射法 为了加快食盐的渗透，防止腌肉的腐败变质，目前广泛采用盐水注射法。盐水注射法最初是单针头注射，现已发展为由多针头的盐水注射机进行注射。用盐水注射法可以缩短腌制时间（如由过去的 72h 可缩至现在的 8h），提高生产效率，降低生产成本，但是其成品质量不及干腌制品，风味略差。注射多采用专业设备，一排针头可多达 20 枚，每一针头中有多个小孔，平均每小时可注射 60 000 次之多，由于针头数量大，两针相距很近，因而注射至肉内的盐液分布较好。另外，为进一步加快腌制速度和盐液吸收程度，注射后通常采用按摩（massaging）或滚揉（tumbling）操作，即利用机械作用促进盐溶性蛋白质抽提，以提高制品保水性，改善肉质。自动多针头盐水注射机见图 1-6-4。

图 1-6-4 自动多针头盐水注射机

盐水注射

4. 混合腌制法 混合腌制法是利用干腌和湿腌互补性的一种腌制方法。用于肉类腌制可先行干腌而后放入容器用盐水腌制，如南京板鸭、西式培根的加工。

干腌和湿腌相结合可以避免湿腌液因食品水分外渗而降低浓度，因为干腌及时溶解了外渗水分；同时混合腌制不像干腌那样容易发生食品表面脱水现象。另外，内部发酵或腐败也能被有效阻止。

二、滚揉与斩拌

（一）滚揉

滚揉机

盐水注射滚揉原理

滚揉是将注射过腌制剂的肉块置于滚揉机中，通过滚揉机的慢速旋转，使肉块相互撞击、摩擦的过程，该过程又称为摔打、按摩，通常与盐水注射机配套使用。在滚揉过程中，肉块之间的相互撞击和摩擦，在一定程度上破坏了肌纤维结构，使原来僵硬的肉块软化，加快了腌制剂的扩散和均匀分布，缩短了腌制时间，提高了最终产品的均一性；同时，滚揉过程促进了盐溶性蛋白质的渗出，增强了肉块之间的黏合作用，改善了制品的黏着性和切片性，形成肉制品特有的质地和口感，提高了保水性和产品的出品率。滚揉机见图 1-6-5。

图 1-6-5　滚揉机

滚揉的方式一般分为连续滚揉和间歇滚揉两种。连续滚揉多为集中滚揉按摩两次，如滚揉 1.5h 左右，停机腌制 16～24h，然后再滚揉 0.5h 左右；间歇滚揉一般采用每小时滚揉 5～20min，停机 40～55min，连续进行 16～24h。

有文献报道，滚揉机滚桶的大小、转速和滚揉时间之间是相互关联的，一般总的转动距离为 10～12 km。

$$\text{总转动距离} = 2\pi Rnt$$

式中　R——滚揉机滚桶的半径，m；

n——滚揉机的转速，r/min；

t——总转动时间，min。

（二）斩拌

斩拌机工作过程

斩拌是将物料斩碎拌匀，使之达到细碎适当、混合均匀的目的，是乳化肠等肉制品加工必不可少的工序。通过斩拌，可以提取肉中盐溶性蛋白质，形成均一的乳化体系，减少油腻感，增强肉馅的保水、保油能力，提高出品率。同时，使各种辅料均匀混合在肉馅的乳化体系中，有利于产品质构的改善，提高黏弹性。斩拌机见图1-6-6。

图 1-6-6　斩拌机

斩拌的方式有常压斩拌和真空斩拌两种。常压斩拌由于空气的混入，对产品的色泽、风味、结构不利；而真空斩拌有利于减少微生物污染，防止脂肪氧化，稳定肉色，还有利于盐溶性蛋白质的溶出和均相乳化凝胶体的形成。但真空斩拌也有其局限性，如肉糜体积减小，相对密度增大，在质量不变的条件下，产品可能过于紧密，导致香肠体积减小等问题。

影响斩拌的因素有原料肉的状态，pH，斩拌的温度与时间，磷酸盐和食盐、物料的添加顺序以及斩拌程度等。斩拌程度不足时，蛋白质提取量少，乳化效果差，蛋白质和脂肪没有充分结合，甚至还以相互分离的状态存在，产品易产生脂肪析出和质构不均匀等问题；而过度斩拌，脂肪颗粒变得非常细小，脂肪表面积增大，易导致没有足够的蛋白质包裹所有的脂肪颗粒，加热时易形成脂肪团，产品产生出水、出油等质量缺陷。

三、熏烤

（一）烟熏

烟熏（smoking）是肉制品加工的主要手段，许多肉制品特别是西式肉制品如灌肠、火腿、培根等均需经过烟熏。肉品经过烟熏，不仅获得特有的烟熏味，而且保存期延长。但是随着冷藏技术的发展，烟熏防腐已降到次要的地位，烟熏的主要目的是赋予肉制品以特有的烟熏风味。

1. 烟熏目的 烟熏的主要目的：①赋予制品特殊的烟熏风味，增进香味；②使制品外观具有特有的烟熏色，对加硝肉制品有促进发色作用；③脱水干燥，杀菌消毒，防止腐败变质，使肉制品耐贮藏；④烟气成分渗入肉内部防止脂肪氧化。

（1）呈味作用 烟气中的许多有机化合物附着在制品上，赋予制品特有的烟熏香味，如有机酸（蚁酸和醋酸）、醛、醇、酯、酚类等，特别是酚类中的愈创木酚和4-甲基愈创木酚是最重要的风味物质。

（2）发色作用 熏烟成分中的羰基化合物可以和肉蛋白质或其他含氮物中的游离氨基发生美拉德反应；熏烟加热促进硝酸盐还原菌增殖及蛋白质的热变性，游离出半胱氨酸，从而促进一氧化氮血色原形成稳定的颜色。另外，通过熏烟受热而导致脂肪外渗能起到润色作用。

（3）杀菌作用 熏烟中的有机酸、醛和酚类具有抑菌和防腐作用。熏烟的杀菌作用较为明显的是在表层，经熏制后的产品表面微生物可减少1/10。大肠杆菌、变形杆菌、葡萄球菌对熏烟最敏感，3h即死亡。而霉菌及细菌芽孢对熏烟的作用较稳定。

烟熏灭菌主要在表面，对内部作用很小，加上烟熏时加热可能会促进肉内微生物的繁殖，所以由烟熏产生的杀菌防腐作用是有限的。而通过烟熏前的腌制、烟熏中和烟熏后的脱水干燥则能赋予熏制品良好的贮藏性能。

（4）抗氧化作用 烟中许多成分具有抗氧化作用，有人曾用煮制的鱼油试验，通过烟熏与未经烟熏的产品在夏季高温下放置12d，然后测定它们的过氧化值，结果经烟熏的为2.5mg/kg，而非经烟熏的为5mg/kg。烟中抗氧化作用最强的是酚类，其中以邻苯二酚和邻苯三酚及其衍生物作用尤为显著。

2. 熏烟成分 现在已在木材熏烟中分离出400种以上不同的化合物，但这并不意味着经熏烟的肉中存在着所有这些化合物。熏烟的成分常因燃烧温度、燃烧室的条件、形成化合物的氧化变化以及其他因素的变化而有差异。熏烟中有一些成分对制品风味及防腐作用来说无关紧要。熏烟中最常见的化合物为酚类、有机酸类、醇类、羰基化合物、羟类以及一些气体物质。

（1）酚类 从木材熏烟中分离出来并经鉴定的酚类达20种之多，其中有愈创木酚（邻甲氧基苯酚）、4-甲基愈创木酚等。

在肉制品烟熏中，酚类有三种作用：①抗氧化作用；②对产品的呈色和呈味作用；③抑菌防腐作用。其中酚类的抗氧化作用对熏烟肉制品最为重要。

熏制肉品特有的风味主要与存在于气相的酚类有关，如4-甲基愈创木酚、愈创木酚、2,5-二甲氧基酚等。烟熏风味还和其他物质有关，它是许多化合物综合作用的效果。

酚类具有较强的抑菌能力。正由于此，酚系数（phenol coefficient）常被用作衡量和酚相比时各种杀菌剂相对有效值的标准方法。高沸点酚类杀菌效果较强。但由于熏烟成分渗入制品的深度有限，因而主要对制品表面的细菌有抑制作用。

（2）醇类 木材熏烟中醇的种类繁多，其中最常见和最简单的醇是甲醇或木醇，称其为木醇是由于它为木材分解蒸馏中主要产物之一。熏烟中还含有伯醇、仲醇和叔醇等，但是它们常被氧化成相应的酸类。

木材熏烟中，醇类对色、香、味并不起作用，仅成为挥发性物质的载体。另外，它的杀菌性也较弱。因此，醇类可能是熏烟中最不重要的成分。

（3）有机酸类　熏烟组分中存在含1～10个碳原子的简单有机酸，熏烟蒸气相内为1～4个碳的酸，常见的酸为蚁酸、醋酸、丙酸、丁酸和异丁酸；5～10个碳的长链有机酸附着在熏烟内的微粒上，有戊酸、异戊酸、己酸、庚酸、辛酸、壬酸和癸酸。

有机酸对熏烟制品的风味影响甚微，但可聚积在制品的表面，呈现一定的防腐作用。酸有促使烟熏肉表面蛋白质凝固的作用，在生产去肠衣的肠制品时，将有助于肠衣剥除。

（4）羰基化合物　熏烟中存在大量的羰基化合物。现已确定的有20种以上的化合物，如2-戊酮、戊醛、2-丁酮、丁醛和丙酮。

同有机酸一样，它们存在于蒸气蒸馏组分内，也存在于熏烟内的颗粒上。虽然绝大部分羰基化合物为非蒸气蒸馏性的，但蒸气蒸馏组分内有着非常典型的烟熏风味，而且还含有所有羰基化合物形成的色泽。因此，对熏烟色泽、风味来说，简单短链化合物最为重要。

熏烟的风味和芳香味可能来自某些羰基化合物，但更可能来自熏烟中浓度特别高的羰基化合物，从而促使烟熏食品具有特有的风味。

（5）烃类　从烟熏食品中能分离出许多多环烃类，其中有苯并［a］蒽［benz（a）anthracene］、二苯并［a,h］蒽［dibenz（a,h）anthracene］、苯并［a］芘［benz（a）pyrene］、芘（pyrene）以及4-甲基芘（4-methylpyrene）。在这些化合物中至少有苯并［a］芘和二苯并［a,h］蒽两种化合物是致癌物质，经动物试验已证实能致癌。《食品安全国家标准 食品中污染物限量》（GB 2762—2022）对苯并［a］芘在肉及肉制品中的限量为5.0μg/kg。

在烟熏食品中，尚未发现其他多环烃类有致癌性。多环烃对烟熏制品来说无重要的防腐作用，也不能产生特有的风味，它们附在熏烟内的颗粒上，可以过滤除去。

（6）气体物质　熏烟中产生的气体物质如CO_2、CO、O_2、N_2、N_2O等，其作用还不甚明了，大多数对熏制无关紧要。CO和CO_2可被吸收到鲜肉的表面，产生一氧化碳肌红蛋白，而使产品产生亮红色；O_2也可与肌红蛋白形成氧合肌红蛋白或高铁肌红蛋白，但还没有证据表明熏制过程会发生这些反应。气体成分中的NO可在熏制时形成亚硝胺，碱性条件有利于亚硝胺的形成。

3. 熏烟的产生　用于熏制肉类制品的烟气，主要是硬木不完全燃烧得到的。烟气是由空气（氮气、氧气等）和没有完全燃烧的产物——燃气、蒸气、液体、固体物质的粒子所形成的气溶胶系统。熏制的实质就是产品吸收木材分解产物的过程，因此木材的分解产物是烟熏作用的关键，烟气中的烟黑和灰尘只能污染制品，水蒸气不起熏制作用，只对脱水蒸发起决定作用。

已知的400多种烟气成分并不是熏烟中都存在，受很多因素影响，并且许多成分与烟熏的香气和防腐作用无关。烟的成分和供氧量与燃烧温度有关，与木材种类也有很大关系。一般来说，硬木、竹类风味较佳，而软木、松叶类因树脂含量多，燃烧时产生大量黑烟，使肉制品表面发黑，并含有多萜烯类的不良气味。所以一般采用硬木烟熏，个别国家也采用玉米穗轴。

熏烟中包括固体颗粒、液体小滴和气相，颗粒大小一般在50～800μm，气相大约占总体的10%。熏烟包括高分子和低分子化合物，从化学组成可知，这些成分或多或少是水溶性的，这对生产液态烟熏制剂具有重要的意义，因水溶性的物质大都是有用的熏烟成分，而水不溶性物质包括固体颗粒（煤灰）、多环烃和焦油等，这些成分中有些具有致癌性。熏烟成分可受温度和静电处理的影响。在烟气进入熏室内之前通过冷却，可将高沸点成分如焦油、多环烃等减少到一定范围。将烟气通过静电处理，可以分离出熏烟中的固体颗粒。

木材在高温燃烧时产生烟气的过程可分为两步：第一步是木材的高温分解；第二步是高温分解产物的变化，形成环状或多环状化合物，发生聚合反应、缩合反应以及形成产物的进一步热分解。

木材和木屑热分解时表面和中心存在着温度梯度，当外表面正在氧化时内部却正在进行着氧化前的脱水，在脱水过程中外表面温度稍高于100℃，脱水或蒸馏过程中外逸的化合物有CO、CO_2以及醋酸等挥发性短链有机酸。当木屑中心水分接近零时，温度就迅速上升到300～400℃，发生热分解并出现熏烟。实际上大多数木材在200～260℃已有熏烟发生，在260～310℃则产生焦木液和一些焦油，温度上升到310℃以上时则木质素裂解产生酚和它的衍生物。

正常烟熏情况下常见的温度在100～400℃。烟熏时燃烧和氧化同时进行。供氧量增加时，酸和酚的量增加，供氧量超过完全氧化需氧量的8倍左右时，酸和酚的形成量达到最高值。如温度较低，酸的形成量就较大，如燃烧温度增加到400℃以上，则酸和酚的比值就下降。虽然400℃的燃烧温度适宜形成最高量的酚，但这一温度也是苯并芘等多环化合物的最大生成带，因此实际燃烧温度以控制在340℃左右为宜。

4. 熏烟的沉积和渗透 影响熏烟沉积量的因素有食品表面的含水量、熏烟的密度、烟熏室内的空气流速和相对湿度。一般食品表面越干燥，沉积越少（用酚的量表示）；熏烟的密度越大，熏烟的吸收量越大，与食品表面接触的熏烟也越多；然而气流速度太大，也难以形成高浓度的熏烟，因此实际操作中要求既能保证熏烟和食品的接触，又不致使密度明显下降，常采用7.5～15 m/min的空气流速。相对湿度高有利于加速沉积，但不利于色泽的形成。烟熏过程中，熏烟成分最初在表面沉积，随后各种熏烟成分向内部渗透，使制品呈现特有的色、香、味。

影响熏烟成分渗透的因素是多方面的，包括熏烟的成分、浓度、温度、产品的组织结构、脂肪和肌肉的比例、水分含量、熏制的方法和时间等。

5. 烟熏方法

（1）*冷熏法* 是在低温（15～30℃）下，进行较长时间（4～7d）的熏制，熏前原料须经过较长时间的腌渍。冷熏法宜在冬季进行，夏季由于气温高，温度很难控制，特别当发烟很少的情况下，容易发生酸败现象。冷熏法生产的食品水分含量在40%左右，其贮藏期较长，但烟熏风味不如温熏法。冷熏法主要用于干制的香肠，如色拉米香肠、风干香肠等，也可用于带骨火腿及培根的熏制。

（2）*温熏法* 原料经过适当的腌渍（有时还可加调味料）后用较高的温度（40～80℃，最高90℃）经过一段时间的烟熏。温熏法又分为中温法和高温法。

①中温法：温度为30～50℃，用于熏制脱骨火腿、通脊火腿及培根等，熏制时间通常为1～2d，熏材通常采用干燥的橡材、樱材、锯木，熏制时应控制温度缓慢上升，用这种温度熏制，重量损失少，产品风味好，但耐贮藏性差。

②高温法：温度为50～85℃，通常在60℃左右，熏制时间4～6h，是应用较广泛的一种方法，因为熏制的温度较高，制品在短时间内就能形成较好的熏烟色泽。熏制的温度必须缓慢上升，不能升温过急，否则发色不均匀，一般灌肠产品的烟熏采用这种方法。

（3）*焙熏法（熏烤法）* 烟熏温度为90～120℃，熏制的时间较短，是一种特殊的熏烤方法，火腿、培根不采用这种方法。由于熏制的温度较高，熏制过程完成了熟制，不需要重新加工就可食用，应用这种方法熏烟的肉贮藏性差，应迅速食用。

（4）*液熏法* 用液态烟熏制剂代替烟熏的方法称为液熏法，又称无烟熏法，目前在国内外已广泛使用，代表烟熏技术的发展方向。液态烟熏制剂一般是从硬木干馏制成并经过特殊净化而含有烟熏成分的溶液。

使用烟熏液比天然熏烟有不少优点：①不再使用熏烟发生器，可以减少大量的投资费用。②过程有较好的重复性，因为液态烟熏制剂的成分比较稳定。③制得的液态烟熏制剂中固相已去净，无致癌危险。

一般用硬木制液态烟熏剂，软木虽然能用，但需用过滤法除去焦油小滴和多环烃。最后产物主要是由气相组成，并含有酚、有机酸、醇和羰基化合物。

利用烟熏液的方法主要有三种：①用烟熏液代替熏烟材料，用加热方法使其挥发包附在制品上。这种方法仍需要烟熏设备，但其设备容易保持清洁状态。而使用天然熏烟时常会有焦油或其他残渣沉积，以致经常需要清洗。②通过浸渍法或喷洒法将烟熏液直接加入制品中，省去全部的烟熏工序。采用浸渍法时，烟熏液加3倍水稀释，将制品在其中浸渍10～20h，然后取出干燥，浸渍时间可根据制品的大小、形状而定。如果在浸渍时加入0.5%左右的食盐，风味更佳。有时在稀释后的烟熏液中加5%左右的柠檬酸或醋，便于形成外皮，这主要用于生产去肠衣的肠制品。③用麦芽糊精等作为载体，将烟熏液加工成粉末状添加到肉制品中从而提供烟熏风味。

用液态烟熏剂取代熏烟后，肉制品仍然要蒸煮加热，同时烟熏溶液喷洒处理后立即蒸煮，还能形成良好的烟熏色泽，因此烟熏制剂处理宜在蒸煮前进行。

6. 有害成分控制 烟熏法具有杀菌防腐、抗氧化及增进食品色、香、味的优点，因而在食品尤其是肉类、鱼类食品加工中广泛采用。但如果采用的工艺技术不当，烟熏法会使烟气中的有害成分（特别是致癌成分）污染食品，危害人体健康。如熏烟生成的木焦油被视为致癌的危险物质；传统烟熏方法中多环芳香类化合物易沉积或吸附在腌肉制品表面，其中3,4-苯并［a］芘及二苯并蒽是两种强致癌物质；熏烟还可以通过直接或间接作用促进亚硝胺形成。因此，必须采取措施减少熏烟中有害成分的产生及对制品的污染，以确保制品的食用安全。

（1）*控制发烟温度* 发烟温度直接影响3,4-苯并［a］芘的形成。发烟温度低于400℃时有极微量的3,4-苯并［a］芘产生，当发烟温度处于400～1 000℃时，便形成大量的3,4-苯并［a］芘，因此控制好发烟温度，使熏材轻度燃烧，对降低致癌物是极为有利的。一般认为理想的发烟温度以340～350℃为宜。

（2）*湿烟法* 用机械的方法把高热的水蒸气和混合物强行通过木屑，使木屑产生烟雾，并将之引进烟熏室，同样能达到烟熏的目的，而又不会产生污染制品的3,4-苯并［a］芘。

室外发烟

（3）*室外发烟净化法* 采用室外发烟，烟气经过滤、冷水淋洗及静电沉淀等处理后，再通入烟熏室熏制食品，可以大大降低3,4-苯并［a］芘的含量。

（4）*液熏法* 前已所述，液态烟熏制剂制备时，一般用过滤等方法已除去了焦油小滴和多环烃，因此液熏法的使用是目前的发展趋势。

（5）*隔离保护* 3,4-苯并［a］芘分子比烟气成分中其他物质的分子要大得多，而且它大部分附着在固体微粒上，对食品的污染部位主要集中在产品的表层，所以可采用过滤的方法，阻隔3,4-苯并［a］芘，而不妨碍烟气有益成分渗入制品中，从而达到烟熏目的。有效的措施是使用肠衣，特别是人造肠衣，如纤维素肠衣，对有害物有良好的阻隔作用。

7. 烟熏设备 烟熏室的形式有多种，有大型连续式、间歇式的，也有小型简易的，但不管什么形式的烟熏室，应尽可能达到下面几条要求：①温度和发烟要能自由调节；②烟在烟熏室内要能均匀扩散；③防火、通风；④熏材的用量少；⑤建筑费用尽可能少；⑥操作便利，最好能调节湿度。

工业化生产要求能连续地进行烟熏过程，而原来比较简单的烟熏装置（如烟熏炉）要控制温度、相对湿度和燃烧速度比较困难。现在已设计出既能控制温度、湿度和燃烧速度，又能控制熏烟密度的全自动多功能熏烟设备。

（1）*简易熏烟室（自然空气循环式）* 这一类型的设备是按照自然通风的要求设计的，空气流通量用开闭调节风门进行控制，于是就能进行自然循环（图1-6-7）。

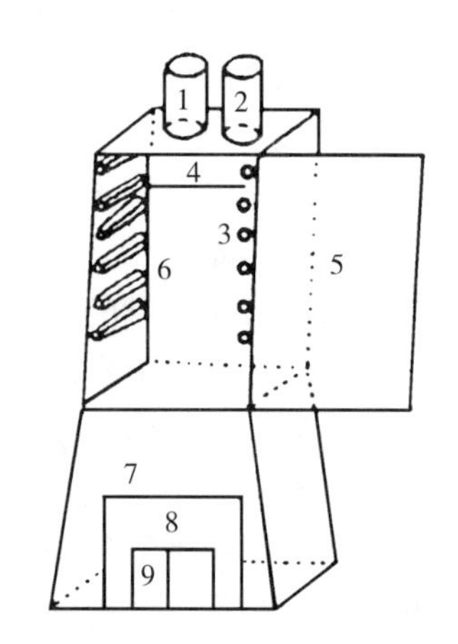

图1-6-7 简易烟熏室
1. 烟筒 2. 调节风门 3. 搁架 4. 挂棒 5. 活门 6. 烟熏室 7. 火室 8、9. 火室调节门A、B

烟熏室的场址要选择湿度低的地方。风门是用来调节温湿度的。室内可直接用木柴燃烧，烘焙结束后，在木柴上加木屑发烟进行烟熏。这种烟熏室操作简便，投资少，但操作人员要有一定技术，否则很难得到均匀一致的产品。

（2）*强制通风式烟熏装置* 这种装置的烟雾发生器放于室外，通过管道将烟送入熏室内，空气用风机循环，温度和湿度都可自动控制，但需要调节。这种设备的优点：①烟熏室里温度均一，可防止产品出现烟熏不均匀的现象；②温湿度可自动调节，便于大量生烟；③因热风带有一定温度，不仅使产品中心温度上升很快，而且可以阻止产品水分的蒸发，从而减少损耗。

由于以上优点，国内外普遍采用此类设备。目前，强制通风式烟熏装置已实现了全自动控制，且实际生产中这种烟熏装置除可烟熏外，常具有蒸煮、冷却等多种功能。

（二）烧烤

烧烤是高温火烤的热加工过程，烧烤温度一般控制在180～250℃，通过高温的辐射热能使肉制品外表色泽红润鲜艳，表皮酥脆，肉质细嫩，富有浓郁香味。烧烤制品种类繁多，有北京烤鸭、叉烧肉、广东脆皮乳猪等传统烧烤制品，有东江盐焗鸡、常熟叫花鸡、新疆烤全羊和烤羊肉串等地方特色的烧烤制品，有欧美烧烤、巴西烤肉、日式烧肉、韩国烧烤等国外的烧烤制品。

因肉中的脂肪、蛋白质、糖类等物质的降解及其产物之间的复杂化学反应，形成了特有的烧烤风味，但同时这些物质在高温下裂解，通过环化、聚合又可形成多环芳烃和杂环胺等有害物质。因烧烤过程中有脱水干燥、杀菌消毒、防止腐败变质作用，使制品的耐藏性得到改善。

烧烤的方式主要有明炉烧烤、焖炉烧烤、远红外烧烤、微波烧烤，还有诸如石烤、盐焗等其他烧烤方式。

四、蒸煮

蒸熏煮

蒸煮是对肉制品进行加热的过程，是肉制品加工的重要工序。蒸制是以高温水蒸气为加热介质通过热传导达到肉的熟化，整个加热过程水分充足，湿度达到饱和，相比以油、水、火为传热介质的产品，蒸制熟成的产品质地细嫩，口感软滑，原料内外的汁液、香气及滋味物质挥发流失得少，营养成分破坏少，且基本保持了原先的完整形状。煮制则是通过水为传热介质，完成食品的熟化。蒸煮目的是改善肉品感官性质，使肉黏着、凝固，产生与生肉不同的硬度、齿感、弹力等物理变化，使制品产生特有的风味，稳定肉的色泽；促进蛋白质变性，易于消化吸收；杀死微生物和寄生虫，提高制品的耐保存性。

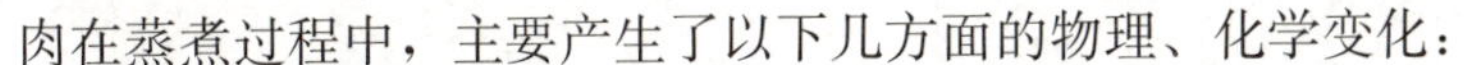

肉在蒸煮过程中，主要产生了以下几方面的物理、化学变化：

1. 重量减轻、肉质收缩变硬或软化　肉类在蒸煮过程中最明显的变化是失去水分，重量减轻，如以中等肥度的猪、牛、羊肉为原料，在100℃的水中煮沸30min，重量减少的情况见表1-6-1。

表1-6-1　肉类水煮时重量的减少（%）

名称	水分	蛋白质	脂肪	其他	减少总量
猪肉	21.3	0.9	2.1	0.3	24.6
牛肉	32.2	1.8	0.6	0.5	35.1
羊肉	26.9	1.5	6.3	0.4	35.1

蒸煮前，将原料放入沸水中经短时间预煮，使产品表面蛋白质凝固形成保护层，可减少蒸煮时的营养成分损失。同样，用150℃以上的高温油炸，亦可减少有效成分的流失，从而可提高出品率。

此外，肌浆中肌浆蛋白质受热之后由于蛋白质的凝固作用而使肌肉组织收缩硬化，并失去黏性。但若继续加热，随着蛋白质的水解以及结缔组织中胶原蛋白质水解成明胶等变化，肉质又变软。

2. 肌肉蛋白质的热变性　肉在加热蒸煮过程中，肌肉蛋白质发生热变性凝固，引起肉汁分离，体积缩小变硬，同时肉的保水性、pH、酸碱性基团及可溶性蛋白质发生相应的变化（图1-6-8）。

随着加热温度的上升，肌肉蛋白质的变化归纳如下：

①20～30℃时，肉的保水性、硬度、可溶性都没有发生变化。

②30～40℃时，随着温度上升，保水性缓慢下降。从30～35℃开始凝固，硬度增加，蛋白质的可溶性、ATP酶的活性也产生变化。折叠的肽链伸展，以盐键结合或以氢键结合的形式产生新的侧链结合。

③40～50℃时，保水性急剧下降，硬度也随温度的上升而急剧增加，等电点移向碱性方向，酸性基特别是羧基减少，形成酯结合的侧链（R—CO—O—R′）。

④50～55℃时，保水性、硬度、pH等暂时停止变化，酸性基也开始减少。

⑤60～70℃时，分子之间继续形成新的侧链结合，产生进一步凝固，pH及酸性开始减小，保水性下降，硬度增加，但变化的程度不像在40～50℃那样急剧，尤其是硬度的增加和可溶性的减少不大，肉的热变性基本结束。

⑥70℃以上时，胶原蛋白在75℃以上水解形成可溶的明胶，80℃以上开始生成硫化氢，产生蒸煮味，肉的风味开始劣变。

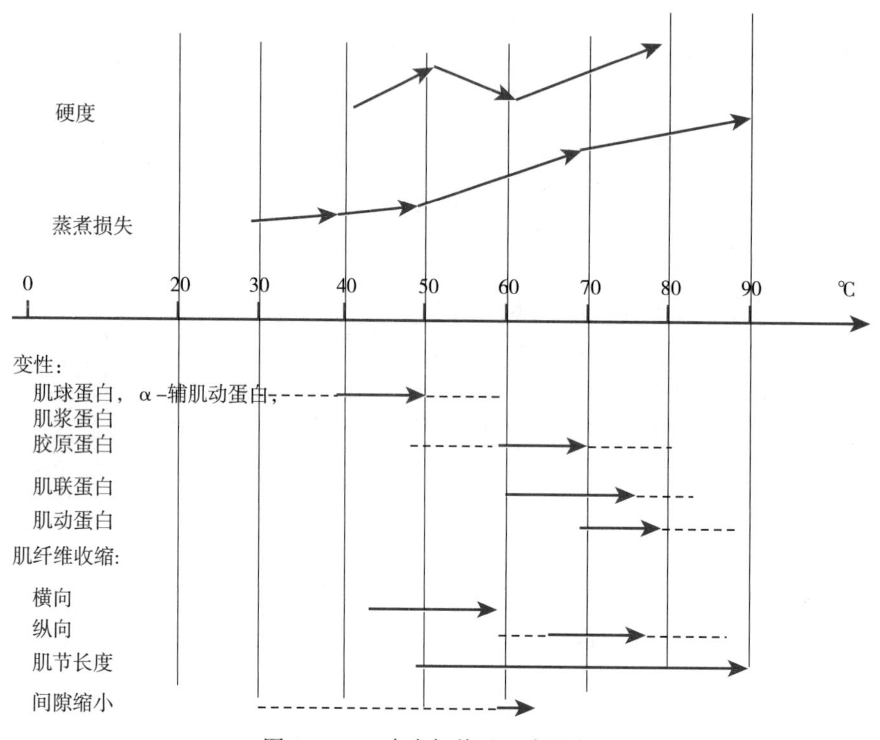

图1-6-8　肉在加热过程中的变化

3. 脂肪的变化　加热时脂肪熔化，包围脂肪滴的结缔组织由于受热收缩使脂肪细胞受到较大的压力，细胞膜破裂，脂肪熔化流出。随着脂肪的熔化，释放出某些与脂肪相关联的挥发性化合物，这些物质给肉和汤增补了香气。

不同动物肉中脂肪熔化的温度不同，一般牛脂为42～52℃，牛骨脂为36～45℃，羊脂为44～55℃，猪脂为28～48℃，禽脂为26～40℃。

脂肪在加热过程中一部分发生水解，生成甘油和脂肪酸，使酸价增高，同时也发生氧化作用，生成氧化物和过氧化物，达到一定程度时肉汤将产生不良气味。此外，剧烈沸腾，易发生脂肪的乳化，使肉汤变得混浊。

4. 结缔组织的变化　结缔组织在加热中的变化，对肉制品形状、韧性等有重要的意义。

肌肉中结缔组织含量多，肉质坚韧，但在70℃以上水中长时间加热，结缔组织多的反而比结缔组织少的肉质柔嫩，这是由结缔组织受热软化所致。

结缔组织中的蛋白质主要是胶原蛋白和弹性蛋白，在通常的加热条件下胶原蛋白发生水解，而弹性蛋白几乎不发生变化。

由于肌肉组织中胶原纤维在动物体不同部位的分布不同，肉在水中加热时，发生收缩变形情况也不一样。当加热到64.5℃时，其胶原纤维在长度方向可迅速收缩到原长度的60%。因此肉在加热时收缩变形的大小是由肌肉结缔组织的分布决定的。表1-6-2显示了腰部肉和大腿肉在70℃水煮时的收缩程度。

表1-6-2 70℃煮制对肌肉长度的影响

煮制时间/min	肉块长度/cm	
	腰部肉	大腿肉
0	12	12
15	7.0	8.3
30	6.4	8.0
45	6.2	7.8
60	5.8	7.4

经过60min煮制以后，腰部肌肉收缩超过50%，而腿部肌肉只收缩38%，所以腰部肌肉会有明显的变形。

随着蒸煮温度的升高，胶原纤维吸水膨润而变得柔软，机械强度降低，逐渐分解为可溶性的明胶。表1-6-3列举了同样大小的牛肉块随着煮制时间的不同，不同部位胶原蛋白转变成明胶的数量差异。因此，在加工酱卤制品时应根据肉体的不同部位和加工产品的要求合理选择煮制条件。

胶原转变成明胶的速度，虽然随着温度升高而增加，但只有在接近100℃时才能迅速转变，同时亦与沸腾的状态有关，沸腾得越激烈，转变得越快。

表1-6-3 100℃条件下煮制不同时间转变成明胶的量（%）

部位	20min	40min	60min
腰部肌肉	12.9	26.3	48.3
背部肌肉	10.4	23.9	43.5
后腿肌肉	9.0	15.6	29.5
前臂肌肉	5.3	16.7	22.7
半腱肌	4.3	9.9	13.8
胸肌	3.3	8.3	17.1

5. 风味的变化 生肉的风味是很弱的，但是加热之后，不同种类动物肉产生很强的特有风味，通常认为是加热导致肉中的水溶性成分和脂肪的变化形成的。加热肉的风味成分，与氨、硫化氢、胺类、羰基化合物、低级脂肪酸等有关。在肉的风味中，有共同的部分，主要是水溶性物质、氨基酸、肽和低分子的碳水化合物之间进行反应的一些生成物。特殊成分则是因为不同种肉类的脂肪和脂溶性物质的不同，由加热形成了特有风味，如羊肉不快的气味是由辛酸和壬酸等低级饱和脂肪酸形成所致。

肉的风味在一定程度上与加热的方式、温度和时间有关。据报道，在3h内随加热时间延长味道增浓，再延长时间味道减弱。肉的风味也因蒸煮时加入香辛料、糖及含有谷氨酸的添加物而得以改善。

6. 浸出物的变化 蒸煮时肉中浸出物的变化是复杂的，主要是含氮浸出物、游离的氨基酸、尿素、肽的衍生物、嘌呤碱等。其中游离的氨基酸最多，如谷氨酸等，它具有特殊的芳香气味，当浓度达到0.08%时，即会出现肉的特有芳香气味。此外，丝氨酸、丙氨酸等也具有香味，成熟的肉含游离状态的次黄嘌呤，也是形成肉的特有芳香气味的主要成分。

7. 颜色的变化 当肉温在60℃以下时，肉色几乎不发生明显变化；65～70℃时，肉变成桃红色，再提高温度则变为淡红色；在75℃以上时，则完全变为褐色。这种变化是由肌肉中的肌红蛋白受热作用逐渐发生变性所致。

8. 维生素的变化 热加工使肉中维生素含量降低，损失量取决于加热温度和维生素对热的敏感性。炖肉可造成1/2以上的硫胺素和1/4左右的核黄素消失，猪肉和牛肉在100℃水中煮沸1h以上，吡哆醇损失可达60%。

五、油炸

油 炸

油炸是利用油脂在较高的温度下对肉食品进行热加工的过程。油炸制品在高温作用下可以快速制熟；营养成分最大限度地保持在食品内不易流失；赋予食品特有的油香味和金黄色泽；经高温灭菌可短时期贮存。油炸工艺早期多应用在菜肴烹调方面，近年来则应用于食品工业生产方面，被列为肉制品加工种类之一。

（一）炸制原理

1. 油炸的作用 油炸食物时，油可以提供快速而均匀的传导热，首先使制品表面脱水而硬化，出现壳膜层，使表面焦糖化及蛋白质和其他物质分解，产生具有油炸香味的挥发性物质。同时，在高温下物料迅速受热，使制品在短时间内熟化，导致制品表面形成干燥膜，内部水分蒸发受阻。由于内部含有较多水分，部分胶原蛋白水解，使制品变为外焦里嫩。

2. 炸制用油 炸制用油要求熔点低、过氧化物值低、不饱和脂肪酸含量低的新鲜植物油。氢化的油脂可以长期反复应用。我国目前炸制用油主要是豆油、菜籽油和葵花籽油。

3. 肉在炸制过程中的变化 炸制时肉在不同温度情况下的变化见表1-6-4。

表1-6-4 油温及变化情况

炸制温度/℃	变化情况
100	表面水分蒸发强烈，蛋白质凝结，食品体积缩小
105～130	表面形成硬膜层，脂质、蛋白质降解形成的芳香物质及美拉德反应产生油炸香味
135～145	表面呈深金黄色，并焦糖化，有轻微烟雾形成
150～160	有大量烟雾产生，食品质量指标劣化，游离脂肪酸增加，产生丙烯醛，有不良气味
180以上	游离脂肪酸超过1.0%，食品表面开始炭化

4. 油炸的控制 油炸技术的关键是控制油温和油炸时间。油炸的有效温度可在100～230℃。油温的掌握，最好是自动控温，一般手工生产通常根据经验来判断。油炸时应根据成品的质量要求和原料的性质、切块的大小、下锅数量的多少来确定合适的油温和油炸时间。

为了有效地使用炸制油，在油中可加入硅酮化合物，能减少起泡的产生。添加金属蛋白盐，在高温200℃油炸，间断式加热24h，抗氧化效果与高温后油质的黏度相一致。炸制油中加入金属螯合物，可延长使用时间及油炸制品的货架期。

延长炸制油的寿命，除掌握适当油炸条件和添加抗氧化物外，最重要的因素是油脂更换率和清除积聚的油炸物碎渣。油脂更换率即新鲜油每日加入油炸锅内的比例，Weiss指出新鲜油加入应为15%～20%。碎渣的存在加速了油的变质并使制品附上黑色斑点，因此炸制油应每天过滤一次。

（二）炸制方法

炸制方法根据制品要求和质感、风味的不同，分为清炸、干炸、软炸、酥炸、松炸、脆炸、卷包炸和纸包炸等炸法。

1. 清炸 取质嫩的动物性原料，经过加工，切成适合菜肴要求的块状，用精盐、葱、姜、水、料酒等喂底口。用急火高热油炸三次，称为清炸。如清炸鱼块、清炸猪肝，成品外脆里嫩，清爽利落。

2. 干炸 取动物肌肉，经过加工改刀切成段、块等形状，用调料入味，加水、淀粉、鸡蛋，挂硬糊或上浆，放入190～220℃的热油锅内炸熟即为干炸，如干炸里脊。特点是干爽、味咸麻香，外脆里嫩，色泽红黄。

3. 软炸 选用质嫩的猪里脊、鲜鱼肉、鲜虾等经细加工切成片、条，馅料上浆入味，蘸干面粉，拖蛋白糊，放入90～120℃的热油锅内炸熟装盘。把蛋清打成泡状后加淀粉、面粉调匀，经温油炸制，菜肴色白，细腻松软，故称软炸。如软炸鱼条，特点是成品表面松软，质地细嫩、清淡，味咸麻香，色白微黄。

4. 酥炸 将动物性的原料，经蒸煮酥软、成熟入味、蘸面粉、拖全蛋糊、蘸面包渣，放入150℃的热油内，炸至表面呈深黄色起酥，成品外松内软熟或细嫩，即为酥炸。如酥炸鱼排、香酥仔鸡。酥炸技术要严格掌握火候和油的温度。

5. 松炸 松炸是将原料去骨加工成片或块形，经入味、蘸面粉、挂全蛋糊后，放入150～160℃，即五六成热的油内，慢炸成熟的一种烹调方法，因菜肴表面金黄松酥，故称松炸。其特点是制品膨松饱满，里嫩，味咸不腻。

6. 脆炸 将整鸡、整鸭褪毛后，除去内脏洗净，再用沸水烧烫，使表面胶原蛋白遇热缩合绷紧，然后在表皮上挂一层含少许饴糖的淀粉水，经过晾坯后，放入200～210℃高热油锅内炸制，待主料呈红黄色时，将锅端离火口，直至主料在油内浸熟捞出，待油温升高到210℃时，投入主料炸表皮，使鸡、鸭皮脆肉嫩，故名脆炸。

7. 卷包炸 卷包炸是把质嫩的动物性原料切成大片，入味后卷入各种调好口味的馅，包卷起来，根据要求有的拖上蛋粉糊，有的不拖糊，放入150℃，即五成热油内炸制的一种烹调方法。成品特点是外酥脆，里鲜嫩，色泽金黄，滋味咸鲜。应注意的是，成品凡需改刀者装盘要整齐，凡需拖糊者必须卷紧封住口，以免炸时散开。

8. 纸包炸 将质地细嫩的猪里脊、鸡鸭脯、鲜虾、飞龙等高档原料切成薄片、丝或细泥子，喂底口上足浆，用糯米纸或玻璃纸等包成长方形，投入80～100℃的温油中炸熟捞出，故名纸包炸。特点是形状美观，包内含鲜汁，质嫩不腻。操作应注意：包得好，不漏汤汁。

六、干制

肉的干制是将肉中一部分水分排除的过程，因此又称其为脱水。肉制品干制的目的：一是抑制微生物和酶的活性，提高肉制品的保藏性；二是减轻肉制品的重量，缩小体积，便于运输；三是改善肉制品的风味，满足消费者多样化的喜好。

肉干燥时所含水分自表面逐渐蒸发。为了加速干燥，则需扩大表面积，因此常将肉切成片、丁、丝等形状。干燥时空气的温度、湿度、流速等都会影响干燥速度。因此，为了加速干燥，既要加强空气循环，又需加热。但加热对肉制品品质有影响，故又有减压干燥方法。根据其热源不同，肉品的干燥可分为自然干燥和加热干燥。干燥的热源有蒸汽、电热、红外线及微波等。根据干燥时的压力不同，肉制品干燥分为常压干燥和减压干燥，后者包括真空干燥和冷冻升华干燥。

一般干燥后的肉制品不容易再恢复到干燥前的状态，只有用特殊的方法干燥的肉制品才能恢复接近于干燥前的状态。

(一)干燥方法及原理

1. 常压干燥 常压干燥过程包括恒速干燥和减速干燥两个阶段，而后者又由减速干燥第一阶段和第二阶段组成。图 1-6-9 表示干燥过程的两个阶段。

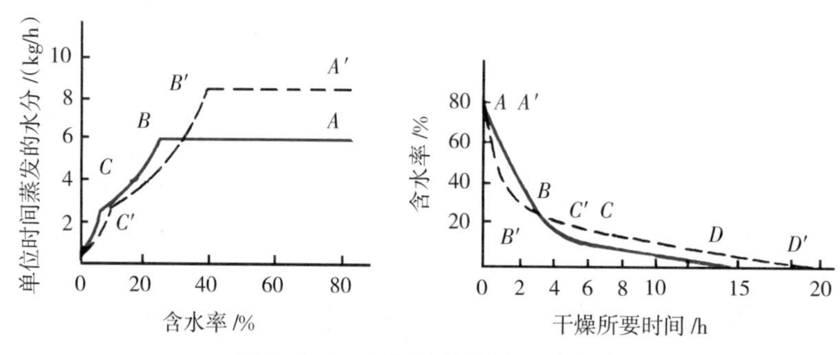

图 1-6-9 干燥过程及其水分变化

AB、A′B′. 恒速干燥阶段 BC、B′C′. 减速干燥第一阶段 CD、C′D′. 减速干燥第二阶段

在恒速干燥阶段，肉块内部水分扩散的速率要大于或等于表面蒸发速度，此时水分的蒸发是在肉块表面进行，蒸发速度由蒸汽穿过周围空气膜的扩散速度控制，其干燥速度取决于周围热空气与肉块之间的温度差，而肉块温度可近似认为与热空气湿球温度相同。在恒速干燥阶段将除去肉中绝大部分的游离水。

当肉块中水分的扩散速率不能再使表面水分保持饱和状态时，水分扩散速率便成为干燥速度的控制因素。此时，肉块温度上升，表面开始硬化，干燥进入减速干燥阶段。水分移动开始稍感困难阶段为第一减速干燥阶段，以后大部分成为胶状水的移动则进入第二减速干燥阶段。

肉品进行常压干燥时，内部水分扩散的速度影响很大。干燥温度过高，恒速干燥阶段缩短，很快进入降速干燥阶段，但干燥速度下降。因为在恒速干燥阶段，水分蒸发速度快，肉块的温度较低，不会超过其湿球温度，因而加热对肉的品质影响较小。进入降速干燥阶段，表面蒸发速度大于内部水分扩散速度，致使肉块温度升高，极大地影响肉的品质，且表面形成硬膜，使内部水分扩散困难，降低了干燥速度，导致肉块内部水分含量过高，这样的干肉制品贮藏性能差，易腐烂变质。因此，在干燥初期，肉品水分含量高，可适当提高干燥温度，随着水分减少应及时降低干燥温度。据报道，在完成恒速干燥阶段后，采用回潮后再行干燥的工艺效果良好。除了干燥温度外，湿度、通风量、肉块的大小、摊铺厚度等都影响干燥速度。

常压干燥时温度较高，且内部水分移动，易于组织蛋白酶作用，常导致成品品质变劣，挥发性芳香成分逸失等缺陷，并且干燥时间较长。

2. 减压干燥 食品置于真空环境中，随真空度的不同，在适当温度下，其所含水分则蒸发或升华。肉品的减压干燥有真空干燥和冷冻升华干燥两种。

(1) 真空干燥 是指肉块在未达结冰温度的真空状态(减压)下水分蒸发而进行干燥。真空干燥初期，与常压干燥相同，也存在着水分的内部扩散和表面蒸发。但在整个干燥过程中，则主要为内部扩散与内部蒸发共同进行。因此，与常压干燥相比较，干燥时间缩短，表面硬化现象减少。真空干燥常采用的真空压力为 533～6 666Pa，干燥中品温低于 70℃。真空干燥虽蒸发温度较低，但也有芳香成分的逸失及轻微的热变性。

(2) 冷冻升华干燥 通常是将肉块急速冷冻至－30～－40℃，将其置于可保持真空压力13～133Pa 的干燥室中，因冰的升华而脱水干燥。冰的升华速度取决于干燥室的真空压力及升华所需要的热量。另外，肉块的大小、厚薄均有影响。冷冻升华干燥法虽需加热，但并不需要高温，只需供给升华潜热并缩短其干燥时间即可。冷冻升华干燥后的肉块组织为多孔质，未形成水不浸透性层，且其含水量少，故能迅速吸水复原，是方便面等速食食品的理想辅料，也是当代最理想的干燥方法。但在保藏过程中制品也非常容易吸水，且其多孔质与空气接触面积增大，在贮藏期间易氧化变质，特别是脂肪含量高时更是如此。冷冻升华干燥设备较复杂，一次性投资较大，费用较高。

3. 微波干燥 微波干燥是指用波长为厘米段的电磁波（微波），在透过被干燥食品时，使食品中的极性分子（水、糖、盐）随着微波极性变化而以极高频率转动，产生摩擦热，从而使被干燥食品内外部同时升温，迅速放出水分，达到干燥的目的。这种效应在微波一旦接触到肉块时就会在肉块内外同时产生，无需热传导、辐射、对流，故干燥速度快，且肉块内外加热均匀，表面不易焦煳。但微波干燥设备投资费用较高，干肉制品的特征性风味和色泽不明显。

国际上规定915MHz和2 450MHz为微波加热专用频率。微波干燥包括常规干燥法和与其他干燥方法组合的干燥法。后者在食品工业中广泛采用，以提高干燥产品质量及降低成本。如牛肉干生产中先将肉原料经自然干燥（或烘房干燥），降低其初始含水量达20%～25%，再行微波干燥，效果较好。

（二）干制对微生物和酶的影响

肉的干制可以提高水中含有的可溶性物质浓度，降低水分活度（A_W），由此产生抑制微生物的作用。一般微生物生长发育的最低A_W见表1-6-5，但不论是细菌、霉菌还是酵母，其生长发育受阻的A_W并不一致。此外，环境条件、营养状态以及pH等对微生物发育的最低A_W值都有影响。图1-6-10显示了A_W对食品的稳定性关系。

表1-6-5 微生物的发育与A_W

微生物种类	发育的最低A_W值
一般细菌	0.90
酵母	0.88
霉菌	0.82
好盐性细菌	0.75
耐干性霉菌	0.65
耐浸透性酵母	0.60

从图1-6-10中可以看出，凡贮藏性差的食品，一般A_W在0.90以上，而贮藏性好的食品，A_W在0.70以下，一般A_W小则变质不容易产生。但脂肪氧化与其他因素不同，A_W在0.2～0.4时反应速度最低，接近无水状态时，反应速度又增大；酶的活性在A_W大于0.3的情况下逐渐增强。

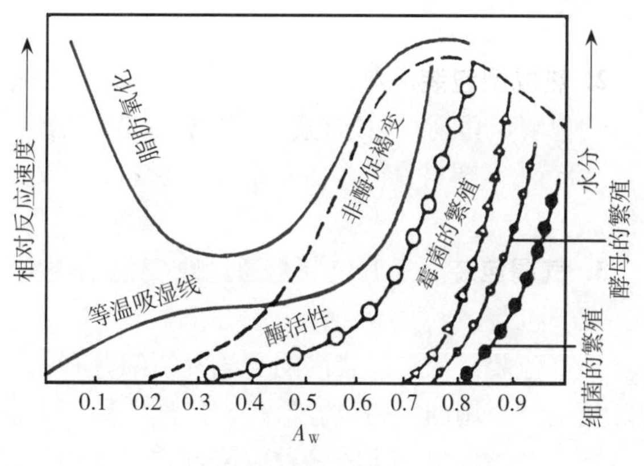

图1-6-10 肉品的稳定性与水分活度（A_W）

为防止脂肪氧化和酶的作用或者长霉，肉的干制品应尽量放在较低温度下贮藏，或采用包装袋内放干燥剂或脱氧剂的措施，但是A_W太小，制品出品率低，组织坚硬、粗糙，口感差。根据栅栏理论开发半干肉制品（semi-moisture meat products）（$0.70<A_W<0.94$）是今后发展趋势。

七、发酵

发酵肉制品是指在自然或人工控制的条件下利用微生物发酵，使肉在微生物和内源酶的作用下，产生具有特殊风味、色泽与质地，且具有较长保存期的一类肉制品，典型产品如火腿和发酵香肠。

传统上的发酵依赖于自然菌落，但现代发酵通常采用纯培养发酵。常用的微生物主要有乳酸菌、葡萄球菌、微球菌、酵母菌和霉菌。这些微生物在发酵过程中分解原料肉中的碳水化合物产生酸，使 pH 降低，抑制了对酸敏感的微生物的生长，也产生酒精、醋酸和其他挥发性有机酸；水解蛋白质产生多肽、氨基酸等，一部分氨基酸随后脱羧、脱氨或进一步代谢成醛、酮等其他小分子化合物；水解脂肪产生游离脂肪酸、甘油、单酰甘油、二酰甘油等，这些游离的脂肪酸和氨基酸等物质本身可以促进香肠的风味，又可以作为底物进一步产生风味化合物；产生的抗生素，抑制了有相似营养需求的微生物；产生的生物胺，提高了 pH，使制品酸度更适宜。发酵剂还具有加速发酵、促进硝酸盐/亚硝酸盐含量下降，形成较好风味和颜色的作用。

发酵肉制品对原料肉（肉的 pH 不能过高）、微生物、糖、食品添加剂和香辛料都有要求，相比于氨基酸、脂肪酸、矿物质、维生素等营养素，糖是发酵的动力；温度对微生物的存在有选择作用，使微生物的数量和种类发生改变，以致影响最终肉制品和微生物代谢，所以温度是影响发酵的决定性因素；有效地控制空气流速、合适的肠衣、烟熏条件等都是生产优良安全产品的必备生产条件。

通过发酵赋予肉制品安全、营养、坚实、耐贮等特性，并具有良好的风味。

八、包装

食品包装有保护产品、提供信息、便于购买与消费等作用。肉制品包装可以将产品与微生物、昆虫、灰尘等外界污染因素，以及水分、光照和氧气等外界影响因素隔离开来，达到保护产品的目的。包装上有营养配料表和操作方法等产品信息，还有价格、烹饪方法建议等信息。肉制品的包装主要有防潮、热成型、气调、热收缩、抗菌等几种类型。

1. 防潮包装 防潮包装主要是阻止空气中的水蒸气进入产品，以避免因水分增加引起的产品质量变化。常用材料有两类，一类是水蒸气不能透过或难以透过的隔潮性包装材料，如玻璃、金属和铝箔等，还有一些复合材料，如含铝箔的复合材料、涂蜡纸、高密度聚乙烯（HDPE）、聚丙烯（PP）、聚偏二氯乙烯（PVDC）等；另外一类防潮包装材料是吸湿性材料，主要是干燥剂，如硅胶，它具有质地硬、吸水性强、无毒无味、可反复使用等性质，还可以通过颜色变化显示水分含量。

2. 热成型包装 热成型包装是用热成型法加工制成容器并充填灌装食品，然后用薄膜覆盖、封口的包装。目前常用的包装材料主要是聚乙烯（PE）、聚丙烯（PP）、聚氯乙烯（PVC）、聚苯乙烯（PS）等塑料片材和少量的复合材料片材，封盖材料一般用 PE、PP 或铝箔、纸与 PE 复合材料等。

3. 气调包装 气调包装是通过改变包装内空气组分而延长食品保藏期的包装方式，有真空包装、充气包装。

真空包装是抽空包装内的空气，使细菌和真菌的繁殖因缺氧而受到抑制，从而延长食品的货架期，是最早应用的气调包装形式，广泛应用于分割鲜肉、烟熏肉等肉制品；充气包装是在包装内充填一定比例的理想气体的一种包装方式，常用气体有 N_2、CO_2、O_2。

4. 热收缩包装 采用热收缩塑料薄膜包裹产品或包装件，加热至一定温度后使薄膜自行收缩紧贴裹住产品或包装件的一种包装方法。该法能适应各种大小及形状的物品包装，对食品可实现密封、防潮、保鲜包装，且对产品的保护性好，能够提升食品外观装潢效果和促销功能，该法包装紧凑，方便贮运，包装材料轻，且用量少，包装费用低。此外，该包装工艺及设备简单，通用性强，便于实现机械化包装操作，包装强度低。常用的收缩膜材料有 PVC、PE、PP、PS、EVA 以及发泡 PE、PS 等。

5. 抗菌包装 在包装中加入乳酸链球菌素、溶菌酶等物质，用来抑制腐败菌和致病菌的生长，从而延长食品货架期的包装方法。

可食性涂膜和涂层可以携带杀菌化合物从而阻隔微生物。例如，玉米蛋白、甲基纤维素和羟丙基甲基纤维素中常用山梨酸作为涂层，含有酯酸和乳酸的藻酸钙常被用来抑制牛肉表面李氏杆菌的生长，壳聚糖涂层用于鸡腿的包装保藏等。

思考题

1. 简述肉蛋白质的三大加工特性的概念、机理及影响因素。
2. 简述食盐与肉的保水性的关系。
3. 简述磷酸盐的保水机理。
4. 简述腌肉的呈色机理及影响腌肉制品色泽的因素。
5. 简述常用的腌制方法及其优缺点。
6. 常用的烟熏方法有哪些？如何控制熏烟中的有害成分？
7. 肉在蒸煮过程中产生了哪些物理和化学的变化？
8. 简述肉品干燥的种类及特点。
9. 简述肉品包装的目的、种类及特点。
10. 简述肉制品发酵的目的以及产生的变化。

CHAPTER 7

第七章 肉品加工

本章学习目标 掌握肉制品的种类、产品特点、加工工艺、单元操作要点、包装方法；了解肉制品加工新技术，掌握肉制品的产品品质分析和控制方法。

据文献记载，肉制品加工最早起源于公元前15世纪的古代巴比伦和中国，至今已有3 000多年的历史。由于不同国家和地区的地理环境、气候条件、物产、经济、民族、宗教、饮食习惯和嗜好等因素千差万别，肉制品的种类也名目繁多。在我国，仅名、特、优肉制品就有500多种，而且新产品还在不断涌现；在德国，香肠类产品就有1 550种；在瑞士，有的肉类企业可以生产500多种色拉米香肠。

尽管国际上没有统一的分类标准，但还是可以根据肉类制品的产品特征和加工工艺，将肉制品分为10大类，见表1-7-1。

表1-7-1 肉制品分类

序号	类别	产品
1	鲜肉及调理肉制品	冷鲜肉、调理肉制品
2	火腿制品	干腌火腿
3	酱卤制品	白煮肉、酱卤肉、糟肉
4	腌腊制品	板鸭、腊肉、咸肉
5	香肠制品	中式香肠、西式香肠
6	熏烧烤制品	熏烤肉、烧烤肉、培根
7	干制品	肉松、肉干、肉脯
8	油炸制品	挂糊炸肉、清炸肉
9	罐蒸制品	硬罐头、软罐头
10	其他肉制品	以上未包含的肉类制品

根据热加工温度可将肉制品分为高温肉制品和低温肉制品。高温肉制品是指加热介质温度大于100℃（通常为115～121℃），中心温度大于115℃时恒定适当时间的肉制品，这类肉制品又叫硬罐头或软罐头。在加热过程中制品已达到商业无菌。高温肉制品可在常温下进行流通，但应避免过高温度下贮存与销售。因为高温肉制品虽然达到了商业无菌，但是并没有杀死产品中的全部细菌。高温肉制品的优点是在常温下可以长期保存，一般在25℃以下保质期可达6个月。但加工过程中的高温处理会使制品品质下降，如营养损失、风味劣变（蒸煮味）等。

低温肉制品是相对于高温加热杀菌的肉制品而言的，指采用较低温度（一般中心温度为72℃）进行巴式杀菌，在低温车间制造并低温条件贮存的肉制品。低温肉制品中的绝大多数有害微生物都已被杀灭，同时必须辅以低温贮藏来保证其食用安全。低温肉制品避免了肉蛋白的过度变性，质地好，营养素破坏少，口感和风味俱佳。

另外，根据历史渊源可将肉制品分为中式肉制品和西式肉制品。中式肉制品是我国传统肉制品，包括腌腊制品、酱卤制品、熏烧烤制品、干制品、其他肉制品等；西式肉制品是指由国外传入的工艺加工生产的肉制品，主要包括培根、香肠制品和火腿制品三大类。

第一节　鲜肉及调理肉制品

一、鲜肉制品

我国将农产品中畜禽的初加工范围规定为：通过对畜禽类动物（包括各类牲畜、家禽和人工驯养、繁殖的野生动物以及其他经济动物）宰杀、去头、去蹄、去皮、去内脏、分割、切块或切片、冷藏或冷冻、分级、包装等简单加工处理，制成的分割肉、保鲜肉、冷藏肉、冷冻肉、绞肉、肉块、肉片、肉丁。因此，市售产品如冷却猪肉、冷鲜鸡肉都属于初加工鲜肉制品，可以与进一步加工得到的深加工产品相区分。生鲜肉品市场经历了“热鲜肉→冷冻肉→冷却肉”的发展过程。

（一）热鲜肉、冷冻肉和冷却肉的生产工艺差异

冷却肉的生产及特点

热鲜肉、冷冻肉和冷却肉是目前生肉消费的三大形式，三者的前段屠宰工艺基本差别不大，而屠宰后工艺的差别是引起三者品质不同的主要原因。热鲜肉是指未经冷处理、宰后不久即食的鲜肉。由于肉没有经过充分冷却，热鲜肉微生物生长繁殖快，产品货架期受季节影响很大，在夏季只有几个小时，在冬季可达1～2d。此外，热鲜肉没有经过规范的成熟过程，风味和口感的一致性较差。冷冻肉是指宰后在低于－18℃下冻结、－18℃冻藏的肉，其货架期可达6～12个月，在冻结过程中，肉中大部分的水结成冰晶，使肌纤维膜破裂，在解冻过程中，有大量的汁液流失。而且冷冻肉在长期的冻藏过程中会出现“冻结烧”现象，肉的品质发生劣变。冷却肉是指在屠宰后续的加工贮运过程中温度都控制在－1.5～7℃，并且一般要进行适当的包装，可有效地控制微生物的污染和繁殖，保证了肉的卫生质量。冷却肉在冷藏过程中经历了充分的成熟嫩化过程，使肉的食用品质达到最佳状态，产品品质更加一致，是生肉消费的发展方向。

（二）冷却畜肉和禽肉贮运中的品质保持

宰后成熟对肉的食用品质有着重要影响，冷却畜禽肉在宰后贮运过程中还在不断成熟，但畜禽的成熟进程差别很大。鸡在宰后解除僵直进入成熟阶段只需3～4h，也就是说，在屠宰工厂里鸡肉就可能已经开始成熟，可直接进入冷链运输到达消费端；猪的成熟需要2～3d，所以一般情况下刚完成屠宰的猪胴体要在工厂里进行一定时间的成熟；而牛则需要7～10d的解僵时间，可以包装之后全程在冷链中进行成熟。

因为环境温度对肉成熟速率有很大影响，所以在冷却畜禽肉的生产和贮运中，可以通过调节温度改变肉的成熟进程，在实际生产中，冷却猪肉的温度可控制在－1.5～0℃或0～7℃。对于猪肉来说，－1.5～0℃属于冰温带（0℃以下、冰点以上的温度区域），在该温度下，肌肉内部的水分不结冰，但如果肉的表面有多余水分或渗出水分时，表面形成一层薄冰，在此温度下贮藏的猪肉也被称为冰鲜猪肉。而中心温度介于0～7℃的冷却猪肉则被称为冷鲜猪肉。

宰后贮运过程中的包装对冷却畜禽肉的品质保持至关重要。真空包装可降低冷却牛肉的氧分

压，有效抑制腐败微生物的生长繁殖，从而延长产品货架期；真空热缩包装利用高阻隔并且受热收缩特性，可使冷却牛肉在更长时间和更广范围甚至是跨洲的贮存、运输、销售成为可能。

二、调理肉制品

调理肉制品（prepared meat products）是指鲜、冻畜禽肉（包括畜禽副产品）经初加工后，再经调味、腌制、滚揉、上浆、裹粉、成型、热加工等加工处理方式中的一种或数种，在低温条件下贮存、运输、销售，须烹饪后食用的产品。

（一）调理肉制品的分类与特点

调理肉制品种类很多，通常分为三种类型：

1. 未经加热熟制调理的肉制品　如人工或机器预处理好的肉块（或肉片、肉条、肉馅等），经过浸渍或滚揉入味，有的包皮如水饺、小笼包等，但未经过熟制即行冷冻的食品，食用前必须进行加热熟制。

2. 部分加热熟制调理的肉制品　原料进行第一阶段加热熟制后，外部蘸涂生的扑粉或淀粉浆料后，然后蘸上面包屑，冷冻后贮藏、销售。食用前需解冻，进行第二阶段熟制。

3. 完全经过加热熟制的速冻调理肉制品　如油炸鸡柳（肉串、肉丸）、烧卖、春卷、藕夹、肉粽等。

（二）速冻调理肉制品的加工工艺

1. 工艺流程

原料肉及配料处理→调理（成型、加热、冻结）→包装→金属或异物探测→冻藏

2. 工艺要点

（1）原料肉及配料处理

①原料肉及配料的品质：对原料肉的新鲜度、有无异常肉、有无寄生虫害等进行感官检查、细菌检查和必要的调理试验。各种肉类等冷冻原料保存在－18℃以下的冷冻库，蔬菜类保存在0～5℃的冷藏库，面包粉、淀粉、小麦粉、调味料等应在常温10～18℃下保存。

②原料肉的解冻：肉类等冷冻原料要采取防止其污染，并且达到规定工艺标准的合适方式进行解冻，解冻时间要短，解冻状态均一，并要求解冻后品质良好、卫生。

③配料前处理：配料的选择、解冻、切断或切细、滚揉、称量、混合均称为前处理，并根据工艺和配方组成批量的生产。

④原料肉及配料混合：将原料肉及配料等根据配方正确称量，然后按顺序一一放到混合机内，混合均匀；混合时间应在2～5min，同时肉温控制在5℃以下。

（2）调理（成型、加热、冻结）

①成型：对于不同的产品，成型的要求不同。土豆饼、汉堡包等是一次成型，而烧卖、水饺、春卷等是采用皮和馅分别成型后再由皮来包裹成型。夹心制品一般由共挤成型装置来完成。有些制品还需要裹涂处理如撒粉、上浆、挂糊或蘸面包屑等。成型机的结构应由不破坏原材料、合乎卫生标准的材质制作，使用后容易洗涤和杀菌等。挂糊操作中要求面糊黏度一定并低温管理（≤5℃），要使用黏度计、温度计进行黏度的调节。

②加热：加热包括蒸煮、烘烤、油炸等操作，不但会改变产品的味道、口感、外观等重要品质，同时对冷冻调理肉制品的卫生保证与品质保鲜管理也是至关重要的。按照某类产品的良好操作规范（GMP）、危害分析与关键点控制（HACCP）和该类产品标准所设定的加热条件，必须能够有效地实现杀菌。从卫生管理角度看，加热的品温越高越好，但加热过度会使脂肪和肉汁流出，出

品率下降，风味变劣等。一般要求产品中心温度在70～80℃。

③冻结：在对速冻调理制品的品质设计时一定要充分考虑消费者对食品质地、风味等感官品质的要求。制品要经过速冻机快速冻结。冻结时间必须根据其种类、形状而定；要采取合适的冻结条件。

(3) 包装　速冻调理制品主要采用真空袋包装、纸盒包装、铝箔包装和微波炉用包装等包装形式，以真空袋包装最为广泛使用。

(4) 金属或异物探测　速冻调理制品包装后一般要进行金属或异物探测，确保食品质量与安全。

(5) 冻藏　速冻调理制品入－18℃或以下冷冻库进行冻藏。

3. 速冻调理肉制品食用前的烹制　合理的解冻、适宜的烹调是保证速冻调理制品质量的关键因素。速冻调理肉制品一经解冻，应立即加工烹制。中国式的速冻调理制品，以传统饮食为基础，菜肴类以煎、炒、烹、炸为主，面点类以蒸煮加工为主。微波炉是目前较好的速冻制品解冻烹制设备，可使制品的内外受热一致，解冻迅速，烹制方便，并保持制品原形。实验证明，微波炉与常规烹调方法比较，其营养素的损失并无显著差别。

第二节　火腿制品

火腿制品（ham）是指用大块肉为原料加工而成的肉制品。根据火腿制品的产地主要分为中式火腿和西式火腿两大类。中式火腿以我国的干腌火腿为代表，滋味鲜美，可长期保藏，驰名世界，是中国的传统肉制品，代表产品有金华火腿、宣威火腿；而西式的干腌火腿则以帕尔马火腿为代表。

干腌火腿是用带骨、皮、爪尖的整只猪后腿或前腿，经腌制、洗晒、风干和长期发酵、整形等工艺制成的著名生腿制品，以风味独特著称，一般食用前应熟加工，但也可以切片生食，特别是欧洲喜欢生食干腌火腿。干腌火腿主要出产于中国和欧洲地中海地区。我国干腌火腿因产地、加工方法和调料不同而分为金华火腿（浙江）、宣威火腿（云南）和如皋火腿（江苏）等；欧洲干腌火腿主要生产于意大利、西班牙、法国和德国等国家，品种很多，其中以意大利和西班牙干腌火腿最为著名。我国干腌火腿皮薄肉嫩，爪细，造型独特，肉质红白鲜艳，肌肉呈玫瑰红色，具有独特的风味，虽肥瘦兼具，但食而不腻，易于保藏。

一、金华火腿

金华火腿是中国最著名的传统肉制品之一。它起源于中国浙江省金华地区，加工技术的形成历史已无从考证，最早的传说可追溯至唐代，据称，其“火腿”之名是南宋皇帝赵构所赐，距今已近900年。金华火腿与南宋民族英雄宗泽有关，至今不少金华火腿师傅仍供奉宗泽为祖师。金华火腿以“色、香、味、形”四绝著称于世，曾荣获1915年巴拿马国际商品博览会金奖，更是当今世界著名干腌火腿——帕尔马火腿的祖先。品质良好的金华火腿瘦肉呈玫瑰红色，皮面呈金黄色，脂肪洁白，熟制后呈半透明，晶莹剔透，诱人食欲，是烹饪装饰点缀的精品；不经熟制的金华火腿肌肉中散发出令人愉快的浓香，滋味纯正，咸甜适中，鲜嫩多汁，食后回甜，故而生食风味更佳。

（一）金华火腿传统工艺

1. 工艺流程

选料→修整→腌制→洗晒→发酵→保藏

2. 加工工艺

（1）选料　选用饲养期短、肉质细嫩、皮薄、瘦肉多、腿心饱满的金华猪腿为火腿加工原料，也可用其他瘦肉型猪的前后腿替代。

原料腿，一般选择腿重4.5～6.5kg/只的鲜猪腿。要求宰后24h以内的鲜腿，放血完全，肌肉鲜红，皮色白润，脚爪纤细，小腿细长。

（2）修整　取鲜腿，去毛，洗净血污，剔除残留的小脚壳，将腿边修成弧形，用手挤出大动脉内的淤血，最后修整成柳叶形。

（3）腌制　在腌制过程中，按每100kg鲜腿加8kg食盐或按10%比例计算加盐。一般分5～7次上盐，一个月左右加盐完毕。

（4）洗晒　晒腿前应先置于清洁冷水中浸泡洗腿。根据气候、腿的大小和盐分轻重确定浸泡时间，一般2h左右。然后将其放入清水中冲洗，从脚爪开始直到肉面，顺肉纹依次洗刷干净，用绳子吊起挂晒。

洗后的腿一般需挂晒8h，在挂晒4h后，可盖印厂名和商标，再继续挂晒4h，可见腿面已变硬，皮面干燥，内部尚软，此时可进行整形。

整形可分为三个工序，一是在大腿部用两手从腿的两侧往腿心部用力挤压，使腿心饱满成橄榄形；二是使小腿部正直，膝踝处无皱纹；三是在脚爪部，用刀将脚爪修成镰刀形。

整形之后继续曝晒，并不断修割整形，直到形状基本固定、美观为止，并经过挂晒使皮红亮出油，内外坚实。

（5）发酵　发酵的主要目的是使腿中的水分继续蒸发，进一步干燥。另外，可促使肌肉中的蛋白质、脂肪等发酵分解，产生特殊的风味物质，使肉色、肉味和香气更加诱人。

将火腿挂在木架或不锈钢架上，两腿之间应间隔5～7cm，以免相互碰撞。发酵场地要求保持一定温度、湿度，通风良好。发酵季节常在3～8月，发酵期一般为3～4个月。

经发酵的火腿，水分逐渐蒸发，腿部干燥，肌肉收缩，腿骨暴露于外，此时，可进行适当的修整，使之成为成品火腿。

（6）保藏　经发酵修整的火腿，可落架，用火腿滴下的原油涂抹腿面，使腿表面滋润油亮，即成新腿，然后将腿肉向上，腿皮向下堆叠，一周左右调换一次。如堆叠过夏的火腿就称为陈腿，风味更佳，此时火腿重量约为鲜腿重的70%。火腿可用真空包装，于20℃下可保存3～6个月。

（二）金华火腿现代工艺

1. 工艺流程

原料腿预处理→低温腌制→洗腿→风干→高温成熟→堆叠后熟

2. 工艺要点

（1）原料腿预处理　修割整形原料腿，冷库温度控制在0～4℃，预冷24～48h，使肌肉温度下降到4～8℃，腿表面不结冰。

金华火腿现代工艺

（2）低温腌制　经预处理后的腿坯采用专用按摩机按摩，目的是去除静脉残留的淤血，使肌肉柔软，便于上盐。腌制车间控温在0～4℃，相对湿度控制在75%～85%，腌制用盐为原料腿重的6%～8%，采用自动撒盐和滚揉腌制系统分5～6次涂抹于火腿表面。

（3）洗腿及风干　用自动洗腿机喷淋清洗腌制完成的火腿表面，清洗的水温要求比传统工艺的水温高，并且有一定水压，从而使腿坯表面肉质松软，易于清洗表面盐渍，达到减少盐分、利于后续加工的目的。然后移入风干间，车间控温在10～15℃，相对湿度控制在60%～70%，此阶段失水率约为1%。

（4）高温成熟　采用梯度升温的方式，发酵成熟车间前期控温在10～20℃，中期控温在15～30℃，后期控温在30～35℃，相对湿度控制在60%～80%，经过发酵成熟后腿失重约40%。

(5) *堆叠后熟* 车间控温在25℃左右，相对湿度控制在60%，堆叠后熟后即可成为成品火腿。

二、帕尔马火腿

帕尔马火腿（Parma ham）产于意大利帕尔马周边地区，每条火腿都带有五角星公爵的皇冠的标志。生产帕尔马火腿的原料猪体重不低于140kg，必须产自意大利北部和中部，而且猪的饲养受到严格的控制。这是因为饲养所使用的饲料会影响猪脂肪中的脂肪酸，进而对长时间干燥过程中由脂肪酶引起的风味发展产生重大影响。

每只腿的重量在9～13kg，腌制材料要提前1～2d冷却至0℃。在腌制之前，先将猪腿的血迹擦除，然后再用手涂抹盐。在初腌过程中，每千克肉大约需要25g盐（海盐）。一般传统帕尔马火腿不添加亚硝酸盐或增色剂，但是偶尔也会在一些火腿中添加硝酸盐。

经过初腌的产品需要在1～4℃的架子上存放约1个月，且在初腌后的第7～10天要二次上盐，补充一定的盐分（每千克产品5～10g）。一个月后，将其在3～5℃的温度下悬挂约2个月以使火腿中的盐分均匀分布。多余的盐也在悬挂前被去除。这三个月相对湿度控制在75%～85%，猪腿的重量减少12%～15%，且瘦猪腿比肥猪腿的重量损失更多。有时，为了去除多余的盐分，猪腿在腌制约1个月后要清洗，然后在相对湿度70%～74%的干燥室中存放1～2d，使表面快速干燥。由于产品在低于5℃的温度下保存3个月，因此总体上使用的盐含量相当低。经过腌制和干燥3个月后，通常将产品在20～22℃的温度下放置4～6d，以便激发酶的活性促进发酵过程以形成火腿的独特风味。

传统的帕尔马火腿是干燥得来的，而不是熏制。接下来3～8个月将火腿放置于14～16℃的温度、70%～74%的相对湿度和一定的流通空气条件下进行干燥。从腌制的第1天算起，7个月后火腿的重量减少22%～25%。肉的表面沾满了油渍、胡椒、迷迭香（避免酸败）和一些盐的混合物；火腿上部留有一小块干净区域让火腿“呼吸”，同时不会让火腿的水分流失太快。火腿在14～16℃和70%～74%的相对湿度下连续干燥，在干燥最初的3～5个月中，由于肉块已经被覆盖，重量仅减少5%。同时火腿会由于蛋白水解和脂解作用而产生风味，肌肉组织的嫩化也会发生，因为胶原酶的活性会削弱肌肉内胶原蛋白的结构。干燥完成后的成熟阶段，需要通过一根骨头（马的胫骨）插入火腿的肘关节和上部区域来多次检查推断火腿的香气。当然，只有经过专门培训的人员才能通过闻味道来判断火腿是否可以出售，或者是否需要进一步干燥以获得所需的味道。一般12～14个月时，火腿的重量减轻30%左右即可出售。

第三节　酱卤制品

酱卤肉制品（sauce pickled products）是指原料肉加调味料和香辛料，水煮而成的熟肉类制品。主要产品包括白煮肉、酱卤肉、糟肉等。

白煮肉是预处理的原料肉在水（盐水）中煮制而成的肉制品，其特点是最大限度地保持了原料肉固有的色泽和风味，一般在食用时才调味，如白斩鸡、肴肉。

酱卤肉是原料肉预处理后，添加香辛料和调味料煮制而成的肉制品，其特点是色泽鲜艳、味美、肉嫩，具有独特的风味。产品的色泽和风味主要取决于调味料和香辛料，如烧鸡和酱汁肉。

糟肉是将煮制后的肉用酒糟等煨制而成的肉制品，其主要特点是保持了原料固有的色泽和曲酒香气，如糟鸡和糟鱼。

酱卤制品的加工关键在于煮制和调味。调味是获得稳定而良好风味的关键。调味的方法根据加入调料的时间和作用，大致可分为基本调味、定性调味和辅助调味三种。基本调味是原料经整理后，在加热前经过加盐、酱油或其他配料腌制，奠定产品咸味的过程。定性调味是原料肉在煮制或红烧时，同时加入各种香辛料和调味料，如酱油、盐、酒、香辛料等，赋予产品基本香味和滋味的过程。辅助调味是在原料肉熟制后或出锅前，加入糖、味精、香油等，以增进产品的色泽、鲜味的过程。煮制是对产品进行热加工的过程，加热的介质有水、蒸汽、油等。煮制加工环节直接影响产品的口感和外形，必须严格控制温度和加热时间。

酱卤制品也可按照加入调料的种类、数量，分为五香、红烧、酱汁、蜜汁、糖醋、咸卤等制品。

一、白煮肉加工

（一）南京盐水鸭

南京盐水鸭是江苏省南京市著名传统特产，至今已有400多年历史。南京盐水鸭的特点是鸭体表皮洁白，鸭肉细嫩，口味鲜美，营养丰富，具有香、酥、嫩和鲜的特点。南京盐水鸭可常年加工生产。

1. 工艺流程

选料→腌制→煮制→冷却→包装

2. 加工工艺

（1）选料　选用新鲜优质鸭子为原料，一般鸭活重为2kg左右，鸭体丰满，肥瘦适度。将其宰杀、去毛、去内脏等，然后清洗干净。

（2）腌制　先干腌，即将食盐和八角粉炒制的盐，涂擦鸭体内外表面，用盐量为6%，涂擦后堆码腌制2～4h。然后抠卤，再行复卤2～4h，即可出缸。复卤即用老卤腌制，老卤是加生姜、葱、八角蒸煮加入过饱和盐水的腌制卤。

（3）煮制　在水中加入生姜、八角和葱，煮沸30min，然后将腌制鸭放入水中，保持水温为80～85℃，加热处理60～120min。在煮制过程中，始终维持温度在85℃左右，否则，温度过高会导致脂肪熔化，肉质变老，失去鲜嫩特色。煮制可应用自动化连续生产线加工。

（4）冷却、包装　煮制完毕，静置冷却，然后真空包装，也可冷却后直接鲜销。

（二）镇江肴肉

镇江肴肉是江苏省镇江市著名传统肉制品，历史悠久，闻名全国。肴肉皮色洁白，晶莹透明，肉质细嫩，风味独特，又称水晶肴肉。

1. 工艺流程

选料→整理→煮制→压蹄→包装→保藏

2. 加工工艺

（1）选料　选择优质薄皮猪的前后蹄为原料，以前蹄髈为最好。

（2）整理　取猪的前后腿，除去肩胛骨、臀骨和大小腿骨，去爪、筋，刮净残毛，洗净，然后置于案板上，皮朝下，用小刀在蹄髈的瘦肉上戳小洞若干，将腌制盐涂抹在蹄髈上，用盐量为6%。然后将其放置在老卤液中腌制5～7d，多次翻动，腌好后取出用清水浸泡8h左右，除去涩味，去除血污。

（3）煮制　按表1-7-2配方并按肉水比为1∶1煮制调味盐水，取清水加入调料煮沸1h后过滤，滤液即为调味盐水。将蹄髈100kg置于煮锅中，加入调味盐水，将蹄髈全部浸没在汤中，先大火后小火煮制1.5～2h，翻动，再煮2～3h即可。

表 1-7-2 煮制调味配方（kg）

品名	鲜腿	精盐	白糖	曲酒	明矾	鲜姜	香辛调料
用量	100	8.5	0.5	0.5	0.02	0.5	0.2

（4）压蹄　取长宽都为 40cm、边高 4.3cm 的平底盘 100 个，每个盘内平放猪蹄髈 2 只，皮向上，每 5 个盘压在一起，上面盖空盘一个，经 20～30min 后，将盘内油卤逐一倒入锅中，用大火煮沸，加入明矾 30g、清水 5kg，再煮沸，然后将汤卤舀入蹄盘中，使汤汁淹没肉面，置于冷藏箱中凝冻，即可制成晶莹透明的水晶肴肉。

（5）包装、保藏　将水晶肴肉用食品袋包装，置于 4℃冷藏条件下保藏。

（三）上海白切肉

上海白切肉是一种家常菜肴，其特点是肥肉呈白色，瘦肉微红色，肉香清淡，皮薄肉嫩，肥而不腻，易切片成形。

1. 工艺流程

选料→腌制→煮制→冷却→保藏

2. 加工工艺

（1）选料　选择新鲜健康、肥瘦适度的优质猪肉。

（2）腌制　按肉重计，用食盐 12%和硝酸钠 0.04%配制成腌制剂，揉擦于肉坯表面，然后将肉放入腌制池中，腌制 5～7d，在腌制过程中翻动数次，以便腌制均匀。

（3）煮制　将腌制好的肉块放入锅中，加入清水、葱 2%、姜 0.5%、黄酒 1%，煮沸 1h 后，即可出锅。

（4）冷却、保藏　煮熟的肉冷却后可鲜销，也可于 4℃冷藏保存。

二、酱卤肉类加工

（一）苏州酱汁肉

苏州酱汁肉又名五香酱肉，是江苏省苏州市著名产品，苏州酱汁肉的生产始于清代，历史悠久，享有盛名。产品鲜美醇香，肥而不腻，入口化渣，肥瘦肉红白分明，皮呈金黄色，适于常年生产。

1. 工艺流程

原料选择→整形→煮制→酱制→冷却→包装

2. 加工工艺

（1）原料选择与整形　可选择带皮五花肉（肋条肉）作为加工原料，要求新鲜、优质、外形美观。

（2）煮制　将原料肉置于煮制容器中，按肉水比为 1∶2 加水，煮沸 10～20h，捞出备用。

（3）酱制　按表 1-7-3 配方先制备酱制液或卤制液，以肉水比为 1∶1 加水煮制 2h，另添加核苷酸（I+G）0.01%过滤即成。

表 1-7-3 酱制调味配方（kg）

品名	鲜肉	精盐	白糖	曲酒	酱油	鲜姜	香辛调料
用量	100	3.5	1.5	0.5	2.0	0.5	0.2

将制备好的酱卤制液置于煮锅中，然后加入预煮好的肉，再煮制 2～4h，直至肉煮熟为止。

（4）冷却、包装　将煮好的肉静置冷却，然后真空包装，即为成品，可置冷藏条件下保存。

（二）北京月盛斋酱牛肉

北京月盛斋酱牛肉又称五香酱牛肉，是北京著名产品。该产品原料选用膘肥牛肉，并用冷水浸泡清除余血，洗净后剔骨。按部位分割成前后腿、腰窝、腱子、脖子等，再切成1kg左右的小块。

1. 工艺流程

选料→调酱→酱制→保藏

2. 加工工艺

（1）选料　选择优质、新鲜、健康的牛肉进行加工。

（2）调酱　取黄酱加入一定量的水拌和，去酱渣，煮沸1h，并将浮在汤面上的酱沫撇净，盛入酱制容器内备用。

（3）酱制　将原料肉放于锅内，一般先将含结缔组织较多的肉质较老的牛肉放在锅底部，含结缔组织较少的嫩肉放于上层，然后倒入酱汁。待煮沸后加入各种调料，煮制4h左右，每隔1h翻动1次，酱制过程中应保证每块肉都浸入酱制汤中，最后用小火煮制2～4h，使其煮熟并均匀成味。

（4）保藏　酱制好的牛肉可鲜销，也可置冷藏条件下保存。

（三）道口烧鸡

道口烧鸡产于河南省安阳市滑县道口镇，开创于清朝顺治十八年（1661年），至今已有300多年历史。道口烧鸡不仅造型美观，色泽鲜艳，黄里带红，而且味香独特，肉嫩易嚼，余味绵长。

1. 工艺流程

选料→宰杀造型→上色油炸→卤制→保藏

2. 加工工艺

（1）选料　选择鸡龄在6～24个月、活重为1.5～2kg的鸡，要求鸡的胸腹长且宽，两腿肥壮，健康无病。

（2）宰杀造型　按一般家禽屠宰方式宰杀，去内脏、爪及肛门。取一节高粱秆撑开鸡腹，将两侧大腿插入腹下三角处，两翅交叉插入鸡口腔内，使鸡体成为两头尖的半圆形。造型完毕，及时浸泡在清水中1～2h，然后取出滤干。

（3）上色油炸　用饴糖水或焦糖液涂布鸡体全身，然后置于150～180℃植物油中油炸1min左右，待鸡体表面呈金黄色时取出。注意控制油温，若温度达不到，鸡体则上色不佳。

（4）卤制　先配制卤汁，以100只鸡计，加砂仁15g，丁香3g，肉桂90g，陈皮30g，肉豆蔻15g，草果30g，生姜90g，食盐2～3kg，亚硝酸钠15～18g。将鸡置于卤汁中，淹没，加热煮沸2～3h，具体时间视季节、鸡龄、体重等因素而定，煮熟后立即出锅。

（5）保藏　将卤制好的鸡静置冷却，即可鲜销，也可真空包装，冷藏保存。经高温高压杀菌，可长期保藏。

（四）德州扒鸡

德州扒鸡产自山东德州，又名德州五香脱骨扒鸡，是著名的传统特产，由于制作时扒烧慢焖而至烂熟，故名“扒鸡”。德州扒鸡已有70多年的加工历史，经现代软罐头加工技术加工，德州扒鸡突破了原有保质期，可长期保存，进入大市场流通销售。德州扒鸡的特点是色泽金黄，肉质粉白，皮透微红，鲜嫩如丝，香味透骨，熟烂异常，肉骨极易分离。

1. 工艺流程

选料→宰杀造型→油炸→卤制→保藏

2. 加工工艺

（1）选料　以优质仔鸡为最好，每只鸡活重1～1.5kg，健康无病。

（2）宰杀造型　颈部宰杀放血，烫毛、去毛、去内脏，用清水洗净。将两腿交叉盘至肛门内，将双翅向前由颈部入口伸进，在喙内交叉盘出，形成卧体双合翅的状态，造型优美。

（3）油炸　于鸡体上浇挂饴糖水或焦糖液，晾干后再置于油温140～160℃的油锅中炸制1～2min，此时鸡坯呈金黄透红色，要防止炸焦变成黄褐色或红褐色。

（4）卤制　先配制卤汁，以200只鸡（约重150kg）计，加茴香100g，桂皮120g，肉豆蔻50g，草果30g，丁香20g，山柰70g，陈皮50g，花椒100g，砂仁10g，八角100g，精盐3.5kg，酱油4kg，生姜250g，葱500g，用水熬制1h备用。将油炸鸡放入卤汁中，完全淹没，先大火煮沸30min，然后改为微火焖煮2～4h，出锅后即为成品。

（5）保藏　德州扒鸡为熟肉制品，未经包装杀菌时，只能及时鲜销或低温冷藏。但如果采用高温蒸煮袋真空包装，用高温高压杀菌，那么，德州扒鸡可长期保藏达6个月。

三、糟肉类加工

（一）苏州糟肉

我国生产糟肉的历史悠久，早在《齐民要术》一书中就有关于糟肉加工方法的记载。苏州糟肉是用猪肋条肉制成的一种风味肉制品，皮白肉嫩，香气浓郁，鲜美爽口。

1. 工艺流程

选料→整理→烧煮→配料→糟制→包装

2. 加工工艺

（1）选料、整理　选用新鲜的皮薄而又细嫩的方肉、前后腿肉为原料。将方肉或腿肉切成一定形状，一般为长15cm、宽11cm的长方肉块。

（2）烧煮　将肉置于煮锅中煮沸45～60min，直至肉煮熟为止。

（3）配料　按肉重计，陈年香糟2.5%，黄酒3%，大曲酒0.5%，葱1%，生姜0.8%，食盐1%，味精0.5%，五香粉0.1%，酱油0.5%。

（4）糟制　将配料混合均匀，过滤制成糟露或糟汁，然后将烧煮好的肉置于糟制容器中，倒入糟露或糟汁，糟制4～6h即成。

（5）包装　将糟制好的肉真空包装即为成品。

（二）南京糟鸡

1. 工艺流程

选料→烧煮→糟制→保藏

2. 加工工艺

（1）选料　本品选用新鲜健康仔鸡为原料，一般活重为1～1.5kg。

（2）烧煮　先在鸡内外表面抹盐，腌渍2h，然后将其放于沸水中煮制15～30min，出锅用清水洗净。

（3）糟制　以100kg鸡计，加香糟5kg，绍酒1.5kg，精盐0.4kg，味精0.1kg，生姜0.1kg，香葱1kg，于锅中加清水熬制成糟汁。

将煮制好的鸡置于糟钵中，浸入糟汁，糟制4～6h即为成品。

(4) 保藏　糟鸡一般为鲜销，在4℃条件下可适当保存。

（三）苏州糟制鹅

苏州糟制鹅皮白肉嫩，香气浓郁，风味鲜美，独有特色。

1. 工艺流程

选料→烧煮→糟制→保藏

2. 加工工艺

(1) 选料　选择1.5～2kg太湖鹅，要求新鲜健康。

(2) 烧煮　将宰杀、放血、去毛、去内脏后洗净的白条鹅放入清水中浸泡1h，然后置于沸水中煮沸30～40min。

(3) 糟制　先配糟汁，按100kg鹅计，陈年香糟2.5kg，黄酒3kg，曲酒0.2kg，花椒0.02kg，葱1.5kg，生姜0.2kg，食盐0.5kg，味精0.1kg，五香粉0.05kg，混合煮制成糟汁。用糟汁浸渍煮制好的鹅，一般糟制4～6h即可。

(4) 保藏　将糟鹅置于4℃条件保藏，也可鲜销。

第四节　腌腊制品

腌腊制品（cured products）是肉经腌制、酱渍、晾晒或烘烤等工艺制成的生肉制品，食用前需经熟制加工。腌腊制品包括咸肉、腊肉、酱封肉和风干肉等。

咸肉是预处理的原料肉经腌制加工而成的肉制品，如咸猪肉、板鸭等。

腊肉是原料肉经腌制、烘烤或晾晒干燥而成的肉制品，如腊猪肉。

酱封肉是用甜酱或酱油腌制后加工而成的肉制品，如酱封猪肉等。

风干肉是原料肉经预处理后晾挂干燥而成的肉制品，如风鹅和风鸡。

一、板鸭加工

板鸭又称“贡鸭”，是咸鸭的一种。在我国，南京所产板鸭最为盛名。板鸭有腊板鸭和春板鸭两种。腊板鸭是从小雪到立春时期加工的产品，这种板鸭腌制透彻，能保藏3个月之久；春板鸭是从立春到清明时期加工的产品，这种板鸭保藏期没有腊板鸭时间长，一般只有1个月左右。板鸭体肥、皮白、肉红、肉质细嫩、风味鲜美，是一种久负盛名的传统产品。

（一）工艺过程

原料→宰杀及前处理→干腌→卤制→叠坯→排坯与晾挂

（二）加工工艺

1. 原料　板鸭要选择体长身高，胸腿肉发达，两翅下有核桃肉，体重在1.75kg以上的活鸭作原料。活鸭在屠宰前用稻谷饲养一段时间使之膘肥肉嫩。这种鸭脂肪熔点高，在温度高的时候也不容易滴油、酸败。这种经过稻谷催肥的鸭叫白油板鸭，是板鸭中的上品。

2. 宰杀及前处理　肥育好的鸭宰杀前停食12～24h，充分饮水。用麻电法将活鸭致昏，采用颈部或口腔宰杀法进行宰杀放血。宰杀后5～6min内，用65～68℃的热水浸烫脱毛，之后用冰水浸洗三次，时间分别为10min、20min和1h，以除去皮表残留的污垢，使鸭皮洁白，同时降低鸭体温度，达到“四挺”，即头、颈、胸、腿挺直，外形美观。去除翅、脚，在右翅下开一约4cm长的直形口子，摘除内脏，然后用冷水清洗至肌肉洁白。压折鸭胸前三叉骨，使鸭体呈扁长形。

3. 干腌 将前处理后的光鸭沥干水分，进行擦盐处理。擦盐前，100kg食盐中加入125g茴香或其他香辛料炒制，可增加产品风味。腌制时每2kg光鸭加盐125g左右。先将90g盐从右翅下开口处装入腔内，将鸭反复翻动，使盐均匀布满腔体，剩余的食盐擦于体表，其中大腿、胸部两旁肌肉较厚处及颈部刀口处需较多施盐。于腌制缸内腌制约20h。该过程中为了使腔体内盐水快速排出，需进行抠卤：提起鸭腿，撑开肛门，将盐水放出。擦盐后12h进行第一次抠卤操作，之后再叠入腌制缸中，再经8h进行第二次抠卤操作。目的是使鸭体腌透同时渗出肌肉中的血水，使肌肉洁白美观。

4. 卤制 也称复卤。第二次抠卤后，从刀口处灌入配好的老卤，叠入腌制缸中。并在上层鸭体表层稍微施压，将鸭体压入卤缸内距卤面1cm下，使鸭体不浮于卤汁上面。经24h左右即可。

卤的配制：卤有新卤和老卤之分。新卤配制时每50kg水加炒制的食盐35kg，煮沸成饱和溶液，澄清过滤后加入生姜100g、茴香25g、葱150g，冷却后即为新卤。用过一次后的卤俗称老卤，环境温度高时，每次用过后，要对盐卤进行加热煮沸杀菌；环境温度低时，盐卤用4～5次后需重新煮沸；煮沸时要撇去上浮血污，同时补盐，维持盐卤相对密度为1.180～1.210。

5. 叠坯 把滴净卤水的鸭体压成扁平形，叠入容器中。叠放时须鸭头朝向缸中心，以免刀口渗出血水污染鸭体。叠坯时间为2～4d，接着进行排坯与晾挂。

6. 排坯与晾挂 把叠在容器中的鸭子取出，用清水清洗鸭体，悬挂于晾挂架上，同时对鸭体整形：拉平鸭颈、拍平胸部，挑起腹肌。排坯的目的是使鸭体肥大好看，同时使鸭子内部通风。然后挂于通风处风干。晾挂间须通风良好，不受日晒雨淋，鸭体互不接触，经过2～3周即为成品。

二、腊肉加工

我国腊肉品种很多，风味各有特色。按产地分有广东腊肉、四川腊肉、云南腊肉和湖南腊肉等。按原料分有腊猪肉、腊牛肉、腊羊肉、腊鸡、腊鸭等。腊肉色泽粉红，香味浓郁，肉质脆嫩，具有提味脱腥之功效。虽然腊肉品种繁多，但加工过程大同小异，下文以广东腊肉为例介绍。

（一）工艺过程

原料→预处理→腌制→烘烤或熏制→包装

（二）加工工艺

1. 原料 精选肥瘦层次分明的去骨五花肉或其他部位的肉，一般肥瘦比例为5∶5或4∶6，修整刮净皮层上的残毛及污垢。

2. 预处理 将适于加工腊肉的原料，除去前后腿，将腰部肉剔去全部肋条骨、椎骨和软骨，边沿修割整齐后，切成长33～40cm、宽1.5～2cm的肉坯。肉坯顶端斜切一个0.3～0.4cm的吊挂孔，便于肉坯悬挂。肉坯于30℃左右的温水中漂洗2min左右，除去肉条表面的浮油、污物。取出后沥干水分。

3. 腌制 一般采用干腌法或湿腌法腌制。按表1-7-4配方用10%清水溶解配料，倒入容器中，然后放入肉坯，搅拌均匀，每隔30min搅拌翻动一次，于20℃下腌制4～6h，腌制温度越低，腌制时间越长，腌制结束后，取出肉条，沥干水分。

表 1-7-4 腊肉腌制配方（kg）

品名	原料肉	食盐	砂糖	曲酒	酱油	亚硝酸钠	调味料
用量	100	3	4	2.5	3	0.01	0.1

4. 烘烤或熏制 肉坯完成腌制出缸后，挂于烘架上，肉坯之间应留有 2～3cm 的间隙，以便于通风。烘房的温度是决定产品质量的重要参数，腊肉因肥肉较多，烘烤或熏制温度不宜过高，一般将温度控制在 40～50℃为宜。温度高滴油多，成品率低；温度低水分蒸发不足，易发酸，色泽发暗。广式腊肉一般需要烘烤 24～70h。烘烤时间与肉坯的大小和产品的终水分含量要求有关。烘烤或熏制结束时，产品皮层干燥，瘦肉呈玫瑰红色，肥肉透明或呈乳白色。熏烤常用木炭、锯木粉、瓜子壳、糠壳和板栗壳等作为烟熏燃料，在不完全燃烧的条件下进行熏制，使肉制品产生独特的腊香和熏制风味。

5. 包装 烘烤后的肉条，送入通风干燥的晾挂室中晾挂，等肉温降到室温时即可包装。传统上腊肉一般用防潮蜡纸包装，现在一般采用真空包装，在 20℃可以有 3～6 个月的保质期。

三、咸肉加工

咸肉的特点是用盐量高，其生产过程一般不经过干燥脱水和烘熏过程，腌制是其主要加工步骤。经过腌制产生丰富的滋味物质，因此咸肉制品滋味鲜美，但咸肉没有经过干燥脱水和发酵成熟，挥发性风味成分产生不足，没有独特的气味。作为一种传统的大众化肉制品和简单的贮藏方法，咸肉在我国各地都有生产，种类繁多。

（一）工艺流程

原料处理 → 切划刀口 → 腌制 → 包装

（二）加工工艺

1. 原料处理 对猪胴体进行修整，割除血管、淋巴及横膈膜等。

2. 切划刀口 为了提高盐分的扩散速度，快速在肉组织内部建立起抑制微生物生长繁殖的渗透压，可在原料上割出刀口，增大渗透面积。刀口深浅及多少取决于肌肉厚薄和腌制的气温。温度在 10～15℃时，刀口大而深；温度在 10℃以下时，可不切刀口或少开。该步骤在传统工艺上也称“开刀门”。

3. 腌制 为了防止原料肉腐败变质，保障产品质量，腌制温度最好控制在 0～4℃。温度高，腌制速度快，但易发生腐败。肉结冰时，腌制过程停止，并且在解冻后会产生汁液流失。

（1）*干腌法* 腌制时先用少量盐涂擦均匀，等排出血水后再擦上大量食盐，然后堆起来腌制。腌制中每隔 5d 左右上下调换翻堆一次，同时补加食盐，经过 25～30d 腌制结束。盐的添加量为每 100kg 原料肉用食盐 14～20kg，硝酸钠 50～75g。

（2）*湿腌法* 用开水配制 22%～35%的食盐饱和溶液，加入 0.7%～1.2%的硝酸钠。盐液的用量控制为原料肉重的 30%～40%。肉面加盖并施压，使原料肉完全浸没于腌制液中。每隔 4～5d 上下调换翻堆一次，腌制 15～20d。用过的盐液经煮沸、过滤、补食盐和硝酸盐后可反复使用。

4. 包装 习惯上，咸肉的包装并未受到广泛关注。目前，包装对咸肉品质影响的重要性已得到普遍认可。包装不仅能保护产品的色泽，还能够防止脂肪的过氧化而产生异味。腌制时，可以加入硝酸钠起发色作用，但亚硝基肌红蛋白远比肌红蛋白易受光的损害，光能促进氧化反应，因而腌肉在强光下会迅速褪色。尤其是当前大量的产品在超市销售，超市货架上一般用冷光源照明，同时加紫外线照射。在一般货柜的光照强度下，仅需 1h，就能产生可见的褪色现象，在紫外光线照射下，该变化更迅速。经过包装可消除或降低光线的影响。另外，光线只有在氧存在的条件下才会加速氧化。因此包装时抽真空或充氮也能够消除光线的影响。如果包装内加有抗氧化剂，则可以将包装内的氧消耗掉以延缓咸肉表面褪色，还原糖同样可以延缓咸肉表面褪色。

第五节 香肠制品

香肠制品（sausages）是指切碎或斩碎的肉与辅料混合，并灌入肠衣内加工制成的肉制品。其主要包括中式香肠和西式香肠，西式香肠又分为发酵香肠、熏煮香肠和生鲜肠等。

中式香肠是按照我们民族的工艺加工制成的香肠制品，主要以猪肉为原料，切碎或绞碎成丁，添加食盐、硝酸钠等辅料腌制后，灌入可食性肠衣中，经晾晒、风干或烘烤等工艺制成。

发酵香肠是以猪、牛肉为主要原料，绞碎或粗斩成颗粒，并添加食盐、发酵剂等辅助材料，灌入肠衣中，经发酵、干燥、成熟等工艺制成的具有稳定的微生物特性和典型的发酵香味的肉制品。典型产品如萨拉米肠。

熏煮香肠是以肉为原料，经腌制、绞碎、斩拌处理后，灌入肠衣内，再经蒸煮、烟熏等工艺制成的肉制品。

由于西式熏煮火腿以小块肉而非大块分割肉为原料，且加工工艺中包括腌制、压模和蒸煮等操作，其工艺与香肠制品相似，所以放在本节“西式香肠制品”中一并介绍。

生鲜肠是未腌制的原料肉，经绞碎并添加辅料混匀后灌入肠衣内而制成的生肉制品。生鲜肠未经熟制，多在冷却条件下贮存，食用前须熟制处理。

一、中式香肠加工

中式香肠是我国传统腌腊肉制品中的一大类。传统生产过程是在寒冬腊月于较低的温度下将原料肉进行腌制，然后经过自然风干和成熟过程加工成的一类产品。现在，部分生产厂家仍沿用传统的生产过程，但大部分产品的生产已实现了工业化和规模化。工业化生产利用现代食品工程高新技术对传统生产过程进行了改造，如风干过程由自然型转变为控温控湿型，成熟过程在实现控温控湿的基础上，利用发酵剂代替自然发酵过程，使产品的品质和稳定性有了很大提高，同时也使产品的安全品质得到了保障，并实现了全天候常年化生产。

中式香肠均以其独特的风味品质受到消费者欢迎。根据最新的国家标准 GB/T 23493—2022《中式香肠质量通则》规定，中式香肠等级及理化指标见表 1-7-5。

表 1-7-5 中式香肠等级及理化指标

项目		指标		
		特级	优级	普通级
水分/（g/100g）	≤	30.0		38.0
蛋白质/（g/100g）	≥	22.0	18.0	14.0
脂肪/（g/100g）	≤	35.0	45.0	55.0

我国习惯以生产地域对香肠分类，如广东香肠（广东腊肠）、四川香肠、北京香肠、如皋香肠、哈尔滨香肠等。同一地区生产的香肠又依其风味特点和所用原料分成众多类，如广东香肠又细分为生抽猪肉肠、老抽猪肉肠、猪肝肠、鸭肝肠、玫瑰猪肉肠、猪心肠、牛肉肠、鸡肉肠、冬菇肉肠、

蚝豉肉肠等。按照产品外形，中式香肠又分为香肠、香肚（或小肚）、肉枣（或肉橄榄、肉葡萄）等。

（一）工艺流程

中式香肠种类繁多，风味差异很大，但生产方法大致相同。风味的差异主要来自配料和生产过程参数的不同。其工艺过程如下：

原料选择与处理→配料、腌制→灌制→排气→结扎→漂洗→晾晒或烘烤→包装

灌肠前的原料处理

1. 原料选择与处理 主要选择新鲜猪肉为加工原料。瘦肉以腿臀肉最好，肥肉以背部硬膘为好，腿膘次之。原料肉经过修整，去掉筋腱、骨头和皮，切成50～100g大小的肉块，然后瘦肉用绞肉机以0.4～1.0cm的筛孔板绞碎，肥肉切成0.6～1.0cm^3大小的肉丁。肥肉丁切好后用温水清洗1次，以除去浮油及杂质，沥干水分待用，肥、瘦肉要分别存放处理。与乳化肠相比，中式香肠原料肉粒度较大，自然风干后，肉与油粒分明可见，肉味香浓，干爽而油不沾唇。

随着消费习惯的不断变化，应用于香肠加工的原料越来越多，产品也不断丰富，如牛肉肠、鸡肉肠、兔肉肠等。

灌肠过程

2. 配料 中式香肠种类很多，配方各不相同，但主要配料大同小异。常用的配料有：原料肉、食盐、糖、酱油、料酒、硝酸盐、亚硝酸盐。使用的调味料主要有：大茴香、肉豆蔻、小茴香、桂皮、白芷、丁香、山柰、甘草等。中式香肠的配料中一般不用淀粉和玉果粉。

3. 腌制 按配料要求将原料肉和辅料混合均匀。拌料时可逐渐加入20%左右的温水，以调节黏度和硬度，使肉馅滑润致密。混合后于腌制室内腌制1～2h，当瘦肉变为内外一致的鲜红色，肉馅中有汁液渗出，手摸触感坚实、不绵软、表面有滑腻感时，即完成腌制。此时加入料酒拌匀，即可灌制。

4. 灌制 将肠衣套在灌装机灌嘴上，使肉馅均匀地灌入肠衣中。要掌握松紧程度，不能过紧或过松。用天然肠衣灌装时，干或盐渍肠衣要在清水中浸泡柔软，洗去盐分后使用。

5. 排气 用排气针扎刺湿肠，排出内部空气，以避免在晾晒或烘烤时产生爆肠现象。

6. 结扎 结扎的长度依具体产品的规格而定。一般每隔10～20cm用细线结扎一道。生产枣肠时，每隔2～2.5cm用细棉线捆扎分节，挤出多余肉馅，使成枣形。

7. 漂洗 将湿肠用35℃左右的清水漂洗，除去表层油污，然后均匀地挂在晾晒或烘烤架上。

8. 晾晒或烘烤 将悬挂好的香肠放在日光下晾晒2～3d。在日晒过程中，有胀气的部位应针刺排气。晚间送入房内烘烤，温度保持在40～60℃，烘烤温度是很重要的加工参数，需要合理控制烘烤过程中质和热的传递速度，达到快速脱水目的。一般采用梯度升温程序，开始温度控制在较低状态，随生产过程的延续，逐渐升高温度。烘烤过程温度太高，易造成脂肪熔化，同时瘦肉也会烤熟，影响产品的风味和质感，使色泽变暗，成品率降低；温度太低则难以达到脱水干燥的目的，易造成产品变质。一般经3昼夜的烘晒后，将半成品挂到通风良好的场所风干10～15d，成熟后即为产品。

9. 包装 中式产品有散装和小袋包装两种方式，可根据消费者的需求进行选择。利用小袋进行简易包装或进行真空、充气包装，可有效抑制产品销售过程中的脂肪氧化现象，提高产品的卫生品质。

（二）典型产品工艺和配方

1. 广式香肠

（1）配料

主料：猪瘦肉35kg，肥膘肉15kg。

辅料：食盐1.25kg，白糖2kg，白酒（50%）1.5kg，酱油750g，鲜姜500g（剁碎挤汁），胡椒粉50g，味精100g，亚硝酸钠3g。

（2）加工过程

①选料整理：选用卫生检验合格的生猪肉，瘦肉顺着肌肉纹络切成厚约 1.2cm 的薄片，用冷水漂洗，消除腥味，并使肉色变淡。沥水后，用绞肉机绞碎，孔径要求 1～1.2cm。肥膘肉切成 0.8～1cm 的肥丁，并用温水漂洗，除掉表面污渍。

②拌料：先在容器内加入少量温水，放入食盐、白糖、酱油、姜汁、胡椒粉、味精、亚硝酸钠，拌和溶解后加入瘦肉和肥丁，搅拌均匀，最后加入白酒，制成肉馅。拌馅时，要严格掌握用水量，一般为 4～5kg。

③灌肠：先用温水将肠衣泡软，洗干净。用灌肠机或手工将肉馅灌入肠衣内。灌装时，要求均匀、结实，发现气泡用针刺排气。每隔 12cm 为 1 节，结扎。然后用温水将灌好的香肠漂洗一遍，串挂在晾晒或烘烤架上。

④晾晒或烘烤：串挂好的香肠，放在阳光下晾晒（如遇天阴、云雾很大或雨天，直接送入烘房内烘烤），阳光强烈时 3h 左右翻转一次，阳光不强时 4～5h 翻转一次。晾晒 0.5～1d 后，转入烘房烘烤。温度控制在 50～52℃，烘烤 24h 左右即为成品。出品率一般在 62%左右。若直接送入烘烤房烘烤，开始时温度可控制在 42～49℃，经一天左右再将温度逐渐提高。

⑤保藏：贮存方式以悬挂式最好，在 10℃以下可保存 3 个月以上。食用前进行煮制，放在沸水锅中煮制 15min 左右。

（3）产品特点　外观小巧玲珑，色泽红白相间，鲜明光亮。食之口感爽滑，香甜可口，余味绵绵。

2. 香肚

（1）配料　猪肉 100kg，肥瘦比控制在（3∶7）～（4∶6），食盐 5kg，一级白砂糖 5kg，调味料（八角∶花椒∶桂皮=4∶2∶1）92g，硝酸钠 30g。

（2）加工过程

①制馅：将瘦肉切成细的长条，肥肉切成肉丁，然后将调味料混入搅拌均匀，放置 30min 左右即可灌装。

②灌装与扎口：根据肚的大小，将一定量肉馅装入其中，一般控制每个香肚 250g 左右，装好后进行扎口。不论是干膀胱还是盐渍膀胱，使用前均需浸/清洗，挤/沥干水分备用。

③晾晒：扎口的肚于通风处晾晒，冬季晾晒 3d 左右，1～2 月晾晒 2d 左右。晾晒的主要作用在于蒸发水分，使香肚外表干燥。晾晒后失重 15%左右。

④成熟：晾晒后的香肚，放在通风的库房内晾挂成熟，该过程约需 40d。

⑤叠缸贮藏：晾挂成熟后的产品除去表面霉菌，每 4 只扣在一起，分层摆放在缸中。传统工艺过程还在叠缸时每 100 只香肚浇麻油 1kg，使每只香肚表面都涂满麻油，这样既可以防霉还可以防止变味。香肚叠缸过程中可随时取用，保藏时间可达半年以上。

⑥煮制：香肚食用前要进行煮制。先将肚皮表面用水洗净，于冷水锅中加热至沸，然后于85～90℃保温 1h，煮熟的香肚冷却后即可切片食用。

（3）产品特点　香肚小巧玲珑，外衣虽薄，但弹力很强，不易破裂，内部肉质新鲜而不易霉变，便于保藏，存放过程不易变味。其口味酥嫩，香气独特，是别具风味的传统食品。

二、西式香肠加工

（一）熏煮香肠

熏煮香肠进入我国之初，主要以本国侨民为消费对象，根据其风味和质量要求，主要有俄式、德式、英美式三种类别。目前我国生产的熏煮香肠是根据我国的资源情况和各地风味特点，在原有西式风味的基础上，通过配料和制作工艺的改进，实现了产品的“中味西做”，使产品的风味和品质具有了中国地方特色。该类产品营养丰富，风味各具特色，安全卫生，适合于规模化、工厂化大批量生产，保藏、携带、食用方便，是我国肉制品加工行业产量最多的产品之一。

1. 工艺流程

熏煮香肠品种很多，特点各不相同，生产过程也不完全一样。其一般生产工艺如下：

原料整理→腌制→绞肉、斩拌→充填→烘烤→蒸煮→烟熏→包装

（1）原料整理　所用原料可以是新鲜肉、冷却肉或冻肉，原料肉均需通过兽医检验合格，无变质现象。原料的整理操作包括解冻、劈半、剔骨、分割等过程。为了提高腌制的均匀性和可控性，原料整理过程中应将肥、瘦肉分开，瘦肉中所带肥膘不超过5%，肥肉中所带瘦肉不超过3%，瘦肉切成2cm厚的薄片，肥肉切丁，分别放置。

（2）腌制　瘦肉腌制时将混合盐（主要成分为食盐、复合磷酸盐、硝酸盐、抗坏血酸等）与整理好的瘦肉均匀混合在一起，于2～4℃腌制1～3d。肥肉只加入3%～4%的食盐腌制，于2～4℃腌制2～3d。

斩拌传输

（3）绞肉、斩拌　该工艺步骤的目的是使肉的组织结构达到某种程度的破坏，同时肌球蛋白在一定的盐含量情况下溶出，与脂肪乳化，形成均一的香肠制品质构。虽然绞肉和斩拌都可以达到破碎肌肉组织结构的目的，但产生的结果有所区别。绞肉过程产生较大的摩擦力和挤压力，易造成肌细胞的破坏，影响产品的黏弹性；斩拌可产生较好的乳化效果，有利于产品质构的改善，提高黏弹性。

斩拌有真空斩拌和常压斩拌两种方式。真空斩拌可避免大量空气混入肉糜，对于减少微生物污染、防止脂肪氧化、稳定肉色、保证产品风味具有积极意义。另外，真空斩拌还有利于盐溶性蛋白的溶出和均相乳化凝胶体的形成。

为了提高乳化效果，有些生产线使用乳化机。该设备结合了绞肉机和斩拌机的原理，由旋转的刀片和孔板组成。使用乳化机的优点是处理原料速度加快，可以使蛋白质和脂肪充分结合，易于达到肉料均一的质构。

斩拌时加料顺序会影响产品质量。生产混合肉肠时，牛肉的结缔组织较多，应先放入斩拌机斩拌，之后再加入猪肉、脂肪及其他辅料。斩拌初期加入一部分冰水（约总水量的1/2），剩余冰水稍后加入以控制升温。斩拌时的肉料温度对产品质量具有很大影响，应控制在10℃以下，斩拌时间一般为4～8min。

（4）充填　若不利用真空斩拌机，充填前还需要进行真空搅拌，以脱除斩拌过程中混入肉糜中的气体。充填时要求松紧适度、均匀，充填后及时打卡或结扎。

隧道式烘烤

（5）烘烤　烘烤的效果及烘烤时间与肠衣的性质、状态，周围介质温度与湿度，空气与烟的混合物成分、浓度以及在产品表面分布的均匀性有关。烘烤可使肠衣和贴近肠衣的馅层具有较高的机械强度，不易破损，同时使产品色泽均匀，表面呈现褐红色。采用塑料肠衣生产时一般不进行烘烤，而直接进行蒸煮。

（6）蒸煮　蒸煮可使蛋白质变性凝固，能够破坏酶的活力、杀死微生物、促进风味形成。根据产品的类型和保藏要求，可进行高温蒸煮（高温杀菌）和低温蒸煮（巴氏杀菌）。高温蒸煮的产品（如高温火腿肠）可以常温下销售，而法兰克福香肠、哈尔滨大众红肠等低温蒸煮的产品则需要在冷藏条件下销售。高温蒸煮的产品其受热强度应使制品中的微生物全被杀死，产品达到商业无菌要求。低温蒸煮的产品其肠中心温度应达到68～70℃以上，这样的加热强度只能破坏酶和微生物的营养体，而不能破坏芽孢菌。

（7）烟熏　烟熏可以除去产品中的部分水分，肠衣也随之变干，肠衣表面产生光泽并使肉馅呈红褐色，通过烟熏也使产品具有特殊的香熏气味，增加产品的防腐能力。多数产品生产时，将烘烤、蒸煮和烟熏于熏蒸炉内按次序进行。进行烟熏的产品需用天然肠衣、胶原肠衣或纤维素肠衣灌装。

低温蒸煮的香肠，为了延长其保质期，可在包装后进行二次杀菌。

（8）包装　产品经检验合格后，按要求进行包装。

2. 典型产品工艺和配方

（1）法兰克福香肠

①配料：

纯肉制品：牛肉修整肉 50kg，普通猪碎肉 33kg，冰屑 25 kg，盐 2.5 kg，玉米糖浆 1.6 kg，白胡椒 208g，肉豆蔻 52g，异抗坏血酸钠 44g，亚硝酸钠 13g。

加奶粉制品：普通猪碎肉 50kg，猪碎肉（80%瘦肉）15 kg，瘦牛肉 7kg，冰屑 20kg，脱脂奶粉 2kg，盐 2kg，胡椒 90g，甜辣椒 90g，辣椒素 45g，肉豆蔻 45g，异抗坏血酸钠 38g，亚硝酸钠 11g。

②加工过程：充分冷却的原料肉（0～2℃）通过 3mm 孔板绞碎，加入斩拌机中斩拌，首先用低速斩拌，至肉有黏着性时，加入总量 2/3 的冰屑和辅料，快速斩拌至肉馅温度为 4～6℃，再加入剩余的冰屑快速斩拌至肉馅终温低于 12℃，充入肠衣（20～22mm 羊肠衣），打结后于 45℃、相对湿度 95%条件下烘烤 10～15min，或 55℃、相对湿度 30%条件下烘烤 5～10min，或 58℃、相对湿度 30%条件下熏制 10min，或 68℃、相对湿度 40%条件下熏制 10min，或 78℃、相对湿度 100%条件下蒸煮至制品中心温度大于 67℃，即为成品。

（2）大众红肠

①配料：猪瘦肉 40kg，肥膘肉 10kg，淀粉 3.5kg，食盐 1.75～2.0kg，水 12kg，胡椒粉 50g，味精 50g，硝酸盐 25g，大蒜粉 250g。

②加工过程：原料清洗后剔除筋络，将肥肉和瘦肉分开，切成 100g 左右的肉块。瘦肉加入食盐和硝酸盐于 2～3℃腌制 2～3d，腌好的肉切面呈鲜红色；肥膘加入食盐腌制 3～5d，使脂肪坚硬，不绵软。肥膘切成 1cm 左右的方丁，瘦肉经绞肉机绞碎，然后进行拌馅。拌馅时先将瘦肉和 3.5kg 左右的水加入混料机，搅拌均匀后再加入调味料和 2.5kg 左右的水分搅拌均匀。淀粉用 6～6.5kg 的水调稀，均匀加入混料机中，最后放入肥肉丁搅拌均匀后充填入直径 3cm 的肠衣。结扎后，在肠上刺孔放气，然后烘烤 1h 左右，使肉馅初露红润色泽，肠衣表面干爽。蒸煮锅水温达 95℃以上时将半成品放入锅中，保持水温不低于 85℃，煮 25min 左右，用手捏肠体挺硬，弹力足，即可出锅，于 35～40℃熏制 12h 左右出炉。冷却后经检验、包装即为成品。

大众红肠属俄式灌肠。其表皮呈枣红色，形状半弯，有皱纹，无裂痕，肠体干燥，肠馅紧密，肉丁分布均匀，略有蒜味，水分较少，易于保藏。

（二）熏煮火腿

熏煮火腿（smoked and cooked ham）是熟肉制品中火腿类的主要产品，是西式肉制品中主要的制品之一。由于选料精良，加工工艺科学合理，采用低温巴氏杀菌，故可以保持原料肉的鲜香味，产品组织细嫩，色泽均匀鲜艳，口感良好。我国自 20 世纪 80 年代中期引进国外先进设备及加工技术生产以来，深受消费者的欢迎，生产量逐年提高。其生产工艺如下：

原料肉的选择及修整→盐水配制及注射→滚揉→充填→蒸煮与冷却

（1）原料肉的选择及修整　用于生产火腿的原料肉原则上仅选猪的臀腿肉和背腰肉，猪的前腿部位肉品质稍差。若选用热鲜肉作为原料，需将热鲜肉充分冷却，中心温度降至 0～4℃。如选用冷冻肉，宜在 0～4℃冷库内进行解冻。

选好的原料肉经修整，去除皮、骨、结缔组织膜、脂肪和筋腱，按肌纤维方向将原料肉切成不小于 300g 的大块。修整时应注意，尽可能少地破坏肌肉的纤维组织，刀痕不能划得太大、太深，并尽量保持肌肉的自然生长块型。

PSE 肉保水性差，加工过程中的水分流失大，不能作为火腿的原料，DFD 肉虽然保水性好，但 pH 高，微生物稳定性差，且有异味，也不能作为火腿的原料。

（2）盐水配制及注射　注射腌制所用的盐水，主要成分包括食盐、亚硝酸钠、糖、磷酸盐、抗坏血酸钠及防腐剂、调味料等。按照配方要求将上述添加剂用0～4℃的软化水充分溶解并过滤，配制成注射盐水。

利用盐水注射机将上述盐水均匀地注射到经修整的肌肉组织中。所需的盐水量采取一次或两次注射，以多大的压力、多快的速度和怎样的顺序进行注射，取决于使用的盐水注射机的类型。盐水注射的关键是要确保按照配方要求，将所有的添加剂均匀准确地注射到肌肉中。

（3）滚揉　将经过盐水注射的肌肉放置在一个旋转的鼓状容器中，或者是放置在带有垂直搅拌桨的容器内进行处理的过程，称为滚揉或按摩。滚揉是火腿加工中的一个非常重要的操作单元。

最早将滚揉用于肉食品加工的是美国人 Russell Maas。几十年来，几乎所有种类的肉均有被滚揉和按摩处理的研究报告问世。

（4）充填　滚揉以后的肉料，通过真空火腿压模机将肉料压入模具中成型。一般充填压模成型要抽真空，其目的在于避免肉料内有气泡，以免造成蒸煮时损失或产品切片时出现气孔现象。火腿压模成型，包括人造肠衣成型和塑料膜压膜成型两类。人造肠衣成型是将肉料用充填机灌入人造肠衣内，用手工或机器封口，再经熟制成型。塑料膜压模成型是将肉料充入塑料膜内再装入模具，压上盖，蒸煮成型，冷却后脱膜，再包装而成。

充填火腿的模具种类繁多，形状各异。模子上盖设有弹簧，产品蒸煮膨胀时可受到一定的压力，这样可保持火腿表面平正光滑，减少切片时的损失。

（5）蒸煮与冷却　火腿的加热方式一般有水煮和蒸汽加热两种。金属模具火腿多用水煮办法加热，充入肠衣内的火腿多在全自动烟熏室内完成熟制。为了保持火腿的颜色、风味、组织形态和切片性能，火腿的熟制和热杀菌过程，一般采用低温巴氏杀菌法，即火腿中心温度达到68～72℃即可。若肉的卫生品质偏低，温度可稍高，以不超过80℃为宜。

蒸煮后的火腿应立即进行冷却，采用水浴蒸煮法加热的产品，是将蒸煮篮重新吊起放置于冷却槽中用流动水冷却，冷却到中心温度40℃以下。用全自动烟熏室进行煮制的产品，可用喷淋冷却水冷却，水温要求10～12℃，冷却至产品中心温度27℃左右，送入0～7℃冷却间内冷却到产品中心温度至1～7℃，再脱模进行包装即为成品。

（三）发酵香肠

发酵香肠生产过程中的产酸量和产酸率在细菌学和加工工艺上具有决定性的作用。原辅料是影响产酸量和产酸率的第一要素，涉及原料肉的质量、盐的含量、糖类的含量、硝酸盐的含量、初始pH、发酵剂的活性等。

发酵过程中的发酵剂是在水相中起作用，原料肉中的水分含量越高，发酵速度就越快。过多的脂肪会使原料的水分含量降低，影响发酵过程。盐可以加快脱水并有利于风味产生，一般2%左右的食盐可以产生理想的效果，超过3%时会影响到菌种活力，延长发酵时间。辅料中的葡萄糖和蔗糖，作为菌种生长代谢的营养物，经过发酵过程产生乳酸，其用量一般为0.5%～2.0%。所需的产品终pH越低，所需的糖越多。生产中为了使初始pH快速降低，从而达到抑制杂菌生长的目的，有时会用到酸味剂。发酵香肠中常用的酸味剂有葡萄糖酸-δ-内酯和微胶囊化的乳酸，它们与鲜肉混合，在发酵初始阶段可使pH快速下降。

1. 工艺流程　发酵香肠的加工方法随原料肉的形态、发酵方法和条件、发酵剂的活力及辅料的不同而异，但其基本过程相似，一般的加工过程如下：

原料肉预处理→绞肉→配料→腌制→充填→发酵→干燥→烟熏→包装

（1）原料肉预处理　原料肉须经过修整，去掉筋腱。各种肉均可用作发酵香肠，常用猪肉、牛肉和羊肉。若使用猪肉，其pH应在5.6～5.8，这将有利于发酵进行，并保证在发酵过程中有适宜的 pH 降低速率。使用 PSE 肉生产发酵香肠，其用量应少于 20%。根据经验，老龄动物的肉较适合加工干发酵香肠。发酵香肠肉糜中的瘦肉含量为 50%～70%，产品干燥后，脂肪的含量有时会达到 50%。发酵香肠具有较长的保质期，要求使用不饱和脂肪酸含量低、熔点高的脂肪，色白而结实的猪背脂是生产发酵香肠的优良原料。

（2）绞肉　绞肉前原料肉的温度一般控制在 0～4℃，脂肪的温度控制在－8℃。可以单独使用绞肉机绞肉，也可经过粗绞之后再用斩拌机细斩。肉糜粒度的大小取决于产品的类型，一般肉馅中脂肪粒度控制在 2mm 左右。

（3）配料　将各种物料按比例混入肉糜中。可以在斩拌过程中将物料混入，先将精肉斩拌至合适粒度，然后再加入脂肪斩拌至合适粒度，最后将其余辅料包括食盐、腌制剂、发酵剂等加入，混合均匀。若没用斩拌机，则需要在混料机中配料，为了防止混料搅拌过程中混入大量空气，最好使用真空搅拌机。生产中采用的发酵剂多为冻干菌，使用时通常将发酵剂放在室温下复活 18～24h，接种量一般为 10^6～10^7 cfu/g。有些工厂采用引子发酵法（back-slopping），即用上一个生产批次发酵好的肉糜作发酵剂（俗称“引子”），加入下一个批次的肉糜中。但不管采用什么方法，发酵剂的活性、纯度及与其他物料混合的均匀性十分重要。尤其在使用引子发酵法时，随着生产批次的增加，发酵剂的活力和纯度会下降，从而影响到产品的质量。

（4）腌制　传统生产过程是将肉馅放在 4～10℃的条件下腌制 2～3d。腌制过程中食盐、糖等辅料逐渐渗入肉中，同时在亚硝酸盐的作用下形成稳定的腌制肉色。现代生产工艺过程一般没有独立的腌制工艺，而是直接填充后进入发酵室发酵。在相对较长时间的发酵过程中产生腌制作用。

（5）充填　将斩拌混合均匀的肉糜灌入肠衣。灌制时要求充填均匀，肠坯松紧适度。灌制过程肉糜的温度控制在 4℃以下。利用真空灌肠机可避免气体混入肉糜中，有利于延长产品的保质期，保持质构均匀性及降低破肠率。

生产发酵香肠的肠衣可以为天然肠衣，也可以用人造肠衣。所选用的肠衣需要有较好的透水、透气性。

（6）发酵　充填好的半成品进入发酵室发酵，也可以直接进入烟熏室，在烟熏室中完成发酵和烟熏过程。

发酵过程可以采用自然发酵或接种发酵。自然发酵法发酵时间较长，一般需 1 周以上，发酵时每一批次肉糜中天然菌种存在差异，不能有效控制鲜肉中的微生物种属。如果初始菌属中的乳酸菌含量较少，肉糜的 pH 下降很慢，给腐败菌和致病菌的生长创造机会，从而会影响产品的正常生产、产品的安全性和产品品质的均一性。自然发酵时许多天然存在于肉糜中的乳酸菌属异型发酵菌，它们在产生乳酸的同时还会产生醋酸、乙醇等成分，从而影响产品的风味和质构。

工业化生产过程一般采用接种恒温发酵。对于干发酵香肠，控制温度为 21～24℃，相对湿度为 75%～90%，发酵 1～3d。对于半干发酵香肠，发酵温度控制在 30～37℃，相对湿度控制在 75%～90%，发酵 8～20h。发酵过程中，及时降低肉糜的 pH 十分重要。鲜肉的 pH 一般为 5.6～5.8，发酵香肠的终 pH 一般为 4.8～5.2。发酵初始阶段若不能及时降低 pH，易导致腐败菌的生长繁殖。温度对产酸速度有重要影响，一般认为温度每升高 5℃，乳酸生成速率将提高 1 倍。但提高发酵温度也会带来致病菌特别是金黄色葡萄球菌生长的风险。为了使发酵初期 pH 快速降低，需要提高发酵剂菌种活力或提高接种量，也可以使用葡萄糖酸-δ-内酯及其他酸味剂协助产酸从而降低 pH。

（7）干燥与烟熏　干燥的程度影响产品的物理化学性质、食用品质和保质期。干燥过程会发生许多生化变化，使产品成熟，最主要的生化变化是形成风味物质。对于干发酵香肠，发酵结束后要进入干燥室进一步脱水。干燥室的温度一般控制在 7～13℃，相对湿度控制在 70%～72%，干燥时间依据产品的形状、大小而定，干发酵香肠的成熟时间一般为 10d 到 3 个月。

干发酵香肠不需要蒸煮，大部分产品也不需要烟熏，因干发酵香肠的水分活度和 pH 较低，贮运和销售过程不需冷藏。对于半干发酵香肠，发酵工艺结束后通常需要蒸煮，使产品中心温度至少达到 68℃，然后进行适度的干燥，半干发酵香肠一般需要烟熏。因半干发酵香肠具有较高的水分活度，需冷藏以防止微生物繁殖。

(8) 包装　为了便于运输和贮藏，保持产品的颜色和避免脂肪氧化，成熟之后的香肠通常需要进行包装。目前，真空包装是最常用的包装方式。

2. 典型产品工艺和配方

(1) 图林根肠

①配方举例：修整猪肉（75%瘦肉）55kg，牛肉 45kg，食盐 2.5kg，葡萄糖 1kg，磨碎的黑胡椒 250g，发酵剂培养物 125g，芥末籽 125g，芫荽 63g，亚硝酸钠 16g。

②加工过程：检验合格的原料肉，清洗后通过孔板 6.4mm 绞肉机绞碎。在搅拌机内将配料搅拌均匀，再用 3.2mm 孔板绞细。将肉馅充填入肠衣。用热水淋浴香肠表面 0.5～2.0min，洗去表面黏附肉粒。室温下吊挂 2h，然后移入烟熏室内，于 43℃熏制 12h，再于 49℃熏制 4h。将香肠置于室温下晾挂 2h。最终产品的盐含量为 3%，pH 为 4.8～5.0。

(2) 黎巴嫩大香肠

①配方举例：母牛肉 100kg，食盐 0.5kg，糖 1kg，芥末 500g，白胡椒 125g，姜 63g，肉豆蔻种衣 63g，亚硝酸钠 16g，硝酸钠 172g。

②加工过程：原料肉混入 2%的食盐，在 1～4℃下自然发酵 4～10d，如添加发酵剂，可大大缩短发酵时间。当 pH 达到 5 或以下时，可确定为发酵过程完成。将牛肉通过 1.3cm 孔板绞碎后，在配料机内与剩余的盐、糖、香辛料、硝酸盐和亚硝酸盐等辅料混合均匀，再使肉馅通过 3mm 孔板绞制，然后充填入纤维素肠衣中。充填后将半成品结扎并用网套支撑，产品移入烟熏室内冷熏 4～7d。一般夏季熏制 4d，秋后和冬季熏制 7d。

黎巴嫩大香肠传统上是在没有制冷条件下生产的，尽管其水分含量在 55%～58%，但最终产品非常稳定。成品的盐含量一般为 4.5%～5.0%，pH 为 4.7～5.0。

(3) 硬色拉米肠

①配方举例：牛颈肉 50kg，猪颊肉（去除腺体）50kg，普通猪碎肉 25kg，盐 3.8kg，糖 1.25kg，白胡椒 235g，硝酸钠 156g，蒜粉 20g。

②加工过程：牛肉通过 3mm 孔板绞碎，猪肉通过 6mm 孔板绞碎，所有配料在配料机中搅拌 5min 左右，至肥瘦肉均匀分散。肉馅放入 20～25cm 深的容器中，于 4～7℃放置 2～4d，充填入纤维素肠衣中，于 4℃、相对湿度为 60%的条件下，吊挂 9～11d。生产过程中如果使用发酵剂，发酵和干燥吊挂时间都可以酌情减少。

如果产品在干燥间发霉，需要对相对湿度做调整，长霉的产品应当用浸油的抹布擦掉霉斑。干燥间需要定期彻底清洁。使用天然动物肠衣时，香肠通常放在网套中进行前期干燥。经过初步干燥后，肠衣抗拉强度增大、韧性增强，可以自然吊挂完成剩余干燥过程，而不用网袋。

(4) 热那亚干肠

①配方举例：猪肩部修整肉 40kg，普通猪碎肉 30kg，食盐 3.5kg，糖 2kg，布尔戈尼葡萄酒 500g，碎白胡椒 187g，整粒白胡椒 62g，亚硝酸钠 31g，大蒜粉 16g。

②加工过程：将瘦肉通过 3.2mm 孔板绞碎，肥肉通过 6.4mm 孔板绞碎，然后在搅拌机中与其他辅料混合均匀，将肉馅放入 20～25cm 深的容器中于 4～5℃放置 2～4d，如用发酵剂，放置时间可缩短到几小时。将肉馅充填入纤维肠衣中或合适尺寸的胶原肠衣中，于 21℃、60%的相对湿度条件下放置 2～4d，至香肠变硬和表面变成粉红色。然后将半成品移入 12℃、相对湿度为 60%的干燥室内干燥 90d，理想的干燥程度是使半成品在干燥室内失水 24%。

优质干香肠应有好的颜色，没有酵母或酸败气味，肠中心和边缘水分分布均匀，表面皱褶小。

第六节 熏烧烤制品

熏烧烤肉制品（smoked and roasted products）是指经腌制或熟制后的肉，以熏烟、高温气体或固体、明火等为介质热加工制成的一类熟肉制品。包括熏烤类和烧烤类产品。熏烧烤制品的特点是色泽诱人、香味浓郁、咸味适中、皮脆肉嫩，是深受欢迎的特色肉制品。熏烤类是产品熟制后经烟熏工艺加工而成的肉制品，如熏鸡、熏口条、培根。烧烤类是指原料预处理后，经高温气体或固体、明火等煨烤而成的肉制品，如烤鸭、烤乳猪、烤鸡等。

一、叉烧肉加工

叉烧肉是南方风味的肉制品，起源于广东，一般称为广东叉烧肉。产品呈深红略带黑色，块形整齐，软硬适中，香甜可口，多食不腻。

（一）工艺流程

选料及整理→配料→腌制→烤制→包装

（二）工艺要点

1. 选料及整理 叉烧肉一般选用猪腿部肉或肋部肉。猪腿去皮、拆骨、去脂肪后，用M形刀法将肉切成宽3cm、厚1.5cm、长35～40cm的长条，用温水清洗，沥干备用。

2. 配料 猪肉100kg，精盐2kg，酱油5kg，白糖6.5kg，五香粉250g，桂皮粉500g，砂仁粉200g，绍兴酒2 kg，姜1 kg，饴糖或液体葡萄糖5kg，硝酸钠50g。

3. 腌制 除了糖和绍兴酒外，将其他的调味料加入拌料容器中搅拌均匀，然后把肉坯倒入容器中拌匀。之后，每隔2 h搅拌一次，使肉条充分吸收配料。低温腌制6h后，再加入绍兴酒，充分搅拌，均匀混合后，将肉条穿在铁排环上，每排穿10条左右，适度晾干。

4. 烤制 先将烤炉烧热，把穿好的肉条排环挂入炉内进行烤制。烤制时炉温保持在270℃左右，烘烤15min后，打开炉盖，转动排环，调换肉面方向，继续烤制30min。之后的前15min炉温保持在270℃左右，后15min的炉温在220℃左右。

烘烤完毕，从炉中取出肉条，稍冷后，在饴糖或麦芽糖溶液内浸没片刻，取出再放进炉内烤制约3min即为成品。

二、北京烤鸭加工

北京烤鸭历史悠久，在国内外久负盛名，是我国著名的特产。北京城最早的烤鸭店创立于明代永乐年间，叫“便宜坊烤鸭店”，距今已有600多年的历史，而“全聚德”始建于清代同治年间，全聚德目前在国外开有多家分店，已成为世界品牌。在传统制作的基础上，现已开发出烤鸭软罐头等产品，北京烤鸭生产已经步入一个新的发展时期。

（一）工艺流程

选料→宰杀造型→冲洗烫皮→浇挂糖色→灌汤打色→挂炉烤制→包装

（二）工艺要点

1. 选料 北京烤鸭要求是经过填肥的北京鸭，饲养期在55～65日龄，活重以2.5kg以上为佳。

2. 宰杀造型 填鸭经过宰杀、放血、褪毛后，先剥离颈部食道周围的结缔组织，打开气门，向鸭体皮下脂肪与结缔组织之间充气，使鸭体保持膨大壮实的外形。然后从腋下开膛，取出全部内脏，用8～10cm长的秫秸（去穗高粱秆）由切口塞入膛内充实体腔，使鸭体造型美观。

3. 冲洗烫皮 通过腋下切口用清水（水温4～8℃）反复冲洗胸腹腔，直到洗净为止。用钩钩住鸭胸部上端4～5cm外的颈椎骨（右侧下钩，左侧穿出），提起鸭坯用100℃的沸水淋烫表皮，使表皮的蛋白质凝固，减少烤制时脂肪的流出，并达到烤制后表皮酥脆的目的。淋烫时，第一勺水要先烫刀口处，使鸭皮紧缩，防止跑气，然后再烫其他部位。一般情况下，3～4勺沸水即能把鸭坯烫好。

4. 浇挂糖色 浇挂糖色的目的是改善烤制后鸭体表面的色泽，同时增加表皮的酥脆性和适口性。浇挂糖色的方法与烫皮相似，先淋两肩，后淋两侧。一般只需3勺糖水即可淋遍鸭体。糖色的配制用一份麦芽糖和六份水，在锅内熬成棕红色即可。

5. 灌汤打色 鸭坯经过上色后，先挂在阴凉通风处进行表面干燥，然后向体腔灌入100℃汤水70～100mL，在鸭坯进炉烤制时能激烈汽化，通过外烤内蒸，使产品具有外脆内嫩的特色。为了弥补挂糖色时的不均匀，鸭坯灌汤后，要淋2～3勺糖水，称为打色。

6. 挂炉烤制 鸭坯进炉后，先挂在炉膛前梁上，使鸭体右侧刀口向火，让炉温首先进入体腔，促进体腔内的汤水汽化，使鸭肉快熟。等右侧鸭坯烤至橘黄色时，再使左侧向火，烤至与右侧同色为止。然后旋转鸭体，烘烤胸部、下肢等部位。反复烘烤，直到鸭体全身呈枣红色并熟透为止。

整个烘烤的时间一般为30～40min，体型大的需40～50min，炉内温度掌握在230～250℃。炉温过高、时间过长会造成表皮焦煳，皮下脂肪大量流失，皮下形成空洞，失去烤鸭的特色。时间过短、炉温过低会造成鸭皮收缩，胸部下陷，鸭肉不熟等缺陷，影响烤鸭的食用价值和外观品质。

烤鸭皮质松脆，肉嫩鲜酥，体表焦黄，香气四溢，肥而不腻，是传统肉制品中的精品。

三、培根加工

培根卷加工

“培根”（bacon），其原意是烟熏肋条肉（即方肉）或烟熏咸背脊肉。其风味除带有适口的咸味之外，还具有浓郁的烟熏香味。培根外皮油润呈金黄色，皮质坚硬，瘦肉呈深棕色，切开后肉色鲜艳。

培根有大培根（也称丹麦式培根）、排培根和奶培根三种，制作工艺相近。

（一）工艺流程

选料→预整形→腌制→浸泡→清洗→剔骨、修刮、再整形→烟熏→包装

（二）操作要点

1. 选料 选择经兽医部门检验合格的中等肥度猪，经屠宰后吊挂预冷。大培根坯料取自整片带皮猪胴体（白条肉）的中段，即前端从第三肋骨处斩断，后端从腰荐椎之间斩断，再割除奶脯。排培根和奶培根各有带皮和去皮两种。前端从白条肉第五根肋骨处斩断，后端从最后两节荐椎处斩断，去掉奶脯，再沿距背脊13～14cm处分斩为两部分，上为排培根、下为奶培根之坯料。大培根最厚处以3.5～4.0cm为宜，排培根最厚处以2.5～3.0cm为宜，奶培根最厚处约2.5cm。

2. 预整形 修整坯料，使四边基本成直线，整齐划一，并修去腰肌和横膈膜。

3. 腌制 腌制室温度保持在0～4℃。

（1）干腌 将食盐（加1% $NaNO_3$）撒在肉坯表面，用手揉搓，使其均匀。大培根肉坯用盐约200g，排培根和奶培根约100g，然后堆叠，腌制20～24h。

（2）湿腌 用16～17波美度（其中每100kg腌制液中含$NaNO_3$ 70g）食盐液浸泡干腌后的肉坯，盐液用量约为肉重量的1/3。湿腌时间与肉块厚薄和温度有关，一般为两周左右。在湿腌期需翻缸3～4次。其目的是改变肉块受压部位，并松动肉组织，以加快硝酸钠的渗透和发色，使咸度均匀。

4. 浸泡、清洗 将腌制好的肉坯用25℃左右清水浸泡30～60min，目的是使肉坯温度升高，表面油污溶解，便于清洗和修刮；避免熏干后表面产生"盐花"，提高产品的美观性；使肉质软化便于剔骨和整形。

5. 剔骨、修刮、再整形 培根的剔骨要求很高，只允许用刀尖划破骨表的骨膜，然后用手将骨轻轻扳出。刀尖不得刺破肌肉，否则生水侵入而不耐保藏。修刮是刮尽残毛和皮上的油腻。因腌制、堆压使肉坯形状改变，故要再次整形，使肉的四边成直线。至此，便可穿绳、吊挂、沥水，6～8h后即可进行烟熏。

6. 烟熏 用硬质木先预热烟熏室。待室内平均温度升至所需烟熏温度后，加入木屑，挂进肉坯。烟熏室温度一般保持在60～70℃，烟熏时间约8h。烟熏结束后自然冷却即为成品。出品率约83%。

如果贮存，宜用白蜡纸或薄尼龙袋包装。若不包装，吊挂或平摊，一般可保存1～2个月，夏天一周。

培根是西式早餐的重要食品。一般切片蒸食或烤熟食用。培根切片拖上蛋浆后油炸，即谓"培根蛋"，清香爽口，食之留芳。

第七节 干制品

干肉制品（dried meat product）是肉经过预加工后再脱水干制而成的一类熟肉制品，产品多呈片状、条状、粒状、团粒状、絮状。干肉制品的种类很多，根据产品的形态，主要包括肉干（dried meat dice）、肉松（dried meat floss）和肉脯（dried meat slice）三大类；根据产品的干燥程度，可分为干制品和半干制品，半干制品的水分含量一般在15%～50%，水分活度（A_W）为0.60～0.90，干制品的水分含量通常在15%以下。大多数干肉制品属半干制品。干制是一种古老的肉类保藏方法，传统的干肉制品营养丰富，风味浓郁，色泽美观，是深受大众喜爱的休闲方便食品，而现代干肉制品的加工，主要目的不再是为了保藏，而是满足消费者多样化的喜好。

干肉制品因其水分含量低，所以与同等重量的鲜肉相比具有更高的营养价值。新鲜牛肉与脱水牛肉的成分比较见表1-7-6。

表1-7-6 新鲜牛肉与脱水牛肉的成分（%）

牛肩部肉成分	新鲜牛肉	脱水牛肉
蛋白质	20	55
脂肪	10	30
碳水化合物	1	1
水分	68	10
灰分	1	4

最新肉松、肉干和肉脯国家标准分别见 GB/T 23968—2009、GB/T 23969—2009、GB/T 31406—2015。

一、肉干加工

肉干是以精选瘦肉为原料，经预煮、复煮、干制等工艺加工而成的干肉制品。肉干可以按原料、风味、形状、产地等进行分类。按原料分有牛肉干、猪肉干、兔肉干、鱼肉干等；按风味分有五香、咖喱、麻辣、孜然等；按形状分有片、条、丁状等。

（一）传统肉干加工

1. 工艺流程

原料选择→预处理→预煮与成型→复煮→烘烤→冷却与包装

2. 工艺要点

（1）原料选择　肉干多选用健康、育肥的牛肉为原料，以新鲜的后腿及前腿瘦肉最佳，因为腿部肉蛋白质含量高、脂肪含量少、肉质好。

（2）预处理　将选好的原料肉剔骨、去脂肪、筋腱、淋巴、血管等不宜加工的部分，然后切成 500g 左右大小的肉块，并用清水漂洗后沥干备用。

（3）预煮与成型　将切好的肉块投入沸水中预煮 60min，同时不断去除液面的浮沫，待肉块切开呈粉红色后即可捞出冷凉，然后按产品的规格要求切成一定的形状。

（4）复煮　取一部分预煮汤汁（约为半成品的 1/2），加入配料，熬煮，将半成品倒入锅内，用小火煮制，并不时轻轻翻动，待汤汁快收干时，把肉片（条、丁）取出沥干。配料因风味的不同而异，见表 1-7-7。

表 1-7-7　肉干加工配方（kg）

配料	五香风味	麻辣风味
瘦肉	100	100
酱油	6	14
黄酒	1	0.5
香葱	0.25	0.2
食盐	2	1.2
白糖	8	0.4
生姜	0.25	0.2
味精	0.2	0.1
甘草粉	0.25	0.36
辣椒粉	—	0.4
花椒粉	—	0.2

（5）烘烤　将沥干后的肉片或肉丁平铺在不锈钢网盘上，放入烘房或烘箱，温度控制在 50～60℃，烘烤 4～8h 即可。为了均匀干燥，防止烤焦，在烘烤过程中，应及时进行翻动。一般情况下，牛肉干的成品率约为 50%，猪肉干的成品率约为 45%。

(6) 冷却与包装　肉干烘好后，应冷却至室温进行包装，未经冷却直接进行包装，不利保藏。产品先进行单体包装（糖果式包装），再进行大包装是发展趋势，有些产品直接进行大包装。

（二）新型肉干加工

1. 工艺流程

原料选择、修整→腌制（或不腌制）→煮制→切丁→复煮→烘烤→包装

2. 新配方　猪肉 100kg，食盐 3kg，白糖 4kg，葡萄糖 4kg，味精 0.3kg，白酒 3kg，麦芽糊精 3kg，红曲红色素 0.015kg，磷酸盐 0.25kg，亚硝酸钠 0.01kg，大茴香 0.3kg，胡椒 0.15kg，辣椒 1kg，花椒 0.4kg，姜粉 0.2kg，肉桂 0.15kg，猪肉香精 2kg，食用丙二醇 3kg，冰水适量。

3. 工艺要点

(1) 原料选择、修整　挑选猪的前、后腿肉，剔除碎骨、软骨、肥膘、淤血等，清洗干净。将猪肉切块，块重 300～500 g。

(2) 腌制　在切好的猪肉块中加入食盐、磷酸盐、亚硝酸钠和冰水拌和均匀，一起置于低温下（0～4℃）腌制 24 h。

(3) 煮制、切丁　煮制中心温度至 60～65℃后冷却，并切成 $1cm^3$ 左右的肉丁。

(4) 复煮　将切好的肉丁放入老汤，加盐、糖、麦芽糊精、色素进行翻动煮制，待卤汁至一半时加入香辛料、白酒，控制煮制温度 85～90℃，最后加味精等，搅拌均匀，至汤汁被肉块吸收完全为止，在 1.5～2h。

(5) 烘烤　将煮制好的肉丁出锅，均匀摊筛，置于烘房烘烤（70℃，3～4h），其间翻动几次，使烘烤均匀；摊晾回潮 24 h，使肉丁里的水分向外渗透；再继续烘烤（100℃、2～3h），烤到产品内外干燥，水分含量小于 20% 即可。

(6) 包装　烤制好的肉干放置到常温，即可包装为成品。

由于工艺配方中添加了葡萄糖、麦芽糊精、磷酸盐、食用丙二醇等保水成分，使得新型肉干较传统肉干不仅质地较软，口感大大改善，而且出品率提高。

二、肉松加工

肉松是我国著名的特产。肉松可以按原料进行分类，有猪肉松、牛肉松、鸡肉松、鱼肉松等，也可以按形状分为绒状肉松和粉状（球状）肉松。猪肉松是大众最喜爱的一类产品，以太仓肉松和福建肉松最为著名，太仓肉松属于绒状肉松，福建肉松属于粉状肉松。

（一）太仓肉松工艺流程

原料选择→预处理→煮制→炒压或搓松→炒制→包装

（二）工艺要点

1. 原料选择　选用健康家畜的新鲜精瘦肉为原料。

2. 预处理　符合要求的原料肉，先剔除骨、皮、脂肪、筋腱、淋巴、血管等不宜加工的部分，然后顺着肌肉的纤维纹路方向切成 3cm 左右宽的肉条，清洗干净，沥水备用。

3. 煮制　向肉中加入与肉等量的水，煮沸，按配方加入香料，继续煮制，直到将肉煮烂，时间在 2～3h。在煮制的过程中，不断翻动并去除浮油。

煮制时的配料无固定标准，肉松加工配方见表 1-7-8。

表 1-7-8　肉松加工基本配方（kg）

名称	太仓肉松	福建肉松	江南肉松
瘦肉	100	100	100
白糖	3	8	3
食盐	2.5	3.1	2.2
酱油	10	8	11
调料酒	1.5	0.5	4
生姜	0.5	0.1	1
茴香	0.12	—	0.12
红糟	—	5	—
猪油	—	5	—

4. 炒压或搓松　炒压或搓松的主要目的是将肌纤维分散。炒压是一个手工操作过程，在煮制后边炒边用铲子压碎肉块；搓松（或叫擦松）是一个机械作用过程，比较容易控制，可以用搓松机来完成。

5. 炒制　炒制主要目的是炒干水分并炒出颜色和香气。炒制时，要注意控制水分蒸发程度，颜色由灰棕色转变为金黄色，成为具有特殊香味的肉松即止。

如果要加工福建肉松，则将上述肉松放入炒松机内，煮制翻炒，待 80％的绒状肉松成为酥脆的粉状时，过筛，除掉大颗粒，将筛出的粉状肉松坯置入锅内，倒入已经加热熔化的猪油，然后不断翻炒成球状的团粒，即为福建肉松。目前，新工艺中采用了搓松机、炒松机等机械操作，大大减轻了劳动强度。另外，通过在配方中添加谷物淀粉、芝麻、植物油等，大大提高了肉松出品率。

6. 包装　肉松吸水性强，不宜散装。短期贮藏可选用复合膜包装，货架期 3 个月左右；长期贮藏多选用玻璃瓶或马口铁罐，货架期 6 个月左右。

三、肉脯加工

肉脯种类很多，根据原料可分为猪肉脯、牛肉脯、鸡肉脯、兔肉脯等；根据原料的预处理方式，可分为肉片脯和肉糜脯。肉片脯为传统制品，是用纯瘦肉为原料，经冷冻（－3～－5℃）、切片成型（厚 1～3mm）、腌制（2～4℃，2～3h）、烘烤、压片、切片成型、检验、包装等工艺加工制成的产品。一般用腿肉生产，虽产品口感好，有嚼劲，但原料要求较高，局限于猪、牛、羊肉，且利用率较低。肉糜脯为现代肉脯制品，是用碎肉为原料，经过绞碎、斩拌加工制成的产品，是一种重组肉制品。与肉片脯相比，可充分利用肉类资源，成本低，调味更加方便。通过添加剂的使用及蛋白凝胶形成的控制，其质构可达到或接近肉片脯的水平。开发肉糜脯新产品是一个重要的研究方向。

重组肉糜脯可以应用现代连续化机械生产，现就重组兔肉糜脯的加工工艺介绍如下。

（一）工艺流程

原料肉检验→整理→配料→斩拌→成型→烘干→烘烤熟制→压片→切片→质量检验→成品包装

（二）工艺要点

1. 原料肉检验　选用经过检验，达到一级鲜度标准的兔肉。

2. 整理 对符合要求的原料肉，先剔去剩余的碎骨、皮下脂肪、筋膜肌腱、淋巴、血污等，清洗干净，然后切成3～5cm^3的小块备用。

3. 配料 按照原辅料的配方称重后，某些辅料如亚硝酸钠等要先行溶解或处理，才能在斩拌或搅拌时加入原料肉中。配方如下：

兔肉100kg，食盐3kg，白糖4kg，葡萄糖4kg，鱼露0.5kg，鸡蛋白2kg，味精0.3kg，白酒3kg，麦芽糊精3kg，红曲红色素0.015kg，磷酸盐0.251kg，亚硝酸钠0.011kg，大料0.3kg，胡椒0.151kg，辣椒1kg，花椒0.4kg，姜粉0.2kg，肉桂0.15kg，食用丙二醇3kg。

4. 斩拌 整理后的原料肉，应采用斩拌机尽快斩拌成肉糜，在斩拌的过程中加入各种辅料，并加适量的冰水。斩拌肉糜要细腻，原辅料混合要均匀。

5. 成型 斩拌后的肉糜需先静置20min左右，以使各种辅料渗透到肉组织中去。成型时先将肉铺成薄层，然后再用其他的器具将薄层均匀抹平，薄层的厚度一般为0.2cm左右，太厚则不利于水分的蒸发和烘烤，太薄则不易成型。

6. 烘干 将成型的肉糜迅速送入已经升温至65～70℃的烘箱或烘房中，烘制2.5～4h。烘制温度最初应适当提高，以加快脱水速度，同时提高肉片温度，避免微生物大量繁殖。烘制的设备以烘箱或烘房为好，使用其他设备要能保证温度稳定，避免温度大幅波动。待大部分水分蒸发，能顺利揭开肉片时，即可揭片翻边，进一步进行烘烤。等烘烤至肉片的水分含量降到18%～20%时，结束烘烤，取出肉片，自然冷却。

7. 烘烤熟制 将第一次烘烤成的半成品送入170～200℃的远红外高温烘烤炉或高温烘烤箱内进行高温烘烤，半成品经过高温预热、蒸发收缩、升温出油后成熟。烘烤成熟的肉片呈棕黄色或棕红色，成熟后应立即从高温炉中取出，不然很容易焦煳。

8. 压片 出炉后肉片尽快用压平机压平，使肉片平整。烘烤后的肉片水分含量不超过13%～15%。

9. 切片 根据产品规格的要求，将大块的肉片切成小片。切片尺寸根据销售及包装要求而定，例如，可以切成8cm×12cm或4cm×6cm的小片，每千克60～65片或120～130片。

10. 质量检验与成品包装 将切好的肉糜脯放在无菌的冷却室内冷却1～2h。冷却室的空气要经过净化及消毒杀菌处理。冷凉的肉糜脯经质量检验，采用真空包装，也可以采用听装。

第八节 油炸制品

一、油炸肉制品的特点及油炸方式

油炸作为肉制品熟制和干制的一种加工技术由来已久，是最古老的烹调方法之一。油炸肉制品是指经过加工调味或挂糊后的肉（包括生原料、成品、熟制品）或只经干制的生原料，以食用油为加热介质，经过高温炸制或浇淋而制成的熟肉类制品。油炸肉制品具有香、嫩、酥、松、脆、色泽金黄等特点。典型产品如炸肉丸、炸鸡腿、麦乐鸡。

二、典型油炸肉制品加工

（一）中式油炸猪排

1. 配方 猪大排肉（带骨）400g，盐5g，酒10g，面粉25g，胡椒粉、味精各适量，香葱1根，姜2片，食用油75g。

2. 主要工艺　将猪大排肉洗净，剁成0.5cm厚的片状大块，放入盆中，加入盐、酒、胡椒粉、味精、香葱段、姜片，拌和均匀，静置10min。炒锅上火烧热，倒食用油，把肉块的两面拍上面粉，入油锅内，两面略炸，捞出装在小盆内，摆齐，上屉蒸至熟透。

（二）西式油炸猪排

1. 配方　猪大排肉（带骨）750g，鸡蛋、面包屑、盐、花生油、胡椒粉各适量。

2. 主要工艺　将猪大排肉洗净，剁成0.5cm厚的片状大块，用刀拍松，撒盐、胡椒粉，裹匀鸡蛋液、面包屑，待用。炒锅注油，烧至140～160℃，下入大排肉块，炸至熟透，捞出冷却，包装。

（三）油炸鸡丸

1. 配方　鸡肉120g，油800g，鸡蛋浆80g，面包屑80g，盐1g。

2. 主要工艺　将鸡肉切碎为茸，捏成丸，用盐、鸡蛋浆滚匀，再滚1层面包屑，放入100～110℃油锅中炸至浅黄色，捞出。待油温升至150～160℃后，再放入鸡丸复炸至外表黄色时捞出，控净油分，冷却包装。

（四）肯德基炸鸡

肯德基炸鸡是选用重量相等的优级以上肉鸡，平均分割成9块，用若干香辛料和调料配制的秘方加工，再用特制的高压油炸锅烹制而成。鸡肉内层鲜美嫩滑，外层鸡肉表皮形成一层薄薄的壳，香脆可口。举例如下：

1. 配方　面粉500g，食盐10g，百里香叶2g，罗勒2g，黑胡椒8g，干燥的芥末7g，甜椒粉30g，生姜5g，味精5g，鸡蛋、面包屑适量。

2. 主要工艺　在容器内混合所有的调味料，把鸡块蘸上打碎的鸡蛋，在面包屑里翻转，使两面都蘸上面包屑，最后把鸡块放进上述的混合调味料中，再用特制的高压油炸锅烹制而成。或把烤箱升温到350℃，把鸡块放在一个铁质托盘里，上面盖上锡纸，加热40min，拿掉锡纸，再烤制40min，出烤箱前5min往鸡块上淋一点油。

（五）真空低温油炸牛肉干

1. 配方（麻辣味）　牛腿肉100 kg，食盐1.5kg，酱油4.0kg，白糖1.5kg，黄酒0.5kg，葱1.0kg，姜0.5kg，味精0.1kg，辣椒粉2.0kg，花椒粉0.3kg，白芝麻粉0.3kg，五香粉0.1kg。

2. 工艺流程

原料验收→分割→清洗→预煮→切条→调味→冻结→解冻→真空低温油炸→脱油→质检→包装

3. 工艺要点

（1）原料验收　原料肉必须有合格的宰前及宰后兽医检验证。肉质新鲜，切面致密有弹性，无黏手感和腐败气味；原料肉放血完全，无污物，无过多油脂。

（2）分割、清洗　原料肉经验收合格后，分切成500g左右的肉块（切块需保持均匀，以利于预煮），用清水冲洗干净。分切过程中，注意剔除对产品质量有不良影响的伤肉、黑色肉、碎骨等杂质。

（3）预煮、切条　将切好的肉块放入锅中，加水淹没，水肉之比约为1.5∶1，以淹没肉块为度。煮制过程中注意撇去浮沫，预煮要求达到肉品中心无血水为止。预煮完后捞出冷却，切成条状，要求切割整齐。

（4）调味　肉切成条后，放入配好的汤料中进行调味。可根据产品的不同要求确定配方。

（5）冻结、解冻　将调味后的肉条取出装盘，沥干汤液，放入接触式冷冻机内冷冻，2h后取出，再置于5～10℃的环境条件下解冻，然后送入带有筐式离心脱油装置的真空油炸罐内。

（6）真空低温油炸　物料送入罐内后，关闭罐门，检查密闭性。打开真空泵将油炸罐内抽真空，然后向油炸罐内泵入200kg、120℃的植物油，进行油炸处理。泵入油时间不超过2min，然后使其在油炸罐和加热罐中循环，保持油温在125℃左右。经过25min即可完成油炸全过程。需要注意的是，油炸温度是影响肉干脱水率、风味色泽及营养成分的重要因素，所以油炸温度一定要控制好。温度过高，制品色泽发暗，甚至焦黑；温度过低，物料吃油多，且油炸时间长，干制品不酥脆，有韧硬感。真空度与油炸温度及油炸时间相互依赖，对油炸质量也有影响。

（7）脱油　将油从油炸罐中排出，将物料在100r/min的条件下离心脱油2min，控制肉干含油率<13%，除去油炸罐真空，取出肉干。

（8）质检、包装　油炸完成后即进行感官检测，然后进行包装。由于制品呈酥松多孔状结构，所以极易吸潮，因而包装环境的湿度应≤40%。包装过程要求清洁卫生，操作要快捷。包装采用复合塑料袋包装。

第九节　罐蒸制品

罐蒸制品是将符合标准要求的原料处理调制后装入罐装容器或者软包装中，经过排气、密封、杀菌、冷却等工艺加工而成的耐贮藏食品，包括硬罐头和软罐头两类。硬罐头具有便于贮存、利于食用、安全卫生、保存期长的优点，如马口铁罐、玻璃罐、铝合金罐等。随着人们生活节奏和工作节奏的不断加快，携带方便、容易开口的软包装罐头越来越符合人们的需求。狭义上的软罐头就是使用蒸煮袋包装的食品。随着蒸煮袋技术和应用的不断发展，广义的软罐头是指全部使用软质材料制成的包装盒和其中至少有一部分器壁或容器盖是软包装材料制成的半硬容器，经高温杀菌后，可以在常温下保存的包装食品，如复合塑料袋装、盘装等装制的软罐头。

一、罐蒸制品的工艺流程

空罐清洗→消毒→原料预处理→装罐→浇汤→预封→排气→密封（真空封罐）→杀菌→冷却→保温检验→成品

二、肉类罐头的工艺要点

1. 容器的种类及要求　肉类罐头容器有金属和非金属两种。金属罐使用比较多的是镀锡薄板罐和镀锡薄板涂料罐，统称马口铁罐。非金属的罐头多用玻璃罐。此外，还有铝罐、纸质罐、塑料罐以及塑料薄膜蒸煮袋等包装容器。肉类罐头对容器的要求：安全、卫生、无毒害，具有良好的密封性能，能耐腐蚀，开启方便，适于工业化生产。

2. 空罐的清洗和消毒　检验合格的空罐，用沸水或0.1%的碱溶液充分洗涤，再用清水冲洗，然后烘干待用。

3. 原料预处理　原料预处理包括洗涤、去骨、去皮（或不去骨、不去皮）、去淋巴以及切除不宜加工的部分。原料肉为非疫区健康的畜（禽），充分放血后，表面无破碎组织、内脏残留物、血液、胃肠内容物、污物等。原料肉经预处理后，按照各种罐头的工艺要求，分别进行腌制、预煮或油炸等。

4. 装罐 根据罐头的种类以及规格标准称重装罐，且罐中内容物的顶点到盖底的间隙需要留出8～10mm左右，这是为了防止高温杀菌时，内容物膨胀使压力增加而造成罐的永久性膨胀和损害罐头的严密性。

5. 浇汤 装罐后将预先调制好的肉汤迅速注入，肉汤的浓度以及调料等配比，需要根据各种罐头的标准要求进行。

6. 预封 某些产品在进行加热排气之前，或进入某种类型的真空封罐机前，要进行一道卷封工序，即将罐盖与罐筒边缘稍稍弯曲勾连，使罐盖在排气或抽气过程中不致脱落，并避免排气箱盖上的蒸汽、冷凝水落入罐内。同时还可防止罐头由排气箱送至封罐机时顶隙温度的降低。

7. 排气和封罐 排气的作用是密封并将罐头内的空气排出，使得罐内产生真空度。为保证高度密封状态，必须将罐身和罐盖的边缘紧密卷合。

8. 杀菌 肉类罐头的杀菌方式主要是加热杀菌。加热杀菌的温度与时间应根据罐头内容物的种类、pH、汤液的种类和浓度、细菌的种类和数量以及罐的大小等决定。

9. 冷却 杀菌后的罐头需要冷却，通常采用冷水冷却，一般可使用喷淋冷却或浸渍冷却。浸渍冷却是将杀菌后的罐头迅速放入经氯处理的流动冷却水中冷却，冷却时的冷水水质必须符合卫生标准。罐头杀菌后需要迅速冷却，但也需要控制速度，防止迅速降温时可能发生的爆罐或变形现象。

10. 贮藏 将充分冷却的罐头擦干或者甩干水分后装箱贮藏。罐头贮藏的温度以0～10℃为好。贮藏温度过高，微生物繁殖后使食品变质；贮藏温度过低，发生冻结并且影响食品组织结构使之变味。

三、典型罐蒸肉制品加工

下文以红烧牛肉罐头为例介绍。

1. 工艺流程

原料预处理→腌制→预煮→装罐→注汤→排气、密封→杀菌、冷却→擦罐、入库

2. 工艺要点

（1）原料预处理　选取去皮剔骨后的牛肉，去除淋巴、碎骨、牛毛、软骨等杂质，脂肪也去除后切成长、宽各2～4cm，厚约1cm的小块，清洗干净，将水沥干后备用。

（2）腌制　将食盐、砂糖、料酒、亚硝酸钠、异抗坏血酸钠、复合聚磷酸盐溶解水中后均匀涂抹在肉块表面，渗透均匀。

（3）预煮　将整理后的肉块放到沸水中预煮，不断地清除血沫使肉汤保持清洁，预煮10～15min左右，捞出肉块并且沥干。

（4）装罐、注汤　空罐经过清洗、消毒、沥干后，将肉块装入，同时按照罐型将调味料注入。

（5）排气、密封　在真空度0.05MPa条件下抽气封口。

（6）杀菌、冷却　密封后立即杀菌，杀菌温度121℃，杀菌时间115min。杀菌后立即加反压0.11MPa，冷水喷淋，快速冷却至40℃以下出锅。

思考题

1. 简述肉制品的分类及特点。
2. 简述发酵香肠加工的关键技术。
3. 简述西式火腿的种类及加工特点。

4. 西式火腿加工中滚揉的主要作用是什么？
5. 培根加工中对原料有什么要求？
6. 简述腌腊制品加工的关键技术。
7. 中式火腿加工中存在的主要缺点是什么？怎样改进？
8. 酱卤制品有何特点？
9. 肉品干制的目的是什么？干制品有哪些优缺点？
10. 肉类烧烤制品加工应注意哪些问题？
11. 烧烤制品色泽及风味形成的原因是什么？

参考文献

陈伯祥，1993. 肉与肉制品工艺学［M］. 南京：江苏科学技术出版社.
陈明造，1983. 肉品加工理论与应用［M］. 台北：艺轩图书出版社.
蒋爱民，1996. 肉制品工艺学［M］. 西安：陕西科学技术出版社.
孔保华，罗欣，彭增起，2001. 肉制品工艺学［M］. 2版. 哈尔滨：黑龙江科学技术出版社.
骆承庠，1988. 畜产品加工学［M］. 北京：农业出版社.
马美湖，2000. 现代畜产品加工学［M］. 长沙：湖南科技出版社.
天野庆之，1992. 肉制品加工手册［M］. 金辅建，编译. 北京：中国轻工业出版社.
杨公社，1996. 肉类学［M］. 西安：陕西科学技术出版社.
周光宏，2008. 肉品加工学［M］. 北京：中国农业出版社.
周光宏，2019. 畜产品加工学：双色版［M］. 2版. 北京：中国农业出版社.
周光宏，徐幸莲，1999. 肉品学［M］. 北京：中国农业科技出版社.
Fidel Toldrá，2017. Meat Science［M］. 8th ed. Cambridge：Woodhead Press.
Hardin D M，2014. Encyclopedia of meat sciences［M］. 2nd ed. Amsterdam：Elsevier Press.
Hedrick H B，1994. Principles of meat science［M］. 3rd ed. Dubuque：Kendall/Hunt Publishing Company.
James M J，1992. Modern food microbiology［M］. 4th ed. New York：Van Nostrand Reinhold Co.

02

第二篇　乳与乳制品

乳是哺乳动物分娩后由乳腺分泌的一种白色或稍带黄色的不透明液体。它是乳制品加工的原料，其理化特性以及微生物学变化决定乳制品的质量。乳制品是指以生鲜牛（羊）乳及其制品为主要原料，经加工制成的产品。包括：液体乳类（杀菌乳、灭菌乳、酸牛乳、配方乳）、乳粉类（全脂乳粉、脱脂乳粉、全脂加糖乳粉和调味乳粉、婴幼儿配方乳粉、其他配方乳粉）、炼乳粉（全脂淡炼乳、全脂加糖炼乳、调味/调制炼乳、配方炼乳）、乳脂肪类（稀奶油、奶油、无水奶油）、干酪类（天然干酪、再制干酪）、其他乳制品类（干酪素、乳糖、乳清粉等）。由乳加工成乳制品涉及共性的和个性的各种单元操作，这些单元操作是由特定乳制品的加工工艺决定的，往往受到加工设备的制约，乳品机械装备的进步使乳制品加工业呈现规模化、现代化发展。

CHAPTER 1

第一章 乳的化学组成和性质

本章学习目标 掌握乳的化学成分、理化特性及其与乳制品质量的关系，为乳制品的加工奠定理论基础。

第一节 乳的概念和化学组成

一、乳的概念

乳是哺乳动物分娩后由乳腺分泌的一种白色或微黄色的不透明液体。它含有幼儿生长发育所需要的全部营养成分，是哺乳动物出生后最适于消化吸收的全价食物。乳有多种分类方法，按乳的来源，分为牛乳、羊乳、马乳等；按乳的分泌时间，分为初乳、常乳和末乳（老乳）；在乳品工业上，通常按乳的加工性质，将乳分为常乳和异常乳两大类。通常所说的乳是指常乳，它的化学组成和性质都比较稳定，是乳品加工业的主要原料。

乳的成分十分复杂，含有上百种化学成分，主要包括水分、脂肪、蛋白质、乳糖、盐类以及维生素、酶类、气体等。在物理构成上，乳是一种复杂的分散体系，其中水是分散剂，其他各种成分如脂肪、蛋白质、乳糖、无机盐等为分散质，分别以不同的状态分散在水中，共同形成一种复杂的分散系，见图 2-1-1。牛乳的脂肪在常温下呈液态的微小球状分散在乳中，乳脂肪球的直径平均 3μm 左右，可以在显微镜下明显地看到，所以牛乳中的脂肪球即为乳浊液的分散质。分散在牛乳中的酪蛋白颗粒，其粒子大小为 5～15nm，乳白蛋白的粒子为1.5～5nm，乳球蛋白的粒子为 2～3nm，这些蛋白质都以乳胶体状态存在于乳中。此外，凡直径在 0.1μm 以下的脂肪球、一部分聚磷酸盐等也以胶体状态分散于乳中。乳糖、钾、钠、氯、柠檬酸盐和部分磷酸盐以分子或离子形式存在于乳中。

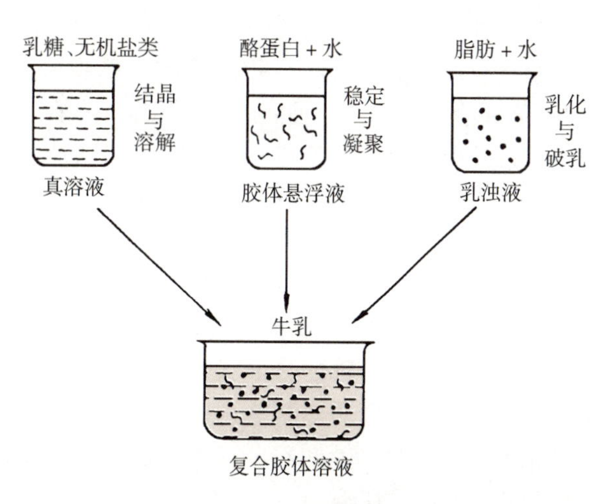

图 2-1-1 牛乳的分散体系

将牛乳干燥并恒重所得到的残渣叫乳的干物质。常乳的干物质含量为 11%～13%。除干燥时水和随水蒸气挥发的物质以外，干物质中含有乳的全部成分，其中乳脂肪含量变化较大。因此在实际工作中常用无脂干物质，也称为非脂乳固体（solids-not-fat，SNF）作为指标。

干物质实际上表示乳的营养价值，在生产中计算制品的产品率时，都需要用到干物质（或无脂干物质）。乳的比重、含脂率和干物质含量之间存在着一定的比例关系，根据这三个数值之间的关系可计算出干物质和无脂干物质的含量。关于干物质的计算方法很多，下面是一个比较简单的计算公式：

$$T=0.25L+1.2F\pm K$$

式中 T——干物质，%；

L——牛乳比重计读数；

F——脂肪，%；

K——系数（根据各地情况试验求得，原中国轻工业部标准规定为0.14）。

无脂干物质（SNF）可以根据计算出来的干物质数量减去脂肪重量求得。在乳制品生产标准化时，常常利用这个数值。

二、常乳化学组成及性质

（一）乳脂肪

乳脂肪（milk fat or butter fat）是牛乳的主要成分之一，含量一般为3%～5%，对牛乳风味起着重要的作用。乳中脂肪是以微小脂肪球的状态分散于乳中，呈一种水包油型的乳浊液。

1. 脂肪球的构造 乳脂肪球的大小因乳牛的品种、个体、健康状况、泌乳期、饲料及挤乳情况等因素而异，通常直径为0.1～10μm，其中以3μm左右者居多。每毫升牛乳有20亿～40亿个脂肪球。脂肪球的大小对乳制品加工的意义在于：脂肪球的直径越大，上浮的速度就越快，故大脂肪球含量多的牛乳，容易分离出稀奶油。当脂肪球的直径接近1μm时，脂肪球基本不上浮。

乳脂肪球在显微镜下观察，为圆球形或椭圆球形，表面被一层5～10nm厚的膜所覆盖，称为脂肪球膜。脂肪球膜主要由蛋白质、磷脂、甘油三酯、胆甾醇、维生素A、金属离子及一些酶类构成，同时还有盐类和少量结合水。脂肪球膜含有磷脂与蛋白质形成的脂蛋白络合物，使脂肪球能稳定地存在于乳中。磷脂是极性分子，其疏水基团朝向脂肪球的中心，与甘油三酯结合形成膜的内层；磷脂的亲水基团向外朝向乳浆，连着具有强大亲水基的蛋白质，构成了膜的外层。脂肪球膜的结构见图2-1-2。脂肪球膜具有保持乳浊液稳定的作用，即使脂肪球上浮分层，仍能保持着脂肪球的分散状态。在机械搅拌或化学物质作用下，脂肪球膜遭到破坏后，脂肪球才会互相聚结在一起。因此，可以利用这一原理生产奶油和测定乳的含脂率。

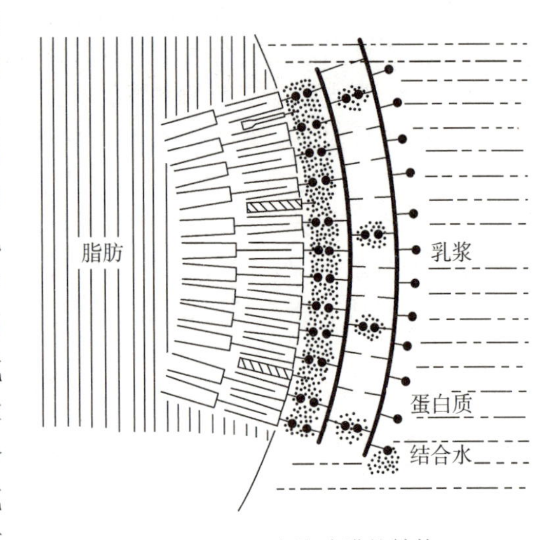

图2-1-2 脂肪球膜的结构

2. 脂肪的化学组成 乳脂肪主要是由甘油三酯（98%～99%）、少量的磷脂（0.2%～1.0%）和甾醇（0.25%～0.4%）等组成。

乳中的脂肪酸可分为三类：第一类为水溶性挥发性脂肪酸，如乙酸、丁酸、辛酸和癸酸等；第二类是非水溶性挥发性脂肪酸，如十二碳酸等；第三类是非水溶性不挥发性脂肪酸，如十四碳酸、二十碳酸、十八碳烯酸和十八碳二烯酸等。乳脂肪的脂肪酸组成受饲料、营养、环境、季节等因素的影响。一般夏季放牧期间乳脂肪不饱和脂肪酸含量升高，而冬季舍饲期乳中不饱和脂肪酸含量降低，所以夏季加工的奶油其熔点比较低。

牛乳脂肪中含有 C_{20}～C_{23} 的奇数碳原子脂肪酸，也发现有带侧链的脂肪酸。乳脂肪的不饱和脂肪酸主要是油酸，占不饱和脂肪酸总量的 70%左右。

3. 乳脂肪的理化特性 乳脂肪的组成与结构决定其理化特性（表 2-1-1）。乳脂肪的理化指标中比较重要的有 4 项，即水溶性挥发性脂肪酸值（dissolved volatile fatty acid value）、皂化值、碘值、波伦斯克值（Polenski value）等。其中，水溶性挥发性脂肪酸值是指中和从 5g 脂肪中蒸馏出来的水溶性挥发性脂肪酸所消耗的 0.1mol/L KOH 的量（mL）；皂化值是指每皂化 1g 脂肪酸所消耗的 NaOH 的量（mg）；碘值是指在 100g 脂肪中，使其不饱和脂肪酸变成饱和脂肪酸所需的碘的量（mg）；波伦斯克值是中和 5g 脂肪中挥发出的不溶于水的挥发性脂肪酸所需 0.1mol/L KOH 的量（mL）。总之，乳脂肪的理化特点是水溶性脂肪酸值高，碘值低，挥发性脂肪酸较其他脂肪多，不饱和脂肪酸少，皂化值比一般脂肪高。

表 2-1-1 乳脂肪的理化特性

项目	指标	项目	指标
比重	0.935～0.943	赖克特迈尔斯值①	21～36
熔点/℃	28～38	波伦斯克值②	1.3～3.5
凝固点/℃	15～25	酸值	0.4～3.5
折射率（n_D^{25}）	1.459 0～1.462 0	丁酸值	16～24
皂化值	218～235	不皂化物	0.31～0.42
碘值	26～36（30 左右）		

注：①水溶性挥发性脂肪酸值；②非水溶性挥发性脂肪酸值。

（二）乳蛋白质

牛乳的含氮化合物中 95%为乳蛋白质（milk protein），含量为 3.0%～3.5%，可分为酪蛋白和乳清蛋白两大类，另外还有少量脂肪球膜蛋白。乳清蛋白中有对热不稳定的乳白蛋白和乳球蛋白，及对热稳定的蛋白胨及蛋白胨等。除了乳蛋白质外，还有约 5%的非蛋白含氮化合物。另外，还有少量的维生素氮。

1. 酪蛋白 在温度 20℃时调节脱脂乳的 pH 至 4.6 时沉淀的一类蛋白质称为酪蛋白（casein），占乳蛋白质总量的 80%～82%。酪蛋白不是单一的蛋白质，而是由 α_s-、κ-、β-和 γ-酪蛋白组成。α_s-酪蛋白含磷多，故又称磷蛋白。含磷量对皱胃酶的凝乳作用影响很大。γ-酪蛋白含磷量极少，因此，它几乎不能被皱胃酶凝固。在制造干酪时，乳有时发生软凝块或不凝固现象，就是由于蛋白质中含磷量过少。酪蛋白虽是一种两性电解质，但其分子中含有的酸性氨基酸远多于碱性氨基酸，因此具有明显的酸性。

（1）*存在形式* 乳中酪蛋白与钙结合生成酪蛋白酸钙，再与胶体状的磷酸钙结合形成酪蛋白酸钙-磷酸钙复合体（calcium caseinate-calcium phosphate complex），以微胶粒的形式存在于牛乳中，其胶体微粒直径在 10～300nm 变化，一般 40～160nm 占大多数。此外，酪蛋白微胶粒中还含有镁离子等物质。

酪蛋白酸钙-磷酸钙复合体微胶粒大体上呈球形。佩恩斯（Payens，1966）认为，胶粒内部由β-酪蛋白构成网状结构，在其上附着 α_s-酪蛋白，外面覆盖有 κ-酪蛋白，并结合有胶体状的磷酸钙，见图 2-1-3。

κ-酪蛋白覆盖层对胶体起保护作用，使牛乳中的酪蛋白酸钙-磷酸钙复合体微胶粒能保持相对稳定的胶体悬浮状态。

（2）化学性质

①酸凝固：酪蛋白微胶粒对pH的变化很敏感。当脱脂乳的pH降低时，酪蛋白微胶粒中的钙与磷酸盐就逐渐游离出来；当pH达到酪蛋白的等电点4.6时，就会形成酪蛋白凝固。干酪素就是依据这个原理生产的。以盐酸酸化为例，酪蛋白的酸凝固过程表示如下：

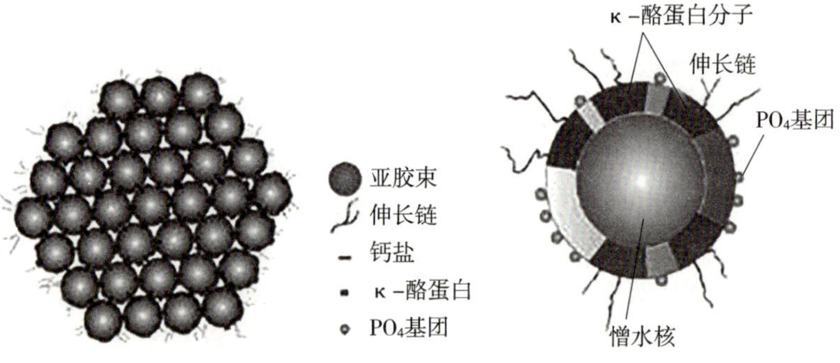

图2-1-3　酪蛋白微胶束结构模式

$$酪蛋白酸钙[Ca_3(PO_4)_2]+2HCl \longrightarrow 酪蛋白\downarrow+2CaHPO_4+CaCl_2$$

②酶促凝固：牛乳中的酪蛋白在皱胃酶等凝乳酶的作用下会发生凝固，工业上生产干酪素就是利用此原理。酪蛋白在皱胃酶的作用下水解为副酪蛋白，后者在钙离子等二价阳离子存在下形成不溶性的凝块，这种凝块叫作副酪蛋白钙，其凝固过程如下：

$$酪蛋白酸钙+皱胃酶 \longrightarrow 副酪蛋白钙\downarrow+糖肽+皱胃酶$$

③盐类及离子对酪蛋白稳定性的影响：乳中的酪蛋白酸钙-磷酸钙胶粒容易在氯化钠或硫酸铵等盐类饱和溶液或半饱和溶液中形成沉淀，这种沉淀是由于电荷的抵消与胶粒脱水而产生。

酪蛋白酸钙-磷酸钙胶粒对其体系内二价阳离子含量的变化很敏感。钙或镁离子能与酪蛋白结合，使粒子发生凝集作用，故钙离子与镁离子的浓度影响着胶粒的稳定性。由于乳中的钙和磷保持平衡状态，所以鲜乳中酪蛋白微粒具有一定的稳定性。当向乳中加入氯化钙时，则能破坏这种平衡状态，在加热时酪蛋白发生凝固现象。实验证明，在90℃时加入0.12%～0.15%的$CaCl_2$即可使乳凝固。采用钙凝固时，乳蛋白质的利用程度一般要比酸凝固法高5%，比皱胃酶凝固法约高10%以上。

④酪蛋白与糖的反应：具有还原性羰基的糖可与酪蛋白作用变成氨基糖而产生芳香味及颜色。

蛋白质和乳糖的反应在乳品工业中的特殊意义在于：乳品（如乳粉、乳蛋白粉和其他乳制品）在长期贮存中，由于乳糖与酪蛋白发生反应而产生颜色、风味及营养价值的改变。工业用干酪素由于洗涤不干净、贮存条件不佳，同样也能发生这种变化。

2. 乳清蛋白　乳清蛋白（whey protein）是指溶解于乳清中的蛋白质，即原料乳中去除在pH4.6等电点处沉淀的酪蛋白之后留下的蛋白质的统称。占乳蛋白质的18%～20%，可分为热不稳定和热稳定的乳清蛋白两部分。

（1）热不稳定的乳清蛋白　调节乳清pH至4.6～4.7时，煮沸20min，发生沉淀的一类蛋白质为热不稳定的乳清蛋白，约占乳清蛋白的81%。包括乳白蛋白和乳球蛋白两类。

①乳白蛋白：指中性乳清中，加饱和硫酸铵或饱和硫酸镁盐析时，呈溶解状态而不析出的蛋白质。乳白蛋白约占乳清蛋白的68%。乳白蛋白又包括α-乳白蛋白（约占乳清蛋白的19.7%）、β-乳球蛋白（约占乳清蛋白的43.6%）和血清白蛋白（约占乳清蛋白的4.7%）。乳白蛋白中最主要的是α-乳白蛋白，它在乳中以1.5～5.0μm直径的微粒分散在乳中，对酪蛋白起保护胶体作用。这类蛋白在常温下不能用酸凝固，但在弱酸性时加温即能凝固。该类蛋白不含磷，但含丰富的硫。

②乳球蛋白：中性乳清加饱和硫酸铵或饱和硫酸镁盐析时，能析出的乳清蛋白即为乳球蛋白，约占乳清蛋白的13%。乳球蛋白具有抗体作用，故又称为免疫球蛋白。初乳中的免疫球蛋白含量比常乳高。

（2）热稳定的乳清蛋白　这类蛋白包括蛋白脲和蛋白胨，约占乳清蛋白的19%。此外，还有一些脂肪球膜蛋白质是吸附于脂肪球表面的蛋白质与酶的混合物，其含有脂蛋白、碱性磷酸酶和黄嘌呤氧化酶等，这些蛋白质可以用洗涤的方法将其分离出来。

3. 非蛋白含氮物 牛乳的含氮物中，除蛋白质外，还有非蛋白含氮物，约占总氮的5%，包括氨基酸、尿素、尿酸、肌酸及叶绿素等。这些含氮物是活体蛋白质代谢的产物，从乳腺细胞进入乳中。乳中约含游离态氨基酸23mg/100mL，包括酪氨酸、色氨酸和胱氨酸。其中，叶绿素来自饲料。

（三）乳糖

乳糖（lactose）是哺乳动物乳汁中特有的糖类。牛乳中含有4.6%～4.7%的乳糖，全部呈溶解状态。乳糖为D-葡萄糖与D-半乳糖以β-1,4糖苷键结合的二糖，又称为1,4-半乳糖苷葡萄糖，属于还原糖。乳的甜味主要由乳糖引起，其甜度约为蔗糖的1/6。

乳糖有α-乳糖和β-乳糖两种异构体。α-乳糖很容易与一分子结晶水结合，变为α-乳糖水合物（α-lactose monohydrate），因此乳糖实际上有3种构型。甜炼乳中的乳糖大部分呈结晶状态，结晶的大小直接影响炼乳的口感，而结晶的大小可根据乳糖的溶解度与温度的关系加以控制。

α-乳糖和β-乳糖在水中的溶解度不同，并随温度不同而变化。在水溶液中两者可以相互转化。α-乳糖溶解于水中时可转变成β-乳糖。因为β-乳糖较α-乳糖易溶于水，所以乳糖最初溶解度并不稳定，而是逐渐增加，直至α-乳糖与β-乳糖平衡时为止。

乳中除了乳糖外，还含有少量其他的碳水化合物。例如，在常乳中含有极少量的葡萄糖、半乳糖。另外，还含有微量的果糖、低聚糖（oligosaccharide）、已糖胺（hexosamine）等。

一部分人随着年龄增长，消化道内缺乏乳糖酶，不能分解和吸收乳糖，饮用牛乳后会出现呕吐、腹胀、腹泻等不适应症，称为“乳糖不耐症”。在乳品加工中利用乳糖酶，将乳中的乳糖分解为葡萄糖和半乳糖；或利用乳酸菌将乳糖转化成乳酸，可预防乳糖不耐症。

（四）无机物

牛乳中的无机盐（inorganic salts）亦称为矿物质，含量为0.35%～1.21%，平均为0.7%左右，主要有磷、钙、镁、氯、钠、硫、钾等。此外，还有一些微量元素。牛乳中无机物的含量随泌乳期及个体健康状态等因素而异。牛乳中主要无机成分的含量见表2-1-2。

表2-1-2 100mL牛乳中主要无机成分的含量（mg）

成分	钾	钠	钙	镁	磷	硫	氯
含量	158	54	109	14	91	5	99

牛乳中的盐类含量虽然很少，但对乳品加工特别是对乳的热稳定性起着重要作用。牛乳中的盐类平衡，特别是钙、镁等阳离子与磷酸、柠檬酸等阴离子之间的平衡，对于牛乳的稳定性具有非常重要的意义。当受季节、饲料、生理或病理等影响，牛乳发生不正常凝固时，往往是由于钙、镁离子过剩，盐类的平衡被打破。此时，可向乳中添加磷酸及柠檬酸的钠盐，以维持盐类平衡，保持蛋白质的热稳定性。在炼乳生产中常常利用这种特性。

乳与乳制品的营养价值，在一定程度上受矿物质的影响。以钙而言，由于牛乳中的钙含量较人乳多3～4倍，因此牛乳在婴儿胃内所形成的蛋白凝块相对人乳更加坚硬，不易消化。牛乳中铁的含量为10～90μg/100mL，较人乳少，故人工哺育幼儿时应补充铁。

（五）维生素

牛乳含有几乎所有已知的维生素，包括脂溶性维生素A、维生素D、维生素E、维生素K和水溶性的维生素B_1、维生素B_2、维生素B_6、维生素B_{12}、维生素C等。牛乳中的维生素，部分来自饲料，如维生素E；有的要靠乳牛自身合成，如B族维生素。

（六）酶类

牛乳中的酶类有3个来源：乳腺分泌、微生物和白细胞。牛乳中的酶种类很多，但与乳品生产有密切关系的主要为水解酶类和氧化还原酶类。

1. 水解酶类

（1）脂酶　牛乳中的脂酶至少有两种：一种是吸附在脂肪球膜间的膜脂酶，在常乳中少见，而在末乳、乳房炎乳及其他一些生理异常乳中常出现；另一种是与酪蛋白相结合的乳浆脂酶，存在于脱脂乳中。

脂酶的相对分子质量一般为7 000～8 000，最适温度为37℃，最适pH为9.0～9.2，钝化温度至少80～85℃。钝化温度与脂酶的来源有关，来源于微生物的脂酶耐热性高，已经钝化的酶有恢复活力的可能。乳脂肪在脂酶的作用下水解产生游离脂肪酸从而使牛乳带上脂肪分解的酸败气味，这是乳制品特别是奶油生产上常见的问题。为了抑制脂酶的活性，在奶油生产中，一般采用不低于80～85℃的高温或超高温处理。另外，加工过程也能使脂酶增加作用机会，例如均质处理，由于破坏脂肪球膜而增加了脂酶与乳脂肪的接触面，使乳脂肪更易水解，故均质后应及时进行杀菌处理。

（2）磷酸酶　牛乳中的磷酸酶有两种：一种是酸性磷酸酶，存在于乳清中；另一种为碱性磷酸酶，吸附于脂肪球膜处。其中碱性磷酸酶的最适pH为7.6～7.8，经63℃、30min或71～75℃、15～30s加热后可钝化，故可以利用这种性质来检验低温巴氏杀菌法处理的消毒牛乳的杀菌是否完全。

（3）蛋白酶　牛乳中的蛋白酶分别来自乳本身和污染的微生物。乳中蛋白酶多为细菌性酶，细菌性的蛋白酶使蛋白质水解后形成蛋白胨、多肽及氨基酸。其中，由乳酸菌形成的蛋白酶在乳中特别是在干酪中具有非常重要的意义。蛋白酶在高于75～80℃的温度即被破坏，在70℃以下时可以稳定地耐受长时间的加热，在37～42℃时，这种酶在弱碱性环境中作用最大，中性及酸性环境中作用减弱。

2. 氧化还原酶类　主要包括过氧化氢酶、过氧化物酶和还原酶。

（1）过氧化氢酶　牛乳中的过氧化氢酶（catalase）主要来自白细胞的细胞成分，特别在初乳和乳房炎乳中含量较多。所以，利用对过氧化氢酶的测定可判定牛乳是否为乳房炎乳或其他异常乳。经65℃、30min加热，95%的过氧化氢酶会钝化；经75℃、20min加热，则100%钝化。

（2）过氧化物酶　过氧化物酶（peroxidase）是最早从乳中发现的酶，它能促使过氧化氢分解产生活泼的新生态氧，从而使乳中的多元酚、芳香胺及某些化合物氧化。过氧化物酶主要来自白细胞的细胞成分，其数量与细菌无关，是乳中固有的酶。

过氧化物酶作用的最适温度为25℃，最适pH为6.8，钝化温度和时间为76℃、20min，或77～78℃、5min，或85℃、10s。通过测定过氧化物酶的活性可以判断牛乳是否经过热处理或判断热处理的程度。

（3）还原酶　还原酶（reductase）是由乳中的污染微生物代谢产生，其含量与微生物的污染程度呈正相关，可通过测定还原酶的活力来判断乳的新鲜程度（能使甲基蓝还原为无色）。

（七）其他成分

除上述成分外，乳中尚有少量的有机酸、气体、细胞成分、色素、风味成分及激素等。

1. 有机酸　乳中的有机酸主要是柠檬酸等。乳中柠檬酸的含量为0.07%～0.40%，平均为0.18%，以盐类状态存在。除了酪蛋白胶粒成分中的柠檬酸盐外，还存在分子、离子状态的柠檬酸盐，主要为柠檬酸钙。柠檬酸对乳的盐类平衡及在加热、冷冻过程中乳的稳定性均起重要作用。同时，柠檬酸还是乳制品中芳香成分丁二酮的前体。

2. 气体　乳中气体主要为二氧化碳、氧气和氮气等，占鲜牛乳的5%～7%（体积分数），其中二氧化碳最多，氧最少。在挤乳及贮存过程中，二氧化碳由于逸出而减少，而氧气、氮气则因与大气接触而增多。乳中的气体对乳的比重和酸度有影响，因此，在测定乳的比重和酸度时，要求乳样放置一定时间，待气体达到平衡后再测定。

3. 细胞成分 乳中所含的细胞成分主要是白细胞和一些乳房分泌组织的上皮细胞，也有少量红细胞。牛乳中的细胞含量的多少是衡量乳房健康状况及牛乳卫生质量的标志之一，一般正常乳中细胞数不超过50万/mL。

三、异常乳产生原因及性质

（一）异常乳的概念及种类

正常乳的成分和性质基本稳定，当乳牛受到饲养管理、疾病、气温以及其他各种因素的影响时，乳的成分和性质往往发生变化，这种乳称作异常乳（abnormal milk），不适于加工优质的产品。异常乳种类见图2-1-4。

异常乳
- 生理异常乳——营养不良乳、初乳、末乳
- 化学异常乳
  - 高酸度酒精阳性乳、低酸度酒精阳性乳
  - 冷冻乳、低成分乳
  - 混入异常乳、风味异常乳
- 微生物污染乳
- 病理异常乳——乳房炎乳、其他病牛乳

图2-1-4 异常乳分类

（二）产生原因和性质

1. 生理异常乳 指动物在正常生理条件下所分泌的成分和性质异常的乳，如初乳、末乳和营养不良乳等。

（1）*初乳* 产犊后一周之内所分泌的乳称为初乳，呈黄褐色，有异臭，味苦，黏度大，特别是泌乳前3d，初乳特征更为显著。脂肪、蛋白质特别是乳清蛋白含量高，乳糖含量低，灰分含量高。初乳中含铁量为常乳的3～5倍，铜含量约为常乳的6倍。初乳中含有初乳球，可能是脱落的上皮细胞，或白细胞吸附于脂肪球形成，在产犊后2～3周即消失。

牛初乳平均总干物质含量为14.4%，其中蛋白质5.0%、脂肪4.3%、灰分0.9%，并且含有丰富的维生素A、维生素D、维生素E、维生素B_{12}和铁。除此以外，牛初乳含有多种生物活性蛋白，包括免疫球蛋白（Ig）、乳铁蛋白（Lf）、溶菌酶（Lz）、乳过氧化物酶（Lp）、血清白蛋白（BSA）、β-乳球蛋白（β-Lg）、α-乳白蛋白（α-La）、维生素B_{12}结合蛋白、叶酸结合蛋白、胰蛋白酶抑制剂和各种生长刺激因子等，其含量见表2-1-3。

表2-1-3 牛乳、人乳中生物活性物质的浓度（mg/mL）

活性物质	牛乳			人乳
	初乳	常乳	末乳	
β-Lg	—	3.2～4.0	5.0	无
α-La	—	1.2～2.0	2.1	1.6～2.8
IgG_1	29.9～84.0	0.35～1.15	32.3	IgG：0.4（初乳），0.04（常乳）
IgG_2	1.9～2.9	0.06～0.02	2.0	1.0
IgA	2.0～4.4	0.05～0.25	3.31	17.4（初乳），1.0（常乳）
IgM	3.2～4.9	0.04～0.05	8.60	1.6（初乳），0.1（常乳）

（续）

活性物质	牛乳			人乳
	初乳	常乳	末乳	
Lf	2.00	0.02～0.35	20.00	2.0
Lz	0.1	0.001 5		0.4
BSA	1.00	0.29～0.4	8.00	0.6
Tf	0.40	0.10		

各种活性蛋白的功能特性如下：

①初乳中的免疫球蛋白：免疫球蛋白一般分为 IgG_1、IgG_2、IgA、IgD、IgE 和 IgM 5 大类，人乳以 IgA 为主，牛乳则以 IgG 含量最高。免疫球蛋白的生物学功能主要是活化补体、溶解细胞、中和细菌毒素及通过凝集反应防止微生物对细胞的侵蚀。目前分离免疫球蛋白的方法主要有色谱法和超滤法。

②初乳中的乳铁蛋白：牛初乳中乳铁蛋白有两种形态，相对分子质量分别为 86 000 和 82 000，其主要差别在于它们所含糖类不同。乳铁蛋白可以结合 2 个 Fe^{3+} 或 2 个 Cu^{2+}。乳铁蛋白对铁的结合促进了铁的吸收，可减少自由基生成。另外，乳铁蛋白还有抑菌、免疫激活等作用，是双歧杆菌和肠道上皮细胞的增殖因子。目前分离乳铁蛋白的方法很多，如吸附色谱法、超滤法等。

③初乳中的刺激生长因子：牛初乳中含有多种肽类生长因子，如血小板衍生生长因子、胰岛素样生长因子、转移生长因子等，而常乳中没有。这些生长因子与动物生长代谢和营养素的吸收密切相关。

④初乳中的过氧化物酶：过氧化物酶是氢受体存在情况下能分解过氧化物的酶，其相对分子质量为 82 000，是一种含铁的金属蛋白，具有协同抑菌作用。

牛初乳色黄、浓厚并有特殊气味，干物质含量高。随泌乳期延长，牛初乳相对密度呈规律性下降，pH 逐渐上升，酸度下降。牛初乳的一般理化性质见表 2-1-4。

表 2-1-4　牛初乳一般理化性质

泌乳时间/h	3	12	24	36	48	72
相对密度	1.044	1.046	1.044	1.032	1.029	1.032
pH	6.10	6.15	6.23	6.40	6.50	6.60
酸度/°T	44.3	44.2	36.8	30.4	26.5	25.9

牛初乳中乳清蛋白含量较高，乳清蛋白中的 α-乳白蛋白、β-乳球蛋白、IgG、乳铁蛋白、BSA 均呈热敏性，其变性温度在 60～72℃。乳清蛋白的变性一方面可导致初乳凝聚或形成沉淀，另一方面可导致其生物活性丧失，使初乳无再开发利用价值。

（2）末乳　也称老乳，即干奶期前 2 周所产的乳。其成分除脂肪外，均较常乳高，有苦而微咸的味道，含脂酶多，常有油脂氧化味。一般末乳 pH 为 7.0，细菌数达 250 万 cfu/mL，氯离子含量为 0.16%左右。

（3）营养不良乳　饲料不足、营养不良的乳牛所产的乳对皱胃酶几乎不凝固，所以这种乳不能制造干酪。当喂以充足的饲料加强营养之后，牛乳即可恢复正常，对皱胃酶即可凝固。

2. 化学异常乳　指化学成分或性质发生改变的乳。

（1）酒精阳性乳　乳品厂检验原料乳时，一般先用 68%或 70%的酒精进行检验，凡产生絮状凝块的乳称为酒精阳性乳，酒精阳性乳有下列几种：

①高酸度酒精阳性乳：一般乳的酸度在 20°T 以上时酒精试验为阳性，称为高酸度酒精阳性乳。

其原因是鲜乳中微生物繁殖使酸度升高。因此，要注意挤乳时的卫生，并将挤出的鲜乳保存在适当的温度条件下，以免微生物污染繁殖。

②低酸度酒精阳性乳：有的鲜乳虽然酸度低（16°T 以下），但酒精试验也呈阳性，称为低酸度酒精阳性乳。

③冻结乳：冬季因受气候和运输的影响，鲜乳产生冻结现象，这时乳中一部分酪蛋白变性。同时，在处理时因温度和时间的影响，酸度相应升高，以致产生酒精阳性乳。但这种酒精阳性乳的耐热性比因受其他原因产生的酒精阳性乳高。

（2）异物污染乳　异物污染乳是指在乳中混入原来不存在的物质。其中，有人为混入异常乳和因预防治疗、促进发育以及食品保藏过程中使用抗生素和激素等而进入乳中的异常乳。此外，还有因饲料和饮水等使农药进入乳中造成的异常乳。乳中含有防腐剂、抗生素时，不应用作加工的原料。人为异常乳即掺假乳，是目前乳品生产的大敌，因此必须加强原料乳的验收工作。

（3）低成分乳　原料乳的成分明显低于常乳，乳的总干物质不足 11%，乳脂率低于 2.7%。主要是遗传和饲养管理等原因造成的。

（4）风味异常乳　造成牛乳风味异常的因素很多，主要有通过机体转移或从空气中吸收而来的饲料味、由酶作用而产生的脂肪分解味、挤乳后从外界污染或吸收的牛体味或金属味等。

3. 微生物污染乳　微生物污染乳也是异常乳的一种。鲜乳容易由乳酸菌产酸凝固，由大肠杆菌产生气体，由芽孢杆菌产生胨化和碱化，并发生异常风味（腐败味）。低温菌也可能产生胨化和变黏，脂肪的分解发生脂肪分解味、苦味和非酸凝固。由于挤乳前后的污染、不及时冷却或器具的洗涤杀菌不完全等，可使鲜乳被大量微生物污染。

4. 病理异常乳　指因泌乳动物患病而分泌的化学成分和性质发生变化的乳，如乳房炎乳、结核乳等。

（1）乳房炎乳　由于外伤或者细菌感染，使乳房发生炎症，这时乳房所分泌的乳，其成分和性质都发生变化，特别是乳糖含量降低，氯含量增加，球蛋白含量升高，酪蛋白含量下降，并且细胞（上皮细胞）数量多，以致无脂干物质含量较常乳少。造成乳房炎的原因主要是乳牛体表和牛舍环境卫生不合乎卫生要求，挤乳方法不合理，尤其是使用挤乳机时，使用不合理或不彻底清洗杀菌，使乳房炎发病率升高。

乳牛患乳房炎后，牛乳的凝乳张力下降，用凝乳酶凝固乳时所需的时间较常乳长，这是乳蛋白异常所致。另外，乳房炎乳中维生素 A、维生素 C 的变化不大，而维生素 B_1、维生素 B_2 含量减少。

（2）其他病牛乳　主要由患口蹄疫、布氏杆菌病等乳牛所产的乳，乳的质量变化大致与乳房炎乳相类似。另外，乳牛患酮体过剩、肝机能障碍、繁殖障碍等疾病时，易分泌酒精阳性乳。

第二节　常乳的理化性质

一、感官性质

1. 色泽　正常的新鲜牛乳呈不透明的乳白色或淡黄色。乳的白色是由于乳中的酪蛋白酸钙-磷酸钙胶粒及脂肪球等微粒对光的不规则反射所产生。牛乳中的脂溶性胡萝卜素和叶黄素使乳略带淡黄色，而水溶性的核黄素使乳清呈荧光性黄绿色。

2. 滋味与气味　乳中含有挥发性脂肪酸及其他挥发性物质，这些物质是牛乳气味的主要构成成分。这种香味随温度的升高而加强，乳经加热后香味强烈，冷却后减弱。乳中羰基化合物，如乙醛、丙酮、甲醛等均与牛乳风味有关。牛乳除固有的香味之外，还很容易吸收外界的各种气味。所以，挤出的牛乳如在牛舍中放置时间太久，会带有牛粪味或饲料味，贮存器不良时则产生金属味，消毒温度过高时则产生焦糖味。所以每一个处理过程都必须保持周围环境的清洁，以避免各种因素的影响。

纯净的新鲜乳滋味稍甜，这是由于乳中含有乳糖。除甜味外，乳中因含有氯离子而稍带咸味。常乳中的咸味因受乳糖、脂肪、蛋白质等调和而不易觉察，但异常乳如乳房炎乳中氯的含量较高，有浓厚的咸味。乳中的苦味来自 Mg^{2+}、Ca^{2+}，而酸味则由柠檬酸及磷酸产生。

二、酸度

刚挤出的新鲜乳的酸度为 0.15%～0.18%（16～18°T），固有酸度或自然酸度主要由乳中的蛋白质、柠檬酸盐、磷酸盐及二氧化碳等酸性物质造成，其中，CO_2 占 0.01%～0.02%（2～3°T）、乳蛋白占 0.05%～0.08%（3～4°T）、柠檬酸盐占 0.01%和磷酸盐占 0.06%～0.08%（10～12°T）。

乳在微生物的作用下，乳糖发酵产生乳酸，导致乳的酸度逐渐升高。由于发酵产酸而升高的这部分酸度称为发酵酸度。固有酸度和发酵酸度之和称为总酸度。一般条件下，乳品工业所测定的酸度是总酸度。

乳品工业中酸度是指以标准碱液滴定法测定的滴定酸度。滴定酸度有多种测定方法和表示形式。我国滴定酸度用吉尔涅尔度（°T）或乳酸度（%）来表示。

1. 吉尔涅尔度（°T） 指中和 100mL 牛乳所需 0.1mol/L 氢氧化钠的体积（mL）。测定时取 10mL 牛乳，用 20mL 蒸馏水稀释，加入 0.5%的酚酞指示剂 0.5mL，以 0.1mol/L 氢氧化钠溶液滴定，将所消耗的 NaOH 体积（mL）乘以 10，即为乳样的度数（°T）。

2. 乳酸度（%） 用乳酸量表示酸度时，按上述方法测定后用下列公式计算：

$$乳酸度=\frac{0.1\text{mol/L NaOH 的体积（mL）}\times 0.009}{\text{供试牛乳质量（g）}}\times 100\%$$

若以乳酸百分率计，牛乳自然酸度为 0.15%～0.18%。生产中广泛采用测定滴定酸度来间接掌握乳的新鲜度。乳酸度越高，乳对热的稳定性就越低。

3. pH pH 是氢离子浓度的负对数，正常新鲜牛乳的 pH 为 6.5～6.7，一般酸败乳或初乳的 pH 在 6.4 以下，乳房炎乳或低酸度乳 pH 在 6.8 以上。

滴定酸度可以及时反映出乳酸产生的程度，而 pH 反映的是乳的表观酸度，两者不呈现规律性的关系。

三、比重和密度

乳的比重是指在 15℃时乳的质量与同温度下同体积水的质量之比，正常牛乳的比重为 1.030～1.032；乳的密度是指乳在 20℃时的质量与同体积 4℃水的质量之比，正常牛乳的密度为 1.028～1.030。在同温度下，乳的密度较比重小 0.001 9，乳品生产中常以 0.002 的差数进行换算。

乳的比重和密度受多种因素的影响，如乳的温度、脂肪含量、非脂乳固体（SNF）含量、乳挤出的时间及是否掺假等。乳的比重/密度受乳温度的影响较大，温度升高则测定值下降，温度下降则测定值升高。在 10～30℃，乳的温度每升高或降低 1℃，实测值减少或增加 0.000 2。因此，在乳比重/密度的测定中，必须同时测定乳的温度，并进行必要的校正。

乳脂肪的比重较低，约为 0.925 0，所以乳脂率越高则乳的比重/密度越低；与此相反，SNF 的比重较大，约为 1.615 0，脱脂乳比重为 1.034～1.400，故 SNF 含量越高则乳的比重/密度就越大。

乳的相对密度在挤乳后 1h 内最低，其后逐渐上升，最后可升高 0.001 左右，这是由于气体的逸散、蛋白质的水合作用及脂肪的凝固使容积发生变化。

在乳中掺固形物，由于比重较大，往往使乳的比重提高，这也是一些掺假的主要目的之一。而在乳中掺水则乳的比重下降，通常每掺入10%的水，乳的比重/密度下降0.003。因此，在乳的验收过程中通过测定乳的比重/密度可以判断原料乳是否掺水。

四、热学性质

1. 冰点 牛乳的冰点一般为－0.525到－0.565℃，平均为－0.540℃。牛乳中的乳糖和盐类是导致冰点下降的主要因素。正常的牛乳其乳糖及盐类的含量变化很小，所以冰点很稳定。在乳中掺水可使乳的冰点升高，可根据冰点测定结果，用下列公式来推算掺水量：

$$X=\frac{T-T_1}{T}\times 100\%$$

式中 G ——掺水量，%；

T ——正常乳的冰点，℃；

T_1——被检乳的冰点，℃。

酸败牛乳的冰点会降低，所以测定冰点时要求牛乳的酸度必须在20°T以内。

2. 沸点 牛乳的沸点在101.325kPa（1个大气压）下为100.55℃，乳的沸点受其固形物含量的影响。浓缩到原体积的1/2时，沸点上升到101.05℃。

3. 比热容 牛乳的比热容为其所含各成分之比热容的总和。牛乳中主要成分的比热容[kJ/(kg·K)]：乳蛋白2.09，乳脂肪2.09，乳糖1.25，盐类2.93。根据乳成分的百分含量可计算得牛乳的比热容约为3.89kJ/(kg·K)。

乳和乳制品的比热容，在乳品生产过程中常用于加热量和制冷量计算，可按照下列标准计算：牛乳为3.94～3.98kJ/(kg·K)，稀奶油为3.68～3.77kJ/(kg·K)，干酪为2.34～2.51kJ/(kg·K)，炼乳为2.18～2.35kJ/(kg·K)，加糖乳粉为1.84～2.011kJ/(kg·K)。

五、黏度与表面张力

牛乳大致可认为属于牛顿流体。正常乳的黏度为0.001 5～0.002Pa·s，牛乳的黏度随温度升高而降低。在乳的成分中，脂肪及蛋白质对黏度的影响最显著，随着含脂率、乳固体含量的增高，黏度也增加。初乳、末乳的黏度都比正常乳高。在加工中，黏度受脱脂、杀菌、均质等操作的影响。

牛乳的表面张力与牛乳的起泡性、乳浊状态、微生物的生长发育、热处理、均质作用及风味等有密切关系。测定表面张力的目的是鉴别乳中是否混有其他添加物。

牛乳表面张力在20℃时为0.04～0.06N/cm。牛乳的表面张力随温度上升而降低，随含脂率下降而增大。乳经均质处理，脂肪球表面积增大，由于表面活性物质吸附于脂肪球界面处，从而增加了表面张力。但如果不将脂酶先经加热处理而使其钝化，均质处理会使脂肪酶活性增加，使乳脂水解生成游离脂肪酸，使表面张力降低。表面张力与乳的起泡性有关，加工冰激凌或搅打发泡稀奶油时希望有浓厚而稳定的泡沫形成，但运送乳、净化乳、稀奶油分离、杀菌时则不希望形成泡沫。

六、电学性质

1. 电导率 乳中含有电解质而具有导电性。牛乳的电导率与其成分，特别是氯离子和乳糖的含量有关。正常牛乳在25℃时，电导率为0.004～0.005S/m（西门子/米）。乳房炎乳中Na^+、Cl^-等离子增多，电导率上升。一般电导率超过0.06S/m即可认为是患病牛乳。故电导率可用于乳房炎乳的快速鉴定。

脱脂乳中由于妨碍离子运动的脂肪已被除去，因此电导率比全乳增加。将牛乳煮沸时，由于CO_2消失，且磷酸钙沉淀，电导率降低。乳在蒸发过程中，干物质含量在36%～40%时电导率增高，此后又逐渐降低。因此，在生产中可以利用电导率来检查乳的蒸发程度及调节真空蒸发器的运行。

2. 氧化还原电位 乳中含有很多具有氧化还原作用的物质，如维生素B_2、维生素C、维生素E、酶类、溶解态氧、微生物代谢产物等。乳中进行氧化还原反应的方向和强度取决于这类物质的含量。氧化还原电位可反映乳中进行的氧化还原反应的趋势。一般牛乳的氧化还原电位（*Eh*）为+0.23～+0.25V。乳经过加热则产生还原性的产物而使*Eh*降低，Cu^{2+}存在可使*Eh*增高。牛乳如果受到微生物污染，随着氧的消耗和还原性代谢产物的产生，可使其氧化还原电位降低，当与甲基蓝、刃天青等氧化还原指示剂共存时可使其褪色。此原理可应用于微生物污染程度的检验。

七、折射率

由于溶质的存在，牛乳的折射率比水的折射率大，但在全乳中因有脂肪球的不规则反射影响，不易准确测定。由脱脂乳测得的较准确折射率n_D^{20}=1.344～1.348，此值与乳固体的含量有比例关系，由此可判定牛乳是否掺水。

思考题

1. 牛乳的主要化学成分包括哪些？
2. 简述乳脂肪在乳中的存在状态，乳脂肪球膜的构造如何影响乳脂肪的稳定性。
3. 简述酪蛋白在乳中的存在状态，以及影响酪蛋白胶粒稳定性的因素。
4. 乳糖的种类及结晶状态对乳制品的品质有何影响？
5. 简述牛乳中的无机物的种类及存在状态，以及对牛乳稳定性的影响。
6. 乳中的酶类主要包括哪些？对乳制品的质量有何影响？
7. 简述异常乳的种类及特性，异常乳形成的原因及控制。
8. 简述牛乳的物理性质及其对判断牛乳品质的作用。

乳中的微生物及原料乳质量控制

本章学习目标 了解乳中微生物的来源、种类、性状，控制乳中微生物的生长与繁殖，保证乳的质量。掌握鲜乳的质量标准、验收方法及原料乳的质量控制体系。

第一节 乳中微生物

一、微生物来源

（一）乳房内的污染

乳房中微生物多少取决于乳房的清洁程度，许多细菌通过乳头管栖生于乳池下部，这些细菌从乳头端部侵入乳房，由于细菌本身的繁殖和乳房的物理蠕动而进入乳房内部。因此，第一股乳流中微生物的数量最多。

正常情况下，随着挤乳的进行，乳中细菌含量逐渐减少。所以在挤乳时最初挤出的乳应单独存放并另行处理。

（二）牛体的污染

挤奶时鲜乳受乳房周围和牛体其他部分污染的机会很多。牛舍空气、垫草、尘土以及本身排泄物中的细菌大量附着在乳房的周围，挤乳时易侵入牛乳中。这些污染菌中，多数属于带芽孢的杆菌和大肠杆菌等。所以在挤乳时，应用温水严格清洗乳房和腹部，并用清洁的毛巾擦干。

（三）空气的污染

挤乳及收乳过程中，鲜乳经常暴露于空气中，易受空气中的微生物污染。尤其是在含灰尘较大的空气中，以带芽孢的杆菌和球菌属居多，霉菌的孢子也很多。现代化的挤乳站、机械化挤乳、管道封闭运输可减少来自空气的污染。

（四）挤乳用具的污染

挤乳时所用的桶、挤乳机、过滤布、洗乳房用布等，如果不事先进行清洗杀菌，也易使鲜乳受到污染，所以用具的清洗杀菌对防止微生物污染有重要意义。

（五）其他污染来源

操作工人的手不清洁，或者混入苍蝇及其他昆虫等，都会污染乳品。还须注意勿使污水进入桶内，并防止其他直接或间接的原因从桶口侵入微生物。

二、微生物种类及其性质

牛乳在健康的乳房中时就已有某些微生物存在，加上在挤乳和处理过程中外界微生物的侵入，乳中微生物的种类就有很多。

（一）细菌

牛乳中的细菌，在室温或室温以上温度大量增殖，根据其对牛乳所产生的变化可分为以下几种：

1. 产酸菌　主要为乳酸菌，指能分解乳糖产生乳酸的细菌。在乳和乳制品中主要有乳球菌科和乳杆菌科，包括链球菌属、明串珠菌属和乳杆菌属。

2. 产气菌　这类菌在牛乳中生长时能生成酸和气体。例如，大肠杆菌和产气杆菌是牛乳中常见的产气菌。产气杆菌能在低温下增殖，是低温贮藏时能使牛乳酸败的重要菌种。另外，可从牛乳和干酪中分离得到费氏丙酸杆菌和谢氏丙酸杆菌。生长温度范围为15～40℃。用丙酸菌生产干酪时，可使产品具有气孔和特有的风味。

3. 肠道杆菌　肠道杆菌是一群寄生在肠道的革兰阴性短杆菌。在乳品生产中是评定乳制品污染程度的指标之一，其中主要有大肠菌群和沙门菌。

4. 芽孢杆菌　该菌因能形成耐热性芽孢，故杀菌处理后，仍残存在乳中。可分为好气性杆菌属和厌气性梭状菌属两种。

5. 球菌类　一般为好气性，能产生色素。牛乳中常出现的有微球菌属和葡萄球菌属。

6. 低温菌　7℃以下能生长繁殖的细菌称为低温菌，在20℃以下能繁殖的称为嗜冷菌。乳品中常见的低温菌属有假单胞菌属和醋酸杆菌属。这些菌在低温下生长良好，能使乳中蛋白质分解引起牛乳胨化，并分解脂肪使牛乳产生哈喇味，从而引起乳制品腐败变质。

7. 高温菌和耐热性细菌　高温菌或嗜热性细菌是指在40℃以上能正常生长的菌群。如乳酸菌中的嗜热链球菌、保加利亚乳杆菌、好气性芽孢菌（如嗜热脂肪芽孢杆菌）和放线菌（如干酪链霉菌）等。特别是嗜热脂肪芽孢杆菌，最适生长温度为60～70℃。

耐热性细菌在生产上是指低温杀菌条件下还能生存的细菌。用超高温杀菌（135℃、数秒），上述细菌及其芽孢都能被杀死。

8. 蛋白分解菌和脂肪分解菌

（1）*蛋白分解菌*　蛋白分解菌是指能产生蛋白酶而将蛋白质分解的菌群。生产发酵乳制品时的大部分乳酸菌能使乳中蛋白质分解，属于有用菌。也有属于腐败性的蛋白分解菌，能使蛋白质分解出氨和胺类，可使牛乳产生黏性、碱性和胨化。

（2）*脂肪分解菌*　脂肪分解菌是指能使甘油酸酯分解生成甘油和脂肪酸的菌群。脂肪分解菌中，除一部分在干酪生产方面有用外，一般都是使牛乳和乳制品变质的细菌，尤其对稀奶油和奶油危害更大。主要的脂肪分解菌有荧光极毛杆菌、蛇蛋果假单胞菌、无色解脂菌、解脂小球菌、干酪乳杆菌等。大多数解脂酶有耐热性，并且在0℃以下也具有活力。因此，牛乳中如有脂肪分解菌存在，即使进行冷却或加热杀菌，也往往带有意想不到的脂肪分解味。

9. 放线菌　与乳品方面有关的放线菌有分枝杆菌属、放线菌属、链霉菌属。分枝杆菌属以嫌酸菌而闻名，是抗酸性的杆菌，无运动性，多数具有病原性。例如结核分枝杆菌形成的毒素，有耐热性，对人体有害。放线菌属中与乳品有关的主要有牛型放线菌，此菌生长在牛的口腔和乳房，随后转入牛乳中。链霉菌属中与乳品有关的主要是干酪链霉菌，属胨化菌，能使蛋白质分解导致腐败变质。

（二）酵母

乳与乳制品中常见的酵母有脆壁酵母（*Saccharomyces fragilis*）、膜醭毕赤氏酵母（*Pichia membranaefaciens*）、汉逊氏酵母（*Hansenula polymorpha*）和圆酵母属（*Torula*）及假丝酵母属（*Candida*）等。

脆壁酵母能使乳糖形成酒精和二氧化碳。该酵母是生产牛乳酒、酸马奶酒的珍贵菌种。乳清进行酒精发酵时常用此菌。

毕赤氏酵母能使低浓度的酒精饮料表面形成干燥皮膜，故有产膜酵母之称。膜醭毕赤氏酵母主要存在于酸凝乳及发酵奶油中。

汉逊氏酵母多存在于干酪及乳房炎乳中。

圆酵母属是无孢子酵母的代表。能使乳糖发酵，污染有此酵母的乳和乳制品，产生酵母味，并能使干酪和炼乳罐头膨胀。

假丝酵母属的氧化分解能力很强。能使乳酸分解形成二氧化碳和水。由于酒精发酵力很高，因此，也用于开菲乳（kefir）和酒精发酵。

（三）霉菌

牛乳及乳制品中存在的霉菌主要有根霉、毛霉、曲霉、青霉、串珠霉等，大多数（如污染于奶油、干酪表面的霉菌）属于有害菌。与乳品有关的主要有白地霉、毛霉及根霉属等，如生产卡门培尔干酪、罗奎福特干酪和青纹干酪时需要依靠霉菌。

（四）噬菌体

噬菌体是侵入微生物中病毒的总称，故也称细菌病毒。它只能生长于宿主菌内，并在宿主菌内裂殖，导致宿主的破裂。当乳制品发酵剂受噬菌体污染后，就会导致发酵失败，是干酪、酸乳生产中必须注意的问题。

三、鲜乳存放期间微生物的变化

（一）牛乳在室温贮藏时微生物的变化

新鲜牛乳在杀菌前期都有一定数量的、不同种类的微生物存在，如果放置在室温（10～21℃）下，乳液会因微生物的活动而逐渐变质。室温下微生物的生长过程见图 2-2-1，可分为以下几个阶段：

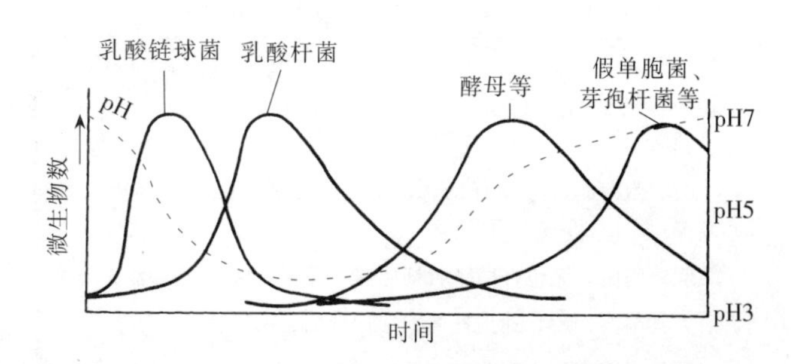

图 2-2-1　鲜乳中微生物的变化

1. 抑制期　新鲜乳液中均含有抗菌物质，其杀菌或抑菌作用在含菌少的鲜乳中可持续 36h（13～14℃）；若在污染严重的乳液中，其作用可持续 18h 左右。在此期间，乳液含菌数不会增高，若温度升高，则抗菌物质的作用增强，但持续时间会缩短。因此，鲜乳放置在室温环境中，一定时间内不会发生变质现象。

2. 乳酸链球菌期 鲜乳中的抗菌物质减少或消失后，存在乳中的微生物即迅速繁殖，占优势的细菌是乳酸链球菌、乳酸杆菌、大肠杆菌和一些蛋白质分解菌等，其中以乳酸链球菌生长繁殖特别旺盛。乳酸链球菌使乳糖分解，产生乳酸，因而乳液的酸度不断升高。如有大肠杆菌繁殖时，将有产气现象出现。由于乳的酸度不断地上升，就抑制了其他腐败菌的生长。当酸度升高至一定酸度时（pH 4.5），乳酸链球菌本身生长也受到抑制，并逐渐减少，这时有乳凝块出现。

3. 乳酸杆菌期 pH 下降至 6 左右时，乳酸杆菌的活动力逐渐增强。当 pH 继续下降至 4.5 以下时，由于乳酸杆菌耐酸力较强，尚能继续繁殖并产酸。在此阶段乳液中可出现大量乳凝块，并有大量乳清析出。

4. 真菌期 当酸度继续升高至 pH 3.5～3 时，绝大多数微生物被抑制甚至死亡，仅酵母和霉菌尚能适应高酸性的环境，并能利用乳酸及其他一些有机酸。由于酸被利用，乳液的酸度会逐渐降低，使乳液的 pH 不断上升并接近中性。

5. 胨化菌期 当乳液中的乳糖大量被消耗后，残留量已很少，适宜分解蛋白质和脂肪的细菌微生物开始生长繁殖，同时乳凝块被消化，乳液的 pH 不断升高，逐渐向碱性方向转化，并有腐败的臭味产生。这时的腐败菌大部分属于芽孢杆菌属、假单胞菌属以及变形杆菌属。

（二）牛乳在冷藏中微生物的变化

在冷藏条件下，鲜乳中适合于室温下繁殖的微生物生长被抑制，而嗜冷菌则能生长，但生长速度非常缓慢。这些嗜冷菌包括假单胞杆菌属、产碱杆菌属、无色杆菌属、黄杆菌属、克雷伯氏杆菌属和小球菌属。

冷藏乳的变质主要在于乳液中的蛋白质和脂肪的分解。多数假单胞杆菌属中的细菌均具有产生脂肪酶的特性，这些脂肪酶在低温下活性非常强并具有耐热性，即使在加热消毒后的乳液中，还残留活性。而低温条件下促使蛋白质分解胨化的细菌主要为产碱杆菌属和假单胞杆菌属。

四、乳的腐败变质

乳和乳制品是微生物的良好培养基，所以牛乳被微生物污染后若不及时处理，乳中的微生物就会大量繁殖，分解糖、蛋白质和脂肪等产生酸性产物、色素、气体及有碍产品风味及卫生的小分子产物及毒素，从而导致乳品出现酸凝固、色泽异常、风味异常等腐败变质现象，降低了乳品的品质与卫生状况，甚至使其失去食用价值。因此，在乳品工业生产中要严加控制微生物污染和繁殖。乳品变质类型及相关微生物见表 2-2-1。

表 2-2-1 乳及乳制品的变质类型与相关微生物

乳制品类型	变质类型	微生物种类
鲜乳与市售乳	变酸及酸凝固	乳球菌、乳杆菌属、大肠菌群、微球菌属、微杆菌属、链球菌属
	蛋白质分解	假单胞菌属、芽孢杆菌属、变形杆菌属、无色杆菌属、黄杆菌属、产碱杆菌属、微球菌属等
	脂肪分解	假单胞菌、无色杆菌、黄杆菌属、芽孢杆菌、微球菌属
	产气	大肠菌群、梭状芽孢杆菌、芽孢杆菌、酵母菌、丙酸菌
	变色	类蓝假单胞菌（灰蓝至棕色）、类黄假单胞菌（黄色）、荧光假单胞菌（棕色）、黏质沙雷氏菌（红色）、红酵母（红色）、玫瑰红微球菌（红色下沉）、黄色杆菌（变黄）
	变黏稠	黏乳产碱杆菌、肠杆菌、乳酸菌、微球菌等
	产碱	产碱杆菌属、荧光假单胞菌
	变味	蛋白分解菌（腐败味）、脂肪分解菌（酸败味）、球拟酵母（变苦）、大肠菌群（粪臭味）、变形杆菌（鱼腥臭）

（续）

乳制品类型	变质类型	微生物种类
酸乳	产酸缓慢、不凝乳	菌种退化，噬菌体污染，抑菌物质残留
	产气、异常味	大肠菌群、酵母菌、芽孢杆菌
干酪	膨胀	成熟初期膨胀：大肠菌群（粪臭味）；成熟后期膨胀：酵母菌、丁酸梭菌
	表面变质	液化：酵母菌、短杆菌、霉菌、蛋白分解菌
		软化：酵母菌、霉菌
	表面色斑	烟曲霉（黑斑）、干酪丝内孢霉（红点）、扩展短杆菌（棕红色斑）、植物乳杆菌（铁锈斑）
	霉变产毒	交链孢霉、曲霉、枝孢霉、丛梗孢霉、地霉、毛霉和青霉
	苦味	成熟菌种过度分解蛋白质、酵母菌，液化链球菌、乳房链球菌
淡炼乳	凝块、苦味	枯草杆菌、凝结芽孢杆菌、蜡样芽孢杆菌
	膨听	厌氧性梭状芽孢杆菌
甜炼乳	膨听	炼乳球拟酵母、球拟贺酵母、丁酸梭菌、乳酸菌、葡萄球菌
	黏稠	芽孢杆菌、微球菌、葡萄球菌、链球菌、乳杆菌
	纽扣状物	葡萄曲霉、灰绿曲霉、烟煤色串孢霉、黑丛梗孢霉、青霉等
奶油	表面腐败酸败	腐败假单胞菌、荧光假单胞菌、梅实假单胞菌、沙雷氏菌酸腐节卵孢霉（脂酶作用）
	变色	紫色色杆菌、玫瑰色微球菌、产黑假单胞菌
	发霉	枝孢霉、单孢枝霉、交链孢霉、曲霉、毛霉、根霉等

第二节　原料乳的质量标准及验收

原料乳送到工厂后，必须根据指标规定，即时进行质量检验，按质论价分别处理。

一、质量标准

我国规定生鲜牛乳收购的质量标准（GB 19301—2010）包括感官指标、理化指标及微生物指标。

（一）感官指标

正常牛乳呈白色或微黄色；具有乳固有的香味，无异味；呈均匀一致液体，无凝块，无沉淀，无正常视力可见异物。

（二）理化指标

理化指标只有合格指标，不再分级。原料乳验收时的理化指标见表 2-2-2。

表 2-2-2　生鲜乳的理化指标

项目		指标
冰点①②/℃		−0.560～−0.500
相对密度/（20℃/4℃）	≥	1.027

（续）

项目		指标
蛋白质/（g/100g）	≥	2.8
脂肪/（g/100g）	≥	3.1
杂质度/（mg/kg）	≥	4.0
非脂乳固体/（g/100g）	≥	8.1
酸度/°T		
牛乳②		12～18
羊乳		6～13

注：①挤出 3h 后检测；②仅适用于荷斯坦奶牛。

（三）微生物指标

微生物指标有下列两种，均可采用。采用平皿培养法计算细菌总数；或采用美蓝还原褪色法，即按美蓝褪色时间分级指标进行评级。两者只允许用一种，不能重复。见表 2-2-3。

表 2-2-3 原料乳的细菌指标

分级	平皿细菌总数分级指标法（$\times10^4$）/（cfu/mL）	美蓝褪色时间分级指标法
Ⅰ	≤50	≥4h
Ⅱ	≤100	≥2.5h
Ⅲ	≤200	≥1.5h
Ⅳ	≤400	≥40min

此外，许多乳品收购单位还规定有下述情况之一者不得收购：①产犊前 15d 内的末乳和产犊后 7d 内的初乳；②牛乳颜色有变化，呈红色、绿色或显著黄色者；③牛乳中有肉眼可见杂质者；④牛乳中有凝块或絮状沉淀者；⑤牛乳中有畜舍味、苦味、霉味、臭味、涩味、煮沸味及其他异味者；⑥用抗生素或其他对牛乳有影响的药物治疗期间，母牛所产的乳和停药后 3d 内的乳；⑦添加有防腐剂、抗生素和其他任何有碍食品卫生的乳；⑧酸度超过 20°T 的乳。

二、验收

（一）感官检验

鲜乳的感官检验主要是进行嗅觉、味觉、外观、尘埃等的鉴定。

正常鲜乳为乳白色或微黄色，不得含有肉眼可见的异物，不得有红、绿等异色，不能有苦、涩、咸的滋味和饲料、青贮、霉等异味。

（二）酒精检验

酒精检验是为观察鲜乳的抗热性而广泛使用的一种方法。通过酒精的脱水作用，确定酪蛋白的稳定性。新鲜牛乳对酒精的作用表现出相对稳定，而不新鲜的牛乳蛋白质胶粒已呈不稳定状态，当受到酒精的脱水作用时，则加速其聚沉。此法可验出鲜乳的酸度，以及盐类平衡不良乳、初乳、末乳及因细菌作用而产生凝乳酶的乳和乳房炎乳等。

酒精试验与酒精浓度有关，一般以 72%（体积分数）的中性酒精与原料乳等量混合摇匀，以无凝块出现为标准。正常牛乳的滴定酸度不高于 18°T，不会出现凝块。但是影响乳中蛋白质稳定性的因素较多，如乳中钙盐增高时，在酒精试验中会由于酪蛋白胶粒脱水失去溶剂化层，使钙盐容易和酪蛋白结合，形成酪蛋白酸钙沉淀。

新鲜牛乳的滴定酸度为16～18°T。为了合理利用原料乳和保证乳制品质量，用于制造淡炼乳和超高温灭菌奶的原料乳，用75%酒精试验；用于制造乳粉的原料乳，用68%酒精试验（酸度不得超过20°T）。酸度不超过22°T的原料乳尚可用于制造奶油，但其风味较差。酸度超过22°T的原料乳只能用于生产工业用的干酪素、乳糖等。

（三）滴定酸度

滴定酸度就是用相应的碱中和鲜乳中的酸性物质，根据碱的用量确定鲜乳的酸度和热稳定性。一般用0.1mol/L NaOH滴定，计算乳的酸度。该法测定酸度虽然准确，但在现场收购时受实验条件限制。

（四）密度

密度是评定鲜乳成分是否正常的一项指标，但不能只凭这一项来判断，必须再结合脂肪、风味的检验，综合判断鲜乳是否经过脱脂或是否加水。

（五）细菌数、体细胞数、抗生物质检验

一般现场收购鲜奶不做细菌检验，但在加工以前，必须检查细菌总数和体细胞数，以确定原料乳的质量。如果是加工发酵制品的原料乳，必须做抗生物质检查。

1. 细菌检查 细菌检查方法很多，有美蓝还原试验、细菌平板菌落计数、直接镜检等方法。

（1）*美蓝还原试验* 美蓝还原试验是用来判断原料乳新鲜程度的一种色素还原试验。新鲜乳加入亚甲基蓝后染为蓝色，如乳中污染有大量微生物，则产生还原酶使颜色逐渐变淡，直至无色。通过测定颜色变化速度，可以间接地推断出鲜乳中的细菌数。

该法除可迅速地间接查明细菌数外，对白细胞及其他细胞的还原作用也敏感。因此，还可检验异常乳（乳房炎乳及初乳或末乳）。

（2）*细菌平板菌落计数* 平板培养计数是取样稀释后，接种于琼脂培养基上，培养24h后计数，以测定样品的细菌总数。该法测定样品中的活菌数，需要时间较长。

（3）*直接镜检（费里德氏法）* 是利用显微镜直接观察确定鲜乳中微生物数量的一种方法。取一定量的乳样，在载玻片上涂抹一定的面积，经过干燥、染色、镜检观察细菌数，然后根据显微镜视野面积，推断出鲜乳中的细菌总数，而非活菌数。

直接镜检法比平板培养法更能迅速判断结果，通过观察细菌的形态，还能推断细菌数增多的原因。

2. 细胞数检验 正常乳中的体细胞，多数来源于上皮组织的单核细胞，如有明显的多核细胞出现，可判断为异常乳。常用的方法有直接镜检法（同细菌检查）或加利福尼亚细胞数测定法（GMT法）。GMT法的原理是在表面活性物质和碱性药物作用下，乳中体细胞被破坏，释放出DNA，进一步作用，使乳汁产生沉淀或形成凝胶。细胞越多，凝集状态越强，出现的凝集片越多。

3. 抗生物质残留量检验 抗生物质残留量检验是验收发酵乳制品原料乳的必检指标。常用的方法有以下几种：

（1）TTC试验 如果鲜乳中有抗生物质的残留，在被检乳样中接种细菌进行培养，细菌不能增殖，此时加入的指示剂TTC保持原有的无色状态（未经过还原）。反之，如果无抗生物质残留，试验菌就会增殖，使TTC还原，被检样品变成红色。可见被检样品保持鲜乳的颜色，即为阳性；被检样品变成红色，为阴性。

(2) 纸片法　将指示菌接种到琼脂培养基上，然后将浸过被检乳样的纸片放入培养基进行培养。如果被检乳样中有抗生物质残留，则会向纸片的四周扩散，在纸片周围形成透明的阻止带，阻止指示菌生长，根据阻止带的直径可判断抗生物质的残留量。

(六) 乳成分测定

近年来随着分析仪器的发展，乳品检测方法出现了很多高效率的检验仪器。如采用光学法来测定乳脂肪、乳蛋白、乳糖及总干物质。

1. 微波干燥法测定总干物质（TMS 检验）　通过 2 450MHz 的微波干燥牛奶，并自动称量、记录乳总干物质的质量，测定速度快且测定准确，便于指导生产。

2. 红外线牛奶全成分测定　通过红外线分光光度计，自动测出牛奶中的脂肪、蛋白质、乳糖 3 种成分。红外线通过牛奶后，牛奶中的脂肪、蛋白质、乳糖减弱了红外线的波长，通过红外线波长的减弱率可得 3 种成分的含量。该法测定速度快，但设备造价高。

第三节　原料乳的质量控制

原料乳的质量好坏是影响乳制品质量的关键，只有优质的原料乳才能生产优质的产品。为了保证原料乳的质量，挤出的牛乳在牧场必须立即进行过滤、冷却等初步处理。

原料乳的生产

一、过滤与净化

(一) 过滤

牧场在没有严格遵守卫生条件下挤乳时，乳容易被粪屑、饲料、垫草、牛毛和蚊蝇等所污染。因此挤下的乳必须及时进行过滤。

凡是将乳从一个地方送到另一个地方，从一个工序移到另一个工序，或者由一个容器转移到另一个容器时，都应该进行过滤。过滤的方法，除用纱布外，也可以用过滤器进行。过滤器具、介质必须清洁卫生，及时清洗杀菌。

(二) 净化

原料乳经过数次过滤后，虽然除去了大部分杂质，但是由于乳中污染了很多极为微小的机械杂质和细菌细胞，难以用一般的过滤方法除去。为了达到最高的纯净度，一般采用离心净乳机净化。离心净乳就是利用乳在分离钵内受强大离心力的作用，将大量的机械杂质留在分离钵内壁上，而乳被净化。

二、冷却

净化后的乳最好直接加工，如果短期贮藏时，必须及时进行冷却，以保持乳的新鲜度。

(一) 冷却的作用

刚挤下的乳温度在 36℃左右，是微生物繁殖最适宜的温度，如不及时冷却，混入乳中的微生物就会迅速繁殖。故新挤出的乳，经净化后须冷却到 4℃左右。冷却对乳中微生物的抑制作用见表 2-2-4。

表 2-2-4 乳的冷却与乳中细菌数的关系（菌落数：cfu/mL）

贮存时间	刚挤出的乳	3h	6h	12h	24h
冷却乳	11 500	11 500	8 000	7 800	62 000
未冷却乳	11 500	18 500	102 000	114 000	1 300 000

由表 2-2-4 看出，未冷却的乳中，细菌数增加迅速，而冷却乳中则增加缓慢。在第 6～12h 期间细菌数还有减少的趋势，这是因为低温和乳中自身抗生物质——乳烃素（拉克特宁，lactenin）使细菌的繁殖受到抑制。

新挤出的乳迅速冷却到低温可以使抗菌特性保持较长的时间。另外，原料乳污染越严重，抗菌作用时间越短。例如，乳温 10℃时，挤乳时严格执行卫生制度的乳样，其抗菌期是未严格执行卫生制度乳样的 2 倍。因此，刚挤出的乳迅速冷却，是保证鲜乳较长时间保持新鲜度的必要条件。通常可以根据贮存时间的长短选择适宜的温度，见表 2-2-5、图 2-2-2。

表 2-2-5 牛乳的贮存时间与冷却温度的关系

乳的贮存时间/h	6～12	12～18	18～24	24～36
应冷却的温度/℃	10～8	8～6	6～5	5～4

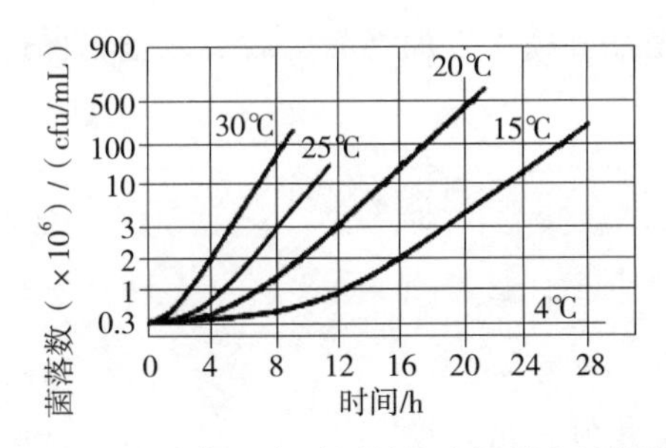

图 2-2-2 贮藏温度对原料奶中细菌生长的影响

（二）冷却的方法

1. 水池冷却 将装乳桶放在水池中，用冷水或冰水进行冷却，可使乳温度降至比冷却水温度高 3～4℃。水池冷却的缺点是冷却缓慢，消耗水量较多，劳动强度大，不易管理。

2. 浸没式冷却器冷却 这种冷却器可以插入贮乳槽或奶桶中以冷却牛乳。浸没式冷却器中带有离心式搅拌器，可以调节搅拌速度并带有自动控制开关，可以定时、自动进行搅拌，故可使牛乳均匀冷却，并防止稀奶油上浮，适合于奶站和较大规模的牧场。

3. 冷排和板式热交换器冷却 牛乳流过冷排冷却器与冷剂（冷水或冷盐水）进行热交换后流入贮乳槽中。这种冷却器构造简单，价格低廉，冷却效率却比较高。目前许多乳品厂及奶站用板式热交换器对牛乳进行冷却。板式热交换器克服了表面冷却器因乳液暴露于空气中而容易污染的缺点，用冷盐水作冷媒时，可使乳温迅速降到 4℃左右。

三、贮存

为了保证工厂连续生产的需要，必须有一定的原料乳贮存量。一般工厂总的贮乳量应不少于 1d 的处理量。冷却后的乳应尽可能保持低温，以防止温度升高而保存性降低。因此，贮存原料乳的设备要有良好的绝热保温措施，并配有适当的搅拌装置，定时搅拌以防止乳脂肪上浮而造成分布不均匀。

贮乳设备一般采用不锈钢材料制成，应配有不同容量的贮乳罐，保证贮乳时每一罐能尽量装满。贮乳罐外有绝缘层（保温层）或冷却夹层，以防止罐内温度上升。贮乳罐要求保温性能良好，一般经过 24h 贮存后，乳温上升不得超过 2～3℃。

贮乳罐的容量，应根据各厂每天牛乳总收纳量、收乳时间、运输时间及能力等因素决定。一般贮乳罐的总容量应为日收纳总量的 2/3～1。而且每只贮乳罐的容量应与每班生产能力相适应。每班的处理量一般相当于 2 个贮乳罐的乳容量，否则多个贮乳罐会增加调罐、清洗的工作量和增加牛乳的损耗。贮乳罐使用前应彻底清洗、杀菌，待冷却后贮入牛乳。每罐须放满并加盖密封，如果装半罐会加快乳温上升，不利于原料乳的贮存。贮存期间要开动搅拌机，24h 内搅拌 20min，乳脂率的变化可控制在 0.1%以下。

四、运输

乳的运输是乳品生产上重要的一环，运输不妥往往造成很大的损失。在乳源分散的地方，多采用乳桶运输；乳源集中的地方，采用乳槽车运输。无论采用哪种运输方式，都应注意以下几点：①防止乳在途中升温，特别是在夏季，运输最好在夜间或早晨，或用隔热材料盖好桶。②所采用的容器须保持清洁卫生，并加以严格杀菌。③夏季必须装满盖严，以防震荡；冬季不得装得太满，避免因冻结而使容器破裂。④长距离运送乳时，最好采用乳槽车。利用乳槽车运乳的优点是单位体积表面积小，乳的升温慢，特别是在乳槽车外加绝缘层后可以基本保持运输中不升温。

思考题

1. 简述乳中微生物的来源及控制方法。
2. 简述乳中微生物的种类及其性状。
3. 鲜乳存放期间微生物是如何变化的?
4. 简述原料乳的质量标准。
5. 简述原料乳的验收方法及其原理和要求。
6. 简述原料乳的净化方法及其优缺点。
7. 原料乳的冷却方法有哪些?

CHAPTER 3
第三章 乳的加工处理

本章学习目标 熟悉乳制品生产常规加工处理单元操作的目的、处理方法、工作原理、处理效果及应用。

第一节 乳的离心分离

一、离心目的

在乳制品生产中，离心分离的目的主要是得到稀奶油，或乳标准化以得到要求的脂肪含量。另外，还可以清除乳中杂质和体细胞等，也用于除去细菌及其芽孢。

二、分离原理

乳的分离原理，是根据乳脂肪与乳中其他成分之间密度的不同，利用离心分离时离心力的作用使密度不同的两部分分离开。

（一）稀奶油的分离

离心分离和标准化是稀奶油生产中最关键的两个过程，牛乳的分离是将其中的无脂部分（脱脂乳）和多脂部分（稀奶油）分开，这是一个物理过程。牛乳脂肪球中乳脂肪与连续相（水相）之间密度是不同的，这是分离的基础。牛乳静置后，乳脂肪上浮，在牛乳表面形成一层乳脂肪富集层（图2-3-1）。

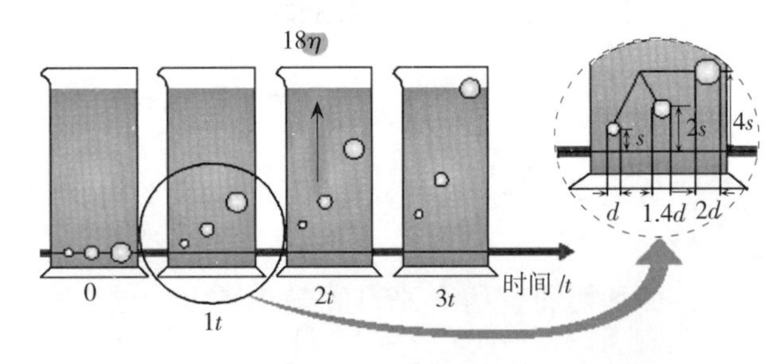

图2-3-1 不同大小脂肪球的上浮速度

乳脂肪球上浮力（F_u）由下列公式计算：

$$F_u=\frac{4\pi r^3 g\ (\rho_s-\rho_f)}{3}$$

乳脂肪上浮受到摩擦力阻挡，摩擦力可根据斯托克定律（Stokes' law）计算：

$$F_f=6\pi\eta rv$$

当乳脂肪球以恒定的速度上浮时，

$$F_u = F_f$$

$$6\pi\eta r v = \frac{4\pi r^3 g(\rho_s - \rho_f)}{3}$$

$$v = \frac{2r^2 g(\rho_s - \rho_f)}{9\eta}$$

式中 r ——乳脂肪球的半径，cm；

g ——重力加速度，cm/s^2；

v ——乳脂肪球的上浮速度，cm/s；

ρ_s ——脱脂乳（或乳清）的密度，g/cm^3；

ρ_f ——脂肪球的密度，g/cm^3；

η ——乳清的流体黏度，Pa·s。

乳脂肪上浮的速度与脂肪球半径的平方及乳清与脂肪球密度的差成正比，和乳清的流体黏度成反比。乳脂肪球和乳清的密度及乳清的黏度可通过温度的变化来控制，但脂肪球的半径是固定的。乳脂肪球越大，则上浮的速度越快，但通过静置来分离稀奶油的方法所需要的时间太长，是不切合实际的。

影响脂肪球上浮速度的另外一个方法是对脂肪球施加外力，经过离心旋转后，脂肪球的上浮速度变为：

$$v = \frac{2r^2 R\omega^2(\rho_s - \rho_f)}{9\eta}$$

或

$$v = \frac{2r^2(\rho_s - \rho_f)4\pi^2 R N^2}{9\eta}$$

式中 ω——角速度，rad/s；

R——有效离心半径，cm；

N——转动频率，r/s。

可以看出，离心速度增加，牛乳温度上升，则脂肪球的上浮速度增大。其中脂肪球的大小是一个关键因素，高速及高温使脂肪球上浮速度增加的幅度是有限的。传统的利用重力来分离稀奶油的方法缓慢而低效，1878 年离心分离机出现，能够快速从牛乳中分离出稀奶油，从此，开始大规模生产稀奶油及奶油。

（二）影响稀奶油分离效率的因素

稀奶油适宜的分离条件与分离钵直径、离心转速、牛乳流量、牛乳温度和乳脂肪球大小等因素有关。

①一般来说，分离机的分离钵直径越大，则分离效率越好。转速增高，则稀奶油中脂肪含量也增高。

②按照稀奶油量约为原料乳量 1/10 的比例来调节牛乳流量，则可保持稀奶油脂肪含量在 30%～40%。

③在分离前先将原料乳加热，一般分离机的分离温度为 35～40℃，密闭或半密闭式分离机的分离温度为 50℃左右。

④原料乳中脂肪球大，则分离效果好，脂肪损失少。

如果分离机只用于清除乳中杂质，可以安装不同的分离盘架，使分离机的效率增加 1 倍，并且可在低温下操作。因为牛乳中脂肪球的大小不均一，变化范围很大，使用高速离心机离心，仍有一小部分脂肪球上浮速度太慢，不能从牛乳中分离出来。乳清中通常含有 0.06%左右的脂肪。

另外，根据产品规格或产品标准要求，乳制品的成分需要标准化。标准化主要包括脂肪含量、蛋白质含量及其他一些成分。经过标准化的乳，通过抽检或用连续测定方法确定要标准化的成分的含量。必要时通过添加稀奶油、脱脂乳、水等进行调整。脂肪标准化过程见图 2-3-2。

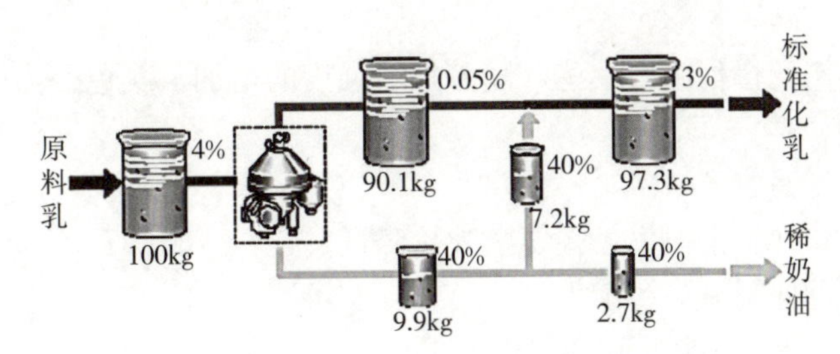

图 2-3-2 脂肪标准化过程

细菌特别是芽孢可以通过专门设计的离心机（即除菌机），在高离心力和高温下分离除去。在 73℃左右时，处理 2 次会使菌数减少 3 个数量级，可得到芽孢数量很少的乳，但有少部分乳固体进入杂质中。

第二节 乳的热处理

几乎所有液体乳和乳制品的生产都需要热处理。热处理的主要目的是杀死微生物和使酶失活，同时还会产生一些化学变化，这些变化取决于热处理的强度，即加热温度和时间。但热处理也会给乳带来负面影响，例如褐变、风味变化、营养物质损失、抑菌剂失活及对凝乳力的损害等，因此必须谨慎使用热处理。

一、热处理目的

1. 保证消费者的安全 热处理主要杀死如结核杆菌、金黄色葡萄球菌、沙门菌、李斯特菌等病原菌及进入乳中的潜在病原菌、腐败菌，其中很多菌耐高温。

2. 延长保质期 主要杀死腐败菌及其芽孢，使乳中天然存在的或由微生物分泌的酶失活。热处理抑制了脂肪自身氧化带来的化学变质。

3. 形成产品的特性 ①乳蒸发前加热可提高炼乳杀菌期间的凝固稳定性；②使细菌抑制剂（如灭活免疫球蛋白和乳中过氧化氢酶系统）失活，提高发酵剂菌种的生长；③获得酸乳的理想黏度；④促进乳在酸化过程中乳清蛋白和酪蛋白凝集。

二、加热引起的变化

（一）物理、化学变化

①CO_2等气体逸出。

②胶体磷酸盐增加，而 Ca^{2+} 含量减少。酪蛋白中的磷酸根、磷脂会降解，而无机磷增加。

③产生乳糖的同分异构体如异构化乳糖和乳糖的降解物，如乳酸等有机酸。乳的 pH 降低，并且滴定酸度增加，所有这些变化都依赖于条件的变化。

④许多酶被钝化；大部分的乳清蛋白变性，并导致不溶。蛋白质与乳糖之间发生反应，主要是美拉德反应，使得赖氨酸效价降低。蛋白质中的二硫键断裂，游离巯基形成，导致氧化还原电位降低；蛋白质发生的其他化学反应；酪蛋白胶束发生聚集，最终会导致凝固。

⑤脂肪球膜发生变化，如 Cu^{2+} 含量变化。甘油酯水解，由脂肪形成内酯和甲基酮。

⑥一些维生素损失。

（二）综合变化

①加热过程中乳起初变得稍微白一些，随着加热强度的增加，颜色变为棕色。
②黏度增加。
③风味改变。
④营养价值降低，如维生素损失、赖氨酸效价降低。
⑤促进一些菌生长，抑制另一些菌生长。
⑥浓缩乳的热凝固和稠化趋势会降低。
⑦凝乳能力降低。
⑧乳脂上浮趋势降低。
⑨自动氧化趋势降低。
⑩在均质或复原过程中形成的脂肪球表面层的物质组成受均质前加热强度的影响，如形成均质团的趋势有所增加。

（三）乳的热凝固

酪蛋白不像球蛋白那样容易加热变性。但在非常强烈的热处理条件下，它也能发生凝聚，尤其在胶束内部。大量凝聚则形成可见的凝胶体，出现这种现象所需时间被称作热凝固时间（heating coagulation time，HCT）。乳的热凝固主要发生在浓缩乳加工中。

乳的热凝固是一个非常复杂的现象。最重要的影响因素是pH，乳的初始pH对热凝固时间有相当大的影响，即pH越低，发生凝固的温度越低，反之则高。凝聚往往不可逆，即pH增加不能使形成的凝聚物再分散。

三、加热处理方式

加热处理方式按加热强度（指加热的持续时间和温度）分预热杀菌、低温巴氏杀菌、高温巴氏杀菌和灭菌4种。

（一）预热杀菌

预热杀菌（thermalization）是一种低于低温巴氏杀菌的热处理，通常为60～69℃、15～20s。其目的在于杀死细菌，尤其是嗜冷菌。因为有些细菌能产生耐热的脂酶和蛋白酶。这些酶可以使乳制品变质。这种加热处理可抑制腐败但不能完全杀死微生物，对乳的成分和理化特性几乎无任何影响。

（二）低温巴氏杀菌

低温巴氏杀菌（low pasteurization）是采用63℃、30min或72℃、15～20s加热。这种杀菌方法可钝化乳中的碱性磷酸酶，杀死乳中所有病原菌、酵母菌和霉菌以及大部分细菌，但不能杀死生长缓慢的某些种微生物。此外，低温巴氏杀菌可使一些酶钝化、乳的风味改变，但不使乳清蛋白变性和发生冷凝聚，不损害抑菌特性。

（三）高温巴氏杀菌

高温巴氏杀菌（high-temperature pasteurization）是采用70～75℃、20min或85℃、5～20s加热，可以破坏乳过氧化物酶的活性。然而，生产中有时采用更高温度，可达100℃，使除芽孢外的所有细菌生长体都被杀死；大部分酶被钝化，但乳蛋白酶（胞质素）和某些细菌蛋白酶与脂酶不被钝化或不完全被钝化；大部分抑菌特性被破坏；部分乳清蛋白发生变性，产生明显的蒸煮味，使奶油产生瓦斯味。除了损失维生素C之外，营养价值没有重大变化。

（四）灭菌

灭菌（sterilization）是指杀死所有微生物，包括芽孢。在瓶中灭菌采用110℃、30min加热。超高温瞬时灭菌（ultra-high temperature instantaneous sterilization，UHT）通常采用130℃、2～4s或145℃、1s。这两种方法都可以达到灭菌的目的。

上述灭菌处理方式产生的效果不同，110℃、30min加热可钝化所有乳酶，但是不能钝化所有细菌脂酶和蛋白酶，并会产生严重的美拉德反应，导致棕色化，形成灭菌乳气味，还导致赖氨酸和维生素降低，引起酪蛋白等蛋白质的变化。

第三节　乳的均质

在乳的加工处理过程中，经常需要均质处理，其目的是防止脂肪上浮分层，减少酪蛋白微粒沉淀，改善原料或产品的流变学特性和使添加成分均匀分布。

一、均质原理

均质通过均质机来完成，均质机由高压泵和均质阀组成。操作原理是在一个适合的均质压力下，料液通过窄小的均质阀而获得很高的速度，这导致了剧烈的湍流，形成的小涡流中产生了较高的料液流速梯度，引起压力波动，从而打散许多颗粒，尤其是液滴（图2-3-3）。

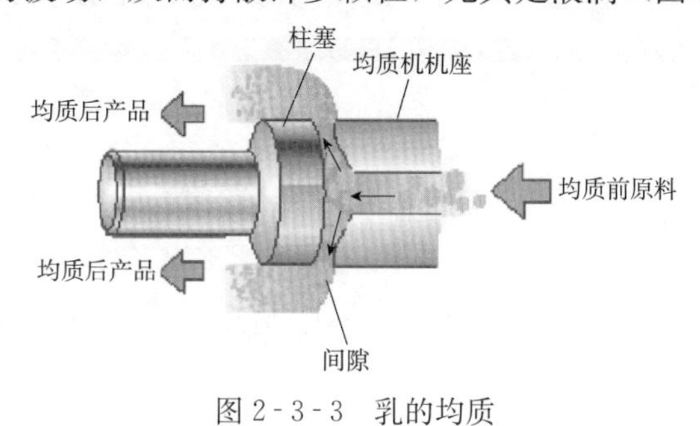

图2-3-3　乳的均质

二、均质团现象

（一）概念

稀奶油的均质通常引起黏度增加，在显微镜下可以看到在均质的稀奶油中大约有10^5个脂肪球的聚集物，即均质团，见图2-3-4。均质团间隙含有液体，使稀奶油中颗粒的有效体积增加，从

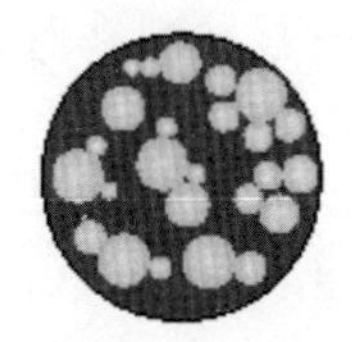
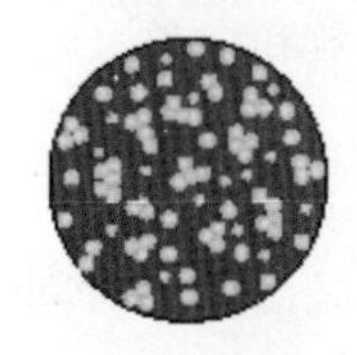
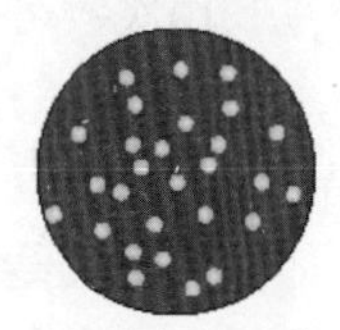

图2-3-4　均质前后乳中脂肪球的变化

而增加了它的黏度。

（二）成因及影响因素

在均质过程中，当部分裸露的脂肪球与其他已经覆有酪蛋白胶束的脂肪球相碰时，这种酪蛋白胶束也能够附着在裸露的脂肪球表面。因此两个脂肪球由酪蛋白胶束这个“桥”连接着，形成均质团，该团很快被随后的湍流旋涡打散。如果蛋白质太少不能完全覆盖在新形成的脂肪球表面，这些脂肪球也会形成均质团。

高脂肪含量、低蛋白含量、高均质压力、表面蛋白相对过剩、均质温度低（酪蛋白胶束扩散慢）、强烈预热（几乎没有乳清蛋白吸附）等均能促进均质团的形成。在实际操作中，当稀奶油脂肪含量小于9%时，不产生均质团；而脂肪含量高于18%的稀奶油通常产生均质团；在脂肪含量为9%～18%时，产生的团块主要与均质压力和温度有关。

目前生产中采用二段均质机，其中第一段均质压力大（占总均质压力的2/3），使脂肪球破碎；第二段的均质压力小（占总均质压力的1/3），使第一段均质形成的均质团分散为散在的脂肪球。

三、均质的其他作用

含有解脂酶的均质乳大大增加了脂肪分解。因此应避免均质生牛奶，或者把均质后的乳迅速巴氏杀菌以使解脂酶失活。要避免均质后的乳与原料乳混合，以防脂肪被分解。另外，均质乳还表现出如下特性：颜色变白，易于形成泡沫，易于脂肪自动氧化，脂肪球失去在冷却条件下凝固起来的能力。

第四节　乳的真空浓缩、干燥和膜过滤

一、真空浓缩

浓缩是用加热的方法使牛乳中的一部分水汽化并不断排出，使牛乳中的干物质含量提高的加工处理过程。在乳制品加工中，浓缩一般在减压条件下进行，即乳的真空浓缩。

（一）浓缩目的及真空浓缩特点

1. 浓缩目的

①浓缩是生产浓缩乳制品的需要。如炼乳、甜炼乳、乳粉、浓缩酸奶等乳制品需要将乳、脱脂乳、乳清和其他原料中的水分蒸发，以提高乳干物质含量，或减少产品的体积，并延长保质期。

②浓缩是生产干燥乳制品的中间环节，如乳粉生产的特殊要求。

③通过浓缩结晶，从乳清中生产乳糖（α-乳糖水合物）。

2. 真空浓缩设备　用于乳的真空浓缩设备种类很多，按加热部分的结构可分为盘管式、直管式和板式；按二次蒸汽利用次数可分为单效和多效（包括双效）；按物料在蒸发器中的流向分为升膜式和降膜式。

3. 真空浓缩的特点

①受热时间短，如在降膜式蒸发器中乳的停留时间仅为1min。这样可以避免乳受长时间高温作用而造成营养成分的损失，有利于保持产品色泽、风味、溶解度等。

②在减压条件下，乳的沸点降低，如当真空度为20kPa时，其沸点为56.7℃，由于牛乳的沸

点降低，提高了加热蒸汽和牛乳的温差。例如，在常压下浓缩，9.8×10^4Pa（1kgf/cm^2）加热蒸汽的温度为120℃，牛乳的沸点为100.55℃，气温差为20℃；而在真空浓缩条件下，牛乳的沸点为50℃，其温差为70℃。即温差较常压下提高3.5倍，从而增加了换热器的热交换速度，提高了浓缩效率。

③由于沸点降低，在热交换器壁上结焦现象也大为减少，便于清洗，有利于提高传热效率。

④真空浓缩是在密闭容器内进行的，避免了外界污染。

⑤作为干燥乳制品生产的一个环节，真空浓缩除水要比直接干燥除水节约能源。如乳喷雾干燥，每蒸发1kg水需消耗蒸汽3～4kg，而在单效真空蒸发器中只消耗蒸汽1.1kg，由于单效蒸发产生的水蒸气可作为下一效的热源，故在双效真空蒸发器中仅消耗蒸汽0.4kg。单效蒸发器见图2-3-5。

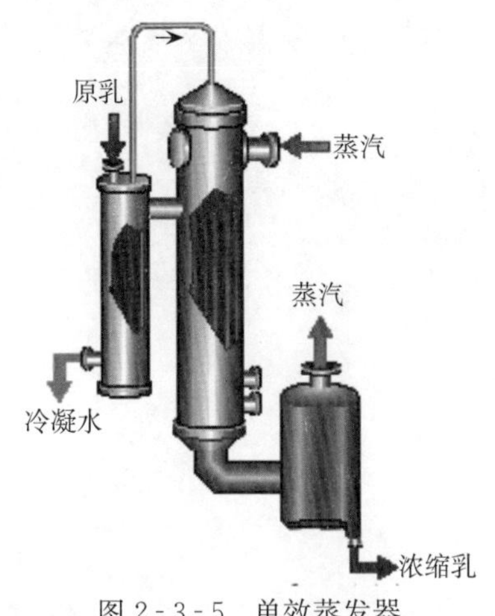

图2-3-5 单效蒸发器

（二）浓缩引起的变化

1. 浓缩过程中可溶物的结晶 乳的浓缩程度用浓缩比 Q 表示，即浓缩产物中的干物质含量与原物质中干物质含量之比。

在浓缩过程中，一些物质达到过饱和状态，并可能结晶产生沉淀。室温下乳中的磷酸钙盐在浓缩时出现饱和状态。当 $Q\approx2.8$ 时乳中乳糖达到饱和状态，因此生产上要根据实际需要控制或利用这一现象。

2. 浓缩乳产品的特性变化及控制 通过调节蒸汽或乳的流量可自动控制蒸发过程。乳在浓缩过程中会发生如下特性的变化：

①在高温高浓缩时，浓缩乳黏度过度增加，如炼乳的稠化。对此可通过控制浓缩温度加以调节。

②高浓度炼乳易发生美拉德反应。

③如果产品高度浓缩，浓缩时温度高、温差大、乳流动速度慢，则易在加热器表面发生结垢现象。预热可明显减少在高温段处的结垢。

④在浓缩过程中，有些细菌仍可生长，如嗜热菌（如嗜热脂肪芽孢杆菌）经巴氏杀菌后仍可能存活，因此要求加工过程必须卫生，设备必须清洗，并且在连续工作20h内对设备进行清洗消毒。

⑤低温浓缩时脱脂乳会产生泡沫，对此应使用适宜的设备如降膜蒸发器来减少泡沫的产生。

⑥乳在浓缩过程中尤其在降膜蒸发器浓缩时脂肪球会破裂，形成小的脂肪球，例如乳浓缩到干物质达50%时，其脂肪球平均直径可能从3.8μm降到2.4μm。此时一些脂肪球相互黏结，采用均质处理可解决这种黏结问题。

⑦乳糖的过早结晶会引起设备快速结垢，这在低温高浓缩的乳清中更易发生。

⑧乳在浓缩过程中，随着水的蒸发，一些挥发性物质和溶解的气体也同时被除去。

二、干燥

干燥是将水从物料中去除的过程。干燥方法有很多，乳制品工业中主要采用喷雾干燥，该方法是借助离心力或压力的作用，使物料在特制的干燥室内被喷成雾滴，而后用热空气干燥成粉末的方法。

干燥通常用来生产易于保存，加水后可还原，其性质与原始状态相似的食品。干燥普遍用于生产以牛乳、脱脂乳、乳清、奶油、冰激凌混合料、蛋白质浓缩物等高水分含量物质为原料的乳制品。喷雾干燥后的产品呈粉状，只需过筛而不必再粉碎。产品生产过程卫生且易于连续化、自动化。典型的喷雾干燥设备见图 2-3-6。

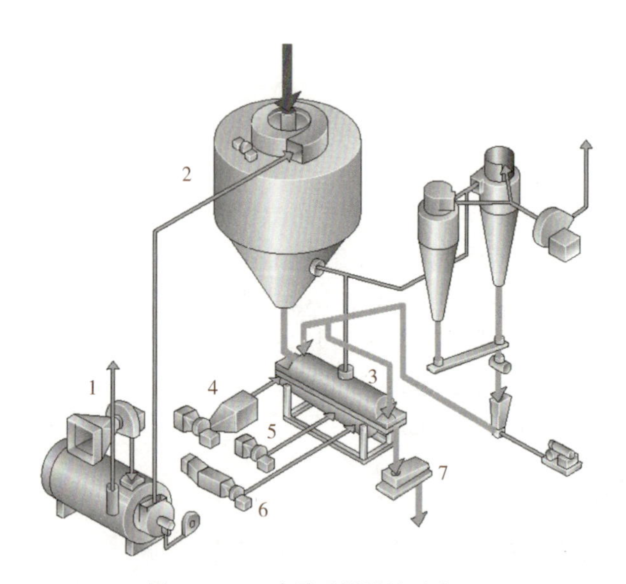

图 2-3-6　喷雾干燥设施示意
1、4. 空气加热器　2. 喷雾干燥塔　3. 流化床　5. 冷空气室　6. 冷却干空气室　7. 振动筛

（一）喷雾干燥特点

1. 优点

①干燥速度快，物料受热时间短，浓缩乳经雾化后，分散成无数直径在 10～100μm 的微细液滴，比表面积大大增加，与干热空气接触后水分蒸发速度很快，整个干燥过程仅需 15～30s，牛乳营养成分破坏程度小，乳粉的溶解度高，冲调性好。

②整个干燥过程中乳粉颗粒表面的温度较低，不会超过干燥介质的湿球温度，从而可以减少牛乳中一些热敏性物质的损失，且产品具有良好的理化性质。

③工艺参数可以方便地调节，产品质量容易得到控制，同时也可以生产有特殊要求的产品。

④整个干燥过程是在密闭状态下进行的，产品不易受到外来污染，从而最大程度地保证了产品的质量。

⑤操作简单，机械化、自动化程度高，劳动强度低，生产能力大。

2. 缺点

①占地面积和空间大，一般需要多层建筑，一次性投资大。

②热效率低，只有 35%～50%，所以热量消耗大，一般蒸发 1kg 水分需要 3～4kg 饱和蒸汽。

③喷雾干燥塔内壁或多或少都会黏有乳粉，这部分乳粉长时间受热会严重影响其溶解性能，而且清除困难；另外，粉尘回收装置比较复杂，设备清扫时劳动强度大。

（二）喷雾干燥原理

浓缩乳借助机械力（即压力和离心力的方法），通过喷雾器将乳分散成雾状的乳滴，极大地增加了蒸发表面积。同时，在干燥室中与热风接触，浓乳中的水分在 0.01～0.04s 之内瞬间蒸发完毕，乳滴被干燥成粉粒落入干燥室底部，水分以蒸汽的形式被热风带走。整个干燥过程仅需 15～30s。

在干燥初期，乳滴的温度和湿度与干燥空气相差很大，增加了热传递和物质（水）运动，表面水分蒸发很快，直至乳滴中水分扩散速度不能使乳滴表面水分保持饱和状态为止。此阶段约持续数十毫秒，大部分自由水被除去。此后乳滴表面形成表面张力梯度，水分的蒸发发生于乳滴内部的某一界面上，水蒸气在乳滴微粒内部形成，一部分结合水也被除去。干燥期间，乳滴内部干物质浓度逐渐升高，乳滴中剩余水分的沸点逐渐增加，因而乳滴的蒸发温度也逐渐升高，最后达到出口或出风温度。

（三）喷雾干燥方式

目前国内外广泛采用压力式喷雾干燥和离心式喷雾干燥，下面以乳粉加工为例说明其原理和工艺。

1. 压力式喷雾干燥 压力式喷雾干燥中，浓乳的雾化是通过一台高压泵的压力和一个安装在干燥塔内部的喷嘴来完成的。其雾化原理：浓乳在高压泵的作用下通过一狭小的喷嘴后，瞬间得以雾化成无数微细的小液滴，见图 2-3-7。

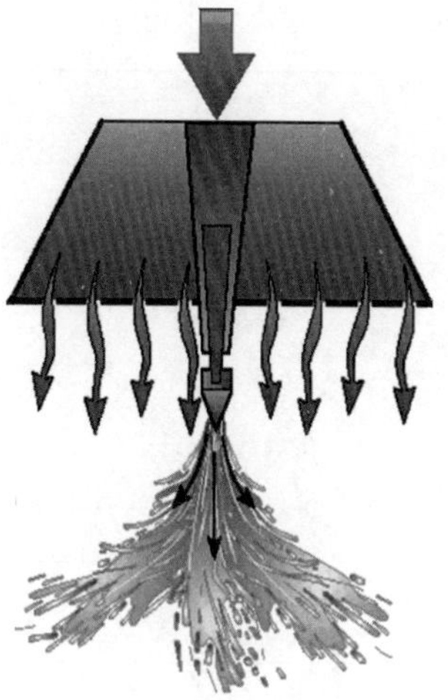

图 2-3-7 顺流压力喷雾干燥

雾化状态的优劣取决于雾化器的结构、喷雾压力（浓乳的流量）、浓乳的物理性质（浓度、黏度、表面张力等）。一般情况下，雾滴的平均直径与浓乳的表面张力、黏度及喷嘴孔径成正比，与流量成反比。可用下式表示：

$$X \propto \frac{P\ (-d\mu\delta)}{W}$$

式中 X——雾滴平均直径，cm；

W——流量，g/s；

d——喷嘴孔径，cm；

δ——表面张力，N/m；

P——压力，kPa；

μ——黏度，Pa·s。

浓乳流量则与喷雾压力成正比。用下式表示：

$$W \propto P$$

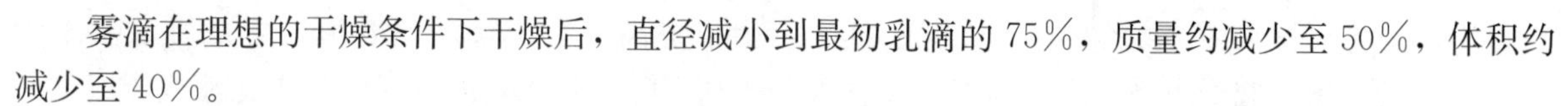

雾滴在理想的干燥条件下干燥后，直径减小到最初乳滴的 75%，质量约减少至 50%，体积约减少至 40%。

压力式喷雾干燥法生产乳粉时，工艺条件通常控制在表 2-3-1 所列出的范围。

表 2-3-1 压力喷雾干燥法生产乳粉的工艺条件

项目	全脂乳粉	全脂加糖乳粉
浓乳浓度/波美度	11.5～13	15～20
浓乳干物质含量/%	38～42	45～50
浓乳温度/℃	45～60	45～50
高压泵工作压力/kPa	10 000～20 000	10 000～20 000
喷嘴孔径/mm	2.0～3.5	2.0～3.5
喷嘴数量/个	3～6	3～6
喷嘴角度/rad	1.047～1.571	1.222～1.394
进风温度/℃	140～180	140～180
排风温度/℃	75～85	75～85
排风相对湿度/%	10～13	10～13
干燥室负压/Pa	98～196	98～196

2. 离心式喷雾干燥 离心式喷雾干燥中，浓乳的雾化是通过一个在水平方向做高速旋转的圆盘来完成的。其雾化原理：浓乳在泵的作用下进入高速旋转的转盘（转速在10 000r/min）（图2-3-8），从而达到雾化的目的。雾化状态的优劣取决于转盘的结构及其圆周速度（直径与转速）、浓乳的流量与流速、浓乳的物理性质（浓度、黏度、表面张力等）。

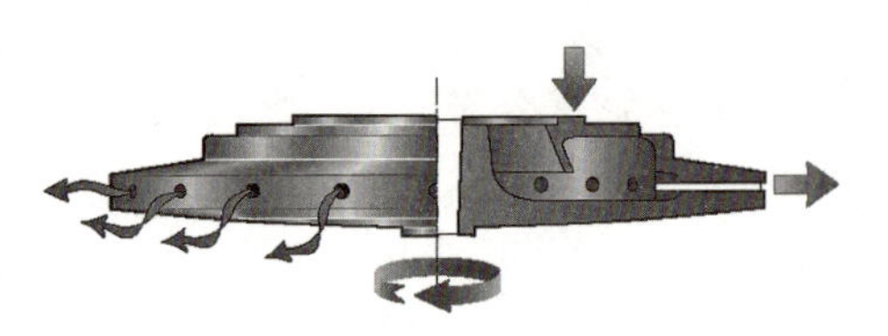

图2-3-8 离心喷雾盘

离心式喷雾干燥法生产乳粉时，工艺条件通常控制在表2-3-2所列出的范围。

表2-3-2 离心喷雾干燥法生产乳粉的工艺条件

项目	全脂乳粉	全脂加糖乳粉
浓乳浓度/波美度	13～15	14～16
浓乳干物质含量/%	45～50	45～50
浓乳温度/℃	45～55	45～55
转盘转速/（r/min)	5 000～20 000	5 000～20 000
转盘数量/只	1	1
进口温度/℃	200左右	200左右
干燥温度/℃	90左右	90左右
出口温度/℃	85左右	85左右

3. 乳粉干燥过程 乳粉干燥过程分为两个阶段：第一阶段是将预处理过的牛乳浓缩至乳固体含量40%左右。第二阶段是将浓缩乳泵入干燥塔中进行干燥，该阶段又可分为3个连续过程：一是将浓缩乳分散成非常微细的雾状液滴；二是微细的雾状液滴与热空气流接触，此时牛乳中的水分大量迅速地蒸发，该过程又可细分为预热段、恒速干燥段和降速干燥段；三是将乳粉颗粒与热空气分开。

在干燥塔内，整个干燥过程大约用时25s。由于微小液滴中水分不断蒸发，它们的温度一直低于周围热空气的温度，也就是说乳粉的温度不会超过75℃，当采用二段干燥法时温度会更低。

干燥的乳粉含水分2.5%左右，从塔底排出。为了提高喷雾干燥的热效率，可采用二次干燥法：如二段干燥降低干燥塔的出口温度，使含水分较高（6%～7%）的乳粉颗粒再在流化床或干燥塔中二次干燥至含水量2.5%～5%；也有的在塔底设置固定沸腾床，使乳粉颗粒在塔底低温条件下干燥。

三、膜过滤

膜过滤技术是当今食品工业上采用的一项新技术，在乳品加工中主要应用超滤和反渗透。前者通过膜的是纯水和低分子溶质，从而可使溶液中的高分子和低分子分开；后者通过膜的是水，从而可使原来的溶质得到浓缩。目前广泛用于从乳清中分离蛋白质和乳的浓缩，具有节能、提高得率、占地面积小、投资小等优点。

（一）超滤

1. 超滤的工作原理 当全乳、脱脂乳或乳清等料液在压力下流过超滤膜表面时，乳糖及低分子盐类的水溶液能透过超滤膜，变成清液流出。脂肪及蛋白质等高分子化合物的胶体物质被膜层截留，成为浓缩液。这样的分离过程称为超滤（ultrafiltration）。将所得浓缩液用水稀释，再进行超滤，可使料液中的低分子溶质进一步随清液流出，而高分子物质逐步得到提纯，这样的过程为全滤。超滤装置的关键组件是超滤膜。超滤膜的性质必须能最佳地适应和完成超滤工艺过程的要求。

2. 用途 超滤法在乳品工业中的用途主要有以下几个方面：

（1）制备乳清蛋白等制品 当制造干酪或干酪素时，产生大量副产物乳清，乳清中保留着乳中的全部乳清蛋白。采用超滤法将其分离、水洗、浓缩及干燥，可制得含量为35%、60%及80%的3种乳清蛋白粉。乳清蛋白易被消化吸收，具有较高的营养价值和生理功能。经超滤后的乳清清液，有利于进一步加工成乳糖或其他乳糖发酵制品。

（2）制备干酪 用超滤法制干酪，可提高产率。如制造Feta干酪时，可将全乳超滤浓缩5倍，使干物质含量约达到39.5%，即接近成品的干物质含量，较传统方法可提高产率约30%，节约发酵剂及凝乳酶的用量。如生产脱脂干酪，可提高产率约18%。

（3）原乳预浓缩 原乳预浓缩可单用反渗透法进行，亦可先用超滤法分出脂肪与蛋白质，得到超滤浓缩液，然后用反渗透法将超滤乳清液脱水，得乳清浓缩液。将两者混合，即得浓乳，用此法将原乳预浓缩至2/5～1/2，较蒸汽加热真空浓缩法经济。

（二）反渗透

1. 反渗透的工作原理 当全乳、脱脂乳或乳清等料液在压力下流过反渗透膜表面时，其所含有的干物质几乎全被反渗透膜截留，透过膜层的是清水。这样的分离过程就叫反渗透（reverse osmosis）。通过反渗透处理，料液被脱水浓缩，其营养物质不发生变化。

2. 用途

（1）全乳或脱脂乳的脱水浓缩 反渗透几乎能全部截留乳料中干物质，又不消耗蒸汽，节约能源，故多用于预浓缩。如生产酸凝乳时，需将乳固体提高到14%～15%；生产冰激凌时，需将非脂乳固体浓缩至约15.5%，采用反渗透法是十分方便的。生产炼乳或乳粉时，均可先在相当低的能耗下预浓缩，除去50%的水分，然后再真空蒸发，以节约蒸汽消耗。

（2）乳清浓缩 乳清中干物质含量低，为了生产浓缩乳清制品，可采用反渗透法进行预浓缩，然后真空蒸发，以降低生产费用。

（三）电渗析

脱盐乳清中蛋白质含量约为干物质的13%，具有相当高的营养价值和功能作用，另外含有大量的乳糖以及丰富的B族维生素。但乳清中也含有大量的盐，使其在食品中的应用受到限制。脱盐主要是除去氯化钠和硝酸盐，目前主要用电渗析、离子交换两种方法。

第五节 加工设备的清洗消毒

一、清洗消毒目的

巴氏杀菌设备运行数小时之后，冷却段内的乳会滋生细菌。在巴氏杀菌中存活下来的细菌附着在乳垢里形成微生物薄层。微生物薄层中的细菌生长很迅速，因此须定期清洗消毒，以清除物料管道内、单元设备内残留的乳成分和污垢；防止细菌滋生，并有利于热交换；杀灭设备、管道内微生物。

二、清洗剂选择

清洗剂的作用主要为乳化、润湿、松散、悬浊、洗涮、螯合、软化、溶解等。清洗剂通常可分为5类，即碱类、磷酸盐类、润湿剂类、酸类、螯合剂类等。

食品加工厂对清洗剂的选择，过去首先考虑清洁程度和经济效果，现在则优先考虑环境污染。关于清洗剂，多使用氢氧化钠、磷酸盐、硅酸盐等碱性清洗剂和磷酸、硝酸、盐酸、硫酸等酸性清洗剂。近年来又在这些清洗剂中添加表面活性剂或金属螯合物，使其更容易除去污物，改善洗涤性能，防止乳垢沉着。

三、清洗消毒方法

清洗系统

设备在生产结束后（一般连续生产6h），一定要认真清洗和消毒。清洗和消毒必须分开进行，因为未经清洗的导管和设备，消毒效果不好。清洗时首先用38～60℃的温水进行冲洗，目的是洗掉附在管壁和设备内残存的牛乳，故温度不宜太高以防止蛋白质等受热变性黏附，造成清洗困难。然后用热的清洗剂（71～72℃）进行冲洗，目的是除去容器内壁附着的蛋白质和脂肪等固体乳垢，见图2-3-9。如果发现用清洗剂冲洗后仍有奶垢，则应用六偏磷酸钠等处理，否则会影响牛乳的杀菌效果。清洗挂锡的乳桶时，为了保护桶内的锡不受腐蚀，在碱液内应添加亚硫酸钠（氢氧化钠与亚硫酸钠的比为4∶1）。用清洗剂清洗后，再用清水彻底冲洗干净，并保持干燥状态。清洗后的管道和设备、容器等在使用前必须进行消毒处理，消毒方法常用的有以下3种。

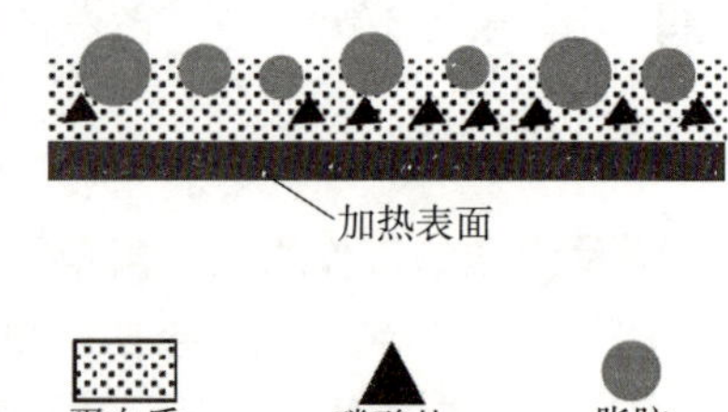

图2-3-9 加热器表面沉积物

1. 沸水消毒法 这是最简便的方法，牧场中也容易做到。用沸水消毒时，必须使消毒物体达到90℃以上，并保持2～3min。

2. 蒸汽消毒法 此法是直接用蒸汽喷射在消毒物体上。消毒导管和保温缸等设备时，通入蒸汽后，应使冷凝水出口温度达82℃以上，然后把冷凝水彻底放尽。

3. 次氯酸盐消毒法 这是乳品工业常用的消毒方法。消毒时须将消毒物件充分清洗，以除去有机质。因次氯酸盐容易腐蚀金属（包括不锈钢），特别是使用软水而pH很低时，更易腐蚀，故必须注意浓度和pH。通常杀菌剂溶液中有效氯的含量为200～300mg/kg，如使用软水时，应在水中添加0.01%的碳酸钠。用这种方法消毒时，必须彻底冲洗干净，直到无氯味为止。

思考题

1. 简述牛乳离心分离的目的。
2. 乳均质的目的是什么？
3. 什么是均质团？如何避免？
4. 简述喷雾干燥的方法及特点。
5. 简述膜过滤的种类及在乳制品加工中的应用情况。

第四章 消毒乳

本章学习目标 了解消毒乳的概念、种类，消毒乳和超高温灭菌乳的加工工艺及要求；再制乳、可可奶、巧克力奶和咖啡奶的加工工艺以及它们之间的区别。

第一节 消毒乳的概念和种类

消毒乳又称杀菌乳，系指以新鲜牛乳、稀奶油等为原料，经净化、均质、杀菌、冷却、包装后，直接供应消费者饮用的商品乳。

一、按原料成分分类

按原料成分可将消毒乳分为以下5类：

（1）普通全脂消毒乳 以合格鲜乳为原料，不加任何添加剂而加工成的消毒鲜乳。

（2）脱脂消毒乳 将鲜牛乳中的脂肪脱去或部分脱去而制成的消毒乳。

（3）强化消毒乳 把加工过程中损失的营养成分和日常食品中不易获得的成分加入补充，使成分得以强化的牛乳。

（4）复原乳 也称再制乳，是以全脂奶粉、浓缩乳、脱脂奶粉和无水奶油等为原料，经混合溶解后制成的与牛乳成分相同的饮用乳。

（5）花色牛乳 以牛乳为主要原料，加入其他风味食品，如可可、咖啡、果汁（果料），再加以调色调香而制成的饮用乳。

二、按杀菌强度分类

按杀菌强度可将消毒乳分为以下4类：

（1）低温长时间（low temperature long time，LTLT）杀菌乳 也称保温杀菌乳。乳经62～65℃、30min保温杀菌。在这种温度下，乳中的病原菌，尤其是耐热性较强的结核菌都被杀死。

（2）高温短时间（high-temperature short time，HTST）杀菌乳 通常采用72～75℃、15s杀菌，或采用75～85℃、15～20s杀菌。由于受热时间短，热变性现象很少，风味有浓厚感，无蒸煮味。

（3）超高温杀菌（ultra-high temperature instantaneous sterilization，UHT）乳 一般采用120～150℃、0.5～0.8s杀菌。由于耐热性细菌都被杀死，故保存性明显提高。但如原料乳质量不良（如酸度高、盐类不平衡），则易出现软凝块和杀菌器内挂乳石等；如果初始菌数尤其芽孢数过高则残留菌的可能性增加，故UHT乳对原料乳的质量要求很高。由于杀菌时间很短，故风味、性状和营养价值等得以完好保留。

(4) 灭菌乳　灭菌乳可分两类，一类为灭菌后无菌包装；另一类为把杀菌后的乳装入容器中，再用110～120℃、10～20min加压灭菌。

如要生产高质量消毒乳，除了需要优质的原料外，还必须保证合理的工艺流程设计和适当的加工处理，使牛奶中的营养物质不受破坏或少受破坏。

第二节　巴氏消毒乳加工

一、加工工艺

巴氏杀菌是指杀死引起人类疾病的所有病原微生物及最大限度破坏腐败菌和乳中酶的一种加热方法，以确保其安全性。

（一）工艺流程

巴氏消毒乳工艺流程如下：

原料乳的验收→过滤、净化→标准化→均质→杀菌→冷却→灌装→检验→冷藏

（二）生产工艺技术要求

1. 原料乳的验收　消毒乳的质量取决于原料乳的质量。因此，对原料乳必须严格管理，认真检验，只有符合标准的原料乳才能生产消毒乳。

2. 过滤或净化　目的是除去乳中的尘埃、杂质。

3. 标准化　标准化的目的是保证牛乳中含有规定的最低限度的脂肪。各国牛乳标准化的要求有所不同。一般说来低脂乳最低含脂率为0.5%，普通乳为3.0%。我国规定消毒乳的含脂率为3.0%，凡不合乎标准的乳都必须进行标准化。

4. 均质　均质可以是全部均质，也可以是部分均质。许多乳品厂仅使用部分均质，主要是因为部分均质只需一台小型均质机，从成本和操作方面来看都有利。在部分均质时，稀奶油的含脂率不应超过12%。通常进行均质的温度为65℃，均质压力为10～20MPa。

均质效果可以通过测定均质指数来检查。把乳样在4～6℃放置48h，然后测定上层（容量的1/10）和下层（容量的9/10）中的含脂率。上层与下层含脂率的百分比差数，除以上层含脂率数即为均质指数。例如，上层的含脂率为3.3%，下层为3.0%，则均质指数为：

$$\frac{(3.3\%-3.0\%)\times 100}{3.3\%}\approx 9$$

均质奶的均质指数应在1～10范围内。

均质后的脂肪球，大部分在1.0μm以下。均质效果也可以用显微镜、离心、静置等方法来检查，其中用显微镜检查比较简便。

5. 巴氏杀菌　巴氏杀菌的温度和持续时间是关系牛奶质量和保存期等的重要因素，必须准确。加热杀菌形式很多，一般牛奶高温短时巴氏杀菌的温度为75℃、15～20s或80～85℃、10～15s。如果巴氏杀菌太强烈，那么牛奶会有蒸煮味和焦煳味，稀奶油也会产生结块或聚合。

均质破坏了脂肪球膜并暴露出脂肪，与未加热的脱脂奶（含有活性的脂肪酶）重新混合后，因缺少防止脂肪酶侵袭的保护膜而易被氧化，因此混合物必须立即进行巴氏杀菌。

6. 冷却 乳经杀菌后，就巴氏消毒乳、非无菌灌装产品而言，虽然绝大部分微生物都已被消灭，但是在以后各项操作中仍有污染的可能。为了抑制牛乳中细菌的生长，延长保存期，仍需及时进行冷却，通常将乳冷却至4℃左右。而超高温乳、灭菌乳则冷却至20℃以下即可。

7. 灌装

（1）灌装目的 灌装的主要目的：便于零售，防止外界杂质混入成品中，防止微生物再污染，保存风味，防止吸收外界气味而产生异味，防止维生素等成分受损失等。

（2）灌装容器 灌装容器主要为玻璃瓶、塑料瓶和涂塑复合纸袋等。

①玻璃瓶：可以循环多次使用，与牛乳接触不起化学反应，无毒、光洁度高，易于清洗。缺点为质量大，运输成本高，易受日光照射，产生不良气味，造成营养成分损失。回收的空瓶微生物污染严重，一般玻璃奶瓶的容积与内壁表面之比为奶桶的4倍，奶槽车的40倍。这就意味着清洗消毒工作量增大。

②塑料瓶：塑料奶瓶多用聚乙烯或聚丙烯塑料制成。其优点为质量轻，可降低运输成本；破损率低，循环使用可达400～500次；聚丙烯具有刚性，能耐酸碱，还能耐150℃的高温。其缺点是旧瓶表面容易磨损，污染程度大，不易清洗和消毒。在较高的室温下，数小时后即产生异味，影响产品质量。

③涂塑复合纸袋：这种容器的优点为容器轻，容积小，减少洗瓶费用，不透光线，不易造成营养成分损失，不回收容器，污染少。缺点是一次性消耗，成本较高。

二、生产线

生产普通消毒乳的各家乳品厂工艺流程的设计差别很大。例如：标准化可以采用预标准化、后标准化或者直接标准化，而均质也可以是全部的或者是部分的。最典型的工艺是生产巴氏杀菌全脂乳（图2-4-1），这种加工线包括净乳机、巴氏杀菌器、缓冲罐和包装机。

该过程中，牛奶通过平衡槽进入巴氏杀菌器，如果牛奶中含有大量的空气或异常气味物质就要

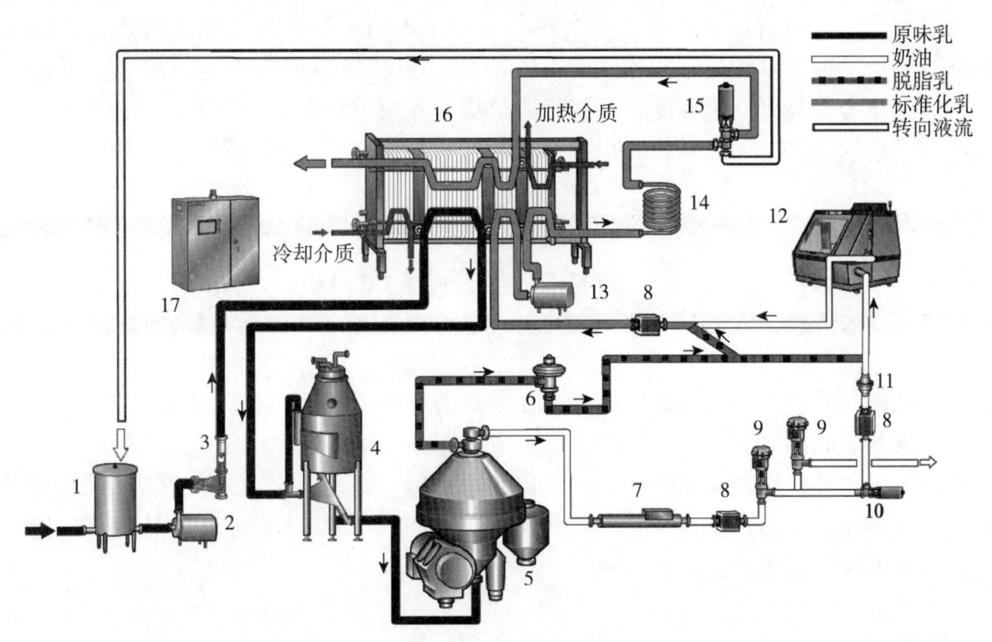

图2-4-1 巴氏杀菌乳生产线

1. 平衡槽 2. 物料泵 3. 流量控制器 4. 除氧器 5. 稀奶油分离机 6. 恒压阀 7. 密度传感器 8. 流量传感器 9. 调节阀 10. 关闭阀 11. 检测阀 12. 均质机 13. 升压泵 14. 保温管 15. 转换阀 16. 板式换热器 17. 过程控制器

进行真空脱气。牛奶经脱气后进入分离机，在这里受离心机作用被分离成稀奶油和脱脂乳。

不管进入的原料奶含脂率和奶量发生怎样变化，从分离机出来的稀奶油的含脂率都能调整到要求的标准，并保持这一标准。稀奶油的含脂率通常调到40%，也可调到其他标准，如该稀奶油计划用来生产黄油，则可调到37%。

在这一生产线中，均质是部分均质，即只对稀奶油部分均质。离开分离机的稀奶油和脱脂奶并不立即混合，而是在进入流量传感器之前于管道中进行。

从分离机出来的稀奶油进入一台稀奶油巴氏杀菌器进行热处理。开始时在回流段预热，即用已经过热处理的一种产品来预热进入的产品，该产品同时被冷却。然后经预热的稀奶油被送走，经过升压泵把它送到巴氏杀菌器的加热段。升压泵增加了稀奶油的压力，即经巴氏杀菌产品（稀奶油）的压力要比加热介质和在热交换段使用的非巴氏杀菌产品的压力大。这样，如果发生渗漏，经巴氏杀菌的稀奶油受到保护，防止与未经巴氏杀菌的稀奶油或者加热介质混合。

在加热后，为了保证稀奶油已经进行过合适的巴氏杀菌，必须进行一次检查。如果没有达到预定的温度值，则回流阀就要启动，该产品被送回浮子室，即重复进行巴氏杀菌；如果温度值达到正常，稀奶油则进入热交换器冷却到均质温度。

冷却后的稀奶油通过流量传感器和浓度传感器信号，调节阀把多余的稀奶油送回到巴氏杀菌器的冷却段进行冷却，然后进入收集罐中。准备重新混合的稀奶油在热处理后进入均质机。为了达到部分均质所能得到的良好效果，稀奶油的含脂率必须减少到10%～12%，这可通过添加从分离机脱脂奶出口处流出的脱脂奶而达到。

流入均质机的脱脂奶数量通过调节进口的压力而保持恒定。该均质机使用一台定量泵，该泵在一定的进口压力下，能把相同数量的稀奶油泵过均质头。于是，吸入正确数量的脱脂奶，并在均质前与稀奶油在管道中混合，从而保持含脂率的正确性。

均质后，稀奶油在脱脂奶管道中与脱脂奶重新混合。含脂率已标准化的牛奶被送入巴氏杀菌器的加热段进行巴氏杀菌。通过连接在板式热交换器中的保持段达到必要的保持时间，如果温度过低，回流阀改变流向，将牛奶送回浮子室。

正确地进行巴氏杀菌后，牛奶通过热交换段，与流入的未经处理的奶进行热交换而本身被降温，然后继续到达冷却段，用冷水和冰水冷却，冷却后先通过缓冲罐再进行灌装。泵是一台升压泵，它把产品的压力提高到一定程度，即使板式热交换器发生渗漏，巴氏杀菌奶也不会受到未经处理的奶或冷却介质的污染。

第三节　灭菌乳加工

经过灭菌的产品具有极好的保存特性，可在较高的温度下长期贮藏。因此，许多乳品厂可以向热带地区供应灭菌乳制品。

常见的灭菌乳制品包括灭菌的牛奶、咖啡稀奶油、甩打奶油、冰激凌和巧克力风味乳等。下面以灭菌牛奶为例讲述，其余产品的灭菌均用类似方法处理，只是针对每种产品各自的性能（如黏度、对处理的敏感性等）处理时略有不同。

一、灭菌方法

（一）二次灭菌

牛奶的二次灭菌有3种方法：一段灭菌、二段灭菌和连续灭菌。

1. 一段灭菌 牛奶先预热到约80℃，然后灌装到加热的干净容器中。容器封盖后，放到杀菌器中，在110～120℃下灭菌10～40min。

2. 二段灭菌 牛奶在130～140℃下预杀菌2～20s。这段处理可在管式或板式热交换器中靠间接加热的办法进行，或者是用蒸汽直接喷射牛奶。当牛奶冷却到约80℃后，灌装到热处理过的干净容器中，封盖后，再放到灭菌器中进行灭菌。后一段处理不需要像前一段杀菌时那样强烈，因为第二阶段杀菌的主要目的只是为了消除第一阶段杀菌后重新染菌的危险。

3. 连续灭菌 牛奶或者是装瓶后的奶在连续工作的灭菌器中处理，或者是在无菌条件下于一封闭的连续生产线中处理。在连续灭菌器中灭菌可以用一段灭菌，也可以用二段灭菌。奶瓶缓慢地通过杀菌器中的加热区和冷却区往前输送。这些区段的长短应与处理中各个阶段所要求的温度和停留时间相适应。

（二）超高温灭菌

超高温灭菌奶是在连续流动情况下，在130℃杀菌1s或者更长的时间，然后在无菌条件下包装的牛奶。系统中的所有设备和管件都是按无菌条件设计的，这就消除了重新污染细菌的危险性，因而也不需要二次灭菌。

1. 超高温灭菌方法 有两种主要的超高温处理方法——直接加热法和间接加热法。在直接加热法中，牛奶直接与蒸汽接触被加热，或者是将蒸汽喷进牛奶中，或者是将牛奶喷入充满蒸汽的容器中。间接加热是在热交换器中进行，加热介质的热能通过间隔物传递给牛奶。

2. 超高温灭菌运转时间 在超高温灭菌设备中对牛奶进行强烈的热处理，会引起牛奶在设备的热传递表面上形成一些蛋白质沉淀。这些沉积物逐渐变厚，引起热传递表面的压降（即板式热交换器至保温管之间）和热介质与间接杀菌设备中的产品之间的温差增加。增大的温差对产品产生不利的影响，所以在经过一定的生产周期后，必须把设备停下来，清洗热传递表面。

设备连续生产出符合质量要求的产品所需要的工作时间称为运转时间。运转时间随设备的设计和产品对热处理的敏感性不同而变化。

二、加工工艺

（一）原料的质量和预处理

用于灭菌的牛奶必须是高质量的，即牛奶中的蛋白质能经得起剧烈的热处理而不变性。为了适应超高温处理，牛奶至少在75%的酒精浓度中保持稳定，剔除由于下列原因而不适宜于超高温处理的牛奶：①酸度偏高的牛奶；②牛奶中盐类平衡不适当；③牛奶中含有过多的乳清蛋白（白蛋白、球蛋白等），即初乳。另外，牛奶的细菌数量，特别对热有很强抵抗力的芽孢及数目应该很低。

（二）灭菌工艺

1. 预热和均质 牛奶从料罐泵送到超高温灭菌设备的平衡槽，由此进入板式热交换器的预热段与高温奶热交换，使其加热到约66℃，同时无菌奶冷却，经预热的奶在15～25MPa的压力下均质。在杀菌前均质意味着可以使用普通的均质机，它要比无菌均质便宜得多。

2. 杀菌 经预热和均质的牛奶进入板式热交换器的加热段，在此被加热到137℃。加热用的热水温度由蒸汽喷射予以调节。加热后，牛奶在保持管中流动4s。

3. 回流 如果牛奶在进入保温管之前未达到预期杀菌温度，传感器把这个信号传送给控制盘，回流阀开动，将产品回流到冷却器。回流牛奶需冷却到75℃再返回平衡槽或流入一单独的收集罐。一旦回流阀移动到回流位置，杀菌操作便停下来。

4. 设备的操作 控制盘包括用于工作过程的控制，该设备用热水在137℃的温度下预灭菌。如同直接加热设备一样，继电器保证在正确的温度下至少预杀菌 30min。在预杀菌期间，通向无菌罐或包装线的生产线也应灭菌。然后产品开始流动。

关于用无菌水运转和清洗设备，包括延长运转时间的中间清洗，与直接加热方法中的情况是一致的。

5. 无菌冷却 离开保温管后，牛奶进入无菌预冷却段，用水从 137℃冷却到 76℃。进一步冷却是在冷却段与热交换完成的，最后冷却温度要达到 20℃左右。

（三）无菌包装

所谓无菌包装，是将杀菌后的牛乳在无菌条件下装入事先杀过菌的容器内。可供牛乳制品无菌包装的设备主要有无菌菱形袋包装机、无菌砖形盒包装机、无菌纯包装机、多尔无菌灌装系统、安德逊成型密封机等。

牛奶从无菌冷却器流入包装线，包装线在无菌条件下操作。为了补偿设备能力的差额或者包装机停顿时的不平衡状态，可在杀菌器和包装线之间安装一个无菌罐。这样，如果包装线停了下来，产品便可贮存在无菌罐中。当然处理的奶也可以直接从杀菌器输送到无菌包装机，由于包装处理不了而出现的多余奶可通过安全阀回流到杀菌设备，这一设计可减少无菌罐的潜在污染。

第四节 再制乳和花色乳加工

一、再制乳加工

再制乳就是把几种乳制品，主要是脱脂乳粉和无水黄油，经加工制成液态乳。其成分与鲜乳相似，也可以强化各种营养成分。再制乳的生产克服了自然乳生产的季节性，保证了淡季乳与乳制品的供应，可调剂缺乳地区对鲜乳的需求。

（一）原料

1. 脱脂乳粉和无水黄油 脱脂乳粉和无水黄油是再制乳的主要原料，质量的好坏对成品质量有很大影响，必须严格控制质量，贮存期通常不超过 12 个月。

2. 水 水是再制乳的溶剂，水质的好坏直接影响再制乳的质量。金属离子（如 Ca^{2+}、Mg^{2+}）高时，影响蛋白质胶体的稳定性，故应使用软化水。

3. 添加剂 再制乳常用的添加剂有：

（1）乳化剂 稳定脂肪的作用，常用的有磷脂，添加量为 0.1%。

（2）稳定剂 常用的主要有阿拉伯胶、果胶、琼脂、海藻酸盐及半人工合成的水解胶体等。

（3）盐类 氯化钙和柠檬酸钠等，起稳定蛋白质作用。

（4）风味料 天然和人工合成的香精，增加再制乳的奶香味。

（5）着色剂 常用的有胡萝卜素、安那妥等，赋予制品以良好颜色。

（二）加工方法

1. 全部均质法 先将脱脂乳粉和水按比例混合成脱脂乳，再添加无水黄油、乳化剂和芳香物等，充分混合。然后全部通过均质，再消毒冷却而制成。

2. 部分均质法 先将脱脂乳粉与水按比例混合成脱脂乳，然后取部分脱脂乳，在其中加入所需的全部无水黄油，制成高脂乳（含脂率为8%～15%）。将高脂乳进行均质，再与其余的脱脂乳混合，经消毒、冷却而制成。

3. 稀释法 先用脱脂乳粉、无水黄油等混合制成炼乳，然后用杀菌水稀释而成。

二、花色乳加工

（一）原料

1. 咖啡 咖啡浸出液的调制，可用咖啡粒浸提，也可以直接使用速溶咖啡。由于咖啡酸度较高，容易引起乳蛋白质不稳定，故应少用酸味强的咖啡，多用稍带苦味的咖啡。

在自制咖啡提取液时，应取相当于咖啡乳产品质量0.5%～2%的咖啡粒，在90℃的热水中提取，提取液质量是咖啡粒的12～20倍。浸出液受热过度，会影响风味，故浸出后应迅速冷却并在密闭容器内保存。

2. 可可和巧克力 通常采用的是用可可豆制成的粉末，稍加脱脂的称可可粉，不进行脱脂的称巧克力粉。其风味随产地而异。

巧克力含脂率50%以上，不容易分散在水中。可可粉的含脂肪率随用途而异，通常为10%～25%，在水中比较容易分散，故生产乳饮料时，一般均采用可可粉。用量为1%～1.5%。

3. 甜味料 通常用4%～8%的蔗糖，也可用饴糖或转化糖液。

4. 稳定剂 常用的有海藻酸钠、CMC、明胶等。明胶容易溶解，使用比较方便。使用量为0.05%～0.2%。此外，也有使用淀粉、洋菜、胶质混合物的。

5. 果汁 各种水果果汁。

6. 酸味剂 柠檬酸、果酸、酒石酸、乳酸等。

7. 香精 根据产品需要确定香精类型。

（二）配方及工艺

1. 咖啡奶 把咖啡浸出液和蔗糖与脱脂乳混合，经均质、杀菌而制成。

（1）咖啡奶的配方（可以根据各地区的条件加以调整）（kg） 全脂乳40，脱脂乳20，糖8，咖啡浸提液（咖啡粒为原料的0.5%～2%）30，稳定剂0.05～0.2，焦糖0.3，香料0.1（或适量），水1.6。

（2）加工方法 将稳定剂与少许糖混合后溶于水，与咖啡液充分混合添加到乳等料液中，经过滤、预热、均质、杀菌、冷却后进行包装。

2. 巧克力奶与可可奶

（1）巧克力奶的配方（kg） 全脂乳80，脱脂奶粉2.5，蔗糖6.5，可可（巧克力板）1.5（可可奶使用可可粉），稳定剂0.02，色素0.01，水9.47。

（2）可可奶的加工方法 首先需要制备糖浆，其调制方法为：0.2份的稳定剂（海藻酸钠、CMC）与5倍的蔗糖混合，然后将1份可可粉与剩余的4份蔗糖混合，在此混合物中，边搅拌边徐徐加入4份脱脂乳，搅拌至组织均匀光滑为止。然后加热到66℃，并加入稳定剂与蔗糖的混合物均质，在82～88℃加热15min杀菌，冷却到10℃以下进行灌装。

生产巧克力奶时，将巧克力板先熔化，其他过程相同。

3. 果汁牛奶及果味牛奶 果汁牛奶是以牛奶和水果汁为主要原料；果味奶是以牛奶为原料加酸味剂调制而成的花色奶。其共同特点是产品呈酸性，因此生产的技术关键是乳蛋白质在酸性条件下的稳定性，需要适当的配制方法，选择适当的稳定剂，并进行完全的均质。

思考题

1. 简述消毒乳的概念和种类。
2. 简述巴氏消毒乳的加工工艺及要求。
3. 直接超高温灭菌和间接超高温灭菌方法有什么区别？
4. 简述超高温灭菌奶的生产工艺及要求。
5. 什么是无菌包装？

CHAPTER 5

第五章 酸乳及乳酸菌饮料

本章学习目标 掌握乳制品发酵剂的概念、种类、制备及贮藏方法，酸乳的形成机理、凝固型酸乳和搅拌型酸乳的加工工艺；了解乳酸菌饮料的加工工艺及沉淀的控制方法；掌握干酪的概念、种类及营养价值，凝乳酶的凝乳原理、制备方法及凝乳酶代用品的种类特性，天然干酪的生产原理和工艺操作要求，干酪成熟过程的实质和变化过程，干酪的常见缺陷及防止方法。

发酵乳是指乳在发酵剂（特定菌）的作用下发酵而成的酸性乳制品。在保质期内，该类产品中的特定菌必须大量存在，且能继续存活并具有活性。其中，酸奶是最主要的发酵乳，而干酪是特殊的一大类发酵乳。

第一节 发酵剂

一、概念和种类

（一）概念

发酵剂是指生产酸乳制品及乳酸菌制剂时所用的特定微生物培养物。

（二）种类

通常用于乳酸菌发酵的发酵剂可按下列方式分类。

1. 按制备过程分类

（1）乳酸菌纯培养物 即一级菌种，一般多接种在脱脂乳、乳清、肉汁或其他培养基中，或者用冷冻升华法制成一种冻干菌苗。

（2）发酵剂 即一级菌种的扩大再培养，是生产发酵剂的基础。

（3）生产发酵剂 即母发酵剂的扩大培养物，是用于实际生产的发酵剂。

2. 按使用目的分类

（1）混合发酵剂 含有两种或两种以上菌种的发酵剂，如保加利亚乳杆菌和嗜热链球菌按1∶1或1∶2比例混合的酸乳发酵剂。

（2）单一发酵剂 只含有一种菌的发酵剂。

二、主要作用及菌种的选择

（一）主要作用

发酵剂的主要作用：乳酸发酵；产生挥发性物质如丁二酮、乙醛等，从而使酸乳具有典型的风味；产生抗菌物质。

（二）菌种的选择

菌种的选择对发酵剂的质量起着重要作用，应根据生产目的选择适当的菌种。通常以产品的主要技术特性，如产香性、产酸力、产黏性及蛋白水解力作为发酵剂菌种的选择依据。常用乳酸菌的形态、特性及培养条件见表 2-5-1。

表 2-5-1 常用乳酸菌的形态、特性及培养条件

细菌名称	细菌形状	菌落形状	最适温度/℃	时间①/h	极限酸度/°T	凝块性质	滋味	组织形态	适用的乳制品
乳酸链球菌（*Str. lactis*）	双球状	光滑、微白、有光泽	30～35	12	120	均匀稠密	微酸	针刺状	酸乳、酸稀奶油、牛乳酒、酸性奶油、干酪
乳油链球菌（*Str. cremoris*）	链状	光滑、微白、有光泽	30	12～24	110～115	均匀稠密	微酸	酸稀奶油状	酸乳、酸稀奶油、牛乳酒、酸性奶油、干酪
产生芳香物质的细菌： 柠檬明串珠菌 戊糖明串珠菌 丁二酮乳酸链球菌	单球状 双球状 长短不同的细长链状	光滑、微白、有光泽	30	不凝结 48～72 18～48	70～80 100～105	—	—	—	酸乳、酸稀奶油、牛乳酒、酸性奶油、干酪
嗜热链球菌（*Str. thermophilus*）	链状	光滑、微白、有光泽	37～42	12～24	110～115	均匀	微酸	酸稀奶油状	酸乳、干酪
嗜热性乳酸杆菌： 保加利亚乳杆菌 干酪杆菌 嗜酸杆菌	长杆状，有时呈颗粒状	无色的小菌落，如絮状	42～45	12	300～400	均匀稠密	酸	针刺状	酸牛乳、马乳酒、干酪、乳酸菌制剂

注：①在最适温度中乳极限酸度的凝固时间。

三、发酵剂的制备

（一）菌种的复活及保存

菌种通常保存在试管或安瓿瓶中，需要恢复其活力，即在无菌操作条件下接种到灭菌的脱脂乳试管中多次传代、培养。而后保存在 0～4℃冰箱中，每隔 1～2 周移植 1 次。但在长期移植过程中，可能会有杂菌污染，造成菌种退化或菌种老化、裂解。因此，菌种须不定期进行纯化、复壮。

（二）母发酵剂的调制

将充分活化的菌种接种于盛有灭菌脱脂乳的三角瓶中，混匀后，放入恒温箱中进行培养。凝固后再移入灭菌脱脂乳中，如此反复2～3次，使乳酸菌保持一定活力，然后再制备生产发酵剂。

（三）生产发酵剂的制备

将脱脂乳、新鲜全脂乳或复原脱脂乳（总固形物含量10%～12%）加热到90℃，保持30～60min后，冷却到42℃（或菌种要求的温度）接种母发酵剂，发酵到酸度>0.8%后冷却到4℃。此时生产发酵剂的活菌数应达到1×10^8～1×10^9cfu/mL。

制取生产发酵剂的培养基最好与成品的原料相同或相近，以使菌种的生活环境不致急剧改变而影响菌种的活力。生产发酵剂的添加量为发酵乳总量的1%～2%，最高不超过5%。

四、质量要求

乳酸菌发酵剂的质量，应符合下列各项指标要求。

①凝块应有适当的硬度，均匀而细滑，富有弹性，组织状态均匀一致，表面光滑，无龟裂，无皱纹，未产生气泡及乳清分离等现象。

②具有优良的风味，不得有腐败味、苦味、饲料味和酵母味等异味。

③凝块完全粉碎后，质地均匀，细腻滑润，略带黏性，不含块状物。

④按规定方法接种后，在规定时间内产生凝固，无延长凝固的现象。测定活力（酸度）时符合规定指标要求。

为了不影响生产，发酵剂要提前制备，可在低温条件下短时间贮藏。

第二节 酸乳加工

一、概念和种类

（一）概念

酸乳（yoghurt）是指在乳中接种保加利亚乳杆菌和嗜热链球菌，经过乳酸发酵而成的凝乳状产品，成品中必须含有大量相应的活菌。

（二）种类

通常根据成品的组织状态、口味、原料中乳脂肪含量、生产工艺和菌种的组成等，将酸乳分成不同类别。

1. 按成品组织状态分类

（1）凝固型酸乳 其发酵过程在包装容器中进行，从而使成品因发酵而保留其凝乳状态。

（2）搅拌型酸乳 发酵后的凝乳在灌装前搅拌成黏稠状组织状态。

2. 按成品口味分类

（1）天然纯酸乳 产品只由原料乳和菌种发酵而成，不含任何辅料和添加剂。

（2）加糖酸乳 产品由原料乳和糖加入菌种发酵而成。在我国市场上常见，糖的添加量较低，一般为6%～7%。

（3）调味酸乳 在天然酸乳或加糖酸乳中加入香料而成。酸乳容器的底部加有果酱的酸乳称为圣代酸乳。

（4）果料酸乳 成品是由天然酸乳与糖、果料混合而成。

（5）复合型或营养健康型酸乳　通常是在酸乳中强化不同的营养素（维生素、食用纤维素等）或在酸乳中混入不同的辅料（如谷物、干果、菇类、蔬菜汁等）。这种酸乳在西方国家非常流行，人们常在早餐中食用。

（6）疗效酸乳　包括低乳糖酸乳、低热量酸乳、维生素酸乳或蛋白质强化酸乳等。

3. 按发酵加工工艺分类

（1）浓缩酸乳　是将正常酸乳中的部分乳清除去而得到的浓缩产品。因其除去乳清的方式与加工干酪方式类似，也有人称它为酸乳干酪。

（2）冷冻酸乳　是在酸乳中加入果料、增稠剂或乳化剂，然后将其进行冷冻处理而得到的产品，所以又称为酸奶冰激凌。

（3）充气酸乳　是向发酵后酸乳中加入稳定剂和起泡剂（通常是碳酸盐），经过均质处理而成的产品。这类产品通常是以充 CO_2 气体的酸乳饮料形式存在。

（4）酸乳粉　使用冷冻干燥法或喷雾干燥法将酸乳中约95%的水分除去而制成的粉状产品。

二、生产工艺

（一）工艺流程

酸乳工艺流程如下：

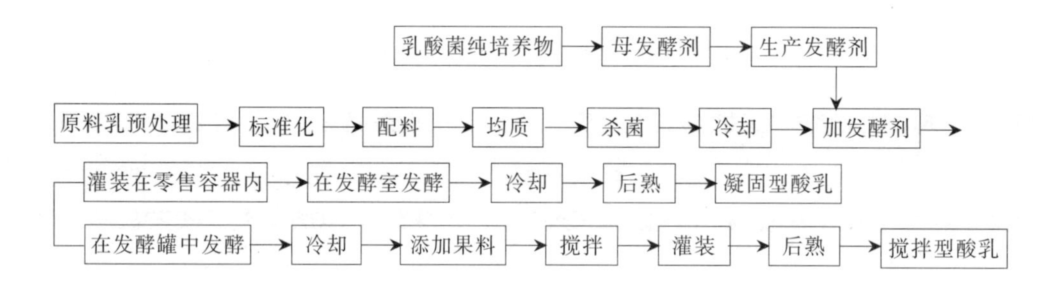

酸乳混料和调配

（二）原辅料要求及预处理方法

1. 原料乳的质量要求　用于制作发酵剂的乳和生产酸乳需要高质量的原料乳，要求酸度在18°T以下，杂菌数不高于500 000cfu/mL，乳中全乳固体不得低于11.5%。

2. 酸乳生产中使用的原辅料

（1）脱脂乳粉　用作发酵乳的脱脂乳粉要求质量高、无抗生素和防腐剂。脱脂乳粉可提高酸乳干物质含量，改善产品组织状态，促进乳酸菌产酸，一般添加量为1%～1.5%。

（2）稳定剂　在搅拌型酸乳生产中，通常添加稳定剂。常用的稳定剂有明胶、果胶、琼脂和淀粉等，其添加量应控制在0.1%～0.5%。

（3）糖及果料　在酸乳生产中，常添加6.5%～8%的蔗糖或葡萄糖。在搅拌型酸乳中常常使用果料及调香物质，如果酱等，在凝固型酸乳中很少使用。

3. 配合料的预处理

（1）均质　可使原料充分混匀，有利于提高酸乳的稳定性和稠度，并使酸乳质地细腻，口感良好。均质所采用的压力一般为20～25MPa。

（2）杀菌　目的是杀灭原料乳中的杂菌，确保乳酸菌的正常生长和繁殖，钝化原料乳中对发酵菌有抑制作用的天然抑制物；使牛乳中的乳清蛋白变性，以达到改善组织状态，提高黏稠度和防止成品乳清析出的目的。杀菌条件一般为90～95℃、5min。

4. 接种　杀菌后的料液应快速降温至42℃左右，以便接种发酵剂。接种量根据菌种活力、发酵方法、生产时间的安排和混合菌种配比而定。一般生产发酵剂，其产酸活力在0.7%～1.0%，此时接种量应为2%～4%。发酵剂在加入前应在无菌操作条件下搅拌成均匀细腻的状态，不应有大凝块，以免影响成品质量。

（三）凝固型酸乳的加工及质量控制

1. 工艺要求

（1）*灌装* 可根据市场需要选择玻璃瓶或塑料杯等，在装瓶前需对所用容器进行蒸汽灭菌，一次性塑料杯可直接使用。

（2）*发酵* 用保加利亚乳杆菌与嗜热链球菌的混合发酵剂时，温度保持在41～42℃，培养时间为2.5～4.0h（2%～4%的接种量），达到凝固状态时即可终止发酵。一般发酵终点可依据如下条件来判断：①滴定酸度达到80°T以上；②pH低于4.6；③表面有少量水痕；④奶变黏稠。发酵期间应避免振动，否则会影响组织状态；发酵温度应恒定，避免忽高忽低；掌握好发酵时间，防止酸度不够或过度发酵以及乳清析出等。

（3）*冷却* 发酵好的凝固酸乳，应立即移入0～4℃的冷库中，迅速抑制乳酸菌的生长，以免继续发酵而造成产酸过度。在冷藏期间酸度仍会有所上升，同时风味成分双乙酰含量会增加。试验表明冷却24h，双乙酰含量达到最高，超过24h又会减少。因此，发酵凝固后须在0～4℃贮藏24h再出售，通常把该贮藏过程称为后成熟。一般在2～7℃下，酸乳的贮藏期为7～14d。

2. 质量控制 酸乳生产中，由于各种原因常会出现一些质量问题。下面简要介绍问题的发生原因和控制措施。

（1）*凝固性差* 酸乳有时会出现凝固性差或不凝固现象，黏性很差，出现乳清分离。

①原料乳质量：当乳中含有抗生素、防腐剂时，会抑制乳酸菌的生长，从而导致酸乳发酵不良、凝固性差。原料乳中含微量青霉素（0.01IU/mL）时，对乳酸菌有明显抑制作用。使用乳房炎乳时，由于其白细胞含量较高，对乳酸菌也有不同的吞噬作用。此外，原料乳掺假，特别是掺碱，使发酵所产的酸被中和，而不能累积达到凝乳要求的pH，从而使乳不凝固或凝固不好。牛乳中掺水会使乳的总干物质含量降低，也会影响酸乳的凝固性。

因此，必须把好原料验收关，杜绝使用含有抗生素、农药、防腐剂以及掺碱或掺水牛乳生产酸乳。对于掺水的牛乳，可适当添加脱脂乳粉，使干物质达11%以上，以保证质量。

②发酵温度和时间：发酵温度依所采用乳酸菌种类的不同而异。若发酵温度低于最适温度，则乳酸菌活力下降，凝乳能力降低，使酸乳凝固性降低。发酵时间短，也会造成酸乳凝固性能降低。此外，发酵室温度不均匀也是造成酸乳凝固性降低的原因之一。因此，在实际生产中，应尽可能保持发酵室的温度恒定，并控制发酵温度和时间。

③噬菌体污染：噬菌体污染是造成发酵缓慢、凝固不完全的原因之一。由于噬菌体对菌的选择作用，可采用经常更换发酵剂的方法加以控制。此外，两种以上菌种混合使用也可减少噬菌体危害。

④发酵剂活力：发酵剂活力弱或接种量太少会造成酸乳的凝固性下降。对一些灌装容器上残留的洗涤剂（如氢氧化钠）和消毒剂（如氯化物）须清洗干净，以免影响菌种活力，确保酸乳的正常发酵和凝固。

⑤加糖量：生产酸乳时，加入适当的蔗糖可使产品产生良好的风味，凝块细腻光滑，提高黏度，并有利于乳酸菌产酸量的提高。若加量过大，会产生高渗透压，抑制乳酸菌的生长繁殖，造成乳酸菌脱水死亡，相应活力下降，使牛乳不能很好凝固。试验表明，6.5%的加糖量对产品的口味最佳，也不影响乳酸菌的生长。

（2）*乳清分离析出* 乳清分离析出是生产酸乳时常见的质量问题，其主要原因有以下几种：

①原料乳热处理：若热处理温度偏低或时间不够，就不能使原料乳中的大量乳清蛋白变性。变性的乳清蛋白可与酪蛋白形成复合物，能容纳更多的水分，并且具有最小的脱水收缩作用（syneresis）。据研究，要保证酸乳吸收大量水分而不发生脱水收缩作用，至少要使75%的乳清蛋白变性，这就要求原料乳须进行85℃、20～30min或90℃、5～10min的热处理。UHT加热（135～150℃、2～4s）处理虽能达到灭菌效果，但不能使75%的乳清蛋白变性，所以酸乳生产不宜用UHT加热处理。

②发酵时间：若发酵时间过长，乳酸菌继续生长繁殖，产酸量不断增加。酸性的过度增强破坏了原来已形成的胶体结构，使其容纳的水分游离出来形成乳清并上浮。若发酵时间过短，乳蛋白质的胶体结构还未充分形成，不能包裹的乳中原有水分也会形成乳清析出。因此，应在发酵时抽样检查，若牛乳已完全凝固，就应立即停止发酵。

③其他因素：原料乳中总干物质含量低、酸乳凝胶机械振动、乳中钙盐不足、发酵剂添加量过大等也会造成乳清析出，在生产时应加以注意，乳中添加适量的$CaCl_2$既能减少乳清析出，又能赋予酸乳一定的硬度。

（3）*风味不良* 正常酸乳应有发酵乳纯正的风味，但在生产过程中常出现以下不良风味：

①无芳香味：主要由菌种选择及操作工艺不当所引起。正常的酸乳生产应保证两种以上的菌混合使用并选择适宜的比例，任何一方占优势均会导致产香不足，风味变劣。高温短时发酵和固体含量不足也是造成芳香味不足的原因。芳香味主要来自发酵剂分解柠檬酸产生的丁二酮等物质，所以原料乳中应保证足够的柠檬酸含量。

②酸乳的不洁味：主要由发酵剂或发酵过程中污染杂菌引起，被丁酸菌污染可使产品带刺鼻怪味；被酵母菌污染不仅产生不良风味，还会影响酸乳的组织状态，使酸乳产生气泡。因此，要严格保证卫生条件。

③酸乳的酸甜度：酸乳过酸、过甜均会影响风味。发酵过度、冷藏时温度偏高和加糖量较低等会使酸乳偏酸，而发酵不足或加糖量过高又会导致酸乳偏甜。因此，应尽量避免发酵过度，发酵后需在0～4℃条件下冷藏，防止温度过高，并严格控制加糖量。

④原料乳的异味：牛体臭味、氧化臭味、过度热处理及添加了风味不良的炼乳或乳粉等也是造成其风味不良的原因。

（4）*表面霉菌生长* 酸乳贮藏时间过长或温度过高时，表面往往会出现霉菌。若是黑斑点，易被察觉，而白色霉菌则不易被发现。这种酸乳被人误食后，轻者有腹胀感觉，重者引起腹痛腹泻。因此，要严格保证卫生条件，并根据市场情况控制好贮藏时间和贮藏温度。

（5）*口感差* 优质酸乳柔嫩、细滑，清香可口。采用高酸度的乳或劣质乳粉生产的酸乳口感粗糙，有沙状感。因此，生产酸乳时，应采用新鲜牛乳或优质乳粉进行发酵，并采取均质处理，使乳中蛋白质颗粒细微化，达到改善口感的目的。

（四）搅拌型酸乳的加工及质量控制

1. 工艺要求 搅拌型酸乳的加工工艺及技术要求基本与凝固型酸乳相同，其不同之处主要是搅拌型酸乳增加了搅拌混合工艺（图2-5-1），这也是搅拌型酸乳的特点。根据加工过程中是否添加果蔬料或果酱，搅拌型酸乳可分为天然搅拌型酸乳和加料搅拌型酸乳。下面只对与凝固型酸乳的不同之处加以说明。

（1）*发酵* 搅拌型酸乳的发酵是在发酵罐中进行的，应控制好发酵罐的温度，避免忽高忽低。发酵罐上部和下部温差不超过1.5℃。

（2）*冷却* 搅拌型酸乳冷却的目的是快速抑制细菌的生长并抑制酶的活性，以防止发酵过程产酸过度及搅拌时脱水。冷却在酸乳完全凝固（pH 4.6～4.7）后开始，冷却过程应稳定进行，冷却过快将造成凝块收缩迅速，导致乳清分离，冷却过慢则会造成产品过酸和添加的果料脱色。搅拌型

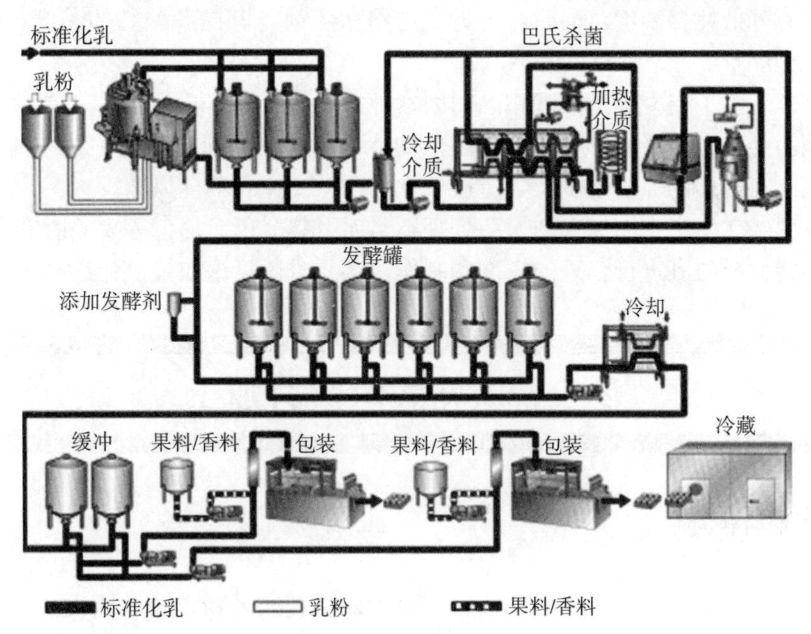

图 2-5-1 搅拌型酸奶的生产线

酸乳的冷却装置可采用片式冷却器、管式冷却器、表面刮板式热交换器、冷却罐等。

(3) 搅拌　通过机械力破碎凝胶体，使凝胶体的粒子直径达到 0.01～0.4mm，并使酸乳的硬度和黏度及组织状态发生变化。在搅拌型酸乳的生产中，这是一道重要工序。

①搅拌的方法：机械搅拌使用宽叶片搅拌器，搅拌过程中既不可过于激烈，也不可搅拌时间过长。搅拌时应注意凝胶体的温度、pH 及固体含量等。通常搅拌开始时用低速，以后用较快的速度。

②搅拌时的质量控制：

a. 温度：搅拌的最适温度为 0～7℃，但在实际生产中使 40℃的发酵乳降到 0～7℃不太容易，所以搅拌时的温度以 20～25℃为宜。

b. pH：酸乳的搅拌应在凝胶体的 pH 达 4.7 以下时进行，若在 pH 4.7 以上时搅拌，会导致酸乳凝固不完全、黏性不足，从而影响其质量。

c. 干物质：较高的乳干物质含量对搅拌型酸乳防止乳清分离能起到较好的作用。

d. 管道流速和直径：凝胶体在通过泵和管道移送、流经片式冷却器和灌装过程中，会受到不同程度的破坏，最终影响产品的黏度。凝胶体在经管道输送过程中应以低于 0.5m/s 的层流形式出现，管道直径不应随着包装线的延长而改变，尤其应避免管道直径突然变小。

(4) 混合、罐装　果蔬、果酱和各种类型的调香物质等可在酸乳从缓冲罐到包装机的输送过程中加入，可通过一台变速的计量泵将其连续加入酸乳中。在果料处理中，杀菌是十分重要的，对带固体颗粒的水果或浆果进行巴氏杀菌，其杀菌温度应控制在能抑制一切细菌的生长，而又不影响果料的风味和质地的范围内。酸乳可根据需要，确定包装量、包装形式及灌装机。

(5) 冷却、后熟　将灌装好的酸乳于 0～7℃冷库中冷藏 24h 进行后熟，进一步促使芳香物质的产生和黏稠度的改善。

2. 质量控制

(1) 砂状组织　酸乳在组织外观上有许多砂状颗粒存在，质地不细腻。砂状结构的产生有多种原因，在制作搅拌型酸乳时，应选择适宜的发酵温度，避免原料乳受热过度，减少乳粉用量，避免干物质过多和较高温度下的搅拌。

(2) 乳清分离　酸乳搅拌速度过快、过度搅拌或泵送时导致空气混入产品，会造成乳清分离。此外，酸乳发酵过度、冷却温度不适及干物质含量不足也会造成乳清分离。因此，应选择合适的搅拌器搅拌，并注意降低搅拌温度。同时，可适当选用稳定剂，以提高酸乳的黏度，防止乳清分离，其用量为0.1%～0.5%。

（3）风味不正　除了与凝固型酸乳相同的因素外，在搅拌过程中因操作不当而混入大量空气，造成酵母和霉菌污染，也会严重影响风味。较低的pH虽然能够抑制酸乳中几乎所有的细菌生长，但酵母和霉菌仍能在这样的环境中生长，造成酸乳变质、变坏和不良风味。

（4）色泽异常　在生产中因加入的果蔬处理不当而引起变色、褪色等现象时有发生。应根据果蔬的性质及加工特性与酸乳进行合理的搭配和制作，必要时还可添加抗氧化剂。

第三节　乳酸菌饮料加工

一、概念和种类

乳酸菌饮料是一种发酵型的酸性含乳饮料。通常以牛乳或乳粉、植物蛋白乳（粉）、果蔬汁浆或糖类为原料，经杀菌、冷却、接种乳酸菌发酵剂培养发酵，再经稀释而制成。乳酸菌饮料按其加工处理的方法不同，一般分为酸乳型和果蔬型两大类，同时又可分为活性乳酸菌饮料（未经后杀菌）和非活性乳酸菌饮料（经后杀菌）。

二、生产工艺

（一）工艺流程

活性乳酸菌饮料与非活性乳酸菌饮料在加工过程的区别主要在于加入配料后是否杀菌，其工艺流程如下：

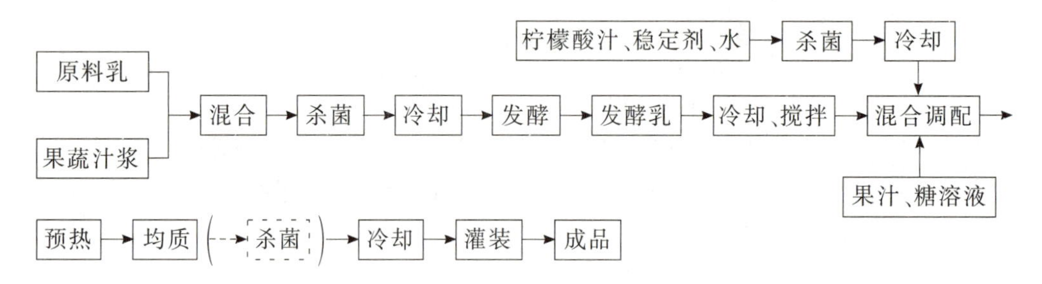

（二）加工要点

1. 配方及混合调配

（1）乳酸菌饮料配方Ⅰ　酸乳30%，糖10%，果胶0.4%，果汁6%，45%乳酸0.1%，香精0.15%，水53.35%。

（2）乳酸菌饮料配方Ⅱ　酸乳46.2%，白糖6.7%，蛋白糖0.11%，果胶0.18%，耐酸CMC 0.23%，柠檬酸0.29%，磷酸二氢钠0.05%，香兰素0.018%，水蜜桃香精0.023%，水46.2%。

先将白砂糖、稳定剂、乳化剂与螯合剂等混合均匀，加入70～80℃的热水中充分溶解，经杀菌、冷却后，同果汁、酸味剂一起与发酵乳混合并搅拌，最后加入香精等。

在乳酸菌饮料中最常使用的稳定剂是纯果胶或与其他稳定剂的复合物。通常果胶对酪蛋白颗粒具有最佳的稳定效果，这是因为果胶是一种聚半乳糖醛酸，在pH为中性和酸性时带负电荷，将果胶加入酸乳中时，它会附着于酪蛋白颗粒的表面，使酪蛋白颗粒带负电荷。由于同性电荷互相排斥，可避免酪蛋白颗粒间相互聚合成大颗粒而产生沉淀。考虑到果胶分子在使用过程中的降解趋势以及它在 pH 4 时稳定性最佳的特点，杀菌前一般将乳酸菌饮料的 pH 调整为 3.8～4.2。

2. 均质 均质使其液滴微细化，提高料液黏度，抑制粒子的沉淀，并增强稳定剂的稳定效果。乳酸菌饮料较适宜的均质压力为 20～25MPa，温度为 53℃左右。

3. 后杀菌 发酵调配后的杀菌目的是延长饮料的保存期。经合理杀菌、无菌灌装后的饮料，其保存期可达 3～6 个月。由于乳酸菌饮料属于高酸食品，故采用高温短时巴氏杀菌即可得到商业无菌产品，也可采用更高的杀菌条件，如 95～105℃、30s 或 110℃、4s。生产厂家可根据自己的实际情况，对以上杀菌条件做相应的调整，对塑料瓶包装的产品来说，一般灌装后采用 95～98℃、20～30min 的杀菌条件，然后进行冷却。

4. 果蔬预处理 在制作果蔬乳酸菌饮料时，首先要对果蔬进行加热处理，以起到灭酶作用。通常在沸水中放置 6～8min。经灭酶后打浆或取汁，再与杀菌后的原料乳混合。

三、质量控制

（一）活菌数的控制

乳酸活性饮料要求每毫升饮料中含活的乳酸菌 100 万个以上。欲保持较高的活力，发酵剂应选用耐酸性强的乳酸菌种（如嗜酸乳杆菌、干酪乳杆菌）。

为了弥补发酵本身的酸度不足，需补充柠檬酸，但是柠檬酸的添加会导致活菌数下降，所以必须控制柠檬酸的使用量。苹果酸对乳酸菌的抑制作用小，与柠檬酸并用可以减少活菌数的下降，同时又可改善柠檬酸的涩味。

（二）沉淀

沉淀是乳酸菌饮料最常见的质量问题。乳蛋白中 80%为酪蛋白，其等电点为 4.6。乳酸菌饮料的 pH 在 3.8～4.2，此时酪蛋白处于高度不稳定状态。此外，在加入果汁、酸味剂时，若酸度过高，加酸时混合液温度过高、加酸速度过快、搅拌不匀等均会引起局部过分酸化而发生分层和沉淀。为使酪蛋白胶粒在饮料中呈悬浮状态，不发生沉淀，应注意以下几点：

1. 均质 经均质后的酪蛋白微粒，因失去了静电荷、水化膜的保护，粒子间的引力增强，增加了碰撞机会，容易聚成大颗粒而沉淀。因此，均质必须与稳定剂配合使用，可以达到较好效果。

2. 稳定剂 乳酸菌饮料中常添加亲水性和乳化性较高的稳定剂。稳定剂不仅能提高饮料的黏度，防止蛋白质粒子因重力作用下沉，更重要的是它本身是一种亲水性的高分子化合物，在酸性条件下与酪蛋白结合形成胶体保护，防止凝集沉淀。此外，由于牛乳中含有较多的钙，在 pH 降到酪蛋白的等电点以下时，钙以游离状态存在，Ca^{2+} 与酪蛋白之间易发生凝集而沉淀。故添加适当的磷酸盐，使其与 Ca^{2+} 形成螯合物，可起到稳定作用。

3. 添加蔗糖 添加 13%的蔗糖不仅使饮料酸中带甜，而且糖在酪蛋白表面还能形成被膜，可提高酪蛋白与其他分散介质的亲水性，并能提高饮料密度，增加黏稠度，有利于酪蛋白在悬浮液中的稳定。

4. 有机酸的添加 添加柠檬酸等有机酸类是引起饮料产生沉淀的因素之一。因此，须在低温条件下添加，使其与蛋白胶粒均匀地接触。另外，添加速度要缓慢，搅拌速度要快。一般酸液以喷雾形式加入。

5. 发酵乳的搅拌温度 为了防止沉淀产生，还应控制好搅拌发酵乳时的温度。高温时搅拌，凝块会收缩硬化，造成蛋白胶粒的沉淀。

（三）脂肪上浮

在采用全脂乳或脱脂不充分的脱脂乳作原料时，由均质处理不当等原因引起脂肪上浮，此时应改进均质条件，同时可选用酯化度高的稳定剂或乳化剂如卵磷脂、单硬脂酸甘油酯、脂肪酸蔗糖酯等。最好采用含脂率较低的脱脂乳或脱脂乳粉作为乳酸菌饮料的原料。

（四）果蔬料的质量控制

为了强化饮料的风味与营养，常常会加入一些果蔬原料，如果汁类的椰汁、芒果汁、橘汁、山楂汁、草莓汁等，蔬菜类的胡萝卜汁、玉米浆、南瓜浆、冬瓜汁等，有时还可加入蜂蜜等成分。若这些物料本身的质量或配制饮料时预处理不当，就会使饮料在保存过程中发生感官质量的不稳定，如饮料变色、褪色、出现沉淀、污染杂菌等。因此，在选择及加入果蔬物料时应注意杀菌处理。另外，在生产中应考虑适当加入一些抗氧化剂，如维生素 C、维生素 E、儿茶酚、EDTA 等，以增强果蔬色素的抗氧化能力。

（五）卫生管理

在乳酸菌饮料酸败方面，最大的问题是酵母污染。酵母繁殖会产生二氧化碳，并形成酯臭味和酵母味等不愉快的风味。另外，霉菌耐酸性很强，也容易在乳酸菌饮料中繁殖并产生不良影响。

酵母、霉菌的耐热性弱，通常 60℃、5～10min 加热处理即被杀死。所以，制品中出现的污染主要是二次污染。在添加蔗糖、果汁的乳酸菌饮料生产中，其加工车间的卫生条件必须符合相关要求，以避免发生二次污染。

第四节　乳酸菌制剂加工

所谓乳酸菌制剂，即将乳酸菌培养后，再用适当的方法制成带活菌的粉剂、片剂或丸剂等。服用后能起到防治肠胃疾病的作用。在生产乳酸菌制剂时，采用的乳酸菌种主要有粪链球菌、嗜酸乳杆菌和双歧杆菌等在肠道内能够存活的菌种。此外，也可采用其他菌种，但其不能在肠道内存活，不能继续繁殖，所以只能起到降低肠内 pH 的作用。近年来国际上已开始使用带芽孢的乳酸菌种，使乳酸菌制剂进入了新的发展阶段。

各种乳酸菌制剂的生产方法、原理大致相同。一般采用的菌种多为嗜酸乳杆菌。现以乳酸菌素为例，简要介绍其生产方法。

一、工艺流程

乳酸菌纯培养物 → 母发酵剂 → 生产发酵剂 → 检验合格的发酵剂
↓
新鲜牛乳 → 离心分离 → 脱脂乳 → 杀菌 → 冷却 → 添加发酵剂 → 发酵 → 检验 → 干燥

二、质量控制

参照前述发酵剂制备。

1. 培养　40℃左右培养至酸度达 240°T，停止发酵。

2. 干燥 在45℃以下的温度进行干燥粉碎，制成粉剂和片剂。最好使用冻结升华干燥，有利于进一步提高其效力并延长保存期。

3. 质量标准 乳酸菌制剂：水分＜5%；杂菌数＜1 000个/g；乳酸＞0.9%；淡黄色，味酸，不得有酸败味。

第五节 干酪加工

一、概念和种类

联合国粮农组织（FAO）和世界卫生组织（WHO）制定了国际上通用的干酪定义：干酪是以牛乳、奶油、部分脱脂乳、酪乳或这些产品的混合物为原料，经凝乳并分离乳清而制得的新鲜或发酵成熟的乳制品。干酪的种类很多，通常把干酪划分为天然干酪、融化干酪（又称再制干酪）和干酪食品3大类，主要定义和要求见表2-5-2。

表2-5-2 天然干酪、融化干酪和干酪食品的定义和要求

种类	规格
天然干酪	以乳、稀奶油、部分脱脂乳、酪乳或混合乳为原料，经凝固后，排出乳清而获得的新鲜或成熟的产品，允许添加天然香辛料以增加香味和滋味
融化干酪	用一种或一种以上的天然干酪，添加食品安全标准所允许的添加剂（或不加添加剂），经粉碎、混合、加热融化、乳化后而制成的产品，含乳固体40%以上。此外，还规定：①允许添加稀奶油、奶油或乳脂以调整脂肪含量。②为了增加香味和滋味，添加香料、调味料及其他食品时，必须控制在乳固体的1/6以内。但不得添加脱脂奶粉、全脂奶粉、乳糖、干酪素以及不是来自乳中的脂肪、蛋白质及碳水化合物
干酪食品	用一种或一种以上的天然干酪或再制干酪，添加食品安全标准所规定的添加剂（或不加添加剂），经粉碎、混合、加热融化而制成的产品，产品中干酪含量须占50%以上。此外，还规定：①加香料、调味料或其他食品时，须控制在产品干物质的1/6以内。②添加非乳脂肪、蛋白质、碳水化合物时，不得超过产品的10%

国际乳品联盟（IDF，1972）提出以水分含量为标准，将天然干酪分为硬质、半硬质、软质3大类，并根据成熟的特征或固体物中的脂肪含量来分类的方案。一般以干酪的软硬度及与成熟有关的微生物来进行分类和区别。主要干酪的分类见表2-5-3。

干酪中含有丰富的蛋白质，脂肪，糖类，有机酸，常量矿物元素钙、磷、钠、钾、镁，微量矿物元素铁、锌，以及脂溶性维生素A、胡萝卜素和水溶性维生素B_1、维生素B_2、维生素B_6、维生素B_{12}、烟酸、泛酸、叶酸、生物素等多种营养成分。干酪的组成见表2-5-4。

表2-5-3 干酪的品种分类

种类		相关微生物	水分含量/%	主要产品
软质干酪	新鲜	不成熟	40～60	农家干酪（cottage cheese）、稀奶油干酪（cream cheese） 里科塔干酪（ricotta cheese）
	成熟	细菌		比利时干酪（limburg cheese）、手工干酪（hand cheese）
		霉菌		法国浓味干酪（camembert cheese）、布里干酪（brie cheese）
半硬质干酪		细菌	36～40	砖状干酪（brick cheese）、修道院干酪（trappist cheese）
		霉菌		法国羊奶干酪（roquefort cheese）、青纹干酪（blue cheese）
硬质干酪	实心	细菌	25～36	荷兰干酪（gouda cheese）、荷兰圆形干酪（edam cheese）
	有气孔	细菌（丙酸菌）		埃曼塔尔干酪（emmentaler cheese）、瑞士干酪（swiss cheese）

(续)

种类	相关微生物	水分含量/%	主要产品
特硬干酪	细菌	<25	帕尔马干酪(parmesan cheese)、罗马诺干酪(romano cheese)
融化干酪		40以下	融化干酪(processed cheese)

表2-5-4 干酪的组成(100g中的含量)

干酪名称	类型	水分/%	热量/J	蛋白质/g	脂肪/g	钙/mg	磷/mg	维生素A/IU	维生素B_1/mg	维生素B_2/mg	尼克酸/mg
契达干酪	硬质(细菌发酵)	37.0	1 666.35	25.0	32.0	750	478	1 310	0.03	0.46	0.1
法国羊奶干酪	半硬(霉菌发酵)	40.0	1 540.74	21.5	30.5	315	184	1 240	0.03	0.61	0.2
法国浓味干酪	软质(霉菌发酵)	52.2	1 251.85	17.5	24.7	105	339	1 010	0.04	0.75	0.8
农家干酪	软质(新鲜不成熟)	79.0	360.06	17.0	0.3	90	175	175	0.03	0.28	0.1

二、一般加工工艺

各种天然干酪的生产工艺基本相同，只是在个别工艺环节上有所差异。下面介绍半硬质或硬质干酪生产的基本工艺。

(一)工艺流程

原料乳→标准化→杀菌→冷却→添加发酵剂→调整酸度→加氯化钙→加色素→加凝乳酶→凝块切割→搅拌→加温→乳清排出→堆积→成型压榨→盐渍→成熟→成品

(二)工艺要点

1. 原料乳的预处理 生产干酪的原料乳，必须经过严格的检验，要求抗生素检验阴性等。检查合格后，再进行原料乳的预处理。除牛奶外，也可使用羊奶、水牛奶等作为原料乳。

(1)净乳 采用离心除菌机进行净乳处理，不仅可以除去乳中大量杂质，而且可以将乳中90%的细菌除去，尤其对密度较大的菌体芽孢特别有效。

(2)标准化 为了保证每批干酪的成分均一，在加工之前要对原料乳进行标准化处理，包括对脂肪标准化、对酪蛋白以及酪蛋白/脂肪的比例(C/F)的标准化，一般要求$C/F=0.7$。

(3)杀菌 在实际生产中多采用63～65℃、30min的保温杀菌(LTLT)或75℃、15s的高温短时杀菌(HTST)。常采用的杀菌设备为保温杀菌罐或片式热交换杀菌机。为了确保杀菌效果，防止或抑制丁酸菌等产气芽孢菌，在生产中常添加适量的硝酸盐(硝酸钠或硝酸钾)或过氧化氢。牛乳中硝酸盐的添加限量为0.02～0.05g/kg，过多的硝酸盐虽能抑制发酵剂的正常发酵，但影响干酪的成熟、成品风味及其安全性。

2. 添加发酵剂和预酸化 原料乳经杀菌后，直接打入干酪槽中，待乳冷却到30～32℃，加入发酵剂。

(1)干酪发酵剂的种类 在制造干酪的过程中，用来使干酪发酵与成熟的特定微生物培养物称为干酪发酵剂。干酪发酵剂可分为细菌发酵剂和霉菌发酵剂，详见表2-5-5。

表 2-5-5 干酪发酵剂种类及使用范围、作用

发酵剂种类	菌种名	使用范围、作用
乳酸球菌	嗜热链球菌（*S. thermophilus*）	各种干酪，产酸及风味
	乳酸链球菌（*S. lactis*）	各种干酪，产酸
	乳脂链球菌（*S. cremoris*）	各种干酪，产酸
	粪肠球菌（*E. faecalis*）	契达干酪
乳酸杆菌	乳酸杆菌（*L. acidophilus*）	瑞士干酪
	干酪乳杆菌（*L. casei*）	各种干酪，产酸及风味
	嗜热乳杆菌（*L. thermophilus*）	干酪，产酸及风味
	胚芽乳杆菌（*L. plantarum*）	契达干酪
丙酸菌	薛氏丙酸菌（*P. shermanii*）	瑞士干酪
短密青霉菌	短密青霉菌（*Pen. brevicompactum*）	砖状干酪、林堡干酪
酵母菌	解脂假丝酵母（*Candida lipolytica*）	青纹干酪、瑞士干酪
曲霉菌	米曲霉（*A. oryzae*）	
	娄地青霉（*Pen. roqueforti*）	法国绵羊乳干酪
	卡门培尔青霉（*Pen. camemberti*）	法国卡门塔尔干酪

（2）干酪发酵剂的作用　添加发酵剂后，乳糖发酵产生乳酸，使乳中可溶性钙的浓度升高，从而促进凝乳酶的凝乳作用，而且在酸性条件下凝乳酶的活性提高，缩短了凝乳时间，从而有利于乳清排出。此外，发酵剂在成熟过程中会利用其产生的各种酶促进干酪成熟，改进产品组织状态，防止杂菌繁殖。

（3）发酵剂的加入方法　首先应根据制品的质量和特征，选择合适的发酵剂种类和组成。取原料乳量1%～2%干酪发酵剂，边搅拌边加入，并在30～32℃条件下充分搅拌3～5min。然后在此条件下发酵1h，以保证充足的乳酸菌数量和达到一定的酸度，此过程称为预酸化。

3. 酸度调整与添加剂的加入

（1）调整酸度　预酸化后，取样测定酸度，按要求用1mol/L的盐酸调整酸度至0.20%～0.22%。

（2）添加剂的加入　为了改善凝乳性能，提高干酪质量，可添加氯化钙来调节盐类平衡，促进凝块形成。氯化钙先预配成10%溶液100kg，原料乳中添加5～20g（氯化钙量）。黄色色素可以改善和调和颜色，常用胭脂树橙，通常每1 000kg原料乳中加30～60g，以水稀释约6倍，充分混匀后加入。

4. 添加凝乳酶和凝乳的形成

（1）凝乳酶的添加　通常按凝乳酶效价和原料乳的量计算凝乳酶的用量。用1%的食盐水将凝乳酶配成2%溶液，加入乳中后充分搅拌均匀。

（2）凝乳的形成　添加凝乳酶后，在32℃条件下静置40min左右，即可使乳凝固。

5. 凝块切割　当乳凝块达到适当硬度时，要进行切割以利于乳清脱出。正确判断恰当的切割时机非常重要，如果在尚未充分凝固时进行切割，酪蛋白或脂肪损失大，且生成的干酪过于柔软；反之，切割时间迟，凝乳变硬不易脱水。切割时机可由下列方法判定：用消毒过的温度计以45°角插入凝块中，挑开凝块，如裂口恰如锐刀切痕，并呈现透明乳清，即可开始切割。

6. 凝块的搅拌及加温　凝块切割后若乳清酸度达到0.17%～0.18%时，开始用干酪耙或干酪搅拌器轻轻搅拌，搅拌速度先慢后快。与此同时，在干酪槽的夹层中通入热水，使温度逐渐升高。升温的速度应严格控制，开始时每3～5min升高1℃，当温度升至35℃时，则每隔3min升高1℃。当温度达到38～42℃（应根据干酪的品种具体确定终止温度）时，停止加热并维持此时的温度。

在整个升温过程中应不停地搅拌，以促进凝块的收缩和乳清的渗出，防止凝块沉淀和相互粘连。在升温过程中应不断地测定乳清的酸度以便控制升温和搅拌的速度。总之，升温和搅拌是干酪制作工艺中的重要过程，它关系到生产的成败和成品质量的好坏，因此，必须按工艺要求严格控制和操作。

7. 乳清排出 乳清排出时期对制品品质影响很大，而排出乳清时的适当酸度依干酪种类而异。乳清由干酪槽底部通过金属网排出。排出的乳清脂肪含量一般为 0.3%，蛋白质为 0.9%。若脂肪含量在 0.4%以上，证明操作不理想，应将乳清回收，作为副产物进行综合加工利用。

8. 堆积 乳清排出后，将干酪粒堆积在干酪槽的一端或专用的堆积槽中，上面用带孔木板或不锈钢板压 5～10min，压出乳清使其成块，这一过程即为堆积。

9. 成型压榨 将堆积后的干酪块切成方砖形或小立方体，装入成型器（cheese hoop）中。在内衬网（cheese cloth）成型器内装满干酪块后，放入压榨机（cheese press）上进行压榨定型。压榨的压力与时间依干酪的品种而定。先进行预压榨，一般压力为 0.2～0.3MPa，时间为 20～30min；或直接正式压榨，压力为 0.4～0.5MPa，时间为 12～24h。压榨结束后，从成型器中取出的干酪称为生干酪（green cheese 或 unripened cheese）。如果制作软质干酪，则不需压榨。

10. 盐渍 盐渍的目的在于改善干酪的风味、组织和外观，排出内部乳清或水分，增加干酪硬度，限制乳酸菌的活力，调节乳酸生成和干酪的成熟，防止和抑制杂菌的繁殖。加盐的量应按成品的含盐量确定，一般在 1.5%～2.5%。盐渍的方法有 3 种：①干腌法，在压榨定型前，将所需的食盐撒布在干酪粒中或者将食盐涂布于生干酪表面（如卡门塔尔干酪）。②湿腌法，将压榨后的生干酪浸于盐水池中腌制，盐水浓度第 1～2 天为 17%～18%，以后保持 20%～23%的浓度。为了防止干酪内部产生气体，盐水温度应控制在 8℃左右，浸盐时间 4～6d（如 edam cheese，gouda cheese）。③混合法，是指在压榨定型后先涂布食盐，过一段时间再浸入食盐水中的方法（如 swiss cheese，brick cheese）。因干酪品种不同，加盐方法也不同。

11. 成熟 将生鲜干酪置于一定温度（5～15℃）和湿度（相对湿度 85%～95%）条件下，在乳酸菌等有益微生物和凝乳酶的作用下，经一定时间（3～8 个月）使干酪发生一系列物理和生物化学变化的过程，称为干酪的成熟。成熟的主要目的是改善干酪的组织状态和营养价值，增加干酪的特有风味。

（1）*成熟条件* 干酪的成熟通常在成熟库（室）内进行。成熟时低温比高温效果好，一般温度为 5～15℃，相对湿度为 85%～95%。温度与湿度也因干酪品种不同而不同。当相对湿度一定时，硬质干酪在 7℃条件下需 8 个月以上才能成熟，在 10℃时需 6 个月以上，而在 15℃时则需 4 个月左右。软质干酪或霉菌成熟干酪需 20～30d。

（2）*成熟管理*

①前期成熟：将待成熟的新鲜干酪放入温度、湿度适宜的成熟库中，每天用洁净的棉布擦拭其表面，防止霉菌繁殖。为了使表面的水分蒸发均匀，擦拭后要翻面放置。此过程一般要持续 15～20d。

②上色挂蜡：为了防止霉菌生长和增加美观，一般将前期成熟后的干酪清洗干净后，用食用色素染成红色（也有不染色的）。待色素完全干燥后，在 160℃的石蜡中进行挂蜡。所选石蜡的熔点以 54～56℃为宜。

③后期成熟和贮藏：为了使干酪完全成熟，以形成良好的口感和风味，还要将挂蜡后的干酪放在成熟库中继续成熟 2～6 个月。成品干酪应放在 5℃及相对湿度 80%～90%条件下贮藏。

（3）*加速干酪成熟的方法* 加速干酪成熟的传统方法是加入蛋白酶、肽酶和脂肪酶。现代方法是加入脂质体包裹的酶类、基因工程修饰的乳酸菌等，以加速干酪的成熟，也可以通过提高成熟温度来加速干酪成熟。

（三）质量控制

1. 物理性缺陷及其防止方法

（1）质地干燥　凝乳块在较高温度下“热烫”引起干酪中水分排出过多导致制品干燥，凝乳切块过小、加温搅拌时温度过高、酸度过高、处理时间较长及原料含脂率低等都能引起制品干燥。对此除改进加工工艺外，也可利用表面挂石蜡、塑料袋真空包装及在高温条件下成熟来防止。

（2）组织疏松　即凝乳中存在裂隙。酸度不足、乳清残留于凝乳块中、压榨时间短或成熟前期温度过高等均能引起此种缺陷。可进行充分压榨并在低温下成熟来防止。

（3）多脂性　指脂肪过量存在于凝乳块表面或其中。其原因大多是由于操作温度过高，凝块处理不当（如堆积过高）而使脂肪压出。可通过调整生产工艺来防止。

（4）斑纹　由操作不当引起，特别是在切割和热烫工艺中操作过于剧烈或过于缓慢。

（5）发汗　指成熟过程中干酪渗出液体。可能是干酪内部的游离液体多及内部压力过大所致，多见于酸度过高的干酪。所以除改进工艺外，控制酸度也十分必要。

2. 化学性缺陷及其防止方法

（1）金属性黑变　由铁、铅等金属与干酪成分生成黑色硫化物，根据干酪质地的不同而呈绿、灰和褐色等色调。操作时除考虑设备、模具本身外，还要注意外部污染。

（2）桃红或赤变　当使用色素（如安那妥）时，色素与干酪中的硝酸盐结合而生成更浓的有色化合物。对此应认真选用色素及其添加量。

3. 微生物性缺陷及其防止方法

（1）酸度过高　主要原因是微生物发育速度过快。防止方法：降低预发酵温度，并加食盐以抑制乳酸菌繁殖；加大凝乳酶添加量；切割时切成微细凝乳粒；高温处理；迅速排出乳清以缩短制造时间。

（2）干酪液化　由于干酪中存在液化酪蛋白的微生物而使干酪液化。此种现象多发生于干酪表面。引起液化的微生物一般在中性或微酸性条件下发育。

（3）发酵产气　在干酪成熟过程中通常会缓缓生成微量气体，但微量气体能自行在干酪中扩散，故不形成大量的气孔，而由微生物引起干酪产生大量气体则是干酪的缺陷之一。在成熟前期产气是由于大肠杆菌污染，后期产气则是由梭状芽孢杆菌、丙酸菌及酵母菌繁殖引起的。可将原料乳离心除菌或使用产生乳酸链球菌肽的乳酸菌作为发酵剂，也可通过添加硝酸盐及调整干酪水分和盐分来防止。

（4）苦味生成　干酪的苦味是极为常见的质量缺陷。酵母或非发酵剂菌都可引起干酪苦味。极微弱的苦味可构成契达干酪的风味成分之一，这是特定的蛋白胨、肽引起的。另外，乳高温杀菌、原料乳的酸度高、凝乳酶添加量大以及成熟温度高均可能产生苦味。食盐添加量多时，可降低苦味的强度。

（5）恶臭　干酪中如存在厌气性芽孢杆菌，会分解蛋白质生成硫化氢、硫醇、亚胺等。此类物质会产生恶臭味。生产过程中要防止这类菌的污染。

（6）酸败　由污染微生物分解乳糖或脂肪等生成丁酸及其衍生物所引起。污染菌主要来自原料乳、牛粪及土壤等。

第六节　再制干酪加工

将同一种类或不同种类的两种以上的天然干酪，经粉碎、加乳化剂、加热搅拌、充分乳化、浇灌包装而制成的产品，称为再制干酪（processed cheese），也被称为融化干酪。奶酪食品是一种由奶酪和未发酵的乳制品配料与乳化剂混合制成的食品，可能包括其他成分，如植物油、盐、食用色素或糖。因此，存在许多风味、颜色和质地的再制奶酪，通常含有50%～60%的天然奶酪。

一、优势和特点

与天然奶酪相比，再制奶酪具有多项技术优势，包括更长的保质期、烹饪时不易分离（可融化）以及均一的外观。与传统的奶酪制作相比，再制奶酪的规模化生产大大降低了生产者和消费者的成本。

传统奶酪（尤其是契达干酪和马苏里拉奶酪）在长时间加热后，会分离成块状、蛋白质凝胶和液态脂肪的混合物。再制奶酪中添加的乳化剂（通常是磷酸钠、磷酸钾、酒石酸盐或柠檬酸盐）减少了奶酪中微小脂肪球聚集的趋势，基于这一优势再制奶酪通常被用作各种菜肴的配料。

再制干酪具有以下特点：①可以将不同组织和不同成熟度的干酪适当配合，制成质量一致的产品；②由于在加工过程中进行加热杀菌，食用安全、卫生，并且具有良好的保存特性；③集各种干酪为一体，组织和风味独特；④可以添加各种风味物质和营养强化成分，能较好地满足消费者的需求和嗜好。

二、生产工艺

原料选择→原料预处理→切割→粉碎→加水→加乳化剂→加色素→加热融化→充填包装→静置冷却→冷却→成熟→成品

1. 原料干酪的选择 一般选择细菌成熟的硬质干酪如荷兰干酪、契达干酪和荷兰圆形干酪等。为满足制品的风味及组织，成熟7～8个月风味浓的干酪应占20%～30%。为了保持组织滑润，则成熟2～3个月的干酪占20%～30%，搭配中间成熟度的干酪50%，使平均成熟度在4～5个月，含水分35%～38%，可溶性氮0.6%左右。过熟的干酪，由于有氨基酸或乳酸钙结晶析出，不宜作原料。有霉菌污染、气体膨胀、异味等缺陷者也不能使用。

2. 原料干酪的预处理 原料干酪的预处理室要与正式生产车间分开。预处理是去掉干酪的包装材料，削去表皮，清拭表面等。

3. 切割与粉碎 用切碎机将原料干酪切成块状，用混合机混合。然后用粉碎机粉碎成4～5cm的面条状，最后用磨碎机处理。近来，此项操作多在熔融釜中进行。

4. 熔融、乳化 在熔融釜中加入适量的水，通常为原料干酪质量的5%～10%，成品的含水量为40%～55%，按配料要求加入适量的调味料、色素等，然后加入预处理粉碎后的原料干酪。当温度达到50℃左右，加入1%～3%的乳化剂，如磷酸钠、柠檬酸钠、偏磷酸钠和酒石酸钠等。这些乳化剂可以单用，也可以混用。最后将温度升至60～70℃，保温20～30min，使原料干酪完全融化。如果需要可调整酸度，使成品的pH为5.6～5.8，不得低于5.3。在进行乳化操作时，应加快釜内搅拌器的搅拌速度，使乳化更完全。乳化终了时，应检测水分、pH、风味等，然后抽真空进行脱气。

5. 充填包装 经过乳化的干酪应趁热进行充填包装。包装材料多使用玻璃纸或涂塑性蜡玻璃纸、铝箔、偏氯乙烯薄膜等。包装的量、形状和包装材料的选择，应考虑到食用、携带、运输方便。

6. 贮藏 包装后的成品再制干酪，应静置10℃以下的冷藏库中定型和贮藏。

三、奶酪棒

奶酪棒作为再制奶酪的一种典型代表，在儿童奶酪市场发展迅速。奶酪棒由天然奶酪经加热、搅拌、乳化等工艺制成，是多种牛乳营养成分的浓缩精华，含有丰富的蛋白质、脂肪、维生素及微量添加剂成分，满足了儿童消费群体对休闲零食的健康性和多样化的需求，近年来消费量迅速增加。

思考题

1. 试述发酵剂的概念、种类和制备方法。
2. 试述发酵剂的贮藏方法。
3. 简述酸乳的形成机理。
4. 酸乳加工中对原料乳有什么要求?
5. 详述酸乳的种类、加工工艺及要点。
6. 试述凝固型酸乳、搅拌型酸乳加工和贮藏过程中常出现的质量问题和解决方法。
7. 简述乳酸菌饮料的概念及加工工艺。
8. 乳酸菌饮料在生产和贮藏过程中出现的沉淀问题应如何解决?
9. 试述干酪的概念、种类和营养价值。
10. 试述凝乳酶的作用原理及影响凝乳形成的因素。
11. 简述天然干酪的一般生产工艺和操作要点。
12. 加快干酪成熟的方法有哪些?
13. 简述再制干酪的生产工艺过程及操作要点。
14. 干酪常见的缺陷包括哪几方面? 如何防止?

CHAPTER 6

第六章 炼乳与乳粉

本章学习目标 熟知淡炼乳及甜炼乳的生产过程，了解两种产品加工方法之不同，重点掌握影响产品质量的关键环节，以及炼乳在加工贮藏中的品质变化；了解乳粉的种类及质量特征，熟悉乳粉生产的一般工艺，掌握乳粉质量的控制方法。

第一节 炼乳加工

一、概念和种类

炼乳是原料乳经真空浓缩除去大部分水分后制成的产品。炼乳的种类很多，在此仅对甜炼乳及淡炼乳的生产加以介绍。

甜炼乳是指在原料乳中加入17%左右的蔗糖，经杀菌、浓缩至原质量的8%左右而成的产品。其主要成分见表2-6-1。

表2-6-1 甜炼乳的理化指标

项目		指标
水分/%	≤	26.5
脂肪含量/%	≥	8.00
蔗糖含量/%	≤	45.50
酸度/°T	≤	48.00
全乳固体含量/%	≥	28.00
铅含量（以Pb计）/（mg/kg）	≤	0.50
铜含量（以Cu计）/（mg/kg）	≤	4.00
锡含量（以Sn计）/（mg/kg）	≤	10.00
汞含量（以Hg计）/（mg/kg）	≤	0.01
杂质度①/（mg/kg）	≤	（按鲜乳折算）8.00

注：①指每千克产品中杂质的质量。

淡炼乳是将牛乳浓缩至原体积的40%，装罐后密封并经灭菌而成的制品。其主要成分见表2-6-2。

表 2-6-2　淡炼乳的理化指标

项目		特级	一级
全乳固体/%	>	26.00	25.00
脂肪/%	>	8.00	7.50
酸度/°T	>	4.0	48.0
铅（以 Pb 计）/（mg/kg）	<	0.50	0.50
铜（以 Cu 计）/（mg/kg）	<	4.00	4.00
锡（以 Sn 计）/（mg/kg）	<	50.00	50.00
汞（以 Hg 计）/（mg/kg）	<	0.01	0.01
杂质度①/（mg/kg）	<	（按鲜乳折算）4.00	（按鲜乳折算）4.00

注：①指每千克产品中杂质的质量。

二、生产工艺

（一）甜炼乳的生产工艺

甜炼乳生产工艺流程如下：

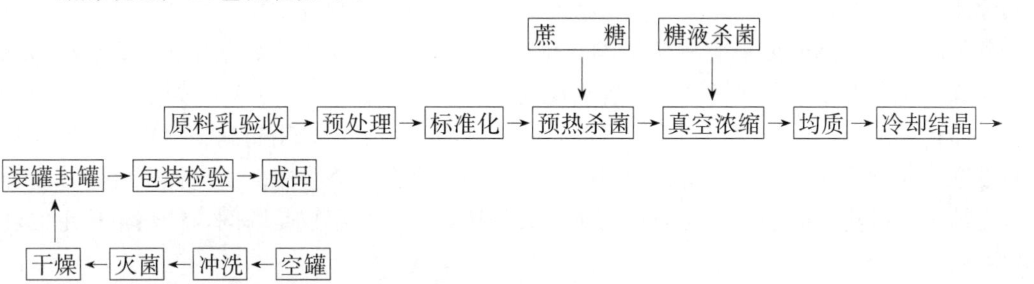

1. 原料乳的验收及预处理　牛乳应严格按要求进行验收，尤其要控制原料乳中的芽孢数和耐热细菌的数量，这是因为炼乳生产在真空浓缩过程中乳的实际受热温度仅为 65～70℃，而 65℃较适合耐热细菌和芽孢菌的生长，有可能导致乳的腐败。此外，还要求原料乳的酸度不能高于 18°T、70%中性酒精试验呈阴性、盐离子保持平衡等，从而保证原料乳的热稳定性，避免受热沉淀。验收合格的乳，经称重、过滤、净乳、冷却后泵入贮奶罐。

2. 乳的标准化　乳的标准化是指调整乳中脂肪（F）与非脂乳固体（SNF）的比值，使符合成品中脂肪与非脂乳固体比值。在脂肪不足时要添加稀奶油，脂肪过高时要添加脱脂乳或用分离机除去一部分稀奶油。具体步骤为：

（1）脱脂乳及稀奶油中非脂乳固体的计算

①脱脂乳中 SNF_1 的计算：

$$SNF_1=\frac{SNF}{1-F}\times 100\ \%$$

②稀奶油中 SNF_2 的计算：

$$SNF_2=(1-F_2)\times SNF_1\times 100\ \%$$

（2）含脂率不足时标准化的计算　在脂肪不足时可添加稀奶油，需要的量为

$$C_1=\frac{SNF\times R-F}{F_2-SNF_2\times R}\times M$$

（3）含脂率过高时标准化的计算　在含脂率过高时可添加脱脂乳，需要的量为

$$C_2=\frac{F/R-SNF}{SNF_1-F_1/R}\times M$$

式中 C_1——需添加稀奶油量，kg；

C_2——需添加脱脂乳量，kg；

M——原料乳量，kg；

F——原料乳的含脂率，%；

F_1——脱脂乳的脂肪含量，%；

F_2——稀奶油的含脂率，%；

R——成品中脂肪与非脂乳固体比值；

SNF——原料乳的非脂乳固体，%；

SNF_1——以原料乳所得脱脂乳的非脂乳固体，%；

SNF_2——以原料乳所得稀奶油的非脂乳固体，%。

3. 预热杀菌

（1）预热杀菌目的　制造甜炼乳时，在原料乳浓缩之前进行的加热处理称为预热。预热的目的：

①杀灭原料乳中的病原菌和大部分杂菌，破坏和钝化酶的活力，以保证食品卫生，同时提高成品的保存性。

②对牛乳的真空浓缩起预热作用，防止结焦，加速蒸发。

③使蛋白质适当变性，推迟成品变稠。

（2）预热方法和工艺条件　预热的温度、保持时间等条件随着原料乳质量、季节及预热设备等的不同而异。预热温度对产品的变稠有一定影响。预热温度在 60～75℃，产品黏度降低，脂肪球有上浮倾向，甜炼乳在此温度下预热还会引起乳糖沉淀；预热温度在 80～100℃，如果时间较长会导致产品变稠，而且在此温度范围内，随温度升高，变稠现象越明显；采用超高温预热，不但能赋予产品适当的黏度，而且产品热稳定性有很大提高。这是因为高温使炼乳中的游离钙沉淀、浓度降低，酪蛋白与之结合的可能性减小，不易通过钙桥形成凝块，同时高温仅是瞬间，使热不稳定的乳清蛋白变性程度低。

甜炼乳一般采用 80～85℃、10min 或 95℃、3～5min 预热，也可采用 120℃、2～4s 预热。

4. 加糖

（1）加糖的目的　加糖是甜炼乳生产中的一个步骤，其主要目的在于抑制炼乳中细菌的繁殖，增加制品的保存性。糖的加入会在炼乳中形成较高的渗透压，而且渗透压与糖浓度成正比，因此，就抑制细菌的生长繁殖而言，糖浓度越高越好。但加糖量过高易产生糖沉淀等缺陷。

（2）加糖量的计算　加糖量的计算是以蔗糖比为依据的。所谓蔗糖比又称蔗糖浓缩度，指甜炼乳中蔗糖量在炼乳水分中所占的百分比，即

$$R_s = \frac{W_{su}}{W_{su} + W} \times 100\%$$

或

$$R_s = \frac{W_{su}}{100 - W_{st}} \times 100\%$$

式中 R_s——蔗糖比，%；

W_{su}——炼乳中蔗糖含量，%；

W——炼乳中水分含量，%；

W_{st}——炼乳中总乳固体含量，%。

通常规定蔗糖比为 62.5%～64.5%。蔗糖比高于 64.5%，会有蔗糖析出，致使产品组织状态变差；低于 62.5%时抑菌效果差。

（3）加糖方法

①将糖直接加于原料乳中，然后预热。

②原料乳和65%～75%的浓糖浆分别经95℃、5min杀菌，冷却至57℃后混合浓缩。

③在浓缩将近结束时，将杀菌并冷却的浓糖浆吸入浓缩罐内。

加糖方法不同，乳的黏度变化和成品的增稠趋势不同。一般认为，糖与乳接触时间越长，变稠趋势就越显著。可见在上述三种加糖方法中，第三种效果最好。

5. 真空浓缩 浓缩不仅可以除去部分水分，有利于保存，还可以减少质量和体积，便于保藏和运输。一般采取真空浓缩，其特点为：具有节省能源，提高蒸发效能的作用；蒸发在较低温度条件下进行，保持了牛乳原有的性质；避免外界污染的可能性。

(1) *真空浓缩条件和方法* 真空浓缩的条件控制是否适当，对甜炼乳的质量影响很大。如浓缩时间过长、温度过高、加热蒸汽压力过大，则导致甜炼乳变色、变稠和脂肪上浮。浓缩控制条件为：温度45～60℃，真空度78.45～98.07kPa。

经预热杀菌的乳到达真空浓缩罐时温度为65～85℃，处于沸腾状态，但水分蒸发使温度下降，因此要保持水分不断蒸发必须不断供给热量，这部分热量一般来自锅炉供给的饱和蒸汽，称为加热蒸汽。牛乳中水分汽化形成的蒸汽称为二次蒸汽，二次蒸汽必须不断排出，否则它会凝结成水回流到牛乳中，使蒸发无法进行。除去二次蒸汽的方法，一般为冷凝法，即二次蒸汽直接进入冷凝器结成水而排出。二次蒸汽不被利用叫单效蒸发；如将二次蒸汽引入另一个蒸发器作为热源用，称为双效蒸发。

(2) *浓缩终点的确定* 浓缩终点的确定一般有3种方法：

①相对密度测定法：相对密度测定一般使用波美密度计，刻度范围在30～40波美度，每一刻度为0.1波美度。波美密度计应在15.6℃下测定，但实际测定时不一定恰好是在15.6℃，故须进行校正。温度每差1℃，密度相差0.054波美度，温度高于15.6℃时加上差值；反之，则需减去差值。浓缩终点应达到的波美度可用下列方法求得：

甜炼乳相对密度与波美度存在如下关系：

$$B = 145 - \frac{145}{d}$$

式中 B——乳的波美度；

d——乳的相对密度。

通常，浓缩乳样温度为48℃左右，若用波美计测得浓度为31.71～32.56波美度，即可认为已达到浓缩终点。用相对密度来确定终点，有可能因乳质变化而产生误差，通常辅以测定黏度或折射率加以校核。

②黏度测定法：黏度测定法可使用回转黏度计或毛式黏度计。测定时需先将乳样冷却到20℃，然后测其黏度，一般规定为100mPa·s（20℃）。

通常乳品厂制造炼乳时，为了防止产生气泡、脂肪游离等缺陷，一般将黏度提高一些，到测定时如果结果大于100mPa·s（20℃），则可加入消毒水予以调节。加水量可根据每加水0.1%，黏度降低4～5mPa·s（20℃）来计算。

③折射仪法：使用的仪器可以是阿贝折射仪或糖度计。当温度为20℃、脂肪含量为8%时，甜炼乳的折射率和总固体含量之间有如下关系：

总固体含量＝［70＋44×（折射率－1.465 8）］×100%

6. 均质 甜炼乳均质压力一般在10～14MPa，温度为50～60℃。如果采用二次均质，第一次均质条件和上述相同，第二次均质压力为3.0～3.5MPa，温度控制在50～60℃为宜。

7. 冷却结晶 冷却结晶是甜炼乳生产中最重要的步骤。其目的在于：及时冷却以防止炼乳在贮藏期间变稠；控制乳糖结晶，使乳糖组织状态细腻。

(1) *乳糖结晶与组织状态的关系* 乳糖的溶解度较低，室温下约为18%，在含蔗糖62%的甜炼乳中只有15%。而甜炼乳中乳糖含量约为12%，水分约为26.5%，这相当于100g水中约含有

45.3g 乳糖，很显然，其中 2/3 的乳糖是多余的。在冷却过程中，随着温度降低，多余的乳糖就会结晶析出。若结晶晶粒微细，则可悬浮于炼乳中，从而使炼乳组织柔润细腻。若结晶晶粒较大，则组织状态不良，甚至形成乳糖沉淀。

（2）乳糖结晶温度的选择　若以乳糖溶液的浓度为横坐标，冷却温度为纵坐标，可以绘出乳糖的溶解度曲线，或称乳糖结晶曲线，见图 2-6-1。

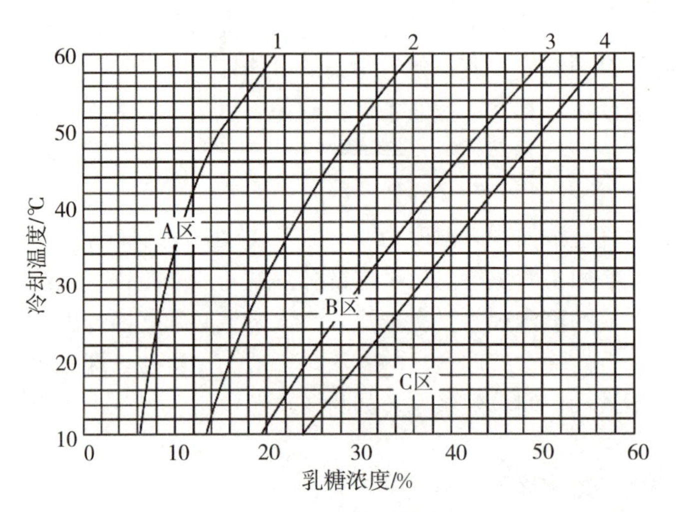

图 2-6-1　乳糖结晶曲线

1. 乳糖最初溶解度曲线　2. 乳糖最终溶解度曲线
3. 乳糖强制结晶曲线　4. 乳糖过饱溶解度曲线

图 2-6-1 中 4 条曲线将乳糖结晶曲线图分为 3 个区：最终溶解度曲线左侧为溶解区，过饱和溶解度曲线右侧为不稳定区，它们之间是亚稳定区。在不稳定区内，乳糖将自然析出。在亚稳定区内，乳糖在水溶液中处于过饱和状态，将要结晶而未结晶。在此状态下，只要创造必要的条件加入晶种，就能促使它迅速形成大小均匀的微细结晶，这一过程称为乳糖的强制结晶。试验表明，强制结晶的最适温度可以通过乳糖强制结晶曲线来找出。

（3）晶种的制备　晶种粒径应在 5μm 以下。晶种制备的一般方法是取精制乳糖粉（多为 α-乳糖），在 100～105℃下烘干 2～3h，然后经超微粉碎机粉碎，再烘干 1h，并重新进行粉碎，通过 120 目筛就可以达到要求，然后分装、密封、贮存。晶种添加量为炼乳质量的 0.02%～0.03%。晶种也可以用成品炼乳代替，添加量为炼乳量的 1%。

（4）冷却结晶方法　冷却结晶方法分为间歇式和连续式两类。

间歇式冷却结晶通常采用蛇管冷却结晶器，冷却过程可分为 3 个阶段：第一阶段为冷却初期，即浓乳出料后乳温在 50℃左右，应迅速冷却至 35℃左右；第二阶段为强制结晶期，继续冷却至接近 28℃，结晶的最适温度就处于这一阶段；第三阶段为冷却后期，把炼乳冷却至 20℃后停止冷却，再继续搅拌 1h，即完成冷却结晶操作。

连续式冷却结晶采用连续瞬间冷却结晶机，这种设备与冰激凌凝冻机相类似。炼乳在强烈的搅拌作用下，在几十秒到几分钟内，即可被冷却至 20℃以下。用这种设备冷却结晶，即使不添加晶种，也可以得到微细的乳糖结晶。而且由于强烈搅拌，炼乳不易变稠，并可防止褐变和污染。

8. 装罐和贮藏　在普通设备中冷却的炼乳中含有大量的气泡，在对冷却结晶后的甜炼乳灌装时，可采用真空封罐机或其他脱气设备，或静止 5～10h，待气泡逸出后再进行灌装。装罐时应装满，并尽可能排除顶隙空气。炼乳贮藏应离开墙壁及保暖设施 30cm 以上，库温恒定，不得高于 15℃，空气湿度不应高于 85%。贮藏过程中，每月应翻罐 1～2 次，防止糖沉淀形成。

（二）甜炼乳在加工及贮藏过程中的品质变化

1. 变稠 甜炼乳在贮藏过程中，特别是当贮藏温度较高时，黏度逐渐增高，甚至失去流动性，这一过程称为变稠。变稠是甜炼乳在贮藏中最常见的问题之一，按其产生的原因可分为微生物性变稠和理化性变稠两大类。

（1）微生物性变稠 由于芽孢杆菌、链球菌、葡萄球菌和乳酸杆菌的生长繁殖及代谢，产生乳酸及其他有机酸，如甲酸、乙酸、丁酸、琥珀酸和凝乳酶等，从而使炼乳变稠凝固，同时产生异味，并且酸度升高。防止措施：严格卫生管理和进行有效的预热杀菌；尽可能地提高蔗糖比（但不得超过 64.5%）；制品贮藏在 10℃以下。

（2）理化性变稠 其反应历程较为复杂，初步认为是由乳蛋白质（主要是酪蛋白）从溶胶状态转变成凝胶状态所致。理化性变稠与下列因素有关：

①预热条件：预热温度与时间对变稠影响最大，63℃、30min 预热，可使变稠倾向减小，但易使脂肪上浮、糖沉淀或脂肪分解产生异味；75～80℃、10～15min 预热易使产品变稠；110～120℃预热，则可减少变稠；当温度再升高时，成品有变稀的倾向。

②浓缩条件：浓缩时温度高，特别是在 60℃以上容易变稠。最好采用双效以上的连续蒸发器，其末效浓缩温度低，浓缩乳受热程度轻，可减少变稠倾向。

浓缩程度高则乳固体含量高，确切地说是酪蛋白和乳清蛋白含量高，变稠倾向严重。乳固体含量相同时，非脂乳固体含量高变稠倾向显著。

③蔗糖含量与加糖方法：蔗糖含量对甜炼乳变稠有显著影响。加入高渗的非电解质物质后，可以降低酪蛋白的水合性，增加自由水的含量，从而达到抑制变稠的目的。为此提高蔗糖含量对抑制变稠是有效的，特别是在乳质不稳定的季节。加糖方法对变稠的影响，参见本节加糖部分。

④盐类平衡：一般认为，钙、镁离子过多会引起变稠。对此可以通过添加磷酸盐、柠檬酸盐来平衡过多的钙、镁离子，或通过离子交换树脂减少钙、镁离子含量，抑制变稠。

⑤贮藏条件：成品的黏度随贮藏温度的提高、时间的延长而增大。良好的产品在 10℃以下贮存 4 个月，不致产生变稠倾向，但在 20℃时变稠倾向有所增加，30℃以上时则显著增加。

⑥原料乳的酸度：当原料乳酸度高时，其热稳定性低，因而易于变稠。生产工业用甜炼乳时，如果酸度稍高，用碱中和可以减弱变稠倾向，但如果酸度过高，已生成大量乳酸，即使用碱中和也不能防止变稠。

2. 脂肪上浮 脂肪上浮是炼乳的黏度较低造成的。脂肪球上浮速度与脂肪球直径的平方成正比，与牛乳的黏度成反比，因此要解决脂肪上浮问题可在浓缩后进行均质处理，使脂肪球变小并控制炼乳黏度，防止黏度偏低。

3. 块状物质的形成 甜炼乳中有时会发现白色或黄色大小不一的软性块状物质，其中最常见的是由霉菌污染形成的纽扣状凝块。这种凝块呈干酪状，带有金属臭及陈腐的干酪气味。在有氧的条件下，炼乳表面在 5～10d 内生成霉菌菌落，2～3 周内氧气耗尽则菌体趋于死亡，在其代谢酶的作用下，1～2 个月后逐步形成纽扣状凝块。

控制凝块的措施：加强卫生管理，避免霉菌的二次污染；装罐要满，尽量减少顶隙；采用真空冷却结晶和真空封罐等技术措施，排除炼乳中的气泡，营造不利于霉菌生长繁殖的环境；贮藏温度应保持在 15℃以下并倒置贮藏。

4. 胀罐

（1）细菌性胀罐 甜炼乳在贮藏期间，受到微生物（耐高渗酵母、产气杆菌、酪酸菌等）的污染，产生乙醇和二氧化碳等气体使罐膨胀，此为细菌性胀罐。

（2）理化性胀罐 物理性胀罐是由于装罐温度低、贮藏温度高及装罐量过多而造成的。

（3）化学性胀罐 化学性胀罐是因为乳中的酸性物质与罐内壁的铁、锡等发生化学反应而产生氢气造成的。防止措施：使用符合标准的空罐，并注意控制乳的酸度。

5. 砂状炼乳　砂状炼乳系指乳糖结晶过大，以致舌感粗糙甚至有明显的砂状感觉。一般来说，乳糖结晶应在10μm以下，而且大小均一，如果在15～20μm，则有粉状感觉，在30μm以上则呈明显的砂状。

为防止此类缺陷，避免乳糖结晶过大，应对以下因素进行控制：

①晶体大小及添加量：晶体大小应在3～5μm，晶体添加量应为成品量的0.025%左右。

②晶种添加时间和方法：晶种加入时温度不宜过高，并应在强烈搅拌的过程中用120目筛在10min内均匀地筛入。

③贮藏温度：温度不宜过高，温度变化不宜过大。

④冷却速度：冷却速度不宜过慢。

⑤蔗糖比：蔗糖比不超过64.5%。

6. 糖沉淀　甜炼乳容器底部有时呈现糖沉淀现象，这主要是乳糖结晶过大形成的，也与炼乳的黏度有关。若乳糖结晶在10μm以下，而且炼乳的黏度适宜，一般不会有沉淀现象出现。此外，蔗糖比过高，也会引起蔗糖结晶沉淀，其控制措施与砂状炼乳相同。

7. 钙沉淀　甜炼乳在冲调后，有时在杯底可发现白色细小沉淀，俗称“小白点”，其主要成分是柠檬酸钙。甜炼乳中柠檬酸钙的含量约为0.5%，相当于炼乳内每1 000mL水中含有柠檬酸钙19g，而在30℃时，1 000mL水仅能溶解柠檬酸钙2.51g。很显然，柠檬酸钙在炼乳中处于过饱和状态，所以部分结晶析出是必然的。控制柠檬酸钙的结晶，可采用添加柠檬酸钙作为晶种，在炼乳生产的各个工序进行，但以在预热前的原料乳中添加为宜，以避免污染。

8. 褐变　甜炼乳在贮藏中逐渐变成褐色，并失去光泽，这种现象称为褐变。甜炼乳的褐变通常是美拉德反应造成的。为防止褐变反应的发生，生产甜炼乳时，使用优质蔗糖和优质原料乳，并避免在加工中长时间高温加热，而且贮藏温度应在10℃以下。

9. 蒸煮味　蒸煮味是因为乳中蛋白质因长时间高温处理而分解，产生硫化物引起的。蒸煮味的产生对产品口感有着很大的影响。防止方法主要是避免高温长时间加热。用超高温灭菌法处理一般不会有蒸煮味产生。

（三）淡炼乳的生产工艺

淡炼乳生产工艺流程如下：

空罐→清洗→灭菌→干燥
↓
原料乳验收→预处理→标准化→预热→浓缩→均质→冷却→装罐、封罐
↓
装箱出厂←保温检验←振荡←灭菌

原料乳验收、预处理、标准化参见甜炼乳相应内容。淡炼乳在生产中须经过高温灭菌，故原料乳的选择要用75%的乙醇检验，并做磷酸盐热稳定性试验。

1. 预热　预热的目的参见甜炼乳相应内容。淡炼乳一般采用95～100℃、10～15min高温预热，使乳中的钙离子成为不溶的磷酸三钙。另外，采用高温灭菌技术（120℃、15s）可提高乳的热稳定性。

为了提高乳蛋白质的热稳定性，在淡炼乳生产中允许添加少量稳定剂。常用的稳定剂有柠檬酸钠、磷酸氢二钠或磷酸二氢钠。添加量：100kg原料乳中添加磷酸氢二钠（$Na_2HPO_4 \cdot 12H_2O$）或柠檬酸钠（$C_6H_5O_7Na_3 \cdot 2H_2O$）5～25g，或者100kg淡炼乳添加12～62g。稳定剂的用量最好根据浓缩后的小样试验来决定，若使用过量，产品风味不好且易褐变。

2. 浓缩 浓缩的目的、特点和条件参见甜炼乳相应内容。当浓缩乳温度为50℃左右时，测得浓度为6.27～8.24波美度即可。

3. 均质 淡炼乳在长时间放置后会发生脂肪上浮现象，表现为其上部形成稀奶油层，严重时一经振荡还会形成奶油粒，影响产品的质量，所以要进行均质。通过均质可以破碎脂肪球，防止脂肪上浮；使吸附于脂肪球表面的酪蛋白量增加，进而改变黏度，缓和变稠现象；使产品易于消化、吸收；改善产品的感官质量。

在炼乳生产中视具体情况可以采用一次或二次均质。如采用二次均质，第一次均质在预热之前进行，第二次应在浓缩之后。为了确保均质效果，可以对均质后的物料进行显微镜检视，如果有80%以上的脂肪球直径在2μm以下，则均质充分。

4. 冷却 均质后的炼乳温度一般为50℃左右，在该温度下停留时间过长，可能出现耐热性细菌繁殖或酸度上升的现象，从而使灭菌效果及热稳定性降低。另外，在此温度下，成品的变稠和褐变倾向也会加剧。因此，要及时且迅速地使物料的温度降下来，以防止发生上述产品质量问题。淡炼乳冷却温度与装罐时间有关，当日装罐需冷却到10℃以下，次日装罐应冷却至4℃以下。

5. 标准化 浓缩后的标准化是使浓缩乳的总固形物控制在标准范围内，所以也称为加水操作。加水量可按下式计算：

$$\text{加水量}=\frac{w_A}{w_{F1}}-\frac{w_A}{w_{F2}}$$

式中 w_A——标准化乳的脂肪总量；

w_{F1}——成品的含脂率，%；

w_{F2}——浓缩乳的含脂率，%。

6. 装罐、封罐 经小样试验后确定稳定剂的添加量，并将稳定剂溶于灭菌蒸馏水中，然后加入浓缩乳中，搅拌均匀，即可装罐、封罐。但装罐不得太满，因淡炼乳封罐后要高温灭菌，故必须留有顶隙。

7. 灭菌、冷却 灭菌的主要目的是为了杀灭微生物、钝化酶类，从而延长产品的贮藏期，同时还可提高淡炼乳的黏度，防止脂肪上浮。除此之外，灭菌还能赋予淡炼乳特殊的芳香味。

灭菌方法分为间歇式（分批式）灭菌法和连续式灭菌法两种。

间歇式灭菌适于小规模生产，可用回转灭菌机进行，灭菌条件如下：

$$\text{升温}\xrightarrow{17\sim18\text{min}}87℃\xrightarrow{6\sim8\text{min}}100℃\xrightarrow{6\sim8\text{min}}116℃\xrightarrow{\text{保温 }15\text{min}}\text{排气}\xrightarrow{5\text{min}}\text{冷却}$$

连续式灭菌可分为3个阶段：预热段、灭菌段和冷却段。封罐后罐内乳温在18℃以下，进入预热区预热到93～95℃，然后进入灭菌区，加热到114～119℃，经一定时间运转后，进入冷却区冷却到室温。近年来，新出现的连续灭菌机可在2min内加热到125～138℃，并保持1～3min，然后急速冷却，全部过程只需6～7min。连续式灭菌法灭菌时间短，操作可实现自动化，适于大规模生产。

8. 振荡 如果灭菌操作不当，或使用了稳定性较低的原料乳，则淡炼乳中常有软凝块出现，这时通过振荡可使软凝块分散复原成均一的流体。可使用水平式振荡机进行，往复冲程为6.5cm，300～400次/min，通常在室温下振荡15～60s。

9. 保温检验 淡炼乳在出厂前，一般还要经过保温试验，即将成品在25～30℃下保藏3～4周，观察有无胀罐现象，必要时可抽取一定比例样品于37℃下保藏7～10d加以检验。合格的产品即可擦净、贴标签装箱出厂。

第二节　乳粉加工

一、种类和化学组成

乳粉又称奶粉，它是以新鲜牛乳为原料，或以新鲜牛乳为主要原料，添加一定数量的植物或动物蛋白质、脂肪、维生素、矿物质等配料，除去其中几乎全部水分而制成的粉末状乳制品。乳粉中水分含量很低，质量减轻，为贮藏和运输带来了方便。根据乳粉加工所用原料和加工工艺的不同，可以将乳粉分为以下几种。

（一）乳粉种类

1. 全脂乳粉　全脂乳粉是新鲜牛乳标准化后，经杀菌、浓缩、干燥等工艺加工而成。由于其脂肪含量高易被氧化，在室温只能保藏3个月。

2. 脱脂乳粉　脱脂乳粉是用离心的方法将新鲜牛乳中的绝大部分脂肪分离去除后，再经杀菌、浓缩、干燥等工艺加工而成。由于脱去了脂肪，该产品保藏性好（通常达1年以上），可用于制作点心、面包、冰激凌、再制乳等。

3. 速溶乳粉　速溶乳粉是将全脂牛乳、脱脂牛乳经过特殊的工艺操作而制成的乳粉，在温水或冷水中具有良好的润湿性、分散性及溶解性。

4. 配制乳粉　配制乳粉是在牛乳中添加某些必要的营养物质后再经杀菌、浓缩、干燥而制成。配制乳粉最初主要是针对母乳供给不足的婴儿营养需要而研制的。目前，配制乳粉已呈现出系列化的发展趋势，如中小学生乳粉、中老年乳粉、孕妇乳粉、降糖乳粉、营养强化乳粉等。

5. 加糖乳粉　加糖乳粉是新鲜牛乳经标准化后，加入一定量的蔗糖，再经杀菌、浓缩、干燥等工艺加工而成。

6. 冰激凌粉　冰激凌粉是在牛乳中配以乳脂肪、香料、稳定剂、抗氧化剂、蔗糖或一部分植物油等物质经干燥而制成。

7. 奶油粉　奶油粉是将稀奶油经干燥而制成的粉状物，与稀奶油相比保藏期长，贮藏和运输方便。

8. 麦精乳粉　麦精乳粉是在牛乳中添加可溶性麦芽糖、糊精、香料等经真空干燥而制成的乳粉。

9. 乳清粉　乳清粉是将生产干酪的副产品乳清进行干燥而制成的粉状物。乳清中含有易消化、有生理价值的乳白蛋白、乳球蛋白及非蛋白氮化合物和其他物质。根据用途分为普通乳清粉、脱盐乳清粉、浓缩乳清粉等。

10. 酪乳粉　酪乳粉是将酪乳干燥制成的粉状物。含有较多的卵磷脂，用于制造点心及再制乳之用。

（二）乳粉化学组成

乳粉的化学组成依原料乳的种类和添加物的不同而有所差别，表2-6-3中列举了几种主要乳粉的化学组成。

表2-6-3　几种主要乳粉的化学组成（%）

种类	水分	脂肪	蛋白质	乳糖	灰分	乳酸
全脂乳粉	2.00	7.00	26.50	38.00	6.05	0.16

（续）

种类	水分	脂肪	蛋白质	乳糖	灰分	乳酸
脱脂乳粉	3.23	0.88	36.89	47.84	7.80	1.55
麦精乳粉	3.29	7.55	13.19	72.40	3.66	
婴儿乳粉	2.60	20.00	19.00	54.00	4.40	0.17
母乳化乳粉	2.50	26.00	13.00	56.00	3.20	0.17
乳油粉	0.66	65.15	13.42	17.86	2.91	
甜性酪乳粉	3.90	4.68	35.88	47.84	7.80	1.55

二、生产工艺

乳粉生产

乳粉的一般生产工艺流程如下：

原料验收→预处理与标准化→浓缩→喷雾干燥→冷却贮存→包装→成品

1. 原料乳的验收及预处理 见本篇第二、第三章相关内容。

2. 配料 乳粉生产过程中，除了少数几个品种（如全脂乳粉、脱脂乳粉）外，都要经过配料工序，其配料比例按产品要求而定。配料时所用的设备主要有配料缸、水粉混合器和加热器。

3. 均质 生产全脂乳粉、全脂甜乳粉以及脱脂乳粉时，一般不必经过均质操作，但若乳粉的配料中加入了植物油或其他不易混匀的物料时，就需要进行均质操作。均质时的压力一般控制在14～21MPa，温度控制在60℃为宜。均质后脂肪球变小，从而可以有效地防止脂肪上浮，并易于消化吸收。

4. 杀菌 牛乳常用的杀菌方法见表2-6-4。具体应用时，不同的产品可根据本身的特性选择合适的杀菌方法。目前最常见的是采用高温短时灭菌法，因为该方法牛乳的营养成分损失较小，乳粉的理化特性较好。

表2-6-4 牛乳常见的杀菌方法

杀菌方法	杀菌温度及时间	杀菌效果	所用设备
低温长时间杀菌法	60～65℃、30min；或70～72℃、15～20min	可杀死全部病原菌，杀菌效果一般	容器式杀菌缸
高温短时灭菌法	85～87℃、15s；或94℃、24s	杀菌效果好	板式、列管式杀菌器
超高温瞬时灭菌法	120～140℃、2～4s	杀菌效果最好	板式、列管式、蒸汽直接喷射式杀菌器

5. 真空浓缩 牛乳经杀菌后立即泵入真空蒸发器进行减压（真空）浓缩，除去乳中大部分水分（65%），然后进入干燥塔中喷雾干燥，以利于提高产品质量和降低成本。

一般要求原料乳浓缩至原体积的1/4，乳干物质达到45%左右。浓缩后的乳温一般在47～50℃，不同的产品浓缩程度如下：

全脂乳粉：浓度11.5～13波美度，相应乳固体含量38%～42%。

脱脂乳粉：浓度20～22波美度，相应乳固体含量35%～40%。

全脂甜乳粉：浓度15～20波美度，相应乳固体含量45%～50%，生产大颗粒奶粉时浓缩乳浓度提高。

6. 喷雾干燥 浓缩乳中仍然含有较多的水分，必须经喷雾干燥后才能得到乳粉，喷雾干燥原理和方法见本篇第三章。

7. 冷却 在不设置二次干燥的设备中，需冷却以防脂肪分离，然后过筛（20～30 目）后即可包装。在设有二次干燥设备中，乳粉经二次干燥后进入冷却床被冷却到 40℃以下，再经过粉筛送入奶粉仓，待包装。

三、影响乳粉质量的因素

在乳粉的生产过程中，如果操作不当，就有可能出现各种质量问题，目前乳粉常见的主要质量问题如下：

1. 乳粉水分含量过高

（1）水分含量对乳粉质量的影响 乳粉应具有一定的水分含量，大多数乳粉的水分含量在 2%～5%。水分含量过高会促进乳粉中残存的微生物生长繁殖，产生乳酸，从而使乳粉中的酪蛋白发生变性而变得不可溶，降低乳粉的溶解度。当乳粉水分含量在 3%～5%时，贮存 1 年后乳粉的溶解度仅略有下降；当乳粉水分含量提高至 6.5%～7%时，贮存一小段时间后，其中的蛋白质就有可能完全不溶解，产生陈腐味，同时发生褐变。但乳粉的水分含量也不宜过低，否则易引起乳粉变质而产生氧化臭味，一般喷雾干燥生产的乳粉，当其水分含量低于 1.88%时就易引起这种缺陷。

（2）乳粉水分含量过高的原因

①喷雾干燥过程中，进料量、进风温度、进风量、排风温度、排风量控制不当。

②雾化器因阻塞等原因使雾化效果不好，导致雾化后的乳滴太大而不易干燥。

③乳粉包装间的空气相对湿度偏高，使乳粉吸湿而水分含量上升。包装间的空气相对湿度应该控制在 50%～60%。

④乳粉冷却过程中，冷风湿度太大，从而引起乳粉水分含量升高。

⑤乳粉包装封口不严，或包装材料本身不密封。

2. 乳粉溶解度偏低

（1）乳粉溶解度 乳粉的溶解度是指乳粉与一定量的水混合后，能够复原成均一的新鲜牛乳状态的性能。这一概念与一般意义上的溶解度是不同的，因为牛乳是由溶液、悬浮液、乳浊液 3 种体系构成的一种均匀稳定的胶体，而不是纯粹的溶液，所以乳粉的溶解度也只是一个习惯称呼而已。乳粉溶解度的高低反映了乳粉中蛋白质的变性程度，溶解度低，说明乳粉中变性的蛋白质多，冲调时变性的蛋白质就不可能溶解，或黏附在容器的内壁，或沉淀于容器的底部。

（2）导致乳粉溶解度下降的因素

①原料乳的质量差，混入了异常乳或酸度高的牛乳，蛋白质热稳定性差，受热容易变性。

②牛乳在杀菌、浓缩或喷雾干燥过程中温度偏高，或受热时间过长，引起牛乳蛋白质受热过度而变性。

③喷雾干燥时雾化效果不好，使乳滴过大，干燥困难。

④牛乳或浓缩乳在较高的温度下长时间放置会导致蛋白质变性。

⑤乳粉贮存条件及贮存时间对其溶解度也会产生影响。当乳粉贮存于温度高、湿度大的环境中，其溶解度会有所下降。

⑥不同干燥方法生产的乳粉溶解度亦有所不同。一般来讲，滚筒干燥法生产的乳粉溶解度较差，仅为 70%～85%，而喷雾干燥法生产的乳粉溶解度可达 99.0%以上。

3. 乳粉结块 乳粉极易吸潮而结块，这主要与乳粉中含有的乳糖及其结构有关。非结晶状态的乳糖具有很强的吸湿性，吸湿后则生成含一分子结晶水的结晶乳糖。

在乳粉的整个干燥过程中，操作不当会造成乳粉水分含量普遍偏高或部分产品水分含量过高，在包装或贮存过程中，乳粉吸收空气中的水分，这样生产出的乳粉均容易产生结块现象。

4. 乳粉颗粒的形状和大小异常 乳粉颗粒的形状随干燥方法的不同而不同，滚筒干燥法生产的乳粉颗粒呈不规则的片状，且不含气泡；而喷雾干燥法生产的乳粉呈球状，可单个存在或几个黏在一起呈葡萄状。乳粉颗粒的大小也随干燥方法的不同而异，压力喷雾法生产的乳粉直径较离心喷雾法生产的乳粉颗粒小。乳粉颗粒直径大，色泽好，则冲调性能及润湿性能好，便于饮用。如果乳粉颗粒大小不一，而且有少量黄色焦粒，则乳粉的溶解度就会较差，且杂质度高。

5. 乳粉的脂肪氧化味 乳粉在高温、高湿环境贮存或暴露于阳光下易产生氧化味；乳粉的游离脂肪酸含量高，或乳粉中的脂肪在解脂酶及过氧化物酶的作用下，产生游离的挥发性脂肪酸，易引起乳粉的氧化变质而产生氧化味。

防止措施：

①严格控制乳粉生产中的各种工艺参数，尤其是牛乳的杀菌温度和保温时间，必须使解脂酶和过氧化物酶的活性丧失。

②严格控制产品的水分含量在2.0%左右。

③保证产品包装的密封性。

④产品贮存在阴凉、干燥的环境中。

6. 乳粉的色泽较差 正常的乳粉一般呈淡乳黄色。乳粉的色泽受多种因素的影响：原料乳酸度过高而加入碱中和后，所制得的乳粉色泽较深；牛乳中脂肪含量高，则乳粉颜色较深；若乳粉颗粒较大，则颜色较黄，若颗粒较小，则颜色呈灰黄；空气过滤器过滤效果不好，或布袋过滤器长期不更换，会导致回收的乳粉呈暗灰色；物料热处理过度或乳粉在高温下存放时间过长，会使产品色泽加深；乳粉水分含量过高，或贮存环境的温度和湿度较高，易使乳粉色泽加深，严重的甚至产生褐色。

7. 细菌总数过高 乳粉中细菌总数过高主要与下列因素有关：

①原料乳污染严重，细菌总数过高，杀菌后残留量太多。

②杀菌温度和时间没有严格按照工艺条件的要求进行。

③板式换热器垫圈老化破损，使生乳混入杀菌乳中。

④生产过程中，受到二次污染。

8. 杂质度过高 杂质度过高原因如下：

①原料乳净化不彻底。

②生产过程中，受到二次污染。

③干燥室热风温度过高，导致风筒周围产生焦粉。

④分风箱热风调节不当，产生涡流，使乳粉局部受热过度而产生焦粉。

第三节 配方乳粉加工

配方乳粉（modified milk powder）是指针对不同人的营养需要，在鲜乳中或乳粉中配以各种营养素经加工干燥而成的乳制品。配方乳粉的种类包括婴儿乳粉、老人乳粉及其他特殊人群需要的乳粉。下面以婴儿配方乳粉为例加以说明。

一、调制原则

牛乳被认为是人乳的最好代乳品，但牛乳和人乳在感官、组成上都有一定区别（表2-6-5）。故需要将牛乳中的各种成分进行调整，使之近似于母乳，并加工成方便食用的粉状乳产品。

表 2-6-5　人乳与牛乳中营养物质含量（g/100mL）

名称	热量/kJ	水分	总干物质	蛋白质	脂肪	糖分	灰分
人乳	251	88.0	11.8	1.1～1.4	3.5	7.2	0.2
牛乳	209	88.6	11.4	2.95	3.3	4.5	0.7

1. 蛋白质　牛乳中酪蛋白的含量大大超过人乳，所以必须调低并使酪蛋白比例与人乳基本一致。一般用脱盐乳清粉、大豆分离蛋白调整。

2. 脂肪　牛乳与人乳的脂肪含量较接近，但构成不同。牛乳不饱和脂肪酸的含量低而饱和脂肪酸高，并且缺乏亚油酸。调整时可采用植物油脂替换牛乳脂肪的方法，以增加亚油酸的含量。亚油酸的量不宜过多，规定的上限用量：n-6 亚油酸不应超过总脂肪量的 2%，n-3 长链脂肪酸不得超过总脂肪量的 1%。

3. 碳水化合物　牛乳中乳糖含量比人乳少得多，牛乳中主要是 α 型，人乳中主要是 β 型。调制乳粉中通过添加可溶性多糖，如葡萄糖、麦芽糖、糊精或平衡乳糖等，调整乳糖和蛋白质之间的比例，平衡 α 型和 β 型的比例，使其接近于人乳（α∶β＝4∶6）。较高含量的乳糖能促进钙、锌和其他一些营养素的吸收。麦芽糊精则可用于保持有利的渗透压，并可改善配方食品的性能。一般婴儿乳粉含有 7%的碳水化合物，其中 6%是乳糖，1%是麦芽糊精。

4. 无机盐　牛乳中的无机盐量是人乳的 3 倍多。摄入过多的微量元素会加重婴儿肾脏的负担。调制乳粉中采用脱盐办法除掉一部分无机盐。但人乳中含铁比牛乳高，所以要根据婴儿需要补充一部分铁。

添加微量元素时应慎重，微量元素之间有一定的相互作用，微量元素与牛乳中的酶蛋白、豆类中的植酸之间的相互作用对食品的营养性影响很大。

5. 维生素　婴幼儿配方乳粉应充分强化维生素，特别是维生素 A、维生素 C、维生素 D、维生素 K、烟酸、维生素 B_1、维生素 B_2、叶酸等。其中，水溶性维生素过量摄入时不会引起中毒，所以没有规定其上限。脂溶性维生素 A、维生素 D 长时间过量摄入会引起中毒，因此须按规定加入。

二、生产工艺

（一）工艺流程

配方乳粉一般工艺流程见图 2-6-2。

（二）配方及营养成分

婴幼儿配方食品是无法实现母乳喂养时最重要甚至是唯一的营养物质来源。根据国内外婴幼儿营养学最新研究成果，结合我国婴幼儿生长发育特点和营养素需要量，2021 年 3 月 18 日，国家卫生健康委员会发布了《食品安全国家标准　婴儿配方食品》（GB 10765—2021）、《食品安全国家标准　较大婴儿配方食品》（GB 10766—2021）和《食品安全国家标准　幼儿配方食品》（GB 10767—2021）。

1. 婴儿配方食品　适用于正常婴儿食用，其能量和营养成分能满足 0～6 月龄婴儿正常营养需要的配方食品。包括：①乳基婴儿配方食品，以乳类及乳蛋白制品为主要蛋白来源，加入适量的维生素、矿物质和（或）其他原料，仅用物理方法生产加工制成的产品；②豆基婴儿配方食品，以大豆及大豆蛋白制品为主要蛋白来源，加入适量的维生素、矿物质和（或）其他原料，仅用物理方法生产加工制成的产品。

2. 较大婴儿配方食品　较大婴儿配方食品适用于正常较大婴儿食用，其能量和营养成分能满

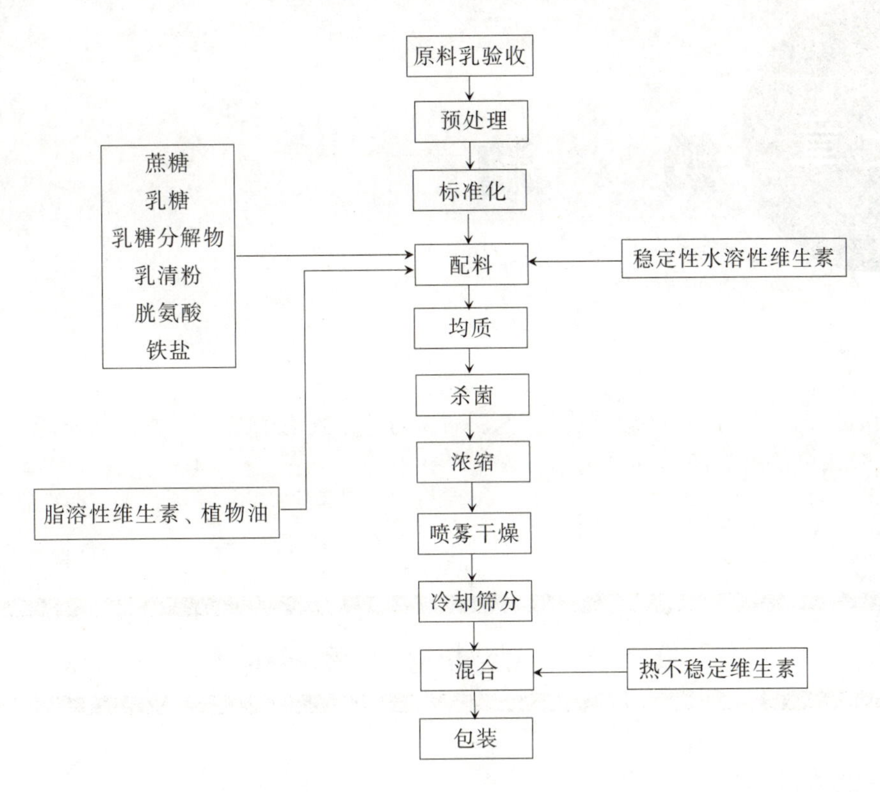

图 2-6-2 配方乳粉生产工艺流程

足 6～12 月龄较大婴儿部分营养需要的配方食品。包括：①乳基较大婴儿配方食品，以乳类及乳蛋白制品为主要蛋白来源，加入适量的维生素、矿物质和（或）其他原料，仅用物理方法生产加工制成的产品；②豆基较大婴儿配方食品，以大豆及大豆蛋白制品为主要蛋白来源，加入适量的维生素、矿物质和（或）其他原料，仅用物理方法生产加工制成的产品。

3. 幼儿配方食品 本标准适用于 12～36 月龄幼儿食用的配方食品，以乳类及乳蛋白制品和（或）大豆及大豆蛋白制品为主要蛋白来源，加入适量的维生素、矿物质和（或）其他原料，仅用物理方法生产加工制成的产品。适用于幼儿食用，其能量和营养成分能满足正常幼儿的部分营养需要。

思考题

1. 淡炼乳与甜炼乳的生产有何不同？
2. 如何确定炼乳浓缩的终点？
3. 炼乳生产中，原料乳标准化的关键是什么？
4. 影响乳粉质量的主要因素有哪些，如何控制？
5. 配方乳粉的发展趋势如何？
6. 查资料，试述我国乳粉业的现状及发展前景。

奶 油

本章学习目标 掌握奶油的概念、种类，奶油的特性及影响因素，普通奶油的加工工艺及要求，奶油在加工贮藏期间的品质变化。

第一节 奶油及其影响因素

一、概念和种类

乳经分离后得到的含脂率高的部分称为稀奶油（cream），稀奶油经成熟、搅拌、压炼而制成的乳制品称为奶油（butter）。由于制造方法不同，所用原料不同或生产地区不同，可分成不同的种类。奶油按原料一般分为新鲜奶油与发酵奶油。

1. 新鲜奶油 用甜性稀奶油（新鲜稀奶油）制成的奶油。

2. 发酵奶油 用酸性稀奶油（即经乳酸发酵的稀奶油）制成的奶油。

根据加盐与否，奶油又可分为无盐、加盐和特殊加盐的奶油；根据脂肪含量不同，可分为一般奶油和无水奶油（即黄油）。除此之外，还有以植物油替代乳脂肪的人造奶油，如新型涂布奶油等。

一般奶油的主要成分为脂肪（80%～82%），水分（15.6%～17.6%），蛋白质、钙和磷（约1.2%），以及脂溶性的维生素A、维生素D和维生素E，加盐奶油另外含有食盐（约2.5%）。奶油应呈均匀一致的颜色，稠密而味纯。水分应分散成细小液滴，从而使奶油外观干燥，硬度均匀，易于涂抹，入口即化。

二、影响奶油性质的因素

奶油中主要是脂肪，因此脂肪的性质直接可以支配奶油的性状。

（一）脂肪性质与乳牛品种、泌乳期、季节的关系

有些乳牛（如荷兰牛、爱尔夏牛）的乳脂肪中，由于油酸含量高，制成的奶油比较软，而娟姗牛的乳脂肪由于油酸含量比较低，制成的奶油比较硬。在泌乳初期，乳脂肪中的挥发性脂肪酸比较多，而油酸比较少，随着泌乳时间的延长，则性质相反。在季节影响方面，春夏季由于青饲料多，乳脂肪中油酸的含量高，奶油比较软，熔点也比较低。因此，夏季的奶油很容易变软。为了得到较硬的奶油，在稀奶油成熟、搅拌、水洗及压炼过程中，应尽可能降低温度。

（二）奶油的色泽

奶油的颜色从白色到淡黄色，深浅各有不同。这主要是与其中所含的胡萝卜素有关。胡萝卜素存在于牧草和青饲料中，冬季因缺乏青饲料，所以通常奶油为白色。为了使奶油的颜色全年一致，秋冬之间往往在奶油中加入色素以增加其颜色。奶油长期暴晒于日光下时，会自行褪色。

（三）奶油的芳香味

奶油有一种特殊的芳香味，这种芳香味主要由丁二酮、甘油及游离脂肪酸等综合而成。其中，丁二酮主要是由发酵时的细菌产生的。因此，酸性奶油比新鲜奶油芳香味更浓。

（四）奶油的物理结构

奶油的物理结构为油包水型分散系（固体系），即在脂肪中分散有游离脂肪球（脂肪球膜未破坏的一部分脂肪球）与细微水滴，此外还含有气泡，见图 2-7-1。水滴中溶有乳中除脂肪以外的其他物质及食盐，因此也称为乳浆小滴。

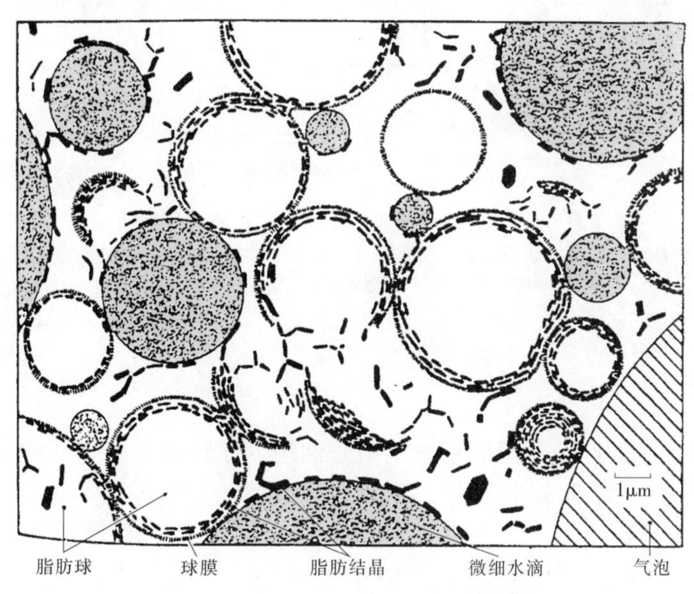

图 2-7-1　脂肪在室温条件下的微观结构

第二节　奶油加工

一、生产工艺

（一）工艺流程和生产线

奶油生产工艺流程如下：

原料乳验收 → 预处理 → 分离 → 稀奶油标准化 → 发酵 → 成熟 → 加色素 → 搅拌 → 排酪乳 → 奶油粒 → 洗涤 → 加盐 → 压炼 → 包装

奶油生产线见图 2-7-2。

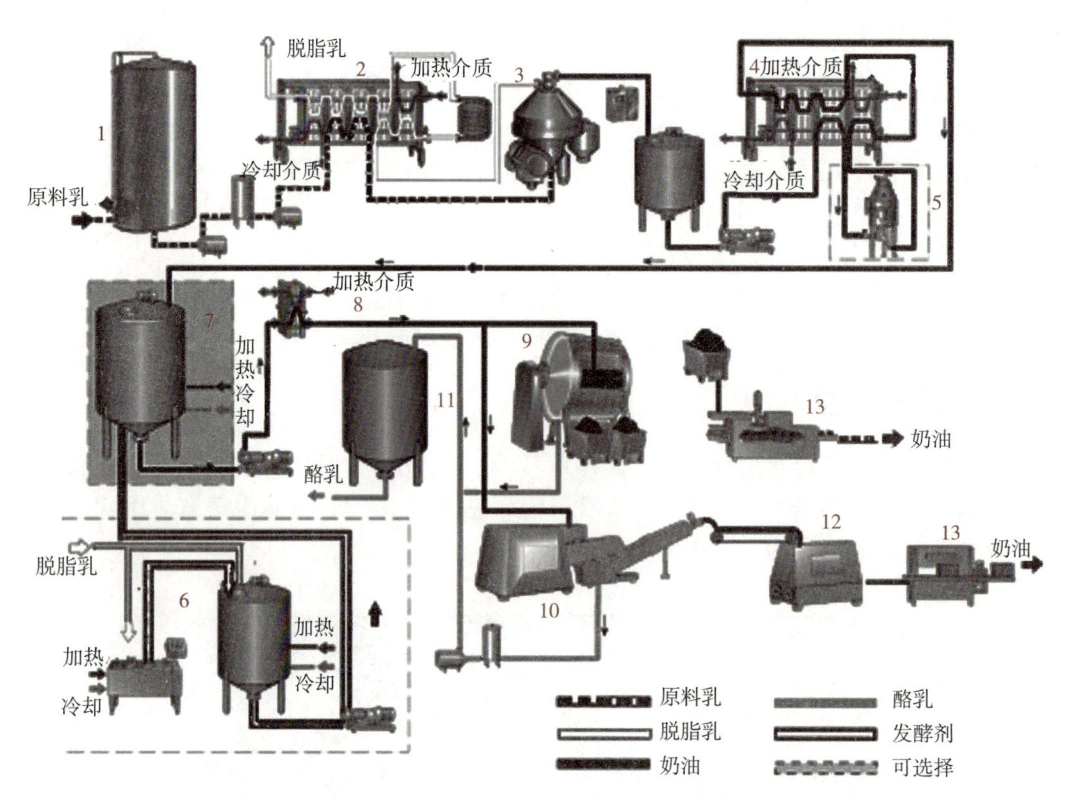

图 2-7-2　批量和连续生产发酵奶油的生产线

1. 原料贮藏罐　2. 板式热交换器（预热）　3. 奶油分离机　4. 板式热交换器（巴氏杀菌）
5. 真空脱气（机）　6. 发酵剂制备系统　7. 稀奶油的成熟和发酵　8. 板式热交换器（温度处理）
9. 批量奶油压炼机　10. 连续压炼机　11. 酪乳暂存罐　12. 带传送的奶油仓　13. 包装机

（二）工艺要点

1. 原料乳、稀奶油的验收及质量要求　制造奶油用的原料乳必须是从健康牛挤下来的，而且在滋味、气味、组织状态、脂肪含量及密度等各方面都正常的乳。含抗生素或消毒剂的稀奶油不能用于生产酸性奶油。

2. 原料乳的初步处理　用于生产奶油的原料乳要过滤、净乳，其过程如前所述，而后冷藏并标准化。

（1）冷藏　原料到达乳品厂后，如不能立即用于生产，则应立即冷却到 2～4℃，并在此温度下贮存。

（2）乳脂分离及标准化　生产奶油时必须将牛乳中的稀奶油分离出来，工业化生产采用离心法分离。

稀奶油的含脂率直接影响奶油的质量及产量。含脂率低时，可以获得香气较浓的奶油，因为这种稀奶油较适于乳酸菌的发育；当稀奶油过浓时，则容易堵塞分离机，乳脂肪的损失量较多。为了在加工时减少乳脂的损失和保证产品的质量，在加工前必须将稀奶油进行标准化。用间歇法生产新鲜奶油及酸性奶油时，稀奶油的含脂率以 30%～35%为宜；以连续法生产时，规定稀奶油的含脂率为 40%～45%。夏季由于容易酸败，所以用比较浓的稀奶油进行加工。

【例】现有 120kg 含脂率为 38%的稀奶油用以制造奶油。根据上述标准，需将稀奶油的含脂率调整为 34%，如用含脂率 0.05%的脱脂乳来调整，则应添加多少脱脂乳？

解：按皮尔逊法，从图上可以看出，33.95kg 稀奶油需加脱脂乳（含脂 0.05%）4kg，则 120kg 稀奶油需加的脱脂乳为：

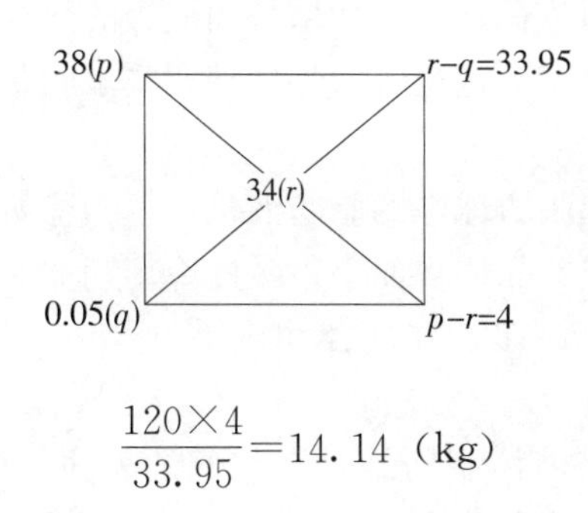

$$\frac{120\times4}{33.95}=14.14\ (\mathrm{kg})$$

另外，稀奶油的碘值是成品质量的决定性因素。高碘值的乳脂肪生产的奶油过软。因而可根据碘值，调整成熟处理的过程，使硬脂肪（碘值低于28）和软脂肪（碘值高达42）都可以制成硬度合格的奶油。

3. 稀奶油的中和 稀奶油的中和直接影响奶油的保存性和成品质量。制造甜性奶油时，奶油的pH（奶油中水相的pH）应保持在中性附近（6.4～6.8）。

（1）中和目的 主要目的是防止高酸度稀奶油在杀菌时造成脂肪损失；改善奶油的香味；防止奶油在贮藏期间发生水解和氧化。

（2）中和程度 酸度在0.5%（55°T）以下的稀奶油可中和至0.15%（16°T）。酸度在0.5%以上的稀奶油可中和至0.15%～0.25%，以防止产生特殊气味和稀奶油变稠。

（3）中和方法 一般使用的中和剂为石灰或碳酸钠。石灰价格低廉，并可提高奶油营养价值。但石灰难溶于水，必须调成20%的乳剂徐徐加入，均匀搅拌，不然很难达到中和目的。碳酸钠易溶于水，中和速度快，不易使酪蛋白凝固，可直接加入，但中和时很快产生二氧化碳，如果容器过小，稀奶油易溢出。

4. 真空脱气 首先将稀奶油加热到78℃，然后输送至真空机，真空室内稀奶油的沸腾温度为62℃左右。通过真空处理可将挥发性异味物质除掉，也会使其他挥发性成分逸出。

5. 稀奶油的杀菌 通过杀菌可以消灭能使奶油变质及危害人体健康的微生物；破坏各种酶以增加奶油的保存性；可以除去稀奶油中特异的挥发性物质，故杀菌可以改善奶油的香味。一般采用85～90℃的高温巴氏杀菌，但热处理不应过分强烈，以免引起蒸煮味。经杀菌后冷却至发酵温度或成熟温度。

6. 细菌发酵 发酵剂的制备见本篇第五章第一节。发酵剂菌种为丁二酮链球菌、乳脂链球菌、乳酸链球菌和柠檬明串珠菌。发酵剂必须是高活力的，在温度为20℃、7h后产酸达30°T，10h以后产酸应达45～50°T，当稀奶油的非脂部分的酸度达到90°T时发酵结束。发酵剂的添加量为1%～5%，一般随碘值的增加而增加。发酵与物理成熟同时在成熟罐内完成。

7. 稀奶油的物理成熟及热处理

（1）稀奶油的物理成熟 稀奶油经加热杀菌熔化后，要冷却至奶油脂肪的凝固点，以使部分脂肪变为固体结晶状态，这一过程称为稀奶油物理成熟。成熟通常需要12～15h。

脂肪变硬的程度取决于物理成熟的温度和时间，随着成熟温度的降低和保持时间的延长，大量脂肪变成结晶状态（固化）。成熟温度应与脂肪最大可能变成固体状态的程度相适应。3℃时脂肪最大可能的硬化程度为60%～70%，而6℃时为45%～55%。在某种温度下脂肪组织的硬化程度达到最大可能时的状态称为平衡状态。通过观察证实，在低温下成熟时发生的平衡状态要早于高温下的。例如：在3℃时经过3～4h即可达到平衡状态，6℃时要经过6～8h，而在8℃时要经过8～12h。在13～16℃时，即使保持很长时间也不会使脂肪发生明显变硬现象，这个温度称为临界温度。

（2）稀奶油物理成熟的热处理程序 奶油的硬度是一个复杂的概念，包括硬度、黏度、弹性和涂抹性等性能。乳脂中不同熔点的脂肪酸的相对含量决定了奶油硬度。软脂肪将生产出软而滑腻的奶油，而硬乳脂生产的奶油则硬而浓稠。但是如果采用适当的热处理程序，使之与脂肪的碘值相适应，那么奶油的硬度可达到理想状态。这是因为热处理调整了脂肪结晶的大小、固体和连续相脂肪的相对数量。

①乳脂结晶化：巴氏杀菌引起脂肪球中的脂肪液化，但当稀奶油在随后被冷却时，该脂肪的一部分将产生结晶。迅速冷却则形成的晶体多而小；缓慢冷却则形成的晶体数量少，颗粒大。冷却过程越剧烈，结晶成固体相的脂肪就越多，在搅拌和压炼过程中，能从脂肪球中挤出的液体脂肪就越少。

脂肪结晶体通过吸附作用，将液体脂肪结合在它们的表面。如果结晶体多而小，总表面积就大，吸附的液体脂肪就多。这样从脂肪球中压出的液体脂肪量少，奶油就结实。如果结晶大而少，情况则正好相反，大量的液体脂肪将被压出，奶油就软。所以，通过调整稀奶油的冷却程序，使脂肪球中晶体的大小规格化，可生产硬度适宜的奶油。

②热处理程序：要使奶油硬度均匀一致，必须调整物理成熟的条件，使之与乳脂的碘值相适应（表 2-7-1）。

表 2-7-1　不同碘值的稀奶油物理成熟程序

碘值	温度程序/℃	发酵剂添加量/%
<28	8—21—20①	1
28～29	8—21—16	2～3
30～31	8—20—13	5
32～34	6—19—12	5
35～37	6—17—11	6
38～39	6—15—10	7
>40	20—8—11	5

注：①中三个数字依次表示稀奶油的冷却温度、加热酸化温度和成熟温度。

对于硬脂肪多的稀奶油，为得到理想的硬度所采用的热处理程序：迅速冷却到约 8℃，并在此温度下保持约 2h；用 27～29℃的水徐徐加热到 20～21℃，并在此温度下至少保持 2h；冷却到约 16℃。

对于中等硬度脂肪的稀奶油，随着碘值的增加，热处理温度相应地降低。高碘值达 39 的稀奶油，加热温度可降至 15℃。在较低的温度下，酸化时间延长。

对于软脂肪含量高的稀奶油，当碘值大于 39～40 时，在巴氏杀菌后稀奶油冷却到 20℃，并在此温度下酸化约 5h。如果碘值为 41 或者更高，则冷却到 6℃。一般认为，酸化温度低于 20℃，就形成软奶油。

8. 添加色素　为了使奶油颜色全年一致，当颜色太淡时，需添加色素。常用的一种色素叫安那妥（annatto），它是天然的植物色素。3%的安那妥溶液（溶于食用植物油中）叫作奶油黄。通常用量为稀奶油的 0.01%～0.05%。可以对照“标准奶油色”的标本，调整色素的加入量，添加色素通常在搅拌前直接加到搅拌器中的稀奶油中。

9. 稀奶油的搅拌　将成熟后的稀奶油置于搅拌器中，利用机械的冲击力，使脂肪球膜破坏而形成奶油颗粒，这一过程称为搅拌，其过程见图 2-7-3。搅拌时分离出的液体称为酪乳。稀奶油在送入搅拌器之前，将温度调整到适宜的搅拌温度。稀奶油装入量一般为搅拌容器的 40%～50%，以留出起泡空间。

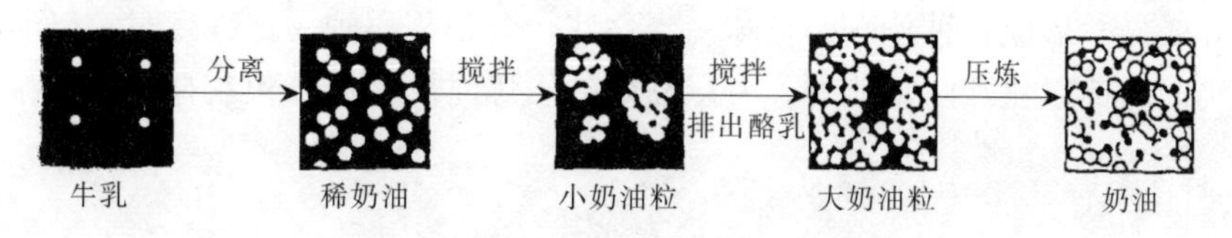

图 2-7-3 奶油形成的各个阶段
(黑色部分为水相，白色部分为脂肪相)

(1) 奶油粒的形成 稀奶油经过剧烈搅拌，形成了蛋白质泡沫层。在表面张力作用和脂肪球与气泡的相互作用下，脂肪球膜不断破裂，液体脂肪不断由脂肪球内压出。随着泡沫的不断破灭，脂肪逐渐凝结成奶油晶粒（图 2-7-4）。随着搅拌的继续进行，奶油晶粒变得越来越大，并聚合成奶油粒。

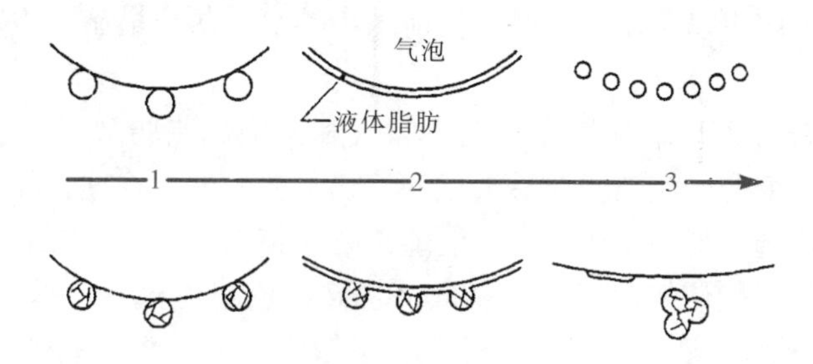

图 2-7-4 搅拌过程中脂肪球与气泡之间的相互作用

影响奶油质量和搅拌时间长短的因素包括搅拌机旋转的速度、稀奶油的温度、稀奶油的酸度、稀奶油的含脂率、脂肪球的大小以及物理成熟的程度等。

(2) 搅拌回收率 搅拌回收率是测定稀奶油中有多少脂肪已转化成奶油的标志，以酪乳中的脂肪占稀奶油中总脂肪的百分数来表示，该值应低于 0.70%。

10. 稀奶油的洗涤 稀奶油经搅拌形成奶油粒后，排出酪乳，用经过杀菌冷却后的水注入搅拌器中进行洗涤，通过洗涤可以除去残留的酪乳，提高奶油的保藏性，同时调整奶油的酸度。洗涤的加水量通常为稀奶油量的 50%左右，水温一般随稀奶油的软硬程度而定。

11. 奶油的加盐 加盐是为了增加风味，抑制微生物的繁殖，提高奶油的保藏性。但酸性奶油一般不加盐。加盐量通常为 2.5%～3.0%，食盐必须符合国家一级或特级标准。待奶油搅拌机中洗涤水排出后，将烘烤（120～130℃、3～5min）并过筛（30 目）的盐均匀撒于奶油表面，静置 10～15min，旋转奶油搅拌机 3～5 圈，再静置 10～20min 后即可进行压炼。

12. 奶油的压炼 由稀奶油搅拌产生的奶油粒，通过压制而凝结成特定结构的团块，该过程称为奶油的压炼。压炼的目的是使奶油粒变为组织致密的奶油层，使水滴分布均匀，使食盐完全溶解，并均匀分布于奶油中，同时调节奶油中的水分含量。奶油压炼有批量奶油压炼机和连续压炼机两种方法。现代较大型工厂都采用连续压炼机来压炼。

压炼结束后，奶油含水量要在 16%以下，水滴呈极微小的分散状态，奶油切面上不允许有水滴。普通压炼会使奶油中有大量空气，使奶油质量变差。通常奶油中含有 5%～7%的空气。采用真空压炼可使空气含量下降到 1%，显著改善奶油的组织状态。

13. 奶油的包装 压炼后的奶油，送到包装设备进行包装。奶油通常有 5kg 以上大包装和从 10g 至 5kg 重的小包装。根据包装的类型，使用不同种类的包装机器。外包装材料最好选用防油、不透光、不透气、不透水的包装材料，如复合铝箔、马口铁罐等。

14. 奶油的贮藏 奶油包装后，应送入冷库中贮藏。4～6℃的冷库中贮藏期一般不超过 7d；0℃冷库中，贮藏期 2～3 周；当贮藏期超过 6 个月时，应放入－15℃的冷库中；当贮藏期超过 1 年时，应放入－25～－20℃的冷库中。奶油在贮藏期间由于氧化作用，脂肪酸分解为低分子的醛、酸、酮及酮酸等成分，形成各种特殊的臭味。当这些化合物积累到一定程度时，奶油则失去食用价值。为了提高奶油的抗氧化和防霉能力，可以在奶油压炼时添加或在包装材料上喷涂抗氧化剂或防霉剂。

二、奶油在加工贮藏期间的品质变化

由于原料、加工工程和贮藏不当，奶油的感官特性会发生一些变化。

（一）风味变化

正常奶油应该具有乳脂肪的特有香味或乳酸菌发酵的芳香味，但有时出现下列异味：

1. 鱼腥味 这是奶油贮藏时很容易出现的异味，其原因是卵磷脂水解生成三甲胺造成的。如果脂肪发生氧化，这种缺陷更易发生，这时应提前结束贮存。防止措施：生产中应加强杀菌和卫生措施。

2. 脂肪氧化与酸败味 脂肪氧化味是空气中氧气和不饱和脂肪酸反应造成的，而酸败味是脂肪在解脂酶的作用下生成低分子游离脂肪酸造成的。奶油在贮藏中往往首先出现氧化味，接着便会产生脂肪水解味。防止措施：提高杀菌温度，既能杀死有害微生物，又要破坏解脂酶。在贮藏中应该防止奶油长霉，霉菌不仅能使奶油产生土腥味，也能产生酸败味。

3. 干酪味 奶油呈干酪味是生产卫生条件差、霉菌污染或原料稀奶油的细菌污染导致蛋白质分解造成的。防止措施：生产时应加强稀奶油杀菌和设备及生产环境的消毒工作。

4. 肥皂味 稀奶油中和过度，或中和操作过快，使局部皂化引起的。防止措施：应减少碱的用量或改进操作。

5. 金属味 由于奶油接触铜、铁设备而产生的金属味。应该防止奶油接触生锈的铁器或铜制阀门等。

6. 苦味 产生的原因是使用末乳或奶油被酵母污染。

（二）组织状态变化

1. 软膏状或黏胶状 压炼过度、洗涤水温度过高、稀奶油酸度过低和成熟不足等引起的。总之，液态油较多，脂肪结晶少，则形成黏性奶油。

2. 奶油组织松散 压炼不足、搅拌温度低等造成液态油过少，出现松散状奶油。

3. 砂状奶油 此缺陷出现于加盐奶油中，盐粒粗大未能溶解所致。有时出现粉状，并无盐粒存在，乃是中和时蛋白质凝固混合于奶油中。

（三）色泽变化

1. 条纹状 此缺陷容易出现在干法加盐的奶油中，是由于盐加得不均匀和压炼不足等原因造成。

2. 色暗而无光泽 压炼过度或稀奶油不新鲜。

3. 色淡 此缺陷经常出现在冬季生产的奶油中，由于奶油中胡萝卜素含量太少，致使奶油色淡，甚至白色。可以通过添加胡萝卜素加以调整。

4. 表面褪色 奶油暴露在阳光下，发生光氧化造成。

第三节　黄油加工

黄油即无水奶油，保存期长，如果采用半透明不透气包装，即使在热带气候下，黄油也能在室温下贮藏数月。在冷藏条件下，其贮存期长达一年。该产品适用于牛奶的重制和还原，同时还广泛用于冰激凌和巧克力工业中。在婴儿食品和方便食品的生产中，黄油也得到日益广泛的使用。

一、用稀奶油加工黄油

以稀奶油为原料生产黄油的工艺是以乳化破裂原理为基础的。其原理是将稀奶油浓缩，然后把脂肪球膜进行机械破裂，从而把脂肪游离出来，形成含有分散水滴的连续脂肪相，然后将分散的水滴从脂肪相中分离出去，即得到黄油。

（一）工艺流程

稀奶油→巴氏杀菌→浓缩→离心分离→真空干燥→包装

（二）工艺要点

①稀奶油要求含脂率35%～40%。

②稀奶油在热交换器中进行巴氏杀菌，钝化脂肪酶，然后再冷却到55～58℃。

③冷却后的稀奶油在专用的固体排除型离心机中浓缩到含脂率70%～75%。

④经浓缩的稀奶油流到离心分离机，经机械作用，脂肪被分离提纯，含脂率高达99.5%，水分含量0.4%～0.5%。

⑤脂肪被预热到90～95℃，再送到真空干燥机，出口处的脂肪水分含量低于0.1%。脱水乳脂肪冷却到35～40℃，然后准备包装。

二、用奶油加工黄油

虽然用稀奶油直接生产黄油更为经济，而且还去掉了搅拌工艺过程，但是采用奶油作为原料可使多余的奶油转化成一种既不太贵，又便于贮存和销售的产品。

（一）工艺流程

奶油→熔融→加热→保温→浓缩→干燥→包装

（二）工艺要点

①加盐奶油需经洗涤或稀释以避免对设备的腐蚀。游离脂肪酸含量高的奶油在熔化后需经碱液中和。

②把奶油从冷藏处取出送至熔融设备，将其连续熔化，熔融的奶油通过离心力被甩到转台的周围，将其收集起来。

③通过排液泵送到加热系统进行加热。

④加热后的奶油再送到保温罐，在罐里保持一定的时间。保温时间的长短取决于奶油的种类和

质量。

⑤熔融的奶油从保温罐被送至分离机，脂肪被浓缩到99%以上的纯度。

⑥浓缩脂肪干燥后包装。

思考题

1. 试述奶油的概念和种类。
2. 试述奶油的性质及影响因素。
3. 简述稀奶油加工的工艺要点。
4. 奶油在加工贮藏期间的品质变化及产生原因有哪些?
5. 试述奶油加工工艺及要点。
6. 简述黄油的生产过程。

乳品冷饮与其他乳制品

本章学习目标 了解常见的乳品冷饮的类别、定义、种类及相应的质量标准；理解各种原料成分对乳品冷饮产品品质的影响，把握各种原料的使用量、添加方法；掌握冰激凌的制作工艺流程、配方及操作技术要点；能对冰激凌生产中出现的一般质量问题进行科学分析和合理解决；了解初乳的加工利用，乳蛋白制品的用途、简单的制取工艺及功能特性，干酪素的生产原理及乳糖的生产及工艺要求等。

第一节 乳品冷饮加工

一、原料及添加剂

乳品冷饮是重要的乳制品，主要包括冰激凌、雪糕、雪泥等。乳品冷饮常用原料有水、脂肪、非脂乳固体、乳化剂等。

（一）水

水是乳品冷饮生产中不可缺少的一种原料，包括添加水和其他原料水。乳品冷饮用水要符合国家生活饮用水卫生标准（GB 5749）的要求。

（二）脂肪

脂肪对冰激凌、雪糕有很重要的作用，主要包括：

1. 影响冰激凌、雪糕的组织结构 脂肪在凝冻时形成网状结构，赋予冰激凌、雪糕特有的细腻润滑的组织和良好的质构。

2. 是乳品冷饮风味的主要来源 油脂中含有许多风味物质，通过与乳品冷饮中蛋白质及其他原料的作用，赋予乳品冷饮独特的芳香风味。

3. 增加冰激凌、雪糕的抗融性 油脂熔点一般在24～50℃，而冰的熔点为0℃，因此适当添加油脂，可以增加冰激凌、雪糕的抗融性，延长冰激凌、雪糕的货架期。

冰激凌中油脂含量在6%～12%，雪糕中含量在2%以上最为适宜。如果使用量低于此范围，不仅影响冰激凌和雪糕的风味，而且使它们的发泡性降低。如高于此范围，就会使冰激凌、雪糕成品形体变得过软。乳脂肪的来源有稀奶油、奶油、鲜奶、炼乳、全脂奶粉等，但由于乳脂肪价格高，目前普遍使用相当量的植物脂肪来取代乳脂肪，主要有起酥油、人造奶油、棕榈油、椰子油等，其熔点类似于乳脂肪，在28～32℃。

（三）非脂乳固体

蛋白质具有水合作用，在均质过程中它与乳化剂一同在生成的小脂肪球表面形成稳定的薄膜，确保油脂在水中的乳化稳定性，同时在凝冻过程中促使空气很好地混入，并能防止乳品冷饮制品中结晶的生长，使质地润滑。乳糖和矿物质赋予制品显著的风味特征。非脂乳固体的最大用量不超过制品中水分的16.7%，以免制品出现砂状沉淀。非脂乳固体可以由鲜牛乳、脱脂乳、乳酪、炼乳、乳粉、酸乳、乳清粉等提供，以鲜牛乳及炼乳为最佳。若全部采用乳粉或其他乳制品配制，由于其蛋白质的稳定性较差，会影响组织的细腻性与冰激凌、雪糕的膨胀率，易导致产品收缩，特别是溶解度不良的乳粉，则更易降低产品质量。

（四）甜味剂

甜味剂具有提高甜味、增加干物质含量、降低冰点、防止重结晶等作用，对产品的色泽、香气、滋味、形态、质构和保藏起着极其重要的影响。

蔗糖为最常用的甜味剂，一般用量为15%左右，过少会使制品甜味不足，过多则缺乏清凉爽口的感觉，并使料液冰点降低（一般增加2%的蔗糖则其冰点相对降低0.22℃），凝冻时膨胀率不易提高，易收缩，成品容易融化。蔗糖还能影响料液的黏度，控制冰晶的增大。较低葡萄糖值（DE值）的淀粉糖浆能使乳品冷饮玻璃化转变温度提高，降低制品中冰晶的生长速率。鉴于淀粉糖浆的抗结晶作用，乳品冷饮生产厂家常以淀粉糖浆部分代替蔗糖，一般以代替蔗糖的1/4为好，蔗糖与淀粉糖浆两者并用时，则制品的组织、贮运性能更佳。

除蔗糖和淀粉糖浆外，许多甜味剂如蜂蜜、转化糖浆、阿斯巴甜、阿力甜、安赛蜜、甜蜜素、甜叶菊糖、罗汉果甜苷、山梨糖醇、麦芽糖醇、葡聚糖（PD）等也被广泛使用。

（五）乳化剂

乳化剂是一种分子中具有亲水基和亲油基，并易在水与油的界面形成吸附层的表面活性剂，可使一相很好地分散于另一相中而形成稳定的乳化液。在乳品冷饮混合料中加入乳化剂，除了有乳化作用外，还有其他作用：①使脂肪呈微细乳浊状态，并使之稳定化。②分散脂肪球以外的粒子并使之稳定化。③增加室温下产品的耐热性，也就是增强了其抗融性和抗收缩性。④防止或控制粗大冰晶形成，使产品组织细腻。

乳品冷饮中常用的乳化剂有甘油一酸酯（单甘酯）、蔗糖脂肪酸酯（蔗糖酯）、聚山梨酸酯（tween）、山梨醇酐脂肪酸酯（span）、丙二醇脂肪酸酯（PG酯）、卵磷脂、大豆磷脂等。乳化剂的添加量与混合料中脂肪含量有关，一般随脂肪量增加而增加，其范围在0.1%～0.5%。复合乳化剂的性能优于单一乳化剂。由于鲜鸡蛋与蛋制品含有大量的卵磷脂，具有永久性乳化能力，因而也能起到乳化剂的作用。

（六）稳定剂

稳定剂又称安定剂，具有亲水性，因此能提高料液的黏度及乳品冷饮的膨胀率，防止大冰晶的产生，减少粗糙的感觉，对乳品冷饮产品融化作用的抵抗力亦强，使制品不易融化和重结晶，在生产中能起到改善组织状态的作用。稳定剂的种类很多，较为常用的有明胶、琼脂、果胶、CMC、瓜尔豆胶、黄原胶、卡拉胶、海藻胶、藻酸丙二醇酯、魔芋胶、变性淀粉等。稳定剂的添加量依原料成分的组成而变化，尤其是依总固形物含量而异，一般在0.1%～0.5%。

（七）香味剂

香味剂能赋予乳品冷饮产品以醇和的香味，增进其食用价值。按其风味种类分为果蔬类、干果类、奶香类；按其溶解性分为水溶性和脂溶性。

香味剂可以单独或搭配使用。香气类型接近的较易搭配，反之较难，如水果与奶类、干果与奶类易搭配；而干果类与水果类之间则较难搭配。一般在冷饮中用量为0.075%～0.1%。除了用上述香味剂调香外，亦可直接加入果仁、鲜水果、鲜果汁、果冻等进行调香调味。

（八）着色剂

协调的色泽能改善乳品冷饮的感官品质，大大增进人们的食欲。乳品冷饮调色时，应选择与产品名称相适应的着色剂。在选择色素时，应首先考虑符合食品添加剂使用标准。调色时以淡薄为佳，常用的着色剂有红曲色素、姜黄色素、叶绿素铜钠盐、焦糖色素、红花黄、β-胡萝卜素、辣椒红、胭脂红、柠檬黄、日落黄、亮蓝等。

二、冰激凌加工

冰激淋（ice cream）是以饮用水、乳和（或）乳制品、蛋制品、水果制品、豆制品、食糖、食用植物油等的一种或多种为原辅料，添加或不添加食品添加剂和（或）食品营养强化剂，经混合、灭菌、均质、冷却、老化、冻结、硬化等工艺制成的体积膨胀的冷冻饮品，也叫冰淇淋。

（一）冰激凌的种类

冰激凌的品种很多，按所用原料中的乳脂肪含量分为全乳脂冰激凌、半乳脂冰激凌、植脂冰激凌3种，其理化指标见表2-8-1。

表2-8-1 冰激凌的理化指标

项目		指标					
		全乳脂		半乳脂		植脂	
		清型	组合型	清型	组合型	清型	组合型
非脂乳固体/（g/100g）	≥	6.0					
总固形物/（g/100g）	≥	30.0					
脂肪/（g/100g）	≥	8.0		6.0	5.0	6.0	5.0
蛋白质/（g/100g）	≥	2.5	2.2	2.5	2.2	2.5	2.2

注：①组合型产品的各项指标均指冰激凌主体部分。

②非脂乳固体含量按原始配料计算。

1. 全乳脂冰激凌 主体部分乳脂含量为8%以上（不含非乳脂）的冰激凌。分为清型全乳脂冰激凌、组合型全乳脂冰激凌。

（1）清型全乳脂冰激凌 不含颗粒或块状辅料的制品，如奶油冰激凌、可可冰激凌。

（2）组合型全乳脂冰激凌 是主体全乳脂冰激凌所占比率不低于50%，与其他种类冷饮品和（或）巧克力、饼坯等食品组合而成的制品，如巧克力奶油冰激凌、蛋卷奶油冰激凌等。

2. 半乳脂冰激凌 主体部分乳脂含量大于等于2.2%的冰激淋。同样分为清型半乳脂冰激凌、组合型半乳脂冰激凌。

（1）清型半乳脂冰激淋 不含颗粒或块状辅料的半乳脂冰激淋，如香草半乳脂冰激凌。

（2）组合型半乳脂冰激凌 以半乳脂冰激凌为主体，其所占比率大于50%，如脆皮半乳脂冰激凌。

3. 植脂冰激凌 主体部分乳脂含量低于2.2%的冰激凌。也分为清型植脂冰激凌、组合型植脂冰激凌。

（1）清型植脂冰激凌 不含颗粒或块状辅料的植脂冰激淋，如豆奶冰激凌。

（2）组合型植脂冰激凌　以植脂冰激凌为主体，其所占比率大于50%，如巧克力脆皮植脂冰激凌。

（二）生产工艺及配方

1. 工艺流程　冰激凌工艺流程见图2-8-1。

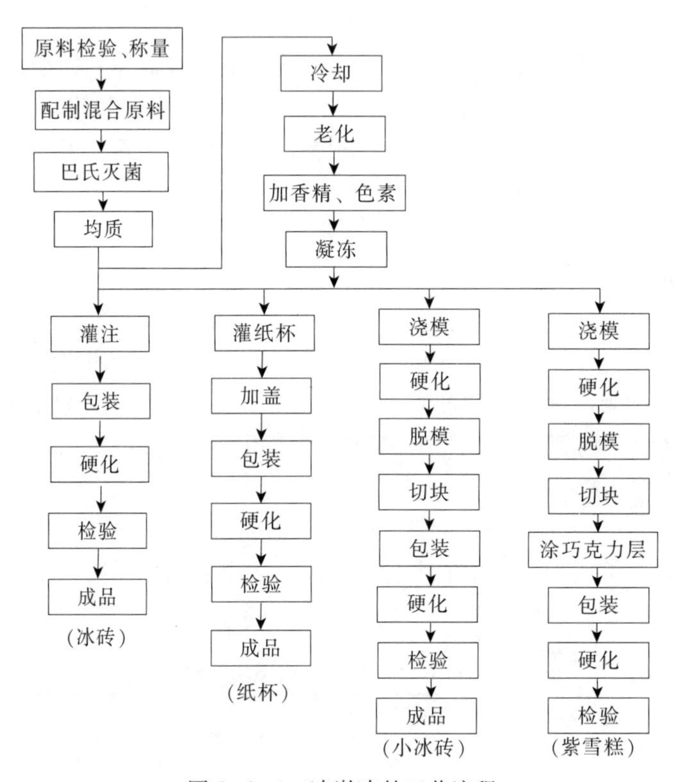

图2-8-1　冰激凌的工艺流程

2. 配方　冰激凌配方见表2-8-2。

表2-8-2　1 000kg冰激凌配方（kg）

原料名称	奶油型	酸乳型	花生型	双歧杆菌型	螺旋藻型	茶汁型
砂糖	120	160	195	150	140	150
葡萄糖浆	100	—	—	—	—	—
鲜牛乳	530	380	—	400	—	—
脱脂乳	—	200	—	—	—	—
全脂奶粉	20	—	35	80	125	100
花生仁①	—	—	80	—	—	—
奶油	60	—	—	—	—	—
稀奶油	—	20	—	110	—	—
人造奶油	—	—	—	—	60	191
棕榈油	—	50	40	—	—	—
蛋黄粉	5.5	—		—	—	
鸡蛋	—	—	—	75	30	—
全蛋粉	—	15	—	—	—	—
淀粉	—	—	34	—	—	—

（续）

原料名称	奶油型	酸乳型	花生型	双歧杆菌型	螺旋藻型	茶汁型
麦芽糊精	—	—	6.5	—	—	
复合乳化稳定剂	4	—	—	—	—	—
明胶	—	—	—	2.5	—	3
CMC	—	3	—	—	—	2
PGA	—	1	—	—	—	—
单甘酯	—	—	1.5	—	—	2
蔗糖酯	—	—	1.5	—	—	
海藻酸钠	—	—	2.5	1.5	—	2
黄原胶	—	—	—	—	5	—
香草香精	0.5	1	—	1	0.2	
花生香精	—	—	0.2	—	—	
水	160	130	604	130	630	450
发酵酸乳	—	40	—	40	—	—
双歧杆菌酸乳	—	—	—	10	—	—
螺旋藻干粉	—	—	—	—	10	—
绿茶汁（1∶5）	—	—	—	—	—	100

注：①花生仁需经烘焙、胶磨制成花生乳，杀菌后待用。

（三）工艺要点

1. 混合料的配制　原辅料质量好坏直接影响冰激凌质量，所以各种原辅料必须严格按照质量要求进行检验，不合格者不许使用。按照规定的产品配方，核对各种原材料的数量后，即可进行配料。

配制时要求：①原料混合的顺序宜从浓度低的液体原料如牛乳等开始，其次为炼乳、稀奶油等液体原料，再次为砂糖、乳粉、乳化剂、稳定剂等固体原料，最后以水做容量调整。②混合溶解时的温度通常为40～50℃。③鲜乳要经100目筛进行过滤、除去杂质后再泵入缸内。④乳粉在配制前应先加温水溶解，并经过滤和均质再与其他原料混合。⑤砂糖应先加入适量的水，加热溶解成糖浆，经160目筛过滤后泵入缸内。⑥人造黄油、硬化油等使用前应加热熔化或切成小块后加入。⑦冰激凌复合乳化稳定剂可与其5倍以上的砂糖拌匀后，在不断搅拌的情况下加入混合缸中，使其充分溶解和分散。⑧鸡蛋应与水或牛乳以1∶4的比例混合后加入，以免蛋白质变性凝成絮状。⑨明胶、琼脂等先用水泡软，加热使其溶解后加入。⑩淀粉原料使用前要加入其量8～10倍的水，不断搅拌制成淀粉浆，经100目筛过滤，在搅拌的前提下徐徐加入配料缸内，加热糊化后使用。

2. 混合料的杀菌　通过杀菌可以杀灭料液中的一切病原菌和绝大部分的非病原菌，以保证产品的安全性和卫生指标，延长冰激凌的保质期。

杀菌温度和时间的确定，主要看杀菌的效果，过高的温度与过长的时间不但浪费能源，而且还会使料液中的蛋白质凝固，产生蒸煮味和焦味，使维生素受到破坏，从而影响产品的风味及营养价值。通常间歇式杀菌条件为75～77℃、20～30min，连续式杀菌条件为83～85℃、15s。

3. 混合料的均质

（1）均质的目的

①均质可使混合原料中的乳脂肪球变小，防止凝冻时乳脂肪被搅成奶油粒，以保证冰激凌产品组织细腻。

②通过均质作用，强化酪蛋白胶粒与钙及磷的结合，使混合料的水合作用增强。

③适宜的均质条件是改善混合料起泡性、获得良好组织状态及理想膨胀率的冰激凌的重要因素。

④均质后制得的冰激凌，形体润滑松软，具有良好的稳定性和持久性。

（2）均质条件

①均质压力：压力的选择应适当。压力过低时，脂肪粒没有充分粉碎，乳化不良，影响冰激凌的形体；而压力过高时，脂肪粒过于微小，使混合料黏度过高，凝冻时空气难以混入，给膨胀率带来影响。合适的压力，可以使冰激凌组织细腻、形体松软润滑，一般选择压力为14.7～17.6MPa。

②均质温度：均质温度对冰激凌的质量也有较大的影响。当均质温度低于52℃时，均质后混合料黏度高，对凝冻不利，形体不良；而均质温度高于70℃时，凝冻时膨胀率过大，亦有损于形体。一般较合适的均质温度是65～70℃。

4. 冷却与老化

（1）冷却　均质后的混合料温度在60℃以上。在此温度下，混合料中的脂肪粒容易分离，需要将其迅速冷却至0～5℃后输入老化缸（冷热缸）进行老化。

（2）老化　老化（aging）是将经均质、冷却后的混合料置于老化缸中，在2～4℃的低温下使混合料进行物理成熟的过程，亦称为“成熟”或“熟化”。其实质是脂肪、蛋白质和稳定剂的水合作用，稳定剂充分吸收水分使料液黏度增加。老化期间的这些物理变化可促进空气的混入，并使气泡稳定，从而使冰激凌具有细致、均匀的空气泡，赋予冰激凌细腻的质构，增加冰激凌的融化阻力，提高冰激凌的贮藏稳定性。

老化操作的参数主要为温度和时间。随着温度的降低，老化的时间也将缩短。如在2～4℃时，老化时间4h；而在0～1℃时，只需2h。若温度过高，如高于6℃，则时间再长也难有良好的效果。混合料的组成成分与老化时间有一定关系，干物质越多，黏度越高，老化时间越短。一般说来，老化温度控制在2～4℃，时间以6～12h为佳。

为提高老化效率，也可将老化分两步进行：首先，将混合料冷却至15～18℃，保温2～3h，此时混合料中的稳定剂得以水化；然后，将其冷却到2～4℃，保温3～4h，可大大提高老化速度，缩短老化时间。

5. 冰激凌的凝冻　在冰激凌生产中，凝冻过程是将混合料置于低温下，在强制搅拌下进行冰冻，使空气以极微小的气泡状态均匀分布于混合料中，使物料形成细微气泡密布、体积膨胀、凝结体组织疏松的结构，见图2-8-2。

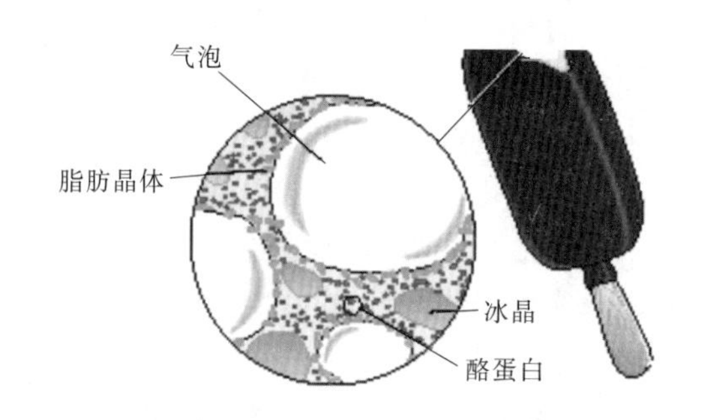

图2-8-2　冰激凌的结构

（1）凝冻的目的

①使混合料更加均匀：经过均质的混合料，还需添加香精、色素等，在凝冻时由于搅拌器不断搅拌，使混合料中各组分进一步混合均匀。

②使冰激凌组织更加细腻：凝冻是在－6～－2℃的低温下进行的，此时料液中的水分会结冰，但由于搅拌作用，水分只能形成4～10μm的均匀小结晶，使冰激凌的组织细腻、形体优良、口感滑润。

③使冰激凌得到合适的膨胀率：在凝冻时，由于不断搅拌及空气的逐渐混入，使冰激凌体积膨胀而获得优良的组织和形体，使产品更加适口、柔润和松软。

④使冰激凌稳定性提高：由于凝冻后，空气气泡均匀地分布于冰激凌组织之中，能阻止热传导，可使产品抗融化作用增强。

⑤可加速硬化成型进程：由于搅拌凝冻是在低温下操作，因而能使冰激凌料液冻结成为具有一

定硬度的凝结体，即凝冻状态，经包装后可较快硬化成型。

(2) 凝冻过程 冰激凌料液的凝冻过程大体分为以下3个阶段：

①液态阶段：料液经过凝冻机搅拌凝冻一段时间（2～3min）后，料液的温度从进料温度4℃降低到2℃。由于此时料液温度尚高，未达到使空气混入的条件，故称这个阶段为液态阶段。

②半固态阶段：继续将料液搅拌凝冻2～3min，此时料液的温度降至－2～－1℃，由于料液的黏度也显著提高，使空气得以大量混入，料液开始变得浓厚而体积膨胀，这个阶段为半固态阶段。

③固态阶段：此阶段为料液即将形成软质冰激凌的最后阶段。经过半固态阶段以后，继续搅拌料液3～4min，此时料液的温度已降低到－6～－4℃。在温度降低的同时，空气继续混入，并不断被料液层层包围，这时冰激凌料液内的空气含量已接近饱和，整个料液体积不断膨胀，料液最终成为浓厚、体积膨大的固态物质，此阶段即是固态阶段。

(3) 凝冻设备与操作 凝冻机是混合料制成冰激凌成品的关键设备，按生产方式分为间歇式和连续式两种。冰激凌凝冻机工作原理及操作如下：

①间歇式凝冻机：间歇式氨液凝冻机的基本组成部分有机座、带夹套的外包隔热层的圆形凝冻筒、装有刮刀的搅拌器、传动装置以及混合原料的贮槽等。其工作原理：开启凝冻机的氨阀（盐水阀）后，氨不断进入凝冻筒的夹套中进行循环，凝冻筒夹套内氨液的蒸发使凝冻圆筒内壁起霜，筒内混合原料由于搅拌器外轴支架上的两把刮刀与搅拌器中轴Y型搅拌器的相向反复搅刮作用，在被冻结时不断混入大量均匀分布的空气泡，同时料液从2～4℃冷冻至－6～－3℃，形成体积膨松的冰激凌。

②连续式凝冻机：连续式凝冻机（RPL-300型）的结构主要由立式搅刮器、空气混合泵、料箱、制冷系统、电器控制系统等部分组成。其工作原理：制冷系统将液体制冷剂输入凝冻筒的夹套内，冰激凌料浆经由空气混合泵混入空气后进入凝冻筒。动力则由电动机经皮带降速后，通过联轴器带动刮刀轴套旋转，刮刀轴上的刮刀在离心力的作用下，紧贴凝冻筒的内壁做回转运动，由进料口输入的料浆经冷冻冻结在筒体内壁上的冰激凌就被连续刮削下来。同时新的料液又附在内壁上被凝结，随即又被刮削下来，周而复始、循环工作，刮削下来的冰激凌半成品，经刮刀轴套上的许多圆孔进入轴套内，在偏心轴的作用下，使冰激凌搅拌混合，质地均匀细腻。经搅拌混合的冰激凌便在压力差的作用下，不断挤向上端，并克服膨胀阀弹簧的压力，打开膨胀阀阀门，送出冰激凌成品（进入灌装头）。冰激凌经膨胀阀后减压，其体积膨胀，质地疏松。

(4) 冰激凌的膨胀率 冰激凌的膨胀率（overrun）指冰激凌混合原料在凝冻时，由于均匀混入许多细小的气泡，使制品体积增加的百分率。冰激凌的膨胀率可用浮力法测定，即用冰激凌膨胀率测定仪测量冰激凌试样的体积，同时称取该冰激凌试样的质量，并用密度计测定冰激凌混合原料（融化后冰激凌）的密度，以体积百分率计算膨胀率：

$$X=\frac{V-V_1}{V_1}\times 100\%=\left(\frac{V}{m/\rho}-1\right)\times 100\%$$

式中 V——冰激凌试样的体积，cm^3；

m——冰激凌试样的混合原料质量，g；

ρ——冰激凌试样的混合原料密度，g/cm^3；

V_1——冰激凌试样的混合原料体积，cm^3。

冰激凌膨胀率并非越大越好，膨胀率过高，组织松软，缺乏持久性；过低则组织坚实，口感不良。各种冰激凌都有相应的膨胀率要求，控制不当会降低冰激凌的品质。影响冰激凌膨胀率的因素主要有两个方面：

①原料方面。A. 乳脂肪：含量越高，混合料的黏度越大，有利膨胀，但乳脂肪含量过高时，则效果反之。一般乳脂肪含量以6%～12%为宜，此时膨胀率最好。B. 非脂乳固体：含量高能提高膨胀率，一般为10%。C. 糖：含量高则冰点降低，会降低膨胀率，一般以13%～15%为宜。D. 稳定剂：适量的稳定剂能提高膨胀率，但用量过多则黏度过高，空气不易进入而降低膨胀率，一般

不宜超过0.5%。E. 无机盐：对膨胀率也有影响，如钠盐能增加膨胀率，而钙盐则会降低膨胀率。

②操作方面。A. 均质：均质适度能提高混合料黏度，空气易于进入，使膨胀率提高；但均质过度则黏度高，空气难以进入，膨胀率反而下降。B. 老化：在混合料不冻结的情况下，老化温度越低，膨胀率越高。C. 杀菌：采用瞬间高温杀菌比低温巴氏杀菌法混合料变性少，膨胀率高。D. 空气吸入量：适当的吸入量能得到较佳的膨胀率，应注意控制。E. 凝冻压力：凝冻压力过高则空气难以混入，膨胀率下降。

6. 成型罐装、硬化和贮藏

（1）*成型灌装* 凝冻后的冰激凌必须立即成型灌装（同时硬化），以满足贮藏和销售的需要。冰激凌的成型有冰砖、纸杯、蛋筒、浇模成型、巧克力涂层冰激凌、异形冰激凌切割线等多种成型灌装机。

（2）*硬化（hardening）* 将经成型灌装机灌装和包装后的冰激凌迅速置于−25℃以下的温度，经过一定时间的速冻，品温保持在−18℃以下，使其组织状态固定、硬度增加的过程称为硬化。

硬化的目的是固定冰激凌的组织状态，形成细微冰晶的过程，使其组织保持适当的硬度以保证冰激凌的质量，便于销售与贮藏运输。速冻硬化可用速冻库（−25～−23℃）、速冻隧道（−40～−35℃）或盐水硬化设备（−27～−25℃）等。一般硬化时间为：速冻库10～12h、速冻隧道30～50min、盐水硬化设备20～30min。影响硬化的条件有包装容器的形状与大小、速冻室的温度与空气的循环状态、室内制品的位置以及冰激凌的组成成分和膨胀率等因素。

（3）*贮藏* 硬化后的冰激凌产品，在销售前应保存在低温冷藏库中。冷藏库的温度为−20℃，相对湿度为85%～90%，贮藏库温度不可忽高忽低，贮存温度及贮存中温度变化往往导致冰激凌中冰的再结晶，使冰激凌质地粗糙，影响冰激凌品质。

第二节 其他乳制品加工

一、牛初乳加工

泌乳第四天的牛初乳成分趋于常乳。一般牛分娩后前3天所产初乳为43.5kg，以犊牛消耗11kg计，则1头母牛有32.5kg初乳剩余，可以加以利用。

（一）初乳贮藏

牛初乳继续喂小牛犊或加工利用往往涉及贮藏，若贮藏不当，牛初乳则发生分层、变味、酸度升高等问题，并且免疫球蛋白消化吸收率下降。冷藏或冻藏可以有效地延长初乳保质期，而营养成分、pH、酸度基本不发生变化。

（二）初乳加工

1. 牛初乳免疫球蛋白浓缩物制取 牛初乳免疫球蛋白浓缩物（milk immunoglobulin concentrates，MIC）是基于低体重早产儿需要特殊营养，即需要较高的蛋白质和能量，尤其是需要补充免疫球蛋白而提出的。牛初乳免疫球蛋白浓缩物制取流程见图2-8-3。

将原料乳冷却到8～12℃，离心机分离以去除其含有的血细胞和其他体细胞状物质或粗杂质，然后将牛乳加热、离心除去乳脂肪。得到的脱脂乳冷冻至−25℃贮藏，其抗体活性不会有任何损失。

脱脂乳在板式换热器被加热到56℃，保温罐中保持30min，然后冷却到37℃，添加酸至pH

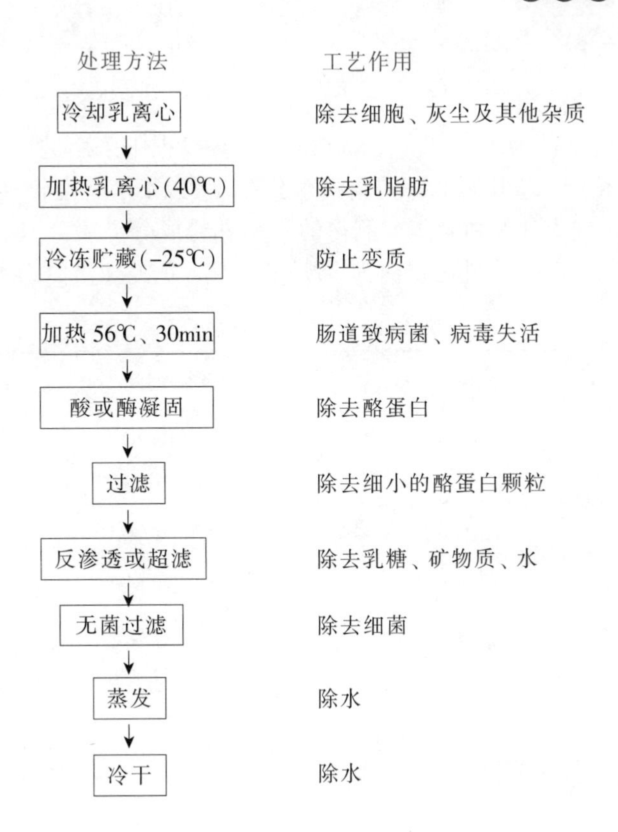

图 2-8-3　牛初乳免疫球蛋白浓缩物制取流程

4.5 或添加凝乳酶使酪蛋白凝固，再加热到 56℃，保持 10min，就会析出乳清。将酪蛋白凝块用去离子水冲洗两次，离心，除去酪蛋白，得到澄清液。将乳清和澄清液分别用 Seitz 型或 Filtrox 型过滤器过滤以除去细小的酪蛋白颗粒，防止超滤时堵塞设备。

通过超滤过程，除去乳糖、矿物质和水，使最终浓缩物干物质含量为 10%，总蛋白为 7%～8%，免疫球蛋白为 2%～3%。最终浓缩物经无菌过滤、低温浓缩和冷冻干燥后得到的免疫球蛋白浓缩物成分见表 2-8-3。这种免疫球蛋白浓缩物很容易与乳粉混合，并易溶在水中或液体乳中。

表 2-8-3　由泌乳最初 3d 牛乳分离的乳免疫球蛋白浓缩物成分（%）

成分	含量	成分	含量
蛋白质	75±5	乳球蛋白	35±5
免疫球蛋白	40±5	血清蛋白	3±2
IgG_1	75	肽类	5±2
IG_2	3	水分	4±0.5
IgA	17	乳糖	10±2
IgM	6	矿物质	5±2
乳白蛋白	15±5	非蛋白氮成分	5±2

2. 牛初乳粉的加工　牛初乳粉是将牛初乳中的脂肪去除，在其中加入食品中允许添加的抗热变性物质和其他辅料，用低温喷雾干燥方法生产出的乳粉。关键是经杀菌处理后最大限度地保持生物活性物质的活性。

（1）牛初乳粉配料　脱脂牛初乳 100kg，脱脂乳粉 10kg，蔗糖 10kg，柠檬酸钠 0.075mol/L，磷酸钾（pH6.5）0.10mol/L，总干物质含量 27%。

配料中蔗糖、磷酸钾、柠檬酸钠均可提高牛初乳活性物质的抗热变性能力，脱脂乳粉可以作为初乳制品的载体。

（2）牛初乳粉生产工艺

冷冻保存→室温缓溶→过滤→净乳→脱脂→原料配合→加热杀菌→喷雾干燥→包装

此工艺过程中的杀菌条件为63～67℃、35min，喷雾过程中采用进口温度140～150℃，出口温度60～70℃，再经流化床二次干燥，即可得到水分在3%以下溶解度较好的产品。

（3）牛初乳粉成分　经上述配料及工艺制得的牛初乳粉成分见表2-8-4。此产品蛋白质变性较高：乳铁蛋白为46%～52%，α-乳白蛋白为38%～42%，免疫球蛋白为4%～7%。

表2-8-4　牛初乳粉成分

成分	含量	成分	含量
水分/%	2.79～2.94	Ig/（mg/g）	50.24～54.06
蛋白质/%	24.62～26.82	BAS/（mg/g）	1.50～1.58
脂肪/%	1.94～2.93	Lg/（mg/g）	3.29～4.12
总糖/%	61.97～63.75	α-La/（mg/g）	17.40～18.64
灰分/%	5.76～6.48	β-Lg/（mg/g）	32.75～38.72
乳糖/%	28.42～29.52		

二、乳蛋白质制品加工

目前，各种酪蛋白及乳清蛋白分离物的主要用途是加工食品。乳蛋白质具有较高的生物价和消化率，向饮料或谷类制品中添加乳蛋白制品可提高营养价值；可赋予产品特定的物理特性，如制备稳定的乳状物（沙拉调味品、甜点、咖啡伴侣）和起泡的产品（点心、调味酱、蛋白甜饼），抑制肉制品中的水分和脂肪的分离；作肉的代用品。

（一）原料

各种原料，包括脱脂乳、甜稀奶油酪乳和乳清都可用于制备乳蛋白。乳清是相对较便宜的原料，而且膜处理、离子交换及其他技术的应用使乳清的利用更方便。由于原料和加工处理不同使得乳蛋白产品的种类也很多，其蛋白质和其他成分的含量变化幅度较大（表2-8-5）。

表2-8-5　一些乳蛋白制品及其组成成分

产品	加工方法	来源	组成成分/%			
			粗蛋白	碳水化合物	灰分	脂肪
酸化酪蛋白（acid casein）	酸凝固	脱脂乳	83～95	0.1～1	2.3～3	～2
酪蛋白酸钠（Na-caseinate）	酸+NaOH	脱脂乳	81～88	0.1～0.5	～4.5	～2
凝乳酶凝固酪蛋白（rennet casein）	凝乳酶凝结	脱脂乳	79～83	～0.1	7～8	～1
乳清蛋白分离物（WP isolate）	离子交换	乳清	85～92	2～8	1～6	～1
乳清蛋白浓缩物（WP concentrate）	超滤	乳清	50～85	8～40	1～6	<1
乳清蛋白浓缩物（WP concentrate）	电渗析+乳糖结晶化	乳清	27～37	40～60	1～10	～4
乳清粉	喷雾干燥	乳清	～11	～73	～8	～1
乳清蛋白复合物（WP complex）	偏磷酸盐	乳清	～55	～13	～13	～5
乳清蛋白复合物（WP complex）	Fe+多聚磷酸盐	乳清	～35	～1	～54	～1
乳白蛋白（lactalbumin）	加热+酸和/或 $CaCl_2$	乳清	～78	～10	～5	～1
乳共沉物（coprecipitate）	加热+酸和/或 $CaCl_2$	脱脂乳	～85	～1	～8	～2

(二) 乳蛋白制品

1. 酪蛋白 目前生产的酪蛋白种类很多。

(1) *凝乳酶凝固酪蛋白* 是利用犊牛皱胃酶的凝乳作用从脱脂乳中分离出酪蛋白，当在相当高的温度下搅拌时会引起迅速脱水收缩。脱水的小凝块颗粒经离心或利用振动筛分离，用水清洗，然后挤压除水，再在鼓式或带式干燥机中干燥。这样生产的产品由含杂质的酪蛋白酸钙-磷酸钙构成。它不溶于水且灰分含量高。

(2) *酸凝固酪蛋白* 通过边搅拌边加入乳酸、盐酸（常用）或硫酸酸化脱脂乳制成。pH 为等电点时酪蛋白会沉淀。所用的温度相当关键，高温下形成大的团块不易干燥；低温时沉淀的颗粒太细不易分离，而且酸化的酪蛋白凝胶几乎没有脱水收缩作用，形成的凝块主要由凝胶团块构成。此产品可通过将其溶于碱液中，然后再次沉淀而得到纯化。酸凝固酪蛋白不溶于水，且由于形成坚固的大块，它在碱液中的溶解度通常也很差。

(3) *酪蛋白酸盐* 将酸沉淀的酪蛋白溶于碱液，如 NaOH、KOH、NH_4OH、$Ca(OH)_2$、$Mg(OH)_2$，随后喷雾干燥。酪蛋白酸钠是最常见的酪蛋白酸盐产品，而酪蛋白酸钾更适于营养的要求。这些产品高度溶于水，且只要加工过程中 pH 不高于 7 就无异味。

2. 乳清蛋白浓缩物和乳清蛋白复合物 可以采用以下方法得到：

(1) *超滤* 超滤可使蛋白得到分离的同时，也被浓缩。经稀释过滤可得到较纯的蛋白，再经喷雾干燥可得乳清蛋白浓缩物。

(2) *凝胶过滤* 此法有缺陷，它不能使产品得到浓缩，费用高，因此很少应用。

(3) *离子交换法* 此法生产的蛋白分离物主要包括 α-乳球蛋白和 β-乳白蛋白，这类产品称为乳清蛋白分离物，结合超滤浓缩可除去溶解的成分获得高纯度产品。

(4) *沉淀法* 大多数乳清蛋白在低 pH 下可用羧甲基纤维素或六偏磷酸盐沉淀。这时蛋白部分带正电荷，而沉淀剂带负电荷，因此这两种化合物结合。形成的乳清蛋白复合物（包含沉淀剂）在低 pH（<5）时溶解性差，在中性 pH 时用铁离子加多聚磷酸盐也可形成复合物，这种产品溶解性差，灰分含量非常高。

喷雾干燥的乳清蛋白浓缩物溶解度高。β-乳球蛋白性质决定着乳清蛋白浓缩物的性质。超滤分离的乳清蛋白几乎不含非蛋白氮，而乳糖结晶化之后获得的脱盐乳清中 20%～30%的氮是非蛋白氮。

3. 乳白蛋白 加热酸化干酪乳清可使蛋白沉淀，经清洗和干燥后制成乳白蛋白。它含有少量蛋白胨、酪蛋白巨肽（casein macropeptides，CMP）和 NPN。由于乳糖含量高、干燥速度缓慢，易造成过度的美拉德反应。该产品不溶于水。

4. 乳共沉物 乳蛋白质（除蛋白胨外）都能以不溶物的形式从酸化脱脂乳或酪乳中分离出来。该产品蛋白质易消化，富含钙，有很高的营养价值。乳共沉物乳糖含量低，与乳白蛋白制品相比，形成的美拉德反应产物要少得多。

5. 分离乳蛋白 荷兰 NIZO 研究所开发出一种纯化乳清蛋白的加工工艺。在离子强度低和适宜的 pH 下，将特殊的免疫球蛋白沉淀，并除去脂肪球和颗粒状物质。上清液经超滤之后，可得到一种主要由 β-乳球蛋白、α-乳白蛋白和清蛋白组成的制品。

三、干酪素加工

(一) 概念和种类

干酪素（casein）的主要成分是酪蛋白，相对密度为 1.25～1.31，白色，无味，具有非结晶性与非吸湿性的特点。25℃条件下，在水中可溶解 0.2%～2.0%，但不溶于有机溶剂。

干酪素依其凝固条件可分为3类，即酸干酪素、酶干酪素和酪蛋白与乳清蛋白共沉物。酸干酪素又有乳酸发酵法与加酸法之分。在酸法干酪素中，依据所使用的酸的种类不同，又可分为乳酸、盐酸和硫酸干酪素等。

（二）生产原理

干酪素在皱胃酶、酸、酒精作用下或加热至140℃以上时，可从乳中凝固沉淀出来，经干燥后即为成品。工业上使用的干酪素，大多是酸干酪素。它的生产原理是酸使磷酸盐及与蛋白质直接结合的钙游离而使蛋白质沉淀。酶法生产干酪素时，酶将酪蛋白转化为副酪蛋白，副酪蛋白在钙盐存在的情况下凝固，与钙离子形成网状结构而沉淀。酶干酪素的生产一般以皱胃酶为主，但皱胃酶因来源有限，价格昂贵，因此亦可用动物性蛋白酶（如胃蛋白酶）、植物性蛋白酶（如木瓜酶和无花果蛋白酶）、微生物蛋白酶（如微小毛霉凝乳酶）等来代替，尤其是微生物凝乳酶的发展更为迅速，可望成为皱胃酶的代用品。

（三）加工工艺

干酪素的加工因凝固条件不同，其生产工艺也有区别，常见的有以下几种：

1. 酸干酪素

（1）乳酸发酵干酪素　乳酸发酵法制造的干酪素溶解性较好，黏结力也较强。

①工艺流程：

脱脂乳→发酵→加热搅拌→排出乳清→洗涤→压榨→粉碎→干燥

②质量控制：此法生产干酪素时对脱脂乳的要求较高。脱脂乳必须新鲜，不含抗生素等药物，含脂率应在0.03%以下。添加发酵剂的温度应控制在33～34℃，添加发酵剂的量为2%～4%。当酸度达到pH 4.6或滴定酸度0.45%～0.50%时，即可停止发酵。通常如果发酵剂的活力高，几小时即可达到要求。在排出乳清时，要边搅拌边加热到50℃左右。然后，用冷水洗涤凝块，经压榨、粉碎、干燥即为成品。

这种方法生产干酪素时，发酵酸度的控制是关键。酸度过高或过低都会造成乳中成分的损失，因此产率较低。

（2）加酸干酪素　在工业用的干酪素中，加酸干酪素最为多见。其加工损失少，含脂率较低。加酸法中，硫酸干酪素的灰分较高，质量较差。因此，以加盐酸最普遍。

此外，加酸法干酪素的生产中，又以颗粒制造法最为优越。因为在该法生产中，酪蛋白形成小而均匀的颗粒，不致使酪蛋白形成大而致密的凝块，因而被颗粒所包围的脂肪较少，成品含脂率较低，而且粒状干酪素便于洗涤、压榨和干燥。这种干酪素遇碱易溶，黏结力很强。此法排出的乳清，也很适合制造乳糖。下面以盐酸干酪素为例介绍其加工方法。

①工艺流程：

脱脂乳→加热→加酸凝固→洗涤→脱水→粉碎→干燥→粉碎、分级

②质量控制：原料乳加热至32～33℃，分离得脱脂乳，其含脂率应在0.05%以下。然后将脱脂乳加热至34～35℃。此时控制加热温度至关重要。温度过高，形成的颗粒较大；过低则形成的颗粒软而细，甚至不形成颗粒。因此，新鲜脱脂乳（酸度16～18°T）可加热至35℃。对于新鲜度较差的脱脂乳（酸度22～24°T），加热温度以34℃为宜。

加酸凝固是本法的又一关键步骤，所用的工业浓盐酸（30%～38%）先用8～10倍的水稀释，然后在搅拌的情况下慢慢加入，或在凝乳罐的底部装以带有很多小孔的耐酸管，稀盐酸由孔内喷出。此法盐酸呈雾状，增加了与脱脂乳的接触面，且形成的颗粒小而均匀。当pH达到4.6～4.8时，应放慢加酸速度。此时，凝块已开始沉淀。停止加酸后，可排出大约1/2的乳清。然后再加酸

至pH 4.2（乳清酸度）。此时，颗粒坚实，而颗粒间却松散。排出乳清后，加入与原料脱脂乳等量的温水洗涤。再用冷水洗涤2次，然后用布过滤，用离心机或压榨机进行脱水，此时含水量为50%～60%。

脱水后的干酪素，用粉碎机粉碎成一定大小的颗粒或置于孔径0.95mm（20目）的筛板上，用刮板使干酪素通过筛孔而粉碎。将粉碎的干酪素迅速干燥。干燥温度不应超过55℃，时间不应超过6h。干燥后进行粉碎分级。

此法的产率因牛乳酪蛋白含量而异，一般为2%～3%。

2. 酶干酪素 因皱胃酶的限制，酶法干酪素已不太常用，但微生物凝乳酶的发现，使此法又兴起，而且逐渐盛行。

（1）工艺流程

脱脂乳→加热至34～35℃→加酶凝固→切碎→加热至55～60℃→排出乳清→洗涤→粉碎→干燥→成品

（2）质量控制 凝乳酶的加入量，因酶的种类、活力不同而异。生产中一般要求能在15～20min凝固即可，其他操作同酸干酪素的生产。此法生产的干酪素，要求灰分7.5%以下，脂肪1.0%以下。

四、乳活性肽及CCP加工

（一）乳活性肽种类

乳蛋白分子中存在着具有多种生物活性的片段。乳蛋白经特定的蛋白酶水解释放，在人体内显示出不同的生物活性。现已证明来源于乳蛋白的生理活性肽包括：类吗啡肽（opioid peptides）、免疫活性肽（immunopeptides）、降血压肽（antihypertensive peptides）、抗血栓肽（antithrobotic peptides）、矿物质结合肽——酪蛋白磷酸肽（casein phosphopeptides）等。乳蛋白活性肽因其源于天然食物蛋白以及生理功能的多样性，在膳食补充剂、保健食品及医药等领域显示出良好的发展前景。

（二）酪蛋白磷酸肽的制备

1. 酪蛋白磷酸肽定义、种类、结构 酪蛋白磷酸肽（CPP）是牛乳酪蛋白经蛋白酶水解后分离提纯而得到的富含磷酸丝氨酸的多肽制品。CPP能在动物的小肠中与钙、铁等二价矿物质离子结合，防止产生沉淀，增强肠内可溶性矿物质的浓度，从而促进吸收利用。

CPP来源于α_{s1}-、α_{s2}-、β-酪蛋白分子中磷酸丝氨酸簇集的区域。目前从动物体内分离和体外蛋白酶水解得到的CPP主要有α_{s1}（43～58）：4P，α_{s1}（59～79）：5P，α_{s2}（46～70）：4P，β-（1～25）：4P，β-（1～28）：4P，β-（33～48）：1P等。它们的共同特点是具有相同的核心结构。

```
—Ser—Ser—Ser—Glu—Glu—
  |    |    |
  P    P    P
```

有趣的是，CPP核心结构的磷酸肽能因抵抗蛋白酶的攻击而免遭破坏。

2. 酪蛋白磷酸肽的制备 工业上以酪蛋白为原料通过胰蛋白酶水解生成酪蛋白磷酸肽，由于水解液具有苦味，故需要通过分离和分解等方法除去苦味成分。然后在水解液上清液中加入Ca^{2+}等金属离子和乙醇使CPP沉淀下来，最后可通过离子交换凝胶色谱或膜分离等方法加以精制。

CPP的工艺流程如下：

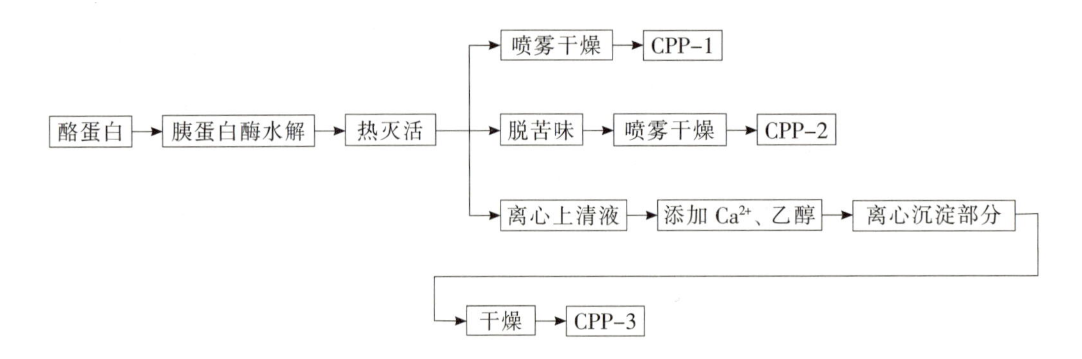

五、乳糖加工

（一）工艺流程

乳清加石灰乳→混合加热→沉淀过滤（除去蛋白质）→蒸发浓缩→冷却结晶→分除母液→洗涤结晶→分除洗水→干燥→粗制乳糖

（二）质量控制

1. 以干酪乳清为原料生产粗制乳糖 干酪乳清必须新鲜，其酸度小于 20°T。其化学组成中，干物质 6.5%、乳糖 4.8%、脂肪 0.4%、灰分 0.5%，其中乳糖含量约占干物质 74%。

（1）乳清脱脂 干酪乳清中含 0.4%左右的脂肪，因此须先进行脱脂处理。一般是把乳清加热至 35℃左右，经奶油分离机分离出残存的脂肪即可。

（2）乳清蛋白的分离 干酪乳清的滴定酸度为 14～20°T，直接加热至 90～92℃，加入经发酵处理的酸乳清（150～200°T），使乳清酸度提高到 30～35°T，重新加热至 90℃，乳清蛋白凝固，静置，使乳清和蛋白质分离，也可用压滤机使其分离。沉淀出的蛋白质可用来加工食用乳白蛋白。

（3）乳清浓缩 将脱脂并除去蛋白质的乳清进行浓缩，以除去大部分水分。乳清的浓缩是在真空浓缩罐中进行。乳清浓缩至 1/12～1/10 倍，使干物质含量达到 60%～70%，乳糖含量为 54%～55%。为防止乳糖焦化，浓缩温度不宜超过 70℃。浓缩终了时，70℃浓缩糖液的相对密度不应低于 1.380（40 波美度）。

（4）乳糖结晶 乳糖结晶是在浓缩糖液冷却后进行的。乳糖结晶可采用平锅式自然结晶法或采用带夹层水冷却的结晶机中的强制结晶法。平锅式自然结晶法结晶时间不少于 30h。结晶的最初阶段要进行搅拌，待温度下降到 30℃以后，可停止搅拌；强制结晶法可分为缓慢结晶和快速结晶两种，都是在带夹层的、可通入冷水冷却并装有搅拌器的结晶机中完成。这两种方法的间歇搅拌次数，快速结晶法要多于缓慢结晶法。

①缓慢结晶法。在 20h 后，冷却到 20℃，在 30～35h 内，逐渐冷却到 10～15℃。

②快速结晶法。在 5h 内，冷却到 10℃，并在此温度下保持 10h。已结晶好的糖液应具有良好而明显的结晶结构，呈黏稠状。结晶体应为 1～2mm。

（5）脱除母液与乳糖的洗涤 结晶后的乳糖，利用离心脱水机使乳糖晶体与糖蜜分离，加入结晶糖量 30%的水洗涤乳糖，以除去残存的母液和大部分盐类。经洗涤脱水后的乳糖称为湿糖，湿糖的含水量 15%以下。乳糖洗涤水的温度应低于 10℃。提高洗涤水的温度会导致乳糖溶解，影响产量。

（6）乳糖干燥 乳糖干燥可在半沸腾床式干燥机或气流干燥机中进行。干燥机应有搅拌装置，干燥温度不应超过 80℃。干燥后乳糖中的含水量不应超过 1.0%～1.5%，呈乳黄色的分散状态。

（7）母液回收 母液中乳糖量约为牛乳中乳糖总量的 1/3，并含有蛋白质和盐类。从母液中回收乳糖的简易方法是把母液以直接蒸汽加热至沸腾，静置，使蛋白质、盐类等不纯物沉淀。吸取上层母液，在 70℃的温度下浓缩母液，使相对密度达到 1.410～1.425（42～43 波美度），然后结晶、洗涤、干燥。

粗制乳糖的成品率为牛乳总量的 3.0%～3.4%。

2. 以加酸干酪素乳清生产粗制乳糖 以盐酸、硫酸为沉淀剂制取干酪素后的乳清，其脱脂已在牛乳分离成稀奶油和脱脂乳的过程中完成。盐酸、硫酸干酪素乳清的酸度较高（68～70°T），且含有乳清蛋白。因此，必须进行中和处理，以除去乳清蛋白，获得纯净乳清。

生产中一般多以石灰作为乳清的中和剂。石灰用 3～4 倍的水调成石灰乳。乳清以直接蒸汽加热至 65～70℃，加入一定量的石灰乳，继续加热至 90℃，取样检查。检查时取少量乳清，加入溴百里酚蓝指示剂数滴。若此时乳清呈黄绿色，则石灰乳加入量比较适宜，如出现黄色则石灰乳加入量不足，出现蓝色则石灰乳加入量过多。石灰乳加入量必须适当，其乳清中的蛋白质才能充分凝结。如加入量不足，乳清蛋白不能充分凝结；如加入量过多，则凝结的乳清蛋白呈黑色凝块，并使浓缩糖液变褐，影响产品质量。

乳清浓缩、乳糖结晶、乳糖分离与洗涤、乳糖干燥等均与干酪乳清制粗乳糖的要求相同。

思考题

1. 冰激凌对生产原料组成有何要求？
2. 影响冰激凌、雪糕膨胀率的因素主要有哪些？
3. 确定乳品冷饮杀菌工艺条件的依据是什么？
4. 试述乳品冷饮均质的目的及方法。
5. 均质后的冰激凌料液为何要进行老化？如何老化？
6. 进行凝冻、硬化操作对温度有何要求？为什么？
7. 冰激凌的生产工艺条件对其质量有何影响？
8. 冰激凌发生收缩的原因是什么？如何对其进行控制？
9. 简述凝冻机的工作原理及主要操作。
10. 简述牛初乳的特性。
11. 简述牛初乳加工利用的主要成分及制品。
12. 简述牛初乳制品的加工工艺。
13. 简述乳蛋白制品的用途。
14. 简述乳蛋白制品的加工原料和生产工艺。
15. 简述 CCP 的功能及 CCP 的加工工艺。
16. 简述乳糖和干酪素的加工工艺。

参考文献

阿法-拉伐，1985. 乳品手册 [M]. 北京：农业出版社.
陈历俊，2007. 乳品科学与技术 [M]. 北京：中国轻工业出版社.
冯力更，2000. 冷饮配方精选与设计 [M]. 北京：中国轻工业出版社.
嘎尔迪，1992. 乳及乳制品加工工艺 [M]. 呼和浩特：内蒙古人民出版社.
顾瑞霞，2000. 乳与乳制品的生理功能特性 [M]. 北京：中国轻工业出版社.
郭本恒，2001. 乳制品 [M]. 北京：化学工业出版社.
郭本恒，2007. 乳制品生产工艺与配方 [M]. 北京：化学工业出版社.
郭明若，2018. 人乳生化与婴儿配方乳粉工艺学 [M]. 北京：中国轻工出版社.
加钦科，1962. 乳与乳制品工艺学 [M]. 北京：农业出版社.
蒋爱民，2000. 食品原料学 [M]. 北京：中国农业出版社.
蒋爱民，张兰威，周佺，2019. 畜产食品工艺学 [M]. 3 版. 北京：中国农业出版社.
金世林，1987. 乳品工业手册 [M]. 北京：中国轻工业出版社.
李凤林，崔福顺，2007. 乳及发酵乳制品工艺学 [M]. 北京：中国轻工出版社.
李洪军，张兰威，马美湖，等，2021. 畜产食品加工学 [M]. 2 版. 北京：中国农业大学出版社.
李基洪，1995. 饮料和冷饮生产技术 260 问 [M]. 北京：中国轻工业出版社.
凌代文，1999. 乳酸细菌分类鉴定及实验方法 [M]. 北京：中国轻工业出版社.
骆承庠，1999. 乳与乳制品工艺学 [M]. 2 版. 北京：中国农业出版社.
万国余，1998. 冷饮生产工艺与配方 [M]. 北京：中国轻工业出版社.
汪玉松，1999. 现代动物生物化学 [M]. 北京：中国农业科技出版社.
王福兆，1987. 乳牛学 [M]. 北京：科学技术文献出版社.
谢继志，范立冬，赵平，1999. 液态乳制品科学与技术 [M]. 北京：中国轻工业出版社.
杨洁彬，1999. 乳酸菌——生物学基础及应用 [M]. 北京：中国轻工业出版社.
杨贞耐，2013. 乳品加工新技术 [M]. 北京：中国农业出版社.
樱井芳人，1986. 综合食品事典 [M]. 台北：同文书院.
张和平，张列兵，2012. 现代乳品工业手册 [M]. 2 版. 北京：中国轻工业出版社.
张兰威，蒋爱民，2016. 乳与乳制品工艺学 [M]. 2 版. 北京：中国农业出版社.
张胜善，1983. 乳与乳制品 [M]. 台北：长河出版社.
张延明，薛富，2010. 乳品分析与检验 [M]. 北京：科学出版社.
赵晋府，1999. 食品工艺学 [M]. 北京：中国轻工业出版社.
中国标准出版社第一编辑室，1997. 中国食品工业标准汇编 [M]. 北京：中国标准出版社.
Fox P F，1982. Developments in Dairy Chemistry-1 [M]. New York：Proteins Applied Science Publishers.
Frank V Kosikowski，1977. Cheese and Fermented Milk Foods [M]. 2nd ed. New York：Brooktondale.
Walstra P，Geurts T J，Noomen A，1999. Dairy Technology-Principles of Milk Properties and Processes [M]. Basel：Marcel Dekker，Inc.
Williams A F，Baum J D，1984. In：Human Milk Banking，Nestle Nutrition [M]. New York：Vevery/Raven Press.

03

第三篇　蛋与蛋制品

禽蛋中包含着禽类从胚胎发育到生长成雏禽所必需的全部营养成分，含有人体所必需的优良蛋白质、脂肪、磷脂质、矿物质、维生素等营养物质，而且消化吸收率很高。

我国是禽蛋种类最丰富的国家，不仅有鸡蛋，还有鸭蛋、鹌鹑蛋、鹅蛋、鸽蛋等。中国蛋品加工的品种有皮蛋、咸蛋、咸蛋黄、糟蛋、洁蛋、液态蛋、干蛋品、湿蛋品、铁蛋、方便卤蛋、蛋品饮料、蛋黄酱、营养强化蛋以及熟蛋制品等。虽然我国是世界上蛋制品品种比较丰富的国家，但是从我国的消费人口、饮食习惯以及消费方式的多样化来看，蛋制品种类还远远不能适应我国人民的消费需要。

CHAPTER 1

第一章 禽蛋的结构与品质

本章学习目标 掌握禽蛋的结构与禽蛋品质的关系，熟悉禽蛋的生产与品质；掌握禽蛋质量指标及常用检验方法；熟悉禽蛋分级标准与质量要求；了解各种异常蛋的分类及特点。

第一节 禽蛋的形成与结构

禽蛋主要由三大部分组成，即蛋壳、蛋清（或蛋白）和蛋黄，各部分有其不同的形态结构和生理功能。蛋的结构见图 3-1-1。

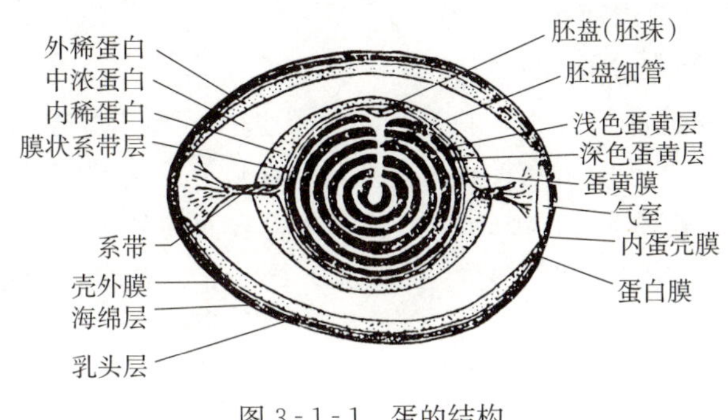

图 3-1-1 蛋的结构

一、蛋壳

蛋壳包括外蛋壳膜（也称壳上膜、壳外膜或角质层）、石灰质蛋壳（即狭义上的蛋壳）、蛋壳内膜（又称壳下膜）三部分。蛋壳的内外膜均有阻止微生物通过的作用，能够保护蛋内容物不受微生物侵染。

（一）外蛋壳膜

鲜蛋的蛋壳表面覆盖一层无定形结构、透明的胶质黏液干燥后形成的膜，称外蛋壳膜，也称壳上膜、壳外膜或角质层，平均厚度在 10～30μm。其主要成分是角质的黏液糖蛋白质。外蛋壳膜又可分为两层，即矿化层和有机层。外层的有机层结构致密完整，也被称为非空泡角质层；内层矿化层含较多空泡，也被称为空泡角质层。

当蛋刚产下时，外蛋壳膜呈黏稠状，待蛋排出体外，受到外界冷空气的影响，在几分钟内，黏稠的黏液立即变干，紧贴在蛋壳上，赋予蛋壳表面一层肉眼不易见到的有光泽的薄膜，只有把蛋浸湿后，才感觉到它的存在。完整的外蛋壳膜能透气、透水，其作用主要是封闭气孔，保护蛋不受细菌和霉菌等微生物侵入，防止蛋内水分蒸发和CO_2逸出，对保持蛋的内在质量非常有益。但壳外膜不耐摩擦，易被破坏，有机酸、磷酸盐溶液均能引起外蛋壳膜的分解。因此，外蛋壳膜对蛋的质量仅能起到短时间的保护作用。鸡蛋涂膜保鲜就是人工仿造外蛋壳膜的作用而发展起来的一种保存蛋新鲜度的方法。

（二）蛋壳

蛋壳又称石灰质硬壳，有使蛋具有固定形状及保护蛋白、蛋黄的作用，但质脆不耐碰撞或挤压。蛋壳是由基质和间质方解石晶体组成，二者的比例为1∶50。基质由相互交织的蛋白纤维和蛋白质颗粒组成，位于蛋壳的内侧。基质分为乳头层和海绵层，乳头层嵌在内蛋壳膜纤维网内，内蛋壳膜纤维与乳头核心连接，乳头核心位于蛋壳内表面20μm深处；有间隙的方解石晶体随机地垒集在乳头层内形成锥体，形成外层的海绵层。海绵层纤维（直径0.04μm）与蛋壳表面平行，并与小囊（直径0.4μm）连接方解石晶体在里面堆积形成长轴，轴与轴之间形成孔洞，即气孔。其结构模式见图3-1-2。

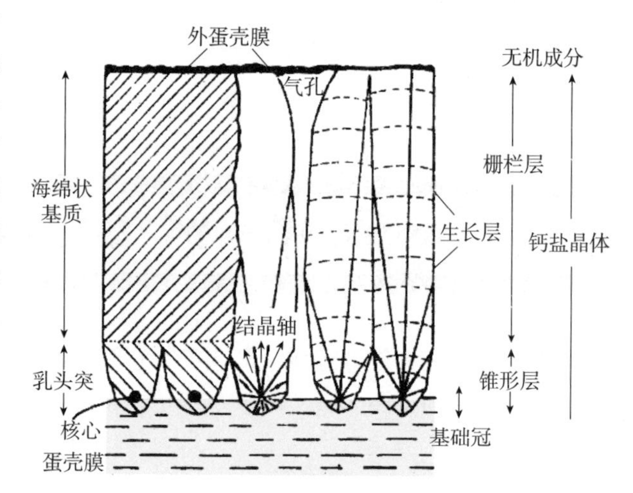

图3-1-2　蛋壳的结构模式

蛋壳上有许多不规则呈弯曲形状的细孔，称为气孔。气孔的作用是沟通蛋的内外环境，空气可由气孔进入蛋内，蛋内水分和CO_2可由气孔排出。蛋制品腌渍过程中，料液通过气孔进入。气孔的大小也不一致，鸡蛋的气孔小，鸭蛋和鹅蛋的气孔大。气孔使蛋壳具有透视性，故在灯光下可观察蛋的内容物。每枚蛋壳上的气孔为1 000～12 000个，孔径为4～40μm。气孔在蛋壳表面的分布是不均匀的，在蛋的钝端气孔较多，蛋的尖端气孔较少。蛋的钝端最多为300～370个/cm^2，尖端最少为150～180个/cm^2。

（三）蛋壳内膜

在蛋壳内侧，蛋白的外面有一层白色薄膜叫蛋壳内膜，又称壳下膜，其厚度为73～114μm。蛋壳内膜分内、外两层。内层叫蛋白膜，外层叫内蛋壳膜（简称内壳膜）。蛋白膜的厚度12.9～17.3μm，有3层纤维，纤维之间垂直相交，纤维纹理较紧密细致，透明并且有一定的弹性，网间空隙较小，微生物不能直接通过蛋白膜上的细孔进入蛋内，只有其分泌的酶将蛋白膜破坏后，微生物才能进入蛋内。所有霉菌的孢子均不能透过这两层膜进入蛋内，但其菌丝体能自由穿过，并能引起蛋内发霉。内蛋壳膜紧贴着蛋壳，蛋白膜则附着在内蛋壳膜的内层，两层膜的结构大致相同，都是由长度和直径不同的角质蛋白纤维交织成网状结构。每根纤维由一个纤维核心和一层多糖保护层包裹，其保护层厚为0.1～0.17μm。不同的是，内蛋壳膜厚4.41～60μm，共有6层纤维，纤维之间以任何方向随机相交，其纤维较粗，纤维核心直径为0.681～0.871μm，网状结构粗糙，网间空隙较大，微生物可以直接穿过内蛋壳膜进入蛋内。

二、蛋白

蛋白也称为蛋清，位于蛋白膜的内层，是一种典型的胶体物质，占禽蛋总质量的45%～60%，为白色或微黄色透明的半流动体，并以不同浓度分层分布于蛋内。一般认为，蛋白的结构由外向内分为4层：第一层外层稀薄蛋白，紧贴在蛋白膜上，占蛋白总体积的23.2%；第二层中层浓厚蛋白，占蛋白总体积的57.3%；第三层中层稀薄蛋白，占蛋白总体积的16.8%；第四层系带层浓蛋白，占蛋白总体积的2.7%，该层分为膜状部和索状部，其索状部在加工时要除去。

蛋白按其形态分为稀薄蛋白与浓厚蛋白，两种蛋白的位置相互交替。浓厚蛋白与蛋的质量、贮藏、加工关系最密切。它是一种含有溶菌酶的纤维状结构，具有杀菌和抑菌的作用。但随着存放时间的延长，或受外界气温等条件的影响，浓厚蛋白逐渐变稀，溶菌酶也逐步失去活性。因此陈旧的蛋，浓厚蛋白含量低，稀薄蛋白含量高，容易被细菌感染。浓厚蛋白的多少也是衡量蛋新鲜程度的主要标志之一。浓厚蛋白变稀，是自身生理新陈代谢的必然结果，这一过程从蛋产下来就开始了，在受到外界高温和微生物的侵入时，会加速进程。实际上，浓厚蛋白变稀过程，就是鲜蛋失去自身抵抗力和开始陈化与变质的过程。只有在0℃左右的情况下，这种变化才能降到最小限度。

此外，蛋白中位于蛋黄的两端各有一条浓厚的白色带状物，叫作系带。系带是由浓厚蛋白构成的，新鲜蛋的系带很粗，有弹性，含有丰富的溶菌酶。系带一端和钝端的浓厚蛋白相连接，另一端与卵黄膜连接，连接尖端的系带也如此，钝端的质量约0.26g，尖端约0.49g。系带起着固定蛋黄的作用，当蛋在母鸡生殖道里旋转时，系带随之旋转扭曲，但蛋黄几乎不旋转。随着鲜蛋贮藏时间的延长，系带会逐渐变细，甚至完全消失。系带可分为索状部和膜状部。索状部又分为中轴部和周围部，中轴部为白色不透明体，四周被透明的浓蛋白状的周围部所包围；周围部在蛋产下后，随着存放时间的延长而逐渐溶于稀薄蛋白中。膜状部是包在蛋黄膜外围的薄膜，不易判别，若将蛋黄放在蒸馏水中，膜状部与蛋黄膜之间有水互相渗透（特别是在索状部的基部附近），两层便明显地区分开了，膜状部的两端均向索状部移行。系带结构见图3-1-3。

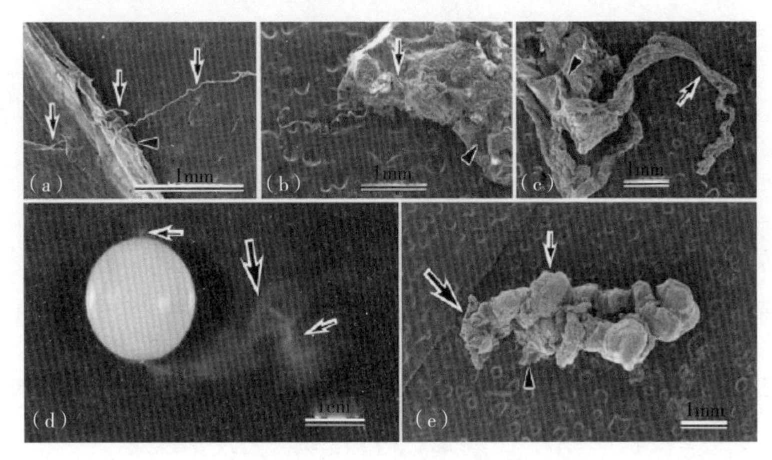

图3-1-3 系带结构

（Rahman，Baoyindeligeer，2007）

三、蛋黄

蛋黄位于蛋的中央，呈球状，由蛋黄膜、蛋黄内容物和胚盘3个部分组成。

（一）蛋黄膜

蛋黄膜是包围在蛋黄内容物外面的凝胶状透明薄膜，占蛋黄重的2%～3%。该膜分三层，内外两层为黏蛋白，中间为角蛋白。蛋黄膜的主要功能是阻止蛋黄和蛋清融合，保护蛋黄和胚盘，同时是防止微生物侵入的最后一道屏障。

新鲜蛋的蛋黄膜有韧性和弹性，当蛋壳破碎时，内容物流出，蛋黄仍然完整不散，就是因为有蛋黄膜包裹。随着贮存时间的延长，蛋黄的体积会因蛋白中水分的渗入而逐渐增大，当超过原来体积的19%时，蛋黄膜会破裂，使蛋黄内容物外溢，形成散黄蛋。

（二）蛋黄内容物

蛋黄内容物是一种浓稠不透明的半流动黄色乳状液，蛋黄中央为白色蛋黄，形状似细颈烧瓶状，瓶底位于蛋黄中心，瓶颈向外延伸，直达蛋黄膜下托住胚盘。白色蛋黄的外围，被深黄色和浅黄色蛋黄由里向外分层包围着，在蛋黄膜之下为一层较薄的浅黄色蛋黄，接着为一层较厚的黄色蛋黄，再里面又是一层较薄的浅黄色蛋黄。但浅黄色蛋黄仅占全蛋黄的5.0%。可以把蛋黄看成在一种蛋白质（卵黄球蛋白）溶液中含有多种悬浮颗粒的复杂体系，这些颗粒主要是卵黄球（也称油脂球）、游离微粒、大的低密度脂蛋白和髓质颗粒。

（三）胚盘（胚珠）

在蛋黄表面上有一颗乳白色的小点，直径2～3mm，未受精的呈圆形，叫胚珠，受精的呈多角形，叫胚盘（或胚胎）。受精蛋很不稳定，当外界温度升至25℃时，受精的胚盘就会发育，从而降低蛋的耐贮性和质量。

一般认为受精蛋胚盘与无精蛋胚珠存在3大区别。第一，形状。通常胚盘呈圆盘形，同心圆状。外周是一层均匀对称的白色环状结构，中部明亮透明。胚珠边缘不规则，呈锯齿状，而且胚珠内含有大量空泡。第二，大小。胚盘比胚珠大，通常是胚珠的1.5～2倍。第三，颜色致密度。胚盘看起来要偏白透明一点，胚珠看起来是由众多白色小颗粒密集组成。

四、气室

在蛋的钝端，由蛋白膜和内蛋壳膜分离形成气囊，称为气室。刚产下的蛋，内蛋壳膜和蛋白膜紧贴在一起，没有气室，当蛋接触空气，由于突遇低温，蛋内容物遇冷发生收缩，使蛋的内部暂时形成一部分真空，外界空气便由蛋壳气孔和蛋壳膜网孔进入蛋内，并在蛋的钝端两层膜分开，形成气室。随着存放时间延长，内容物的水分不断减少，气室会不断增大。所以，气室的大小与蛋的新鲜度有关，是评价和鉴别蛋的新鲜度的主要标志之一。蛋的气室只在钝端形成，主要是由于钝端比尖端与空气接触面广，气孔分布更多，外界空气进入蛋内的机会更多。

第二节　禽蛋的品质与异常蛋

一、禽蛋的品质

（一）一般品质

蛋品分析仪

1. 蛋形指数　蛋形指数表示蛋的形状，指蛋的纵径与横径之比，或用蛋的横径与纵径之比的百分率表示。蛋的形状有椭圆形、圆筒形、蚕豆形、球形等，甚至有的一端突出或凹陷。其中，椭圆形为正常形状，蛋形指数为1.30～1.35或72%～76%。其他形状的蛋，一般称为“畸形蛋”。形状不同的蛋，其耐压程度是不同的，圆筒形蛋耐压程度最小，球形蛋耐压程度最大。蛋的形状不影响食用，但关系到种用价值、孵化率以及破蛋与裂纹蛋比率。

2. 蛋重　蛋重指包括蛋壳在内的蛋的质量。蛋重与家禽种类、品种、日龄、气候、饲料和蛋的贮藏时间有密切关系。鸡蛋的平均重量为52g（32～65g）、鸭蛋为85g（70～100g）。

3. 蛋的密度 蛋的密度指单位体积的蛋重。蛋的密度与蛋的新鲜度有密切关系。禽蛋存放时间越长，蛋内水分蒸发越多，内容物质量减轻，其密度变小，蛋就越不新鲜。

4. 蛋的容积 蛋的容积指蛋具有的体积。蛋的容积与蛋的平均壳厚直接相关，一般蛋壳厚度越大，蛋的容积也越大。

（二）蛋壳品质

1. 蛋壳状况 鲜蛋蛋壳应表面清洁、无粪便、无草屑、无污物。蛋壳应完整，无破损。蛋壳色泽必须具有该品种所固有的色泽，按白、浅褐、褐、深褐、青色、花色等表示。蛋壳色泽与营养价值无关，但由于消费习惯不同而对商品价值有一定的影响，如亚洲人喜食褐壳蛋，而欧洲一些国家的居民喜食白壳蛋。

2. 蛋壳相对比重 蛋壳相对比重是指蛋壳重占整个蛋重的百分率，蛋壳百分率一般为蛋重的10%左右，最合适的蛋壳相对比重为11%～12%。如高于10%则破损率很低，9%以下破损率升高。

3. 蛋壳厚度 蛋壳厚度有两种：一种是蛋壳实际厚度，即去掉壳膜后蛋壳的实际厚度，平均在0.3mm左右；另一种是蛋壳的表观厚度，即不去掉壳膜，这种厚度是蛋壳加壳膜的总厚度，平均在0.37mm左右。蛋壳厚度受品种、气候、饲料等影响。蛋壳厚度在0.35mm以上时，蛋具有良好的可动性和长期保存的可能性，耐压性好，不易破损。

4. 蛋壳强度 蛋壳强度是指蛋壳耐压强度的大小，即耐压度或压碎力，取决于蛋的形状、壳的厚度和均匀性。禽蛋在3MPa下不破裂，并且纵轴的耐压性大于横轴，所以运输和贮藏禽蛋时，以竖放为佳。国际上要求蛋在竖放时能承受270～360kPa压力，破蛋壳率不超过1%。

蛋壳强度测定

5. 蛋壳密度 蛋壳密度又称为单位蛋壳表面积的质量，通常以mg/cm^2为单位。蛋壳密度越小，破损率越高。如密度在45～46mg/cm^2时，几乎所有的蛋都会破；密度达到100mg/cm^2时，则破损率只有4%左右。小蛋或刚产下不久的蛋，蛋壳密度较大，破损也少。

（三）内部品质

1. 气室高度 透视最新鲜蛋时，全蛋呈红黄色，蛋黄不显影，内容物不转动，气室高度在3mm以内。透视产后约14d的新鲜蛋时，全蛋呈红黄色，蛋黄处颜色稍浓，内容物略转动，气室高度在5mm以内。存放越久，水分蒸发越多，气室越大，气室过大者为陈旧蛋。

2. 蛋白指数 蛋白指数是指浓厚蛋白与稀薄蛋白的质量之比。新鲜蛋浓厚蛋白与稀薄蛋白之比为6∶4或5∶5，浓厚蛋白越多，则蛋越新鲜。

3. 蛋黄指数 蛋黄指数是指蛋黄高度与蛋黄直径的比值，表示蛋黄的品质和禽蛋的新鲜程度。新鲜蛋的蛋黄膜弹性大，蛋黄高，直径小。随着存放时间的延长，蛋黄膜松弛，蛋黄平塌，高度下降，直径变大。正常新产蛋的蛋黄指数为0.40～0.44，合格蛋的蛋黄指数为0.30以上。当蛋黄指数小于0.25时，蛋黄膜破裂，出现“散黄”现象，这是质量较差的陈旧蛋。

4. 哈夫单位（HU） 哈夫单位也称哈氏单位，是根据蛋重和浓厚蛋白高度的回归关系计算出的指标。HU是目前国际上对禽蛋品质评定的重要指标和常用方法，指标为1～110。一般情况下，鲜蛋的HU在75～82，可食用蛋的HU在72以上。随着存放时间的延长，由于蛋白质的水解，浓厚蛋白变稀，蛋白高度下降，哈夫单位变小。

5. 血斑和肉斑率 血斑和肉斑率指含血斑和肉斑的蛋数占总数的比率。血斑是由于排卵时滤泡囊的血管破裂或输卵管出血，血附在蛋黄上形成的，呈红色小点。肉斑是卵子进入输卵管时因黏膜上皮组织损伤脱落混入蛋白中造成的，呈白色不规则形状。蛋中可能含有一个或多个血斑和肉斑，直径超过3.2mm的称为“大血斑”或“大肉斑”，小于3.2mm的称为“小血斑”或“小肉斑”。血斑和肉斑的形成属于生理现象，不影响食用。有些国家进口鲜蛋要求无血斑和肉斑蛋。有些国家规定凡鸡蛋中含有血斑和肉斑的，不能列入AA级、A级和B级，只能用作食品工业加工原料。SB/T 10638—2011《鲜鸡蛋、鲜鸭蛋分级》中规定了鲜鸡蛋中不得有血斑及肉斑等异物存在。美国农业部对禽蛋的分级标准中规定，AA级和A级鸡蛋内部不允许出现血斑，有血点但是血液聚合的直径不超过1/8in（约3.2mm）为B级，超过1/8in的为“不可食用”，且只允许AA和A级鸡蛋进超市销售。

6. 蛋黄色泽 蛋黄色泽是指蛋黄颜色的深浅。国际上通常用罗氏（Roche）比色扇的15种不同黄色色调等级比色，要求出口鲜蛋和再制蛋的蛋黄色泽达到8级以上，饲料是影响蛋黄色泽的主要因素。

7. 内容物的气味和滋味 质量正常的蛋，打开后没有异味，有时有轻微腥味，这与饲料有关，可以食用。若有臭味，则是轻微腐败蛋。如果在蛋壳外便闻到蛋内容物分解的氨及硫化氢的臭气味，则是严重腐坏蛋。煮熟后，质量新鲜的蛋无异味，蛋白呈白色且无味，蛋黄呈黄色且具有蛋香味。

8. 系带状况 正常蛋的蛋黄两端紧贴着粗白有弹性的系带。系带变细并同蛋黄脱离甚至消失的蛋，属质量低劣的蛋。

二、异常蛋

（一）结构异常蛋

结构异常蛋是指由于机械损伤或母禽生理、病理等原因造成的结构异常的鲜蛋，这类鲜蛋若及时处理，仍可食用。

1. 破损蛋 破损蛋是指受到挤压、碰撞等机械损伤造成不同程度破损的鲜蛋。这类蛋易受微生物污染，常常伴有理化变化，不能用作加工原料，也不能贮藏保鲜。如裂纹蛋、硌窝蛋、流清蛋、水泡蛋等。

2. 反常蛋 反常蛋是指由于产蛋母禽自身的生理缺陷、病理原因或饲料成分的影响而生产的非正常的变态鲜蛋，多指“次蛋”。如多黄蛋、无黄蛋、重壳蛋（蛋中蛋、软壳蛋、钢壳蛋、沙壳蛋、油壳蛋、血白蛋、血斑蛋、肉斑蛋等），这些异常蛋不影响食用，但是不能用作加工原料。

（二）品质异常蛋

品质异常蛋指受到机械损伤或其他原因影响，已发生明显的理化性质的改变或化学成分的变化、腐败变质的蛋。轻微变质的可以食用，严重变质的不能食用，也不能加工蛋制品。

1. 自身变化的异常蛋 鲜蛋存放时间长或存放环境不适，受外界条件影响，本身发生一系列理化变化，质量降低甚至腐败变质。如雨淋蛋、出汗蛋、空头蛋、陈蛋、靠黄蛋、红贴壳蛋等。

2. 热伤变化的异常蛋 鲜蛋受高温影响，发生生理变化，导致品质改变。高湿能够加剧高温的影响。包括血圈蛋、血筋蛋、大黄蛋、孵化蛋。

（三）微生物污染蛋

蛋在母禽体内形成时以及产出后，被细菌、霉菌等微生物污染，导致品质改变，严重者腐败变质。如霉蛋、黑贴壳蛋、散黄蛋、黑腐蛋等，这些微生物污染蛋被禁止食用和加工。

思考题

1. 禽蛋有哪些结构？每层结构有何特点？
2. 在蛋品贮藏与加工中，要利用禽蛋结构的哪些特点？
3. 判断禽蛋品质的指标有哪些？
4. 各种异常蛋的特征及产生原因是什么？在实际生产中，怎样防止异常蛋的产生？

CHAPTER 2

第二章 禽蛋的化学成分与特性

本章学习目标 了解禽蛋各部分的化学成分，重点掌握蛋清和蛋黄蛋白质的结构和功能，熟悉蛋黄脂质的组成与特点，理解禽蛋的化学组成同营养品质的关系；了解禽蛋的各种特性，重点掌握禽蛋的功能特性与贮运特性。

第一节 禽蛋的化学组成

禽蛋的化学组成极其复杂，含有人体必需的水分、蛋白质、脂质、矿物元素、维生素、碳水化合物等营养成分。其中，水分约占全蛋可食用部分的75%，含量最高，蛋白质广泛分布在蛋清和蛋黄中，脂质几乎全部存在于蛋黄中，矿物质则是蛋壳的主要组成成分。对于鸡蛋而言，蛋壳占全蛋重量的9%～11%，蛋清占60%～63%，蛋黄占28%～29%。鸡蛋各个部分的化学组成见表3-2-1所示。

表3-2-1 100g鸡蛋全蛋可食用部分的化学成分

	名称	含量	名称	含量
矿物质	Ca	53mg	Zn	1.11mg
	Fe	1.83mg	Cu	0.102mg
	Mg	12mg	Mn	0.038mg
	K	134mg	Se	31.7mg
	Na	140mg	P	191mg
维生素	维生素A	487IU	维生素B_{12}	1.29μg
	维生素B_1	0.069mg	维生素C	0.0mg
	维生素B_2	0.047 8mg	视黄醇	139μg
	烟酸	0.070mg	维生素E	0.97mg
	泛酸	1.428mg	α-生育酚	0.02mg
	维生素B_6	0.143mg	β-生育酚	0.50mg
	叶酸	47μg	δ-生育酚	0.02mg
	胆碱	251.1mg	维生素D	35IU
	甜菜碱	0.6mg	维生素K	0.3μg

（续）

	名称	含量	名称	含量
脂质	饱和脂肪酸	3.099g	单不饱和脂肪酸	3.810g
	$C_{8:0}$	0.003g	$C_{14:1}$	0.008g
	$C_{10:0}$	0.003g	$C_{16:1}$	0.298g
	$C_{12:0}$	0.003g	$C_{18:1}$	3.473g
	$C_{14:0}$	0.034g	$C_{20:1}$	0.028g
	$C_{15:0}$	0.004g	$C_{22:1}$	0.003g
	$C_{16:0}$	2.226g	多不饱和脂肪酸	1.364g
	$C_{17:0}$	0.017g	$C_{18:2}$	1.148g
	$C_{18:0}$	0.784g	$C_{18:3}$	0.033g
	$C_{20:0}$	0.010g	$C_{20:4}$	0.142g
	$C_{22:0}$	0.012g	$C_{20:5}$，n-3	0.004g
	$C_{24:0}$	0.03g	$C_{22:6}$，n-3	0.037g
	胆固醇	423mg		
氨基酸	色氨酸	0.0167g	缬氨酸	0.859g
	苏氨酸	0.556g	精氨酸	0.821g
	异亮氨酸	0.672g	组氨酸	0.309g
	亮氨酸	1.088g	丙氨酸	0.736g
	赖氨酸	0.914g	天冬氨酸	1.220g
	蛋氨酸	0.380g	谷氨酸	1.676g
	胱氨酸	0.272g	甘氨酸	0.432g
	苯丙氨酸	0.681g	脯氨酸	0.513g
	酪氨酸	0.500g	丝氨酸	0.973g
其他成分	β-胡萝卜素	10μg	β-隐黄质	331μg
	叶黄素+玉米黄素	9μg		

资料来源：美国农业部（2006）全蛋（原材料，新鲜，不含蛋壳）的可食用部分营养物质数据库。

禽蛋的化学组成受禽蛋品种、日龄、蛋的大小、产蛋率和饲养条件等多种因素的影响。例如，常见的鸡蛋、鸭蛋、鹅蛋和鹌鹑蛋的化学差异很大，就水分含量而言，鸡蛋最高，达到72.5%，脂肪含量最低，仅有11.6%，而鸭蛋的脂肪含量高达15.0%，鹅蛋糖类含量最高达1.6%。

一、蛋壳的化学成分

蛋壳主要包括三部分：外蛋壳膜、石灰质蛋壳和蛋壳内膜。这种结构可以保护鸡蛋内容物免受病原体侵入和机械冲击，允许气体交换，为胚胎骨骼发育提供足够的钙。蛋壳主要由96.8%无机物和3.2%的基质组成。其中，无机物主要是碳酸钙（93%）、碳酸镁（1%）和少量的磷酸钙、磷酸镁及色素（共计约2.8%）。基质由相互交织的蛋白纤维和蛋白质颗粒组成。基质蛋白质主要由16%的氮、3.5%的硫、一定量的水和0.003%的脂质组成。蛋壳蛋白质组学结果显示蛋壳层大约由904种蛋白质组成（包括膜和角质层），其中矿化壳中共有676种蛋白质。根据其存在的位置可以将其分为三大类：第一类是在其他组织中也存在的蛋白质，如骨桥蛋白、凝集素等；第二类是蛋清蛋白质，这一类蛋白质不仅存在于蛋壳中，还存在于蛋清中，如卵白蛋白、卵转铁蛋白和溶菌酶等；第三类则是仅存在于蛋壳中的特性蛋白质，这类蛋白质通常由输卵管分泌，如卵钙蛋白

(ovocalyxins) 和卵功能蛋白 (ovocleidins)。基质蛋白质通过控制方解石晶体的大小、形状和方向影响蛋白晶体的生长过程，从而影响蛋壳的质地和生物、力学性能。蛋壳的化学组成主要受到饲料中的含钙量影响，如果饲料中钙的含量长期严重不足，容易引起禽类产软壳蛋或破损蛋。蛋壳的颜色除了受禽类品种影响外，很大程度上取决于饲料中色素物质的含量及雌禽生殖系统的生理状态。

蛋壳中含有少量的胱氨酸，以与硫酸软骨素形成复合物的状态而存在；蛋壳中的色素主要是卟啉色素，蛋壳的颜色主要是与所含的卟啉的数量有关；蛋壳中的碳水化合物主要是半乳糖胺、葡萄糖胺、糖醛酸及涎酸等，35%的多糖类以硫酸骨素和硫酸软骨素状态存在。

二、蛋壳膜的化学成分

蛋壳膜，又称“凤凰衣”，约占鸡蛋湿重的1.02%，干重的0.24%，常常作为抗菌剂和伤口敷料的替代品。蛋壳膜是位于鸡蛋壳与鸡蛋清之间的纤维状薄膜，由外蛋壳膜和内蛋壳膜构成，为双层结构。其中，蛋壳外面的一层为外蛋白膜，厚度约为50μm，是一种角质的黏液蛋白，含蛋白质85%~87%，糖类3.5%~3.7%，脂肪2.5%~3.5%，灰分3.5%。它主要由角蛋白、胶原蛋白等硬蛋白，以及OC-17 (ovalbumin)、唾液酸糖蛋白 (siato-protein)、OPN (osteopomin)、卵清蛋白 (ovalbumin)、溶解酵素 (lysozyme)、卟啉蛋白 (porphyrin) 等复合蛋白组成。其中，鸡蛋的蛋壳膜蛋白中含有约10%的胶原蛋白，外膜中主要为Ⅰ型胶原，内膜主要为Ⅰ、Ⅴ型胶原，而Ⅹ型胶原在两层结构中均被发现。胶原蛋白在软骨骨化过程中发挥着重要作用。而且胶原蛋白对皮肤有独特的修复功能，可以抑制矿化。核心的壳膜纤维也含有硫酸角质，一般认为糖胺多糖聚阴离子分子是被Ⅹ型胶原蛋白糖基化群体的一部分。因此，从蛋白质含量来说，鸡蛋的蛋壳膜是一种非常好的蛋白质资源。

在蛋壳内侧的一层蛋壳膜为内蛋壳膜，是由一种角蛋白有机纤维交织而成的网状结构（半透膜）（图3-2-1），主要成分为角蛋白中的硬蛋白，水溶性差。

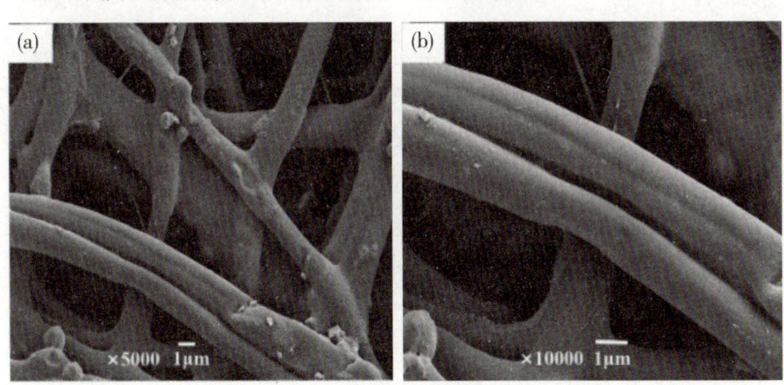

图3-2-1 天然内蛋壳膜的显微结构

鸡蛋的蛋壳部各构成层的有机物成分见表3-2-2。

表3-2-2 鸡蛋蛋壳部各构成层的有机物含量（%）

成分	蛋壳	蛋壳内膜	外蛋壳膜
全氮	15.01	15.54	15.94
己糖胺态氮	0.46	0.11	0.24
其他的氮	14.55	15.43	15.70
己糖胺	5.83	1.45	3.06
中性糖（半乳糖）	3.57	1.97	2.87
糖醛酸	1.45	0	0
酯型硫酸	1.10	微量	0

鸡蛋蛋壳膜中还含有约3%的脂质体和1.35%的类脂。其中，中性脂类及复酯的比例为86∶14，复酯的主要成分是神经磷脂（63%）及磷酸卵磷脂（12%）。

此外，鸡蛋的蛋壳膜中还存在约2%的糖类。其中，*N*-乙酰氨基葡萄糖半乳糖和溶解酵素分别阻止革兰阴性菌和革兰阳性菌进入鸡蛋内部。

除了大量有机物，鸡蛋的蛋壳膜中还含有少量的无机物，主要是钙、镁、锶等的化合物，几乎不含铅、铝、镉、汞、碘等元素。

三、蛋清的化学成分

蛋清主要是由蛋白质和水组成，可以把蛋清看成是一种以水作为分散介质，以蛋白质作为分散相的胶体物质。蛋清中含有200多种蛋白质，各种蛋白质的含量主要受品种、饲养管理等方面的影响。

（一）水分

水分是蛋清中的主要成分，一般蛋清含水量为85%～88%，其中少部分与蛋白质结合，以结合水形式存在，大部分水以溶剂的形式存在。水分主要因蛋清各层中有机物的不同而有所区别，外稀薄层水分含量为89.1%，外浓厚层为87.75%，内稀薄层为88.35%，系带膜状层的水分含量为82%。

（二）蛋白质

蛋清中总蛋白质的含量为11%～13%，各种蛋白质的含量极不均衡，其中卵白蛋白、卵转铁蛋白、卵类黏蛋白、溶菌酶和卵黏蛋白5种蛋白质的含量达到总蛋白质量的86%。表3-2-3列出了蛋清中主要蛋白质种类及性质。

表3-2-3 蛋清中主要蛋白质种类及性质

蛋白质种类	含量/%	等电点	分子质量/ku	性质
卵白蛋白	54	4.5～4.8	45	属磷脂糖蛋白
卵转铁蛋白	12～13	6.05～6.6	70～78	与Fe、Cu、Zn络合，抑制细菌
卵类黏蛋白	11.0	3.9～4.3	28	抑制胰蛋白酶
卵抑制剂	1.5	5.1～5.2	44～49	抑制蛋白酶，包括胰蛋白酶和糜蛋白酶
卵黏蛋白	2.0～3.5	4.5～5.1	—	抗病毒的血凝集作用
溶菌酶	3.4～3.5	10.5～11.0	14.3～17.0	分裂β-（1,4）-D-葡萄糖胺
卵糖蛋白	0.5～1.0	3.0	24.4	属糖蛋白
黄素蛋白	0.8～1.6	3.9～4.1	32～36	结合核黄素
卵巨球蛋白	0.05	4.5～4.7	760～900	热抗性极强
卵球蛋白G_2	4.0	5.5	36～45	发泡剂
卵球蛋白G_3	4.0	5.8	36～45	发泡剂
抗生物素蛋白	0.05	9.5	53	结合核黄素
无花果蛋白酶抑制剂	1.0	约5.1	12.7	抑制蛋白酶，包括木瓜蛋白酶和无花果蛋白酶

1. 卵白蛋白 卵白蛋白是蛋清中的主要蛋白质，约占新产鸡蛋总蛋清的54%，为典型的球蛋白，也是蛋清中唯一含有埋藏于疏水核心内部的自由巯基的蛋白质。卵白蛋白中含有埋藏于疏水中心内部的1个二硫键、4个自由巯基。卵白蛋白为单体、球状磷酸糖蛋白，分子质量为45ku，主要

有 A_1、A_2、A_3 三种成分，其差别主要在于含有的磷酸基的数量不同，分别含有 2、1、0 个磷酸基。在卵白蛋白中，糖的含量为 3.2%，其中 D-甘露糖为 2%，*N*-乙酰葡萄糖胺为 1.2%，通过 *N*-糖苷键结合于天冬酰胺残基上，由于它含有糖和磷酸基，故属磷脂糖蛋白。

卵白蛋白的等电点为 4.5～4.8，由 385 个氨基酸残基组成，其中 50%以上为疏水性氨基酸，每个分子有一段糖链，N 端为乙酰甘氨酸、C 端为脯氨酸，分子相互缠绕折叠成具有高度二级结构的球形结构。

天然卵白蛋白晶体结构中，α-螺旋突出成为反应中心，5 股 β-折叠平行于分子的长轴，结构中的二硫键和巯基与卵白蛋白分子的聚集行为相关。天然卵白蛋白的巯基包裹在分子内部，蛋白质聚集体的形成以及热处理下凝胶结构的稳定性都与巯基有关。卵白蛋白热凝固点为 60～65℃。在 pH9 时，62℃加热 3.5min，只有 3%～5%的卵白蛋白发生热变性；pH 为 7 时，几乎不发生热变性。贮存期间，自然卵白蛋白转变为一种热稳定形式——*S*-卵白蛋白。

在加工方面，卵白蛋白具有良好的胶凝性、起泡性和乳化特性。

2. 卵转铁蛋白 又称为卵伴白蛋白，卵转铁蛋白作为蛋清蛋白质中主要的铁离子结合蛋白，占整个蛋清蛋白质的 12%～13%。卵转铁蛋白是一个单链糖蛋白，包含 686 个氨基酸，分子质量为 70～78ku，没有游离的巯基，伴随着两个 CO_3^{2-} 能够可逆地结合两个 Fe^{3+}。卵转铁蛋白由一个 N 端和一个 C 端区域组成，一个过渡金属原子如 Fe（Ⅲ）、Cu（Ⅱ）或 Al（Ⅲ）能够紧密结合在每个区域的裂缝之间。

卵转铁蛋白是一种易溶解性非结晶蛋白，是蛋清的最主要的热敏感蛋白之一，热凝固温度为 58～67℃，其热变性之后会诱导蛋清中其他蛋白质的热聚集，严重影响加工适用性。但与金属形成复合体后，对热变性的抵抗性增强，对蛋白分解酶的抵抗性也有所提高。

3. 卵黏蛋白 卵黏蛋白占蛋清蛋白质总量的 2.0%～3.5%，该蛋白质呈纤维状结构，等电点为 4.5～5.1。卵黏蛋白在溶液中显示较高的黏度，能够维持浓厚蛋白组织状态，维持蛋白的起泡性。蛋清中的卵黏蛋白主要以可溶性和不溶性两种形式存在，分别由不同的亚基组成。可溶性卵黏蛋白存在于浓厚蛋白和稀薄蛋白中，而不溶性卵黏蛋白只在浓厚蛋白中以凝胶性黏蛋白的形式存在。系带和卵黄膜中的卵黏蛋白主要是以跨膜蛋白的形式存在。浓厚蛋白层中卵黏蛋白含量达 8%，而稀薄蛋白层含量为 0.9%。不溶性卵黏蛋白和溶菌酶相互作用是形成浓厚蛋白凝胶结构的基础。鲜蛋在贮存过程中浓厚蛋白发生水样化，主要是与卵黏蛋白变化有关。

卵黏蛋白中的糖主要是以 3～6 个糖单元组成的低聚糖及糖胺作为支链的形式存在。*N*-糖苷主要与多肽链的天冬氨酸残基相连，而 *O*-糖苷主要与多肽链的丝氨酸和苏氨酸残基相连。这些低聚糖主要包括甘露糖、半乳糖、*N*-乙酰-D-半乳糖、*N*-乙酰-D-葡萄糖、*N*-乙酰神经氨酸以及果糖和硫酸酯。

卵黏蛋白的热抗性极强，在 pH 为 7.1～9.1 时，90℃加热 2h，卵黏蛋白溶液不发生变化。卵黏蛋白除了能够维持蛋清的凝胶状结构和黏度，防止微生物扩散外，还在体外对鸡新城疫病毒、牛轮状病毒和人流感病毒具有良好的抑制作用。由链霉菌蛋白酶处理产生的卵黏蛋白肽溶解性得到增强，而其病毒结合活性仍然保留。当热处理或 pH 破坏卵黏蛋白 β 亚基的 *N*-乙酰神经氨酸后，其与鸡新城疫病毒的结合受到抑制。α 和 β 亚基之间的二硫键可以促进卵黏蛋白与抗卵黏蛋白抗体之间的结合。

4. 卵类黏蛋白 卵类黏蛋白是鸡蛋中一种糖蛋白，含量占蛋清蛋白质总量的 11.0%，仅次于卵白蛋白，分子质量为 28ku，等电点为 3.9～4.3，溶解度比其他蛋白质大很多，在等电点时仍可溶解。卵类黏蛋白由 186 个氨基酸组成，含有 3 个独立的内部由二硫键连接的同源结构域，并且每个结构域都会与胰腺产生的胰蛋白酶抑制因子有关，这使得卵类黏蛋白具有抗热变形和抗蛋白酶消化的特性。卵类黏蛋白在 pH 7.8～8.0 的碱性条件下，具有很强的结合胰蛋白酶的活性，而且这种结合是可逆的，因此可以制成亲和吸附剂，用以纯化胰蛋白酶。卵类黏蛋白分子的 3 个区域中第三区域最稳定。卵类黏蛋白的热稳定性较高，在 pH 3.9 以下，100℃加热 60min，不发生变性现象，在 pH 7 以下加热，其抗胰蛋白酶的活性比较稳定。

5. 卵球蛋白 G_2、G_3 卵球蛋白是一种典型的球蛋白，分子质量为 36～45ku，卵球蛋白 G_2 等电点为 5.5，卵球蛋白 G_3 等电点为 5.8。在蛋清中，卵球蛋白 G_2、G_3 分别占蛋白质总量的 4%，具有极好的发泡特性，是食品加工中优良的发泡剂。

6. 卵抑制剂 卵抑制剂占蛋清中蛋白质总量的 1.5%，分子质量为 44～49ku，等电点为 5.1～5.2，含糖量为 5%～10%，属糖蛋白。卵抑制剂有 447 个氨基酸残基作为单个多肽，并包含 21 个二硫键和 7 个与碳水化合物部分共价结合的 Kazal 型结构域。通过表面的反应位点，卵抑制剂特异性抑制一系列丝氨酸蛋白酶，如胰蛋白酶、胰凝乳蛋白酶和弹性蛋白酶。卵抑制剂还可抑制细菌蛋白酶、枯草杆菌蛋白酶、蛋白酶 K、蛋白酶 F 和真菌蛋白酶，并且可以防止小鼠模型中轮状病毒抗原的脱落和轮状病毒胃肠炎的发展。因此，卵抑制剂具有用作药物或抗病原体剂的巨大潜力。

7. 溶菌酶 溶菌酶占蛋清中蛋白质总量的 3.4%～3.5%，主要存在于蛋白浓厚蛋白中，尤其是在系带膜状层中，比其他蛋白质至少多 2～3 倍。溶菌酶是一种碱性蛋白酶，分子质量为 14.3～17ku，等电点为 10.5～11.0，在蛋白中主要与卵黏蛋白结合存在，对维持浓厚蛋白结构起重要作用。溶菌酶的热稳定性受多种因素影响，在 pH 4.5 时加热 1～2min 仍稳定，在 pH>9 时稍不稳定，尤其是有微量元素铜存在时，溶菌酶很不稳定。溶菌酶主要由 129 个氨基酸序列、4 个二硫键组成。它可以通过催化胞壁酸和黏多糖的水解破坏细胞壁，因此广泛用于抗菌。在食品工业中用来防止食物变质。

8. 抗生物素蛋白 抗生物素蛋白属于糖蛋白，在蛋白中占蛋白质总量的 0.05%，抗生物素蛋白为均一的同源四聚体，每一个亚基结合一个生物素（维生素 B_7、维生素 H）。4 个亚单位呈现精确的对称，各自的抗生物素蛋白单体以反平行的 β 细丝排列，形成典型的 β 金属牙冠带环，它们的内部区域为右旋型生物素结合位点。蛋白结构中每个单体包含 128 个氨基酸残基，理论分子质量为 14.3ku，4 个单体结合理论分子质量为 57.2ku，等电点为 9.5。抗生物素蛋白结构中碳水化合物占蛋白总分子质量的 10%左右。抗生物素蛋白在纯水中溶解度类似于球蛋白，而在 50%硫酸铵溶液中的溶解度又与白蛋白相似，抗生物素蛋白富含的色氨酸与其活性密切相关，是抗生物素蛋白与生物素咪唑环酮结合的基团。

9. 黄素蛋白 黄素蛋白又叫核黄素结合蛋白或卵黄素蛋白，是禽蛋中重要的蛋白质之一。它可以结合核黄素（维生素 B_2），在胚胎发育过程中发挥着重要的作用。黄素蛋白主要是由其中的核黄素和所有的脱辅基蛋白结合而成，占蛋白中蛋白质的 0.8%～1.0%，分子质量为 32～36ku，等电点为 3.9～4.1，沉降系数为 2.76S，分子中氮的含量为 13.4%，磷的含量为 0.7%～0.8%，含有糖链。黄素蛋白中脱辅基蛋白与核黄素等量存在，且以 1∶1（物质的量比）结合。黄素蛋白是由 219 个氨基酸组成的单一多肽链，其中氨基末端为罕见的焦谷氨酸残基，从氨基端开始第 14 位上存在两种氨基酸（赖氨酸或天冬酰胺）的多态性。蛋白质中含有 18 个半胱氨酸残基，组成 9 个二硫键，以维持天然蛋白质的分子构象。蛋白质中有 8 个二硫键位于核黄素结合区域，另外 1 个则连接蛋白质的两个结构域。

10. 无花果蛋白酶抑制剂 无花果蛋白酶抑制剂约占蛋清中蛋白质总量的 1.0%，是非糖类蛋白质，分子质量为 12.7ku，等电点为 5.1，热稳定性较高。能够抑制无花果蛋白酶、木瓜蛋白酶及菠萝蛋白酶，此外还能抑制组织蛋白酶 B 和组织蛋白酶 C。

（三）碳水化合物

蛋清中的碳水化合物主要分为两种状态存在，一种是同蛋白质结合，以结合态存在，在蛋清中含 0.5%，如与卵黏蛋白和卵类黏蛋白结合的碳水化合物；另一种呈游离状态存在，在蛋清中含

0.4%，游离糖中的98%为葡萄糖，余下为果糖、甘露糖、阿拉伯糖、木糖和核糖。虽然蛋清中碳水化合物的含量很少，但是在蛋品加工中，尤其是加工蛋白粉、蛋白片等产品中，对产品的色泽有很大影响。

(四) 脂质

新鲜蛋清中含极少量脂质，大约为0.02%，其中中性脂质和复合脂质的组成比是（6～7）：1。中性脂质中的蜡、游离脂肪酸和醇为主要成分，而复合脂质中神经鞘磷脂和脑磷脂为主要成分。

(五) 维生素及色素

蛋清中的维生素比蛋黄中略少，其主要种类有维生素 B_2（240～600mg/100g）、维生素C（0.21mg/100g）、烟酸（5.2mg/100g），泛酸在干燥的蛋清中含量为0.11mg/100g。蛋清中的色素极少，含有少量的核黄素，因此干燥后的蛋清带有浅黄色。

(六) 无机成分

蛋清中的无机成分主要有K、Na、Mg、Ca、Cl等，其中以K、Na、Cl等含量较多，P、Ca含量少于蛋黄。蛋清中的主要无机成分含量如表3-2-4。

表3-2-4 蛋清中无机成分含量（mg/100g）

无机成分	含量	无机成分	含量	无机成分	含量
钾	138.0	氯	172.1	碘	0.072
钠	139.1	铁	2.251	铜	0.062
钙	58.52	磷	237.9	锰	0.041
镁	12.41	锌	1.503		

(七) 酶类

禽蛋之所以能发育形成新的生命个体，除含有多种营养成分和化学成分外，还含有很多的酶类。蛋清中不仅含有蛋白分解酶、淀粉酶和溶菌酶等，最近还发现含有三丁酸甘油酶、肽酶、磷酸酶、过氧化氢酶和谷胱甘肽过氧化物酶等。

四、系带及蛋黄膜的化学成分

蛋黄膜是介于蛋清和蛋黄内容物之间的一种蛋白膜，可以防止蛋清和蛋黄中的大分子透过，但水分等小分子及离子可以透过，因此蛋黄膜可以在一定程度上防止蛋黄与蛋清相混。贮存期间蛋黄膜破裂的鸡蛋是不宜食用的。从母鸡的角度来看，蛋黄膜可以保护鸡胚发育。尽管蛋黄膜很薄（约10μm），仅占鸡蛋总重量的一小部分（2%～3%），但它是鸡蛋中最重要和最复杂的部分。蛋黄膜含水量为88%，其干物质主要成分为蛋白质87%、脂质3%、糖10%。蛋黄膜中的蛋白质属于糖蛋白，目前已在蛋黄膜中发现了200多种蛋白，主要成分是卵黄膜蛋白Ⅰ、卵黄膜蛋白Ⅱ、溶菌酶蛋白、卵黏蛋白和ZP蛋白等。另外，还含己糖8.5%、己糖胺8.6%、涎酸2.9%，还含有*N*-乙酰己糖胺。糖基化蛋白质组学结果显示蛋黄膜上的*N*糖基化位点多达435个，涉及208种糖蛋白。蛋黄膜中脂质分为中性脂质和复合脂质，中性脂质由甘油三酯、醇、醇酯以及游离脂肪酸组成，复合脂质主要成分为神经鞘磷脂。蛋黄膜及内外层的氨基酸组成见表3-2-5。

表 3-2-5　蛋黄膜及内外层的氨基酸组成

氨基酸	蛋黄膜	内层	外层
赖氨酸	1.8	1.7	5.0
组氨酸	3.8	3.6	1.6
精氨酸	5.3	6.2	7.5
天冬氨酸	7.8	8.4	13.1
苏氨酸	6.1	5.3	7.7
丝氨酸	6.9	7.9	8.5
谷氨酸	11.6	11.7	7.3
脯氨酸	9.1	9.7	4.6
甘氨酸	9.0	9.7	8.9
丙氨酸	6.4	7.5	7.7
半胱氨酸	3.0	1.6	4.7
缬氨酸	6.8	7.0	5.6
蛋氨酸	0.9	0.5	0.7
异亮氨酸	3.5	3.4	4.6
亮氨酸	10.9	11.3	7.5
酪氨酸	3.4	1.6	1.6
苯丙氨酸	3.6	2.9	3.2

五、蛋黄的化学成分

蛋黄中富含蛋白质、脂质、维生素、矿物质等多种营养物质，具有很高的营养价值，因此，蛋黄成分的开发利用一直以来都是国内外学者研究的热点。蛋黄中含有干物质50%左右，为蛋白中干物质的4倍，其组成非常复杂。蛋黄中有将近48%的水分，32.0%～35.0%的脂质，15.6%～16.8%的蛋白质，0.2%～1.0%的碳水化合物与1.1%的灰分。此外，蛋黄中还含有糖类、盐类、色素、维生素等，其组成见表3-2-6。

表 3-2-6　蛋黄的化学成分含量（%）

种类	水分	脂肪	蛋白质	卵磷脂	脑磷脂	矿物质	葡萄糖及色素
鸡蛋	47.2～51.8	21.3～22.8	15.6～15.8	8.4～10.7	3.3	0.4～1.3	0.55
鸭蛋	45.8	32.6	16.8	—	2.7	1.2	—

（一）脂质

蛋黄中的脂质广义是指蛋黄油，约占蛋黄总重的30%，以甘油三酯为主的中性脂质约为65%，磷脂约为30%，胆固醇约为4%。在孵化过程中，中性脂肪是主要的能量来源，磷脂和胆固醇是促进鸡体细胞结构的形成和脑神经细胞细胞膜（磷脂双分子层）形成的重要成分。因此，蛋黄脂质最重要的功能是提供磷脂和胆固醇，作为细胞膜的组成原料。

鸡蛋黄中的脂质含量为30%～33%，鸭蛋黄中约为36.2%，鹅蛋黄中约为32.9%。由于利用各种有机溶剂萃取脂质过程中，所采用的溶剂的种类和萃取的条件不同，因此被提取的脂质的数量和组成有很大的差异，但是其化学成分基本相同，主要包括中性脂质、磷脂和胆固醇三部分。

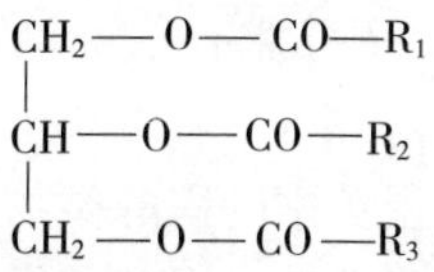

$$\begin{array}{l} CH_2—O—CO—R_1 \\ | \\ CH—O—CO—R_2 \\ | \\ CH_2—O—CO—R_3 \end{array}$$

中性脂质

$$\begin{array}{l} CH_2—O—COR_1 \\ | \\ CH—O—COR_2 \\ | \qquad\quad O \\ | \qquad\quad \| \\ CH_2—O—P—O—C_2H_4N^+(CH_3)_3 \\ \qquad\quad | \\ \qquad\quad O^- \end{array}$$

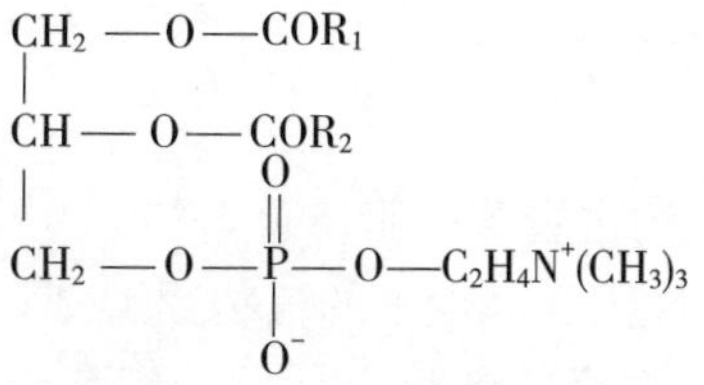

磷脂
卵磷脂（PC）

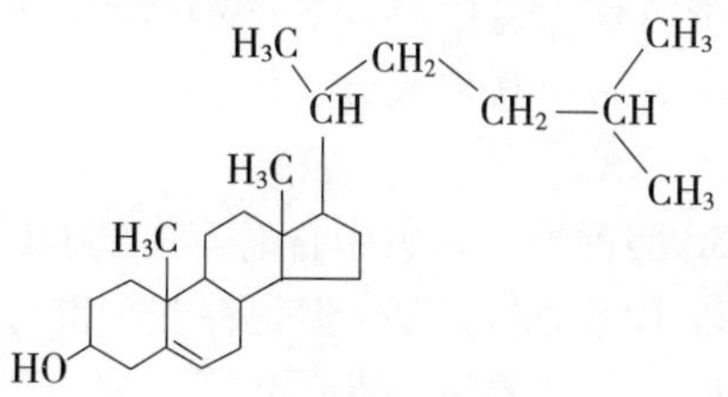

胆固醇

1. 中性脂质 蛋黄中的真正脂肪，由不同的脂肪酸和甘油所组成的甘油三酯，在鸡蛋黄中约占脂质的62.3%。蛋黄脂质中主要脂肪酸包括油酸（OA，43.6%）、棕榈酸（PA，25.1%）、亚油酸（LA，13.4%）、硬脂酸（SA，8.6%）、棕榈油酸（PCA，3.6%）、二十二碳六烯酸（DHA，1.8%）、花生四烯酸（AA，1.7%）。此外，还含有α-亚麻酸（α-LA）或二十碳五烯酸（EPA），组成见表3-2-7。

蛋黄脂肪酸中油酸的含量最高，有报道称油酸可以降低血清胆固醇值。此外，蛋黄脂质中还发现有DHA和AA，是新生儿大脑和视网膜发育不可或缺的，母乳是这类营养物质的另一来源。

表3-2-7 蛋黄脂质中的脂肪酸及结构

脂肪酸	C链	分类	n系列	结构
油酸	$C_{18:1}$	单一不饱和	n-9	$CH_3(CH_2)_7CH=CH(CH_2)_7COOH$
棕榈酸	$C_{16:1}$	饱和	—	$CH_3(CH_2)_{14}COOH$
亚油酸	$C_{18:2}$	多不饱和	n-6	$CH_3(CH_2)_4CH=CHCH_2CH=CH(CH_2)_7COOH$
硬脂酸	$C_{18:0}$	饱和	—	$CH_3(CH_2)_{16}COOH$
棕榈油酸	$C_{16:1}$	单一不饱和	n-9	$CH_3(CH_2)_7CH=CH(CH_2)_5COOH$
二十二碳六烯酸	$C_{22:6}$	多不饱和	n-3	$CH_3CH_2CH=CHCH=CHCH_2CH=CHCH_2CH=CHCH_2CH=CHCH_2CH=CH(CH_2)_3COOH$
花生四烯酸	$C_{20:4}$	多不饱和	n-6	$CH_3(CH_2)_4CH=CHCH_2CH=CHCH_2CH=CHCH_2CH=CH(CH_2)_3COOH$
α-亚麻酸	$C_{18:3}$	多不饱和	n-3	$CH_3CH_2CH=CHCH_2CH=CHCH_2CH=CH(CH_2)_7COOH$
二十碳五烯酸	$C_{20:5}$	多不饱和	n-3	$CH_3CH_2CH=CHCH_2CH=CHCH_2CH=CHCH_2CH=CHCH_2CH=CH(CH_2)_3COOH$

2. 磷脂 磷脂由甘油、脂肪酸、磷脂类、胆碱组成，蛋黄中约含有10%的磷脂，主要包括卵磷脂和脑磷脂两类，这两种磷脂占总磷脂含量的88%。蛋黄卵磷脂理化常数：酸价17.0～20.9，碘价64.6～68.2，皂化价197.5～210.9，颜色为白色至淡黄色。蛋黄中磷脂与大豆中磷脂的含量比较见表3-2-8。

表3-2-8 蛋黄中磷脂和大豆中磷脂比较

磷脂名称	缩写	蛋黄/%	大豆/%
卵磷脂（磷脂酰胆碱）	PC	84.3	33
磷脂酰乙醇胺	PE	11.9	14.1
磷脂酰肌醇	PI		16.8
磷脂酸	PA		6.4
神经鞘磷脂	SM	1.9	
溶血卵磷脂	LPC	1.9	0.9
其他			28.8

蛋黄磷脂包括84.3%的卵磷脂、11.9%的磷脂酰乙醇胺、1.9%的神经鞘磷脂，以及1.9%的溶血卵磷脂与其他成分。因为卵磷脂的含量较高，所以蛋黄在医药及化妆品行业有很好的应用前景。

3. 胆固醇 蛋黄中含有丰富的胆固醇，约占蛋黄中脂质总量的4.9%，蛋黄中的固醇类物质近98%以上都是胆固醇，但也存在一部分动物性固醇，少量的植物固醇（如β-谷甾醇、甲基胆甾烯醇以及如麦角脂醇的菌体固醇等）。低密度脂蛋白微粒的核心是甘油三酯与胆固醇酯，周围包裹着载脂蛋白、磷脂及胆固醇，起着乳化作用及防冷冻作用，其结构见图3-2-2。

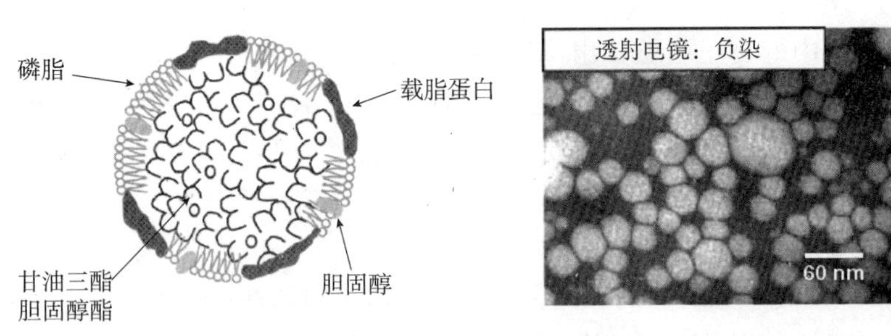

图3-2-2 蛋黄脂蛋白结构

Montserret等人认为LDL能在油-水界面中分散开，磷脂与载脂蛋白吸附在核表面，中间核心部分则与油滴相结合。LDL由于其密度较低，故在一般条件下溶解度都很高。它含有5种主要的载脂蛋白，其中15ku的载脂蛋白在微粒表面活性最高。萃取后的载脂蛋白含较高比例的两亲α螺旋，这也是它们能较强地吸附在油-水界面的原因。95%以上的蛋黄胆固醇存在于LDL中，并且90%以上的蛋黄胆固醇以游离（非酯化）形式存在。非酯化的胆固醇在脂蛋白的结构上起着重要作用，它填塞在相邻磷脂分子之间，从而保持油-水界面的稳定。

除胆固醇以外，蛋黄脂质的其他组分均受鸡种和饲料相应组分变化的影响。因此，可通过增加饲料中相应组分的含量来制备出富含相应组分的蛋黄油或蛋黄磷脂产品。在通常提取过程中，随着提取方法的不同，被提取出来的蛋黄油脂质的数量和组成也会有很大的差异，其相应的性质、功能和应用也就各有不同。近年来，医学研究发现心血管病与饮食中胆固醇含量密切相关，因此对蛋黄的食用研究有待进一步深入。

（二）蛋白质

当蛋黄中的蛋白质作为前体蛋白在母鸡的肝脏内合成后，就会存在于血液中，随后通过卵巢转移到卵细胞中。蛋黄中蛋白质的生化功能几乎与蛋白中蛋白质的生化功能一样，大多为磷蛋白和脂肪结合形成的脂蛋白。表3-2-9中列举了蛋黄中不同种类的蛋白质的特性。

表3-2-9 蛋黄中蛋白质的特性

蛋白质种类	含量/%	分布	分子质量/ku	特性
低密度脂蛋白（LDL）	65	浆质与蛋黄颗粒	10 300 （LDL1） 3 300 （LDL2）	脂质含量87%，载脂蛋白Ⅰ～Ⅵ为常见的脂蛋白
高密度脂蛋白（HDL）	16	蛋黄颗粒	400（α-、β-卵黄磷蛋白复合物）	脂质含量20%
卵黄球蛋白	10	浆质	80（α-卵黄球蛋白） 40、42kDa（β-卵黄球蛋白） 180（γ-卵黄球蛋白）	白蛋白 卵黄蛋白原中的C终端片段 IgY（母鸡血浆中的免疫球蛋白）
卵黄高磷蛋白	4	蛋黄颗粒	33、45	自然界中磷酸化程度最高的蛋白
蛋黄黄素蛋白	0.4	浆质	36	与蛋白中的黄素蛋白相似，与免疫浆液蛋白中黄素蛋白相似

（续）

蛋白质种类	含量/%	分布	分子质量/ku	特性
其他	4.6	主要在浆质		分别与生物素、硫胺素、维生素 B_{12}、视黄醇结合的蛋白，蛋黄中的转铁蛋白或其他成分

1. 低密度脂蛋白 低密度脂蛋白（LDL）是蛋黄中含量最高的蛋白质，占蛋黄总蛋白质的65%，主要存在于卵黄浆质中，也称为卵黄脂蛋白。LDL是纳米级的球形大分子物质，密度为0.89%～0.98%，由蛋白质和脂质组成。脂质是LDL的主要组成成分，占LDL干重的87%，蛋白质仅占11%。蛋黄中的LDL根据密度和尺寸又可被进一步地分为两类，分别是分子质量为10 300ku的低密度脂蛋白-1（LDL1）和分子质量为3 300ku的低密度脂蛋白-2（LDL2）。蛋黄LDL脱脂之后的成分称为脱辅基蛋白，通过SDS-PAGE得到鸡蛋黄LDL中主要的脱辅基蛋白，对应于apovitellenin Ⅰ～Ⅳ部分。Apovitellenin Ⅰ，是一种主要的脱辅基蛋白，等同于血清中的极低密度的载脂蛋白。Apovitellenin Ⅱ是一种糖蛋白，能在盐溶液中溶解，但它不是蛋黄中低密度脂蛋白中不可或缺的部分。Apovitellenins Ⅲ和Ⅳ，是水溶性的，由于处在去脂化的状态（即脂质被完全去除），所以使用一些像尿酸之类的变性剂很难使其溶解。Apovitellenins Ⅲ和Ⅳ都来源于载脂蛋白B。LDL具有较好的乳化活性，也被用于动物细胞冷冻保存。

2. 卵黄球蛋白 卵黄球蛋白是鸡蛋蛋黄中主要的水溶性蛋白，约占蛋黄总固体的10%，主要存在于蛋黄浆质中，分别含0.1%的磷和硫。其等电点为4.8～5.0，凝固点为60～70℃。电泳卵黄球蛋白可得到三种组分，即α-卵黄球蛋白（分子质量80ku）、β-卵黄球蛋白（分子质量40、42ku）与γ-卵黄球蛋白（分子质量180ku），在蛋黄中三者含量之比为2∶3∶5或2∶5∶3。

卵黄球蛋白还可以由血清转化而来，分别命名为血清白蛋白（α-卵黄球蛋白）和免疫球蛋白G（IgG）（γ-卵黄球蛋白）。γ-卵黄球蛋白还被表示为IgY，这是因为它在结构和性质上不同于哺乳动物的IgG（分子质量150ku）。近年来，IgY在预防传染性疾病方面受到很大关注，被认为是可以从蛋制品中获得的专一性抗体。β-卵黄球蛋白是一种糖蛋白，其半胱氨酸含量较高。这些卵黄球蛋白通常可以由酶法降解血清卵黄蛋白原得到，发生在通过卵黄膜的过程中。

卵黄免疫球蛋白主要用于免疫治疗，使免疫降低的个体获得被动免疫，也可以作为传统抗生素治疗的替代物，抵抗细菌和病毒。目前研究证实，特异性卵黄免疫球蛋白可以控制变异链球菌、幽门螺杆菌、梭状芽孢杆菌、产气荚膜芽孢杆菌和痢疾志贺菌等。鸡卵黄免疫球蛋白经口服途径进入机体后，仍保持有效性，可耐受酶的分解作用，并且在自身功能和结构保持不变的情况下发挥其作用。在动物模型中能减少龋齿的发生。此外，卵黄免疫球蛋白可以治疗蛇和蜘蛛咬伤。

3. 卵黄高磷蛋白 卵黄高磷蛋白是一种糖蛋白，含有较高的磷含量（近10%），是磷酸化程度最高的天然蛋白质之一。卵黄高磷蛋白占蛋黄中蛋白质总量的4%，含有12%～13%的氮及9.7%～10%的磷，占蛋黄总磷量的80%，并含有6.5%的糖，分子质量为36ku，氨基酸的组成中含有31%～54%的丝氨酸，其中94%～96%与磷酸根相结合。卵黄高磷蛋白含有多个磷酸根，可与Ca^{2+}、Mg^{2+}、Mn^{2+}、Sr^{2+}、Co^{2+}、Fe^{2+}、Fe^{3+}等金属离子结合，还可以与细胞色素C、卵黄磷蛋白等大分子结合成复合体。因此，卵黄高磷蛋白在禽蛋中的生物功能是营养物质的运载体，利用蛋白酶水解卵黄高磷蛋白生成的高磷蛋白磷酸肽具有很好地促进钙、铁和锌等离子吸收的作用。卵黄高磷蛋白含有丰富的磷酸丝氨酰残基，能与金属阳离子强烈结合从而阻止金属离子氧化脂质，具有较强的抗氧化作用。卵黄高磷蛋白对极易发生酸败的DHA具有抗氧化活性。

4. 高密度脂蛋白 高密度脂蛋白也称为卵黄磷蛋白，是一种球状脂蛋白，占蛋黄总蛋白质含量的16%，不溶于水，溶于中性盐与酸、碱的稀溶液中。等电点为3.4～3.5，凝固点为60～70℃，分子质量为400ku。脂质含量与低密度脂蛋白相比较少，为20%，其大部分脂质存在于分子内部。卵黄磷蛋白可以进一步细分成两类，即α-卵黄磷蛋白和β-卵黄磷蛋白。虽然其中的磷和糖的含量不同，但两种卵黄磷蛋白都含有锌，丰度比α∶β为2∶1。两种卵黄磷蛋白中蛋白质的含量都接近75%，脂质主要包括磷脂（15%～17%）与甘油三酯（7%～8%），通常以二聚体的形式存在。卵黄磷蛋白在离子条件下很容易分解，主要取决于溶液的pH。此外，卵黄磷蛋白与血清脂蛋白的结构特点类似，当与卵黄颗粒中的卵黄高磷蛋白结合时形成复合物，这个复合物很容易通过改变离子强度而分解。同样，α-卵黄磷蛋白由4个不同分子质量的亚基（125、80、40和30ku）组成，而β-卵黄磷蛋白由2个亚基（125、30ku）组成。

5. 蛋黄黄素蛋白 黄素蛋白（RBP）占蛋黄中蛋白质总量的0.4%，与核黄素以1∶1形成复合体，相对分子质量36 000，糖含量为12%，在pH为3.8～8.5时稳定，在pH3.0以下核黄素离解。分子中从185至147的几个丝氨酸残基被磷酸化。黄素蛋白在蛋黄和蛋清中都存在，然而，蛋黄RBP与蛋清RBP相比，在C端缺失了11～13个氨基酸，这是因为卵母细胞在吸收过程中蛋白质水解受限。为了区分他们，蛋清RBP被称为卵黄素蛋白。两类RBP都是在Asn36和Asn147位糖基化，但其碳水化合物的组成有所不同。

6. 其他蛋白质 生物素结合蛋白是将生物素分子结合到蛋白质（分子质量68ku）上，该蛋白质由4个17ku的亚基组成。这些蛋白质与蛋清中的抗生物素蛋白相似；然而由于其他蛋白质的存在，血清中生物素结合蛋白被转移到蛋黄中。硫胺素结合蛋白是由一种分子质量为38ku的简单蛋白质结合硫胺素分子（K_d=0.41μm），能够和核黄素特异性结合。将维生素B_{12}分子与血清糖蛋白（分子质量37ku）结合（K_d=0.40μm），即维生素B_{12}结合蛋白，与蛋清中的维生素B_{12}结合蛋白相同。血清蛋白（分子质量21ku）结合维生素A，即维生素A结合蛋白。此外，蛋黄转铁蛋白也同蛋清（卵转铁蛋白）或血清中的相同，只是糖基化部分不同。具有活性的胆碱酯酶（分子质量100 440ku）也存在于蛋黄中。

（三）蛋黄中的碳水化合物

蛋黄中的碳水化合物占蛋黄重的0.2%～1.0%，主要为低聚寡糖，其中主要为甘露糖和葡萄糖。其碳水化合物主要与蛋白质结合存在（70%），如葡萄糖与卵黄磷蛋白、卵黄球蛋白等结合存在，而半乳糖与磷脂结合存在。其余的30%以游离碳水化合物的形式存在，主要为葡聚糖。研究表明从蛋黄中分离出的主要的低聚糖为*N*-乙酰基乳糖胺类型。

（四）蛋黄中的色素

蛋黄含有较多的色素，所以蛋黄呈黄色或橙黄色，其中大部分色素是脂溶性的，如胡萝卜素、叶黄素及玉米黄素等。每100g蛋黄中含有约0.3mg叶黄素、0.031mg玉米黄素和0.03mg胡萝卜素。

（五）酶类

蛋黄中含有多种酶，到目前为止已经证实蛋黄中的酶主要包括淀粉酶、三丁酸甘油酶、胆碱酯酶、蛋白酶、肽酶、磷酸酶、过氧化氢酶等。禽蛋在较高的温度下容易腐败变质，这与其中酶的活性增强有着密切的关系。因此如何抑制蛋黄中各种酶的作用，延长鲜蛋的保质期是目前急需解决的问题。

（六）维生素

鲜蛋中的维生素主要存在于蛋黄中，蛋黄中维生素不仅种类多，而且含量丰富，其中维生素A、维生素E、B族维生素、泛酸含量较高。蛋黄中维生素的组成见表3-2-10。

表 3-2-10 100g 蛋黄的维生素组成（μg）

维生素种类	含量	维生素种类	含量
维生素 A	200～1 000	维生素 B_1	49.0
维生素 D	20.0	维生素 B_2	84.0
维生素 E	15 000.0	烟酸	3.0
维生素 K_2	25.0	维生素 B_6	58.5
泛酸	580.0	维生素 B_{12}	342.0
叶酸	4.5		

（七）矿物质

蛋黄中含有 1.0%～1.5%的矿物质，其中以 P 最为丰富，占无机成分总量的 60%以上，Ca 次之，占 13%，此外还含有 Fe、S、K、Na、Mg 等。蛋黄中的 Fe 易被吸收，而且也是人体必要的无机成分，因此，蛋黄常作为婴儿早期的补充食品。蛋黄中的微量元素含量见表 3-2-11。

表 3-2-11 100g 蛋黄中的微量元素含量（mg）

元素种类	含量	元素种类	含量
氟	0.13	溴	5.2
硼	0.000 8	锰	30.0
硅	0.62	亚铅	4.9
砷	0.016	铜	0.8
碘	0.024	铅	0.1～0.2

第二节 禽蛋的特性

一、营养特性

（一）禽蛋具有较高的热值

食品的热值是评定食品营养价值的基本指标。人体对食品的需要量通常是用主要营养物质中糖、蛋白质、脂肪所产生的热值来表示，因此热值对于人体来说具有非常重要的意义，是维持生命代谢的重要条件。禽蛋作为一种安全可靠的食品，具有较为丰富的营养物质以及较高的食物热值，由于禽蛋的营养价值已经被人们所认识，并且安全可靠，价格低廉，因此，被人们称为“21 世纪维持人体生命的营养物质”。

禽蛋的热值主要由所含有的脂肪和蛋白质决定，蛋的热值低于猪肉、羊肉，高于牛肉、禽肉和乳类，其利用价值较高，应用范围更广。

（二）禽蛋富含较高的蛋白质

禽蛋的蛋白质含量较高，其中鸡蛋中的蛋白质含量为 11%～13%，鸭蛋为 12%～14%，鹅蛋为 12%～15%。日常食物中，谷类含蛋白质 8%左右，豆类 30%～40%，蔬菜 1%～2%，肉类 16%～20%，鱼类 10%～12%，牛乳 3.0%，可见，禽蛋的蛋白质含量仅低于豆类和肉类，而高于其他食物，因此禽蛋是蛋白质含量较高的食物。

蛋白质的消化率是指食物蛋白质可被消化吸收的程度，蛋白质的消化率越高，被机体吸收利用的可能性越大，其营养价值也越高。按照传统的烹调方法，蛋品中的蛋白质消化率为98%，奶类为97%～98%，肉类为92%～94%，米饭为82%，面包为98%。

食物中蛋白质的生物价是指食物蛋白质被吸收后在体内贮存，真正被利用的氮的数量与体内吸收的数量的比值。由表3-2-12可知，鸡蛋蛋白质的生物价要高于其他动物性和植物性食品的蛋白质生物价，因此，禽蛋蛋白质的营养价值极高。

表3-2-12　常见食物蛋白质的生物价

动物性食物		植物性食物	
蛋白质	生物价	蛋白质	生物价
鸡蛋（全）	94	大米	77
鸡蛋黄	96	小麦	67
鸡蛋白	83	大豆	64
牛奶	85	玉米	60
牛肉	76	蚕豆	58
白鱼	76	小米	57
猪肉	74	面粉	52
虾	77	花生	59

禽蛋必需氨基酸含量丰富，且比例适当，与人们的需要最为接近。表3-2-13为禽蛋中的氨基酸和其他动物性食物中氨基酸的组成。由于鸡蛋中的蛋白质相当于人乳的营养价值，所以通常将鸡蛋的蛋白质作为其他食物的参考蛋白。

禽蛋蛋清中的蛋白质，特别是鸡蛋中的蛋白质，主要是以卵白蛋白为主，其次为卵伴白蛋白和卵类黏蛋白等20余种蛋白质，并且蛋清蛋白质中所含的氨基酸残基各不相同，其中支链氨基酸的含量要远大于芳香族氨基酸的含量，具有较高的营养价值及功能特性。研究表明，蛋白中的支链氨基酸具有降低血氨浓度，改善手术后和卧床病人的蛋白质营养状况，抵抗疲劳，降低人体血清中胆固醇含量以及抑制人体癌细胞增殖等一系列功能特性，且蛋清蛋白价格低廉，易于提取。

表3-2-13　人乳与几种动物性食物蛋白质的主要氨基酸组成（%，质量分数）

氨基酸	蛋白	蛋黄	全蛋	牛乳	人乳	牛肉	猪肉
精氨酸	5.8	8.2	7.0	4.3	6.8	7.7	7.1
组氨酸	2.2	1.4	2.4	2.6	2.8	2.9	3.2
赖氨酸	6.5	5.5	7.2	7.5	7.2	8.1	7.8
酪氨酸	5.4	5.8	4.3	5.5	5.1	3.4	3.0
色氨酸	1.7	1.7	1.5	1.6	1.5	1.3	1.4
苯丙氨酸	5.5	5.7	5.9	5.3	5.9	4.9	4.1
胱氨酸	2.6	2.3	2.4	1.0	2.3	1.3	—
蛋氨酸	2.4	1.4	4.9	3.3	2.5	3.3	2.5
苏氨酸	4.3	—	4.9	4.6	4.5	4.6	5.1
亮氨酸	—	—	9.2	1.3	10.1	7.7	7.5
异亮氨酸	—	—	8.0	6.2	7.5	6.3	4.9
异戊氨酸	—	—	7.3	6.6	8.8	5.8	—

(三)禽蛋含有丰富的脂肪

禽蛋中含有11%～15%的脂肪,而脂肪中有58%～62%的不饱和脂肪酸,其中亚油酸含量丰富。此外,蛋中还富含磷脂和固醇类,而磷脂(卵磷脂、脑磷脂和神经磷脂)对人体的生长发育非常重要,是构成体细胞及神经活动不可或缺的物质,固醇是机体内合成固醇类激素的重要成分。

(四)禽蛋含有丰富的矿物质和维生素

禽蛋含有1%左右的灰分,其中钙、磷、铁等无机盐含量较高,85g可食部分含钙55～71mg、磷210mg、铁2.7～3.2mg,尤其是铁的含量较其他食物高,易被吸收(利用率达100%),因此,蛋黄是婴儿、幼儿及贫血患者补充铁的良好食品。此外,禽蛋中还含有丰富的维生素A、维生素D、维生素B_1、维生素B_2、维生素PP等。

二、理化特性

(一)禽蛋的质量

禽蛋的质量受品种、日龄、体重、饲养条件等因素的影响。贮藏期间,因为蛋内水分通过蛋壳气孔不断向外蒸发而使蛋的质量减轻。就同一个品种家禽所产的蛋来看,初产者蛋小,而体重大者产蛋也大。

(二)禽蛋壳的颜色和厚度

禽蛋壳的颜色和厚度由家禽的品种和种类决定,鸡蛋有白色和褐色,鸭蛋有白色和青色,鹅蛋为暗白色和浅蓝色。壳质坚实的蛋,一般不易破碎,并能较久地保持其内部品质,一般鸡蛋壳厚度不低于0.33mm,深色蛋壳厚度高于白色蛋壳,鸭蛋壳平均厚0.4mm。

(三)禽蛋的密度

禽蛋的密度与蛋的新鲜程度有关。新鲜鸡蛋的密度为1.08～1.09g/cm^3,新鲜火鸡蛋约为1.085g/cm^3,陈蛋为1.025～1.060g/cm^3。通过测定蛋的密度,可以鉴定蛋的新鲜程度。

鸡蛋的各个构成部分密度不相同。蛋壳的密度为1.741～2.134g/cm^3,蛋白为1.039～1.052g/cm^3,蛋黄为1.028～1.029g/cm^3。各层蛋白的密度也有差异。

(四)禽蛋的pH

由于蛋黄和蛋白的化学组成不同,其pH也不相同。新鲜蛋黄的pH为6.32,蛋白的pH稍高些,蛋黄和蛋白混合后的pH约为7.5。

鸡蛋在贮藏期间,由于二氧化碳的不断逸出和蛋白质的分解,蛋黄和蛋白的pH逐渐升高,至10d左右,蛋黄和蛋白混合后的pH可达9.0～9.7。蛋黄在贮藏期间pH变化较缓慢。

(五)禽蛋的扩散性和渗透性

蛋的内容物并不是均匀一致的,蛋白分成了几层结构,蛋黄同样也有不同的结构,在这些结构中,化学组成有差异。蛋在存放过程中,高浓度部分物质向低浓度部分运动,这种扩散使蛋内各结构中所含物质逐渐均匀一致,如蛋白在贮存时蛋白层消失。

蛋还具有渗透性,在蛋黄与蛋白之间,隔着一层具有渗透性的蛋黄膜,两者之间所含的化学成分不同,特别是蛋黄中钾、钠、氯等盐类含量比蛋白高。蛋黄作为一个高浓度的盐液,与蛋白之间就形成了一定的压差。根据顿南平衡原理,贮存期间的蛋,蛋黄与蛋白之间为了趋于平衡,蛋黄中的盐类便不断地渗透到蛋白中来，而蛋白中的水分不断地渗透到蛋黄中去，蛋渗透性与蛋的质量有着密切关系，如大部分散黄蛋是由蛋白与蛋黄间渗透作用引起的。这种渗透作用与蛋的存放时间、存放温度成正比。

另外，蛋的渗透作用还表现在蛋内容物与外界环境之间，它们中间隔有蛋壳，蛋壳有气孔，壳下膜是一种半透膜，这一特点决定了蛋内水分可以向外蒸发，二氧化碳可以逸出。同样，将蛋放置在高浓度物质中，高浓度物质也会向蛋内渗透，再制蛋加工就是利用蛋的扩散性和渗透性原理。

（六）蛋液的黏度

鸡蛋白中的稀薄蛋白是均匀的溶液，而浓厚蛋白具有不均匀的特殊结构，所以蛋白是一种不均匀的悬浊液。蛋黄也是悬浊液。新鲜鸡蛋蛋黄、蛋白黏度不同，蛋白黏度为0.003 5～0.010 5Pa·s，蛋黄为0.11～0.25Pa·s。

蛋白的黏度取决于蛋龄、温度、pH和切变速率，可见蛋白液是一种假塑性液体。蛋黄也是一种假塑性非牛顿流体，其切应力与切变速率之间呈非线性关系，但由于蛋黄中浆液基本上是牛顿流体，故蛋黄的假塑性是由其颗粒成分决定的。

（七）蛋液的表面张力

表面张力是分子间吸引力的一种量度。在蛋液中存在大量蛋白质和磷脂，由于蛋白质和磷脂可以降低表面张力和界面张力，因此，蛋白和蛋黄的表面张力低于水的表面张力（7.2×10^{-2}N/m，25℃）。根据Peter和Bell的结论，含有12.5%干物质的蛋白，在pH 7.8、温度24℃时，表面张力为4.94×10^{-2}N/m；根据Vincent的结论，蛋黄表面张力约为4.4×10^{-2}N/m。还有人认为，鲜鸡蛋的表面张力，蛋白为（5.5～6.5）$\times10^{-2}$N/m，蛋黄为（4.5～5.5）$\times10^{-2}$N/m，两者混合后的表面张力为（5.0～5.5）$\times10^{-2}$N/m。

蛋液表面张力受温度、pH、干物质含量及存放时间影响。温度高，干物质含量低，蛋存放时间长而蛋白质分解，则表面张力下降。

（八）禽蛋的热力学性质

鲜鸡蛋蛋白的凝固温度为62～64℃，平均为63℃；蛋黄的凝固温度为68～71.5℃，平均为69.5℃；混合蛋（蛋白、蛋黄混合后）的凝固温度为72～77℃，平均为74.2℃。

蛋白的冻结点为−0.48～−0.41℃，平均为−0.45℃；蛋黄的冻结点为−0.617～−0.545℃，平均为−0.6℃。在冷藏鲜蛋时，应控制适宜的温度，以防冻裂蛋壳。

（九）禽蛋的耐压度

禽蛋的耐压度是指蛋能承受的最大压力。禽蛋的耐压度与蛋的形状、大小、蛋壳厚度以及蛋壳的致密度有关。一般圆形蛋比长形蛋的耐压度大，蛋壳厚的耐压度相对也大。不同种类禽蛋耐压度是不同的，见表3-2-14。

表3-2-14　不同禽蛋的耐压度

蛋别	蛋重/g	耐压度/MPa
鸡蛋	60	0.4
鸭蛋	85	0.6
鹅蛋	200	1.1

（续）

蛋别	蛋重/g	耐压度/MPa
天鹅蛋	285	0.2
鸵鸟蛋	1400	5.5

（十）禽蛋的折光指数

折光指数用于产品检验，比如用仪器对比色泽、测定密度及折光指数，折光指数和相对密度是反映蛋液是否纯正的特征指标之一，若该项指标超标，说明该商品中有掺杂。

三、功能特性

（一）禽蛋的凝固性

凝固性是蛋白质的重要特性，当卵蛋白受热、盐、酸、碱及机械作用，则会发生凝固。禽蛋的凝固是卵蛋白质分子结构变化的结果。这一变化使蛋液变稠，由流体（溶胶）变成固体或半流体（凝胶）状态。

1. 蛋的热凝性 蛋清是由多种蛋白质混合而成的天然胶体溶液，由多种蛋白质组成。蛋清中蛋白质的组成是影响蛋清热凝胶形成和特性的重要因素。不同蛋清蛋白质的热变性温度不同。卵转铁蛋白热稳定性最低，其凝固温度是57.3℃；卵球蛋白和卵白蛋白凝固温度分别是72℃和71.5℃；卵黏蛋白和卵类黏蛋白热稳定性最高，不发生凝固；而溶菌酶凝固后强度最高。这些蛋白质相互结合，彼此影响凝固特性，使得蛋清（pH 9.4）在57℃长时间加热开始凝固，58℃即呈现混浊，60℃以上即可由肉眼看出凝固，70℃以上则由柔软的凝固状态变为坚硬的凝固状态。

卵黏蛋白作为蛋清中分子质量较大的主要蛋白质，其表面分布着电负性较强的唾液酸残基等，这些基团易与水分子通过水合作用形成氢键，使凝胶弹性增强，凝胶网络结构也更加稳定。卵白蛋白作为蛋清中含有大量游离巯基的蛋白质，其在变性过程中可产生“熔融球状构象蛋白”中间态，加速蛋白质分子之间的热聚集效应，形成热凝胶主体填充结构。此外，天然卵白蛋白经过温和加热（25～55℃）或贮藏后会转化成一种对热稳定的S-卵白蛋白，其热变性温度可达到84℃。S-卵白蛋白在加热过程中分子内的交联作用增强，使其蛋白质结构未充分展开，表现出S-卵白蛋白聚集体的分子质量远远小于天然构象的卵白蛋白聚集体，导致S-卵白蛋白形成的热凝胶强度远小于后者。

热凝固蛋白的可溶性部分主要含有单体，当凝胶或凝块没形成时，热处理蛋清的蛋白质可溶部分含有高分子质量的可溶性凝集物。蛋黄在65℃开始凝固，70℃失去流动性，并随温度升高而变得坚硬。

蛋的稀释使蛋白质浓度下降，引起热凝固点升高，甚至不发生凝固，并且凝固物的剪切力减小。在蛋中添加盐类可以促进蛋的凝固，这是由于盐类能降低蛋白质分子间的排斥力。因此，壳蛋在盐水中加热，蛋易凝固完全且易去壳。在蛋液中加糖可使凝固温度升高，凝固物变软。

蛋的很多加工方法都利用了蛋的热凝固性，如煮蛋、炒蛋。但在蛋液加工中如巴氏杀菌过程要防止热凝性。人们常在蛋液中加糖、表面活性剂来改变蛋液的热稳定性，也可以用琥珀酰基、碳二亚胺和3,3-二甲基戊二酸酐修饰蛋白，增加蛋白热稳定性。

2. 蛋的酸碱凝胶化 蛋在一定的pH条件下会发生凝固，众多学者研究了蛋白在酸、碱作用下的凝胶化现象，发现蛋白在pH 2.3以下或pH 12.0以上会形成凝胶。在pH 2.3～12.0则不发生凝胶化。这对以鸡蛋蛋白为原料的加工食品（如面包、糕点等酸性食品）的生产有很大的指导意义，也对中国松花蛋及糟蛋的形成在酸碱凝固机理的阐明是有益的。许多学者对酸碱凝固机制进行了研究，发现蛋的碱性凝胶化是蛋白质分子的凝集所致，也与蛋白质成分间相互作用有关。张胜善通过黏度测定发现蛋白中卵白蛋白和卵伴白蛋白均可单独用碱处理而凝固，而其他成分则不凝固，卵白蛋白或卵伴白蛋白与蛋清中其他蛋白在碱性条件下结合可提高凝胶强度，这是由于卵白蛋白与卵伴白蛋白用碱处理时，其蛋白质的分子构型受碱作用而展开，然后再相互凝结成立体的网状结构，并将水吸收而形成透明凝胶，这种凝胶可发生自行液化，而酸性凝固的凝胶呈乳浊色，不会自行液化。

蛋白碱性凝胶形成时间及液化时间受pH、温度及碱浓度影响。如果碱浓度过高，松花蛋腌制时很容易烂头，甚至液化，这时进行热处理则蛋白发生凝固可制成热凝固皮蛋。

此外，蛋白质凝胶化还受金属离子的种类和浓度的影响。

3. 蛋黄的冷冻凝胶化 蛋黄在冷冻时黏度剧增，形成弹性胶体，解冻后不能完全恢复到蛋黄原有状态，这使冰蛋黄在食品中的应用受到很大限制。这种现象发生在蛋黄于－6℃以下冷冻或贮藏时，在一定的温度范围，温度越低则凝胶化速度越快，这是由于蛋黄由冰点－0.58℃降至－6℃时，水形成冰晶，其未冻结层的盐浓度剧增，促进蛋白质盐析或变性，其中卵黄磷蛋白凝集，蛋黄的凝胶化与低密度脂蛋白有关。为了抑制蛋黄的冷冻凝胶化，可在冷冻前添加2%食盐或8%蔗糖、糖浆、甘油及磷酸盐，用蛋白分解酶（以胃蛋白酶最好）、脂肪酶处理蛋黄，也可抑制蛋黄冷冻凝胶化。机械处理如均质、胶体磨研磨可降低蛋黄黏度。

（二）蛋黄的乳化性

禽蛋的乳化性表现在蛋黄中，蛋黄具有优异的乳化性，它本身既是分散于水中的液体，又可作为高效乳化剂用于许多食品如蛋黄酱、蛋糕、面糊中。表面张力的减少是乳浊液形成的第一步。

在蛋黄成分中，以磷脂质和卵黄球蛋白降低表面张力最明显，目前已知卵磷脂、胆固醇、脂蛋白与蛋白质均为蛋黄中具有乳化性的成分。蛋黄的乳化性受加工方法的影响，蛋黄经稀释其黏度降低，减少乳浊液的稳定性，向蛋黄中添加少量食盐、糖，可以提高乳化容量。酸能降低蛋黄乳化力，但各种酸对其影响程度不同，强酸影响大，在pH 5.6时就会使其稳定性急剧下降，而弱酸则在pH 4以下才会对其乳化容量有显著的影响。

蛋黄冷冻会发生凝胶化，解冻后使用难与其他原料混合，用机械方法如均质、胶体磨研磨仍无法完全恢复其乳化容量，为此，在蛋黄冷冻前常添加糖、食盐等降低凝胶化。蛋黄干燥处理后，其溶解度降低，这是由于干燥过程中，随着水分的减少，其脂质由脂蛋白中分离出来而存在于干燥蛋黄表面，从而严重损害其乳化性。干燥前加糖类，则分子中的羟基替代脂蛋白的水，保护脂蛋白。干燥后加水，水可将糖置换，恢复原来脂蛋白的水合状态。另外，贮藏蛋的乳化力下降，向蛋中添加磷脂质并不能提高其乳化性，过量则会使乳化力下降。

（三）蛋清的起泡性

搅打蛋清时，空气进入蛋液中形成泡沫。在起泡过程中，气泡逐渐变小而数目增多，最后失去流动性，通过加热可使之固定，蛋清的这种特性可应用于糖饰、蛋糕加工中。

MacDennell等把蛋清蛋白进行分离后研究了每种蛋白质在蛋糕中的作用，除去卵球蛋白和卵黏蛋白的蛋清，搅拌时间增加而制成的蛋糕体积小，重新加回这两种蛋白质并不能恢复蛋糕的体积，这是由于分离过程中蛋白质受到损伤。而用卵球蛋白、卵黏蛋白和卵白蛋白混合物则可以获得与蛋清同样的效果。Johnson和Zabik认为卵球蛋白对蛋清发泡特性起重要作用。中村与佐藤（1961）进一步证实卵球蛋白、卵伴白蛋白是起发泡作用的，而卵黏蛋白、溶菌酶则起稳定作用。

蛋清的发泡能力受多种加工因素影响，当蛋清搅拌到相对密度为0.15～0.17时，泡沫既稳定，又可使蛋糕体积最大，加工时均质会延长搅打时间，降低蛋糕体积。蛋白经加热（>58℃）杀菌后，会不可逆地使卵黏蛋白与溶菌酶形成的复合体变性，延长起泡所需时间，降低发泡力。为此，可在加热前用柠檬三乙酯或磷酸三乙酯补偿热影响。另外，调整 pH 至 7.0 并增加金属盐（如 Al^{3+}）等，可以提高蛋白的热稳定性。蛋白的起泡性受酸、碱影响很大，在等电点或强酸、强碱条件下，因蛋白质变性并凝集而发泡力最大。

蛋在高温下贮藏，蛋黄脂质会通过蛋黄膜渗透，在现代机械打蛋时，蛋清中可能混有 0.01%～0.20%蛋黄，这些少量脂类会降低蛋清发泡力。脂酶等化学试剂的添加，对于恢复蛋黄污染蛋清引起的发泡力降低很有效。还有许多研究结果表明，把二甲基戊二酸酐加入蛋清中，可以保护蛋白不受损害。琥珀酰化蛋白可以改进其热稳定性和发泡力。各种盐类对蛋清蛋白质起泡性的影响见表3-2-15。

表 3-2-15 盐对蛋清蛋白质起泡性的影响

盐种类与浓度/(mol/L)	卵黏蛋白泡沫高度/cm		卵球蛋白泡沫高度/cm		卵类黏蛋白泡沫高度/cm		卵伴白蛋白泡沫高度/cm	
	NaCl	$CaCl_2$	NaCl	$CaCl_2$	NaCl	$CaCl_2$	NaCl	$CaCl_2$
0	0	3.0	8.9	8.9	0	0	10.8	10.8
0.01	—	8.9	—	9.4	—	3.8	—	10.5
0.02	4.1	10.0	12.3	5.9	4.1	8.9	8.5	11.4

注：溶液 pH 调整到 9.0。

四、贮运特性

（一）易潮性

潮湿是加快鲜蛋变质的又一重要因素。鲜蛋虽然有坚固的蛋壳保护，但是雨淋、水洗、受潮都会破坏蛋壳表面的胶质薄膜，造成气孔外露，细菌就容易进入蛋内繁殖，加快蛋的腐败。因此，鲜蛋要尽量在通风、干燥的环境下保存。

（二）冻裂性

鲜蛋既怕高温，又怕 0℃以下的低温。当温度低于−2℃时，容易将鲜蛋蛋壳冻裂，蛋液渗出；−7℃时，蛋液开始冻结。因此，当气温过低时，必须做好保暖防冻工作。

（三）吸味性

鲜蛋能通过蛋壳的气孔不断进行呼吸，故当存放环境有异味时，有吸收异味的特性。如果鲜蛋在收购、调运、贮藏过程中，与农药、化学药品、煤油、鱼、药材或某些药品等有异味的物质或腐烂变质的动植物放在一起，就会带异味，影响食用及产品质量。因此，蛋品在贮存过程中，要放到清洁、干净、无异味的环境中，以免影响鲜蛋的品质。

（四）易腐性

鲜蛋含有丰富的营养成分，是细菌良好的天然培养基。当鲜蛋受到禽粪、血污、蛋液及其他有机物污染时，细菌就会先在蛋壳表面生长繁殖，并逐步从气孔侵入蛋内。在适宜的温度下，细菌就会迅速繁殖，加速蛋的变质，甚至使其腐败。

（五）易碎性

挤压碰撞极易使蛋壳破碎，造成裂纹、流清等，使之成为破损蛋或散黄蛋，这些均为劣质蛋。蛋壳的破裂会造成蛋的销售量降低、贮存期缩短、蛋中的营养成分下降等。因此，如何提高蛋壳的硬度，保护蛋壳免受损坏是我们广大蛋品工作者需要关注的问题。

鉴于上述特性，鲜蛋必须存放在干燥、清洁、无异味、温度适宜、通气良好的地方，并要轻拿轻放，切忌碰撞，以防破损。

思考题

1. 蛋壳和蛋壳膜主要由哪些化学成分组成？
2. 蛋清、蛋黄的主要蛋白质成分分别有哪些？这些蛋白质有哪些特点？
3. 禽蛋中的脂质有哪些？各有什么营养作用？
4. 禽蛋的营养特性有哪些？
5. 简述禽蛋的功能特性。实际工作中，如何利用这些功能特性？
6. 简述鲜蛋的贮运特性。实际工作中，如何运用这些贮运特性？

禽蛋的贮藏保鲜与洁蛋生产

本章学习目标 熟悉禽蛋贮运期间的品质变化规律以及腐败变质的机理和影响因素；掌握禽蛋贮藏的消毒杀菌技术以及鲜蛋冷藏、涂膜、气调等贮藏方法的原理；了解禽蛋的各种质量指标，掌握禽蛋品质检验的常用方法；掌握洁蛋的生产工艺与技术要点。

第一节 禽蛋贮藏保鲜的品质变化

一、禽蛋贮藏期间的品质变化

（一）物理变化

禽蛋从离开母体后，由于其自身结构特点及环境的变化，可引起一系列的物理变化，通过蛋壳上分布的大量气孔（图 3-3-1）与外界环境进行物质交换，在温度与湿度的影响下，主要引起蛋内水分、氧气、二氧化碳含量的变化，进而引起禽蛋质量的变化。

1. 气室的形成及变化 禽蛋产出后，最先产生的变化是气室的形成，这是由于蛋内物质温度高，环境温度低，鲜蛋降温导致内容物体积缩小，又因为鲜蛋钝端蛋壳密度小、气孔大且多，空气易进入，在冷缩过程中连接蛋壳钝端系带的拉力，使蛋壳内膜与蛋壳之间形成气室（图3-3-2），随着贮藏时间的延长，气室增大。气室的大小主要与蛋内水分的逸出有关，水分逸出得多，则气室大，一般情况下，30d 内水分会减少蛋重的 3%～8%。水分的减少主要与环境中的空气湿度成反比，环境湿度大则禽蛋的重量减少得要小一些。

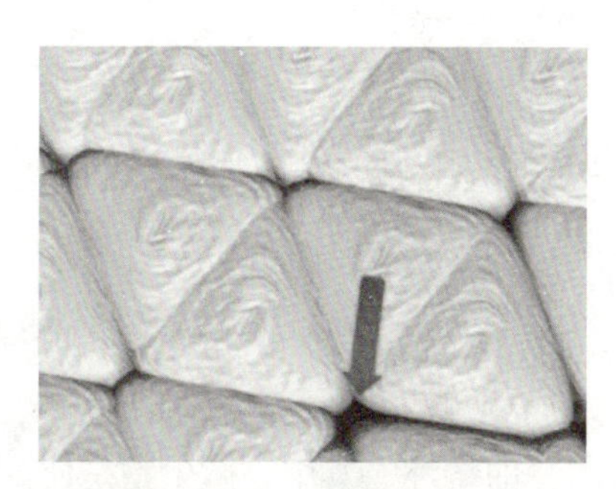

图 3-3-1 蛋壳上的气孔

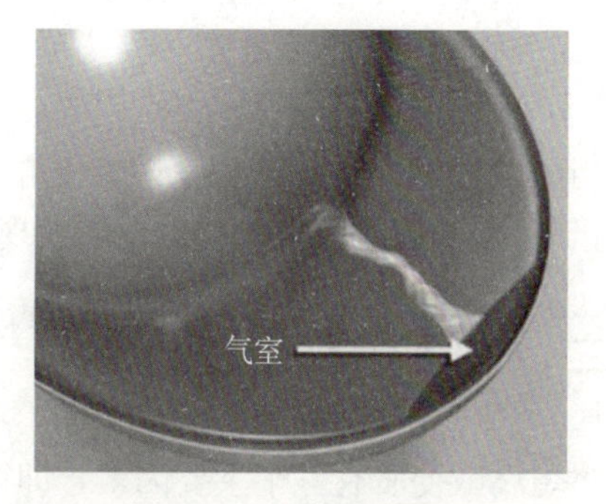

图 3-3-2 气室的形成

2. 壳外膜的变化 禽蛋在产出后蛋壳表面的“白霜”，称为壳外膜，主要成分为黏蛋白，在空气湿度较大的春夏季，壳外膜易溶于水而消失。这层膜主要是在禽蛋生产时起到“润滑”作用，同时保护蛋不受微生物侵入，防止蛋内水分蒸发，对延长鲜蛋的保质期有重要作用。壳外膜不含有溶菌酶，它对禽蛋的保鲜原理主要是因为黏蛋白对气孔的封闭作用。在潮湿的空气中，“白霜”在禽蛋产出后只能存在几小时，而在干燥的空气中可以存在 3～4d。

3. 蛋白的变化 新鲜禽蛋的蛋白透明浓厚，浓厚蛋白与稀薄蛋白的比率在 1.2～1.5，常温下贮藏 7d 内，浓稀蛋白的比率下降缓慢，而 10d 后下降速度加快，20d 后浓稀蛋白的比率只有 0.5～0.8，这说明禽蛋中的浓厚蛋白逐渐减少，而稀薄蛋白增加，40d 后浓厚蛋白基本消失。但是低温贮藏的禽蛋，其浓厚蛋白的降低速度要缓慢得多。

新鲜蛋的系带粗白而富有弹性，连接黄蛋两条系带的另一端分别和蛋壳的钝端和尖端相连，将蛋黄“固定”在蛋的中间。随着鲜蛋贮藏时间的延长，受酶和消解作用的发生，系带逐渐变细甚至完全消失，所以系带的大小和有无是禽蛋新鲜程度的标志之一。

4. 蛋黄的变化 新鲜蛋中的蛋黄在蛋黄膜的包裹下几乎是圆球形，且在蛋的中央。因为蛋黄中的水分比蛋清少，无机盐及小分子糖的含量远远高于蛋清，所以蛋黄和蛋清之间产生的渗透压会使水分向蛋黄内转移。在禽蛋贮藏过程中，蛋黄含水量会不断增加，同时蛋黄膜也会发生弹性和韧性降低的情况，使蛋黄体积增大，当蛋黄体积超过原来体积的 20%左右时，蛋黄膜稍受振动就会导致破裂，蛋黄与蛋白互相混合形成“散黄蛋”。在没有形成散黄蛋前，由于浓厚蛋白的减少及系带的逐渐消失，蛋黄会在蛋清中偏离中间位置上浮到蛋壳上形成“贴壳蛋”。

禽蛋遇到低温冷冻，可以导致蛋黄中的蛋白质变性，而这种变性是不可逆的，其结果是冷冻变性的蛋黄煮熟后会变得硬而有弹性，成为“橡胶”蛋黄。禽蛋在－18℃冷冻 4h 就可出现“橡胶”蛋黄。我国北方冬天气温比较低，若保存不当，容易出现“橡胶”蛋黄。

（二）化学变化

由于禽蛋本身的呼吸及微生物作用，蛋内营养物质不断转化和分解，新鲜禽蛋的蛋白 pH 为 7.0～7.6，贮藏 10d 左右，其 pH 可以达到 9.0 以上。蛋黄的 pH 为 6.0～6.4，在贮藏过程中会逐渐上升而接近或达到中性。当禽蛋接近变质时，其 pH 有下降的趋势。

在禽蛋贮藏过程中，蛋白中的卵白蛋白发生变性转变为 S-卵白蛋白，转变数量与贮藏时间、温度成正比；溶菌酶逐渐减少。微生物及自身的化学变化将蛋白质分解成氨基酸，各种氨基酸经脱氨基、脱羧基、水解及氧化还原作用，生成多肽、有机酸、吲哚、氨、硫化氢、二氧化碳等产物，使蛋产生强烈的臭味。当挥发性盐基氮含量大于 4mg/100g 时，禽蛋只有进行消毒后才可食用，当挥发性盐基氮含量大于 20mg/100g 时不能食用。

贮藏使蛋黄中的卵黄球蛋白和磷脂蛋白含量减少，而低磷脂蛋白含量增加。蛋黄中的脂肪在微生物产生的脂肪酶的作用下，被分解成甘油和脂肪酸，进而被分解成低分子的醛、酮、酸等有刺激性气味的物质。蛋液中的糖类在微生物的作用下，被分解成有机酸、乙醇、二氧化碳、甲烷等。

（三）生理学变化

当贮藏温度达到 25℃以上时，受精卵在胚胎周围产生网状血丝、血圈甚至血筋，成为“胚胎发育蛋”。未受精的胚珠也会出现膨大现象，成为“热伤蛋”。

二、禽蛋的腐败变质

禽蛋腐败变质有三个主要因素，即微生物、环境和禽蛋本身的特性。其中，微生物是使禽蛋腐败变质的主要原因。由于蛋壳的保护作用，相对于乳肉等畜产品而言，带壳蛋的安全性相对较高，在常温下保存 30～40d 仍可达到食用等级。但是，禽蛋营养丰富，在没有任何消毒处理的措施下，无论壳外还是壳内都含有大量的微生物，特别是大肠杆菌、沙门菌、金黄色葡萄球菌、志贺菌、溶血性链球菌等致病菌，H5N1、H7N9 禽流感病毒等也是禽蛋中常见的病毒，所以禽蛋的消费也存在着较大的安全风险。

引起禽蛋腐败变质的微生物主要是非致病性细菌和霉菌。分解蛋白质的微生物主要有梭状芽孢杆菌、变形杆菌、假单胞菌属、液化链球菌、蜡样芽孢杆菌和肠道菌科的各种细菌、青霉菌等，分解脂肪的微生物主要有荧光假单胞菌、产碱杆菌属、沙门菌属细菌等，分解糖的微生物有大肠杆菌、枯草杆菌和丁酸梭状芽孢杆菌等。

禽蛋中的微生物来源于两条途径：一是内部感染，是蛋在形成过程中禽体内的微生物进入蛋内；二是外部感染，由环境、粪便、工具、人等污染带来的，存在于蛋壳表面或通过蛋壳上的气孔进入蛋的内部。所以，禽的饲养环境、鲜蛋表面的洁净度以及在贮运销售环节的卫生、温度、湿度等都是禽蛋安全性的关键因素。

禽蛋中含有丰富的水分、蛋白质、脂肪、无机盐和维生素，能够满足微生物生命活动的需要，是微生物理想的“天然培养基”。当微生物侵入禽蛋后，在适当的环境条件（如温度、湿度等）下迅速生长和繁殖，把禽蛋中复杂的有机物分解为简单的有机物和无机物。在这一过程中，禽蛋发生腐败变质。

第二节　禽蛋的贮运保鲜方法

一、杀菌消毒方法

从家禽养殖场中收集的禽蛋如果不进行处理，通过流通环节进入消费者手中，可能对人的健康造成威胁。因为禽蛋表面生长着大量的大肠杆菌、沙门菌、金黄色葡萄球菌以及引起禽类疫情的病原菌，其来源于泄殖腔、粪便、饲料、禽体、空气、设施、人、破蛋、贮运设备等的污染，所以对禽蛋实行清洗、杀菌消毒是保证禽蛋安全性的关键因素。

（一）过氧乙酸消毒法

过氧乙酸是一种高效广谱消毒杀菌剂，对细菌、真菌、病毒均有高度的杀灭效果。分解产物是醋酸、过氧化氢、水和氧，无毒无害。使用过氧乙酸溶液处理鲜蛋，有浸泡、喷雾和熏蒸3种方法。浸泡法即将鲜蛋直接浸泡在浓度为0.1%～0.25%的过氧乙酸溶液池内，3～5min后捞出，晾干。喷雾法受均匀度的影响，只适用于小批量鲜蛋的处理。采用熏蒸法处理时，将13.5%以上浓度的过氧乙酸放于搪瓷盆内，加热蒸发，保持室内相对湿度在60%～80%，密封熏蒸1～2h，即可达到良好的效果。过氧乙酸的剂量一般按每立方米空间使用1～3g计算。

（二）二氧化氯消毒法

二氧化氯是一种强氧化剂，是世界卫生组织（WHO）和联合国粮农组织（FAO）向全世界推荐的高效、安全的化学消毒剂。广泛应用于饮用水、食品厂设备、食品接触面以及食品厂内环境的消毒。对鲜蛋表面的大肠杆菌、沙门菌、金黄色葡萄球菌有良好的杀灭作用。将蛋浸泡在浓度为100mg/L的二氧化氯水溶液中5min，可以杀灭致病菌和蛋壳表面95%以上的微生物。

（三）紫外线消毒法

紫外线对空气、物体表面及水等有良好的消毒作用，应用范围十分广泛。紫外线对鲜蛋的消毒作用表现在两个方面：一是紫外线对蛋壳外菌类的细胞内核酸和酶发生光化学反应，导致菌的死亡；二是紫外线还可使空气中的氧气产生臭氧，臭氧具有杀菌作用。但是紫外线的照射是直线方向，对于光线照不到的地方就没有消毒杀菌的作用，另外，紫外线的杀菌速度并不快，5～20min才能杀灭物体表面的致病菌和微生物。

（四）臭氧杀菌法

利用臭氧和臭氧水对鲜蛋进行清洗、杀菌消毒，其特点是灭菌效果好、处理时间短、操作方便、无残留毒性。臭氧气体主要用于鲜蛋库房和封闭式运输车辆的消毒，其消毒效果优于紫外线消毒法；而臭氧水多用于鲜蛋清洗消毒，杀菌效果良好，无残留，当臭氧水中臭氧的浓度达到10mg/L时，可以杀死蛋壳表面的大肠杆菌和沙门菌。但是臭氧最大的缺点是它有较大的腐蚀性，对纸、塑料等有机材料破坏性很大。臭氧气体的外泄对人的眼睛、黏膜和肺组织具有刺激作用，可引起肺水肿和哮喘等。所以，利用臭氧对鲜蛋或鲜蛋的贮藏环境消毒，人不能直接接触臭氧，避免被伤害。

二、贮藏保鲜方法

影响禽蛋保鲜的三大因素分别是禽蛋表面的污染程度、环境的温湿度、禽蛋的生理变化。所以，禽蛋贮藏保鲜要从清洗、消毒、低温贮藏、降低生理活动速度、控制合适的湿度等方面进行。

传统的禽蛋贮藏保鲜方法，如石灰水保鲜法、水玻璃保鲜法、“二石一白”（石灰、石膏、白矾）保鲜法、米糠及豆类保鲜法等，因其加工量小、工艺较烦琐等不足，已经被冷藏保鲜法、涂膜保鲜法、气调保鲜法取代。

（一）冷藏保鲜法

鲜蛋的冷藏主要是利用低温条件，抑制鲜蛋的酶活动，降低新陈代谢，减少干耗率。同时，抑制微生物的生长及繁殖，减少生物性腐败的发生，在较长时间内保持鲜蛋的品质。

1. 鲜蛋预冷 选好的鲜蛋在冷藏前必须经过预冷，以使鲜蛋由常温状态逐渐降低到接近冷藏温度。预冷的目的是防止“蛋体结露”以及突然降温造成蛋内容物收缩，引起鲜蛋蛋白变稀，蛋黄膜韧性减弱。同时，微生物也容易随空气进入蛋内，使蛋逐渐变质。预冷应在专用冷却间内进行，通过微风速冷风机，使冷却间空气降温缓慢而均匀，一般空气流速为0.3～0.5m/s，每1～2h冷却间温度减低1℃，相对湿度为75%～85%，一般经20～40h，蛋温降至2～3℃即可停止，结束预冷转入冷藏库。

2. 入库后的冷藏管理

（1）*码垛要求* 为了使冷库内的温湿度均匀，改善库内的通风条件，蛋箱码垛应顺冷空气流向整齐排列，垛位距进、出风口宜远不宜近，垛距墙壁30cm，垛间距25cm，箱间距3～5cm，木箱码垛高度为3～10层，垛高不能超过风道的进、出风口。每批鲜蛋进库后要标明入库日期、数量、类别、产地。

（2）*控制指标* 冷藏库内温湿度的控制是取得良好冷藏效果的关键。标准规定鲜蛋冷藏温度为−1～0℃。与其对应的相对湿度，一般控制在85%～88%。为了防止库内不良气体影响鲜蛋品质，要定时换入新鲜空气，换气量一般是每昼夜2～4个库室容积，换气量过大会增加蛋的干耗及设备的能量损耗。

3. 出库 冷藏蛋在出库时，应该采取预升温措施，在特设的房间内，使蛋的温度慢慢升高。防止直接出库时，由于蛋温与外界热空气温度差异过大，在蛋壳表面凝结水珠，形成“出汗蛋”，既降低了等级，又易污染微生物而引起变质。

（二）涂膜保鲜法

涂膜保鲜法是在鲜蛋表面均匀地涂上一层薄膜，堵塞蛋壳气孔，阻止微生物的侵入，减少蛋内水分和二氧化碳的挥发，降低蛋内的生化反应速度，达到较长时间保持鲜蛋品质和营养价值的方法。

鲜蛋涂膜剂必须具有成膜性好，透气性低，形成的膜质地致密、附着力强、吸湿性小、对人体无毒无害、无任何副作用，且价格低、材料易得等特点。目前有水溶液涂料、乳化剂涂料和油质性涂料，如液体石蜡、植物油、动物油、凡士林、聚乙烯醇、聚苯乙烯、聚乙酰甘油一酯等。此外，还有微生物代谢的高分子材料，如出芽短梗孢糖等。值得注意的是，由于涂膜剂可能渗透到鲜蛋内部，给消费者的健康带来影响，所以不同的国家对涂膜材料的规定差异较大。例如，美国允许使用液体石蜡涂膜，而日本禁止使用；油脂类涂膜中的不饱和脂质会产生低分子过氧化物向鸡蛋内部渗透，日本规定食品中的过氧化价不得超过 30mg/kg，而德国规定为 10mg/kg。因此，涂膜剂的选择要在法规允许的范围内。

采用涂膜法贮藏鲜蛋，必须经过严格检验，保证蛋的新鲜程度。涂膜前，要清洗消毒。涂膜方法可以采用浸泡法、喷涂法、人工涂膜法、机械涂膜法。涂膜后，为了防止蛋壳粘连，要分散晾干，装入蛋托后再装箱。涂膜处理的鲜蛋，可以在室温下贮藏。有条件时，也可以结合低温冷藏、气调贮藏，效果会更好。

（三）气调保鲜法

气调保鲜法主要是把鲜蛋贮藏在一定浓度的 CO_2、N_2 等气体中，使蛋内自身形成的 CO_2 不易逸出并降低氧气含量，从而抑制鲜蛋内的酶活性，降低代谢速度，同时抑制微生物生长，保持蛋的新鲜程度。实验证明，当气调法配合低温冷藏时，有较好的贮藏效果。

CO_2 气调法的工艺方法：根据贮藏鲜蛋数量，采用 0.23mm 厚的聚氯乙烯薄膜制成塑料大帐。将贮藏的鲜蛋装箱，置于冷库内，堆垛下铺设聚氯乙烯薄膜作为衬底。鲜蛋预冷 2d，使蛋温与库温基本一致，达到－1～5℃。将塑料大帐套上蛋垛，帐内放入布袋或尼龙袋盛装的硅胶粉（每袋 2.5kg，每 10 000kg 鲜蛋 4 袋）、漂白粉（每袋 2.5kg，每 1 000kg 鲜蛋 4 袋）。用烫塑器把塑料大帐与衬底塑料烫牢，采用真空泵抽气，使大帐紧贴蛋垛。检查无漏洞后，充入 CO_2 气体，保持大帐内 CO_2 浓度为 20%～30%，库温为－1～5℃。贮藏半年后，贮藏蛋的新鲜度好、蛋白清晰、浓稀蛋白分明、蛋黄系数高、气室小、无异味，其中优级蛋比冷藏法降低干耗 3%左右，稍次蛋降低 7%左右。

第三节　禽蛋的质量要求和品质鉴别方法

一、质量分级

鲜禽蛋在满足 GB 2749—2015《食品安全国家标准　蛋与蛋制品》要求之后可以进行分级。分级标准主要考虑禽蛋的外部指标和内部指标。外部指标主要包括蛋的清洁度、色泽、形状和破损情况等，内部指标主要包括气室高度、蛋黄状态、蛋白状态、哈夫单位、胚珠或胚胎及异物情况等。我国目前涉及禽蛋分级的标准主要有：SB/T 10277—1997《鲜鸡蛋》从重量和感官方面对鲜鸡蛋分级，NY/T 1551—2007《禽蛋清洗消毒分级技术规范》对鸡蛋和鸭蛋从重量上做了分级，NY/T 1758—2009《鲜蛋等级规格》对蛋壳、蛋白、蛋黄、异物、哈夫单位、重量等做了规定，SB/T

10638—2011《鲜鸡蛋、鲜鸭蛋分级》规定了普通鲜蛋的卫生要求、品质分级、重量分级、包装产品分级判别、检验方法、检验规则和标签。鲜鸡蛋和鲜鸭蛋的质量分级指标见表 3-3-1。

表 3-3-1　鲜鸡蛋和鲜鸭蛋的质量分级要求

指标		分级		
		特级	一级	二级
外观	蛋壳质量	具有本品类蛋壳固有的色泽，蛋壳完整无破损，不得出现明显斑点、沙皮、畸形蛋		
	蛋壳清洁度	蛋壳外表无肉眼可见的污渍		蛋壳外表有肉眼可见的污渍，单个不洁物面积应≤4mm²，且不洁物总面积≤8mm²
内容物	蛋黄	完整，未出现散黄		
	哈夫单位	>72	>60	>55
	蛋白	黏稠、透明，浓蛋白、稀蛋白清晰可辨	较黏稠、透明，浓蛋白、稀蛋白清晰可辨	较黏稠、透明
	胚盘	未见明显发育		
	异物	允许有直径小于 2mm 的血斑、肉斑，无其他异物		

此外，内销鲜蛋还可以按照重量进行分级。蛋的重量因家禽的种类不同而有显著的差异。一般鸡蛋的平均重量为 52g（32～65g）、鸭蛋为 85g（70～100g）。蛋的重量不仅受种类的影响，而且受品种、日龄、体重和饲养条件等因素的影响。SB/T 10277—1997 标准中将鸡蛋分为一级、二级和三级三个等级，在 NY/T 1551—2007 标准中将鸡蛋分为七个等级，从一级到七级，分级指标见表 3-3-2。

表 3-3-2　鲜鸡蛋的重量分级要求

级别		单枚鸡蛋蛋重范围/g	每 100 枚鸡蛋最低蛋重/kg
超大		≥68	≥6.9
大	大（+）	≥63 且<68	≥6.4
	大（-）	≥58 且<63	≥5.9
中	中（+）	≥53 且<58	≥5.4
	中（-）	≥48 且<53	≥4.9
小	小（+）	≥43 且<48	≥4.4
	小（-）	<43	—

注：在分级过程中可根据技术水平将大、中、小号鸡蛋进一步分为“+”和“-”两种级别。

二、品质鉴别方法

（一）感官法

感官法主要通过看、听、触、闻等方法鉴别鲜蛋的质量。

1. 视觉鉴定　视觉鉴定是用肉眼观察蛋壳色泽、形状、清洁度以及蛋的大小、壳外膜的完整情况。新鲜蛋的蛋壳比较粗糙、表面干净、完整、坚实，附有一层霜状胶质薄膜。如果胶质膜脱落、不清洁、呈乌灰色或有霉点则为陈蛋。出口鲜蛋及原料蛋，通过视觉鉴定，应拣出不清洁蛋、蛋壳不完整蛋、畸形蛋、壳外膜脱落蛋，其他蛋按大小和颜色分开，以便进行光照鉴定和分级。

2. 听觉鉴定　听觉鉴定是通过鲜蛋相互碰撞的声音进行鉴别。新鲜蛋发出的声音坚实，似碰击砖头的声音；裂纹蛋发音沙哑，有啪啦声；空头蛋的大头端有空洞声；钢壳蛋发音尖脆，有“叮叮”响声；贴皮蛋、臭蛋发声像敲瓦片声；用指甲竖立在蛋壳上敲击，有“吱吱”声的是雨淋蛋。振摇鲜蛋时，没有声响的为好蛋，有声响的是散黄蛋。

3. 触觉鉴定 触觉鉴定是新鲜蛋拿在手中有“沉”的压手感觉。孵化过的蛋外壳发滑，分量轻。霉蛋和贴皮蛋外壳发涩。

4. 嗅觉鉴定 新鲜鸡蛋没有气味，新鲜鸭蛋有轻微的鸭腥味，有特异气味的是异味污染蛋，有霉味的是霉蛋，有臭味的是坏蛋。

（二）透视法

禽蛋具有透光性，在光线透视下，可以观察蛋壳、气室、蛋白、蛋黄、系带和胚胎的状况，鉴别蛋的品质。透视法通常采用手工照蛋和机械照蛋，有条件的可采用电子自动照蛋。

照 蛋

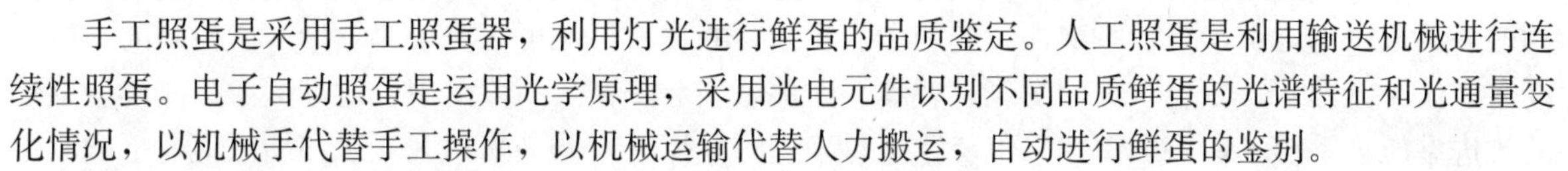

手工照蛋是采用手工照蛋器，利用灯光进行鲜蛋的品质鉴定。人工照蛋是利用输送机械进行连续性照蛋。电子自动照蛋是运用光学原理，采用光电元件识别不同品质鲜蛋的光谱特征和光通量变化情况，以机械手代替手工操作，以机械运输代替人力搬运，自动进行鲜蛋的鉴别。

鲜蛋的光照透视特征见表 3-3-3。

表 3-3-3 鲜蛋的光照透视特征

类别	光照透视特征	产生原因	食用性
新鲜蛋	蛋壳无裂纹，蛋体全透光呈浅橘红色，蛋黄呈暗影浮映于眼前，转蛋时蛋黄随之转动。蛋白无色，无斑点及斑块，气室很小	存放时间短	供食用
陈蛋	壳色转暗，透光性差，蛋黄呈明显阴影，气室大小不定，不流动	放置时间久，未变质	可食用
散黄蛋	蛋体呈雾状或暗红色，蛋黄形状不正常，气室大小不定，不流动	受振动后，蛋黄膜破裂，蛋白同蛋黄相混	未变质者可食用
贴皮蛋	贴皮处能清晰见到蛋黄呈红色。气室大，或者蛋黄紧贴蛋壳不动，一面呈红色，一面呈白色，贴皮处呈深黄色，气室很大	贮藏时间太长且未加翻动	不能食用和加工
热伤蛋	气室较大，胚盘周围有小血圆点或黑丝、黑斑	未受精的蛋受热后胚盘膨胀增长	轻者可食用
霉蛋	蛋体周围有黑斑点	受潮或破裂后霉菌侵入所致	霉菌未进入蛋内，可食用
腐败蛋	全蛋不透光，蛋内呈水样弥漫状，蛋黄、蛋白分不清楚	蛋内细菌繁殖所致	不能食用
活仁蛋	气室位置不定，有气泡	气室移动	可食用

（三）荧光法

荧光检验的原理是用紫外线照射，观察蛋壳光谱的变化来鉴别蛋的鲜陈，并从荧光强度大小来反映，质量新鲜的蛋荧光强度小，而越陈旧的蛋，荧光强度越大。

将鲜蛋放于盘中，在暗室中逐盘在紫外灯下照射。新鲜蛋发深红色荧光，因蛋的存放逐渐减弱，即由深红色变为红色，再变为淡红色；产后 10～14d 的蛋，则变为紫色，更陈的蛋则呈淡紫色。日本多采用荧光法区别新蛋和陈蛋。

（四）声学检测法

目前主要有超声波法和声脉冲振动法。由于超声波在介质中传播时，其能量的主要部分具有明确的方向性，禽蛋有蛋壳、蛋白、蛋黄三种材料界面，这样得到的超声波发射能量、传播速度等指标将变得复杂起来。在禽蛋声学检测中，国内外学者主要采用声脉冲振动法，其原理是根据敲击鸡蛋所产生的声脉冲振动，做频谱分析来研究鸡蛋的品质特性，具有适应性强，检测灵敏度高，成本低，操作方便等特点。基于声学特性的禽蛋品质检测主要检测蛋壳破损情况以及蛋壳的物理性指标如蛋壳强度、蛋壳厚度等。利用声波冲击频率特性可探测蛋壳的裂纹。其原理是利用系统的声脉冲测量蛋壳反应信号，正常蛋与破损蛋的声波信号有较大区别，通过提取5个特征参数进行5变量回归建模，得到的模型应用于正常蛋与破损蛋检测，错误率分别为6%和4%，检测速度为每秒5个鸡蛋。

（五）机器视觉检测法

机器视觉检测禽蛋品质主要是利用计算机成像系统，采集禽蛋图像，根据不同品质禽蛋的不同图像，建立禽蛋品质与图像间的数学模型来进行判别。机器视觉技术的特点是速度快，信息量大，功能多。以水果为例，可以一次性完成多个品质指标的检测，还可以测量定量指标。检测的指标包括禽蛋大小、形状、颜色、表面污斑、裂纹、内部缺陷等。在蛋品检测中，通过图像检测鸡蛋裂纹的改进型压力系统，在保证图像采集装置绝对静止的前提下，分别采集大气压和加压情况下的鸡蛋图像，通过对两者图像的系统分析检测裂纹蛋，准确率达到99.6%。

第四节　洁蛋生产

多排洗蛋装托

洁蛋是指禽蛋产出后，经过清洁除菌、干燥、紫外杀菌（可选）、分拣、涂膜、喷码、分级、包装（装托、装盒）、检验等工艺处理后的鲜蛋类产品。洁蛋虽然经过一系列的工艺处理，但仍然属于鲜蛋。品质安全可靠，具有较长的保质期，可直接上市销售。我国现阶段生产的洁蛋基本都是鸡蛋产品。目前，许多发达国家规定禽蛋产出后必须经过处理，成为清洁蛋后才能上市销售。北美、欧洲一些国家和日本，禽蛋的清洗消毒率已经达到了100%。早在20世纪60年代，美国、加拿大以及一些欧洲国家就开始进行鲜蛋的清洗、消毒、分级、包装。美国所有养鸡场生产的鸡蛋，必须送到洗蛋工厂进行处理。这种洗蛋厂有两种：一种是大型的，自动化程度较高，采用流水作业线；另一种是小型的，适合于家庭养鸡场。所有进入超市的鲜蛋，都经过了清洗、消毒，然后按一定的质量将蛋分为特级、大、中、小4个等级，并经过检测，符合卫生质量标准的才准许进入市场。其中，沙门菌的数量和血斑蛋、肉斑蛋、破损蛋的状况是重点检测内容。欧洲一些国家，在鸡蛋前期处理过程中，一部分直接在蛋鸡场使用农场包装机将鸡蛋装于蛋盘内供应市场，另外一部分，由蛋鸡场送至专门的清洗、消毒、分级包装中心做加工处理，然后销往各地超级市场。新加坡、马来西亚、韩国及中国台湾等国家和地区禽蛋清洗消毒比例也都高于70%。

我国是禽蛋生产和消费大国，几千年来，禽蛋流通和消费基本以脏蛋形式，即禽蛋产出后不做卫生清洁处理，从鸡舍直接送到农贸市场或超市销售。鲜蛋未经清洗消毒处理，蛋壳表面不仅有可能携带家禽产蛋时的粪污、血斑、杂物等，还有可能携带细菌、病毒等具有传染性的致病微生物，对消费者的健康存在威胁，同时存在传播疾病的风险。研究表明，与未经处理过的鲜蛋相比，洁蛋表面细菌数大大低于前者。鲜蛋的清洗和消毒处理能显著减少蛋壳表面致病菌数量。

一、生产工艺

（一）加工生产过程的食品安全控制

洁蛋加工过程中产品污染风险控制（生物污染控制、化学污染控制和物理污染控制）应符合

《食品安全国家标准　蛋与蛋制品生产卫生规范》（GB 21710—2016）的规定。在洁蛋生产过程中，须严格控制破损率，洁蛋生产设备应对禽蛋采取柔性处理，避免蛋壳破损带来的经济损失。禽蛋经过清洁除菌、干燥工艺后，应避免相互接触，防止交叉污染，直到所有过程结束。

（二）禽蛋收集

鲜蛋的质量标准受诸多因素影响，例如蛋禽生病，鲜蛋贮存不当，新鲜度不达标，饲料中存在农残、有毒元素以及蛋禽养殖中兽药使用不当等都会导致蛋在形成时或在贮存过程中被污染。根据现有规定，可按照《食品安全国家标准　蛋与蛋制品》（GB 2749—2015）进行标准（包括感官要求、污染物限量、农残兽残、微生物限量）验收。此外，应核验所购入禽蛋生产场的动物防疫条件合格证、动物检疫合格证明和食用农产品合格证等。

（三）堆码和编码

堆垛总的要求是根据物品性质、包装形式及库房条件（如荷重定额和面积大小）而定，尽量做到合理、牢固、定量、整齐及节省。符合要求的禽蛋，应该按照不同的蛋禽养殖场、类别、产蛋日期等分别堆垛，以方便后续的生产需求。

为便于禽蛋的区分及生产的可追溯性，每垛应进行编码，编码内容包含禽蛋生产场、栋舍、类别、产蛋日期等。通过可追溯标签可以查看禽蛋的各种信息，了解禽蛋的质量与安全性。一旦发生食品安全问题时，企业或监管者可以通过可追溯体系中的信息追溯和识别问题来源，必要时实施召回。

（四）清洁除菌

清洁除菌是指对禽蛋进行淋湿、刷洗、清洗或拭擦等程序，除去蛋壳表面微生物、禽粪与污垢，直到无肉眼可见污物，以防止鲜蛋表面可能附着的污染物影响拣蛋以及产品质量，一般通过洗蛋机器对鸡蛋进行消毒和清洗。清洗用水也要符合要求才能防止因清洗过程引入的微生物污染，清洗水温应当较禽蛋温度高，避免因毛细管效应和蛋内部的冷却收缩引起的吸力使微生物随水渗透入蛋内，但水温也不宜过高。清洗用水应符合《生活饮用水卫生标准》（GB 5749）的要求，洗蛋水温要比禽蛋温度高7℃以上，一般水温应在42℃以下。目前生产中每批禽蛋可采用红外测温仪确定表面温度，洗蛋装备可实现对水温的实时控制。清洁剂和消毒剂在选择上要针对鲜蛋常见的大肠杆菌、沙门菌等，无针对性地选择消毒剂则会导致消毒过程无法清除鲜蛋表面所有的微生物。洗涤剂、消毒剂应符合《食品安全国家标准　洗涤剂》（GB 14930.1）或《食品安全国家标准　消毒剂》（GB 14930.2）的要求，要控制清洁剂和消毒剂的安全风险。制定相应的禽蛋清洁除菌的操作程序，做好清洗用水温度、清洁剂及消毒剂浓度等内容的记录。采用清洁剂、消毒剂清洗后，需用清水喷淋，结合软毛刷除去蛋壳表面残留污物与禽粪，直到蛋壳表面无肉眼可见的污物。该工艺也可以采用无交叉污染的拭擦法。

（五）干燥

清洗后的蛋壳表面会附着少量的水，如果不及时干燥的话，容易滋生微生物，因此须将清洗后的蛋送入风箱或隧道快速干燥。干燥要从不同角度快速进行，热风温度不能过高，宜60℃以下，同时干燥时间要控制在30s内，以防禽蛋受热过度。

（六）分拣

通常光检法可以观察禽蛋的颜色、明暗、裂纹、血斑、散黄、异物和异形等情况，从而剔除相应的次劣蛋，但也有较多设备采用声学检测。

（七）涂膜

根据生产线与设备不同，采用喷淋、雾化、浸涂、涂抹等方式进行涂膜，要求涂膜均匀，厚度适宜，蛋的圆周及两端均应涂到，以达到良好的阻隔微生物和抑制水分蒸发的目的。涂膜剂可以是乳化型、油溶型或符合要求的其他涂膜材料，应符合《食品安全国家标准　食品添加剂使用标准》（GB 2760）和《食品安全国家标准　复配食品添加剂通则》（GB 26687）的要求。采用喷淋、雾化等方式涂膜的，需要有涂膜材料（如油雾）回收装置，避免浪费。

（八）喷码

喷码是直接喷涂在蛋壳表面，为保证消费者食用安全性，所用的墨水必须符合《食品安全国家标准　食品接触材料及制品通用安全要求》（GB 4806.1）和《食品安全国家标准　食品接触材料及制品生产通用卫生规范》（GB 31603）要求。喷码须注明产品分类、商标或企业名称（企业名称的缩写）和生产日期等，标识要清晰、均匀，以便于消费者识别产品信息，既能保证消费者食用安全，也能保护商家的商誉。

（九）分级

蛋品分级

除了按照禽蛋重量分级外，还可以根据禽蛋品质进行分级。目前企业对禽蛋的分级主要还是依据重量大小来进行的，此方法相对简单快捷。蛋经输送进入重量分级装置，自动分级生产线一般按4～6个重量级别进行分级，并配置等数的通道，分级精度为±0.5g。分级设备上的装置能自动整列调整禽蛋气室或钝端朝向同一个方向，以方便后续的包装工艺。生产线须配备等外级禽蛋收集系统以收集超出分级系统重量范围的禽蛋。

（十）包装和标签

洁蛋是一种特殊的生鲜类食品，具有易破碎、易污染的特点，所以要让消费者购买到安全放心的蛋，就要有针对性地选择合适的包装。包装在减少破碎、防止污染、延长保存期、方便销售携带、利于运输贮藏和保护洁蛋品质等方面起到重要作用。洁蛋的内包装蛋托或纸格的材料应符合《食品安全国家标准　食品接触用塑料材料及制品》（GB 4806.7）和《食品安全国家标准　食品接触用纸和纸板材料及制品》（GB 4806.8）要求，见图3-3-3。分级后的包装通道采用盒包装时宜具备吸塑盒包装功能，兼容不同规格吸塑盒包装，也可采用托盘包装。装盒或装托时应将蛋的钝端向上装入。外包装箱应坚固、干燥、清洁、无霉、无异味，纸箱底面要钉牢（或胶牢），适于贮存、搬运、倒垛及运输。

（a）

（b）

图3-3-3　蛋　盒

（a）塑料蛋盒　（b）纸蛋盒

产品包装标识应符合《包装储运图示标志》（GB/T 191）和《食品安全国家标准　预包装食品标签通则》（GB 7718）的规定。

（十一）检验

应通过自行检验或委托具备相应资质的食品检验机构对原料和产品进行检验，建立检验记录制度。自行检验应具备检验项目所需的检验设备、设施和检验能力；由具有相应资质的检验人员按规定的检验方法检验；检验仪器设备应按期检定。检验室应有完善的管理制度，妥善保存各项检验的原始记录和检验报告。应建立产品留样制度，按规定时限保存检验留存样品，并有留样记录。应综合考虑产品特性、工艺特点、原料控制情况等因素合理确定检验项目和检验频次，以有效验证生产过程中的控制措施。净含量、感官要求以及其他容易受生产过程影响而变化的检验项目的检验频次应大于其他检验项目。同一品种不同包装的产品，不受包装规格和包装形式影响的检验项目可以一并检验。

（十二）贮藏

包装后的洁蛋应及时送往销售卖场，须贮藏时，产品应贮藏在阴凉、卫生、干燥、通风条件良好的场所，贮存库房应有良好的防鼠防虫设施，不得与有毒、有害、有异味、易挥发、易腐蚀的物品混贮。产品应放在垫板上，离墙面距离应≥30cm。应根据贮藏时间，选择不同的贮藏温度。10d内的贮存可采用常温贮藏，10～20d可采用10～15℃贮藏，超过20d，应在0～4℃温度贮藏。贮藏期间，应每隔2d检查洁蛋品质的变化。

（十三）运输

运输工具应清洁、卫生、无异味、无污染。运输过程中应轻拿轻放，防止颠簸，不得与有毒、有害、有异味、有腐蚀性的货物混放、混装。运输中应防挤压、防晒、防雨、防潮。高温季节长途运输时宜采用冷藏运输。

二、生产设备

目前，国外蛋品加工业比较发达，有关的机械设备种类齐全，可以根据使用者的目的进行不同的机械组合，达到经济高效。一般饲养规模小的蛋禽场，使用处理量每小时1 500～2 000枚的小型洗蛋机和包装机。饲养规模大的蛋禽场，建立食用鲜蛋处理中心，根据其规模选择相应的机械设备。以处理量而言，一般为每小时10 000～120 000枚。目前，世界上最大的处理设备每小时可达144 000枚。美国、日本、法国、意大利、澳大利亚、加拿大、德国等国家的鲜蛋自动处理程度和技术水平很高。目前国际上比较先进的禽蛋（鲜壳蛋）加工处理机械普遍应用微机、传感器配合气动和机械系统，能够完成禽蛋清洗、干燥、表面涂膜、质量分级、裂缝检验、内部斑检验、自动分级（包括次蛋优选）和自动包装工作。

我国洁蛋加工设备起步于2000年以后，是有志于蛋品安全生产的科技工作者和企业家根据国内禽蛋生产企业的现状自主研发的设备，多数具有独立的知识产权，也有些设备是先通过与国外的企业共同开发，并走向自主研发和生产的道路，所生产的洁蛋设备基本上能满足我国中小型洁蛋加工企业的需要。如2005年生产的MT-100型全自动蛋品清洗分级机，是在参考国外发达国家和我国台湾地区蛋品设备的基础上，根据大陆清洁蛋加工业者的实际情况而开发的。该设备主要性能：①光透检蛋，挑选出不新鲜蛋和杂质蛋；②喷淋消毒，对鲜蛋喷消毒液以杀灭沙门菌、大肠杆菌等病菌；③清洗烘干，除去蛋品表面的杂质和水分；④喷膜，在清洁蛋表面喷白油等；⑤喷码装置，在处理过的清洁蛋表面喷上生产日期及批号；⑥电子分级，根据质量大小将清洁蛋分成7级并可统计各级数量。该设备结构简单，造价低，较适合我国清洁蛋加工。

《中华人民共和国食品安全法》的实施和国民食品安全意识的提高，促进了洁蛋生产设备的快速发展，设备的加工能力和自动化程度也在提高。图3-3-4所示为我国某蛋品设备公司开发的洁蛋生产线，配有自主研发的装托机，实现了真空吸盘上蛋、洗蛋、干燥、检验、杀菌、喷码、涂膜、分级和自动装托的功能，每小时加工量达到20 000枚。

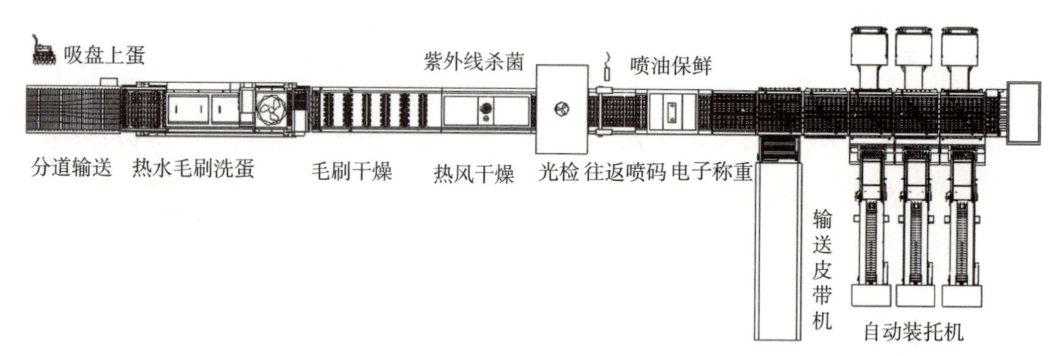

图 3-3-4　洁蛋生产线

思考题

1. 鲜蛋在贮藏期间会发生哪些物理和化学变化？
2. 试述禽蛋内及表面微生物的来源。
3. 试述鲜蛋的贮藏方法。
4. 试述鲜蛋的品质鉴定方法。
5. 禽蛋为什么要清洁除菌后贮藏？
6. 什么是洁蛋？简述洁蛋的加工工艺。

腌渍蛋制品

本章学习目标 了解我国腌渍蛋制品的起源、产业现状及发展趋势；熟悉皮蛋、咸蛋与糟蛋等常见腌渍蛋制品的产品特点与产业现状；理解腌渍蛋制品生产加工原理与质量要求，掌握皮蛋、咸蛋与糟蛋等腌渍蛋制品加工工艺与技术要点。

腌渍蛋制品是以禽蛋为原料，经过清洗、分级、腌渍、熟制、包装等传统工艺加工而成，主要包括皮蛋、咸蛋、糟蛋等，是我国劳动人民长期实践的智慧结晶，更是我国传统食品的代表和饮食文化的典范。长期以来，我们把皮蛋、咸蛋、糟蛋等称为腌制或再制蛋品；基于此类腌渍蛋制品的腌料种类丰富（包括碱、盐、醇等），腌渍时间长达数天或数月，有别于普通的食品腌制。因此，它们更准确的称谓应为“腌渍蛋制品”。

第一节 皮蛋加工

一、皮蛋起源

皮蛋又叫松花蛋、彩蛋或变蛋等，是我国劳动人民发明的具有特殊风味的传统产品之一。皮蛋在我国加工制作历史悠久，早在1314年出版的《农桑衣食撮要》中，就有记载松花皮蛋的加工情况；明朝戴义编辑的《养余月令》一书中把松花皮蛋叫作“牛皮蛋”，其中，“春二月”的“烹制门”中记载有腌制“牛皮鸭子”（“子”在这里指蛋）的方法。因此，皮蛋在我国民间至少有上千年的加工史。

二、营养及功能

（一）营养价值

禽蛋营养价值高，经其加工而成的皮蛋营养价值保留完好；加工过程中水分减少，蛋清中蛋白质和糖含量相对增多，营养价值相对提高；加工过程中食盐、茶叶以及草木灰、黄泥等腌料浸入使蛋清和蛋黄中矿物质有所增加。此外，腌制过程中，碱使蛋内脂肪和蛋白质降解形成易于消化的小分子产物，使其具有独特的风味和滋味且易于消化、吸收，产品色、香、味也得到大幅改善。

（二）功能作用

据古籍医书介绍和目前研究表明，皮蛋具有清凉、明目、平肝的功效，是夏季清热解暑的佳品；皮蛋还能降低虚火、解除热毒、助酒开胃、增进食欲、帮助消化、滋补身体，深受消费者喜爱，并远销东南亚、日本和欧美等市场。此外，皮蛋对高血压、口腔炎、咽喉炎等疾患具有一定的辅助疗效；民间相传，用青壳和绿壳鸭蛋加工而成的皮蛋食疗效果更好。

三、加工原理

(一) 蛋白与蛋黄凝固

1. 凝固过程 在皮蛋蛋白和蛋黄凝固过程中，起主要作用的是碱性物质，如纯碱、植物灰以及氢氧化钠等。其基本原理：腌制前期，强碱性物料和金属盐协同渗入蛋壳内，促使蛋清内蛋白变性液化，后期随着碱液渗向蛋黄，蛋清中碱浓度逐渐降低，变性蛋白继而凝固。此外，因水的存在会使蛋白逐渐成为凝胶状，弹性增强；同时，料液中所含的钠、钙、钾离子和单宁等，也会促使蛋白凝固沉淀和蛋黄凝固收缩，从而发生皮蛋内容物离壳现象。因此，加工质量较好的皮蛋，容易剥壳。蛋清和蛋黄的凝固速度与温度有关，通常认为高温和碱性物质能加快，反之则减慢；适宜的碱量和温度是皮蛋腌制成败的关键，碱量过多或腌制时间过长，会使蛋白凝胶结构破坏而变为液体，此为“伤碱”。因此，在皮蛋加工中，须严格掌握碱的用量，并根据温度掌握好时间。

2. 理化变化阶段 皮蛋在加工中可分为化清、凝固、转色、成熟和贮存等阶段。

(1) *化清期* 是鲜蛋泡入料液后发生明显变化的第一阶段。在此阶段，蛋白由黏稠变成稀化透明的水样溶液，蛋黄轻度凝固为0.5mm，蛋白质基本完全变性，碱含量为4.4～5.7mg/g（以氢氧化钠计）。蛋清所发生的物理变化为：蛋白质分子变为分子团胶束状态（无聚集发生）；化学变化为：蛋白的碱性降解；微观变化为：蛋白质由中性分子变成带负电荷的复杂阴离子。维持蛋白质分子特殊构象的次级键主要包括氢键、盐键和范德华力；偶极作用、配位键及二硫键等受到不同程度的破坏，使之不能维持原有的特殊构象，坚实刚性的蛋白质分子变为松散的柔性分子，由卷曲变为伸直状态，达到完全变性，原来的束缚水变成自由水。此时蛋白质分子的一、二级结构尚未受到破坏，化清期的蛋白质还具备一定程度热凝固性。

(2) *凝固期* 蛋清由稀化透明水样溶液凝固为具有弹性的透明凝胶，蛋黄凝固1～3mm。蛋白胶体呈无色或微黄色，碱含量6.1～6.8mm/g，此阶段蛋清碱含量最高。发生的理化变化：变性的蛋白质分子在氢氧化钠继续作用下，二级结构受到破坏，氢键断开，亲水基团增加，亲水能力增加。蛋白质分子交联相互形成新的聚集体。研究发现，蛋清蛋白经酸、碱、热变性后能形成由5～20个变性蛋白质分子组成的分子聚集体；所形成的新空间结构使其吸附水能力逐渐增大，溶液中自由水又变成束缚水，黏度随之增大，达到最大值时开始凝固，直到完全凝固成弹性极强的胶体为止。

(3) *转色期* 蛋白呈深黄色透明胶体状，蛋黄凝固5～10mm（鸭蛋、鸡蛋）或5～7mm（鹌鹑蛋），转色层分别为2mm或0.5mm；蛋清碱含量降到3.0～5.3mg/g，超过此范围，就会使蛋白凝胶再次变为深红色水溶液，成为次品。此阶段发生的理化变化为：蛋白、蛋黄均开始产生颜色，蛋白胶体弹性开始下降，主要原因是蛋白质分子在氢氧化钠和水作用下发生降解，一级结构受到破坏，形成小分子质量的化合物，同时发生美拉德反应，使蛋白胶体色泽加深，呈现褐色或茶色。

(4) *成熟期* 蛋清全部转变为褐色半透明凝胶体，仍具有一定弹性，并出现大量排列成松枝状的晶体簇；蛋黄凝固层变为墨绿色或多种色层，中心呈溏心状。全蛋具备松花蛋固有风味，可以作为产品出售。此时蛋内碱含量为3.5mg/g；此阶段发生的物化变化与转色类似，所产生的松花主要是由纤维状氢氧化镁水合晶体形成的晶体簇；蛋黄墨绿色主要是金属离子同S^{2-}的反应产物。模拟实验表明生色基团可能是由S^{2-}和蛋氨酸形成。

(5) *贮存期* 此阶段为产品货架期。皮蛋内化学反应仍在不断进行，碱含量不断下降，游离脂肪酸和氨基酸含量不断增加。为延缓产品变质，宜将成品置于相对低温下贮存，防止环境中微生物侵入。

（二）金属离子作用

在皮蛋腌制过程中，碱和金属离子等腌料决定皮蛋的成败，皮蛋的凝胶结构主要受碱和金属离子调控。腌制前期：金属离子可通过调控 OH^- 渗透性能（量和速率）和改变色泽、凝胶状态来影响皮蛋品质，即腌制前期促进 OH^- 渗入，加速腌制。腌制后期：金属离子与 H_2S 形成金属硫化物抑制 OH^- 渗入蛋内，防止皮蛋凝胶“液化”碱伤（“堵孔”学说）。同时还可阻止细菌侵入蛋内，保持蛋品不褪色。

金属离子在松花皮蛋加工中的作用机理如下：

首先 PbO 在 NaOH 溶液中部分溶解，溶解量在 400ppm 左右。反应式为：

$$PbO+2NaOH \longrightarrow Na_2PbO_2+H_2O$$

当 PbO_2^{2-} 同 OH^- 等离子通过壳和膜进入蛋内时，大部分被吸附或沉积在壳和膜上。沉积过程可由下式表示：

$$Pb^{2+}+CO_3^{2-} \longrightarrow PbCO_3\downarrow \text{（在壳上）}$$

$$Pb^{2+}+2R{-}COO^- \longrightarrow Pb\,(RCOO_2)\downarrow \text{（在膜上）}$$

$$Pb^{2+}+2R_1{-}S^- \longrightarrow Pb\,(R_1S)_2\downarrow \text{（在膜上）}$$

R、R_1 分别代表不同的基团。当蛋内产生大量 H_2S 后，由于受离子渗透的可逆作用和蛋内较高气压的作用，H_2S 就以 S^{2-} 的形式向蛋外渗透，在经过壳和膜时就同 Pb^{2+} 形成更稳定的 PbS 沉淀，即：

$$Pb^{2+}+S^{2-} \rightarrow PbS\downarrow \quad (P_{ksp}=27.9)$$

考虑到铅对人体健康的毒性，当前考虑代铅腌制皮蛋的金属离子主要有 Cu^{2+}、Zn^{2+}、Fe^{3+}、Fe^{2+} 等；其中，铜、锌工艺已用于工业化生产。表 3-4-1、表 3-4-2 列出了几种代铅金属离子在腌蛋过程中的比较。

表 3-4-1 一些代铅金属离子在腌蛋过程中的作用

金属离子	料液中存在形式	壳及膜上作用形式	硫化物稳定性
Pb^{2+}	PbO_2^{2+}	可溶 Pb^{2+} 或悬浮 PbO	$P_{ksp}=27.9$
Zn^{2+}	Zn_2^{2-}	可溶 Zn^{2+} 或悬浮 ZnO	$P_{ksp}=23.8$
Cu^{2+}	CuO_2^{2-} 或 CuO	可溶 Cu^{2+} 或悬浮 CuO	$P_{ksp}=38$
Fe^{2+} 或 Fe^{3+}	Fe_2O_3	悬浮 Fe_2O_3	$P_{ksp}=17.2$
Cu^{2+}	络离子	络合离子	$P_{ksp}=38$

表 3-4-2 不同代铅金属离子腌蛋的实验结果

采用的化合物	蛋在料液中最长浸泡时间	出缸时蛋的状态	成熟及贮存情况
PbO	60～90d（全年）	成品	料中成熟，存 6 个月以上
$CuSO_4$ 或 CuO	60～90d（全年）	成品	料中成熟，存 6 个月以上
$ZnSO_4$ 或 ZnO	25d（夏季） 25～60d（冬季）	半成品	料中成熟，存 3～4 个月
Fe_2O_3 或 $FeSO_4$	30～45d（夏季） 45～60d（冬季）	半成品 或成品	料内外成熟，存 3～4 个月

（三）蛋清与蛋黄的呈色

1. 蛋清呈现褐色或茶色 蛋清变成褐色或茶色是蛋内微生物和酶发酵作用的结果。首先是腌渍前侵入蛋内的少量微生物和蛋白酶、淀粉酶等发生作用，使其中蛋白质发生一系列变化。其次是由于蛋清中糖类变化，一部分糖类与蛋白质结合，直接包含在蛋白质分子里，另一部分糖类在蛋清里并不与蛋白质结合，而是处于游离状态。前者的组成情况是：在卵白蛋白中有2.7%（甘露糖），伴白蛋白中有2.8%（甘露糖与半乳糖），卵黏蛋白中有1.49%（甘露糖与半乳糖），卵类黏蛋白中有9.2%（甘露糖与半乳糖）；后者主要是葡萄糖占整个蛋清的0.41%；此外，还有部分游离的甘露糖和半乳糖。其中，羰基和氨基化合物在碱性条件下混合发生美拉德等褐变反应生成褐色或茶色物质。

2. 蛋黄呈现草绿或墨绿色 蛋黄中卵黄磷蛋白和卵黄球蛋白均含硫较高，它们在强碱作用下，降解形成胱氨酸和半胱氨酸，提供活性巯基（—SH）和二硫基（—SS—）与蛋黄中色素和蛋内所含金属离子相结合，使蛋黄变成草绿色或墨绿色甚至黑褐色。蛋黄中色素在碱性条件下与硫化氢作用变成绿色；在酸性情况下，硫化氢挥发后褪色。溏心皮蛋出缸后，如未及时包上料泥或将其剥开暴露于空气中时间较长，则暴露部位或整个蛋会变成“黄蛋”。这说明蛋黄中色素是引起色变的内在因素。此外，红茶末中色素也有着色作用，且蛋黄本身颜色深浅不一。常见的蛋黄色泽有墨绿、草绿、茶色、暗绿、橙红等，再加上外层蛋白的红褐色或黑褐色，便形成五彩缤纷的彩蛋。

（四）松枝花纹的形成

松花形成是皮蛋加工行业中一个长期未曾破译的谜，目前对松花的实质研究取得了突破性进展。松花分离提取：取样品皮蛋若干枚，洗净后剥壳，用薄刃刀采集含有松花晶体的蛋白凝胶；加入氢氧化钾溶液，加热到80℃左右，使蛋白质凝胶快速溶解，松花晶体沉淀析出。如果不加热，在室温下放置3h左右，蛋白质凝胶亦可逐渐溶解，获得纯晶体；小心倾出碱液，用去离子水将沉淀出来的晶体洗至中性；最后将其在95～100℃下干燥得纯白色晶体。

松花晶体理化性质：松花晶体不溶于水、醇、氯仿及碱溶液；易溶于盐酸、硫酸、硝酸和醋酸及草酸铵溶液。晶体加酸时，粉末迅速溶解，无明显气泡产生；将此混合物蒸干所得固体可溶于水，在酒精灯上灼烧可获得干燥白色晶体，无明显变化。

（五）皮蛋风味的形成

皮蛋风味的形成是由于禽蛋中蛋白质在混合料液成分的作用下，分解产生氨基酸，氨基酸经氧化产生具有辛辣味的酮酸。蛋白质降解产生的氨基酸中，含量较多的谷氨酸与食盐作用生成具有鲜味的谷氨酸钠。

皮蛋独具特殊风味的原因：禽蛋在加工中发生了一系列生化变化，产生多种复杂风味成分。皮蛋风味成分主要形成于变色和成熟两阶段。有研究在皮蛋中共检出挥发性风味成分59种，其中19种为禽蛋原有挥发物，40种形成于皮蛋成熟过程中。即碱性条件使禽蛋中部分蛋白质降解形成多种具有风味活性的氨基酸；部分氨基酸氧化、脱氨产生NH_3和酮酸；含硫氨基酸继续分解产生H_2S。微量NH_3和H_2S可使皮蛋别具风味，少量酮酸具有特殊辛辣味。除此之外，食盐的咸味、茶叶的香味也是构成皮蛋特有风味形成的重要因素。

四、加工工艺

我国传统皮蛋加工用料主要是纯碱、生石灰、食盐、茶叶、水及添加剂，料液中残渣不利于管道运输与机械灌料，不适应工业化生产；20世纪90年代中期，通过“清料生产法”在一定程度上实现了皮蛋的机械化生产，大幅降低了劳动强度，现在采用食品级氢氧化钠代替纯碱、生石灰以后，产品质量、品质与风味基本达到传统石灰法生产的皮蛋。

1. 料液配制 根据生产季节、气候等对腌料进行适当调整，使生石灰和纯碱反应生成氢氧化钠，起始浓度以4%～5%为宜；腌制前须测定料液碱度，以保证皮蛋生产效果。各地参考配方见表3-4-3。

表 3-4-3 全国各地湿法腌制技术参考配方（kg）

配料	北京		天津		湖北	
	春、秋季	夏季	春初、秋末	夏季	一、四季度	二、三季度
鲜鸭蛋	800	800	800	800	1 000	1 000
生石灰	28～30	30～32	28	30	32～35	35～36
纯碱	7	7.5	7.5	8～8.5	6.5～7	7.5
氧化铅	0.3	0.3	0.3	0.3	0.2～0.3	0.2～0.3
食用盐	4	4	3	3	3	3
茶叶	3	3	3	3	3.5	4
植物灰	2	2	—	—	5～6	7
清水或沸水	100	100	100	100	100	100

2. 码筐 将选好的新鲜原料蛋按品种、大小和新鲜度等分级、清洗和消毒后轻放入筐，平放以免蛋黄偏于一端。将筐平稳码入腌制池中，离池口约 20cm，用砖压空筐以免灌料后蛋上浮。

3. 灌料 将配制好的料液用泵抽入腌池，超过蛋面约 5cm；保持蛋静止不动；春秋季，料液温度控制在 15℃左右，冬季 20℃，夏季 20～22℃。料液温度过低，蛋清发黄，部分发硬，蛋黄不呈溏心，并带有苦涩味；料液温度过高，部分蛋清发软、黏壳，剥壳后蛋白不完整，甚至蛋黄发臭。

4. 渍腌管理 渍腌管理与成品质量密切相关。因此，应该严格控制室内温度在 21～34℃。不同腌制温度下蛋白变化情况详见表 3-4-4。

表 3-4-4 不同腌制温度下蛋白变化情况

室内温度/℃	凝固时间/h	凝固后液化时间/h	全部化清时间/h
10	15～16	18～20	72～73
15.5	13～14	15～17	48～49
21.5	10～11h，蛋白未完全凝固，杯边即开始液化，至 12h 杯心凝固		40
26.5	8h，蛋白未完全凝固，杯边即开始液化，至 8～11h 杯心凝固		28～29
31	7h，蛋白未完全凝固，杯边即开始液化，至 9～9.5h 杯心凝固		21～22

注：蛋清液化时蛋白呈象牙色，蛋清全部液化时杯底蛋白呈金黄色。

5. 成熟与出池 一般情况下鸭蛋入池腌渍 35d 左右即可变成皮蛋；在出池前抽样检验，出池时注意轻拿轻放，不碰蛋壳。

6. 清洗 将出池的皮蛋，用自来水洗去附在壳上碱液和其他污物，入筐晾干；冲洗时戴塑胶手套，避免料液黏手引起皮肤溃烂。

7. 保鲜保质处理 传统的“包泥滚糠”保存法食用前处理比较麻烦，且存在不卫生和易传播疾病以及包装运输费用高等问题。因此，自 20 世纪后期开始采用制备简单、成本低廉、方便卫生和保质效果好的涂膜保鲜技术保存皮蛋。常采用皮蛋专用涂膜保鲜剂、固蜡与液体石蜡等材料涂膜进行保质。

8. 包装 将经过质量分级检测后的皮蛋，进行涂膜套袋或真空包装于塑料盒或泡沫盒，按级别分品种装箱。

9. 贮存、销售 成品置于阴凉通风处贮存，保质期半年。

五、质量要求

（一）质量分级

一观：蛋壳完整，以壳色正常（清缸色）为好；通过肉眼剔除破损、裂纹、黑壳等次劣蛋。

二弹：用食指轻弹蛋壳，试其内容物有无弹性，若弹性明显并有沉甸感则为优质蛋；若无弹性则需要进一步用手抛法鉴别蛋的质量。

三掂：向上轻抛皮蛋数次，若抛到手里有弹性并有沉甸感为优质蛋；若微有弹性则为无溏心蛋；若弹性过大则为大溏心蛋；若无弹性则需进一步用手摇法鉴别蛋的质量。

四摇：用手捏住皮蛋两端，在耳边上下、左右摇动数次，听其有无水响或撞击声。若无弹性，水响声大则为大糟头蛋；若微有弹性，一端有水荡声则为小糟头蛋；若手摇时有水响声，破壳检验时蛋白、蛋黄呈液体状则为水响劣蛋。

五照：上述感官法难以判明皮蛋质量优劣时，可采用照蛋法补充。在灯光透视时，若蛋内大部分呈黑色或深褐色，小部分呈黄色或浅红色者为优质蛋；若大部分呈黄褐色透明体，则为未成熟蛋；若内部呈黑色暗影，并有水泡阴影来回转动则为水响蛋；一端呈深红色，且蛋白有部分粘贴在蛋壳上则为粘壳蛋；若在呈深红色部分有云状黑色溶液晃动则为糟头蛋。

（二）质量要求

皮蛋的分级及品质要求详见国标 GB/T 9694—2014。

六、加工机械与设备

（一）皮蛋清洗加工设备

1. 拌料机 主要由电动装置、离心搅拌机和可动支架三部分组成。在皮蛋生产中，使用这种机器代替手工搅拌料液效果好、效率高。

2. 吸料机 由料浆泵、料管和支架构成。吸料机能吸取黏稠度较大的松花蛋料液，它适合于清料法生产中无渣料液的转缸、过滤及灌料等工序。

3. 打浆机 这种机器由动力装置、搅拌器、料筒及固定支架组成。打浆机已为许多皮蛋加工厂所采用，其主要用途是生产包裹皮蛋的浓稠料泥。

4. 包料机 包料机一般由料池、灰箱、糠箱、筛分装置、传送装置及成品盘等组件构成。使用这种机器每小时可包涂皮蛋 10 000 枚以上，不仅大大提高了工作效率，而且避免了手工操作时，碱、盐等对皮肤的损伤。

5. 原料鸭蛋清洗消毒、烘干、计量、分级一体机 禽蛋产出后，蛋壳上会残留粪、尿和分泌物等污秽物，还时常黏有泥土、草屑、饲料残渣、羽毛等。因此，研发出了集清洗、消毒、烘干、计量、分级于一体的连续化处理机械（图 3-4-1），以及集清洗、烘干、杀菌、涂膜一体的机械（图3-4-2）。

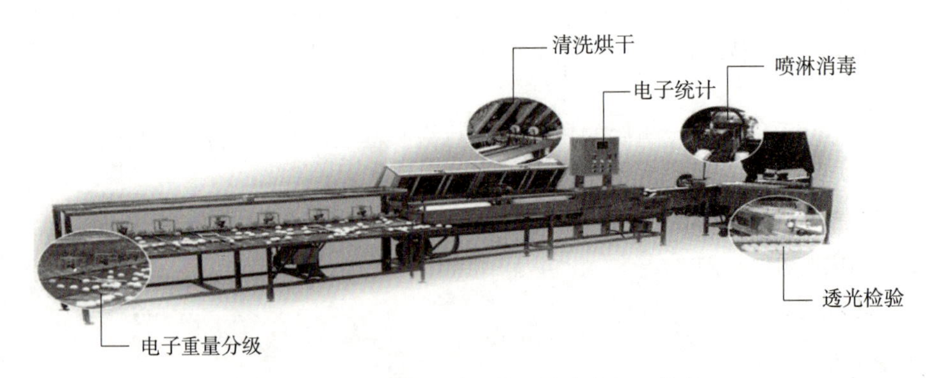

图 3-4-1　MT-100 鸭蛋清洗消毒分级一体机

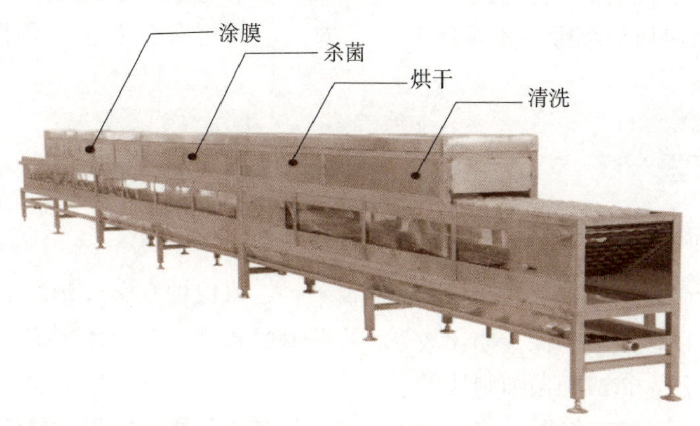

图 3-4-2 MT-300 松花蛋清洗、烘干、杀菌、涂膜一体机

（二）脉动压快速腌制皮蛋装备

华中农业大学发明的脉动压快速腌制设备，已经形成二代产品。采用加压、加热、超声波振动、溶液循环等物理措施，提供一种具有压力场、温度场、浓度场、渗流场相互耦合的高效腌制环境，并在线监测腌制液温度和重要物质浓度，由计算机程序统一管理各种技术措施，实现腌制全过程的自动化控制，并能实现皮蛋整箱腌制。这不仅缩短了皮蛋腌制时间，还减少了人力投入，实现了皮蛋腌制的连续化作业，降低了生产成本。脉动压系统结构见图 3-4-3。

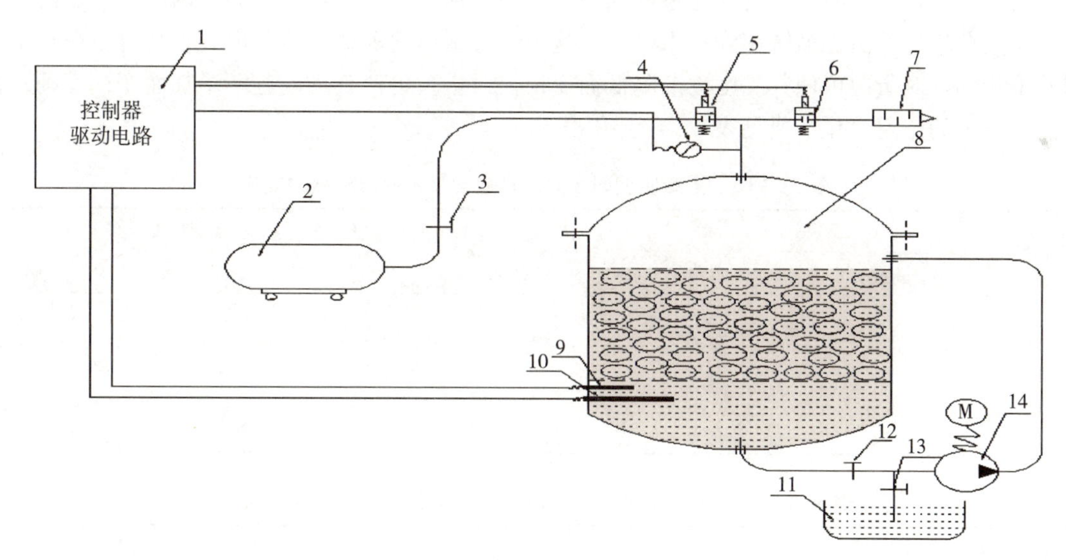

图 3-4-3 脉动压系统结构

1. 控制器、驱动电路 2. 空气压缩机 3. 手动阀门 4. 气压传感器 5. 进气电磁阀 6. 卸压电磁阀 7. 消声器 8. 腌制罐 9. 温度传感器 10. 加热棒 11. 盐水罐 12. 手动阀门 13. 进水阀 14. 水泵

第二节 咸蛋加工

咸蛋又名盐蛋、腌蛋及味蛋，是指以鸭蛋为主要原料经腌制而成的再制蛋，是我国传统风味的蛋制品。我国生产咸蛋的历史悠久，早在 1 600 多年以前，就有用盐水贮藏蛋的方法。目前，咸蛋在全国各地均有生产，其中江苏、湖北、湖南、浙江等省为主要产区，并以江苏的高

邮咸蛋最为著名。品质优良的咸鸭蛋具有"鲜、细、嫩、松、沙、油"六大特点，煮熟后切开断面，黄白分明，蛋白质地细嫩，蛋黄细沙，呈朱红色或橙黄色起油，周围有露水状油珠，中间无硬心，味道鲜美。

一、加工原理

（一）食盐在腌制中的作用

咸蛋主要由食盐腌制而成。食盐有一定的防腐能力，可以抑制微生物的生长，使蛋内容物的分解和变化速度延缓，所以咸蛋的保存期比较长。在腌制过程中，食盐通过蛋壳及蛋壳膜向蛋内进行渗透和扩散形成渗透压，造成细菌细胞体的水分渗出，导致细菌细胞发生质壁分离，于是细菌不能再进行生命活动，甚至死亡。同时，食盐渗入蛋内，使蛋内的水分脱出，降低蛋内水分含量，抑制细菌的生命活动。此外，食盐可以降低蛋内蛋白酶的活性和细菌产生蛋白酶的能力，从而延缓蛋的腐败变质速度。

因此，腌制咸蛋时，食盐的作用主要表现在以下几个方面：①脱水作用；②降低了微生物生存环境的水分活性；③对微生物有生理毒害作用；④抑制酶的活力；⑤同蛋内蛋白质结合产生风味物质；⑥使蛋黄产生"出油"现象。

（二）鲜蛋盐腌的变化

当鲜蛋浸入食盐溶液后，食盐通过气孔渗入蛋内。加工过程中，食盐向蛋内渗透，蛋内水分渗出，是从蛋黄通过蛋白逐渐转移到盐水中，食盐则通过蛋白逐渐移入蛋黄内。食盐对蛋白和蛋黄的作用并不相同，对蛋白可使其黏度逐渐降低而变稀，对蛋黄可使其黏度逐渐增加而变稠变硬。食盐对蛋白、蛋黄的作用变化情况见表 3-4-5 和表 3-4-6。

表 3-4-5　蛋腌制期间水分、食盐含量和相对黏度的变化

浸渍时间/d	水分/%		食盐含量（干物质中）/%		相对黏度（水 1，20℃）	
	蛋白	蛋黄	蛋白	蛋黄	蛋白	蛋黄
0	87.4	49.1	1.2	0.1	10	142
15	87.4	48.0	2.3	0.3	7	340
30	86.8	44.3	9.8	0.3	7	1 575
60	85.1	37.8	18.9	1.2	6	已凝固，无法检出
90	74.2	26.0	21.4	2.9	3	已凝固，无法检出

表 3-4-6　蛋腌制期间蛋重、pH、蛋黄含油量和含水量的变化

腌制时间/d	0	10	20	30
蛋重/g	75.18±4.88	71.18±5.58	73.23±4.27	72.69±3.87
蛋白 pH	8.80±0.15	8.00±0.49	7.87±0.26	7.00±0.34
蛋黄 pH	6.10±0.31	6.09±0.37	5.62±0.61	5.77±0.28
蛋白含水量%	87.61±2.94	85.83±1.03	85.59±0.59	85.20±0.64
蛋黄含水量%	46.90±3.81	37.29±2.25	24.03±3.27	16.07±1.82
蛋黄含油量%	35.01±4.17	42.92±5.81	42.57±3.18	47.74±4.68

从表 3-4-5 和表 3-4-6 可以看出，腌制的时间越长，蛋内容物的水分就越少，而干物质中的食盐含量就越多，尤其是蛋黄中水分减少程度比蛋白更显著。由于蛋内水分的减少以及蛋黄蛋白质在腌制过程中有某种程度的分解，蛋黄内脂肪成分相对增加。因此，咸蛋蛋黄内的脂肪含量看起来要比鲜蛋多得多，使蛋黄出现"油露松沙"的现象。

二、加工方法

加工咸蛋的原料主要为鸭蛋，有的地方也用鸡蛋或鹅蛋来加工，但以鸭蛋为最好，产品质量与风味最佳。我国各地加工咸蛋的辅料和用量大同小异，但加工方法却较多，可分为黄泥咸蛋、包泥咸蛋、滚灰咸蛋、盐水浸泡咸蛋等。由于包泥和滚灰生产法既不符合食品安全的要求，也不符合环保的要求，已经退出市场。目前最主要的加工方法是盐水浸渍法。这种方法用料少、方法简单、成熟时间短，便于机械化生产，我国许多加工厂均在采用。

1. 原料蛋的选择 一般以鲜鸭蛋为原料，这是因为鸭蛋中的脂肪含量较高，蛋黄中的色素含量也较多，加工出的咸蛋蛋黄呈鲜艳油润的橘红色，成品风味更佳。为了确保咸蛋的质量，用于加工的原料蛋必须经过严格的检验和挑选，剔除不符合加工要求的次劣蛋。

2. 辅料的选择

（1）食盐 是加工咸蛋最主要的辅料。生产咸蛋时应选择色白、味咸、氯化钠含量高（96%以上）、无苦涩味的干燥产品。

（2）水 加工咸蛋一般直接使用清洁的自来水，如果使用冷开水，对于提高产品的质量更为有利。

3. 盐水的配制 冷开水 80kg，食盐 20kg，花椒、白酒适量。将食盐于开水中溶解，再放入花椒，待冷却至室温后再加入白酒即可用于浸泡腌制。

4. 浸泡腌制 将鲜蛋放入干净的缸内并压实，慢慢灌入盐水，将蛋完全浸没，加盖密封腌制 20d 左右即可成熟。浸泡腌制时间最多不能超过 30d，否则成品太咸且蛋壳上出现黑斑。盐水的浓度与腌蛋的品质颇有关系。研究表明，如用 20%的盐水腌蛋，咸蛋品质上乘，风味最佳。

5. 出缸（桶） 渍腌成熟后及时出缸（桶），经过清洗、检验、包装、熟化后，即为成品。

三、质量与控制

（一）咸蛋质量要求

咸蛋的质量要求包括：蛋壳状况、气室大小、蛋白状况（色泽、有否斑点、细嫩程度）、蛋黄状况（色泽、是否起油）和滋味等。

1. 蛋壳 咸蛋蛋壳应完整、无裂纹、无破损、表面清洁。

2. 气室 高度应小于 7mm。

3. 蛋白 蛋白纯白、无斑点、细嫩。

4. 蛋黄 色泽红黄，蛋黄变圆且黏度增加，煮熟后蛋黄油露松沙、油滴含而不露，油不析出。

5. 滋味 咸味适中，无异味。

自抽检样品中每级任取 10 枚鉴定大小是否均匀。先称总质量，计算其是否符合分级标准。再挑出小蛋分别称重，检查其是否符合规定。样品蛋的平均质量不得低于该等级规定的质量，但允许有不超过 10%的邻级蛋。

（二）咸蛋质量控制

1. 食盐的纯度和浓度 食盐中还含有镁盐、钙盐等物质，蛋在腌制过程中，镁盐和钙盐会影响食盐向蛋内渗透的速度，推迟咸蛋成熟的时间。同时，钙盐和镁盐具有苦味，且能与蛋中的化学成分发生反应，影响质量，当水溶液 Ca^{2+} 和 Mg^{2+} 浓度达到 0.15%～0.18%和在食盐中达到 0.6%时，即可察觉出苦味。因此，要求食盐纯度高，NaCl 含量越多越好。腌制咸蛋一般选用纯净的再制盐或海盐。

2. 腌制方法 盐泥或灰料混合腌制的方法，食盐成分渗入蛋内速度较慢，咸蛋的成熟也较迟缓；食盐水浸渍的方法，食盐成分渗入蛋内速度较快，可缩短腌制时间；循环盐水浸渍的方法，食盐渗入蛋内的速度更快。

3. 腌制期温度 温度越高，食盐向蛋内渗透和扩散的速度越快，反之则慢。所以，夏季腌蛋成熟时间短，冬季腌蛋成熟时间长。但温度越高，微生物生长活动也就越迅速，易使蛋变质。咸蛋的腌制和贮存一般在25℃以下进行。

4. 蛋内脂肪含量 脂肪对食盐的渗透有相当大的阻力，所以脂肪含量越高的蛋黄，食盐的渗入就越少，而脂肪含量甚微的蛋白，食盐的渗入量多又快。

5. 原料蛋新鲜度 鸭蛋新鲜，蛋白浓稠，食盐渗透和扩散作用缓慢，咸蛋的成熟也较慢；反之，质量差的鸭蛋，蛋白稀薄，食盐渗透和扩散较快，咸蛋的成熟也较快。

四、加工机械与设备

近年来，我们在咸蛋的加工技术及原理探究等方面都取得了极大的成就，但其加工的机械化、现代化方面还亟待发展。随着我国经济及科技的高速发展，人们对蛋制品安全等方面的要求更为提高，要提升咸蛋的品质与生产效率，必须逐步实行生产的机械化，并改进和提升咸蛋加工企业的整体装备，以逐步实现其生产的自动化和标准化，切实保障咸蛋品质安全。进入21世纪以来，我国国产蛋品机械的生产与制造已经取得了长足的进步，开发了许多不同生产能力的咸蛋加工机械，如分级机、分级与泥浆组合机、咸蛋涂膜机、咸蛋黄煮制与烘干设备、包装设备等，使咸蛋加工逐步向机械化、自动化方向发展。

第三节　咸蛋黄加工

一、蛋黄分离腌制

咸蛋黄是咸蛋的精华，是以鲜鸭蛋或鲜鸭蛋黄为原料，以食盐为主要辅料，经腌制、剥离蛋清、脱水或冷冻、包装的产品。鲜蛋的色泽、气味、状态等应符合GB 2749—2015的相关要求，食用盐应符合GB 5461—2016的要求。咸蛋黄主要生产工艺大多是利用传统全蛋腌制工艺，虽然传统的腌制工艺具有悠久的历史，但对咸蛋黄产品需求量急剧增加的现状而言，需找到一个高效、绿色的咸蛋黄制备新工艺，使其生产实现高效益、高品质。分离咸蛋黄腌制技术不仅可以大大缩短腌制时间，还可以将分离出的蛋清加工成蛋清粉，利用其优良的凝胶性与起泡性，使其成为一种新型食品原料，进而增加蛋清的附加值。

（一）盐窝腌制法

1. 工艺流程

配制湿盐→铺盐→压制蛋黄窝→新鲜鸭蛋→分级、清洗、消毒→分离蛋黄→将蛋黄倒入蛋黄窝内→撒盐覆盖蛋黄→腌制2～100h→取出蛋黄→清洗蛋黄表面→成品

2. 操作要点

①配制湿盐（原料比）：盐（80～97份）、水（3～20份）、味精（1份），花椒水适量。

②铺盐：将配制好的湿盐放入平盘中，并将湿盐铺平，湿盐厚度为1～10cm。

③压制蛋黄窝：用蛋黄模具在湿盐上压制蛋黄窝。

④撒盐覆盖蛋黄：盐的厚度为1～3cm。

（二）湿法腌制法

1. 工艺流程

新鲜鸭蛋 → 分级、清洗、消毒 → 分离蛋黄 → 配制腌制液 → 加入蛋黄并腌制 → 取出、洗净、晾干 → 包装成品

2. 操作要点

①配制腌制液：在溶解温度为60～99℃时，以水为溶剂溶解羧甲基纤维素钠至0.5%～4%（质量分数），边溶解边搅拌，在搅拌时按质量分数加入醋酸或柠檬酸或苹果酸或乳酸或磷酸0.1%～0.4%，食盐5%～10%，并充分溶解，得到腌制液，将该腌制液保存在40～60℃条件下。

②腌制：在容器中按1～5cm高度的腌制液加入一层蛋黄，然后加入1～5cm高度的腌制液，再加入一层蛋黄，如此反复，以确保蛋黄处于腌制液中间悬浮，最后在腌制液面的表层覆盖0.8～1.2mm高度的大豆油，腌制时间2～5d；

③取样与包装：将腌制好的蛋黄用清水洗净后晾干，取少量食用油涂于蛋黄的表面后包装。

（三）重组成型腌制法

1. 工艺流程

鲜蛋 → 分级、清洗、消毒 → 分离蛋黄 → 入罐搅拌 → 加腌制剂腌制 → 加热浓缩 → 油沙化处理 → 成型 → 咸蛋黄成品

2. 操作要点

①加腌制剂：腌制剂组分有食盐（60%～100%）、酒精度42%～56%白酒（0～40%）、白糖（0～10%）、甘氨酸（0～3%）、苹果酸（0～0.6%）。其中，腌制剂用量为蛋黄总重量的5%～20%。

②腌制：控制温度在15～55℃下腌制35～90h。

③加热浓缩：在40～60℃下真空浓缩，使含水量减少到5%～20%。

④油沙化处理：在机械作用下，将成熟化的咸蛋黄进行研磨、粉碎处理。

⑤成型：在沙化后的咸蛋黄中加入成型剂，利用成型机把蛋黄压成所需要的形状。成型剂选自微晶纤维素、羧甲基纤维素钠、黄原胶、淀粉、豆沙和油脂中的一种或多种，用量为蛋黄总重量的0.5%～5%。

二、咸蛋黄保鲜

在冷藏链比较完善的今天，咸蛋黄保鲜选用速冻法应是较经济简便的方法，但咸蛋黄经低温冻结，其质构发生变化，原有的品质下降，因而需要采用其他的保鲜方法。

1. 真空包装法 将分离出的咸蛋黄放在山梨酸钾、氯化钠溶液中洗净残蛋白，再放入50～100℃的烘箱中烘烤3.5～4.5h后，抽真空包装，置20℃下可保存3个月，置0～4℃下可保存6个月。

2. 预处理结合充气包装法 将腌制好的咸蛋黄取出，用含有保鲜剂（壳聚糖30%～50%、山竹壳提取物20%～40%、茶多酚15%～30%、维生素C 10%～20%）的冷水进行清洗后放在蛋黄烘干机中烘制15～20min，其中温度控制在25～35℃，烘干后用保鲜膜密封包裹，并放入包装袋内，充入78.8%氮气、20.96%氧气和0.03%二氧化碳，之后放入包装箱内并充入惰性气体，常温下至少贮存一年。

3. 高阻氧包装材料包装法 采用高阻氧包装材料（KOP、KPET、KPA、PET、PA 等面膜与PE、CPP、CPE、AL/PE、AL/CPP、AL/CPE 等底膜复合而成）将咸蛋黄密封，并放置一定量的脱氧剂，该方法可以在常温下将咸蛋黄保质 2 个月以上，由于不用抽真空，无需冷库保存，方便贮存、运输，减少生产设备及工序，提高生产效率，降低生产成本。

三、咸蛋清的脱盐利用

近年来，随着食品加工产业链的延伸，咸蛋黄除直接食用外，还作为食品配料被广泛用于月饼、粽子等食品的生产，而咸蛋清由于含盐量高而严重制约了其加工利用的广度和深度。据报道，每年产生低值化咸蛋清已近数十万吨，价值数十亿元，这不仅容易引起环境污染，更造成蛋白质资源的巨大浪费。将咸蛋清脱盐提高其利用率的主要途径。目前，国内外对咸蛋和咸蛋清的研究多集中于初级产品研发；咸蛋清的脱盐技术也主要限于微波、超声辅助脱盐和超滤、电渗透脱盐等常规手段，通常以脱盐率和蛋白回收率作为评价指标。

咸蛋清除含盐量高以外，还含有大量优质蛋白质，可直接作为添加辅料广泛应用到各种加工食品中。例如，添加了咸蛋清的法兰克福香肠，其凝胶强度和保水性得到明显改善，出品率随之也得到了提高；以咸蛋清代替食盐加入面条中，面条的蛋白质含量、黏聚性、咀嚼性显著增加；咸蛋清作为蛋清辅料添加到糕点、饼干等焙烤类食品中，可以起到调节风味和提高营养价值等多重功效。

第四节 糟蛋加工

糟蛋是以清洁蛋为原料，用酒精（或酒）按腌制工艺制成的蛋制品。糟蛋是我国著名的传统特产食品，其营养丰富，风味独特，深受我国人民喜爱。根据加工方法的不同，糟蛋可分为生蛋糟蛋和熟蛋糟蛋；根据加工成的糟蛋是否包有蛋壳，可分为硬壳糟蛋和软壳糟蛋。我国著名的糟蛋有浙江省平湖市的平湖糟蛋和四川省宜宾市的叙府糟蛋。

一、加工原理

糟蛋的加工过程主要有酿酒制糟、装坛糟制（发酵）等，其特殊的产品风味主要通过发酵环节产生，所以，糟蛋是一类典型的发酵型蛋制品。糯米在酿制过程中，受糖化菌的作用，淀粉分解成糖类，经酵母的酒精发酵产生醇类（主要为乙醇），一部分醇氧化转变为乙酸，通过渗透和扩散作用进入蛋内，发生一系列物理和生物化学的变化，使糟蛋具有显著的防腐作用。酒糟中的乙醇和乙酸含量不高，不会使蛋中的蛋白质发生完全变性和凝固，因此制成的糟蛋蛋白呈乳白色或酱黄色的胶冻状，蛋黄呈橘红色或橘黄色的半凝固、柔软状态；乙醇和糖类（主要是葡萄糖）渗入蛋内，使糟蛋带有醇香味和轻微的甜味；醇类和有机酸经长时间相互作用产生酯类，使得糟蛋具有浓郁的芳香气味。

乙酸具有侵蚀含有碳酸钙的蛋壳的作用，使蛋壳变软，溶化脱落成软壳蛋，使乙醇等有机物更易渗入蛋内。蛋壳膜的化学成分主要是蛋白质，且其结构紧密，微量的乙酸对这层膜不会产生破坏作用。

糟蛋腌制过程中的反应式如下：

$$RCOOH + R'OH \longrightarrow RCOOR' + H_2O$$

$$CaCO_3 + 2CH_3COOH \longrightarrow Ca(CH_3COO)_2 + H_2CO_3$$

$$H_2CO_3 \longrightarrow H_2O + CO_2 \uparrow$$

在糟制的过程中加入食盐，不仅赋予咸味，增加风味和适口性，还可增强防腐能力，提高贮藏性。由于酒糟中乙醇和食盐含量较少，所以糟蛋成熟时间长，但在乙醇和食盐长时间作用下（4～6个月），蛋中微生物的生长和繁殖受到抑制，特别是沙门菌，可以被灭活，因此糟蛋生食对人体无致病作用。

二、加工材料

（一）原辅材料

1. 清洁蛋 首选鸭蛋，其次为鸡蛋，因为鸭蛋的壳较鸡蛋厚且坚，产品可以较长时间贮藏，不会变味。

2. 糯米 糯米是酿糟的原料，它的质量好坏直接影响酒糟的品质。因此应精选糯米，要求米粒丰满，整齐，颜色心白、腹白（中心、腹部边缘白色不透明），无异味，杂质少，含淀粉多（糙米中含70%）。凡是脂肪和含氮物含量高的糯米，酿制出来的酒糟质量差。

3. 酒药 又叫酒曲，是酿糟的菌种，内含根霉、毛霉、酵母及其他菌类，它们主要起发酵和糖化作用。加工平湖糟蛋，酿糟选用绍药和甜药。以选用色白质松、易于捏碎、具有特色菌香味者为佳。

（1）*绍药* 绍药有白药和黑药两种，酿糟使用白药。它是用籼米粉为原料，加入少量辣蓼草粉末，加上陈酒药，使根霉、酵母等微生物对其糖化、发酵而制成。用它酿成的酒糟，色黄、香气较浓、酒精含量高，但糟味较猛且带辣味，因此用甜药混合酿糟，以减弱酒味和辣味，增加甜味。

（2）*甜药* 甜药是面粉或米粉加入一丈红的茎、叶，再加入制曲菌种，用来培养糖化菌。甜药色白，常做成球形。用它酿成的酒糟，酒精含量低，性淡、味甜。仅用甜药酿糟，其酒精含量过低，蛋白质难以凝固。

4. 食盐 加工糟蛋的食盐，应洁白、纯净，符合卫生标准。

5. 水 酿糟用水应无色、透明、无味、无臭，必须符合饮用水卫生标准要求。

6. 红砂糖 加工叙府糟蛋时，须用红砂糖，应符合食糖卫生标准要求。

（二）用具

大缸（可放75kg米）、稻草盖（每只缸备3个）、草衣、淘米箩（可盛20kg米）、蒸饭灶、木蒸桶（桶底垫细竹片）、木盖、通饭棒、淋饭架、陶土罐（高与直径均为33cm）、竹匾、板刷、小竹片（长13cm、宽3cm、厚0.7cm）、三丁纸、牛皮纸、温度计、密度计等。

三、加工工艺

糟蛋加工的季节性较强，一般在每年的三四月间至端午节。端午节后天气渐热，不宜加工。加工糟蛋要掌握好3个环节，即酿酒制糟、选蛋击壳、装坛糟制。其工艺流程如下：

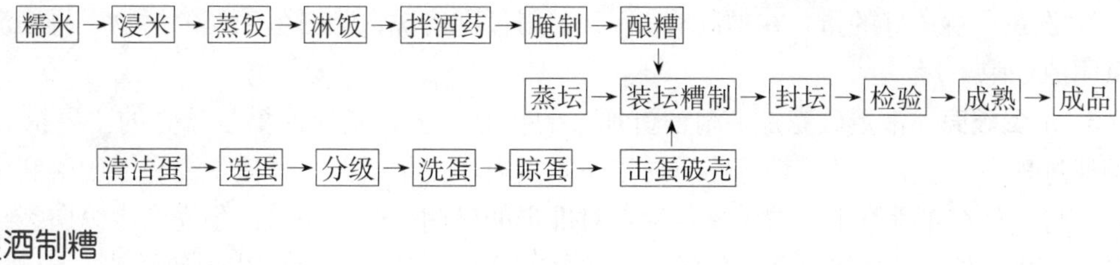

糯米→浸米→蒸饭→淋饭→拌酒药→腌制→酿糟
↓
蒸坛→装坛糟制→封坛→检验→成熟→成品
↑
清洁蛋→选蛋→分级→洗蛋→晾蛋→击蛋破壳

（一）酿酒制糟

1. 浸米 糯米是酿酒制糟的原料，应按原料的要求精选。投料量以腌渍100枚蛋用糯米9～

9.5kg 计算。所用糯米先放在淘米箩内淘净，冷水浸泡，目的是使糯米吸水膨胀，便于蒸煮糊化，浸泡时间以气温 12℃浸泡 24h 为计算依据。气温每上升 2℃，可减少浸泡 1h；气温每下降 2℃，须增加浸泡 1h。

2. 蒸饭 目的是促进淀粉糊化，改变其结构利于糖化。把浸好的糯米从缸中捞出，用冷水冲洗一次，倒入桶内（每桶约 37.5kg 米），米面铺平。将锅内水烧开后，再将蒸饭桶放在蒸板上，待蒸汽从锅内透过糯米上升后，用木盖盖好，蒸 10min 左右，用洗帚蘸热水洒泼在米饭上，以使上层米饭蒸涨均匀，防止上层米饭因水分蒸发导致米粒不涨，出现僵饭。将木盖盖好蒸 15min，用木棒将米搅拌一次，再蒸 5min，使米饭全部熟透。蒸饭的程度掌握在出饭率 150%左右。要求饭粒松、无白心，透而不烂、熟而不黏。

3. 淋饭 亦称淋水，目的是使米饭迅速冷却，便于接种。一般每桶饭用水 75kg，2～3min 内淋尽，使热饭的温度降低到 28～30℃，手摸不烫为宜，但也不能降得太低，以免影响菌种的生长和发育。

4. 拌酒药及酿糟 淋水后的饭，沥去水分，倒入缸中，撒上预先研成细末的酒药。酒药的用量以 50kg 米出饭 75kg 计算，须加入白酒药 165～215g，甜酒药 60～100g，还应根据气温的高低增减用药量，其计算方法见表 3-4-7。

表 3-4-7 温度对白、甜酒药用量的影响

气温/℃	5～8	8～10	10～14	14～18	18～22	22～24	24～26
白酒药/g	215	200	190	185	180	170	165
甜酒药/g	100	95	85	80	70	65	60

将饭和酒药搅拌均匀，面上拍平、拍紧，表面再撒上一层酒药，中间挖一个直径 30cm 的潭，上大下小，潭深入缸底，潭底不要留饭。缸体周围包上草席，缸口用干净草盖盖好，以便保温。经 20～30h，品温达 35℃，就可出酒酿。当潭内酒酿有 3～4cm 深时，应将草盖用竹棒撑起 12cm 高，以降低温度，防酒糟热伤、发红、产生苦味。待潭满时，每隔 6h，将潭内的酒酿用勺泼在糟面上，使糟充分酿制。经 7d 后，把酒精拌和灌入坛内，静置 14d 待变化完成，性质稳定时方可供制糟蛋用。品质优良的酒糟，色白、味香、带甜，乙醇含量为 15%左右，波美计测量在 10 波美度左右。

（二）选蛋击壳

1. 选蛋 根据原料蛋的要求进行选蛋，通过感官鉴定和照蛋，剔除次、劣蛋和小蛋，整理后粗分等级，其规格见表 3-4-8。

表 3-4-8 原料蛋分级规格

级别	特级	一级	二级
每千只重/kg	>75	75～70	70～65

2. 洗蛋 挑选好的蛋，在糟制前 1～2d，用板刷清洗，除去蛋壳上的污物，再用清水漂洗，置通风阴凉处晾干。

3. 击蛋破壳 击蛋破壳是平湖糟蛋加工的特有工艺，是保证糟蛋软壳的主要措施。其目的在于糟渍过程中，使醇、酸、糖等物质易于渗入蛋内，提早成熟，并使蛋壳易于脱落和蛋身膨大。击蛋时，将蛋放在左手掌上，右手拿竹片，对准蛋的纵侧，轻轻一击使蛋壳产生纵向裂纹，然后将蛋转半周，仍用竹片照样击一下，使纵向裂纹延伸连成一线。击蛋时用力要适当，壳破而膜不能破，否则不能用于加工。

（三）装坛糟制

1. 蒸坛 糟制前检查所用的坛是否有破漏，用清水洗净后进行蒸汽消毒，消毒时坛底朝上，并涂上石灰水，倒置使蒸汽通过盖孔而冲入坛内加热杀菌。如发现坛底或坛壁上有气泡或蒸汽透出，即是漏坛，不能使用，待坛底石灰水蒸干时，消毒即完毕。坛口朝上，使蒸汽外溢，冷却后将坛叠起，坛与坛之间用两张三丁纸衬垫，最上面的坛，在三丁纸上用方砖压上，以备后用。

2. 落坛 取经过消毒的糟蛋坛，用酿制成熟的酒糟 4kg（底糟）铺于坛底，摊平后将击破蛋壳的蛋放入，每只蛋的大头朝上，直插入糟内，蛋与蛋依次平放，以蛋四周均有糟且能旋转自如为宜。第一层蛋排好后再放腰糟 4kg，同样将蛋放上，即为第二层蛋。一般第一层放蛋 50 多枚，第二层放 60 多枚，每坛放两层共 120 枚。第二层排满蛋后，再用 9kg 面糟摊平盖面，然后均匀地撒上 1.6～1.8kg 食盐。

3. 封坛 目的是防止乙醇、乙酸挥发和细菌的侵入，蛋入糟后，用两张刷上猪血的牛皮纸，将坛口密封，外面再用竹箬包牛皮纸，用草绳沿坛口扎紧。每四坛一叠，坛与坛间用三丁纸垫上（纸有吸潮能力）。排坛要稳，防止摇动使食盐下沉，每叠最上一只坛口用方砖压实。每坛上面标明日期、蛋数、级别，以便检验。

4. 成熟 平湖糟蛋的成熟期为 4.5～5 个月。成熟过程一般存放于仓库中，所以应逐月抽样验查，以便控制糟蛋的质量，根据成熟的变化情况来判别糟蛋的品质。

第一个月：蛋壳带蟹青色，击破裂缝已较明显，但蛋内容物与鲜蛋相仿。

第二个月：蛋壳裂缝扩大，蛋壳与壳下膜逐渐分离，蛋黄开始凝结，蛋白仍为液体状态。

第三个月：蛋壳与壳下膜完全分离，蛋黄全部凝结，蛋白开始凝结。

第四个月：蛋壳与壳下膜脱开 1/3，蛋黄微红色，蛋白乳白色。

第五个月：蛋壳大部分脱落，或虽有少部分附着，只要轻轻一剥即予脱落。蛋白呈乳白色胶冻状，蛋黄呈橘红色半凝固状，此时蛋已糟制成熟。

叙府糟蛋在室温下糟渍 3 个月左右，需将蛋翻出，剥去蛋壳，这时的蛋为无壳的软壳蛋。贮存 3～4 个月后，再次翻坛，即将上层的蛋翻到下层，下层的蛋翻到上层，使整坛的糟蛋均匀糟渍，成熟期为 10～12 个月。

四、营养和质量要求

糟蛋在形成过程中，由于醇、酸、糖和食盐的作用，与鲜鸭蛋比较，水分含量明显下降，灰分、碳水化合物和氨基酸增加。糟蛋营养丰富，醇香可口，易于消化吸收，具有开胃、助消化、促进血液循环等功能。糟蛋是冷食食品，不需烹调，食用时只要将糟蛋放在碟、碗内，用小刀轻轻划破糟蛋壳膜即可。

糟蛋的营养成分见表 3-4-9。

表 3-4-9 糟蛋的营养成分（每 100g 可食部）

水分/g	蛋白质/g	脂肪/g	碳水化合物/g	灰分/g	钙/mg	磷/mg	铁/mg	维生素 A_1/IU	维生素 B_1/mg	维生素 B_2/mg	尼克酸/mg
52.0	15.8	13.1	11.7	7.1	248	111	3.1	234	0.45	0.50	6.72

糟蛋中各种氨基酸的含量见表 3-4-10。

表 3-4-10　糟蛋中各种氨基酸的含量

氨基酸种类	含量/%	氨基酸种类	含量/%
天冬氨酸	0.87	异亮氨酸	0.49
苏氨酸	0.50	亮氨酸	0.81
丝氨酸	0.67	酪氨酸	0.14
谷氨酸	1.16	苯丙氨酸	0.61
脯氨酸	0.23	赖氨酸	0.57
甘氨酸	0.33	组氨酸	0.18
丙氨酸	0.50	色氨酸	微量
胱氨酸	0.089	精氨酸	0.16
缬氨酸	0.57	总氨基酸	8.22
甲硫氨酸	0.34		

感官要求：蛋形完整，蛋膜无破裂，蛋壳脱落或不脱落。蛋白乳白色、浅黄色，色泽均匀一致，呈糊状或凝固状。蛋黄完整，黄色或橘黄色，呈半凝固状。具有糟蛋正常的醇香味，无异味。

糟蛋在加工过程中常发现不符合质量要求的次劣品，一般有如下几种：

1. 矾蛋　由于蛋壳变质，坛内同一层的蛋膨胀而挤成一团，相互黏结，蛋不成形，糟呈糊状与蛋混杂，严重时使蛋无法从坛内取出，故称为“凝坛”，必须击破坛底才能将蛋取出。矾蛋形成的原因较多，酒糟质量不符合要求（醇含量低、酸含量过高）；或上层铺糟不足，过薄；或坛有裂缝漏糟，坛内糟液减少，坛内的蛋相互靠在一起，在酸的作用下，蛋壳溶化而黏牢在一起。

2. 水浸蛋　由于酒精变质或含醇类不足，使蛋白不能呈胶冻状，仍为流动的水样状，颜色由白变红，蛋黄硬实，发生变味，这种蛋不能食用。

3. 嫩蛋　由于加工时间过迟，糟制时间不足，气温过冷，使糟蛋不能成熟，蛋白仍为流动的液体，蛋黄已凝结，这种蛋为次糟蛋。补救的办法是将嫩蛋在沸水中煮一煮，使蛋白凝固仍可食用，但失去了糟蛋的固有风味。

思考题

1. 在皮蛋加工过程中，为什么蛋清会发生凝固？
2. 目前哪些物质能够取代铅的作用？为什么？
3. 为什么会出现松枝花纹以及皮蛋特有风味？
4. 皮蛋蛋清为何会呈茶色，蛋黄为何会呈现墨绿色泽？
5. 皮蛋加工有哪些基本工艺步骤？每个工序的操作要点是什么？
6. 目前皮蛋加工的机械化程度有哪些提高？出现了哪些新型的机械？
7. 食盐在咸蛋加工中有哪些作用？
8. 咸蛋加工过程中蛋主要发生了哪些变化？简述咸蛋的质量要求。
9. 试述糟蛋加工的原理。
10. 糟蛋加工的辅料如何选择？简述糟蛋加工的工艺步骤。

CHAPTER 5

第五章 液蛋与干蛋品

本章学习目标 掌握液蛋、干蛋品的生产工艺，重点掌握液蛋的打蛋方法和设备、蛋液杀菌等工艺与操作要求，熟悉干蛋制品脱糖方法和原理；了解蛋黄酱的特点及生产工艺与配方；掌握蛋白片的加工工艺流程及操作要点；熟悉蛋粉的加工工艺与质量控制。

由于蛋壳质量等多方面原因，鲜蛋不利于大批量贮存、运输，影响其工业化消费。随着全球对食品安全重视程度的加深，食品加工企业越来越多地采用食用蛋粉和食用蛋液替代壳蛋。液蛋产品主要包括全蛋液、蛋白液、蛋黄液等几类。液蛋在营养、风味和功能特性上基本保留了新鲜鸡蛋的特性，质量稳定，液蛋生产中还杀灭了致病菌。在液蛋产品生产过程中，经过脱糖（或不脱糖）、干燥处理得到的产品称为干蛋品。干蛋品不仅很好地保留了鸡蛋原有的营养成分，而且具有优越的功能性质（如凝胶性、乳化性、起泡性、保水性等）以及使用方便、安全，易于贮存和运输等优点，可作为食品营养添加剂、品质改良剂，既能改善食品的风味，也能提高食品的营养价值，在食品工业中应用广泛。

第一节　蛋液及其产品

一、液蛋制品

液蛋制品是以鲜蛋为原料，经去壳、加工处理后制成的蛋制品，如全蛋液、蛋黄液、蛋白液等。冰蛋品又称为冷冻蛋品，是蛋制品中的一大类，它是鲜蛋经过一系列加工工艺，最后冷冻而成的蛋制品。液蛋制品根据原料的不同，可分为全蛋液、蛋黄液、蛋清液、冰蛋等，具体分类见表3-5-1。

表3-5-1　常见液蛋产品

原料	种类
全蛋液	全蛋液、杀菌全蛋液、加盐全蛋液
蛋白液	蛋白液、杀菌蛋白液
蛋黄液	杀菌蛋黄液、加盐蛋黄液、加糖蛋黄液、酶解蛋黄液
冰蛋	冰全蛋、冰蛋白、冰蛋黄

液蛋主要应用于食品工业，由于使用方便，其应用范围很广，可运用于蛋糕、蛋奶冻、色拉酱、冰激凌、饮料、煎蛋卷、蛋黄酱、婴幼儿营养食品等的生产。在欧洲、日本、美国等国家和地区，巴氏杀菌蛋液已成为现代化蛋品的主流，广泛应用于各式西点、点心、面包、蛋糕等食品的生产，比例高达20%以上，小包装液蛋消费在欧美市场也已经起步。

二、干蛋制品

由于原料及加工方法不同，干蛋品的种类丰富，用途多样。用来生产干蛋制品的原料主要是鸡蛋，很少用鸭蛋或鹅蛋。干蛋品种类为蛋粉类与蛋片。也可分为干蛋白、干全蛋、干蛋黄以及专用蛋粉，具体分类见表 3-5-2。

表 3-5-2 常见干蛋制品

种类	细分类别
干蛋白	普通蛋清粉、蛋白片（均除去葡萄糖）
干全蛋	普通全蛋粉、除葡萄糖全蛋粉、加糖全蛋粉
干蛋黄	普通蛋黄粉、除葡萄糖蛋黄粉、加糖蛋黄粉
专用蛋粉	高起泡性蛋粉、高凝胶性蛋粉、高溶解性蛋粉、高乳化性蛋粉

干蛋白是指以禽蛋为原料，经清洗除菌、拣蛋、打蛋、分离蛋黄、过滤、冷却、均质、杀菌、干燥、过筛除杂、包装等工艺生产的干蛋制品。其中，普通蛋清粉主要是通过喷雾干燥工艺，蛋白片是通过浅盘干燥制成的片状或粒状产品或将其磨成粉状包装。干全蛋和干蛋黄是指以禽蛋为原料，经清洗除菌、拣蛋、打蛋（或分离蛋黄）、过滤、冷却、均质、杀菌、干燥、过筛除杂、包装等工艺生产的粉状蛋制品，包括普通全蛋粉、普通蛋黄粉、除葡萄糖全蛋粉及除葡萄糖蛋黄粉、加糖全蛋及加糖蛋黄粉。专用蛋粉主要是指以普通蛋粉为基础，加以调配用于特定需求的场景，包括高起泡性蛋粉、高凝胶性蛋粉、高溶解性蛋粉（冲调饮品用）以及高乳化性蛋粉等。

干蛋品是为了便于禽蛋产品贮存、运输和满足产业发展的蛋制品功能细分产品。在制作饼干、面包、蛋糕等烘焙食品时，蛋粉能增加产品的营养价值；混合在面团中，能赋予面团更强的气体容载能力，使面团膨化体积增大，从而丰富产品的风味。在焙烤过程中，蛋粉中所含的卵磷脂的分解和焦化可使饼干上色更加饱满，同时延长烘焙食品保存期。蛋粉的凝胶性在加工风味休闲蛋制品，如鸡蛋干、鱼丸、面条、香肠、冰激凌中扮演着重要角色，使产品质构更密实、弹性好。高附加值专用蛋粉主要以其较好的加工性能应用于食品加工业。例如，高溶解型蛋粉可提高鸡蛋粉的溶解性，用于制备速溶蛋饮品；高乳化型蛋粉主要用作鱼糜制品、肉制品、蛋黄调味酱、冷饮（冰激凌、雪糕）的生产辅料；高起泡型蛋粉主要用于戚风蛋糕等食品中。野外、军需专用型蛋粉旨在完整地保留鲜蛋所具有的全部营养价值，以满足特定人群在特殊环境下的需求。

另外，纺织工业中的染料及颜料浆中加入 35%～50%干蛋白片的水溶液，可以增加印染的黏着性；干蛋白可作皮革鞣制中的光泽剂，使制成的皮革表面光滑，防水耐用；造纸及印制工业中，制造高级纸张可用干蛋白做施胶剂，提高纸张的硬度、强度，增强其韧性和耐湿性。印刷制版时，写真制版需用干蛋白，如写真平版地图、机械图、活版印刷和复制平版印刷等都需用干蛋白作为感光剂及胶着剂。干蛋白在医药工业上应用也较为广泛。

第二节 液态蛋加工

一、生产流程与设备

（一）工艺流程

蛋液经过不同的加工方式处理之后，可得到种类繁多的液蛋产品，如全蛋液、蛋清液、蛋黄液、加盐蛋黄液等。液蛋产品的生产工艺包括原料蛋预处理，打蛋、去壳与过滤，预冷，蛋液的暂存与混合，蛋液的杀菌，装填，包装及运输等，生产工艺流程见图 3-5-1。

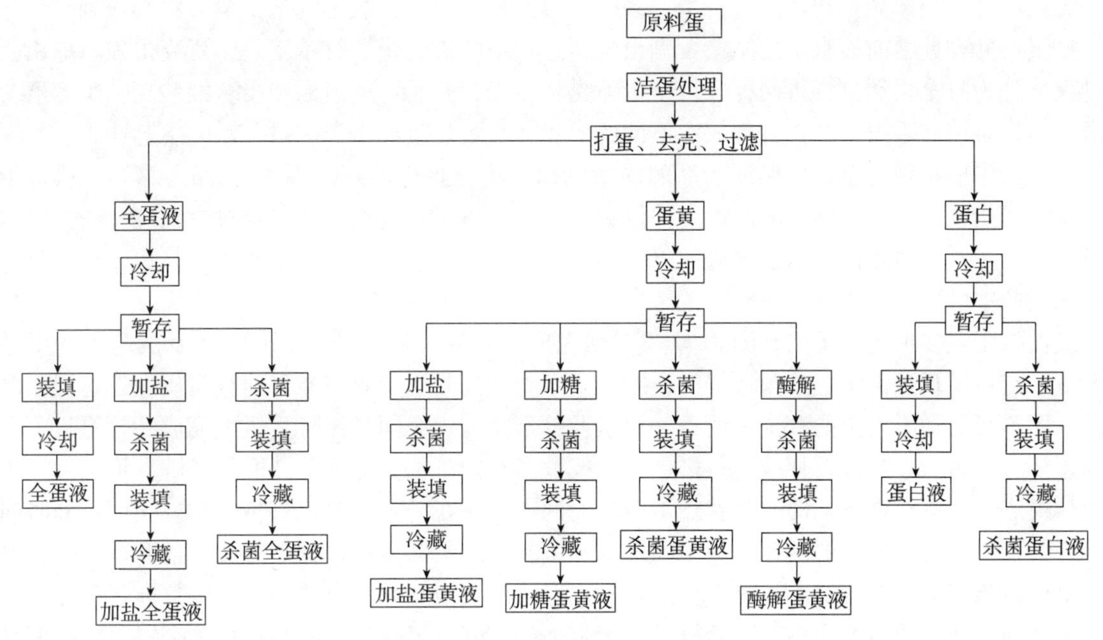

图 3-5-1 液蛋产品生产工艺流程

（二）设备流程

蛋液生产设备流程见图 3-5-2。

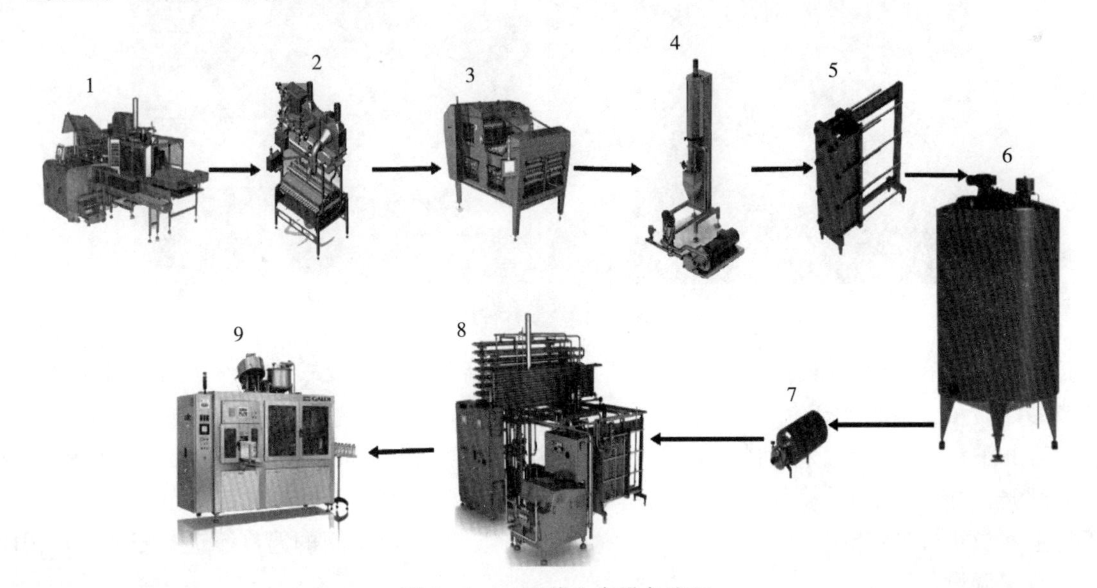

图 3-5-2 蛋液生产设备流程

1. 上蛋 2. 鲜蛋的清洗和消毒 3. 打蛋 4. 过滤 5. 预冷 6. 暂存罐 7. 泵 8. 巴氏杀菌 9. 灌装

二、生产工艺

原料蛋的预处理与洁蛋生产工艺相似，此处不再赘述，重点介绍后续工艺。

（一）打蛋

无论何种液蛋产品，均需经过打蛋、去壳、过滤等工序。一般是洗蛋干燥后将其送到打蛋车间进行打蛋，并在此之前检查蛋的质量，剔出洗蛋过程中的破壳蛋。打蛋就是将蛋壳击破，取出蛋液的过程，分为打全蛋和打分蛋两种。打全蛋就是将蛋壳打开后，把蛋白和蛋黄混装在一个容器。打分蛋就是将蛋白、蛋黄分开，分别放在不同的容器。打蛋是蛋液生产中最关键的工艺，很容易造成污染，生产中应特别注意，以保证产品的质量和出品率。打蛋的理想温度是15～20℃。从打蛋开始，蛋液开始暴露在空气中，因此需要在设备内部保持正压，且空气应该经过过滤处理。洗蛋的房间应该保持负压，以防止污染的空气进入打蛋间。打蛋的方法包括人工打蛋和机械打蛋。人工打蛋在工业化生产中已经被淘汰。

机械打蛋主要采用打蛋机（图3-5-3）来完成。打蛋机是20世纪50年代发展起来的蛋品生产设备，它可实现蛋清洗、杀菌过程的连续化，可大大提高生产效率。目前打蛋机在发达国家已被广泛应用于蛋品加工。蛋的清洗、消毒、晾蛋及打蛋几道工序同时在打蛋机上完成。打蛋机上有许多分蛋杯、打蛋刀。当分蛋杯被不合格蛋污染或散黄时，可很方便地单独取下清洗、消毒。打蛋刀由两片组成，它设在蛋下，同时起着托蛋或蛋壳的作用。在一定位置，打蛋刀切入蛋内，同时向两侧劈开，蛋内容物由劈开的两片刀的中间落入分蛋杯，在机器传动过程中完成蛋清和蛋黄分离的过程。机械打蛋能减轻劳动轻度，提高生产效率，但要求蛋新鲜，大小适当。我国目前蛋源分散，蛋鸡的品种杂，所产的蛋大小不一，给机械打蛋带来一定困难，故采用机械打蛋配合以手工打蛋是比较合理的，可以保证蛋液的质量。

图3-5-3　打蛋机

打蛋后，蛋液完全暴露在空气中，如果生产中卫生条件不符合要求或操作不当等都会严重影响蛋液成品的质量。因此，打蛋工序中应注意以下事项：

（1）打蛋车间的卫生　车间的墙壁上应有壁裙，墙角应为钝角以便于消毒。地面铺瓷砖或水泥，应磨光，并有一定的坡度，使车间无积水现象。打蛋间空气应新鲜，光线充足，无直射光，以便于打蛋人员进行蛋液的感官鉴定。无虫、蝇、鼠等侵入。打蛋车间的温度不应高于18℃。因此，夏季应有空调设备。

车间内的固定打蛋设备必须做到生产班次结束时彻底清洗，开始使用前进行消毒，一切打蛋用具必须彻底清洗、消毒后才能使用。原料蛋输送带与打蛋机每隔4h应停止使用并杀菌一次。人工打蛋所使用的收蛋杯等器具每隔2.5h应清洗、杀菌一次。机械的洗涤以刷洗较为有效，杀菌则以热水或含有效氯200mg/kg较为有效。杀菌时可将分解的机械拆开浸渍，就地清洗。打蛋时如遇到次劣蛋，部分或全部用具必须更换。如发现有异味蛋或臭蛋时，全部用具应及时送出车间处理，不宜久留。

（2）打蛋人员卫生　打蛋人员应定期进行健康检查。上班时不能涂带香味或其他气味的化妆品，不许留长指甲。进入车间应洗澡，换上已消毒的工作服及鞋帽；头发必须全部包入帽内，戴上口罩；然后洗手，并用酒精消毒。打蛋人员每隔 2h 要洗手和消毒一次。若遇次劣蛋，在更换打蛋用具的同时，要彻底洗手并消毒。

（二）过滤

蛋液中易混有少量的蛋壳、壳膜和系带等杂物，须经过滤器（图 3-5-4）进行过滤。蛋液过滤即除去碎蛋壳、蛋壳膜、蛋黄膜、系带等杂物。由于搅拌过滤的用具形式不同，搅拌过滤的方法也有所差异，常用的有如下几种：

（1）搅拌过滤器由蛋液过滤槽、搅拌器、过滤箱及莲蓬式过滤器等四部分组成　蛋液过滤槽为金属制品，槽内有带孔的金属圆筒，可清除蛋液中杂质和割破的蛋黄膜。在圆槽之间有齿状挡板，可减缓蛋液流速，便于蛋壳沉降。槽的一端设有蛋液流出口。搅拌器是由金属制成，内有螺旋搅拌桨，蛋液在此搅拌均匀，由出口进入过滤箱。过滤箱内有筛子，可过滤蛋液。筛子是过滤蛋液除去杂质的主要装置。莲蓬式过滤器也是金属过滤器，内附有金属筛子。这种搅拌过滤器的工作过程是“一搅三过滤法”。

（2）搅拌过滤器由搅拌及过滤两部分组成　搅拌部分主要是电力带动的搅拌轴，轴的活动方式不是螺旋式运动，而是上下击动，以使蛋白和蛋黄混合均匀。搅匀的蛋液经出口处装设的镀镍钢制圆筒进行过滤。蛋液内的蛋壳、壳膜、系带等均留于筒内，纯净的蛋液由细孔中流出，经管道进入预冷器内。

（3）搅拌过滤器由三次过滤装置组成，无搅拌装置　第一道过滤器为铝制方形缸，缸的底部有一方形过滤槽。槽内有方形过滤器，蛋液过滤后由泵抽送到第二道过滤器，此过滤器为圆筒形。然后进入第三道过滤器。蛋液经多次过滤达到混合净化的目的。

目前蛋液的过滤多使用压送式过滤机，但是在国外也有使用离心分离机以除去系带、碎蛋壳等杂物的方法。由于蛋液在混合、过滤前后均需要冷却，而冷却会使蛋白与蛋黄因相对密度差异而不均匀，故需要通过均质机或胶体磨，或添加食用乳化剂以使其均匀混合。蛋液的混合机、过滤机应注意清洗、杀菌，以免被微生物污染。

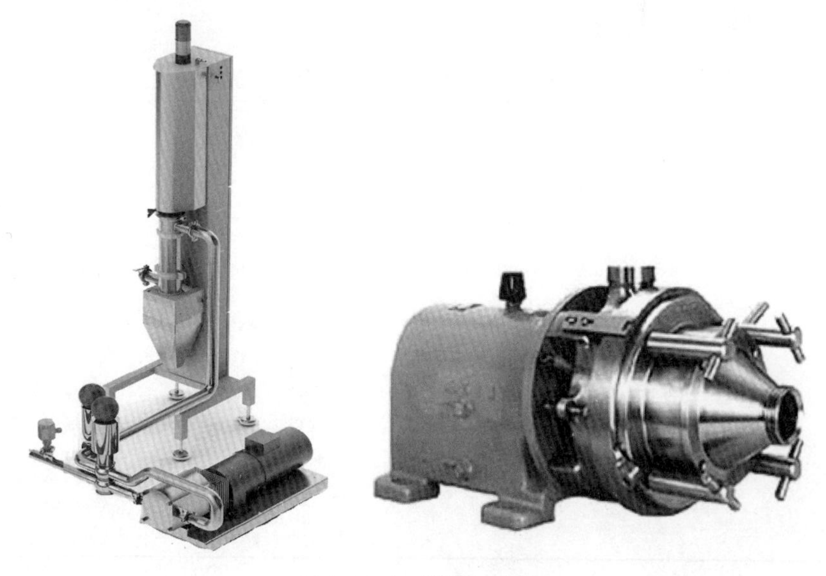

图 3-5-4　蛋液过滤器

（三）预冷

由于打蛋温度较高，为了预防蛋液中微生物生长繁殖，收集到的蛋液在进入暂存罐之前需进行降温处理。这个过程在蛋液向暂存灌输送过程中完成，制冷剂为0～3℃的乙二醇水溶液或氯化钙水溶液，由于氯化钙具有极强的腐蚀作用，目前工业化生产过程中使用较少。预冷后蛋液温度可降至4℃。

（四）蛋液的暂存

冷却后的蛋液进入暂存罐（图3-5-5），积攒够一定量之后再被泵入杀菌系统。除全蛋液、蛋白液和蛋黄液之外，根据实际生产需求，还会在蛋液中添加食盐、糖或酶等物质，以改善蛋液的加工特性。为防止蛋液产品的二次污染，这些外来物质的添加需在暂存罐中完成。为使蛋液均匀，应进行搅拌处理。

图3-5-5　蛋液暂存罐

（五）杀菌

原料蛋在洗蛋、打蛋去壳、蛋液混合、过滤处理过程中，均可能受微生物的污染，而且蛋经打蛋、去壳后失去了一部分防御体制，因此生蛋液应经杀菌方可保证安全。蛋液的巴氏杀菌是彻底杀灭蛋液中的致病菌，尽可能地减少细菌总数，同时最大程度地保持蛋液营养成分不受损失的加工措施。

蛋液采用巴氏杀菌方法最早是在20世纪30年代，使用加热罐批量进行，杀菌温度为60℃，后来发现蛋液也可像牛乳那样用片式加热器高温短时间连续杀菌，因此各国纷纷采用高温短时连续杀菌设备对蛋液杀菌。但是，蛋液中蛋白极易受热变性并发生凝固，因此要选择适宜的杀菌条件。全蛋液、蛋白液、蛋黄液和添加盐、糖的蛋液的化学组成不同，对热的抵抗能力也有差异，因此，采用的巴氏杀菌加热条件不同。美国农业部要求全蛋液应加热至60℃，至少保持3.5min；英国采用64.4℃、2.5min杀菌。我国对全蛋液的巴氏杀菌要求是64.5℃、3min。部分国家的蛋液巴氏杀菌条件见表3-5-3。但对蛋白液的杀菌操作也存在一些问题，主要是在有效的巴氏杀菌加热范围内蛋白不稳定，易变性。

表3-5-3　部分国家的蛋液巴氏杀菌条件

国家	全蛋液杀菌条件	蛋白液杀菌条件	蛋黄液杀菌条件
波兰	64℃、3min	56℃、3min	60.5℃、3min
德国	65.5℃、5min	56℃、8min	58℃、3.5min
法国	58℃、4min	55～56℃、3.5min	62.5℃、4min
瑞典	58℃、4min	55～56℃、3.5min	62～63℃、4min
英国	64.4℃、2.5min	57.2℃、2.5min	62.8℃、2.5min
澳大利亚	64.4℃、2.5min	55.6℃、1.0min	60.6℃、3.5min
美国	60℃、3.5min	56.7℃、1.75min	60℃、3.1min

1. 蛋液中的微生物　未杀菌的蛋液中最常发现大肠菌，沙门菌、葡萄球菌也常被检出。污染蛋液的病原微生物主要来自鸡本身及蛋液加工厂的设备。据报道，鸡粪污染蛋在洗净前后或清洁的未洗蛋蛋壳上，均存在大量的微生物，而且污壳蛋沙门菌检出数比洁壳蛋高数倍。在蛋液加工过程中，以打蛋后的贮蛋槽检出微生物频率最高。

2. 蛋液的杀菌方法 不同类型的蛋液对热的抵抗力有差异，采用的杀菌条件也不一样。主要有以下几种：

（1）全蛋液的巴氏杀菌 我国一般采用的条件：杀菌温度为64.5℃，保持3min。经这样的杀菌，一般可以保持全蛋液在食品配料中的功能特性，也可以杀灭致病菌，并减少蛋液内的杂菌数。

（2）蛋黄的巴氏杀菌 蛋黄中主要的病原菌是沙门菌，由于蛋黄pH低，沙门菌在低pH环境中对热不敏感，并且蛋黄中干物质含量高，致使该菌在蛋黄中的热抗性比在蛋白液、全蛋液中高。因此，蛋黄的巴氏杀菌温度比全蛋液或蛋白液高。蛋黄的热敏感性低，采用较高的巴氏杀菌温度也是可行的。

（3）蛋清的巴氏杀菌

①蛋清的热处理：蛋清中的蛋白质对热敏感，更容易受热变性，使其功能特性受损失。因此，对蛋清的巴氏杀菌是很困难的。有报道指出蛋清即使在57.2℃瞬间加热，其发泡力也会下降。也有研究表明，用小型商业片式加热器将蛋清加热到60℃以上进行杀菌，则蛋清黏度和混浊度增加，甚至蛋清会黏附到加热片上并凝固。但在56.1～56.7℃加热2min，蛋清没有发生机械和物理变化。而在57.2～57.8℃加热2min，则蛋清黏度和混浊度增加。另外，蛋清蛋白的热变性程度随蛋清pH升高而增加，当蛋清pH为9时，加热到56.7～57.2℃则黏度增加，加热到60℃时迅速凝固变性。对蛋清的加热灭菌要同时考虑流速、蛋清黏度、加热温度和时间及添加剂的影响。

②添加乳酸和硫酸铝（pH7）的加工过程：这种巴氏杀菌蛋清的方法是由美国一家研究室提出的，使用这种方法可以大大提高蛋清对热的抵抗力，从而可以对蛋清采用与全蛋液一致的巴氏杀菌条件。主要是因为向蛋清中加入金属铁或铝等物质后，加入的铁或铝会与伴白蛋白结合形成热稳定性较好的复合物。

③添加过氧化氢的加热：过氧化氢是众所周知的杀菌剂，很早就有人提出将其应用到蛋液中杀菌。但因过氧化氢在热处理过程中会分解出氧气而产生大量的泡沫，另外杀菌完成后过氧化氢会残留在蛋液中。因此，该方法长期未被商业生产采用。近年的研究结果使该方法成为生产中可接受的蛋清巴氏杀菌方法。

3. 蛋液杀菌设备 蛋液巴氏杀菌装置和杀菌车间分别见图3-5-6和图3-5-7。蛋液巴氏杀菌装置分为单槽式杀菌器、高温短时杀菌装置两种。

（1）单槽式杀菌器 单槽式杀菌器容量多在500L以下。蛋液在杀菌时较牛乳容易起泡，且形成的泡沫不宜消除。此泡沫常成为绝缘物而阻隔传热，妨碍杀菌效果及引起杀菌不完全等，故蛋液杀菌时应避免产生泡沫。使用单槽式杀菌器时，杀菌槽液面若有成层泡沫存在，则将使液面温度降低，故设置面上空间加热器较理想。另外，蛋液在加热后能附着在传热面上，阻碍热的传导，故杀菌槽还应设置热面刮除器。

（2）高温短时杀菌装置 此为牛乳的高温短时杀菌装置沿用于蛋液的方法，主要由精密的温度调节系统、保持管、热交换器、真空器以及其他设备组成。高温短时杀菌装置常配有热交换器，依其型式可分为板型热交换器、刮除型热交换器及三重管型热交换器。

高温短时杀菌装置不论其配置的热交换器型式如何，均可以就地清洗（CIP）（图3-5-8）及进行机械设备的杀菌。

4. 杀菌后的冷却 杀菌后的蛋液需要根据使用目的迅速冷却，如供原工厂使用，可冷却至15℃左右；若以冷却蛋或冷冻蛋形式出售，则需要迅速冷却至2℃左右，然后再充填至适当容器。根据FAO/WHO建议，蛋液在杀菌后急速冷却至5℃，可贮藏24h；若急速冷却至7℃，则仅能贮藏8h。

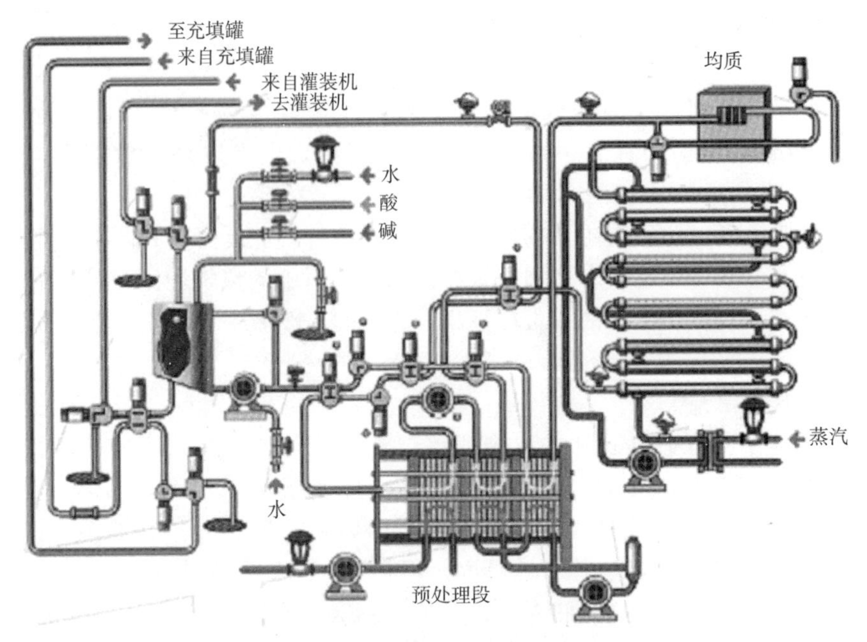

图 3-5-6　蛋液巴氏杀菌装置

图 3-5-7　蛋液杀菌车间

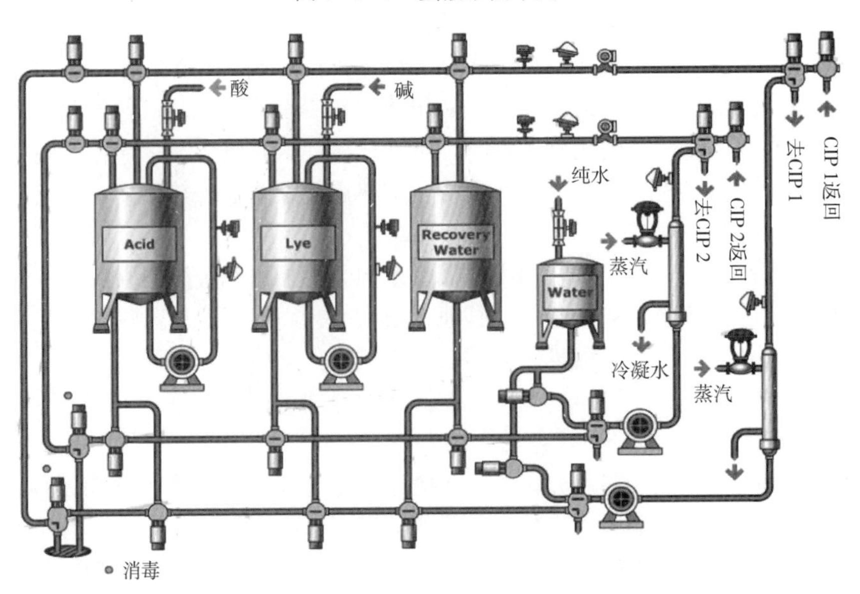

图 3-5-8　CIP 清洗系统

（六）填充、包装及运输

蛋液产品的填充容器和容量需根据销售途径和销售对象进行选择。为方便零用者，出现了塑料袋包装或纸盒包装，包装规格一般为1kg。供商业用途的蛋液产品包装多为塑料袋，包装规格有5、10和20kg等。为避免巴氏杀菌蛋液的二次污染，蛋液产品的填充采用充填机完成（图3-5-9）。

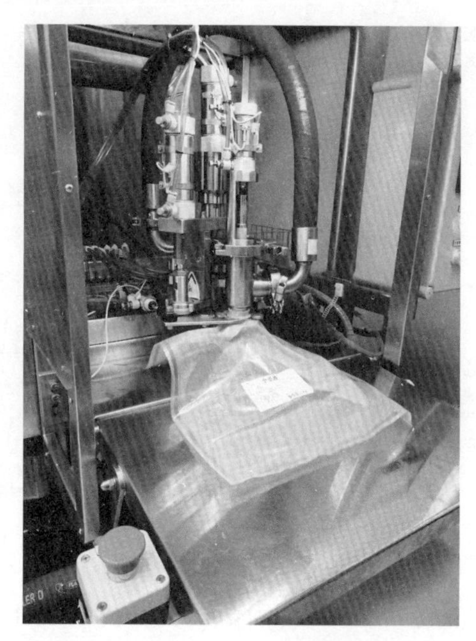

图3-5-9 蛋液充填机

液蛋产品多采用蛋液车或大型货柜完成运输。蛋液车备有冷却或保温槽，其内可以隔成小槽以便能同时运送蛋白液、蛋黄液及全蛋液。蛋液车槽可以保持蛋液最低温度为0～2℃，一般运送蛋液温度应在12.2℃以下，长途运送则应在4℃以下。使用蛋液冷却或保温槽每日均需清洗、杀菌一次，以防止微生物污染繁殖。

（七）急冻

将不同的巴氏杀菌液蛋产品经过急冻加工得到的产品为冰蛋产品。液蛋产品的运输温度一般为4℃，保存时间为24h左右，在一定程度上限制了液蛋产品的长途运输和销售。因此，可将罐装好的液蛋产品装箱后急冻处理，获得温度更低、保质期更长的冰蛋产品。

液蛋产品的急冻是在急冻间完成的。急冻间内分布有均匀排列的排管，排管内部的制冷剂有液氨、工业用氟利昂等，液氨易爆炸，存在较大的安全隐患，现在冷库的制冷机组多采用工业用氟利昂，急冻间内温度可达－30℃。经过72h的急冻，液蛋产品温度可降至－18℃左右，此时可视为达到急冻要求，经过外包装后转入冷藏库冷藏，库温应在－18℃，温度波动不能超过1℃。

三、产品标准

我国还没有液态蛋产品质量标准，主要参照GB 2749—2015《食品安全国家标准　蛋与蛋制品》、GB 21710—2016《食品安全国家标准　蛋与蛋制品生产卫生规范》。GB 21710—2016规定了打蛋、过滤、收集及暂存环节。标准规定：打蛋时应使用人工或机械逐个破壳，不宜使用挤压破壳法，以避免微生物污染和异物污染。应使用适当的过滤器、离心机或其他合适的设备过滤液蛋。应选择合适的滤网目数，并制定控制措施以确保滤网的完好和清洁，每班至少进行1次检查、清洗滤网，必要时，对滤网进行更换。清洗时应严格按照相关要求进行，清洗后应进行效果验证，确保后续产品不会受到污染。蛋液暂存温度应不高于7℃，并在24h内进行下一步处理，确保微生物不会生长繁殖。

第三节　蛋黄酱加工

蛋黄酱是以蛋黄及食用植物油为主要原料，添加若干种调味物质加工而成的一种乳状液。蛋黄酱属于O/W型乳化体系，但它在一定的条件下会转变为W/O型，此时蛋黄酱的状态被破坏，流变性发生变化，黏度大幅度下降，外观上由原来黏稠均匀的体系变成稀薄的“蛋花汤”状。在蛋黄酱加工时，是否形成稳定的O/W型乳化体系是一个重要的问题，但这一问题受多种因素的影响。

一、原辅料及其配方

（一）原辅料的选择

蛋黄酱生产所用原辅料一般包括鸡蛋、植物油、食醋、香料、食盐、糖等。下文择要介绍。

1. 蛋黄 蛋黄或全蛋是一种天然乳化剂，蛋黄酱是围绕蛋黄所产生的乳化作用而形成的一种天然完全乳状液。使蛋黄具有乳化剂特性的物质主要是卵磷脂和胆甾醇，卵磷脂属O/W型乳化剂，而胆甾醇属于W/O型乳化剂。实验证明，当卵磷脂：胆甾醇＜8：1时，形成的是W/O型乳化体系，或使O/W型乳化体系转变为W/O型。卵磷脂易被氧化，如果生产蛋黄酱所用原料蛋的新鲜程度较低，则不易形成稳定的O/W型乳化体系。此外，蛋黄中的类脂成分对产品的稳定性、风味、颜色也起着关键作用。

2. 植物油 加工蛋黄酱的植物油一般以无色或浅色的油为好，要求其颜色清淡、气味正常、稳定性好，且硬脂含量不多于0.125%。最常用的植物油是精制豆油，最好是橄榄油，也可以选用玉米油、米糠油、菜籽油、红花籽油等。有些油品如棕榈油、花生油等，因富含饱和脂肪酸结构的甘油酯，低温时易固化，导致乳状液的不连续，故不宜用于制作蛋黄酱。

3. 食醋 蛋黄酱中添加食醋，既可以防腐，又可起到调味作用。蛋黄酱生产中最常用的酸是食用醋酸，一般多用米醋、苹果醋、麦芽醋等酿造醋，其风味好，刺激性小。食用醋酸常含有乙醛、乙酸乙酯及其他微量成分，这些微量成分对食用醋酸及蛋黄酱的风味都有影响。为了提高和改善蛋黄酱的风味，在蛋黄酱配方中也可以使用柠檬酸、苹果酸、酸橙汁、柠檬汁等酸味剂代替部分食用醋酸，这些酸味剂能赋予蛋黄酱特殊的风味。

蛋黄酱制作要求所用的食醋无色，且其醋酸含量在3.5%～4.5%之间为宜。此外，由于食醋中往往含有丰富的微量金属元素，而这些金属元素有助于氧化作用，对产品的贮藏不利，因此，可考虑用苹果酸、柠檬酸等替代，也可选用复合酸味剂。

4. 芥末 芥末是粉末乳化剂。一般认为蛋黄酱的乳化是依靠卵磷脂和胆甾醇的作用，而其稳定性主要取决于芥末。当加入1%～2%的白芥末粉时，即可维持体系稳定，且芥末粉越细，乳化稳定效率越高。同时考虑芥末对产品风味的影响，一般用量控制在0.6%～1.2%。

5. 其他 糖和盐不仅是调味品，还能在一定程度上起到防腐和稳定产品性质的作用，但配料中食盐用量偏高会使产品稳定性下降，因而要将产品水相中食盐浓度控制在10%左右。此外，在配料中适当添加明胶、果胶、琼脂等稳定剂，可使产品稳定性提高。

生产用水最好是软水，硬水对产品的稳定性不利。

除用蛋黄作为乳化剂外，柠檬酸甘油单酯和柠檬酸甘油二酸酯、乳酸甘油单酯、乳酸甘油二酸酯和卵磷脂复配使用，也能使脂肪细微分布，并可改善蛋黄酱类产品的黏稠度和稳定性。为使产品产生最佳的口感，变性淀粉、水溶性胶体、起乳化作用的物质和乳化剂的复杂协同作用特别重要。选用的乳化剂和增稠剂必须是耐酸的，乳化剂不可全部代替蛋黄，其用量为原料总量的0.5%左右。有些国家则规定蛋黄酱不得使用鸡蛋以外的乳化稳定剂，若使用，产品只能称作沙拉酱。

（二）蛋黄酱的配方

1. 一般沙拉性调料蛋黄酱生产配方 蛋黄10%，植物油70%，芥末1.5%，食盐2.5%，食用白醋（含醋酸6%）16%。该配方产品特点：淡黄色，较稀，可流动，口感细腻、滑爽，有较明显的酸味。其理化性质：水分活度0.879，pH3.35。

2. 低脂肪、高黏度蛋黄酱生产配方 蛋黄25%，植物油55%，芥末1.0%，食盐2.0%，柠檬原汁 12%，α-交联淀粉 5%。该配方产品特点：黄色，稍黏稠，具有柠檬特有的清香，酸味柔和，口感细滑，适宜作糕点夹心等。其理化性质为：水分活度 0.90，pH4.7。

3. 高蛋白、高黏度蛋黄酱生产配方 蛋黄 16%，植物油 56%，脱脂乳粉 18%，柠檬原汁 10%。该配方产品特点：淡黄色，质地均匀，表面光滑，酸味柔和，口感滑爽，有乳制品特有的芳香，宜做糕点等表面涂布。其理化性质：水分活度 0.865，pH5.5。

4. 其他几种常用配方

配方 1：蛋黄 9.2%，色拉油 75.2%，食醋 9.8%，食盐 2.0%，糖 2.4%，香辛料 1.2%，味精 0.2%。配方说明：油以精制色拉油为好，且玉米油比豆油更为理想；食醋以发酵醋最为理想，若使用醋精应控制其用量，通常以醋酸含量折算。

配方 2：蛋黄 8.0%，食用油 80.0%，食盐 1.0%，白砂糖 1.5%，香辛料 2.0%，食醋 3.0%，水 4.5%。

配方 3：蛋黄 10.0%，食用油 72.0%，食盐 1.5%，辣椒粉 0.5%，食醋 12.0%，水 4.0%。

配方 4：蛋黄 18.0%，食用油 68.0%，食盐 1.4%，辣椒粉 0.9%，食醋 9.4%，砂糖 2.2%，白胡椒面 0.1%。

配方 5：蛋黄 500g，精制生菜籽油 2 500mL，食盐 55g，芥末酱 12g，白胡椒面 6g，白糖 120g，醋精（30%）30mL，味精 6g，维生素 E 3～4g，凉开水 300mL。

二、生产工艺

（一）工艺流程

不同企业生产蛋黄酱的工艺流程差异较大，但主要工艺基本一致。现列举一种，见图3-5-10。

（二）操作要点

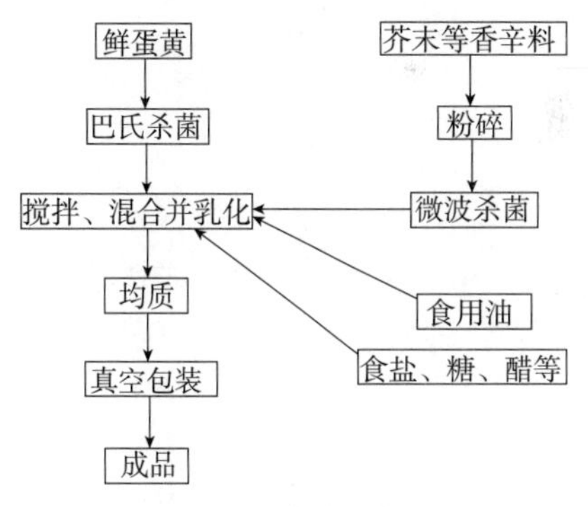

图 3-5-10 蛋黄酱制作工艺流程

以上述工艺流程为例，说明其操作要点。

1. 蛋黄液的制备 将鲜鸡蛋先用清水洗涤干净，再用过氧乙酸及医用酒精消毒灭菌，然后用打分蛋器打蛋，将分出的蛋黄投入搅拌锅内搅拌均匀。

2. 蛋黄液杀菌 对获得的蛋黄液进行杀菌处理，目前主要采用加热杀菌，在杀菌时应注意蛋黄是一种热敏性物料，受热易变性凝固。试验表明，当搅拌均匀后的蛋黄液被加热至 65℃以上时，其黏度逐渐上升，而当温度超过 70℃时，则出现蛋白质变性凝固现象。为了有效地杀灭致病菌，一般要求蛋黄液在 60℃下保持 3～5min，冷却备用。

3. 辅料处理 将食盐、糖等水溶性辅料溶于食醋中，再在 60℃下保持 3～5min，然后过滤，冷却备用。将芥末等香辛料磨成细末，再进行微波杀菌。

4. 搅拌、混合并乳化 先将除植物油以外的辅料投入蛋黄液中，搅拌均匀。然后边搅拌边缓慢加入植物油，随着植物油的加入，混合液的黏度增加，这时应调整搅拌速度，使加入的油尽快分散。

5. 均质 蛋黄酱是一种多成分的复杂体系，为了使产品组织均匀一致，质地细腻，外观及滋味均匀，进一步增强乳化效果，用胶体磨进行均质处理是必不可缺的。

6. 包装 蛋黄酱属于一种多脂食品，为了防止其在贮藏期间氧化变质，宜采用不透光材料真空包装。

第四节　干蛋制品加工

一、蛋粉加工

（一）加工工艺

蛋粉的生产工艺路线见图3-5-11。

全蛋粉：禽蛋清洗除菌、拣蛋→打蛋→全蛋液→过滤→冷却→暂存→均质→巴氏杀菌→喷雾干燥→过筛除杂→定量包装→金属检测→入库。

蛋黄粉：禽蛋清洗除菌、拣蛋→打蛋分离→蛋黄液→过滤→冷却→暂存→均质→巴氏杀菌→喷雾干燥→过筛除杂→定量包装→金属检测→入库。

蛋清粉：禽蛋清洗除菌、拣蛋→打蛋分离→蛋白液→过滤→冷却→暂存→搅拌→分离溶菌酶（可选）→脱糖（可选）→巴氏杀菌（可选）→喷雾干燥→过筛除杂→干热巴氏杀菌（可选）→定量包装→金属检测→入库。

注：至少选择一种杀菌工艺。

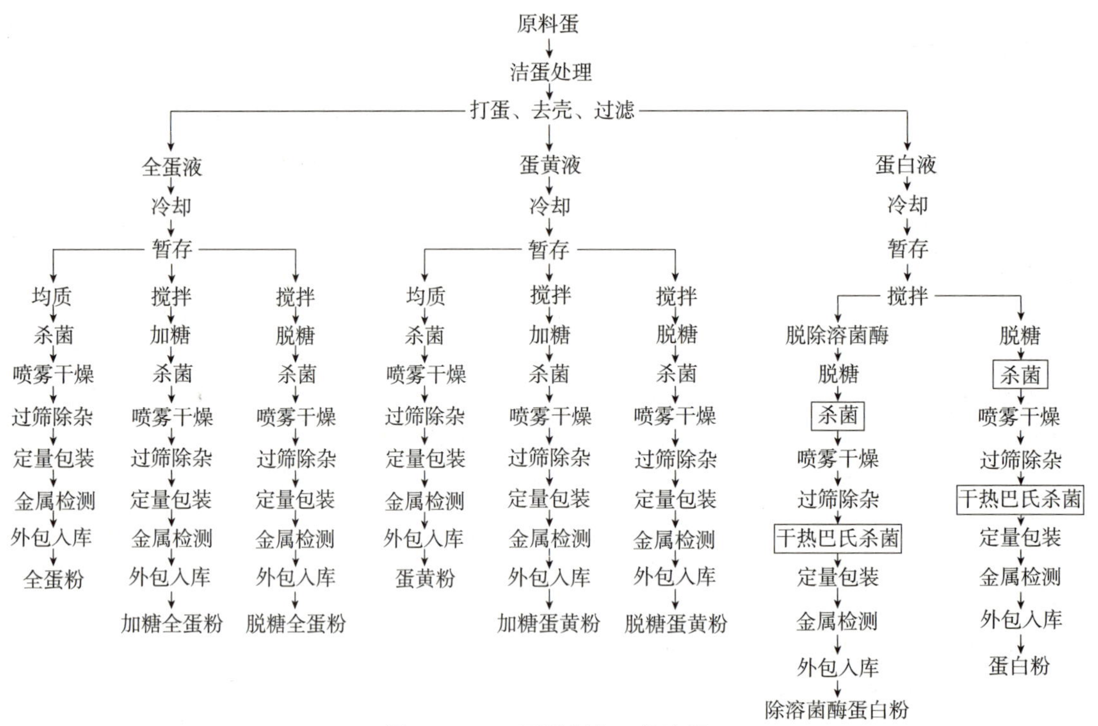

图3-5-11　蛋粉制作工艺流程

（二）关键工艺

1. 蛋粉加工前期工艺　禽蛋清洗除菌、拣蛋、打蛋分离、蛋液过滤、冷却、暂存、搅拌均同液蛋处理过程。

2. 脱糖工艺　根据商业需求，在蛋粉的加工过程中可进行脱糖也可不脱糖。禽蛋中含有游离葡萄糖，蛋黄中约0.2%，蛋白中约0.4%，全蛋中约0.3%。未经脱糖的蛋粉在干燥后的贮藏期间，葡萄糖的羰基与蛋白质的氨基之间会发生美拉德反应，另外还会和蛋黄内磷脂（主要是卵磷脂）反应，使得干燥后的产品出现褐变，溶解度下降，变味及质量降低。脱糖方法有以下几种。

（1）自然发酵（spontaneous microbial fermentation） 自然发酵法只适用于蛋白脱糖，不适用于全蛋和蛋黄脱糖。脱糖的方法是将蛋白置于发酵容器中，通过调节温度或时间，使原料蛋白中存在的细菌进行繁殖，依靠其消耗葡萄糖的能力进行脱糖。自然发酵的细菌主要有链球菌属和革兰阴性杆菌属两类。前者进行乳酸发酵，后者则产生气体和臭味。

自然发酵过程中生成的乳酸和二氧化碳，能降低蛋白的pH，其中二氧化碳大部分以气体形式上浮，促进析出的蛋白及固形物一起上浮，使蛋白整体澄清。蛋白液在自然发酵过程中，由于原料蛋白液中初始菌总数不同，发酵很难保持稳定一致的状态。另外，污染的菌中可能含有沙门菌等病原菌，而干燥的产品一般含水量4%～6%，这样的水分含量对沙门菌并没有很强的抑制作用。因此，该方法获得的产品质量很难得到保证。随着科学技术的进步，蛋粉加工前要进行外壳清洗，采用机械打蛋，使原料蛋白的初始菌总数很少，自然发酵过程难以进行。因此，自然发酵法逐渐被其他方法所取代。

（2）细菌发酵（controlled bacterial fermentation） 细菌发酵一般适用于蛋白发酵。自然发酵虽然也是细菌发酵的一种，但它无法控制发酵过程，只可调节发酵初期的pH或室温。细菌发酵是指在一定温度下，把单一或混合的、经纯培养的、分解糖力强或产酸力强的细菌接种于蛋白中，利用细菌生长发酵消耗葡萄糖达到脱糖的目的。使用的细菌一般为：产气杆菌（*Aerobacter aerogenes*）、乳酸链球菌（*Streptococcus lactis*）、粪链球菌（*Streptococcus faecalis*）、费氏埃希菌（*Escherichia fergusonii*）、阴沟气杆菌（*Aerobacter cloacae*）。如果蛋白液中混入的蛋黄脂肪未除净，用乳酸链球菌和粪链球菌发酵就不产生气体，蛋白液味道不好，pH低，且需要相当长的发酵时间，起泡力也较差。目前，欧美发达国家通常采用产气杆菌发酵，发酵过程产生CO_2气体，蛋白液pH低，有特殊的甜酸味，起泡力很好。表3-5-4列出了产气杆菌和乳酸链球菌发酵的比较。

表3-5-4 产气杆菌与乳酸链球菌发酵的比较

指标	产气杆菌	乳酸链球菌
产气	多	无
发酵速度	一般	稍慢
滋味	独特甜酸味	少
最终pH	普通程度5.8～6.2	5.4～5.8
浮泡及残渣	与气泡一起上浮，沉淀少	浮泡少，大部分沉淀于底部
起泡蛋白的起泡力	良好	稍差

若使用粪链球菌发酵，则发酵后对蛋白液进行低温杀菌或干热杀菌时，难以使细菌总数减少。

研究表明，引起蛋白液发酵的主要微生物是非正型大肠杆菌。从发酵蛋白液中分离出的两种优良发酵菌种，分别是费氏埃希菌和阴沟气杆菌。用这两种菌进行发酵试验，发酵时间可缩短12～24h，且发酵终点容易判断，制成的产品质量好。

细菌发酵所用的细菌需先在试管中扩大培养后再添加。随着发酵进行，蛋液pH逐渐降低，当pH达5.6～6.0时，或葡萄糖含量经测定在0.05%以下，则认为发酵完毕。若发酵完成后未终止发酵，葡萄糖被全部分解后，细菌会继续分解蛋白质导致蛋白pH上升，影响蛋品质量。另外，若使用的发酵细菌分解蛋白质能力强，则会将蛋白中已上浮或下沉的黏蛋白再度分解溶入，从而影响蛋液透明度。所以发酵终点应严格掌握，避免过度发酵。发酵完的蛋液取中间澄清部分，或用过滤法过滤。发酵终点可通过检测蛋液中葡萄糖的含量来确定。

（3）酵母发酵（yeast fermentation）　酵母发酵既可用于蛋白发酵，也可用于全蛋液或蛋黄液发酵。常用的酵母有面包酵母和圆酵母。其发酵过程加下：

$$\underset{\text{葡萄糖}}{C_6H_{12}O_6} \longrightarrow 2\underset{\text{乙醇}}{C_2H_5OH} + 2CO_2$$

一分子葡萄糖经酵母发酵只产生两分子乙醇和两分子二氧化碳，不产酸。二氧化碳可部分溶解于蛋白液中，使蛋白液 pH 下降。但在干燥过程中，二氧化碳会逸出，因此，单独使用酵母发酵蛋白制得的干燥蛋品 pH 过高。为解决这一问题，利用酵母适于在弱酸性条件下生长的特点，在酵母发酵时，可用有机酸将蛋白液的 pH 调至 7.5 左右，也可加柠檬酸铵之类的热分解中性盐，通过干燥时的高温使其分解成柠檬酸和氨，其中氨挥发，借助残留的柠檬酸来维持蛋白液的中性 pH。

酵母发酵只需数小时，但酵母不具备分解蛋白质的能力，使蛋白液中层的黏蛋白析出不充分，黏蛋白下沉或上浮也不完全，所以产品中常含有黏蛋白的白色沉淀物。另外，酵母发酵也不具有分解脂肪的能力，所以制成的干燥蛋白通常起泡力较低。为使黏蛋白全部析出，可将蛋白液 pH 调整到 6.2 以上再进行发酵，但所得的最终产品 pH 达 9 或 10 以上，商品价值降低。为改进酵母发酵不具有分解蛋白质及脂肪能力的缺点，可在酵母发酵前添加胰酶或胰蛋白酶等，分解部分蛋白质及混入的蛋黄脂肪。

蛋液发酵装置见图 3-5-12。蛋黄液或全蛋液进行发酵时，可直接使用酵母发酵。蛋白液发酵时，先用 10%的有机酸把蛋白液 pH 调到 7.5 左右，再用少量水将面包酵母制成悬浊液以 0.15%～0.20%（质量体积分数）的比例添加到蛋白液中，在 30℃左右条件下，保持数小时即可完成发酵。通过对比脱糖前后蛋白各项性质发现，酵母发酵脱糖后可有效防止美拉德反应，且蛋白脱糖后凝胶强度、起泡性均有所提高，黏度降低，乳化性基本不变。蛋白液脱糖后无蛋腥味，有少量酵母香味。

图 3-5-12　蛋液发酵罐

（4）酶法脱糖（enzyme fermentation）　该法适用于蛋白液、全蛋液和蛋黄液的发酵，是一种利用葡萄糖氧化酶把蛋液中葡萄糖氧化成葡萄糖酸而脱糖的方法。

$$C_6H_{12}O_6 + O_2 + H_2O \xrightarrow{\text{葡萄糖氧化酶}} C_6H_{12}O_7 + H_2O_2$$

葡萄糖氧化酶的最适 pH 为 3～8，而一般以 pH 6.7～7.2 时加入该酶除糖效果最好。目前使用的酶制剂除含有葡萄糖氧化酶外，还含有过氧化氢酶，可分解蛋液中的过氧化氢，释放氧气，但需不断向蛋液中加过氧化氢。也可不使用过氧化氢，而直接吹入氧气。使用酶法除糖时会生成葡萄糖酸，故所得制品的 pH 比使用酵母发酵方法低，只需加少量的酸即可得到中性制品。

酶法脱糖应先用 10%的有机酸将蛋白液 pH 调整到 7.0 左右（蛋黄液或全蛋液可不必加酸），然后加 0.01%～0.04%葡萄糖氧化酶，用搅拌机缓慢搅拌，同时加入 7%过氧化氢溶液，使其终浓度为蛋白液量的 0.35%。此后，每隔 1h 加入同等量的过氧化氢。通常，蛋白用酶法除糖需 5～6h 完成；蛋黄 pH 约为 6.5，故蛋黄用酶法除糖时，不必调整 pH，可在 3.5h 内完成除糖；全蛋液调整 pH 至 7.0～7.3 后，约在 4h 除糖完毕。酶法除糖过程中添加的过氧化氢溶液具有杀菌作用，蛋液中细菌数有减少的趋势。酶法除糖是将葡萄糖氧化成葡萄糖酸，其制品产率理论上应超过 100%，但是过氧化氢在搅拌时会生成泡沫，所以实际制品产率约 98%，比前三种方法产率高，但酶法成本高。图 3-5-13 为欧美国家应用的酶法除糖装置。

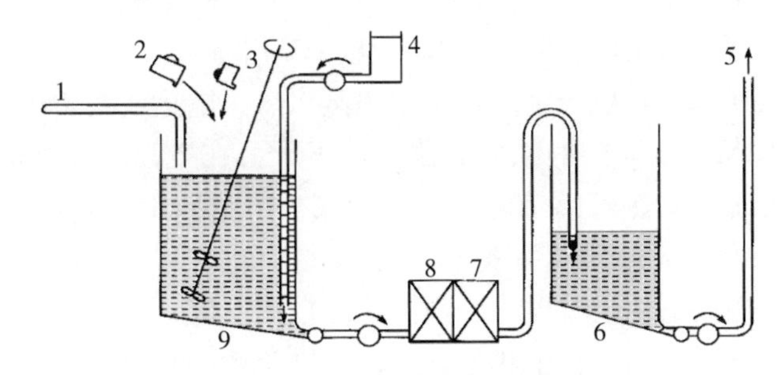

图 3-5-13 酶法除糖装置

1. 生蛋白 2. 10%酸 3. 酶 4. 过氧化氢溶液 5. 喷雾干燥
6. 蛋液贮槽 7. 冷却器 8. 杀菌器 9. 蛋液除糖槽

（5）其他脱糖方法 除了上述的四种除糖方法外，还可以在蛋白液中加入一定量的酸，然后搅拌，沉淀部分蛋白并过滤，再进行干燥。此方法是把含糖量多的黏蛋白部分以沉淀形式除去，使制品保持低酸来防止褐变。也可利用物理方法脱糖，如用超滤或反渗透法。例如，用反渗透浓缩装置浓缩蛋白，将分子质量低的葡萄糖随水一起排出。但此法脱糖不完全，只能做到部分脱糖，且盐离子等小分子物质也会随着水的排出而部分流失，降低产品发泡力。

3. 蛋液杀菌 经脱糖的蛋液，需经过 40 目的过滤器，再移入杀菌装置中进行低温巴氏杀菌，或经过滤、干燥后再予以干热巴氏杀菌。

（1）低温巴氏杀菌 脱糖后的蛋液在 60℃左右进行的杀菌叫低温巴氏杀菌。蛋白液在自然发酵、细菌发酵或酵母发酵脱糖时，蛋液微生物数量很多，低温杀菌效果不理想。而全蛋液或蛋黄液一般使用葡萄糖氧化酶脱糖法，其蛋液中细菌总数少，故可使用低温杀菌方法。若采用干热杀菌，易使全蛋或蛋黄中的脂肪氧化。在低温杀菌时，液蛋中的革兰阴性杆菌或酵母等较容易被杀死，而芽孢杆菌或球菌类在一般条件下难以被灭活。发酵脱糖后的蛋液杀菌条件同液蛋加工的杀菌条件，只不过经发酵数小时或数天后，细菌会增殖，杀菌更困难。表 3-5-5 为蛋白液、全蛋液及蛋黄液接种微生物后低温杀菌的效果。

表 3-5-5 酵母除糖蛋液接种各种细菌时的低温杀菌效果

菌种		杀菌条件			
		杀菌前	56℃、4min	60℃、4min	64℃、4min
蛋白液	啤酒酵母	8.8×10^7	1.7×10^3	<10	
	粪链球菌	9.8×10^5	5.4×10^5	1.3×10^5	
	大肠埃希杆菌	6.3×10^5	<10	<10	
	荧光假单胞杆菌	1.2×10^5	<10	<10	
全蛋液	啤酒酵母	7.2×10^7		<10	<10
	粪链球菌	3.4×10^4		4.8×10^5	1.1×10^4
	大肠埃希杆菌	3.0×10^5		<10	<10
	荧光假单胞杆菌	7.8×10^5		<10	<10

（续）

菌种		杀菌条件			
		杀菌前	56℃、4min	60℃、4min	64℃、4min
蛋黄液	啤酒酵母	6.6×10^7		<10	<10
	粪链球菌	4.1×10^4		4.4×10^5	2.6×10^4
	大肠埃希杆菌	3.1×10^4		<10	<10
	荧光假单胞杆菌	6.7×10^5		<10	<10

杀菌机的清洗消毒。在生产中，当杀菌温度高于65℃时，蛋液就容易凝固，并在杀菌机换热器表面结垢。由于垢层会影响传热效率，影响杀菌强度及物料的流动状态，使杀菌时间无法有效控制，所以，应定期采用CIP和AIC方式对杀菌机换热器进行有效清洗，除去管道中的结垢。在不同类型产品之间切换时也要进行清洗。应做好CIP和AIC清洗记录。

（2）干热巴氏杀菌　所谓干热巴氏杀菌，是利用蒸汽热、电热或瓦斯热源，将干燥后的制品置于50～70℃的密封室中保持一定时间的杀菌方法。由于干蛋在较高温度下加热不会凝固，其杀菌多采用较高温度的干热处理。干热巴氏杀菌在欧美国家被广泛使用，其实施方法是44℃保持3个月，55℃保持14d，57℃保持7d或63℃保持3d等。另外，也有将干蛋白在54℃保持60d的试验，其结果表明该条件对干蛋白的特性没有破坏。蛋白使用自然发酵、细菌发酵或酵母发酵时，蛋液细菌较多，所以多采用干热处理杀菌。在干热处理时，干燥全蛋与蛋黄脂肪易被氧化生成不良风味，而其在干燥前的液体状态杀菌也相当有效，故对二者不实施干热杀菌。

4. 蛋液干燥　蛋液在脱糖、杀菌后即进行干燥。目前大部分的蛋白、全蛋及蛋黄均使用喷雾干燥，少部分使用真空干燥、浅盘式干燥、滚筒干燥等。

（1）喷雾干燥（spraying drying）　喷雾干燥是目前制造干蛋制品的主要方法。

喷雾干燥是在机械力（压力或离心力）的作用下，通过雾化器将蛋液喷成高度分散的无数极细的雾状微粒。空气进入喷雾干燥机先经空气过滤器除尘后，加热至121～132℃，然后通过送风机将其送入干燥室。加压泵使蛋液通过喷雾器喷出，形成微细雾滴，微粒直径为10～50μm，从而大大地扩大了蛋液的表面积，如微粒的直径以24μm计，其比表面积高达2 500m^2/g。当蛋液雾滴遇到热空气时，其中所含水分在瞬间被蒸发，雾滴脱水而变成微细粒子，沉积在干燥室内，再通过分离器，经筛别机筛别，冷却后包装。热空气则由排风机排出。全部干燥过程仅需15～30s即可完成。

喷雾干燥法生产蛋粉，其干燥速度快，因此蛋白质受热时间短，不会造成蛋白质变性；喷雾干燥由于干燥快，受热低，对蛋液中的其他成分影响极小，因此加工的蛋粉还原性能好，色正、味好；喷雾干燥在密闭条件下进行，成品粉粒小，不必粉碎，故可保证产品的卫生质量；喷雾干燥法生产蛋粉，可使生产机械化、自动化，具有连续性。

（2）冷冻干燥（freezing drying）　用冷冻干燥所得的干燥全蛋或蛋黄，溶解度高，干燥损失少，起泡性及香味均佳，然而冷冻干燥制品的生产成本高，故以冷冻干燥生产的干蛋品数量不多。英国与澳大利亚有较大规模的冷冻干燥蛋加工厂，其制品为干燥全蛋，工艺过程见图3-5-14。冷冻干燥易使蛋黄因低温而变性，故先在30～50℃条件下使蛋黄呈薄膜状再进行真空干燥。

（3）浅盘式干燥（pan drying）　以喷雾干燥制成的干蛋白，呈中空的球状粉末，故加水使之

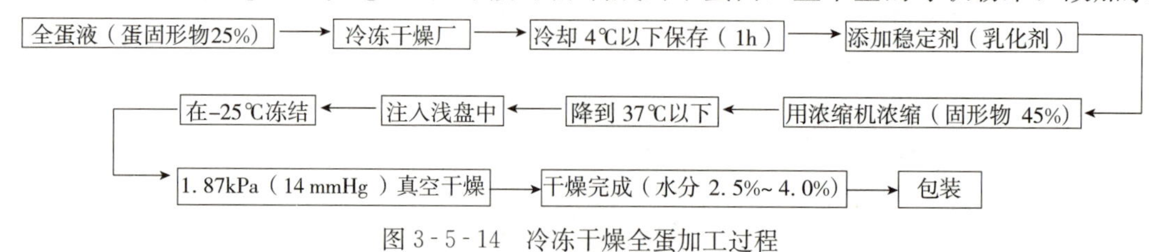

图3-5-14　冷冻干燥全蛋加工过程

还原时会生成大量的泡沫，且此泡沫经静置后不消失，因此喷雾干燥蛋白不适于印染及印刷制版用，此时需生产薄片状或颗粒状干蛋白来满足这些用途。

浅盘式干燥是将蛋白脱糖后置于铝制或不锈钢制浅盘内，浅盘长宽各为0.5～1m，深度为2～7cm，然后将浅盘移入箱型干燥室的架上，用54℃以下的热风长时间干燥即可。用54℃热风干燥时，1.5mm厚的蛋白液3h能完全干燥，3mm厚的蛋白液则需20h。干燥由液面生成干燥蛋白皮膜开始，继而皮膜逐渐增厚。当干燥至适当程度，需将皮膜移入其他浅盘，当干燥至水分含量为15%时，即可得薄片状浅黄色透明的制品。在生产过程中，薄片破碎后即生成更细的颗粒，此颗粒制品较易溶于水，使用较为方便。浅盘式干燥蛋白可以磨成微细的粉末，故可与其他粉末材料混合使用。

浅盘式干燥法使用的加热方式有两种，一为炉式，二为水浴式。炉式是借热气的供应使蛋白水分蒸发；水浴式则是借浅盘下流动的热水使蛋白水分蒸发，并在蛋白表面以风扇送风干燥，其优点是浅盘下流动的热水温度容易控制，热效率高，优于炉式热风干燥。不论使用炉式还是水浴式干燥，当蛋白被干燥成皮膜状的半干燥品时，均需移至绷布上，再以热风进行二次干燥。

（4）带状干燥与滚筒干燥（belt drying and drum drying）

①带状干燥：带状干燥是将蛋白涂布于箱型干燥室内的铝制平带上，使其在热风中移动得以干燥。当蛋白干燥至一定厚度时，用刮刀刮离而成制品。还有一种形式的带状干燥称为起毛干燥（fluff drying）或泡沫干燥（foam drying），在美国常被用来制造干燥蛋白粉。泡沫干燥是将蛋液打成固定的泡沫，然后涂布在连续的平带上，借助热空气使其干燥，其改良后的方法为将泡沫涂于有孔的带上，热空气由下方喷出，以促进干燥，制成的颗粒再经粉碎以成制品。此方法制成的成品黏度大小适中，且加水易于还原为蛋白液。泡沫干燥需先将二氧化碳、氮气等气体用泵注入蛋液。此法制成的干燥全蛋和蛋黄的溶解速度较快。若能使用喷雾干燥装置干燥蛋液泡沫，则干燥效率将大大增加。

②滚筒干燥：滚筒干燥为将蛋液涂布在圆筒上进行干燥的方法。带状干燥或滚筒干燥均可制成薄片状或颗粒状干燥蛋白，但所制成的干燥全蛋或蛋黄色泽、香味均较差。

蛋液的干燥，除喷雾干燥可部分杀死蛋中的细菌外，其他干燥方法并不能使细菌死亡，反而会因干燥使其固形物浓缩，或在干燥过程中因细菌增殖等使细菌总数增加。故蛋液在干燥前必须先杀菌处理。

二、蛋白片加工

（一）加工工艺

蛋白片是指鲜鸡蛋的蛋白液经发酵、干燥等加工处理制成的薄片状制品。其中蛋液的搅拌、过滤、发酵、中和等过程与液蛋处理相同。蛋白片的加工工艺流程如下：

蛋白液→搅拌过滤→发酵→中和→烘制→晾干→贮藏→包装

（二）关键工艺

1. 烘干 在不使蛋白液凝固的前提下，利用适宜的温度使蛋白液内部的水分在水浴过程中逐渐蒸发，烘干成透明的薄晶片，该过程为烘干或烘制。目前，日本、美国等国家采用浅盘分批式干燥机进行烘干，即将蛋白液置于深1～7cm，面积0.5～1m^2的浅盘中，用50～55℃的热风，在12～36h内进行干燥。我国多采用传统的室内水流式烘干法，其工艺流程及操作要点如下。

（1）烘干设备及用品 水流烘架是放置蛋白液烘盘用的。烘架全长约4m，共6～7层，每层都设有水槽以放烘盘。水槽用白铁板制成，槽深约20cm。一端或中间处装有进水管，另一端装有出水管。热水由水泵送入进水管而注入水槽内循环流动，再由出水管流出，经水泵送回再次加热使用。蛋白液在槽上的烘盘内受热而使水分逐渐蒸发。水流烘架装置见图3-5-15、图3-5-16。

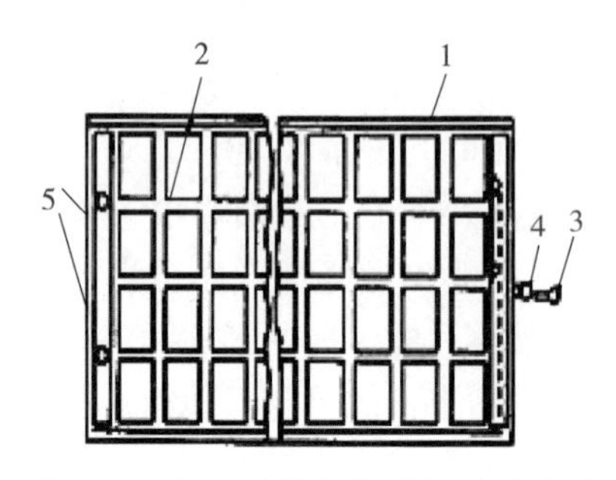

图3-5-15 水槽与烘盘的平行排列
1. 水槽 2. 烘盘 3. 进水管 4. 出水管 5. 水溢

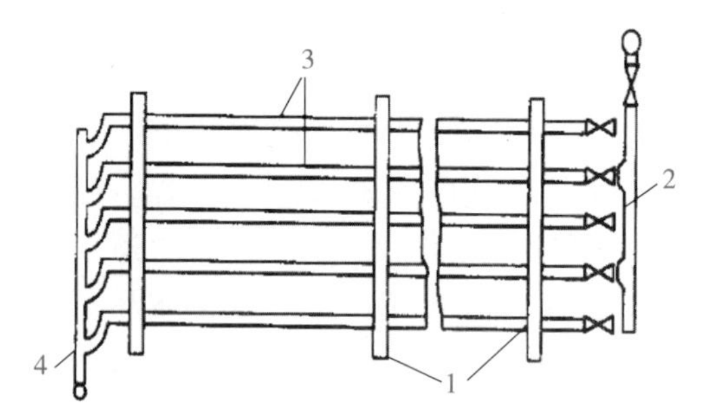

图3-5-16 水流烘架装置
1. 流水架 2. 进水管 3. 水槽 4. 回水管

烘盘是铝制方形盘，边长各30cm，深5cm，置于水流烘架上，供蛋白液蒸发水分用。

打泡沫板，又称刮沫板，是一种木制薄板，板宽与烘盘内径相同，用来除去烘制过程所产生的泡沫。

除了上述设备以外，还有浇浆铝制勺、白凡士林、藤架等。

(2) 烘干方法 我国通常采用热水流浇盘烘干法。

①浇浆：是采用铝制勺将中和后的蛋白液浇于烘盘中。浇浆前将水流温度提高至70℃，以达到杀菌的目的。然后降低水温并控制在54～56℃。再用消过毒的白布擦干烘盘，用白凡士林涂盘，此过程称为擦盘上油。涂油必须均匀、适量。过多则在烘制时上浮产生油麻片的次品，过少则揭片困难，破损多，片面无光，且多产碎屑，影响质量。浇浆量因水流温度及烘盘层次而异。由于烘盘位置和层次不同、水温不同，蛋白片的烘干效果不一。为了使清盘时间一致，位于出水和通风不良处的烘盘应适量少浇浆，进水口附近的烘盘可多浇浆。在上层或通风不良的烘盘内，应适当少浇浆，这样才能使全部蛋白液的烘干时间趋于一致。否则，烘制时间不一，会导致揭片时间不同，从而影响后续工序。

②除水沫和油沫：蛋白液在烘制过程中因加热而产生泡沫，使盘底的凡士林受热后上浮于蛋白液表面形成沫状油污。如果这些水沫和油沫不除去，则制得的蛋白片光泽、透明度均不好。因此必须用刮沫板刮去泡沫。除水沫在浇浆后2h即可进行，而油沫可在浇浆后7～9h刮除。

③揭蛋白片：将蛋白液表面形成的皮膜揭下，称为“揭片”。揭蛋白片要求准确掌握片的厚度和揭片时间。而烘干时间又取决于烘干时热水的温度，水温的高低直接影响成品的颜色、透明度，甚至会使蛋白质出现凝固现象，降低水溶性物质的含量。烘制时水温过低，不仅会延长烘干时间，而且不能消灭肠道致病菌。因此，准确控制水温是极为重要的。揭片一般分3～4次揭完。通常，浇浆后11～13h(打油沫后2～4h)，蛋白液表面开始凝结成一层薄片，再过1～2h，薄片变厚，约为1mm时，即可揭第一层蛋白片。第一次揭片后45～60min，即可进行第二次揭片。再经过20～40min，进行第三次揭片。一般可揭2次大片，余下揭得的为不完整的小片。当蛋白片被揭完后，盘内剩下的蛋白液继续干燥，取出放于镀锌铁盘内，送往晾白车间进行晾干，再用竹刮板刮去盘内和烘架上的碎屑，送往成品车间。最后，用鬃刷刷净烘盘内及烘架上的剩余碎屑粉末，这部分产品质量差，可集中另行处理。

(3) 烘干工艺注意事项 水槽内的水面应高于蛋白液面。烘制过程不应超过22h，烘干全过程应在24h内结束。烘制车间的一切用具，使用前必须进行消毒。所用温度计必须经过校正，准确无误方能使用。

2. 晾白 烘干揭出的蛋白片仍含有24%的水分，因此需有一个继续晾干的过程，俗称“晾白”。晾白车间的四周装有蒸汽排管，保持车间所需要的温度。将晾白室温度调至40～50℃，然后将大张蛋白片湿面向外搭呈人字形，或湿面向上平铺在布棚上进行晾干。4～5h后，用手在布棚下面轻轻敲动，若见蛋白片有瓦裂现象，即为晾干，此时含水量大约为15%，取出后放于盘内送至拣选车间。晾白时，根据蛋白片的干湿不同，分别放置在距热源远或近的架上进行晾干。

3. 拣选 晾白后的蛋白，送入拣选室，按不同规格、不同质量分别处理。

4. 焙藏 即将不同规格的产品分别放在铝箱内，上面盖上白布，再将铝箱置于木架上48~72h，使成品水分蒸发或被吸收，以达水分平衡、均匀一致的目的，称为焙藏。焙藏的时间与温度和湿度密切相关，因此要随时抽样检查含水量、打擦度、水溶物含量等，达标后进行包装。

三、干蛋制品的标准

目前有关干蛋制品的标准主要有GB 2749—2015《食品安全国家标准　蛋与蛋制品》、GB 21710—2016《食品安全国家标准　蛋与蛋制品生产卫生规范》。其中，GB 2749—2015主要对蛋粉中农药残留限量、兽药残留限量、致病菌限量进行了规定。GB 21710—2016规定了干蛋制品加工工艺的关键因素控制主要有喷粉和热室处理环节。其中，喷粉应确保蛋粉水分含量在合适的范围内，喷粉时应控制进、出气口温度，检测每批次蛋粉的水分含量，对不合格产品进行妥善处理。蛋粉热室处理应监控热处理室和蛋粉中心温度，并定期校准温度计，校准频率应至少每年1次。

思考题

1. 试述蛋液的过滤方法及注意事项。
2. 试述液态蛋的杀菌方法。全蛋液、蛋白液、蛋黄液的杀菌温度是否相同？试述其原因。
3. 简述液态蛋生产工艺流程。
4. 简述蛋黄酱的生产工艺。其组成配方的主要原料是什么？
5. 干蛋制品加工中为什么要进行脱糖？试述脱糖的方法和原理。
6. 在生产干蛋白时，如何鉴定蛋白液的发酵是否成熟？
7. 蛋白液为什么要进行中和？
8. 简述蛋白片的加工工艺及操作要点。
9. 试述蛋粉的加工工艺、质量控制途径及原理。

CHAPTER 6

第六章 休闲蛋制品

本章学习目标 了解我国休闲蛋制品生产现状与发展动态，熟悉目前我国市场上几种主要休闲蛋制品的产品特点及制作方法。知晓蛋类果冻、布丁以及鸡蛋人造肉、鸡蛋干等风味熟制蛋的制作方法；重点掌握卤蛋、盐焗蛋等主要休闲蛋制品加工工艺与技术要点。

休闲蛋制品是以禽蛋为主要原料或辅料，采用传统加工或现代食品制造工艺制成的一类非正餐、快速消费和方便即食的禽蛋类制品，这类蛋制品兼具风味独特和营养丰富等特点。近年来，随着我国食品工业的快速发展，休闲蛋制品发展迅猛，该类产品不仅可作为人们旅游休闲时的小零食，亦可作为其他加工食品的原料或辅料；无论是其生产与消费总量，还是产品种类均出现井喷式发展。伴随我国社会经济快速变革及民众生活需求的日益多样化，休闲蛋制品将会释放出更大的市场潜力。

第一节 卤蛋加工

卤蛋（spiced corned egg）是以鲜蛋或清洁蛋为原料，经清洗或不清洗、煮制（或蒸煮）、去壳或不去壳、卤制、包装、杀菌、冷却等工序不改变蛋形的蛋制品。卤蛋经过高温加工，使卤汁渗入蛋内，增加了蛋的风味，受到人们的普遍欢迎。

一、加工工艺

1. 参考配方 鸡蛋100枚、白糖400g、丁香40g、桂皮40g、白芷40g、八角35g、陈皮15g、花椒15g、草果15g、小茴香15g、生姜80g、酱油1.25kg。

2. 工艺流程

原料蛋选择→洗蛋→预煮→冷却→剥壳→加料煮制→捞出沥干→包装→成品

3. 操作要点

（1）原料蛋 应选择新鲜、无破损、无污染鸡蛋，蛋清应浓厚澄清，无斑点及斑块，蛋黄位于中心，无暗影，剔除流清蛋、裂纹蛋、散黄蛋、热伤蛋、霉点蛋等。

（2）预煮 85℃煮制10min。预煮温度对于鸡蛋的凝固有较大影响，温度太低，蛋黄稍凝固而蛋清呈流动状态，不利于去壳，影响蛋的完整性；温度过高，蛋清、蛋黄全部凝固，不利于卤汁渗入蛋内。

（3）剥壳 去壳时须注意保持蛋清的完整性，并去除蛋清上的薄膜，以保证卤蛋在卤制过程中上色均匀。

(4) 煮制　将去壳后的原料蛋放入锅内，再加入按照配方称好的水、食盐、白糖等各种调味品；所用香料则以纱布包好后（注意不要外露）同时放入锅内，以免其在煮制过程中污染蛋体。用小火将锅煮开后，将火关闭，并在锅中浸泡数小时，至蛋体呈棕红色时，将其取出，晾干，即为成品。

二、产品特点

卤蛋色泽浓郁，卤味厚重，营养丰富，食用方便。卤蛋的成熟过程是各种物理化学变化共同作用的结果，主要包括蛋清的变性，食盐、香辛料的扩散和风味的形成。目前，对卤蛋的研究主要是在工艺优化方面，在贮藏特性、风味物质方面的研究还很少。因而，关于卤蛋风味物质及其形成机理、加工过程中的理化变化、卤蛋的贮藏特性等方面还有较大的研究空间。

第二节　风味熟制蛋品加工

一、五香茶叶蛋

五香茶叶蛋（tea flavored boiled egg）是鲜蛋经煮制、杀菌，使鸡蛋蛋清凝固后，再加以辅料防腐、调味、增色等工序加工而成。产品色泽均匀，香气宜人，口感爽滑，营养丰富，集独特的色、香、味于一体。因其加工时使用了茶叶、桂皮、八角、小茴香、食盐等五香调味料，故称其为"五香茶叶蛋"。

加工用鲜蛋一般习惯使用鸡蛋，鸭蛋、鹅蛋以及鹌鹑蛋也可以制作。五香茶叶蛋加工的常用辅料为食盐、酱油、茶叶、八角、桂皮等。这些辅料要符合一定的质量要求，未经检验的化学酱油、霉败变质的茶叶等均不得采用。辅料用量视各地口味要求而定。加工五香茶叶蛋的设备很简单，南方习惯用蒸钵（砂锅）煮蛋，用它煮制的五香茶叶蛋风味更为别致。

1. 参考配方　鸡蛋 100 枚，酱油 300g，茶叶 100g，八角、小茴香以及桂皮各 20g，精盐 100g，水 500g。

2. 工艺流程

鲜蛋→分级检验→清洗→破壳→加料→煮制→成品

3. 操作要点

①将鸡蛋煮熟后，用筷子敲打鸡蛋壳，使脆裂。破壳时裂纹尽量均匀细密，更易入味。

②取一净锅（最好是砂锅）坐上火，放入熟鸡蛋、酱油和盐，再倒入清水（使水没过鸡蛋）。用干净纱布包入茶叶、八角、小茴香、桂皮，投入锅内，用微火烧 0.5h。最后将鸡蛋上的汤汁一起倒入大的容器内，随吃随取。

二、烤蛋

烤蛋（baked egg）是指以鸡蛋、鸭蛋、鹅蛋等禽蛋为主要原料，先以各种肉汁或卤汁卤制，再烘烤而成的蛋制品。烤蛋香气浓郁，蛋体内无沙门菌，是一种安全食品。其制作方法可分为两类：一类是带壳烤制，是将禽蛋卤制后在高温下烤制得到的；另一类是去壳烤制，将禽蛋打破后放入模具中进行烤制，待烤熟时加入调料。

1. 带壳烤蛋

(1) 参考配方　鸡蛋 1kg，盐 15g，味精 2g，花椒 2g，大料 1g，适量水。

（2）工艺流程

鲜蛋→检验→清洗→腌制→烘烤→成品

2. 去壳烤蛋

（1）参考配方　鸡蛋250g，酒15g，生抽10g，茴香、桂皮、丁香、八角、甘草各2g，食盐及白砂糖各3g，红茶1g，葱、蒜、姜片各10g，麦芽糖5g，饮用水用量以没过鸡蛋为宜。

（2）工艺流程

鲜蛋→检验→清洗→煮制→卤制→烘烤→成品

（3）操作要点

①将鸡蛋清洗后放入不锈钢锅中，待水沸腾5min后捞出。

②鸡蛋在烘烤前应经插孔处理，以免在烘烤中炸裂。

三、醉蛋

醉蛋（drunk egg）是将新鲜鸡蛋浸泡在酒、香料等混合液中制得的一种特殊禽蛋类食品。醉蛋醇香且稍有酒味，鲜香而稍带咸味，是消食开胃的佳品，如不立即食用，也可长期保存。

1. 品质特点　醉蛋切开后，红白相间，酒香扑鼻。食之鲜嫩香爽，余香久留。

2. 加工方法

（1）参考配方　鲜蛋、酱油、酒、食盐、花椒、八角。

（2）工艺流程

鲜蛋→检验→清洗→煮制→去壳→浸渍→成品

（3）操作要点　根据使用的原料不同，其制作方法略有不同。

①酒、酱油混合液加工法：每加工1kg鸭蛋（或鸡蛋）需用酱油0.5kg、酒0.5kg，将其混合均匀。将挑选好的鲜蛋洗净后放入冷水中，加热煮熟，取出后将蛋壳敲碎，浸渍于混合液中，3d后即成醉蛋。成品醉蛋醇香而稍有酒味，鲜香而稍带咸味，是消食开胃的佳品。浸泡过的料液可再次使用。

②盐、香料、大曲酒卤汤加工法：将开水倒入准备制醉蛋的容器内，水量以能浸没鸡蛋为宜。然后放入适量的食盐，搅拌均匀后加少许花椒或八角，待水冷却后，倒入一些大曲酒，使卤汤有酒香味即可。将鲜蛋放冷水锅内煮，待水开4～5min后捞出，此时蛋黄呈粥状。将蛋的外壳敲裂，放入汤料内，加盖密封6～7d即可食用。

四、虎皮蛋

虎皮蛋（deep-fried boiled egg）是我国民间传统的风味熟制蛋品，也是一种传统的烹调菜。因鸡蛋脱壳加工过程中，蛋清经油炸变性凝固，蛋清表面呈黄褐色皱纹，状似虎皮而得名。该产品外酥香软，肉质细嫩，吸卤多汁，汤汁醇厚，咸香可口，营养丰富。虎皮蛋是我国南方，特别是湖南长沙、湖北武汉等地非常流行的一种风味食品。

1. 参考配方　鸡蛋10枚，油菜芯25g，水发玉兰片25g，水发冬菇15g，清油1kg（实耗30g），大油20g，花椒油25g，味精少许，料酒15g，酱油35g，水淀粉25g，盐、葱、姜各少许。

2. 工艺流程

鲜蛋→检验→清洗→煮熟→剥壳→油炸→卤汁→煮制→成品

3. 操作要点

①将玉兰片、油菜芯、冬菇等切成长方片。

②玉兰片、冬菇用沸水漂烫，备用。

③将10枚鸡蛋煮熟，在冷水中浸一下，剥壳后置于酱油碗内入味。

④用六七成热油将鸡蛋炸成虎皮色。

⑤在葱段、姜粒中加入料酒、酱油等，熬成汤汁。放入炸好的鸡蛋，加少量盐，将鸡蛋捞出，逐个剖成两半。将鸡蛋放入汤碗内，皮面朝碗，码好，把勺里的汁浇一半到汤碗里，上屉蒸10min，出屉，合入平盘内。

⑥将剩下的汤汁上火，加玉兰片、油菜芯、冬菇，熟后浇在盘内鸡蛋上即成。

五、蛋松

蛋松（egg floss）是鲜蛋液经油炸后炒制而成的疏松脱水蛋制品。因油的渗入及水分大量蒸发，蛋松的营养价值远比鲜蛋高。蛋松作为方便熟制品，打开即食，食用方便；含水量较少，微生物不易繁殖，比较耐贮藏；产品体积小，重量轻，便于携带。它是一种极具发展前景的休闲蛋制品。

1. 参考配方 蛋松的配方有多种，常见的产品配方见表3-6-1。

表3-6-1 蛋松加工用料配方（kg）

配方	鲜蛋液	食油	精盐	食糖	黄酒	味精
1	50	7.5	1.35	3.75	2.5	0.05
2	50	4	5	5	1	0.1
3	50	适量	2.5	2.5	1.75	0.05
4	50	适量	0.5	2	2	0.05

注：表中数据是指加工100kg鲜蛋的用料；食油可用植物油或猪油。

2. 工艺流程

鲜蛋→检验→打蛋→加调味料→搅拌→过滤→油炸→沥油→撕或搓→加配料→炒制→成品

3. 操作要点 我国各地因加工蛋松设备条件等不同，其操作方法也有所区别。一般加工过程如下：

①取新鲜鸡蛋或鸭蛋5kg，去壳后放在容器中，充分搅拌成蛋液。

②用纱布或米筛过滤蛋液。

③在滤出的蛋液中加入精盐、黄酒，并搅拌均匀。

④把油倒入锅内烧开，然后使调匀的蛋液通过滤蛋器或筛子，成为丝条状流入油锅中油煎，即成蛋丝。

⑤将煎成的蛋丝立即捞出油锅，沥油。

⑥沥油后的蛋丝倒入另一只炒锅内，再将糖和味精放入，调拌均匀后再行炒制。炒制时，宜采用文火。

4. 产品特点 色泽金黄油亮，丝松质软，味鲜香嫩，营养丰富，容易消化，保存时间长，为年老体弱和婴幼儿的食用佳品，亦是旅游和野外工作者随身携带的方便食品。

六、盐焗蛋

盐焗蛋（salt baked egg）是将鲜蛋用盐覆盖后加热至成熟的一种休闲蛋制品，多以鹌鹑蛋为主，鸡蛋等禽蛋也可制作。

1. 参考配方 新鲜鹌鹑蛋，食用盐若干。

2. 工艺流程

鲜蛋→检验→清洗→铺盐→放蛋→加热→成品

3. 操作要点

①将鹌鹑蛋清洗干净，擦干水。

②将盐平铺在锅中，厚度约 5mm。

③鹌鹑蛋整齐地放入锅中，此时可以在鹌鹑蛋上铺一层盐，盖上锅盖。

④小火缓慢加热约 5min。注意要用小火，防止鹌鹑蛋炸裂。

4. 产品特点 盐焗蛋品相、色相优良，香味浓郁。

第三节　蛋类果冻与鸡蛋干加工

果冻因其富有弹性而爽滑的质感，以及鲜亮诱人的外观，广受大众的青睐。禽蛋营养丰富，不仅富含优质蛋白质，还含有许多功能活性物质，在传统的果冻配料中添加适量鸡蛋，使其在保持传统果冻产品特性的同时赋予蛋类的营养风味，可以丰富与提升果冻产品类型及功能。

一、鸡蛋布丁

布丁是一种常见的半固体状甜品。鸡蛋布丁是以鸡蛋、牛奶为主要原料，糖、其他调味品为辅料，经蒸制等加工方式制作而成的一种凝胶状食品。作为饭后甜点和零食，鸡蛋布丁以其香甜爽滑、柔软适口的特点深受人们喜爱，其产品受众与市场前景广阔。

1. 参考配方 鸡蛋，白砂糖 8%、明胶 4.9%、卡拉胶 0.1%、香兰素 0.5%、牛奶香精 0.03%。

2. 工艺流程

全蛋液→巴氏杀菌→冷却→混合→加入稳定剂→加入香兰素与香精→蒸煮→成品

牛奶→杀菌→冷却（→混合）

3. 操作要点

①全蛋液制备：将挑拣好的鲜蛋人工分蛋，再用打蛋机将鸡蛋搅拌成全蛋液备用。

②巴氏杀菌：杀菌条件 70℃、30min。

③冷却：将全蛋液冷却至 40～42℃。

④乳液杀菌：牛奶杀菌条件 95℃、10min，然后冷却到和全蛋液相同的温度。

⑤混合：将全蛋液和牛奶混合均匀。

⑥加入辅料：白砂糖 8%，明胶 4.9%，卡拉胶 0.1%，香兰素 0.5%，牛奶香精 0.03%。

⑦蒸煮：将原料液加入容器中，放入蒸锅 100℃蒸制 10min。

4. 技术要点

①鸡蛋布丁的热凝固：制作布丁的温度对鸡蛋布丁的品质影响很大，蛋清凝固温度低于蛋黄凝固温度，刚开始加热时，蛋清先发生凝胶反应，而蛋黄可能只有很少或没有发生凝胶反应，随着凝固温度的升高，蛋黄才开始发生凝胶反应，此时鸡蛋布丁凝胶是蛋黄凝胶和蛋清凝胶的混合体系。研究表明，75℃时鸡蛋布丁开始表现出固体性质，形成的凝胶质构均匀，强度较好。

②辅料选择：由于鸡蛋具有腥味，并且鸡蛋布丁的质地受到多重因素的影响，因此在制作鸡蛋布丁时可通过适当加入香兰素、牛奶香精等一些风味掩盖剂调味，也可通过加入一些凝胶增稠剂和稳定剂等保持其质地稳定。

二、全蛋营养果冻

鸡蛋蛋清营养价值非常高，其氨基酸组成与比例接近人体需要量模式，全蛋果冻产品是以全蛋为主料，辅以其他调料，经科学配方和加工工艺制成的新型果冻制品，不仅营养效价高，而且风味独特，具有很大的市场开发潜力。

1. 参考配方 鸡蛋、枯草杆菌蛋清酶、卡拉胶、白砂糖、番茄、生姜。

2. 工艺流程

胶糖液（卡拉胶、白砂糖）→混合；辅料（柠檬酸、番茄滤液、生姜滤液）→混合

蛋液→酶解→混合→杀菌→混合→灌装→冷却→杀菌→冷却→成品

3. 操作要点

①蛋液酶解：先将蛋液用水稀释成50%的溶液，用碱调节pH至8.0；枯草杆菌蛋清酶用少量水溶解后，过滤，取过滤后的酶液加入蛋液中。酶用量为0.1%，在40℃温度下，水解3～4h，使水解率达到10%即可。

②胶糖液配制：卡拉胶与白砂糖按1∶10的比例混匀，加入温水中，边加边搅拌，缓慢升温至胶彻底溶胀、溶解，呈透明均一液状。

③番茄滤液制备：番茄经捣碎、匀浆后，加1倍水，混匀加热煮沸后，用滤布过滤，滤液备用。

④生姜滤液制备：取适量生姜，洗净捣碎后，加1倍水，于80℃提取2h，过滤，滤液备用。

⑤原料混合：在胶糖液中，边搅拌边加入适量的酶解蛋液，搅拌均匀后，85℃保温10min，杀灭鸡蛋中可能存在的沙门菌等致病菌；趁热搅拌加入柠檬酸溶液、番茄滤液、生姜滤液，混匀后灌装。

⑥灭菌：原料在混合前都已分别灭菌，为避免可能的污染，灌装完冷却后，须再经85℃、5min的巴氏杀菌。

4. 技术要点

①原料蛋处理及用量：为了克服鸡蛋蛋清受热易变性凝固这一问题，本工艺采用枯草杆菌蛋清酶对鸡蛋液进行轻度水解，不仅提高了鸡蛋液的热稳定性，而且有利于蛋清的吸收利用。此外，为了使产品既能达到一定的蛋白质含量，又能保持果冻食品的特点，卡拉胶添加量为0.8%，蛋液用量为12%～15%时，产品较为理想。

②柠檬酸用量：柠檬酸主要用于调节产品风味。柠檬酸的用量对凝胶的稳定性影响很大，当用量<0.2%时，口感太甜；而用量>0.3%时，胶体不凝结，或凝结不好，有不均一的裂痕。研究发现，柠檬酸添加量为0.25%时，全蛋果冻质地较好。

③蔬菜汁用量：为了进一步提高产品的营养价值，还可以添加天然生姜汁、番茄汁或其他植物营养成分等。由于生姜等蔬菜水提取液中含有酚类及有机酸等物质，会影响果冻中蛋白质的稳定性，因而添加量不能太多。试验表明，在蛋液用量为15%时，添加0.5%的番茄滤液和1.5%的生姜滤液，其产品风味及凝结状态较好。

三、鸡蛋干

鸡蛋干是采用传统工艺结合现代化的生产设备，将鸡蛋全蛋或鸡蛋蛋清加工成质地和色泽类似传统豆腐干的一种新型食品。该产品是以全蛋液或蛋清为主要原料，经一定温度处理，其蛋清和全蛋受热发生变性凝固而形成的一类凝胶蛋制品。该产品不仅可以作为烹调加工时菜肴主料或辅料，

也可作为即食产品，是外出旅游休闲的良好方便食品。

1. 参考配方 全蛋液300g，食盐4.8g，白砂糖5.2g，鸡精0.6g，白胡椒粉0.6g，淀粉6g，高胶蛋清粉1.5g，复合磷酸盐0.9g，水10g。

2. 工艺流程

辅料→基料
↓
鲜鸡蛋→洗蛋→打蛋→搅拌→灌装→蒸煮→出锅→脱模→卤制→烘干→真空包装→杀菌装箱→入库

3. 操作要点

①选择新鲜、完整、清洁卫生、无污染的鸡蛋，严格按照“一洗、二清、三消毒”的原则将鸡蛋表面清洗干净。

②保证鸡蛋蒸熟，并形成质地细嫩的鸡蛋干。

③烘干过程中，每20min对蛋块翻动1次，保证所有蛋块烘干程度一致。

4. 产品特点 鸡蛋干的外观和色泽与传统的豆腐干食品相似，但其口感和价值远高于后者。产品口感细腻，营养价值高，含有丰富的优质蛋白质，独立真空小包装干净卫生且轻便易携带，是新时尚休闲零食。

思考题

1. 卤蛋、盐焗蛋的生产工艺技术与质量要求有哪些？
2. 在制作各种风味蛋制品时，对原料蛋选择有何要求？
3. 简述蛋松的加工要点。
4. 全蛋营养果冻产品发展前景如何？简述全蛋营养果冻的制作过程及操作要点。
5. 目前我国休闲蛋制品产业现状如何？其发展前景怎样？

蛋功能成分提取与利用

本章学习目标 了解禽蛋功能成分的开发趋势与特点；掌握蛋中溶菌酶、卵转铁蛋白、免疫球蛋白、卵黄高磷蛋白、蛋黄磷脂、禽蛋源活性肽等功能成分的基本性质和主要功能活性；重点掌握溶菌酶、卵转铁蛋白、免疫球蛋白、卵黄高磷蛋白等主要功能成分的提取、分离、纯化技术及其应用；熟悉蛋功能成分的联合提取制备技术。

第一节　蛋清中的主要功能成分

一、卵白蛋白

（一）卵白蛋白的结构与特性

卵白蛋白是鸡蛋中最主要的蛋白质成分，为典型的球蛋白，糖蛋白结构。1973 年，Vadehra 等人通过电泳技术，从新鲜蛋清中检测并区分出 3 种类型的卵白蛋白：A_1、A_2、A_3 亚型。在鸡蛋贮藏过程中，伴随着蛋清 pH 的升高和贮藏时间的延长，天然构象的卵白蛋白（*N*-卵白蛋白）可以逐步转化为热稳定形式的 *S*-卵白蛋白。*S*-卵白蛋白的整体结构都与天然状态相似，为 *N*-卵白蛋白的异构体。光谱研究显示，*S*-卵白蛋白的高级结构改变非常有限，仅涉及二级结构的细微变化。但与 *N*-卵白蛋白相比，*S*-卵白蛋白的热稳定性发生了显著的变化。

（二）卵白蛋白的纯化

卵白蛋白在食品、生化和医药领域已经得到了广泛的应用，可作为构建和研究新型食品结构的模式材料、食品加工和营养特性研究的模式蛋白、生化试剂等。因此，从蛋清中高效地纯化和制备卵白蛋白越来越重要。

卵白蛋白最早的提取方法是使用硫酸铵或者硫酸钠盐析法，该方法简单且适用大量的分离制备。但易造成卵白蛋白的不可逆的构象变化，使其特性发生改变，且获得的卵白蛋白含有较高的盐，通常需经过长时间、多次反复脱盐处理才能得到可用的卵白蛋白。

超滤法被视为提取蛋清蛋白质的有效方法。使用两步超滤纯化卵白蛋白（超滤膜截留分子质量分别为 50ku、30ku），卵白蛋白的纯度可以达到 98.7%。然而超滤过程需要精确地控制压力、搅拌速率、溶液 pH 等参数，容易受到操作和环境因素的影响。此外，超滤膜的污染和堵塞，限制了超滤法的制备规模，并增加了成本。

采用离子交换色谱法纯化卵白蛋白，具有较高的选择性，产物纯度高且不会使蛋白质变性，是目前实验室研究中应用较多的方法。常用的阴离子交换层析填料，大多都可用于卵白蛋白的纯化和制备。但离子交换色谱法的处理量有限，扩大制备规模需要增加填料的体积，使得卵白蛋白的纯化成本增高，因而该方法不适合规模化制备。

多聚物沉淀法操作简单，对设备要求不高，是规模化制备卵白蛋白的潜在最佳技术路线。研究显示，聚乙二醇（PEG，平均分子质量8 000u）沉淀可将卵白蛋白与其他蛋清蛋白质有效地分开，在优化的沉淀工艺（聚乙二醇浓度为15%、溶液pH为6.5、盐离子浓度为50mmol/L、温度为10℃）下，卵白蛋白的纯度约为90%、得率约为50%。此时，卵白蛋白存在于含有PEG的溶液上清中，可进一步利用等电点沉淀法（pH 4.5），将卵白蛋白从PEG溶液中沉淀析出。同时，析出卵白蛋白后的PEG溶液可以循环利用，降低了物料的消耗。经过两步沉淀法（聚乙二醇沉淀和等电点沉淀）获得的卵白蛋白，纯度达到95.1%，得率为46.4%。该方法操作流程简单，仅包含离心和搅拌环节，仅需离心、搅拌和制冷设备，整个制备过程可以在2～3h内完成，制备规模可以根据需要等比例放大。

（三）卵白蛋白的加工特性

卵白蛋白具有良好的起泡性、凝胶性等功能特性，是食品工业的重要原辅料。对卵白蛋白功能特性提升和优化的研究是当前研究热点之一。对卵白蛋白进行糖基化、磷酸化、乙酰化等化学修饰，是提高卵白蛋白功能特性的有效途径。此外，物理加工处理，如高密度超声、超高压微射流、高压均质等，亦可调控卵白蛋白的加工特性。这些处理对卵白蛋白进行了修饰改性，进一步扩展了其应用范围。

卵白蛋白是食品科学研究中最常用的模式蛋白质之一，应用于蛋白质消化吸收特性研究、蛋白质分子结构和特性分析、蛋白质-小分子相互作用研究以及作为蛋白质电泳的分子质量标记（marker）等。此外，卵白蛋白作为最常用的原料蛋白质之一，还用于构建新型食品乳液、凝胶等，在新食品体系创建方面亦有较多应用。

二、卵转铁蛋白

（一）卵转铁蛋白的结构与特性

鸡蛋清卵转铁蛋白占蛋清总蛋白质的12%～13%。鸡蛋清卵转铁蛋白属于转铁蛋白家族成员，是一类可以结合铁离子的蛋白质，主要包括血清转铁蛋白、卵转铁蛋白、乳铁蛋白等。转铁蛋白可在中性或偏碱性的条件下结合Fe^{3+}、在酸性的条件下释放Fe^{3+}。卵转铁蛋白在每个铁离子结合位点附近，参与铁离子配位的氨基酸残基有4个，包括2个酪氨酸残基（Tyr）、1个组氨酸残基（His）和1个天冬氨酸残基（Asp），可提供双齿配体的伴阴离子，6个基团参与配位形成六配位的八面体结构。

（二）卵转铁蛋白的纯化

早期的卵转铁蛋白的纯化以盐析沉淀法、有机溶剂沉淀法为主。使用硫酸铵沉淀法在pH 3条件下，可从蛋清中分离出卵转铁蛋白，但是产品纯度较低。使用50%的乙醇在pH 6～9的条件下，亦可将卵转铁蛋白从蛋清中沉淀出来，但产品的纯度依然不高。此外，通过加氯化铁，可将蛋清中的无铁卵转铁蛋白转变为饱和铁卵转铁蛋白，增强其稳定性，然后通过乙醇沉淀法除去其他蛋清蛋白质，可得到纯度约80%的卵转铁蛋白。

超滤法可从蛋清中富集卵转铁蛋白。通过两步超滤法（超滤膜截留分子质量分别为100ku、50ku）对鸡蛋清进行处理，富集得到的蛋清组分中卵转铁蛋白相对含量为29.6%，与初始蛋清相比富集了近3倍。

当前，卵转铁蛋白分离纯化技术多为液相层析法。采用阴离子交换层析对蛋清进行初步分离，再通过阳离子交换层析得到卵转铁蛋白，纯度为80%，但通过这种方法得到的卵转铁蛋白得率较低（21%）。在分离之前，通常需要先去除蛋清中的卵黏蛋白，以避免填料堵塞。可将蛋清用水稀释后离心，除去蛋清中的大部分卵黏蛋白，进一步调节蛋清稀释的比例、离子强度、pH，可进一步提升卵黏蛋白的去除效果。从除去卵黏蛋白的蛋清溶液中，采用阳离子交换树脂可分离得到卵转铁蛋白，通过鉴定纯度可达到89%。通过两步Q-sepharose fast flow离子交换色谱纯化卵转铁蛋白，在经过第一步和第二步分离后获得的卵转铁蛋白纯度分别为78.26%和97.53%。采用DEAE-sepharose fast flow阴离子交换层析，可一步分离出高纯度、高得率的卵转铁蛋白，纯度达97%、得率为87%。此外，亲和液相层析法亦有应用，通过均质并结合硅藻土过滤对蛋清进行预处理，然后采用固定化金属螯合亲和色谱法从预处理后的蛋清中分离和提取卵转铁蛋白，纯度可达到96%。

（三）卵转铁蛋白的活性

卵转铁蛋白结合铁的能力会剥夺微生物生长所需的铁，所以有抗菌效果，且抗菌谱较广。对卵转铁蛋白最敏感的为假单胞菌、大肠杆菌和变形链球菌，较不敏感的为金黄色葡萄球菌、变形杆菌SP和克雷伯细菌。碳酸氢盐可以增强卵转铁蛋白对表皮葡萄球菌和S敏感株的抗菌效果。加入乙二胺四乙酸（EDTA）会加强卵转铁蛋白对大肠杆菌O157：H7和单增李斯特菌的抗菌活性。这是由于碳酸氢盐和EDTA可增强卵转铁蛋白对铁离子的结合能力，使一些细菌更难获取铁离子。卵转铁蛋白对某些真菌亦具有很好的抗性，通过对念珠菌属100多种菌株的测试，发现只有克鲁斯念珠菌对卵转铁蛋白有抗性。研究发现，卵转铁蛋白的抗真菌活性与铁的结合无关，且添加碳酸氢盐不会增强其对念珠菌属真菌的抗性。此外，卵转铁蛋白可以抑制马克病毒对鸡胚成纤维细胞的感染，具有抗病毒活性。

由于卵转铁蛋白的抗菌活性，卵转铁蛋白可以作为治疗急性腹泻的婴幼儿配方奶粉添加成分。最近研究发现，卵转铁蛋白可以作为一种包装材料添加剂起到延长食品货架期的作用。将卵转铁蛋白添加到EDTA和卡拉胶制成的保鲜膜中，这种材料在鸡胸脯肉的保鲜过程中可以增强对大肠杆菌、金黄色葡萄球菌和鼠伤寒沙门菌的抑制作用。

此外，卵转铁蛋白水解肽还具有抗氧化、降血压、调节免疫等活性。基于卵转铁蛋白的多种生物活性和健康功效，其已成为热门的功能性食品配料之一。

三、卵类黏蛋白

（一）卵类黏蛋白的结构与特性

卵类黏蛋白约占蛋清总蛋白质的11%，为糖基化修饰程度较高的蛋白质，卵类黏蛋白的糖链部分占总分子质量的20%～25%。卵类黏蛋白在中性及偏酸性溶液中，对热、高浓度脲、有机溶剂等均有较高的耐受性。但在强酸或碱性条件下，易发生结构变性。卵类黏蛋白糖基化修饰程度高，糖链类型丰富，因此有较强的亲水性，在50%的丙酮或5%的三氯乙酸盐水溶液中，仍有较好的溶解度。卵类黏蛋白对蛋白酶具有抑制作用，属于丝氨酸蛋白酶抑制剂，可以抑制猪或牛胰蛋白酶，但却不能抑制人胰蛋白酶。卵类黏蛋白发挥抑制作用时，与蛋白酶结合的物质的量之比为1∶1。

（二）卵类黏蛋白的纯化方法

卵类黏蛋白的早期分离方法为三氯乙酸-丙酮沉淀法，其得率为40%～50%，纯度为80%，该方法作为卵类黏蛋白的粗分离方法而被广泛采用。在此基础之上，通过盐析沉淀和离子交换层析相结合的方法，可制得纯度较高的卵类黏蛋白，即先通过90%硫酸铵盐沉淀法得到卵类黏蛋白粗品，然后利用离子交换层析，通过盐溶液梯度洗脱，得到卵类黏蛋白纯品。其他纯化制备方法也主要是基于液相层析法，如串联使用两种不同类型的液相层析，通常都可以得到纯度非常高的卵类黏蛋白。

（三）卵类黏蛋白的致敏性

大量的研究已经证实，卵类黏蛋白是鸡蛋中的主要致敏性成分。由于卵类黏蛋白具有相对稳定的结构，且具有蛋白酶抑制特性，使得对其过敏原性的抑制和消除增加了难度。研究表明，卵类黏蛋白的致敏性除了与其线性表位（即特定氨基酸序列）有关外，还与其分子内二硫键、高级结构以及糖链的组成等相关，即存在构象表位。在卵类黏蛋白的三个结构域中，第Ⅲ结构域与 IgE/IgG 的结合能力最强，是其致敏的关键结构区域。

卵类黏蛋白的糖基化修饰结构在致敏中扮演着重要角色，但其具体作用和机制尚不明确。有研究显示，糖链部分对卵类黏蛋白与过敏患者血清 IgE 的结合能力无显著影响，但亦有研究表明，去糖基化卵类黏蛋白的 IgG 结合能力有所下降。此外，利用重组卵类黏蛋白的研究结果表明，其糖链部分可能具有一定的掩蔽作用，从而减弱其与 IgE 的结合能力，表明糖链部分对致敏性具有一定的抑制作用。

四、溶菌酶

（一）溶菌酶的结构与特性

溶菌酶广泛存在于高等动物组织及其分泌物、植物和微生物中，在鸡蛋清中含量丰富。溶菌酶占鸡蛋清总蛋白质的 3.5%左右，是一种糖苷水解酶（EC：3.2.1.17），作用于微生物细胞壁，可水解肽聚糖结构中的 *N*-乙酰胞壁酸和 *N*-乙酰葡萄糖胺之间的 β-1,4糖苷键。因此，溶菌酶对大多数革兰阳性菌具有杀灭作用。溶菌酶可以在选择性地分解微生物细胞壁的同时，不破坏其他细胞组织，且本身无毒无害。因此，溶菌酶是一种天然、安全、高选择性的杀菌剂和防腐剂，可广泛应用于食品防腐、医药制剂、日用化工等行业。此外，溶菌酶还可作为生物工程研究中的工具酶，用来溶解微生物细胞壁，从而提取微生物细胞内的目标代谢产物。目前，多数商品溶菌酶是从蛋清中提取纯化的。

溶菌酶的热稳定性较强，对热处理具有较强的抗性。蛋清中的溶菌酶为 C 型，是已知的最耐热的一类溶菌酶。温度在 20～60℃时，溶菌酶活力随温度升高缓慢上升，且相对酶活力均保持在 80%以上；到温度接近 60℃时，酶活力达到最强；若继续升温，则会导致溶菌酶结构出现一定程度的破坏，酶活力急剧下降。溶菌酶亦可抵抗一定的有机溶剂处理，当有机溶剂除去后，其活力可以得到恢复。溶菌酶发挥溶壁活性的最适 pH 为 5.3～6.4，因此，其特别适用于低酸性食品的防腐。但是，溶菌酶对碱的耐受力较差。此外，金属离子对溶菌酶的活力也有一定的影响。其中，Cu^{2+}、Zn^{2+}对溶菌酶活性具有较强的抑制作用，Fe^{2+}对其活性抑制作用相对较弱，而 Na^{+}、Ca^{2+}、Mn^{2+}对溶菌酶的活力具有一定的促进作用，其他金属离子如 K^{+}、Mn^{2+}、Ba^{2+}对溶菌酶活性无明显影响。

（二）溶菌酶的制备

从鸡蛋清中制备溶菌酶的主要方法有：直接结晶法、离子交换法、亲和色谱法和超滤法等。随着新的生物分离技术的出现，用于溶菌酶分离纯化的方法也越来越多，特别是现在采用的亲和液相色谱、亲和膜分离、反胶团萃取、双水相萃取等方法。

1. 离子交换法 离子交换法是目前从蛋清中制备溶菌酶最常用的方法。溶菌酶是一种碱性蛋白质，其等电点为 10.7，远高于其他蛋清蛋白质的等电点。因此，在中性水溶液中，溶菌酶带正电荷，而其他蛋清蛋白质带负电荷。因此，可选用阳离子交换树脂或液相层析填料对溶菌酶进行吸附，在洗脱除去其他蛋清蛋白质后，再用含盐（氯化钠或硫酸钠）溶液或弱碱性溶液将溶菌酶从填料上洗脱，从而达到分离目的。用于溶菌酶分离制备的离子交换树脂类型较为丰富，主要有732型、724型阳离子交换树脂，Duolite C-464树脂，以及以磷酸纤维素（PC）、羧甲基纤维素（CMC）和羧甲基琼脂糖（CMS）等为基质材料的阳离子交换树脂/填料。该法具有快速、简单、经济，并能实现大规模自动化连续生产的特点。

2. 超滤法 超滤是以压力为推动力，利用超滤膜不同孔径对液体进行分离的物理筛分过程。鸡蛋清蛋白质中，溶菌酶的分子质量最小，通常采用截留分子质量为3ku的超滤膜可以有效地将溶菌酶分离。但是，溶菌酶与蛋清中其他蛋白质表面所带电荷相反，存在着静电结合力，与其他蛋清蛋白质之间的相互作用力较强。因此，可采用增加离子强度、调节pH、稀释等前处理工艺，降低溶菌酶与其他蛋清蛋白质之间的作用力，使溶菌酶处于解离状态后，再采用超滤法对蛋清溶菌酶进行分离提取。

3. 其他新型分离方法 近年来，一些新型的分离技术应用于溶菌酶的提取和制备，如亲和色谱法和分子印迹技术等。亲和色谱法是利用溶菌酶与其特异性配体专一识别的特性，对其进行分离的一种方法。通过化学合成，制备能够与溶菌酶特异性结合的活性蓝染料（cibacron blue F3GA），并将其固定在磁性树脂基质上，构建亲和色谱材料，将该填料用于蛋清溶菌酶的分离纯化，得到的溶菌酶纯度为87.4%，溶壁活力为41 586U/mg。分子印迹技术以溶菌酶为模板，合成具有特定空间结构空穴的聚合物，从而实现对溶菌酶分子的专一性结合。例如，以溶菌酶为模板分子，以聚丙烯酰胺凝胶为基质，制备了复合分子印迹聚合物，应用结果表明，该聚合物对溶菌酶分子有较高的选择性和吸附容量，可用于溶菌酶的富集和初分离。

单一溶菌酶分离纯化方法一般无法满足对溶菌酶纯度和回收率的要求，因此可以将两种或者几种方法结合起来，或者建立连续式的分离体系，从而实现高纯度溶菌酶的规模化生产。

（三）蛋清溶菌酶的应用

溶菌酶具有抑菌、消炎、抗病毒等功能，且作为一种天然蛋白质对人体无毒害作用，因此，在食品、饲料、日化、医药等领域均具有广泛的应用。

1. 溶菌酶在食品中的应用

（1）*用作食品防腐剂* 溶菌酶作为食品防腐剂，可被应用于干酪和再制干酪及其类似品（按需添加）、发酵酒（限量：0.5g/kg）。此外，溶菌酶在其他食品的防腐方面也具有诸多研究和应用案例。例如，用溶菌酶溶液处理新鲜蔬菜、水果、鱼肉等可以防腐；用溶菌酶与食盐水溶液处理蚝、虾及其他海洋食品，冷藏可起到保鲜作用；糕点、酒类、新鲜水产品等也可用溶菌酶来处理。

（2）*用作肠道菌群调节剂* 溶菌酶对杀死肠道腐败球菌有特殊作用，因此对肠道菌群具有明显的调节作用，可辅助促进益生菌在肠道内定植。此外，研究显示溶菌酶还能够增强γ-球蛋白等的免疫功能，提高婴儿的抗感染能力，特别是对早产婴儿有防止体重减轻、预防消化器官疾病、增进体重等功效，所以溶菌酶是婴儿食品的良好添加剂。

2. 溶菌酶在其他领域中的应用

（1）*在医药临床中的应用* 溶菌酶的多种药理作用在于它能抑制人体内某些细菌或病毒，降低由感染引起的炎症反应，抑制或削弱它们的作用。在联合使用时，溶菌酶能提高抗生素和其他药物的抑菌/治疗效果。可制成消炎药与抗生素配合治疗多种黏膜炎症，消除坏死黏膜，促进组织再生。此外，溶菌酶能分解黏厚蛋白，降低脓液或痰液的黏度使之变稀排出；能与血液中的抗凝因子结合，具有止血作用等。

（2）*在生物工程中的应用* 由于溶菌酶具有破坏细胞壁结构的作用，用溶菌酶溶解菌体或细胞壁可获得细胞内容物（如原生质体等），用于细胞融合或原生质体转化以达到育种或生产蛋白质的目的。因此，溶菌酶是基因工程、细胞工程中细胞融合操作必不可少的工具酶。

（四）溶菌酶的活力测定

在溶菌酶制备和应用的过程中，需要对其活力进行测定，以评估提取效果。目前，国内测定溶菌酶酶活力的标准方法为比浊法（GB 1886.257—2016、GB/T 25879—2010）。溶菌酶可水解细菌的细胞壁，造成藤黄微球菌（或溶壁微球菌）的溶解而引起溶液吸光度值的降低。基于此原理，可以通过测定菌悬浊液吸光度值的减小速率来对溶菌酶活力进行量化。一个溶菌酶活力单位定义为：在25℃、pH6.2条件下，使藤黄微球菌悬浊液在450nm处每分钟引起吸光度变化0.001所需溶菌酶的量。

五、卵黏蛋白

（一）卵黏蛋白的结构与特性

卵黏蛋白是一种分子质量很大的糖蛋白，占蛋清总蛋白质的3%左右，以可溶性和不溶性两种形态存在。卵黏蛋白的含量受原料来源与组成的影响很大，这可能与卵黏蛋白在蛋清中的分布、存在状态以及构型的稳定性有关。卵黏蛋白对维持蛋清溶液黏度具有重要作用，有研究显示，不溶性卵黏蛋白和溶菌酶之间的相互作用，是形成浓厚蛋白凝胶结构的基础。

卵黏蛋白是高度糖基化修饰的糖蛋白。作为一种高度聚集的长线性分子，卵黏蛋白二级结构主要为无规则卷曲，因此在水溶液中易形成一个随机的“线团”结构。对卵黏蛋白分子结构的研究显示，α-卵黏蛋白的糖基化修饰程度较低，糖链部分仅占总分子质量的11%～15%，而β-卵黏蛋白的糖基化程度较高，糖链部分占其总分子质量的50%以上。在具体组成方面，β-卵黏蛋白中疏水性氨基酸含量较高，如苏氨酸、丝氨酸等占比较高，而α-卵黏蛋白中酸性氨基酸（如谷氨酸、天门冬氨酸等）的含量较高。

（二）卵黏蛋白的分离纯化

由于卵黏蛋白的高度不溶性，其纯化方法发展比较缓慢。目前，实验研究中用于卵黏蛋白的分离纯化的方法主要有等电点沉降法、梯度离心法、液相层析法等。卵黏蛋白的预分离和富集通常是应用等电点沉降法进行的，是目前制备卵黏蛋白过程中较多采用的前处理方法。等电点沉降法分离卵黏蛋白通常包括以下三个步骤：沉降—收集—洗脱。鸡蛋清加水稀释后，通过调节溶液pH，使其接近卵黏蛋白等电点，卵黏蛋白发生沉降，离心收集沉淀；获得的凝胶状沉淀用缓冲液反复冲洗，除去共沉淀的其他蛋清蛋白质，从而得到卵黏蛋白粗品。在等电点沉降法中，通过优化沉淀和洗脱的相关溶液体系和环境参数，可以提高最终样品中卵黏蛋白的纯度。目前，通过优化的等电点沉降法，制备的卵黏蛋白纯度可达80%以上，可满足大部分应用。

需要指出的是，由于卵黏蛋白黏度大，在分离纯化过程中易造成填料、滤膜的污染和堵塞，使得分离过程难以进行。这给卵黏蛋白自身的纯化、其他蛋清蛋白质的纯化均带来了挑战。因此，在进行其他蛋清蛋白质的纯化中，通常先对蛋清进行稀释，并利用等电点沉降法除去卵黏蛋白。

（三）卵黏蛋白的潜在应用

卵黏蛋白对蛋清的热凝胶特性、乳化特性和起泡特性均有着至关重要的作用。研究显示，卵黏蛋白是参与蛋清热凝胶起始和形成的主要蛋清蛋白质之一，可能是影响蛋清热凝胶特性的关键蛋白质。与化学合成添加剂相比，卵黏蛋白作为天然乳化剂和泡沫稳定剂具有较高的安全性，了解其化学特性和功能机制，可以为进一步科学利用蛋清资源拓宽思路。

此外，卵黏蛋白具有很多的生理功能，尤其是具有良好的抗菌、抗病毒活性。研究显示，卵黏蛋白对多种细菌具有较强的黏附作用，使细菌失去活动能力和繁殖能力，因此具有抑菌作用。卵黏蛋白在研制抗病毒方面表现出了良好的研究前景，有望作为一种天然抗病毒组分，用于防治病毒感染性疾病。我国作为世界禽蛋产量最高的国家，卵黏蛋白原料丰富，有产业化的基础，因此，蛋清中卵黏蛋白的研究开发具有重要意义和广阔前景。

第二节　蛋黄中的主要功能成分

一、卵黄免疫球蛋白

（一）卵黄免疫球蛋白的分子结构

卵黄免疫球蛋白主要存在于卵黄浆质中，约占蛋黄总蛋白质的10%。卵黄免疫球蛋白的分子结构与人血清IgG相似，均为四个亚基组成，分为两条重链（H）和两条轻链（L）。卵黄免疫球蛋白和IgG都是由两个抗原结合片段（Fab）和一个可结晶片段（Fc）组成，连接Fab与Fc的铰链区由二硫键形成。

卵黄免疫球蛋白是一种糖蛋白，分子上连接的糖链一般由甘露糖、半乳糖、*N*-乙酰氨基葡萄糖、*N*-乙酰氨基半乳糖、唾液酸等构成。此外，还存在少量的岩藻糖。卵黄免疫球蛋白的糖基化具有不均一性，其糖基化位点、糖链数目、糖链结构具有一定的随机性。卵黄免疫球蛋白的糖基化修饰在维持其空间构象、免疫反应等方面均具有重要作用。

（二）卵黄免疫球蛋白的分离纯化

在卵黄免疫球蛋白的分离中，常用的盐析法为两步饱和硫酸铵和硫酸铵法沉淀法。饱和硫酸铵沉淀法较为简单；而两步硫酸铵沉淀法的分离效果较好，卵黄免疫球蛋白的得率与相对纯度较高。有机溶剂沉淀法在蛋白质分离中也得到广泛应用，最常见的试剂为氯仿、乙醇、丙酮等。其中，冰乙醇分级沉淀法是分离卵黄免疫球蛋白的主要方法之一。首先将蛋黄液用水稀释，然后离心，向收集得到的上清液中加入浓度为60%的冰乙醇，离心得到的沉淀通过氯化钠盐析，沉淀复溶后再用冷乙醇沉淀一次，即得纯度较高的卵黄免疫球蛋白。虽然乙醇相对安全，但此法能耗大、成本较高，卵黄免疫球蛋白活性保持率相对较低。

此外，多聚物沉淀法也被应用于卵黄免疫球蛋白的分离和制备。卵黄免疫球蛋白分布于蛋黄浆质部分，且为水溶性蛋白，因此卵黄免疫球蛋白分离的关键是去除卵黄颗粒和浆质中的脂蛋白，获得富含卵黄免疫球蛋白的蛋黄水溶性组分。多聚物沉淀法可以较好地实现上述目的，且制备条件较为温和，利于卵黄免疫球蛋白的活性保持。常用的多聚物为聚合度在4 000～8 000u的聚乙二醇。聚乙二醇安全无毒，操作过程相对温和，不易引起蛋白质的变性，且其提取得到的卵黄免疫球蛋白的纯度较高，因此近年来得到了较为广泛的应用。通过对聚乙二醇浓度和分离参数的优化，在获得较理想的富集效果的同时，卵黄免疫球蛋白的得率亦可达到90%以上，分离效果较为理想。

经过上述方法获得的卵黄免疫球蛋白样品纯度一般不是非常理想，进一步的纯化常通过液相层析法进行。目前纯化卵黄免疫球蛋白的液相层析类型有离子交换层析法、疏水作用层析法和亲和层析法。通过阴离子交换层析法，对聚乙二醇沉淀法获得的卵黄免疫球蛋白初品进行纯化，其纯度可达到95%以上，可以满足大部分科学研究和生物医药领域的要求。

（三）卵黄免疫球蛋白的应用

通过特定抗原的刺激，可以使母鸡产生特异性的卵黄免疫球蛋白，可用于增强动物免疫力方面。目前，鸡卵黄免疫球蛋白在大肠杆菌性疾病、小牛致死性伤寒、沙门菌感染、轮状病毒性腹泻、家禽病毒病以及大肠杆菌、沙门菌引起的各种畜禽疫病的免疫防治方面，已经得到了广泛的应用。利用病原菌的菌毛作为抗原，刺激蛋鸡产生特异性的卵黄免疫球蛋白，将其提取并施用于仔猪，对仔猪腹泻发生率、病症程度和的死亡率均具有显著的抑制作用，并且有利于仔猪的发育和体重增加。以灭活或减毒的犬瘟热病毒和犬腺病毒刺激母鸡，产生并分离制备出分别对上述两种病毒具有特异性抗性的卵黄免疫球蛋白，可显著治疗由犬瘟热病毒和犬腺病毒引起的病犬的症状。此外，一些特异性卵黄免疫球蛋白可起到调节动物饮食的作用。胆囊收缩素是一种具有生理饱觉作用的多肽类激素，可以迅速抑制禽类以及哺乳动物的食欲，减少动物的食量。通过制备对胆囊收缩素具有特异性结合能力的卵黄免疫球蛋白，可以抑制胆囊收缩素的作用，从而提高饲养动物的食欲和饲料转化率，达到缩短出栏周期、提高饲养效率的作用。

近年来，一些针对人体相关感染性的特异性卵黄免疫球蛋白得到研究和应用。特异性卵黄免疫球蛋白作为食品强化剂和功能性食品因子，可以预防以及治疗相应的致病菌感染。由此产生了一类功能食品——抗体食品，旨在提高人体免疫力。研究表明，抗体食品对病原体感染可起到一定的预防作用，或者帮助人体恢复和增强免疫力，对风湿性病症也能起到预防和抑制作用。此外，抗体食品在防止衰老、促进生长发育等方面也具有一定的积极作用。作为卵黄免疫球蛋白载体的食品种类较为丰富，如冰激凌、奶酪、酸乳饮料等。

二、低密度脂蛋白

（一）低密度脂蛋白的组成及结构

低密度脂蛋白大约占蛋黄干重的65%，主要存在于卵黄浆质中，在卵黄颗粒中也有少量存在。蛋黄低密度脂蛋白分子由蛋白质和脂质两部分组成，其中蛋白质部分约占11%。在低密度脂蛋白的脂质组成中，甘油三酯约占71%，磷脂占25%，胆固醇占4%；在其脂肪酸组成中，单不饱和脂肪酸含量最高，为45%左右，多不饱和脂肪酸为21%左右。

通过原子力显微镜观测鸡蛋黄中低密度脂蛋白的表面形貌，发现溶液体系中低密度脂蛋白的状态和分布与低密度脂蛋白的浓度有关。在较低浓度时，低密度脂蛋白呈分散状态，较易得到单个低密度脂蛋白分子的图像，其尺寸一般在50～80nm；随着低密度脂蛋白浓度的增加，成像尺寸也随之增加，形成大尺寸的低密度脂蛋白聚合物。基于对低密度脂蛋白结构的大量显微观察和研究，目前认为低密度脂蛋白分子的主要结构特征如下：球形，大小为17～60nm，平均密度为0.98g/mL；内部为一个由甘油三酯和胆固醇组成的脂质核心，该核心由磷脂单分子层包裹，蛋白质片段和部分胆固醇镶嵌在磷脂膜上。

（二）低密度脂蛋白的分离与纯化

对鸡蛋黄中低密度脂蛋白的分离提取主要包括物理和化学方法，目前较多采用的是物理分离操作。与卵黄免疫球蛋白的提取步骤类似，先将蛋黄进行稀释分离，分别获得卵黄浆质和卵黄颗粒。因低密度脂蛋白主要存在于卵黄浆质中，所以要进一步对浆质部分进行分离，通过添加饱和度为40%的硫酸铵（或3%～5%的聚乙二醇）混合并搅拌处理，使卵黄免疫球蛋白沉淀；然后离心收集上清液，经透析除去硫酸铵（或聚乙二醇）后再次离心，即可得到富集低密度脂蛋白的上清液。

利用凝胶过滤色谱法可以进一步提高蛋黄中低密度脂蛋白的纯度。由于低密度脂蛋白颗粒较大，在选择凝胶过滤色谱柱时，应选择分离范围较大的填料，如Ultrogel AcA34、Sephadex G-200、Sephacryl S-300HR等。在凝胶过滤层析过程中，由于低密度脂蛋白分子质量较大，不能进入凝胶填料上的孔隙，而直接从填料颗粒之间通过，因此最早被洗脱出来，从而实现与其他组分的分离。

（三）低密度脂蛋白的潜在应用

目前，普遍认为蛋黄的乳化特性主要来自低密度脂蛋白。基于其表明磷脂层的两亲特性，低密度脂蛋白在乳状液体系中能够在界面处有效地、竞争性地吸附，起到维持和稳定乳化液滴的作用。此外，低密度脂蛋白在某些油-水界面吸附之后，其颗粒发生破裂，低密度脂蛋白中的中性脂质核心与油结合，而磷脂、蛋白部分则在界面上分散，增强界面的稳定性。低密度脂蛋白的吸附、裂解的程度依赖于环境条件的变化。进一步的研究结果表明，低密度脂蛋白在气-液界面的分散情况与油/水界面有所不同，因为其内部的中性脂质不能溶解于气相或液相，因此成为气/液相的一部分。除了乳化特性，低密度脂蛋白对蛋黄凝胶和流变特性也具有重要影响。此外，在咸蛋黄的腌制过程中，在氯化钠渗透压的作用下，低密度脂蛋白的结构发生变化，其内部的脂质核心暴露、融合，使蛋黄游离脂质增加，并使蛋黄在加热后出油。

三、高密度脂蛋白

（一）高密度脂蛋白的组成与结构

高密度脂蛋白约占蛋黄总干物质的16%，其蛋白质部分占75%～80%，而脂质部分为20%～25%，其密度约为1.12g/mL。高密度脂蛋白的脂质部分以磷脂为主，约占60%，甘油三酯约为40%。高密度脂蛋白中的脂质与蛋白质结合的相互作用力主要为疏水键和静电力。

高密度脂蛋白通过磷酸钙桥与卵黄高磷蛋白相结合，然后再与少量的低密度脂蛋白微胶束组装在一起，形成卵黄颗粒。高密度脂蛋白的蛋白质部分为两个亚基组成的二聚体，每个亚基的分子质量约为200ku。高密度脂蛋白的亚基为球状，每个亚基内部有一个体积为68nm^3漏斗形的空腔，该空腔可以容纳约35个磷脂分子。空腔的表面主要分布着疏水性氨基酸，与磷脂相互作用使磷脂分子在空腔内聚集，而甘油三酯可以通过磷脂建立的疏水区，进一步吸附在疏水凹槽的周围。

（二）高密度脂蛋白的潜在应用

在生理上，血清高密度脂蛋白主要的功能是将血液循环中的胆固醇运送到肝，从而防止游离胆固醇在血管上的沉积，起到血管“清洁工”的作用。基于结构上的相似性，禽蛋蛋黄高密度脂蛋白也具有胆固醇载运功能。小鼠实验结果显示，摄入含有蛋黄的饲料，并不会增加小鼠血清脂质水平，而摄入同等剂量的含有胆固醇的饲料，则小鼠血脂水平升高，表明蛋黄中含有能够调控胆固醇吸收代谢的物质组分。进一步的研究显示，在蛋黄各组分中，高密度脂蛋白对小鼠血脂水平的调控作用最为显著。

高密度脂蛋白可为胚胎发育提供必需的脂质和氨基酸。除了高密度脂蛋白自身分解，为胚胎发育提供必需营养物质外，其也可作为调节成分，转运微量矿物元素和脂质元素，从而促进胚胎生长。鸡蛋中的高密度脂蛋白都具有结合Zn^{2+}的能力，其分子中螯合的Zn^{2+}随着蛋白质的降解而释放，被鸡胚吸收利用，从而有效地防止胚胎发育过程中发生畸变。此外，一些研究显示，高密度脂蛋白在发育过程中，可将卵黄中的特性脂质成分转运至胚胎发育所需的特定位置，为胚胎中特定器官的发育提供脂质，起到脂质转运载体的作用。

鸡胚胎发育过程中，一般要控制在37℃左右，而在此温度下，卵黄中的脂质成分易发生氧化。因此，卵黄中存在天然的脂质氧化防御体系，以保证胚胎的正常发育。卵黄中高密度脂蛋白通过对脂质的包裹和吸附，使脂质成分避免自由基的攻击，从而保护脂质，避免发生氧化。研究显示，鸡蛋黄高密度脂蛋白中的载脂蛋白及脂质类载体均具有抑制亚油酸氧化的能力。

四、卵黄高磷蛋白

（一）卵黄高磷蛋白的结构特点

卵黄高磷蛋白占蛋黄总蛋白质的4%，是磷酸化程度最高的蛋白质之一。高度磷酸化是卵黄高磷蛋白的最主要特征，在其217个氨基酸残基中，丝氨酸含量高达56%，且绝大部分的丝氨酸发生了磷酸化修饰。卵黄高磷蛋白含磷量占蛋黄总磷的80%以上。此外，卵黄高磷蛋白具有3个潜在的N-糖基化位点，其上连接的N-糖链均具有典型的五糖核心结构，由11～13个单糖单元组成。

高度的磷酸化赋予卵黄高磷蛋白较强的亲水性，仅在N端（9个残基）和C端（3个残基）具有小的疏水区域。卵黄高磷蛋白的等电点为4.0，因此在中性pH溶液中，其分子表面表现为高净负电荷。在高度磷酸化带来的静电排斥作用下，卵黄高磷蛋白分子呈现为28nm×1.4nm的细长无规则卷曲结构。而在接近卵黄高磷蛋白等电点的酸性pH条件下，则发生肽链折叠，以β折叠结构为主。

（二）卵黄高磷蛋白的提取与纯化

卵黄高磷蛋白的分离纯化通常分为蛋白粗提和层析纯化两个阶段。分离纯化方法的建立主要是依据卵黄高磷蛋白在蛋黄中的分布状态和自身的物理化学性质。卵黄高磷蛋白与高密度脂蛋白通过磷酸钙桥形成复合物，是构成蛋黄颗粒的主要成分。因此，提取卵黄高磷蛋白的主要步骤为：①通过稀释和离心分离卵黄浆质和颗粒；②利用高盐浓度打开卵黄颗粒中的磷酸钙桥，使卵黄高磷蛋白游离出来；③分离卵黄高磷蛋白，并进行脱盐等后续处理。

早期的分离方法，通过硫酸镁溶液稀释蛋黄，使卵黄高磷蛋白与镁离子形成复合物，进而将其沉淀下来，然后使用硫酸铵沉淀、乙醚脱脂进行操作与纯化。不同浓度的硫酸镁对卵黄高磷蛋白沉淀效果具有影响，0.2mol/L的硫酸镁沉淀效果较好。在分离过程中，利用卵黄高磷蛋白高度磷酸化的特性，通过监测氮磷比来考察分离效果。此外，可利用有机溶剂对蛋黄脂质的萃取作用，将脂质相关组分与卵黄高磷蛋白初步分离。例如，综合运用正丁醇沉淀和等电点沉淀法，实现卵黄高磷蛋白初步分离，再通过硫酸镁、乙醚、丙酮等处理，得到纯化的卵黄高磷蛋白。

近年来，一些新的分离方法被研究和应用。在分离蛋黄获得卵黄颗粒后，先通过高浓度氯化钠打开磷酸钙桥，使卵黄颗粒溶解，然后通过多聚物沉淀联合等电点沉淀（添加聚乙二醇并调整溶液pH至4.0）将卵黄高磷蛋白从溶液中沉淀出来，经脱盐处理后，纯度可达95%以上，得率为47%。

（三）卵黄高磷蛋白的功能特性

由于高度磷酸化，卵黄高磷蛋白可与各种阳离子相结合，如Ca^{2+}、Mg^{2+}、Mn^{2+}、Co^{2+}、Sr^{2+}、Fe^{2+}、Fe^{3+}等。研究显示，蛋黄中95%铁均是以与卵黄高磷蛋白结合状态存在的。实际上，卵黄高磷蛋白对Fe^{3+}的结合能力远强于蛋清中的卵转铁蛋白。

卵黄高磷蛋白两端疏水、中间亲水的分子结构，使其具有较好的乳化活性和乳化稳定性。丰富的磷酸根提供了高密度电荷和较强的静电斥力，因此，吸附至油-水界面的卵黄高磷蛋白可维持界面的稳定，抑制乳化液的絮凝和聚结。用蛋白酶和磷酸酶处理卵黄高磷蛋白，其乳化活性和乳化稳定性急剧下降，表明卵黄高磷蛋白的完整结构和磷酸化是其乳化性的基础。

卵黄高磷蛋白具有一定的辅助杀菌作用。在含有10^6 cfu/mL大肠杆菌的肉汤培养基中加入0.1mg/mL的卵黄高磷蛋白，50℃下加热20min，大肠杆菌可以被完全杀死。但是在常温下无抗菌、杀菌作用。卵黄高磷蛋白的抗菌作用与其强烈的金属螯合作用和较高的表面活性密切相关，热处理弱化了细胞膜基质，使处于细胞外膜的金属离子变得不稳定，很容易被卵黄高磷蛋白的磷酸根螯合，从而扰乱细菌细胞正常的生理代谢，从而起到抗菌作用。鉴于其热处理环境下的抗菌作用，卵黄高磷蛋白可作为潜在的天然防腐剂，在食品的巴氏杀菌中起到辅助增效的作用。

卵黄高磷蛋白具有抗氧化活性。生物体内的多种氧化应激反应需要铁离子等的参与，而卵黄高磷蛋白可以与金属阳离子强烈结合，从而阻止金属离子诱导的氧化应激。化学计量学分析显示，卵黄高磷蛋白结合铁离子（Fe^{2+}）的物质的量比高达1∶30。在经受一般热处理（如巴氏杀菌和普通烹饪加热）之后，卵黄高磷蛋白的抗氧化性能基本不受影响，但在灭菌温度条件下（121℃、10min），其抗氧化活性有所下降。因此，卵黄高磷蛋白可作天然抗氧化剂应用于食品加工中。

卵黄高磷蛋白提供了鸡胚骨骼发育所需的磷。研究显示，在鸡胚胎发育的9～20d，卵黄高磷蛋白发生降解，分子质量逐渐下降，同时伴随着去磷酸化，其二级结构由无规则卷曲向α螺旋结构转化。卵黄高磷蛋白去磷酸化过程，与蛋黄中总磷含量的降低、碱性磷酸酶活力的升高及鸡胚骨骼发育关键时间点等具有高度的相关性。这些结果表明，卵黄高磷蛋白在鸡胚发育过程中通过脱磷酸化提供鸡胚骨骼形成需要的磷。体外细胞实验亦表明，卵黄高磷蛋白对成骨细胞的转化具有诱导作用，可以促进成骨细胞矿化结节的形成。

五、蛋黄磷脂

（一）蛋黄磷脂的组成

鸡蛋黄脂质中磷脂约为30%。蛋黄磷脂主要为磷脂酰胆碱（PC），又称为卵磷脂，约为蛋黄总磷脂的80%～85%。此外，还有约12%的磷脂酰乙醇胺（PE），以及少量的鞘磷脂。

磷脂是人体生物膜的基础构成物质，有极高的营养和医学价值。磷脂被认为具有延缓衰老、提高大脑活力、防治动脉硬化、预防心脑血管疾病、预防脂肪肝、滋润皮肤、抗氧化等多种生物活性。同时，磷脂的两亲特性使其具有优异的乳化特性。因此，卵磷脂在医药、食品、化妆品等行业的应用十分广泛。

（二）蛋黄卵磷脂的提取

鸡蛋黄是食品工业中使用的磷脂的主要来源之一。我国禽蛋丰富，价格低廉，而且活性蛋黄卵磷脂对人体保健功能正逐渐引起关注，市场需求量不断扩大，因此，研究、开发、提取高纯度蛋黄卵磷脂产品意义重大。

1. 有机溶剂法 有机溶剂分离技术是一种传统的分离制备蛋黄磷脂的方法，它是根据在溶剂中的溶解度差异对蛋黄中不同脂质组分进行分离。

蛋黄磷脂在乙醇中溶解度较大，但不溶于丙酮。首先，通过调整溶剂的pH、温度等条件，使蛋白质发生变性和沉淀，破坏蛋黄脂蛋白的结构，使得蛋黄脂质游离出来溶解于溶剂。然后，经静置、离心后，将溶解了蛋黄脂质（甘油三酯和卵磷脂）的上清液减压浓缩，除去溶剂。最后，再用丙酮对浓缩的溶液进行萃取，将甘油三酯与卵磷脂分离开来。该方法是先去除蛋白质，然后分离卵磷脂和甘油三酯。也可以先去除蛋黄油，再分离卵磷脂和蛋白质。此方法的缺点在于卵磷脂和水一同回收，因此需要脱水和干燥。考虑到卵磷脂易氧化、对热较为敏感，通常用真空干燥法或冷冻干燥法进行干燥，这增加了蛋黄卵磷脂的制备成本。

2. 硅胶柱层析法 硅胶柱层析法是一种高灵敏度、高效的分离技术，可用于进一步分离卵磷脂混合物，获得高纯度的卵黄磷脂组分。蛋黄经乙醇萃取两次，接着用乙醇-己烷混合液萃取三次，分离己烷上清液，过硅胶柱，用乙醇-己烷-水（体积比为6∶13∶12）洗脱，获得的卵磷脂纯度可达97%。

在优化的溶剂萃取工艺（乙醇浓度为91.1%、提取温度为39.5°C）条件下，可获得富含卵磷脂的蛋黄磷脂粗提物。进一步通过硅胶柱层析分离蛋黄中的不同磷脂组分，采用氯仿-甲醇-乙酸

（体积比为 18∶5∶1）进行第一次洗脱，脑磷脂首先被洗脱下来；然后将氯仿-甲醇-乙酸的体积比调整为 10∶5∶1，洗脱出卵磷脂。经检测，纯化出的卵磷脂纯度>98%。

3. 超临界 CO_2 萃取法 超临界 CO_2 萃取法通常用于天然化合物或药物的功效成分萃取、分离。该技术以超临界流体 CO_2 替代有机溶剂作为萃取剂，利用 CO_2 在超临界状态下与常温常压下的溶解能力的差异，达到萃取或分离目标物质的目的。超临界二氧化碳萃取也被用于蛋黄卵磷脂的提取和制备。首先将蛋黄粉装入萃取器，将液态 CO_2 经泵送入汽化器，形成所需要的超临界状态；处于超临界状态的 CO_2 可将蛋黄粉中的胆固醇和甘油三酯溶解在其中，将蛋黄粉中的胆固醇、甘油三酯与卵黄蛋白质、磷脂有效分离；随后可通过乙醇等溶剂将蛋黄卵磷脂萃取出来。

（三）蛋黄磷脂的应用

目前，蛋黄磷脂主要应用于化妆品、医药和食品领域。

在医药领域，蛋黄磷脂可用于脂质体和脂肪乳剂的制备。脂质体是一种新型制剂，作为药物载体在释药系统中的研究已成为当前制剂工业的主要方向之一。有研究对蛋黄磷脂、大豆蛋黄磷脂、猪脑蛋黄磷脂制成的脂质体载药性能做了对比，结果表明蛋黄磷脂制成的脂质体载药性能最佳。脂肪乳注射液是一种应用于临床的营养型注射液，是胃肠外能量补给品，能为患者补充必需脂肪酸和能量，而蛋黄磷脂作为乳化剂应用于其中。由于蛋黄磷脂是生物膜的重要组分，还可作为药物载体与其他药物成分形成复合物，可直接将药物成分运送到患病部位，提高其生物利用率。

在食品领域，蛋黄磷脂可作为保健品、乳化剂及风味剂来应用。蛋黄磷脂中花生四烯酸水平与母乳接近，脂肪酸平衡性高，所以蛋黄磷脂也可作为原料应用于婴幼儿配方奶粉中。

在化妆品领域，蛋黄磷脂多被用作乳化剂，能刺激头发的生长，对治疗脂溢性脱发有一定疗效。

第三节　禽蛋源主要活性肽

禽蛋作为一种重要的膳食蛋白质来源，除具有营养价值之外，在人体胃肠道内禽蛋蛋白质消化过程中所产生的多肽，给人体带来了多种健康益处。众多研究证实，体外水解制备的禽蛋源多肽，是一类很有前景的保健食品和功能性食品成分，具有众多的生物活性，如抗氧化、降血压、抗菌、抗病毒、抗癌、抗糖尿病、抗炎、金属离子结合与转运、免疫调节、改善骨骼健康等。

一、抗氧化活性肽

多肽通常通过螯合金属离子和直接清除自由基等作用实现抗氧化活性。在禽蛋蛋白质中，卵白蛋白、卵转铁蛋白、溶菌酶、卵黄高磷蛋白等蛋白质的水解肽均被报道具有抗氧化特性。水解酶的种类对抗氧化肽的释放有着显著影响，碱性蛋白酶、胰蛋白酶、胃蛋白酶和嗜热菌蛋白酶是产生抗氧化活性多肽的常用水解酶。其中，嗜热菌蛋白酶是一种颇具潜力的释放蛋清抗氧化肽的酶。林松毅等以蛋清蛋白粉为主要原料，分别用碱性蛋白酶、胰蛋白酶和胃蛋白酶水解制备抗氧化肽，发现采用高场强脉冲电场对抗氧化肽进行处理可增强抗氧化能力。煮熟的鸡蛋经体外的胃肠模拟消化后的产物中，鉴定出了 3 条源于卵白蛋白的肽段（DSTRTQ、DVYSF 和 ESKPV），并通过合成肽段验证了抗氧化活性。

二、血管紧张素转化酶抑制活性肽

从禽蛋蛋白质中鉴定降压肽，通常以体外血管紧张素转化酶（ACE）抑制活性的测定作为筛选依据。近年来，许多 ACE 抑制肽被从禽蛋中鉴定出来，它们大多来自蛋清蛋白质，如卵白蛋白、卵转铁蛋白和溶菌酶。卵白蛋白在 40℃下碱水解，可在其水解产物中分离并鉴定到一种具有 ACE 抑制活性的二肽（YV），该二肽被确定为 ACE 的竞争性抑制剂。另一种源于卵白蛋白的活性肽 QIGLF，已被证实具有 ACE 抑制活性，且可显著降低自发性高血压大鼠的收缩压。卵转铁蛋白经嗜热菌蛋白酶和胃蛋白酶水解后产生的三肽：IRW、IQW 和 LKP，是被研究较多的 ACE 抑制肽。研究发现 IRW 可以通过多种途径降低自发性高血压大鼠的血压，包括减少血管紧张素Ⅱ的循环、增强血管舒张、改善内皮炎症和氧化应激等。因此，越来越多的证据显示，禽蛋源多肽的降血压作用机制可能并不局限于对 ACE 活性的抑制，还可以调节参与高血压发生和发展的相关分子的表达，通过综合的调控途径，最终导致血压的下降。

三、抗菌活性肽

禽蛋中有着丰富的抗菌蛋白质，且这些蛋白质水解产生的多肽也表现出较强的抗菌活性。早有研究者通过酸水解技术从卵转铁蛋白中纯化出抗菌肽 OTAP-92，该肽由 92 个残基组成，具有与昆虫防御素相似的独特结构基序。OTAP-92 能够通过自我促进吸收导致细菌外膜渗透性改变，并对其生物功能造成损害，从而杀死革兰阴性菌。在酸性蛋白酶制备的卵黏蛋白水解物中，共鉴定出 6 种具有抗黏附活性的糖肽，对两株猪 K88 产肠毒素大肠杆菌具有抗凝集活性。酶水解过程也能够使溶菌酶释放有效的抗菌肽，从胃蛋白酶和胰蛋白酶水解的溶菌酶水解物中分离纯化出的两种抑菌肽 IVSAGAGMAAT 和 HGLAATA，可分别抑制大肠杆菌 K-12 和金黄色葡萄球菌增殖。采用胰蛋白酶和胰凝乳蛋白酶水解卵白蛋白可分别产生 5 种和 3 种抗菌肽，其中，胰蛋白酶水解产生的肽仅表现出对枯草芽孢杆菌的强杀菌活性，而胰凝乳蛋白酶水解产生的肽对革兰阳性菌（如枯草芽孢杆菌和金黄色葡萄球菌）和革兰阴性菌（如博德特菌、大肠杆菌和肺炎克雷伯菌）以及真菌（如白念珠菌）均显示出抗菌活性。从纯化的卵转铁蛋白中鉴定出一种新型抗菌肽 OVTp12，该天然抗菌肽对革兰阳性和阴性细菌均具有较强的抑制活性，OVTp12 可通过破坏细菌细胞膜的完整性和增加膜通透性来发挥抗菌活性。

四、金属离子结合与转运活性肽

一些多肽具有金属离子螯合性质，它们可以与矿物质（如钙、铁、锌离子）结合，促进矿物质在消化道内的吸收与转运，从而改善矿物质的生物利用率。在碱性条件下经胰蛋白酶处理的卵黏蛋白水解物对 Cu^{2+} 有最高的螯合活性，而卵黏蛋白在碱性条件下加热 15min 所产生的水解物有最高的 Fe^{2+} 螯合活性。鸭蛋清肽在草酸、磷酸和锌离子存在下可促进 Caco-2 细胞单层对钙的摄取。动物实验结果表明，蛋清肽能有效促进机体对矿物质的吸收，并能拮抗植酸对矿物质吸收的不利影响。孙娜等研究了蛋清水解液中五肽（DHTKE）与钙离子的结合方式、动力学和热力学参数，并利用 Caco-2 细胞实验证实 DHTKE-钙复合物能促进钙离子进入胞浆，使钙在 Caco-2 细胞单层的吸收率提高 7 倍以上。鸭蛋清肽可提升铁在体内的生物利用，在喂食不同剂量鸭蛋清肽-铁螯合物后，贫血大鼠的血常规相关指标在 3 周后恢复正常。

思考题

1. 如何根据禽蛋蛋白质的特性设计其分离纯化技术路线？请举例说明。
2. 蛋清、蛋黄中有哪些重要的功能成分？试举例3～4种，并阐述其重要性。
3. 禽蛋源活性肽有哪些主要功能？
4. 当前禽蛋源活性肽的规模化生产和商业化应用面临哪些挑战？
5. 阐述禽蛋蛋白质、磷脂等功能性成分的生理学意义。
6. 以1～2种禽蛋功能性成分为例，阐述未来开发应用前景。

禽蛋副产物加工利用

本章学习目标 熟悉蛋壳的主要成分与利用，重点掌握蛋壳中钙的利用方法，了解蛋壳膜的主要化学成分与利用，分析禽蛋加工副产物利用的意义，思考有效的利用方法。

在禽蛋的加工利用中，仅利用了禽蛋常规的食用部分（禽蛋的可食部分为87%～88%），而以蛋壳为主的副产物（占全蛋的12%～13%）被大量扔弃，不仅导致巨大的资源浪费，而且造成一定的环境污染。

禽蛋副产物的利用主要包括残留蛋清、蛋壳和蛋壳内膜的利用。采用现代科技手段对鸡蛋进行系统、深入的开发利用，不仅能促进家禽饲养业、食品加工业和医药生产行业的发展，而且对医疗保健和环境保护等具有重要意义。

第一节　蛋清残液、蛋壳及膜的利用

一、蛋清残留与利用

食品厂丢弃的鲜蛋壳中，残留的蛋清质量占蛋壳质量的27.6%～30.8%。蛋壳经用蒸馏水多次洗涤，可得洁净的蛋壳和浓度高达50%的蛋清液，分别将其进行利用处理，可制得许多有用物质。

（一）从蛋清中提取溶菌酶

蛋清中的溶菌酶可用离子交换法提取。控制蛋清液浓度在30%～50%，用阳离子交换树脂吸附后，经分离、多次洗脱、超滤浓缩、脱盐及冷冻真空干燥等工艺可从废弃蛋壳的残留蛋清中提取溶菌酶。

溶菌酶是国内外非常紧俏的生化物质，作为一种有抗菌作用的黏多糖酶，是制造抗菌消炎药物的重要原料之一，既可制成片剂，用于治疗慢性咽喉炎；也可制成滴眼剂，用于治疗眼科炎症；也可制成滴鼻剂，用于治疗鼻炎；还可制成外用药膏，用于消炎止痛。

在食品加工领域，溶菌酶可以增强饮奶婴儿的抗病能力；也可作为优良的天然防腐剂，用于食品的防腐保鲜。尤其重要的是，近年来溶菌酶成为基因工程不可或缺的工具酶。

（二）提取溶菌酶后的蛋清液的处理及应用

将提取溶菌酶后的蛋清液调整到一定的浓度，用酸或碱法水解，或用酶法水解，制成水解蛋白。水解蛋白具有直接营养人体皮肤、毛发和加速新陈代谢的功能，还具有抗衰老、防皱的作用，在国外广泛用于洗发液、染发剂和冷烫液中。此外，利用蛋壳内的残留蛋清，还可生产鞣酸蛋白。

可用酶法经过滤、调 pH、搅拌预热、葡萄糖氧化酶处理、间断加过氧化氢、升温调节 pH、胰酶处理、过滤、中和、烘干制成干蛋白片。干蛋白片是糕点和糖果生产中常用的发泡剂。若过滤后经喷雾干燥可制成蛋白粉末，蛋白粉末是食品加工业中的原料，也可制蛋白饮料，还可用作澄清剂。

二、蛋壳的利用

蛋壳主要由无机物组成，占 94%～97%，有机物占蛋壳的 3%～6%。无机物主要是 93%的 $CaCO_3$，少量的 $MgCO_3$（约占 1%），以及 $Ca_3(PO_4)_2$、$Mg_3(PO_4)_2$。有机物中主要是蛋白质，属于非胶原态蛋白，其中约有 16%的 N 和 3.5%的 S；还有多糖类及原卟啉色素等。其中，多糖类约有 35%为 4-硫酸软骨素和硫酸软骨素；原卟啉近似于血液中的正铁血红素，是决定蛋壳颜色的主要色素物质，每千克鸡蛋壳中原卟啉含量在 8.6～66.3mg，且颜色越深，含量越高。由蛋壳的组成成分可见，蛋壳是一种理想的天然钙源。

（一）蛋壳制备有机钙

在化学上一般将补钙强化剂分为有机钙和无机钙。一般情况下有机钙大多可溶于水，人体吸收率较高；无机钙大多难溶于水，以微粒悬浮于水溶液中。生物活性的小分子有机酸钙，有优越的生物相容性，吸收率和生物利用度均高。

蛋壳作为一种天然钙源，将其经过壳膜分离处理，可与有机酸反应制备活性钙制剂。如利用蛋壳制备醋酸钙、丙酸钙、乳酸钙、柠檬酸钙、葡萄糖酸钙及生物碳酸钙等。

1. 醋酸钙的制备 醋酸钙是一种新的补钙强化剂，对儿童佝偻病、老年性骨质疏松症、高血压、糖尿病、类风湿关节炎的治疗有可喜的成效。

目前醋酸钙的制备方法主要有两种（按制备原料分）：一种是以碳酸钙或石灰为原料与醋酸反应制备醋酸钙；另一种是以鸡蛋壳为原料制备醋酸钙，这是一种废弃物利用和减少污染的好方法，可分为间接法和直接法两种。

（1）*间接法* 先将蛋壳中有机成分除去，然后将蛋壳中的主要成分碳酸钙煅烧成氧化钙，再将氧化钙制成石灰乳，最后与醋酸反应生成醋酸钙。例如：

$$CaCO_3 \longrightarrow CaO + CO_2 \uparrow$$

$$CaO + H_2O \longrightarrow Ca(OH)_2$$

$$Ca(OH)_2 + 2CH_3COOH + 3H_2O \longrightarrow Ca(CH_3COO)_2 \cdot 5H_2O$$

①单烧法（在制备过程中只煅烧一次）：

蛋壳 → 加酸水洗 → 晾干粉碎 → 煅烧 → 中和过滤 → 静置沉淀 → 抽滤洗涤 → 干燥 → 成品

②复烧法（在制备过程中煅烧两次）：

鸡蛋壳 → 壳膜分离 → 煅烧 → 加酸溶解 → 过滤 → 加碳酸钠沉淀 → 离心分离 → 洗涤 → 煅烧 → 中和过滤 → 浓缩结晶 → 过滤洗涤 → 干燥 → 成品

以上两种方法都是利用鸡蛋壳制备醋酸钙最常用的间接法，但由于煅烧蛋壳生产周期较长，能耗高，产品的纯度较低，且产生大量二氧化碳气体，易造成二次环境污染。

（2）*直接法* 将蛋壳粉碎成一定细度的粉末，直接与醋酸反应制备醋酸钙。其优势：一是能耗低，不产生二次环境污染。二是鸡蛋壳作为新的钙来源简单易得。

将高温煅烧改为在常温下进行的直接法，其工艺流程如下：

鸡蛋壳→粉碎→壳膜分离→中和→抽滤→浓缩→烘干→成品

实践证明，此工艺具有操作简单、成本低、产品纯度高、可溶性好、不产生新的环境污染，且易于工业化等优点。

2. 柠檬酸钙的制备 蛋壳洗净除去杂质，烘干后高温煅烧分解，蛋壳灰化除去有机杂质，得CaO含量高于98%的蛋壳灰分，然后在蛋壳灰分中加水制得石灰乳，加入柠檬酸进行中和反应；纯化浓缩后得食品级柠檬酸钙（$Ca_3[(C_6H_5O_7)_2]\cdot 2H_2O$）。

$$3Ca(OH)_2+2HO-\underset{\displaystyle CH_2COOH}{\overset{\displaystyle CH_2COOH}{\underset{|}{\overset{|}{C}}}}-COOH \longrightarrow Ca_3\left[HO-\underset{\displaystyle CH_2COOH}{\overset{\displaystyle CH_2COOH}{\underset{|}{\overset{|}{C}}}}-COO\right]_2\cdot 2H_2O+4H_2O$$

工艺流程如下：

蛋壳→加酸水洗→晾干、粉碎、干燥→煅烧→中和、过滤→沉淀→抽滤、洗涤→干燥→成品

采用以上酸碱中和法制备的柠檬酸钙具有产品收率高、色泽洁白、无异味等特点，是一种安全无毒的优质有机补钙品和用途广泛的食品添加剂。柠檬酸钙广泛用于浓缩乳、甜炼乳、稀奶油、奶粉、果冻、果酱、罐头、冷饮、面粉、糕点和发酵豆酱等食品中。

3. 丙酸钙的制备 丙酸钙在食品工业上主要用作防腐剂，可延长食品保鲜期。它对霉菌、好氧性芽孢产生菌、革兰阴性菌有很好的防灭效果，而对酵母菌无害，广泛用于面包、糕点等食品的防腐。其毒性远低于我国广泛应用的苯甲酸钠，被认为是食品的正常成分，也是人体内代谢的中间产物，和其他脂肪酸一样可被人体吸收，供给人体必需的钙。

根据国内外文献报道，丙酸钙制备的方法有以下几种：

（1）以氧化钙为钙剂与丙酸直接反应制备 将CaO加入一定量水，制成石灰乳，然后在不断搅拌下，缓慢加入丙酸溶液，继续搅拌至溶液澄清得丙酸钙溶液，待冷却后过滤，除去不溶物，滤液移入蒸发皿，浓缩得白色粉末状丙酸钙，放入干燥箱中于120～140℃烘干脱水，得白色粉状无水丙酸钙产品。

（2）以碳酸钙为钙剂与丙酸直接反应制备 在1 000mL烧杯中逐步加入丙酸和碳酸钙（物质的量比为2∶1.3）搅拌，并加入适量蒸馏水，在持续搅拌下加热，温度控制在70～90℃，pH为7～8，反应进行2～3h后已基本完全。待反应液冷却后进行抽滤，除去未反应的固体及杂质，得到成品溶液。将滤液加热浓缩至黏稠状，于140℃下烘干2h，得到鳞片状白色晶体或固体粉末，稍有气味，收率约为88%。

（3）以蛋壳为钙剂与丙酸间接反应制备 将蛋壳洗净晾干后，高温煅烧分解，蛋壳灰化除去有机质，得CaO含量高于98%的蛋壳灰分，蛋壳灰分加水后，制得石灰乳；加入丙酸溶液进行中和反应；纯化浓缩后得食品级丙酸钙。

（4）以蛋壳为钙剂与丙酸直接反应制备 蛋壳经壳膜分离粉碎后成为蛋壳粉。取一定量的蛋壳粉放入烧杯中，再加入一定量的蒸馏水，在水浴加热及不断搅拌下，缓慢滴加丙酸，直到反应过程中不再有气泡产生，即表示中和反应已基本结束。将上述反应液进行抽滤，得成品溶液。将成品溶液进行中和、浓缩和烘干，得到白色丙酸钙固体粉末，或用水进行重结晶，然后蒸发水、烘干，便得到鳞片状白色结晶。所制备的丙酸钙不受蛋壳色素及有机成分的影响，无色无味、纯度高、质量好。

4. 乳酸钙的制备 乳酸钙为白色或乳白色结晶性颗粒或粉末，分子式为$C_6H_{10}CaO_6\cdot 5H_2O$，无毒无臭，溶于冷水，易溶于热水，不溶于乙醇、乙醚或氯仿，在120℃时失去结晶水。乳酸钙具有溶解度高，酸根直接被吸收代谢而无积留等优点。因此，乳酸钙的用途相当广泛，

在医药行业用作人和动物的补钙剂，在轻工行业作为除垢剂用于牙膏中，在食品工业可作为食品添加剂、稳定剂及增稠剂等，在水产养殖中，还是最具有潜在市场价值的饲料添加剂。作为药品其参与骨骼的形成与骨折后骨组织的再建，参与肌肉收缩、神经传递、腺体分泌、视觉生理和凝血机制等。

工艺流程如下：

蛋壳收集→预处理→壳膜分离→中和反应→过滤→浓缩结晶→过滤→干燥→成品

利用鸡蛋壳制备乳酸钙工艺简单可行，成本低，纯度高，可溶性好，是一条比较具有竞争力和发展前景的生产路线。

黄群等通过乳酸菌发酵产生的有机酸与蛋壳粉发生置换反应，经过滤、除杂、脱色、纯化等工艺制备乳酸钙。乳酸钙产量达 40.01g/L±0.035g/L，纯度为 92.65%。此法具有能耗低、污染小、工艺简单等优点。

（二）蛋壳粉加工

在冰蛋厂、干蛋厂和糕点厂等，蛋壳一般作为废品处理。若将这些废弃的蛋壳加工成蛋壳粉，具有一定的经济价值。

生产工艺流程如下：

蛋壳干燥→去杂质→制粉→过筛→包装→成品

1. 加工方法

（1）蛋壳收集　将加工废弃的蛋壳收集起来，放于专门堆放蛋壳的库房。

（2）蛋壳烘干　蛋壳烘干可用两种方法，一为加热烘干法，二为自然晒干法。

①加热烘干法：蛋壳烘干是在烘干房中进行的。烘干房为一密闭室，内设加热设备，房顶设有一两个出气孔。蛋壳放在烘干房的木架上，将室内加温到一定的温度（80～100℃），蛋壳水分被加热蒸发而使蛋壳烘干；然后将烘干房温度升至 100℃左右，持续 2h 以上，蛋壳水分蒸发，蛋壳便成干燥状态。

②自然晒干法：如果没有烘干房，也可采用日光晒干法。即将蛋壳平铺在稍有倾斜度的水泥地面上，借太阳热量蒸发蛋壳水分。为使蛋壳水分容易蒸发，蛋壳不宜铺得太厚，约 3.3cm 即可。蛋壳摊开后，不宜翻动，使蛋壳里的水分自然流出，其表面的水分蒸发后，再进行翻堆，这样蛋壳水分容易蒸发。

（3）拣杂质　蛋壳干燥后便送至拣杂质室拣除杂质。蛋壳因堆存不当，往往有夹杂物存在，如竹片、木片、小铁片、铁钉和铁丝等，在蛋壳加工成粉末之前，必须拣出。

（4）制粉　由于使用工具不同，可分为电动磨粉法和蛋壳击碎法两种。

①电动磨粉法：主要是使用电动磨粉器把干燥的蛋壳磨碎。操作时，将干燥蛋壳不断地由上层磨孔送入钢磨内，启动电机，钢磨转动，转速 400～800r/min，蛋壳经过磨碎，便成细粉末状。磨出的蛋壳粉由输粉带送入贮粉室。

②蛋壳击碎法：主要使用蛋壳击碎器，将干燥的蛋壳击碎成粉末状。操作时将干燥的蛋壳放入臼内，启动电机带动击槌上下击动，蛋壳被击碎成粉末状。

（5）过筛　磨碎或击碎成粉状的蛋壳粉粗细不均匀，因此必须过筛。一般用筛粉器，蛋壳粉过筛后，筛下的是粗细均匀的蛋壳粉，留在筛上较粗的蛋壳粉可再送至磨粉器或击碎器中加工。

（6）包装　制成的蛋壳粉应进行包装。包装材料可用双层牛皮纸袋或塑料包装袋，包装袋可分为 10kg、5kg 等规格。成品密封袋口，加印商标，贮存于干燥的仓库中。

2. 蛋壳粉的化学成分　上述方法制备的蛋壳粉，大部分的无机成分和有机成分均未损失。干燥的蛋壳平均灰分含量为 91.9%，粗蛋白质含量为 7.56%，脂肪含量为 0.24%。其中，碳酸钙含量最高，达到90.9%。

3. 蛋壳粉的超微细化 随着现代工程技术的发展，超微粉碎技术的应用，将蛋壳粉制备成蛋壳超细粉体，粉体的粒径小于30μm。目前国内在超细粉碎方面所使用的方法主要是物理法，该法粉碎成本低，产量大，所用的机械设备主要有球磨机、气流粉碎机等。其生产工艺流程为：

蛋壳→清洗→壳膜分离→壳烘干→除杂→粗碎→超细粉体制备→过筛→包装→成品

黄群等人利用湿式球磨机将废弃鸡蛋壳研磨成纳米蛋壳粉（平均粒径为0.45～0.50μm），然后将其加入金线鱼糜中提高鱼糜的凝胶特性。研究发现，纳米蛋壳粉中释放的Ca^{2+}可增强鱼糜中的内源转谷氨酰胺酶（TGase）活性，催化肌球蛋白重链（MHC）间发生共价交联，形成ε-（γ-Glu）-Lys非二硫共价键，组成良好的蛋白网络结构，从而增强鱼糜的凝胶强度、持水性和蒸煮损失率等特性。纳米蛋壳粉释放的Ca^{2+}浓度是普通微米蛋壳粉的1～1.5倍。因此，将蛋壳作为一种功能性添加剂添加到鱼糜制品中，不仅可以提高钙含量，还能起到增强鱼糜凝胶特性、改善鱼糜品质的双重作用。同时，超微细蛋壳粉比碳酸钙更易被人和动物吸收。超微细蛋壳粉主要用来补钙，其吸收率大于普通钙源。Anne和GerArd（1999）将鸡蛋壳粉分别加入以酪蛋白、大豆分离蛋白为基料的饲料中喂养小猪，发现蛋壳粉的补钙效果比纯的碳酸钙更好。

三、蛋壳膜粉的加工与利用

蛋壳膜是指蛋壳与蛋白间的纤维状薄膜，含蛋白质90%左右、脂质体3%左右、糖类2%左右、灰分及20种氨基酸，最大特点是胱氨酸含量高，还含有人皮肤弹性素中的特有成分及胶原蛋白中特有的羟脯氨酸。

（一）蛋壳膜粉的加工

1. 加工原理 利用蛋壳膜不溶于稀酸，而硬壳在酸性溶液中可溶的这一特性，使蛋壳膜与硬壳分离，再对所得的蛋壳膜进行干燥粉碎。常用的稀酸是浓度为5%～10%的醋酸溶液。

2. 操作要点

（1）*蛋壳预处理* 将收集的蛋壳用清水冲洗干净、晒干，然后粉碎成蛋壳粉。

（2）*分离提取* 将蛋壳粉与醋酸溶液按10∶1的比例混合，浸泡24～48h，再进行加热，使蛋壳膜浮于液面，而其他成分沉淀或溶解，然后过滤，分离出蛋壳膜。

（3）*干燥粉碎* 将获得的蛋壳膜在烘房烘干或晒干，然后粉碎，即得蛋壳膜粉。

（二）蛋壳膜粉的利用

1. 医药卫生方面 蛋壳洗净控干，趁湿粉碎，振荡分离，取出蛋壳内膜，晒晾干透，即得蛋壳膜。由于蛋壳膜含有角质蛋白及少量黏蛋白纤维，有润肺、止咳、止喘、开音等功能，制成内服药可治疗慢性气管炎、咽痛失音、结核等疾病；若再经过化学处理可以用作医药外用药的基剂配制，制成特效的水、火烫伤外用药等，有促进消炎、加速上皮生成的作用，对烫伤、创伤都有明显疗效。但目前对蛋壳膜的治病机理及有效成分研究较少。

2. 日用化工方面 使用蛋膜及其水解产物配制护肤霜、洗发水等已在国外大量生产。掺入蛋壳膜后制成的护肤品功效胜于珍珠粉，可降低造价85%；配制成的润丝定型膏，具有防止脱发、减少头屑、增加光泽等作用。

3. 轻工方面 用胶黏剂、纤维材料与小片蛋壳膜通过高压可制得蛋膜纸，可以减少森林伐木或用于水质除放射性元素。日本Kawaguchi Yoshihiro将蛋膜粉用于敛油剂、除皮脂剂等的制备取得成功。

4. 水处理 蛋壳膜对金属有良好的吸附性，可利用其回收金属。日本东北大学应用生物化学系 Kyozo Suyama 等用蛋壳膜吸附放射性污染水体中的铀、钍和钚放射性元素，分别在 pH 5.0、3.0、2.0 条件下吸附效果良好。

第二节 活性碳酸钙的制备

一、壳膜分离

制备蛋壳源活性碳酸钙的第一步是壳膜分离。蛋壳膜中角蛋白与蛋壳基质蛋白结合紧密，而角蛋白内含有较高密度的二硫键，分子结构紧密，自然条件下性质稳定，不易分开。在已报道的研究中实现壳膜分离的方法有化学法和物理法。

1. 化学法 选择不同的壳膜分离剂如盐酸、醋酸、乳酸、柠檬酸等浸泡蛋壳，使蛋壳和蛋壳膜中角蛋白发生反应后，降低结合力，在搅拌作用下实现壳膜分离。徐红华证明醋酸作为壳膜分离剂的效果最好。化学法虽然可使蛋壳与蛋壳膜较好地分离，但是耗时较长，酸耗量过大，蛋壳回收率较低，还会引起环境污染，分离成本增加。

2. 物理法 Thoroski John H. 将蛋壳洗涤后，在滚筒干燥器中干燥，然后粗碎，部分蛋壳膜与蛋壳脱离，经振动筛过筛后得第一部分蛋壳膜，然后将剩余部分细碎后通过阀门放出，用鼓风的方式使壳膜分开。马美湖等以水为媒介采用蛋壳粒径梯度处理结合水相分离法实现了鸡蛋的壳膜分离，蛋壳回收率为 94.47%，蛋壳中蛋壳膜残留率为 0.27%。蛋壳与蛋壳膜的物理、化学性质不发生变化，蛋壳和蛋壳膜均得到有效利用。

二、碳化

分离蛋壳膜后的蛋壳制备活性碳酸钙的工艺与普通碳酸钙的制备工艺基本相同，主要是在碳化时要求非常严格，其目的是控制生成的碳酸钙的粒子大小。反应得到的碳酸钙为小粒子的普通碳酸钙。

三、表面改性

碳化后的蛋壳源碳酸钙与普通碳酸钙无明显差异，要想获得活性碳酸钙就必须对碳酸钙表面进行活化。工业上常用的活化剂为钛酸酯偶联剂、硬脂酸、木质素等，活化后的碳酸钙工业应用更加广泛。

思考题

1. 试述从蛋壳残留的蛋清中提取溶菌酶的主要工艺步骤。
2. 试述蛋壳、蛋膜中主要成分及含量。
3. 简述有机钙和无机钙种类及特征，并分析有机钙的主要特点。
4. 按原料分，制备有机钙的方法有哪几种？简述直接法和间接法的主要区别。
5. 蛋壳源活性碳酸钙的制备需注意哪些要点？

参考文献

耿放，金永国，2016. 鸡蛋清糖蛋白质及其致敏机制研究进展［J］. 中国家禽，38（11）：1-8.

江波，Mine Y，2000. 卵黄高磷蛋白磷酸肽的制备及钙结合性质研究［J］. 食品与生物技术学报，19（4）：325-330

李述刚，邱宁，耿放，2019. 食品蛋白质科学与技术［M］. 北京：科学出版社.

李晓东，2005. 蛋品科学与技术［M］. 北京：化学工业出版社.

刘亚平，马美湖，2015. 蛋壳特异性基质蛋白结构与功能特性研究进展［J］. 中国家禽，37（13）：50-56.

柳聪，周欣，罗进旭，等，2021. 绿色高效连续分离技术制备蛋黄中活性蛋白质和磷脂［J］. 食品工业科技，43（1）：180-187.

马美湖，葛长荣，杨富民，等，2017. 动物性食品加工学［M］. 2版. 北京：中国农业出版社.

马美湖，2016. 禽蛋蛋白质［M］. 北京：科学出版社.

马美湖，2019. 蛋与蛋制品加工学［M］. 2版. 北京：中国农业出版社.

邱宁，马美湖，2011. 鸡蛋蛋白质组学研究现状与展望［J］. 中国家禽，33（2）：4-10.

涂宗财，王辉，刘光宪，等，2010. 动态超高压微射流对卵清蛋白微观结构的影响［J］. 光谱学与光谱分析，30（2）：495-498.

王宁，马美湖，2015. 鸡蛋黄低密度脂蛋白理化及加工特性研究进展［J］. 中国粮油学报（12）：140-146.

于滨，迟玉杰，2009. 糖基化对卵白蛋白分子特性及乳化性的影响［J］. 中国农业科学，42（7）：2499-2504.

曾齐，蔡朝霞，刘亚平，等，2021. 禽蛋源生物活性肽的研究进展［J］. 食品科学，42（19）：362-378.

Anton M，Martinet V，Dalgalarrondo M，2003. Chemical and structural characterisation of low-density lipoproteins purified from hen egg yolk［J］. Food Chemistry，83（2）：175-183.

Arias J L，Cataldo M，Fernandez M S，et al.，1997. Effect of beta-aminoproprionitrile on eggshell formation［J］. Br Poult Sci，38（4）：349-354.

Datta D，Bhattacharjee S，Nath A，et al.，2009. Separation of ovalbumin from chicken egg white using two-stage ultrafiltration technique［J］. Separation & Purification Technology，66（2）：353-361.

Geng F，Huang Q，Wu X，et al.，2012. Co-purification of chicken egg white proteins using polyethylene glycol precipitation and anion-exchange chromatography［J］. Separation and Purification Technology，96：75-80.

Geng F，Wang J，Liu D，et al.，2017. Identification of N-glycosites in chicken egg white proteins using an omics strategy［J］. Journal of Agricultural and Food Chemistry，65（26）：5357-5364.

Geng F，Xie Y，Wang J，et al.，2018. N-glycoproteomic analysis of chicken egg yolk［J］. Journal of agricultural and food chemistry，66（43）：11510-11516.

Hamid-samimi M，Swartzel K R，Ball H R，1984. Flow behavior of liquid whole egg during thermal treatments［J］. Journal of Food Science，49（1）：132-136.

Henderson J Y，Moir A J G，Fothergill L A，et al.，2010. Sequences of sixteen phosphoserine peptides from ovalbumins of eight species［J］. Febs Journal，114（2）：439-450.

Ji S，Ahn D U，Zhao Y，et al.，2020. An easy and rapid separation method for five major proteins from egg white：successive extraction and MALDI-TOF-MS identification［J］. Food Chemistry，315：126207.

Jolivet P，Boulard C L，Chardot T，et al.，2008. New insights into the structure of apolipoprotein B from low-density lipoproteins and identification of a novel YGP-like protein in hen egg yolk［J］. Journal of Agricultural & Food Chemistry，56（14）：5871-5879.

Kamat V B，Lawrence G A，Barratt M D，et al.，1972. Physical studies of egg yolk low density lipoprotein［J］. Chemistry & Physics of Lipids，9（1）：1-25.

Kurokawa H，Dewan J C，Mikami B，et al.，1999. Crystal structure of hen apo-ovotransferrin［J］. Journal of Biological Chemistry，274（40）：28445.

Li X，Cai Z，Ahn D U，et al.，2019. Development of an antibacterial nanobiomaterial for wound-care based on the absorption of AgNPs on the eggshell membrane［J］. Colloids and Surfaces B：Biointerfaces，183：110449.

Liu J，Wang N，Liu Y，et al.，2018. The antimicrobial spectrum of lysozyme broadened by reductive modification [J]. Poultry Science，97 (11)：3992-3999.

Mine Y，2007. Egg bioscience and biotechnology [J]. Egg Bioscience and Biotechnology - Research and Markets，3 (5-6)：48.

Moreno-Fernández S，Garcés-Rimón M，Miguel M，2020. Egg-derived peptides and hydrolysates：A new bioactive treasure for cardiometabolic diseases [J]. Trends in Food Science & Technology，104：208-218.

Raikos V，Hansen R，Campbell L，et al.，2010. Separation and identification of hen egg protein isoforms using SDS-PAGE and 2D gel electrophoresis with MALDI-TOF mass spectrometry [J]. Food Chemistry，99 (4)：702-710.

Rathnapala E C N，Ahn D U，Abeyrathne S，2021. Functional properties of ovotransferrin from chicken egg white and its derived peptides：a review [J]. Food Science and Biotechnology，30 (5)：619-630.

Ronald R W，Fabien D M，2015. Handbook of eggs in human function [M]. Wageningen：Wageningen Academic Publishers.

Shan Y，Tang D，Wang R，et al.，2020. Rheological and structural properties of ovomucin from chicken eggs with different interior quality [J]. Food Hydrocolloids，100：105393.

Sheng L，He Z，Liu Y，et al.，2018. Mass spectrometry characterization for N -glycosylation of immunoglobulin Y from hen egg yolk [J]. International Journal of Molecular Sciences，108 (6)：277.

04

第四篇　畜禽副产品综合利用

随着人民生活水平的日益提高，畜禽肉类的消费量逐步上升，屠宰过程中所产生的副产物也随之增加。在过去，由于畜禽副产物增值利用的附加值较低，导致了废弃副产物增加和环境污染加重等问题。目前，随着食品加工设备、新技术、新工艺及生物工程技术的发展，更多的畜禽副产物具有了精深加工利用的可能性。加强畜禽副产物的开发和利用对于社会发展、经济增长、环境保护等具有十分重要的意义。

根据GB 12694—2016《畜禽屠宰加工卫生规范》规定，畜禽副产物通常分为非食用副产物（非肉制品）和可食用副产物（非胴体肉）。非食用副产物是指畜禽屠宰加工后产生的毛皮、毛和角等不可食用的畜禽副产物。该系列副产物主要被进一步加工成牲畜饲料、皮革、医药和生物燃料等，广泛应用于工业、农业和纺织业生产。而可食用副产物则是指畜禽屠宰加工后产生的内脏、脂肪、血液、骨、皮、头、蹄（或爪）和尾等畜禽副产物，因其含有维生素、蛋白质、矿物质和脂肪等基本营养成分，目前已广泛应用于传统烹饪和食品工业中，从而作为一种对人类有益的营养来源。

皮革及羽绒加工

本章学习目标 主要了解畜皮的特点、畜皮加工的主要方法、成革的质量鉴定以及填充羽绒的加工方法。

第一节 皮的概念及化学组成

一、皮的概念

家畜屠宰后剥下的鲜皮，在未经鞣制之前称为“生皮”，在制革学上称“原料皮”。生皮经脱毛鞣制而成的产品叫作“革”，而带毛鞣制的产品叫“毛皮”。

生皮一般包括生牛皮（黄牛皮、水牛皮）、生猪皮、生羊皮（绵羊皮、山羊皮）和生马皮（包括骡和驴）等。

生皮是主要的家畜副产品，经鞣制加工后，可以制成各种日用品和工业品，如牛皮可制革，毛皮则可制成御寒保暖的被服品。

生皮从家畜屠体上剥下后，往往不能直接送往制革厂进行加工。为了给制革工业提供优质的制革原料，除在家畜生前注意饲养管理，保护皮肤不受损伤外，对生皮的初步加工非常重要。初步加工前，要了解皮的构造和组成。

二、生皮的构造

动物的皮是一种很复杂的生物组织，在动物生活时期起保护机体、调节体温、排泄分泌物和感觉的作用。皮革的性质、用途、加工方法等都与生皮的组织构造有着直接的关系。不同动物生皮的组织构造基本相同。动物皮在解剖组织学上分为表皮层、真皮层和皮下层三层。

表皮层位于毛被之下，紧贴在真皮层的上面，由表面角质化了的复层扁平上皮构成。表皮的厚度随动物种类的不同而异，牛皮的表皮层为总厚度的0.5%～1.5%，绵羊皮和山羊皮为2%～3%，猪皮则为2%～5%。表皮层还可分为两层。上部是由扁平细胞组成的角质层，下部与真皮邻接的一层是由柱状有核细胞组成，称为生发层。动物的毛、角、蹄、爪等，皆由表皮细胞分裂形成，其中毛为毛鞘所包裹，深入真皮层内，借真皮层中的血管、淋巴管等供给营养。

真皮层介于表皮层与皮下层之间，由致密结缔组织组成，是生皮的主要部分。革就是由真皮层加工制成，革的许多特征都是由该层的构造来决定的。真皮层重量或厚度约占生皮的90%以上。

真皮层又可分为乳头层和网状层，乳头层在上部，约占真皮层厚的 1/5，其表面部分形成很多乳头状突起，组织特别坚实细致，是制革的主要部分。革表面的好坏，与此层有密切关系，此层表面的构造随动物的种类而异，在制革上这一层叫作“粒面”，可以根据粒面的构造鉴别革的种类。乳头层的下部是网状层，占真皮层厚的 4/5 左右，是由无数交错的结缔组织的纤维束所组成，所以是皮最坚韧的部分，也是制革的主要部分。

皮下层是动物体与动物皮之间相互联系的疏松结缔组织。富含脂肪，往往带有肌肉。皮下层是制革上的无用部分，但可作为制胶的原料。

皮的构造见图 4-1-1。

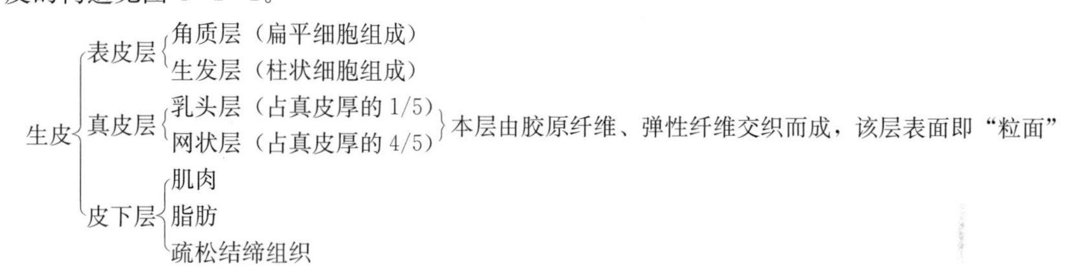

图 4-1-1　皮的构造

三、皮的化学组成

皮的化学组成随家畜的品种、年龄、性别、部位的不同有差异。皮的化学成分包括水分、蛋白质、脂肪、碳水化合物和矿物质等，其中最主要的为蛋白质。不同年龄的牛皮，其化学组成见表 4-1-1。

表 4-1-1　牛的年龄对牛皮化学组成的影响（%）

牛皮	水分	蛋白质	脂肪	灰分
犊牛皮	67.2	30.8	1.0	1.0
二岁牛皮	61.2	35.0	1.1	1.1
三岁牛皮	55.6	38.2	1.1	1.1
老牛皮	59.8	36.0	1.1	1.1

从表 4-1-1 可以看出，幼皮较老皮含水量多，蛋白质是皮中干物质的主要成分。蛋白质中主要成分是角质蛋白、白蛋白、球蛋白、弹性蛋白和胶原蛋白，这些蛋白质使畜皮产生柔软性和伸张性，使其加工后仍保持柔韧性和坚固性。

1. 角质蛋白　是表皮和毛的主要成分，属于不溶于水的硬蛋白质，对碱不稳定。在制革工业中，用石灰等碱性溶剂脱毛时，可将毛及表皮脱掉。

2. 白蛋白和球蛋白　存在于皮组织的血液及浆液中，加热时凝固，溶于弱酸、碱和盐类溶液中。白蛋白溶于水，因此在洗皮时随水溶出，而球蛋白不溶于水。

3. 弹性蛋白　是真皮中黄色弹性纤维的主要成分，不溶于水，也不溶于稀酸及碱性溶液中，可被胰酶分解，在制革工业中利用此特性可除去弹性蛋白，以增加革的柔软性和伸张性。

4. 胶原蛋白　是真皮层中的主要成分，也是真皮中的主要蛋白质，约占真皮的 95%，不溶于水及盐水溶液，也不溶于稀酸、稀碱及酒精中，但加热到 70℃时变成明胶而溶解。胶原蛋白是革的主要成分，生皮鞣制成革的过程，也可以看作是胶原蛋白的变性过程，因胶原蛋白经稀酸或其他鞣制处理后，能保持柔韧、坚固等革的特性，所以无论在贮藏期间还是制革过程中，应尽量避免使其损失。

四、猪、牛、羊皮的组织特性

动物皮的构造虽然相似，但它们各具特点。这些特点直接关系到它们的加工方法和用途，下面介绍几种常用原料皮的组织特点。

（一）猪皮

1. 脂肪含量高 猪皮的皮下层脂肪含量丰富。这些脂肪细胞在毛根底下形成许多大小不一、高低不同的脂肪锥（即由脂肪细胞堆砌成上小下大的圆形或椭圆形锥体）。当锥内的脂肪细胞除去后，猪皮的肉面便出现许多凹洞，俗称“油窝”。猪真皮中还有一些游离脂肪细胞，一般分布在毛囊周围和胶原纤维束之间，以颈、腹部较多，臀部很少。另外，猪皮颈部的脂腺特别发达，尤其在猪皮颈部长猪鬃的毛囊上长着许多巨大的脂腺。所以，在猪革加工中不但要加强机械去脂的作用，清除皮下层和油窝内的脂肪组织，还应用化学方法除去皮内的脂肪和脂腺所分泌的类脂物质，特别是猪皮颈部脂腺内的油脂，若除去不尽，不但影响染色，成革还会出现“浸油”现象。

2. “三毛群”特征 猪毛一般多以三根一组，呈品字形排列，但也有两根一组或单根排列的。三毛群内的三根毛的毛根最后集中长在一个脂肪锥内。猪毛在皮面的出口处呈现喇叭形，俗称“毛眼”。毛眼的深浅、大小、疏密都关系到粒面的粗细。颈脊部的毛眼特别粗大，所以制成革后，颈部比其他部位粗糙。

3. 部位差异显著 猪皮胶原纤维的特点是纤维束比较粗壮，互相交织密实，因此，猪革有较大的强度。猪皮纤维束的编织形式随皮的部位不同而异，大体可分为四种，加上各部位的厚度差别也较大，所以同一张猪皮部位差别也特别明显。猪革生产工艺中应注意消除或减小部位差别，以便制出的革整张软硬程度一致。

（二）牛皮

1. 黄牛皮 黄牛皮制革性能好，因为其毛孔小，粒面细致，表皮薄，各部位厚度比较均匀，部位差异小，利用率高。黄牛皮网状层中的胶原纤维束粗壮，编织紧密，此层中没有毛根、毛囊、汗腺、脂腺等组织，脂肪含量也极少，所以黄牛皮的抗张强度较大。黄牛皮的面积在0.2（犊牛皮）～5.0m^2（大牛皮），干皮重在2.0～9.0kg，厚度则在1～9mm。根据牛皮的大小、重量、厚薄和粒面的好坏等，可用以制造面革、底革、服装革、手套革、装具革及工业革等许多类型的革。

2. 水牛皮 水牛皮的特点是毛被稀疏且粗糙，张幅大，较厚（背脊部厚10mm以上），较重（干皮重量在7.5～18kg）。但纤维束编织疏松，弹性不够。成年的水牛皮可用以制造底革、生鞣革、工业革等。近年来，有的工厂利用水牛皮制造服装革、手套革等，扩大了它的应用范围，提高了它的使用价值。

（三）羊皮

1. 绵羊皮 其特征是毛被稠密，表皮薄，皮革松软，抗张强度比较低，但延伸性较大。绵羊皮中脂肪含量多，所以加工绵羊皮必须加强脱脂操作。绵羊皮适于制造服装革、手套革、衬里革等软性革。

2. 山羊皮 山羊皮表皮薄，粒面平滑细致，编织比绵羊皮紧实。真皮中大部分纤维束与粒面平行且略呈波浪形，成革柔软富于延伸性。山羊皮主要用于制造山羊软革，供制上等女鞋之用，次等的山羊皮可制服装革、手套革等。

第二节　生皮的保藏

一、生皮的腐败及其原因

皮是动物身体的一部分，其含有水分、蛋白质、脂肪、无机盐类和酶等，因此将生皮放在室温下时，由于蛋白酶的作用，首先开始自溶，同时由于微生物的侵入，很快就腐败变质。

1. 自溶作用　也称发酵作用，是由存在于皮中的酶引起的。这种作用在鲜皮剥下后的最初几小时最为强烈，当 pH 为 8 时，自溶作用停止。在同一 pH 条件下，乳酸和磷酸的存在会促使自溶作用的加速进行。根据 C. A. 巴甫洛夫等人研究，皮在短期存放期间，随着破坏程度的增加，有大量乳酸和磷酸聚集，从而加剧了自溶作用。

2. 微生物作用　家畜皮上存在着多种微生物，其中有能够分解蛋白质的腐败菌。当皮上存有血液、粪尿、肉屑等，而且温度又适宜时（20～37℃），这些细菌就很快繁殖。所以在夏季天气炎热时，鲜皮剥下后经 2～3h 就会腐烂。

二、生皮的初步加工

家畜屠宰后剥下的鲜皮，大部分不能送往制革厂进行加工，需要保存一段时间。为了避免发生腐烂，同时便于贮藏和运输，必须加以初步加工。初步加工的方法很多，主要有清理和防腐两个过程。

1. 清理　皮上的污泥、粪便、残肉、脂肪及耳朵、蹄、尾、骨、嘴唇等的存在，容易引起皮张的腐败，故需除去。清理的方法，一般用手工割去蹄、耳、唇等，再用削肉机或铲皮机除去皮上的残肉和脂肪，然后用清水洗涤黏附在皮上的脏物及血液等。

2. 防腐　鲜皮中含有大量的水和蛋白质，很容易造成自溶和腐败，因此鲜皮如果不能直接进行加工制革时，必须在清理以后进行防腐贮藏。此外，空气的相对湿度和温度也是影响鲜皮质量的重要因素，试验证明，在 18℃和相对湿度 70%的情况下，把鲜皮放置 3d，则会降低鲜皮质量和革的产率，还会使制成的革产生很多缺陷。因此防腐的基本原则：降低温度、除去水分、利用防腐物质限制细菌和酶的作用。生产上常用的防腐贮藏方法有干燥法、盐腌法、盐干法和酸盐法等。

（1）干燥法　干燥防腐法的优点：简便易行，成本低，便于贮藏和运输，所以为我国民间最常用的方法。干燥时，一般采用自然晾干，但大批干燥时，应该采用干燥室。自然干燥时，把鲜皮肉面向外挂在通风的地方，避免在强烈的阳光下曝晒，一方面由于温度过高，表面水分散失，以致干燥不均匀，给细菌生长创造了良好的条件；另一方面由于强烈阳光的曝晒，使生皮内层蛋白质发生胶化，在浸水浸灰过程中溶解造成分层现象。同时由于曝晒使皮纤维收缩或断裂，损坏皮质，有时甚至产生“日灼皮”和“油烧”现象，所以干燥方法虽然简单，但也有不少缺点，如皮张僵硬易断裂，不易复水，容易发生“烫伤”等，故在处理过程中应特别注意。

（2）盐腌法　生皮用食盐防腐，是最普遍的防腐方法。表 4-1-2 表明，皮上的细菌数随着食盐浓度的提高而降低。如果皮上带有血液时，则菌数显著增加，因此用盐藏法保存鲜皮时，除了掌握食盐浓度之外，必须将血液洗净。食盐防腐法有两种。

表 4-1-2　犊牛皮在食盐溶液中细菌的变化

食盐浓度/%	保存 20h 后的细菌数（$\times10^4$）/（cfu/g）		保存 168h 后的细菌数（$\times10^4$）/（cfu/g）	
	鲜皮原有状态	鲜皮中加 10%血液	鲜皮原有状态	鲜皮中加 10%血液
0	6 800	14 900	100 000	250 000
2	1 495	5 700	25 000	220 000
6	790	1 500	31 000	63 300
10	83	1 190	17 900	19 100
14	6	47	3 300	4 800
18	3.7	65	890	2 100
20	2.1	5	7	31

①干腌法（撒盐法或直接加盐法）：将清理并经沥水后的生皮，毛面向下，平铺于中心较高的垫板上，在整个肉面均匀撒布食盐，然后在该皮上再铺上另一张生皮，做同样处理，层层堆积，叠成高达 1～1.5m 的皮堆。

当铺开生皮时，必须把所有褶皱和弯曲部分拉平，食盐应均匀地撒在皮上，厚的地方多撒。盐腌期为 6d 左右，盐量约为皮重的 25%。

②盐水腌法：将生皮先在盐水中浸泡，再在堆置时撒上干盐。

浸盐水时，为了保证质量，温度应保持在 15℃左右。为了防止盐斑，可在食盐中加入盐重 4%的碳酸钠。

（3）*盐干法*　将经过盐腌后的生皮再进行干燥。用这种方法贮藏的生皮称为“盐干皮”，其优点是防腐力强，避免生皮在干燥时发生硬化断裂等缺陷，一般适用于南方天气较热的地区。经过这种方法处理的生皮，重量减轻 50%左右，贮藏时间大为延长。

（4）*酸盐法*　用食盐、氯化铵和铝明矾按一定比例配合成的混合物处理生皮。该方法最适于绵羊皮等原料毛皮的防腐。混合物的配比：食盐 85%、氯化铵 7.5%、铝明矾 7.5%。处理方法：将混合物均匀地撒在毛皮的肉面并稍加揉搓，然后将毛面向外折叠成方形，堆积 7d 左右。

第三节　皮革的加工

一、猪皮革加工

猪皮多加工成服装革、手套革、带革及包件革等。猪皮构造的特点是脂肪含量高（12%～25%），皮厚度的部位差异大，尤其是臀部与腹部的厚度比可达 1∶5；毛孔粗大，毛根贯穿于整个真皮层，粒面平整性远不及牛羊皮；皮中肌肉组织发达，除常见的竖毛肌外，还有特有的束毛肌。我国猪种繁多，猪皮质量悬殊，这就加大了猪皮制革的难度。针对猪皮的组织特点，在猪皮加工中要加强脱脂（多次分步脱脂），加强臀部处理（臀部多片多削、臀部包灰包酶），减小部位差，注重复鞣和整饰等来提高猪皮革的档次。现以高档猪正面服装革生产工艺阐述猪皮的加工技术为例。

（一）准备工段工艺流程

原料验收（猪盐湿皮）→去肉→修边→称量→水洗→脱脂→水洗→再脱脂→水洗→沥水→滚盐→出鼓→包酶→拔毛→水洗→灰碱法烂毛→水洗→去臀油→称量→复灰→水洗→脱灰→软化→水洗→再脱脂→水洗→浸酸

（二）鞣制工段工艺流程

油预鞣、铬鞣→静置→挤水伸展→补伤→片蓝湿革→削匀→修边→称重→回软→水洗→复鞣→水洗→中和→水洗→染色加油→水洗→出鼓→搭马过夜

（三）整饰工段工艺流程

皮革晾晒

贴板干燥→码放→挂晾干燥→回潮→铲软→转鼓摔软挑选→绷板→修边→挑选→揩封→底浆→挂晾→熨平→揩底浆→挂晾→挑选→喷面浆→挂晾→转鼓摔软→手工绷革→喷光亮剂→挂晾→喷手感剂→挂晾→热伸展→分级→量尺→入库

（四）工艺要求与特点

1. 严格对原料皮的挑选 重点在原料皮的伤残（生活期及保存期的伤残）和开剥伤。尽可能选用部位差小、毛孔小、粒面平细的猪皮作为原料皮。挑选的原则是“好皮做好革，次皮深加工”。

2. 机械去脂及化学脱脂 机械去脂干净，油窝显露；化学脱脂除采取专门的脱脂工序外，还采取多工序多次脱脂，尽可能将皮层内的油脂脱净。

3. 臀部处理 采取机械法和化学法相结合。机械法采用多片多削臀部，整理时多铲臀部。化学法采用臀部包酶，复鞣时加强腹肷部位的填充，减少其与臀部的差异。

4. 复鞣 对毛孔适当收缩和对腹部松软部位进行填充，并采用恰当的绷板等解决成革粒面的平细和松面问题。

5. 减少破损率 尽可能增大得革率，具体做法是在保证成革厚薄均匀及质量前提下，尽可能减少皮或革通过机器的次数，特别是去肉、片皮和削匀；片蓝湿革时实施从上（粒面）至下（肉面），即先得头层，再得二、三层，削匀时在保证成革均匀性的前提下，尽可能减少削匀次数；原皮修边时尽可能修去无用之物，破洞修圆形，注重保持皮形，防止膨胀时皮的对折及产生背脊折痕（膨胀加木屑，严禁超载，放宽液比等）。

二、牛皮革加工

（一）工艺流程（原料皮为盐湿皮）

以黄牛全粒面软鞋面革工艺为例进行阐述。黄牛全粒面软鞋面革的质量要求是粒面细致，整张革粒纹均匀一致、毛孔清晰、真皮感强，而且身骨柔软、丰满有弹性、不松面（肷部允许有小面积松面）。革面颜色美观、自然，符合时尚。

原料皮组批→称量→水洗→浸水→去肉→第二次浸水→脱毛、浸灰→水洗→片皮→称量→水洗→脱灰→软化→浸酸→铬鞣→出鼓、搭马、静置→分类→挤水伸展→削匀→称量→回软→复鞣→染色、加脂、填充→顶染→水洗→搭马、静置→挤水伸展→真空干燥→挂晾、干燥、回潮→振荡拉软→绷软→分类→修边→喷底层浆（1）→滚熨→喷底层浆（2）→熨平→喷中层浆→熨平→喷中层浆→喷光亮剂→滚熨→振荡拉软→修边、分级、量尺、入库

（二）工艺要点

1. 原料皮的选择与处理 要求原料皮伤残少、大小适中、部位差小。原料皮需要良好的防腐

处理，剥皮后立即浸入饱和食盐水中 24h，然后沥水撒盐，低温保藏。

2. 脱毛、浸灰 灰碱法脱毛和浸灰在同一工序完成。脱毛务尽，毛根除去，粒面虽“空”但不松。浸灰过程中，应控制灰皮膨胀适度。浸灰是影响成革柔软的主要因素。关键是使浸灰物质在皮内均匀渗透，使灰皮得到适度的膨胀，皮纤维得到良好的分散，从而使成革柔软、丰满。要避免灰皮过度膨胀、不匀而产生“灰皱”，也要避免皮质过度损失造成的松面现象。

浸灰过程要加入一些浸灰助剂，以加快石灰的均匀扩散和渗透，避免过度膨胀，同时可以帮助清除毛根和减少“灰皱”，增加革的柔软性、粒面平细性和面积得率。实践证明，在缓和的机械作用下（1～2r/min）浸灰，成革的边肷部也不易松面。

3. 脱灰、软化 黄牛软面革常用少浴短时间脱灰，并要脱灰完全。切忌液比大、脱灰剂过量，否则会引起边肷部水肿而产生松面。

软化工序可能会使成革增加松面。酶分子较大，渗透极慢，只作用于粒面和肉面，尤其是生产较厚的蓝湿革，软化十分困难。不进行软化，无法使革获得柔软的手感和平细的粒面。所以在软化中以轻为好，只稍作用于粒面即可。这样的软化，其作用主要是除去皮垢。软化应在缓和的条件下进行（温度 36～37℃，机械作用十分缓和）。软化中常用活性较低的常温软化酶制剂，可以提高操作的安全性和软化作用的均匀性。

4. 复鞣、染色、加脂 黄牛全粒面软革的复鞣主要选用合成鞣剂、树脂鞣剂、聚合物鞣剂、植物鞣剂、戊二醛鞣剂等配合使用。聚合物鞣剂具有良好的选择性填充作用，赋予成革良好的弹性和粒面紧实性；树脂鞣剂在革的粒面有良好的填充作用，可减轻革的松面，赋予革粒面紧实性；植物鞣剂与合成鞣剂具有较强的填充性，能赋予成革良好的成型性；戊二醛鞣剂能赋予成革良好的柔软性和弹性。在实际应用中需注意复鞣剂的综合应用工艺，因为复鞣工艺对复鞣材料在皮中的分布起决定性作用，从而会影响皮革的性质。其基本原则：复鞣剂若能渗透入皮革横切面，会使皮革柔软，若不完全渗透，则能使成革保持弹性和丰满的手感。一般认为黄牛全粒面软革典型的复鞣材料及用量包括：戊二醛鞣剂 2%～3%，合成鞣剂 3%～4%，聚合物鞣剂 3%～4%，植物鞣剂 2%～3%，树脂鞣剂 2%～3%。

全粒面软革的染色要求均匀、色泽饱满，但由于在复鞣中已大量使用浅色效应的材料，表面着色不易饱满。因此，实际生产中，往往采取预染的方法来解决此问题。

加脂是影响成革柔软性的主要工序。软面革用合成加脂剂、天然动植物油改性加脂剂混合加脂，可以达到较好的效果。采用分步加脂，即在中和、复鞣、染色、加脂的各个阶段均可适量加脂，可以改善加脂效果，使成革柔软。

5. 涂饰工艺 黄牛全粒面软革要求粒面平细，毛孔清晰，粒纹自然，富有真皮感，具有柔软丰满的手感，这就只能进行轻涂、轻压的整饰工艺。涂饰配方中，应选择成膜柔软、黏着性好、具有耐摩擦和耐溶剂的树脂。选择适当的手感剂，以改善涂层的手感。

（三）工艺特点

①采用片灰皮工艺，可以完全消除黄牛皮脖头纹和腹纹，使成革平整，出裁率高。

②鞣前处理采用均匀、缓和的措施，以防止成革松面。这些措施有：脱毛、浸灰、片皮后不复灰，浸酸不过夜直接鞣制；减轻机械作用；大液比脱毛、浸灰加浸灰助剂等。

③采用中和复鞣剂配合少量醋酸钠和小苏打进行中和，pH 控制在 4.4 左右，可以有效控制过度中和造成的松面现象。

④采用多鞣剂结合复鞣，并控制复鞣剂的渗透与分布，以得到柔软、丰满、弹性好的成革。

⑤采用硫酸铝表面处理后再顶染，以使革表面着色浓厚饱满。

⑥涂饰底层配方选用柔软、黏着力强、树脂包容量大、遮盖力强、耐溶剂的树脂。顶层选用手感好的溶剂，使用涂层颜色饱满的硝化棉溶剂型涂饰剂（黑光油）。

第四节 羽毛（绒）的加工

一、羽毛（绒）的种类及用途

1. 种类 一般可分为家禽和野禽两大类。家禽毛有鸡、鸭、鹅毛，野禽毛有山鸡、大雁和野鸭毛等。露出体处的称外羽，如翼羽、背羽、腰羽、尾羽；贴皮遮没部分称绒羽，简称“绒毛”。

羽毛的产量为活重的7.6%～8.6%，如能广泛收集起来加工利用，可以制作出大量的枕芯、被垫、背心、航空登山用衣和军用睡袋等。此外，大羽毛还可制羽毛扇、羽毛球及箭羽等。羽毛是我国传统的出口畜产品之一。

2. 羽毛的用途

（1）做填充物 鹅、鸭的毛、绒和乱鸡毛、雁毛，可用于絮被、褥、衣服和手套，以及填充枕头、坐垫、靠垫等。

（2）做装饰品 彩色羽毛鲜艳、美丽，可用于做帽子和服装，也可制成羽毛花、羽毛画等，在室内陈设，美观雅致。

（3）制作各种用品 三只公鸡毛、二只母鸡毛可制一把美观、耐用的羽毛帚、雕翎箭和扇子；鸭膀羽可制绘图清洁刷；鹅翎可制羽毛球。

二、羽毛（绒）的采集与初加工

（一）羽毛的采集与处理

1. 采集季节 羽毛一年四季都有生产。冬、春两季，产量高，毛绒整齐，含绒量多，质量好；夏、秋两季，产量低，含绒量少，质量较差。各季所产羽毛的特征如下：

（1）冬季毛 一般是指在11月至次年2月产的毛。两翼翅梗和毛片尖端完整，羽轴头圆，绒朵毛片大，血管毛很少，质量很好。

（2）春季毛 一般是指在3月至4月产的毛。两翼翅梗中有梢翎、尖翎和刀翎，其尖端有磨损，不整齐，俗称“沙头”。成年鹅的胸部有黄锈一块，俗称“黄头子”（也称“黄头羽毛”），绒朵丰满、整齐，含绒量与冬季毛基本相同，但毛片尖端不完整。

（3）夏季毛 一般是指在5月至7月产的毛。两翼翅梗尖端整齐，羽轴根端毛管凹瘪，内含血筋，毛片大小、长短不一，血管毛多，绒朵显著减少，俗称“阳伞柄”。

（4）秋季毛 一般是指在8月至10月产的毛。两翼翅梗及毛片尖端整齐，羽轴头圆，羽绒大小不一，有部分血管绒及少量血管毛。

2. 采集方法 羽毛的采集多为手工拔毛。现将手工拔毛方法介绍如下：

（1）干拔毛 将家禽杀死后，在血将流尽、身体未凉时拔毛。如血完全流干，禽体僵硬，毛囊紧缩，拔毛时容易将羽毛和禽体损坏。拔毛时，先拔绒毛，再拔翅羽及尾羽。这样拔下来的绒毛色泽好，洁净，杂质少，品质较好，尤其是在生产白鹅、鸭毛的地区，更应推广这种方法。

（2）湿拔毛（湿推毛） 家禽宰杀后，放入热水中浸烫1～2min后取出。拔掉（或推掉）全身羽毛。这个方法比较简单，但要掌握好水的温度和浸烫时间。如果水温过高或浸烫时间长，会使毛绒卷曲、收缩，降低羽毛质量。

3. 晾晒 湿毛必须及时晾晒，否则，时间一长，就会发霉变色，甚至腐烂。晾晒时，场地要打扫干净，最好把湿毛放在席上或竹筛上，要摊放得薄而均匀，按时翻动，避免混入杂质。晾干后要及时收起来。

4. 贮藏 为了避免羽毛腐烂和生虫，羽毛贮藏时应注意以下几点：①已晒干的羽毛应放在干燥的库内，并要经常检查是否受潮、发霉和发出特殊气味等，如有此现象应重新晾晒。②遇到阴天大风等情况不宜晾晒时，应将羽毛散开放在室内，切勿堆在一起。③应安排专人负责收集、晾晒、保管等工作。

（二）羽毛的区别与鉴别

1. 毛的种类辨别

鹅毛：分天鹅毛、白鹅毛、灰鹅毛、雁毛等，毛片的形态基本相同，仅是大小之别（天鹅毛较大），毛片的梢端一般宽而齐（俗称“方圆头”），羽毛光泽柔和，轴管上有一簇较密而清晰的羽丝，羽轴粗，根软。

鸭毛：毛片梢端圆而略带尖形，轴管上的羽毛比鹅毛稀疏，羽轴较细，轴根细而硬。

鹅绒和鸭绒的区别：鹅绒一般比鸭绒大，鸭绒血根较多。野鸭的绒小，绒丝丰密，脂肪较多，有黏性，能粘连成串。

鸭毛和鸡毛的区别：鸡毛羽轴比鸭毛的粗直、坚硬，略呈弧形，管内有较密的横螺纹，轴根较尖。鸡毛轴管上的羽丝一般比鸭毛的大，紧密，光泽好。

鹅绒、鸭绒和鸡绒的区别：除鹅、鸭、雁绒作羽毛绒子收购外，其他绒子，如鸡、鹰、雕、鹤、鹭鸶、鸳鸯等的，一律按乱鸡毛收购。因此，对鹅绒、鸭绒和鸡绒等要能正确识别。鹅、鸭绒的绒丝疏密均匀，同垛内的绒丝长度基本相同，结成半环状，光泽差，弹力强；鸡绒的绒丝发达，有黏性，使绒丝互相粘连，有亮光，弹力差，用手搓擦成团并捏紧，松开后绒子舒张很慢。

2. 品质鉴别 羽毛收购有两种计价方式：一是以绒计价，二是按生产季节分别计价。冬、春毛一个价，夏、秋毛一个价。因此，鉴别品质时，主要是看绒子含量，有无掺杂，是否虫蚀、霉烂和潮湿等。

绒子的含量：检查绒子含量的方法，通常是抓一把毛向上抛起，在毛下落时观察，并确定毛、绒含量。

确定杂质的含量：杂质是指羽毛中所含有的各种杂质，包括掺有使用过的旧鹅、鸭毛及鹅、鸭、鸡毛的混杂。确定杂质含量的方法是，取一把羽毛，用手搓擦，使毛蓬松，然后抖下杂质，确定含量。旧鹅、鸭毛的羽片和下部的羽丝光亮，似鸡毛，已失去弹性，毛弯曲成圆形，应折价收购并分别存放和包装；鹅、鸭毛中含鸡毛，或白鹅毛中含黑头、深黄头等超过规定的，应按杂质扣除。

3. 检查是否虫蚀、霉烂和潮湿 凡毛绒内有虫便，或毛片呈现锭齿形，手拍时有飞丝，即证明已被虫蚀。严重时，毛丝脱落，只剩下羽轴，失去使用价值，不得收购；比较轻的，对毛质影响不太大的，可以收购，但应单独存放。霉烂毛有霉味，白鹅、鸭毛变黄，灰鹅、鸭毛发乌。严重时，毛丝脱落，羽面糟朽，用手一捻，即成粉末。毛绒受潮后，毛堆发死，不蓬松，轴管发软，严重的轴管中会有水泡，手感羽轴软，无弹性。

（三）羽毛的初加工工艺

1. 风选 目的在于除去一部分灰沙、尘土、脚皮及夹杂物。风选时，将羽毛分批倒入摇毛机内，开动鼓风机使羽毛在箱内飞舞。由于片毛、羽毛及灰沙等密度不同，分别落入承受箱内，再分别进行处理。但风选时应注意使风速保持均匀一致，以保证质量，然后将选出的羽毛装成大包送检毛间。

2. 检查 将风选后的羽毛，再一次拣去杂毛和毛梗，并抽样检查，看其含灰量及含绒量等是否合乎规定标准。

3. 并堆 将检后的羽毛根据其品质成分进行适当调整，并堆，使含绒量达到成品标准。

4. 包装 将并堆后的羽毛采样复检，如合乎标准，则倒入打包机内打包（每包重约165kg）。打包后取出，缝好包头，经过编号过秤等手续后，即为成品。

三、填充羽绒加工

羽毛和羽绒的最终用途绝大部分是加工成羽绒服装、羽绒坐垫、羽绒靠垫及羽绒被褥等生活用品。因此对各种加工整理过的羽毛、羽绒在填充羽绒制品前，必须经过严格的处理，如水洗、消毒、烘干和冷却等，以保证羽绒制品的质量，防止制品虫蛀。

1. 原料的选择 对原料的选择要严，应该利用除灰机把毛绒内的含灰率减少到最低限度，一般掌握在预洗前羽毛含灰量不超过4%，羽绒含灰量不超过3%。

2. 水洗消毒 羽毛羽绒中除了含有灰沙外，还有不少皮屑，细小的血管毛，头、颈、翅上的细小带硬性的梗毛，脂肪性的腥味，或者由于存放时间过久、管理方法不善发生霉烂、虫蛀，都会散发出霉味和刺鼻的虫蛀气味，加之虫卵和虫粪等，羽毛绒中夹杂着有害物。由于上述原因，部分羽毛羽绒折断或损伤，失去天然的弹性和光泽。通过水洗过程，达到去灰、去杂、去污、去味目的，恢复弹性。

3. 脱水 羽毛羽绒保持水的能力较植物纤维强，故洗完后的羽毛羽绒必须先进行脱水。目前羽毛羽绒脱水，主要是用离心机脱水。

4. 烘干 目前国内对羽毛羽绒的消毒，除了使用一些药剂杀菌和防腐以外，主要是通过烘干机的蒸汽高温消毒，即用120～130℃的高温，既烘干羽绒，又达到杀菌目的。通过蒸汽烘干，可以使原损伤受折失去弹性的羽毛羽绒能够恢复弹性，同时可以使有些不正常的气味蒸发后被吸气管排出去。

5. 冷却 冷却是羽毛羽绒水洗消毒过程中不可缺少的一个环节。冷却可进一步排除气味，有利于毛绒质量的进一步提高，还有利于恢复羽毛羽绒的天然含水量。

6. 包装贮存 存放消毒羽绒的仓库，必须清洁卫生、干燥通风，靠近地面必须有垫仓设备，要求离地高度在40cm以上，如地面潮湿则必须加高，以保证其品质。

思考题

1. 简述猪皮和牛皮的特点。
2. 阐述黄牛全粒面软鞋面革的加工工艺及特点。
3. 如何进行填充羽绒的加工？

血液、骨骼及油脂的利用

本章学习目标　主要了解血液、骨骼及油脂的理化特性，掌握相关制品的加工方法。

第一节　血液的综合利用

畜禽血液是畜禽屠宰加工过程中主要的副产物之一，可占到屠体的6%～8%。畜禽血液脂肪含量低，蛋白质含量达17%～21%，富含各种氨基酸、矿物质、维生素和血红素铁，因此被称为“液体肉”。近年来，畜禽血液的综合利用越来越受到重视，不仅可以用于制作传统食品，将其精深加工提取其中的活性物质，还可以用于医药、化妆品、工业助剂等方面。

一、血液的组成和理化特性

（一）血液的组成

血液是由液体成分的血浆和悬浮于血浆中的血细胞组成。屠宰所获得的新鲜血液与一定量的抗凝剂混匀并离心沉淀后，就会发生明显的上下分层。上层浅黄色的液体为血浆，下层是深红色不透明的红细胞，中间是一薄层白的不透明的白细胞和血小板。

1. 血浆　血浆为淡黄色的液体，但不同种的畜禽血浆颜色稍有不同。狗、兔的血浆无色或略带黄色。牛、马的血浆颜色较深。血浆之所以呈黄色，主要是血浆中存在黄色素。哺乳仔猪的血浆由于含脂肪较多，表现出混浊而不透明。血浆中大部分为水（90%～93%），固形物中含量最多的是蛋白质。

血浆的化学成分有的来自消化道消化分解产物，有的来自组织细胞释放的代谢产物。主要包括：水分、气体、蛋白质、葡萄糖、乳酸、丙酮酸、脂肪、非蛋白含氮物、无机盐、酶、激素、维生素以及色素等。

（1）血浆蛋白　血浆蛋白一般分为清蛋白、球蛋白、纤维蛋白原三种，可用盐析法分离，也可用区带电泳法分离。电泳法分离时，球蛋白可以分为α_1-、α_2-、β-、γ-球蛋白四种。

纤维蛋白原：完全由肝脏合成，占血浆总蛋白的4%～6%，有重要的凝血作用。

清蛋白：亦称白蛋白，主要由肝脏形成。相对分子质量69 000。血浆胶体渗透压的75%来自清蛋白，也是血液中游离脂肪酸、胆色素、类固醇激素的运载工具。

球蛋白：α-和β-球蛋白在肝脏合成，γ-球蛋白由淋巴细胞和浆细胞制造进入血液。血中γ-球蛋白几乎全部都是免疫性抗体。球蛋白还能同多种脂类结合成脂蛋白，是脂类、脂溶性维生素、甲状腺素在血液中的运载工具。

（2）非蛋白含氮物　血中蛋白质以外一切含氮物质总称为非蛋白含氮物，主要有尿囊素、尿素、肌酸酐、马尿酸、氨基酸、氨、嘌呤碱、尿酸等。其中除氨基酸是供应各组织养分外，其余大部分是代谢废物。非蛋白含氮物的量一般以氮的量来表示，称非蛋白氮（NPN）；家畜血液中非蛋白氮主要是尿素氮，约占50%。

（3）酶　血浆中有许多酶，如凝血酶原、碱性磷酸酶、蛋白酶、脂肪酶、转氨酶、磷酸化酶、乳酸脱氢酶等，除凝血酶原外，其他酶含量较少。这些酶来自组织细胞和血细胞。近来发现有超氧化物歧化酶（SOD），已得到大量应用。

2. 血细胞　血细胞是血液的有形成分，包括红细胞、白细胞、血小板三种。

（1）红细胞　成熟的红细胞同其他细胞不同，是无核、双面略向内凹的圆盘形细胞。这种双圆盘的结构，可以保证全部胞浆，主要是其中的血红蛋白与细胞膜保持最短距离，便于迅速而有效地进行气体交换。由于红细胞中含有血红蛋白，所以呈红色。

（2）白细胞　白细胞为无色有核的血细胞，它的体积比红细胞大，数量远比红细胞少。白细胞与红细胞比例：山羊1∶1 300，绵羊1∶1 200，马1∶1 000，牛1∶800，猪1∶400，狗和猫为1∶400。家畜正常白细胞的数量变化很大，因为它是动物机体防疫体系的一部分，可随机体生理状况的改变而发生变动。

（3）血小板　血小板是体积很小的圆盘状、椭圆状或杆状细胞，又称凝血细胞，在凝血过程中起重要作用。在正常家畜血液中，每毫升血小板的数量：马35万，猪40万，绵羊74万。其数量变化情况随动物生理情况而异。动物在剧烈运动后血小板数量剧增，大量失血和组织损伤时，其数量也显著增多。

（二）血液的理化特性

1. 颜色　动物血液的颜色与红细胞中血红蛋白的含量有密切的关系。动脉血中含氧量高，所以呈鲜红色；静脉血中含氧量低，所以静脉血呈暗红色。

2. 气味　血液中因存在挥发性脂肪酸，故带有腥味，肉食动物血液的腥味尤甚。

3. 密度　血液的密度取决于所含细胞的数量和血浆蛋白的浓度，血液中红细胞数量越多，则全血密度越大。各种畜禽全血的密度在1.046～1.052g/cm^3。

4. 渗透压　渗透压的高低与溶质颗粒数目的多少成正比，而与溶质的种类及颗粒的大小无关。哺乳动物血液渗透压大致一定，用冰点下降度表示，马为0.56，牛为0.56，猪为0.62，兔为0.57，狗为0.57。

5. 黏滞性　全血的黏滞性为蒸馏水的4～5倍，这主要取决于红细胞数量和血浆蛋白的浓度。

6. 酸碱度　动物血液的酸碱度一般为pH7.35～7.45。

二、血液制品的加工

（一）血粉

血粉可用全血生产，也可用血细胞生产。血粉是生产血胨、多种氨基酸、水解蛋白注射液等制品的原料，同时可作为配合饲料的动物性蛋白质和必需氨基酸的原料。血浆加工成各种营养食品代替蛋清。血浆制成的乳化剂广泛用于提高肉类制品营养成分，并起到乳化保水作用。

鸭血豆腐产品灌装线

1. 血液的分离处理

（1）静置法　全血加入适量生理盐水放置在细长透明容器中，在5～10℃净置24h后，血细胞下沉，血浆在上部，用分流法吸出血浆。

（2）分离法　用离心机连续分离，在血中加入抗凝剂柠檬酸钠后，用离心机分离出血细胞和血浆。

2. 血粉的生产

（1）工业血粉的加工　工业血粉为棕红色，含蛋白质 90%以上，水分 10%，可作为维生素稳定剂、蒸馏净化剂、皮革业抛光剂以及工业用胶合剂。

①喷雾干燥法：搅拌猪血过 40 目铜筛，除去血纤维，用高压泵将血浆通过喷枪喷为血雾，利用热风使血雾立即失水成血粉。

②磨筛法：搅拌血除去血纤维，倒入容器内在 50℃下加温干燥失水，将血块磨为粉，过筛为血粉。此法适合小型生产。

（2）饲料用血粉的加工　将血在开水中煮热，热筛压干，100℃干燥或晒干，磨粉即成。

（二）血粉氨基酸制品

猪血中含有丰富的碱性氨基酸（精氨酸、组氨酸、赖氨酸等）。精氨酸在人体代谢中起极重要的作用，医疗上可治疗血氨中毒、肝昏迷，食品上可作饮料添加剂，有消除疲劳之功效。另外，精氨酸还可作为肉制品加工中的发色剂。赖氨酸是人和动物的必需氨基酸之一，可作为动物和人的营养增强剂。三种氨基酸提取的工艺流程如下：

猪血粉 —6mol/L HCl 水解，113℃，24h→ 水解液 —减压驱酸，80℃，3 次→ 除酸水解液 —活性炭，脱色，65℃，1~2h→ 脱色液 —$12\%NH_4OH$，pH4.0→

中和液 —水稀释 2.5%→ 上柱液 —732 阳离子树脂，(吸附)H^+型→ 氨基酸吸附柱 —洗脱，反冲，H_2O→ 脱氯氨基酸吸附柱 —0.1mol/L、2mol/L 氨水，洗脱→

洗脱液 —鉴定分组，纸层析→ 精氨酸洗脱液、赖氨酸洗脱液、组氨酸洗脱液 —分别减压驱氨，浓缩→ 驱氨液 —2mol/L HCl，分别调节 pH→ 精氨酸洗脱液、赖氨酸洗脱液、组氨酸洗脱液 —分别用活性炭脱色，60~70℃→

脱色液 —分别减压浓缩，减压→ 浓缩液 —5℃冷却→ 结晶 —75%、95%乙醇 70~80℃，分别醇洗、干燥→ 精氨酸盐酸盐、赖氨酸盐酸盐、组氨酸盐酸盐

（三）水解蛋白

用血纤维、血浆或全血可以生产静脉营养液——水解蛋白注射液，其含有 18 种氨基酸，还有 8 种人体必需氨基酸。这种注射液用于严重外伤、烫伤、胃肠炎及外科手术后不能经胃肠道吸收蛋白质营养时，以维持机体的氮平衡。其生产工艺流程如下：

血纤维 —(原料处理)NaOH，绞碎、pH 9.0、离心→ 变性血纤维 —胰浆 NaOH，甲苯，pH 7.2~7.5，50℃→ 水解液 —中和，磷酸，pH 5.8，100℃→ 滤液 —浓缩，NaOH，pH 6.4→

浓缩液 ——→ 滤液 —(精制)盐酸，活性炭，白陶土，pH 4.5→ 精制液 —去氯离子、701树脂，pH 5.5→ 精制滤液 —浓缩，干燥→

水解蛋白干粉 —配制注射液→ 水解蛋白注射液

（四）超氧化物歧化酶

超氧化物歧化酶（superoxde dismutase，SOD）是一种广泛存在于动植物及微生物中的金属酶。目前 SOD 临床上主要用于延缓人体衰老，防止色素沉积，消除局部炎症，特别是治疗风湿性关节炎、慢性多发性关节炎及放射治疗后的炎症，无抗原性，毒副作用较小，是很有临床价值的治疗酶。SOD 不仅在临床上大显身手，而且近年来又被广泛地应用于日用化工行业。牛血中提取

SOD工艺流程如下：

新鲜牛血→分离血细胞→提取→沉淀→分离纯化→透析→浓缩干燥→成品

1. 分离血细胞 取新鲜牛血，按100kg牛血加3.8g柠檬酸三钠投料，搅拌均匀，装入离心管中，在离心机中以3 000r/min的速度离心15min，收集血细胞，血浆可用于制造凝血酶。

2. 提取 把收集的血细胞用0.9%氯化钠溶液洗3遍（每次用血细胞2倍体积的氯化钠溶液），然后加入蒸馏水（和牛血等量），在0～4℃条件下搅拌溶血30min，再缓慢加入溶血血细胞0.25倍体积的95%乙醇和0.15倍体积（相对于溶血血细胞而言）的氯仿（乙醇和氯仿要事先冷却至4℃以下），搅拌均匀，静置20min，置离心机中离心30min，收集上清液，弃去沉淀。

3. 沉淀 在上清液中加入2倍体积的冷丙酮，搅拌均匀，于冷处静置20min，离心收集沉淀。沉淀物用1～2倍体积的水溶解，在55℃水浴中保温15min，离心收集上清液。再用2倍冷丙酮使上清液沉淀，静置过夜。然后离心收集沉淀，上清液可回收丙酮。

4. DEAE-Sephadex A-50分离纯化 把以上沉淀溶于pH为7.6的2.5μmol/L的K_2HPO_4-KH_2PO_4缓冲液中，用离心法除去杂质，收集上清液准备上柱。先把DEAE-Sephadex A-50装入3cm×40cm的柱中（即柱长40cm，柱内径3cm），用pH为7.6的2.5～50μmol/L的K_2HPO_4-KH_2PO_4缓冲液上柱，待流出液的pH为7.6时，再将样品上柱，用pH7.6的2.5～50μmol/L的K_2HPO_4-KH_2PO_4缓冲液进行梯度洗脱（洗脱液浓度从2.5μmol/L开始逐渐加大至最终浓度达50μmol/L，这样便形成一个洗脱梯度），收集具有SOD的活性峰，将洗脱液倒入透析袋中，在蒸馏水中进行透析（透析方法是利用小分子物质在溶液中通过透析袋，而蛋白质和黏多糖等大分子不能通过透析袋的性质，从而达到不同大小分子分离的一种方法），然后将透析液经超滤浓缩后，冷冻干燥即得SOD产品。

5. 注意事项

①牛血SOD对热稳定，猪血SOD对热敏感，因此在分离过程中温度应控制在5℃左右，最好在0℃，时间不超过4d。

②分离出的血细胞经生理盐水洗涤后，如暂不使用，可冷冻保存，不影响其酶活力。

③上柱分离纯化要注意pH和盐浓度，pH控制酶分子的带电状态，盐浓度控制结合键的强弱。为了得到高纯度的SOD，常采用梯度洗脱，也可用DE-32、CM-32等作交换剂。

④有机溶剂用量应掌握适当比例，在有机溶剂存在下，可有效地沉淀蛋白质，但应控制适当温度方可达到最佳分离效果。

⑤牛血SOD在pH为5.3～9.5范围内比较稳定，猪血SOD在pH为7.6～9.0范围内比较稳定，因此在提取过程中应注意掌握SOD酶的最适pH。

（五）凝血酶

凝血酶是机体凝血系统中的天然成分，它由两条肽链组成，多肽链之间以二硫键相连接。凝血酶在体内以凝血酶原形式存在，在一定条件下凝血酶被激活并转化为一种有活性的蛋白质水解酶。凝血酶相对分子质量335 800，为白色无定形粉末，溶于水，不溶于有机溶剂。凝血酶的提取工艺流程如下：

动物血液→分离血浆→提取凝血酶原→凝血酶原的激活→沉淀分离凝血酶→精制→凝血酶产品

1. 分离血浆 取动物血液，按每100kg动物血液加3.8kg柠檬酸三钠投料，搅拌均匀，装入离心管中，以3 000r/min的速度离心15min，分出血细胞（可供制备血红素），收集血浆。

2. 提取凝血酶原 把血浆溶于10倍的蒸馏水中，用1%浓度的醋酸调节pH至5.3，在离心机上离心15min，弃去上清液，收集的沉淀物即为凝血酶原。

3. 凝血酶原的激活 在30℃条件下，将凝血酶原溶于1～2倍的0.9%氯化钠溶液中，搅拌均匀，加入占凝血酶原重量1.5%的氯化钙，搅拌15min，在4℃下放置1.5h左右，保证凝血酶原转化为凝血酶。

4. 沉淀分离凝血酶 将激活的凝血酶溶液用离心机离心15min，弃去沉淀。上清液移入搪瓷桶中，加入等量的预冷至4℃的丙酮，搅拌均匀，冷处静置过夜，然后用离心机分离，收集沉淀，上清液可供回收丙酮。沉淀用丙酮洗涤并研细，在冷处静置3d左右，然后过滤，沉淀分别用乙醇和乙醚各洗涤一次，放在干燥器或石灰缸中干燥，即得凝血酶粗品。

5. 精制 把粗品溶于适量（1倍左右）的0.9%氯化钠溶液中，在0℃放置6h以上，然后用滤纸过滤，滤出的沉淀再用0.9%氯化钠溶液溶解，在0℃放置6h以上，过滤，合并两次滤液，用1%醋酸溶液调节pH为5.5，然后离心，弃去沉淀，收集上层清液。在清液中加入2倍量预冷至4℃的丙酮，静置3h，离心30min，收集沉淀。沉淀再浸泡于冷丙酮中，静置过夜，然后过滤，沉淀分别用无水乙醇、乙醚各洗涤一次，干燥即得凝血酶产品。

（六）血红素

血红素是高等动物血液、肌肉中的红色色素，它的基本结构是由吡咯组成的卟吩（porphin），带上侧链后形成卟啉（porphyrin），再和一分子亚铁构成铁卟啉化合物。血红素可作为合成胆红素的原料，而且也是制备抗癌特效药的原料。另外，血红素在临床上作为补铁剂，可治疗因缺铁引起的贫血症（在儿童、妇女中较常见）。

血液中的血红蛋白是由4分子亚铁血红素和1分子珠蛋白结合而成的，在pH小于3时，亚铁血红素与珠蛋白结合最疏松。根据此性质，提取时先从血液中分离出血细胞液，然后，加水将血细胞液溶解（即溶血），调节pH至3.0左右，加入适量丙酮，可使蛋白质凝固，亚铁血红素则溶于丙酮液中。此时若加入醋酸钠和鞣酸，即可使血红素沉淀析出。如加入羧甲基纤维素（CMC）阳离子交换剂，血红素可被CMC吸附，然后过滤，就可以分离出血红素。

醋酸钠法制备血红素工艺流程如下：

新鲜猪血 → 分离血细胞 → 溶血 → 抽提 → 沉淀 → 过滤 → 血红素产品

1. 分离血细胞及溶血 将新鲜猪血移入搪瓷桶中，加入0.8%柠檬酸三钠（每100kg猪血加0.8kg）搅拌均匀，装入离心管中，以3 000r/min的速度离心15min，弃去上清液（可供提取凝血酶用），收集血细胞，加入等量蒸馏水，搅拌30min，使血细胞溶血。然后加5倍量的氯仿，过滤出纤维。

2. 抽提 在滤液中加4～5倍体积的丙酮溶液（其中含丙酮体积3%的盐酸），用1mol/L盐酸校正pH为2～3，搅拌抽提10min左右，然后过滤，滤渣干燥得蛋白粉，收集滤液备用。

3. 沉淀 将滤液移入另一搪瓷桶中，用1mol/L氢氧化钠调pH为4～6，然后加滤液量1%的醋酸钠，搅拌均匀，静置一定时间，血红素即以无定形黑绿色沉淀析出，抽滤（或过滤）得血红素沉淀物。

4. 干燥 把血红素沉淀用布袋吊干，置于石灰缸中干燥1～2d，即得产品（也可用干燥器干燥）。

除以上几种用途外，血浆、血粉可作香肠等肉制品的原料，血液还可加工成泡沫灭火剂等。

（七）血豆腐

血豆腐制作工艺流程如下：

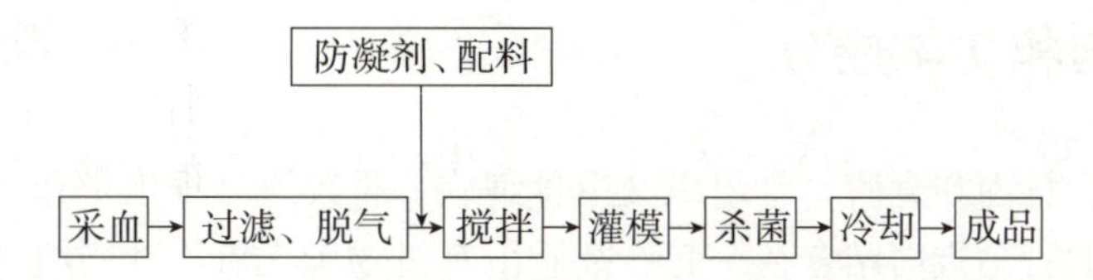

1. 采血 工业化生产一般用空心刀采血法将全血收集在容器内，该容器需要事先加入一定数

量的抗凝剂，定量混合后放入4～10℃冷库备用。

2. 过滤和脱气 血液经过20目筛过滤，除去少量凝块，与一定浓度的食盐水溶液混合，放入脱气罐进行真空脱气。脱气温度40℃，真空度0.08～0.09MPa，时间约5min。

3. 灌模 向脱气后的血液中加入凝血因子活化剂，搅匀并快速装入模具使之在15min内自然凝固。血液在盒中凝固后，把盒边缘的血液擦干净，即可用热封机封盒。

4. 灭菌 封盒后灭菌。采用水杀菌，15～30min反压，温度121℃。

5. 冷却、检验 产品冷却后，经检验无破损、无漏气、无变形，方可入库。

（八）血肠

血肠（blood sausage）是以猪血为原料，经过添加辅料如肥肉、猪皮及一定的调味料加工而成的肠制品，具有颜色红润、质地鲜嫩、味道鲜美等特点，可煮制、蒸制和烤制。

血肠制作工艺流程如下：

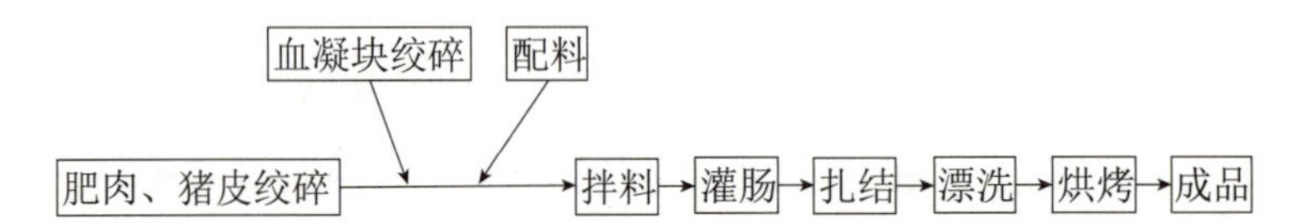

1. 猪血的采集与凝固 先在干净的容器内放入一定的清水（每头猪按200g水计算），加入少量食盐，然后在宰猪时将猪血放入容器内，并轻轻搅拌，使食盐与猪血混匀，静置15 min，可加入一定量的热水，加速血液的凝固。

2. 肥肉和猪皮绞碎 肥肉一般选用背部肥膘，绞碎成约为6mm³大小的肉块；猪皮用清水洗干净然后绞碎。

3. 拌料 将一定量绞碎的猪皮和肥肉混匀，加入一定量的预糊化淀粉，然后加入绞碎猪血块和各种配料，搅拌均匀。拌好的血馅不宜久置，否则，猪血馅很快会变成褐色，影响成品色泽。

4. 灌肠 将拌制好的猪血馅灌入肠内，每20～25cm长扎成一节。

5. 漂洗 先将香肠在60～70℃热水中漂洗，然后再在凉水中漂洗，将香肠表面的残留物洗掉。

6. 烘烤 将漂洗后的血肠放入烘房内。烘烤开始时，烘房温度应迅速升至60℃。干制分为两个阶段：第一阶段，温度应保持在85～90℃；第二阶段，温度为80～85℃，直至香肠干制均匀并达到熟制的目的。然后温度缓慢降至45℃左右，将香肠运出烘房，冷却至室温，最后进行包装。

第二节　骨的加工利用

近年来，随着人们对肉类食品消费量的增多，畜禽骨也在大量增加，我国一跃成为世界肉食第一大国的同时年产生的骨头就有1 500多万吨，而消费市场对除排骨外的其他骨头需求不大，加上骨头价格低，贮存不便，因而往往废弃，或加工成骨粉添加到饲料中，造成极大的浪费和污染。所以，大力开发骨类食品，充分利用畜禽骨，已成为食品行业，尤其是肉类加工企业的首要问题。

一、骨的结构和化学成分

骨骼包括骨组织、骨髓和骨膜，骨组织又由骨细胞、骨胶原（纤维）和基质组成。胶原呈致密的纤维状，与基质中的骨黏蛋白结合在一起。基质由有机物和无机物共同组成，有机物主要为黏多糖蛋白，称为骨黏蛋白，无机物常称为骨盐，主要成分是羟基磷灰石[$Ca_3(PO_4)_2$]·$Ca(OH)_2$，此外，还含有少量的 Mg^{2+}、Na^{+}、F^{-} 和 CO_3^{2-} 等。骨盐沉积在纤维上，使骨组织具有坚硬性。骨骼占猪和牛体重的 6%～12%，占胴体体重的 13%～20%。

骨骼含 30%左右的水分，在干物质中一般粗蛋白、粗脂肪各占 1/4，粗灰分占 1/2；在软骨中前两者占 90%，后者占 10%；在粗灰分中 $Ca_3(PO_4)_2$ 占 80%以上，$CaCO_3$ 占 10%。

二、骨骼的收集贮存

畜骨的加工利用价值与其新鲜程度有很大关系。加工食品、饲料和生物活性物质时，畜骨一定要新鲜。鲜骨含水量大，附带有残余的鲜肉、脂肪和结缔组织，易受微生物的作用而腐败变质，给生产加工带来不便，所以应根据骨骼生产的具体情况选择适当的收集和贮存方式。新鲜的湿骨应堆放在低温、空气流通或干燥的地方，避免日光直接照射，潮湿或空气不流通的地方容易使骨头生霉。干燥的畜骨可放置在温度相对较高的场地保存，但也要通风和避免日光照射。正确的畜骨保存方法是保证原料及产品质量的前提。

三、骨油、骨胶和活性炭的制取

（一）骨油提取

骨中含有大量的油脂，占骨重的 5%～15%。从骨头里提取出来的油脂叫骨油，可用来制备高级润滑油或加工成食用油脂。骨骼油脂的主要成分是甘油三酯、磷脂、游离脂肪酸等。骨油的提取方法通常有水煮法、蒸汽法和萃取法三种。下面简单介绍萃取法。

1. 骨料处理 把骨骼上的残肉或结缔组织剔除，用冷水浸泡洗去血污，沥干后用粉碎机粉碎成 0.5～1.5cm 大小的碎骨料。粉碎后干燥，干燥可采用不同的方法，如低温烘干、自然阴干等。因为萃取抽提骨油所选用的溶剂均为非极性溶剂，如二甲苯、乙醚、汽油等，骨料含水量的多少会直接影响这些溶剂对骨油的浸出。骨料水分越少，萃取收率越高。

2. 萃取 将骨料放入专用的回流萃取装置中，按料重 1～2 倍量加入萃取溶剂，密封进料口盖。打开冷凝柱循环泵，蒸汽供热。控制罐内温度（比萃取溶剂的沸点略高），提取3～5h。停止加热，冷却后放出萃取溶液。重复抽提 2～3 次，合并萃取溶液。

3. 蒸馏 将萃取得到的骨油溶液放入蒸馏锅中，蒸馏去除溶剂，得到骨油产品。

（二）骨胶制取

骨胶又叫明胶，用途极为广泛，如用明胶制造感光胶片、放大纸；食品行业常作为增稠剂、基质胶；医药上用来生产血浆代用品、可吸收性明胶海绵、药物赋形剂（胶囊、胶丸及栓塞）；服务行业用来制作美容保湿因子等。

1. 工艺流程

原料处理 → 脱脂 → 酸浸 → 洗涤、中和 → 水解 → 过滤 → 浓缩、凝胶化 → 干燥 → 包装 → 保藏

2. 工艺要点

（1）原料骨的处理　处理方法同骨油生产操作。

（2）脱脂　利用有机溶剂萃取法脱除骨料的脂肪。

（3）酸浸　原料骨中加入 6mol/L 盐酸，以浸没骨料为原则，浸泡 20～30d，至骨料完全柔软为止。浸泡期间应适当搅拌促使矿物质溶出。酸浸的主要目的是脱除骨骼中的钙和磷，提高胶原的水解程度和水解数量。

（4）洗涤、中和　在不断搅拌下用水充分洗涤，每隔 0.5～1h 换水一次，原料和水的比例不小

于1∶5，总共洗涤10～12h。然后用碱水或石灰水进行中和，用碱量和浓度可灵活掌握，共需浸泡、搅拌12～16h。中和后放去碱水，再用水洗涤，最终pH控制在6～7。

（5）水解　在水解锅内放入适量热水，将原料骨倒入锅内，注意不让其结团。缓慢加温到50～65℃，再加水将原料骨浸没，水解4～6h后，将胶液放出，再向锅内加入热水，温度较前次提高5～10℃，继续水解，重复进行多次，温度也相应逐步升高，最后一次可煮沸。

（6）过滤　将合并的胶液在60℃左右以过滤棉、活性炭或硅藻土等为助滤剂，用板框压滤机过滤，得澄清胶液。胶液再用离心机分离，进一步除去油脂等杂质。

（7）浓缩、凝胶化　将稀胶液减压浓缩，开始温度控制为65～70℃，后期应降低为60～65℃。根据胶液质量和干燥设备条件掌握浓缩的程度，一般浓缩终点的胶液干物质含量为23%～33%。

经浓缩的胶液，趁热加入过氧化氢或亚硫酸等防腐剂，充分搅拌均匀。这些防腐剂也有漂白作用。将胶液灌入金属盘或模型中冷却，至其完全凝胶化生成胶冻为止。

（8）干燥　将胶冻切成适当大小的薄片或碎块，以冷、热风干燥至胶冻水分为10%～12%，再经粉碎即为成品。每吨杂骨可制成食用/药用明胶40kg左右。

此外，畜骨水解制备的粗骨胶还可进一步水解提取L-羟脯氨酸、L-脯氨酸及其他氨基酸等产品。

（三）活性炭制备

活性炭是生化制备和医药工业中常用的材料。制备方法：将骨头除去杂质，破碎成3.5～10cm大小，按100kg骨头加4kg明矾的比例，加40～45℃热水使骨头浸泡其中。共浸泡12h，每隔2h搅拌1次，取出晾干后装入炉里，隔绝空气焖烧8h左右成黑色骨灰，温度为500～600℃。然后退火冷却，取出为半成品，用清水洗涤，再用盐酸溶液浸泡12h，随时搅拌，再用清水洗到中性。烘干后，放入炉中，在700℃以上活化15～20h，过筛包装。

四、骨粉的加工

骨粉可分为粗制骨粉、蒸制骨粉和骨渣粉等，主要根据骨上所带油脂和有机成分的含量而定。此外，根据用途，骨粉又可分为饲料用骨粉和肥料用骨粉以及食用骨粉。下面简述粗制骨粉与蒸制骨粉的加工。

（一）粗制骨粉的加工

粗制骨粉的加工是利用生产骨油残留的骨料渣，沥尽水分并晾干后，放入干燥室或干燥炉中，以100～140℃的温度烘10～12h。用粉碎机粉碎，过筛即为成品。

粗制骨粉的加工流程：

新鲜猪骨→脱脂→干燥→粉碎→成品骨粉

1. 脱脂　将骨压碎成小块，置于锅内煮沸3～8 h，以除去骨上的脂肪。加工粗制骨粉最好与水煮抽油法结合，这样除了加工骨粉外，还可以抽出部分骨油和骨胶。

2. 干燥　沥净水分并晾干，放入干燥室或干燥炉中，以100～140℃的温度烘10～12 h。

3. 粉碎　用粉碎机将干燥后的骨头磨成粉状，过筛即为成品。

4. 成品　合格粗制骨粉的成品质量由原料骨的质量而定。一般要求：蛋白质23%、脂肪3%、磷酸钙48%、粗纤维2%以下。

（二）蒸制骨粉的加工

将骨放入密封罐中，通入蒸汽，以105～110℃的温度加热。每隔1 h放油液一次，将骨中的大部分油脂除去，同时使一部分蛋白质分解成为胶液，可作为制胶的原料。将蒸煮除去油脂和胶液后的骨渣干燥粉碎后即为蒸制骨粉。这种骨粉的蛋白质含量比粗制骨粉少，但色泽洁白而易于消化，也没有特殊的气味。

五、软骨黏多糖的制取

黏多糖存在于蛋白多糖分子中。蛋白多糖是一类由核心蛋白和黏多糖构成的高分子化合物，其分子中前者占6%～12%，后者占80%～90%。一般硫酸软骨素含有50～70个双糖基本单位，硫酸角质素含有15～30个双糖单位。药用的硫酸软骨素主要是软骨素A、软骨素C及其他软骨素的混合物。硫酸软骨素在软化血管，防治动脉硬化、冠心病方面具有疗效。利用稀碱溶液水解软骨是制备软骨素的方法之一，现介绍如下。

（一）工艺流程

原料处理→提取→酶解→吸附→沉淀→粗品

（二）工艺要点

1. 原料处理 用于硫酸软骨素提取的原料软骨要新鲜，冷冻的软骨应该在深冻条件下保存。提取前应去除结缔组织，并在80℃的水中煮泡20min，去除脂肪及杂质，取出沥干。投料前用绞肉机绞碎，网板选3～5mm为宜。用40℃的温水浸泡、搓洗，反复漂去上层结缔组织碎物，沥干水分。

2. 提取 绞碎软骨称重，加入4倍量2%氢氧化钠进行浸泡提取，室温下每30min搅拌一次。时间为8～12h，至5波美度时过滤。残留物研碎后继续二次提取，碱用量为原料量的两倍。过滤后合并滤液。

3. 酶解 提取液用1∶1盐酸调pH至8.8～9.0。水浴加热至50℃时加入0.4%的胰酶，在53～56℃下搅拌消化6h。水解后期取少量水解液用滤纸过滤至试管中，10mL滤液加入10%三氯乙酸1～2滴，若微显混浊，说明消化情况良好，否则酌情增加用酶量。另外，水解过程随时用10%氢氧化钠调整pH为8.8～9.0。

4. 吸附 酶解液保持温度为53～54℃，用1∶2的盐酸调pH为6.8～7.0。加入原料用量15%～20%的活性白土和0.1%的活性炭。搅拌后用10%氢氧化钠调pH为6.8～7.0，充分搅拌吸附1h。静置片刻后过滤，滤液要求澄清。上清液可用10%三氯乙酸检测蛋白质含量。

5. 沉淀 滤液用10%氢氧化钠调pH为6.0，并加入滤液体积1%的氯化钠，充分搅拌溶解后过滤至澄清，搅拌下加入90%的酒精，使酒精含量达75%，静置8h以上，去上清液，下部沉淀用无水乙醇洗涤两次，抽干、64℃以下烘干或者真空干燥。

六、骨宁注射液制备

（一）主要成分、性质和药理作用

骨宁注射液是利用猪的四肢骨，经水解、浓缩、沉淀及吸附等工艺制成的生化药物。从水解后其氨基酸的组成或比例看，与骨胶原蛋白是类似的，但经蛋白检测为阴性，双缩脲反应为阳性，说明它是介于明胶分子和氨基酸之间的多肽类物质。

骨宁溶于水和75%以下的乙醇，可被10倍丙酮沉淀。另外对热较稳定，较长时间加热不失去其药理作用。

骨宁注射液对骨、关节增生性疾病具有明显改善作用；对风湿、类风湿关节炎也有抗炎镇痛疗效。

（二）生产工艺

1. 工艺流程

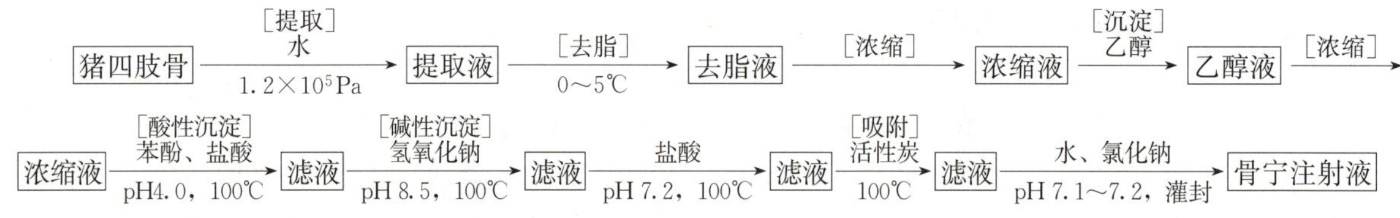

2. 工艺要点

（1）提取　取健康新鲜或冷冻的猪四肢骨，洗净、破碎、称重。按骨料重加 2 倍蒸馏水，在 1.2×10^5Pa（1.2kgf/cm^2）的压力下加热 1.5h，用双层纱布过滤，骨渣再加 2 倍蒸馏水，同样条件加热 1h，过滤后合并滤液。

（2）去脂　滤液立即在 0～5℃下冷却，静置 36h，将上层脂肪撇去。

（3）浓缩　加热使冻状物液化，在 70℃以下真空浓缩，浓缩至 70L 左右。

（4）乙醇　浓缩液冷却后，加乙醇至最终浓度 70%。静置沉淀 36h，用滤槽过滤，除去杂蛋白，滤液必须澄清。

（5）浓缩　乙醇清液在 60℃以下真空浓缩至 30L，然后加 0.3%的苯酚，补足蒸馏水至 70L。

（6）酸性沉淀　滤液在不断搅拌下缓缓加入 1∶1 盐酸，调节 pH 为 4.0，常压、100℃加热 45min，布氏漏斗过滤，除去酸性杂蛋白，滤液于冷室静置。

（7）碱性沉淀　次日自冷室中取出滤液，用滤纸自然过滤一次，在不断搅拌下加入 50%氢氧化钠，调 pH 为 8.5。常压、100℃加热 45min，于冷室静置。次日用滤纸自然过滤，1∶1 盐酸调节 pH 为 7.2，于冷室静置。

（8）活性炭吸附　提取液用滤纸自然过滤，滤液加 0.5%活性炭，100℃搅拌加热 30min，然后布氏漏斗过滤。

（9）制剂　滤液补足蒸馏水至全量（猪骨含量 1.5g/mL），加氯化钠至 0.9%，校正 pH 为 7.1～7.2，100℃加热 45min，于冷室静置。取小样进行有关项目检查，如合格，用 4 号、5 号玻璃垂熔漏斗过滤一次，灌封于 2mL 安瓿瓶中，流通蒸汽 100℃灭菌 30min 即得。

七、骨的食用蛋白提取

骨中的骨胶原蛋白可用来制备明胶或粗制骨胶，也可以加工成食用蛋白质和蛋白胨。从结构上讲，它们都属于明胶类物质。如果骨骼上带有残留的肌肉、结缔组织，经消化后会产生少量蛋白质成分。明胶和后一部分蛋白质共同组成骨骼食用蛋白的主要成分。

（一）食用蛋白提取

骨骼食用蛋白的提取方法和骨胶的制备方法很类似，首先要进行水解，然后分离除去油脂等物质。水解的方法主要有蒸煮法和酶法两种。水解得到的骨（肉）汤，经脱色、浓缩、干燥等过程，可得到骨蛋白粉（粒）。

（二）食用骨糜及骨（髓）粉的加工与利用

1. 鲜骨糜（泥）　骨骼中富含钙和磷，可补充人们膳食中钙磷的缺乏。近几年国内已开发生产出骨糜浆，也有人称为骨泥，该产品可作为食品原料添加到各种制品中，强化钙磷营养。生产工艺如下：

（1）原料骨预处理　将新鲜的原料骨清理去除残肉和结缔组织，清水漂洗，沥干，在 15℃下冷冻。

（2）破骨　冷冻后的骨头投入碎骨机中，切成30～50mm的骨块。

（3）碎骨　骨块放入绞碎机，先绞为10mm左右的骨粒，再接着绞为5mm的小骨粒。

（4）拌水　给小骨粒中加入适量冰水，在搅拌机中搅拌均匀。

（5）磨骨　在磨骨机中进行第一次粗磨，将骨磨成稍感粗糙的糊状。第二次细磨后，骨粒平均直径达70～80μm，整个骨浆成细腻的糊状。

鲜骨糜作为强化营养添加剂可加到配料中，制成骨糜糕点、饼干、骨糜酱或羹类食品，也可配合制成营养品或保健品。

2. 食用骨粉或骨髓粉　国内一些企业目前还利用高科技粉碎技术加工超微细食用骨粉，这是一种富含钙、磷、铁及其他元素的食品原料，其钙磷含量的比例接近人体所需比例2∶1。该产品除了含有钙磷等营养成分以外，还含有微量元素、氨基酸等成分，是比较理想的补钙制品。下面简单介绍超细鲜骨粉的加工工艺：

（1）清洗　选用畜禽鲜骨为原料，对原料进行清洗，以符合卫生要求。

（2）脱水　采用脱水机将附着骨表面的水分脱去。

（3）粗碎　将脱水的原料放入粉碎机进行粉碎。

（4）二级粉碎　经粗粉碎的骨粒转入一级轧辊式粉碎机挤压粉碎，使颗粒达到0.3～0.5mm。

（5）细碎　物料转入二级轧辊式粉碎机挤压粉碎，终端物颗粒为180～150μm。

（6）超细　物料转入三级轧辊式粉碎机粉碎，终端物颗粒≤100μm。

（7）冷却、包装　冷却到室温，转入膨松机膨松后，产品真空包装。

（三）蛋白胨的制备

骨蛋白胨就是骨胶蛋白成分进一步被酶水解，使肽链继续降解为小分子质量的氨基酸片段所形成的蛋白类产品，适合用于微生物培养基。

1. 煮制　在新鲜的畜骨中按1∶1的比例加清水，100～120℃煮制3～5h，过滤除去骨渣。

2. 调pH　在骨汤中加入15%的氢氧化钠，调整pH为8.6左右，呈弱碱性，达胰酶最适pH。

3. 冷却、酶解　当骨汤冷却至40℃时，加入胰浆40mL，维持37～40℃，搅拌消化4h。胰浆的制法：猪胰腺绞碎成胰浆，取1kg加酒精1L、水3L混合，充分搅拌后放置3d，过滤后备用。

4. 加盐　消化液加热煮沸30min。再按重量加入1%的食盐（精制盐），充分搅拌10min，再加入15%氢氧化钠调整pH至7.4～7.6。

5. 浓缩　将消化液转入蒸发浓缩罐，浓缩至膏状，装瓶为成品。

八、超细骨粉加工新技术

超细骨粉加工技术主要是根据鲜骨的构成特点，针对不同性质的组成部分，采用不同的粉碎原理、方法，进行粉碎及细化，从而达到超细加工的目的。对刚性的骨骼，主要通过冲击、挤压、研磨力场作用得到粉碎及细化；对肉、筋类柔韧性部分主要通过强剪切、研磨力场作用，使之被反复切断及细化，整个粉碎过程是通过一套具有冲击、剪切、挤压、研磨等多种作用力组成的复合力场的粉碎机组来实现。考虑到鲜骨中含有丰富的脂肪及水分对保质、保鲜不利，为此，该技术中还含有一套脱脂脱水的装置，因而可直接制得超细脱脂鲜骨粉。畜骨被粉碎的粒度越小，其比表面积就越大，当粒度小到微米级或更小时，表面态物质的量剧增，使超细骨粉在宏观上表现出独特的物化性质，呈现出许多特殊功能。这种方法提高了骨粉表面积，从而改善了粉体的物理、化学性能。

1. 工艺流程

鲜骨→清洗→破碎→粗粉碎→细粉碎→脱脂→超细粉碎→干燥灭菌→成品

2. 工艺要点

(1) 原料鲜骨的选择　畜、禽、兽、鱼各部分骨骼均可,无须剔除骨膜、韧带、碎肉以及畜、兽坚硬的腿骨,原料选择面宽,不受任何限制。

(2) 清洗　去除毛皮、血污、杂物。

(3) 去除游离水　去除由于清洗使骨料表面附着的游离水,以减少后续工序能耗,粉碎过程中亦无须加以助磨。

(4) 破碎　主要通过强冲击力,使骨料破碎成10～20mm的骨粒团,并在骨粒内部产生应力,利于进一步粉碎。

(5) 粗粉碎　主要通过剪切力、研磨力使韧性组织被反复切断、破坏;通过挤压力、研磨力使刚性的骨粒进一步粉碎,并在小粒内部产生更多的裂缝及内应力,利于进一步细化,得到粒径1～2mm的骨糊。

(6) 细粉碎　主要通过剪切、挤压、研磨的复合力场作用,使骨料得到进一步的粉碎及细化,并同时进行脱水、杀菌处理,细粉碎可得到粒径0.1～0.5mm、含水量为15%的骨粉。

(7) 脱脂　该工序可有效控制骨粉脂质含量,可根据产品要求确定是否采用,如要求产品低脂、保存期长,须进行脱脂处理。

(8) 超细粉碎　得到粒径5～10μm、含水量3%～5%的骨粉。

第三节　动物油脂的炼制与贮藏

动物油脂是指由构成动物有机体的脂肪组织提炼出的固态或半固态脂类。主要供人类食用,是膳食结构中脂肪营养素的重要来源。部分被用作饲料、化工原料和其他特殊工业用料。

一、脂肪原料

1. 不同种类油脂的特点　食用动物油脂原料是由脂肪、蛋白质和无机盐所组成。常用于生产动物油脂的原料主要有猪、牛、羊等动物的脂肪组织。脂肪组织所含脂肪量,因年龄、肥育和饲料等因素而有较大的差异。在较好肥度下,脂肪组织中的含脂量约为90%,水不到10%,其余为蛋白质和其他微量物质。动物越肥,其脂肪组织出油率越高,提炼出的脂肪质量越优。

(1) 猪油脂原料　猪油脂原料呈乳白色,结缔组织较少。由饲料引起的黄脂可供食用,由黄疸引起的黄脂不能食用。

(2) 牛油脂原料　牛油脂由于有胡萝卜素的存在,大部分都呈浅黄色。以网膜油和肾脏油的原料为最多,其制出的油脂质量好、气味轻微;而面颊和胸部油脂原料中含有很多结缔组织,油脂得率低,并且具有强烈的气味。

(3) 羊油脂原料　羊油脂原料也可分为网膜油和肾脏油,肥羊尾的油脂比内脏的油脂软些,并且带有浅黄色。绵羊、山羊脂肪原料呈白色,较硬,具有特殊的膻味,山羊气味尤显,脂尾羊的尾脂重达5kg以上,其特性同皮下脂肪。

2. 原料的获得和初处理　内脏脂肪应在屠宰加工时的内脏分离、整理工序中,尽快趁热摘取,去除非脂肪组织和血污,撕剥肠系膜脂肪最易造成肠管破裂而污染脂肪,随即应按类别和卫生状况分出食用或工业用油脂原料,再根据部位和肥度按级分置,定量装盘、装箱,立即送冷却间降温贮存。

油脂原料中除了脂肪外,还含有水分、蛋白质和分解脂肪的酶。因此,原料中的脂肪容易很快变质。获得良好质量油脂的主要条件是原料的迅速加工，特别是迅速降温。原料的初步加工包括：分级、称重、修整、粗切、冲洗、冷却、滤水和绞碎。

二、油脂的炼制方法

动物油脂的提取主要采用熔炼法，即加热提取油脂。加热能使油脂熔化，引起脂肪组织和骨组织不同程度的破坏，适合于油脂原料中的大部分油脂自由流出，除温度外，油料中所含的水或加入的水分都对破坏油脂原料和分离油脂起重要作用。

熔炼法根据加水与否，分为干法熔炼和湿法熔炼。

1. 干法熔炼 干法熔炼过程不加水，乳浊液形成少，酸价低，易澄清和分离。质量优于湿法。但因受热不均匀而有焦化现象。常用于生产的方法有以下几种。

（1）明火熔炼法 用特制或普通铁锅在炉火上直接加热熔炼。此法适用于无蒸汽设备的小厂生产。优点是设备简单，便于操作，成本低。缺点是受热不均匀，油渣易焦化而降低质量。

（2）蒸汽熔炼法 通过蒸汽加热使受热均匀，另通过盐析使油脂中水的密度增加，加速水的下沉，同时可使悬浮的胶体质点脱水、聚集，破坏胶体的乳化性而下沉，达到除去杂质和水的目的。

（3）真空熔炼法 真空熔炼出的产品质量较好，因为原料中大部分水被蒸发，油脂和渣不含水分，水解程度最小，熔炼温度较低，对磷脂及脂溶性维生素破坏小，不仅营养价值高，且有一定的抗氧化作用。同时很少有特殊的臭味，但设备较昂贵。

2. 湿法熔炼 熔炼前向锅内加水，并使蒸汽直接通入原料锅内加热。产品异味小，色泽白，湿法熔炼分低压和高压两种。

三、油脂的净化

从油脂原料熔炼出的油脂或从油渣中压榨出的油脂，都含有杂质、脂肪组织、油渣的微粒以及水。油脂中除这些杂质外，还可能含有游离脂肪酸及芳香物质。所有这些杂质都影响油脂的质量，有的使油脂不适于食用，须经净化后才能达到食用要求。净化的方法有压滤法和离心分离法，其中离心分离法较为多用。

四、油脂的精炼

经过净化去杂处理后的净油可满足食用要求，但其中还含有游离脂肪酸而酸价较高，有轻微的臭味，呈浅黄色。为了提高产品的质量，对净油可进行精炼加工。精炼的一般工艺流程：

加温→加碱（中和）→加盐→静置→洗涤→加热（干燥、脱臭）→加热→

加酸性白土或活性炭（脱色、脱臭）→压滤→精油速冷→成品包装

五、油脂的贮藏

（一）油脂的化学变化

不饱和脂肪酸的双键不稳定，能发生加成和取代反应，是脂肪易发生化学变化而变质的内在因素。变化的速度和程度则受氧、光线、温度、酶、催化剂、水、微生物和时间等多种外因条件的影响。油脂的主要化学变化有以下几种。

1. 水解 甘油三酯可发生水解反应，从酯键处裂解为甘油和脂肪酸。水解反应是可逆的，酶、高温、酸、碱、水等因素可加速水解反应。一般用酸价表示水解的程度，即脂肪中游离脂肪酸的多少。酸价是指中和 1g 油脂中游离脂肪酸所消耗的氢氧化钾的质量（以毫克计）。

2. 皂化反应 油脂在碱的作用下会发生皂化反应，使油脂水解后的甘油和脂肪酸生成其碱金属盐，即肥皂，这一反应是油脂制肥皂的依据。但皂化反应远比加碱中和速度慢，利用这一差别可以进行加碱精炼，以除去脂肪酸，又可制皂。

3. 加成和取代反应 甘油三酯中脂肪酸的双键处能与其他元素（如氧、卤素、硫化氢等）发生加成反应使之饱和，或发生取代氢原子的取代反应。一般用碘价表示油脂脂肪酸的不饱和程度。

4. 氧化酸败 油脂具有氧化性，在高温下更易于进行。动物脂肪易被氧化，一般称酸败。在脂肪酸的双键处与氧结合形成过氧化物，这种反应必须在光的作用下才能进行。一般用过氧化值或硫代巴比妥（TBA）值表示过氧化物的数量，即油脂的新鲜程度。油脂的氧化是一种复杂过程，往往是连锁反应过程，每一个反应生成的游离基团都可激起油脂的水解，氧化酸败往往不是单一进行，多是相互综合进行着各种化学变化。

（二）油脂的贮藏

油脂在贮藏期间主要是防止氧化和减缓氧化速度。不同种类的油脂对氧化具有不同程度的稳定性，牛脂和羊脂的稳定性大，其次是猪脂、骨脂，禽脂的稳定性最差。

在油脂贮藏期间，防止油脂变质的措施主要有以下几点。

1. 迅速破坏脂肪水解酶的活性 一般对原料尽早加热到 70℃以上，既能破坏酶活性，又可防止油脂的水解、氧化速度的加快。

2. 降低温度 尽早使原料降温，降低酶的活性。贮存炼制油脂时，尽可能降低温度，防止水解、氧化速度的加快。

3. 避光贮存 把油脂置于避光处，可防止光线对油脂氧化酸败的促进作用。

4. 隔绝空气 采用真空或充氮包装等方法，断绝氧气的供给，并减少搅拌以防空气溶入和吸附，可以防止氧化酸败。

5. 选用非金属材料包装 贮存中尽可能避免与金属离子（催化剂）接触，同时包装材料要求不透明、不透气。

6. 加入抗氧化剂 尽可能除去水分，一般多采用复炼除水的方法，以减少水分对油脂化学变化的促进作用。

思考题

1. 简述血液的组成及理化特性。
2. 试述血液的综合作用。
3. 试述骨骼的综合利用。
4. 试述油脂炼制的方法。

CHAPTER 3

第三章 脏器及生化制药

本章学习目标 掌握肠衣的加工工艺，了解生化制药的概念、种类、生化药物的资源和主要生化药品的制备工艺。

第一节 肠衣加工

一、概念和种类

1. 肠壁的构造 猪、牛、羊小肠壁的组织结构可分为四层，由内到外分别为黏膜层、黏膜下层、肌肉层和浆膜层。

（1）*黏膜层* 它是肠壁的最内一层，由上皮组织和疏松结缔组织构成，在加工肠衣时被除掉。

（2）*黏膜下层* 由蜂窝状结缔组织构成，内含神经、淋巴、血管等，在刮制肠衣时被保留下来，即为肠衣。因此，在加工时要特别注意保护，使其不受损伤。

（3）*肌肉层* 由内环外纵的平滑肌组成，加工时被除掉。

（4）*浆膜层* 它是肠壁结构中的最外一层，在加工时被除掉。

2. 肠衣的概念 屠宰后的鲜肠管，经加工除去肠内外的各种不需要的组织，剩余一层坚韧半透明的黏膜下层，称为肠衣。人们利用肠衣灌制香肠、灌肠，制作体育用具、乐器及外科手术用的缝合线等。

肠　衣

3. 肠衣的种类 按畜种不同可分为猪肠衣、羊肠衣和牛肠衣三种，按成品种类还可分为盐渍肠衣和干制肠衣两大类。盐渍肠衣用猪、绵羊、山羊以及牛的小肠和直肠制作。干制肠衣以猪、牛的小肠为最多。其中，盐渍肠衣富有韧性和弹性，品质最佳；而干制肠衣较薄，充塞力差，无弹性。

二、加工工艺

（一）盐渍肠衣的工艺流程

1. 工艺流程

浸漂→刮肠→串水→量码→腌制→缠把→漂净洗涤→串水分路→配码→腌肠及缠把

2. 工艺要点

（1）*浸漂* 家畜屠宰后，取出新鲜肠管，将小肠对折，两口向下，一手高提，另一手捋肠。也可以由小头向大头捋肠。捋肠时用力要适当，速度要慢，防止挤破或拉断。将小肠内的粪便尽量捋尽。

从肠大头灌入少量清水，然后浸泡在清水缸中。利用微生物的发酵和组织自身的降解，使肠组织适当的分离，便于刮制。浸泡时间应根据气温和水温而定。一般春秋季节在28℃、冬季在33℃，夏季则用凉水没泡，浸泡时间一般为18～24h，将肠泡软，易于刮制，又不损坏肠衣品质。浸泡用水要清洁。

（2）刮肠　把浸好的肠捞出，放入槽内，先将肠理齐顺，割去弯头，然后逐根从大头处灌入200～300mL清水，再放在平整光滑的木板（刮板）上，逐根刮制，或用刮肠机进行刮制。刮去肠内外无用的部分（黏膜层、肌肉层和浆膜层），直到整根肠呈薄而透明的薄膜。

（3）串水　刮完后的肠衣要翻转串水，检查有无漏水、破孔或溃疡。如破洞过大，应在破洞处割断，最后割去十二指肠和回肠。

（4）量码　串水洗涤后的肠衣，猪肠衣每100码（91.5m）合为一把，每把不得超过18节，每节不得少于1.5码，羊肠衣每把长为93m（92～95m）。

（5）腌制　将已扎成把的肠衣散开，用精盐均匀腌渍。腌渍时必须一次上盐。一般每把用盐0.5～0.6kg，腌好后重新扎成把放在筛篮内，每4～5个筛篮叠在一起，放在缸或木桶上沥干盐水。

（6）缠把　腌肠12～13h后，在肠衣处于半干、半湿状态时候便可缠把，即成“光肠”（半成品）。

（7）漂净洗涤　将“光肠”浸于清水中，反复换水洗涤，需将肠内不溶物洗净。洗浸时间：夏季不超过2h，冬季可延长，但不过夜。漂洗水温不得过高，若过高可加冰块。

（8）串水分路　洗好的“光肠”串入水，一方面检验肠衣有无破损漏洞，另一方面按肠衣口径大小进行分路。

（9）配码　把同一路的肠衣按一定的规格尺寸扎成把。

（10）腌肠及缠把　配码成把以后，每把肠衣再用500g精盐腌上。放入缸中，上面加盐，用干净石块压实，缸口搭上遮盖物，贮存在清洁、通风之处，室温保持在0～10℃，湿度85%～90%，待水沥干后即为成品肠衣。

（二）干肠衣的工艺流程

浸漂→剥油脂→碱处理→漂洗→腌制→水洗→充气→干燥→压平

（三）肠衣的质量标准

肠衣的品质，可根据色泽、气味、拉力、厚薄及有无砂眼等进行鉴别。

（1）色泽　盐渍猪肠衣以淡红色及乳白色为上等，其次为淡黄色及灰白色，再次为黄色或紫色，灰色及黑色者为二等品。山羊肠衣以白色及灰色为最佳，灰褐色、青褐色及棕黄色者为二等品。绵羊肠衣以白色及青白色为最佳，青灰色、青褐色次之。干肠衣以淡黄色为合格。

（2）气味　各种盐渍肠衣均不得有腐败味和腥味。干制肠衣以无异臭味为合格。

（3）质地　薄而坚韧、透明的肠衣为上等品，厚薄均匀而质地松软者为次等品。但猪、羊肠衣在厚薄的要求方面有差异，猪肠衣要求薄而透明，厚的为次品。羊肠衣则以厚的为佳，凡带有显著筋络（麻皮）者为次等品。

（4）其他　肠衣不能有损伤、破裂、砂眼、寄生虫啮痕与局部腐蚀等。细小砂眼和硬孔，尚无大碍。若肠衣磨薄，称为软孔，就不适用。肠衣内不能含有铁质、亚硝酸盐、碳酸盐及氯化钙等化学物质。干肠衣需完全干燥，否则容易腐败。

第二节　生化制药

生化制药是指用生物化学的理论、方法和技术从生物资源制取的生物活性物质，是用于预防、诊断和治疗疾病的一大类药物和制剂。

这里简单介绍几种具有代表性的产品及其制备工艺和检测方法。

一、胆红素

1. 概述 胆红素是从动物胆汁中提取的物质，它是胆汁中的主要色素，也是胆结石的主要成分，属于脂类生化药物。

胆红素及其钙盐在医学临床上具有镇静、镇惊、解热、降血压及促进红细胞再生的作用，是治疗白血病的药物之一。此外，胆红素对乙型脑炎病毒和 W_{256} 癌细胞具有抑制功效。

2. 生产工艺 采用离子交换树脂法：以胆汁为原料，用碱液处理，使之水解生成胆红素，然后用离子交换树脂吸附，去杂后，再用氯仿脱附，回收氯仿后，即可得到胆红素。其工艺流程如下：

加温过滤 → 碱液处理；树脂处理 → 上柱吸附；回收氯仿 → 浓缩

猪胆汁 → 碱液处理 → 上柱吸附 → 降温 → 酸化 → 去杂 → 吸附 → 浓缩 → 过滤 → 干燥 → 成品

二、胰酶

1. 概述 胰腺是兼有内分泌和外分泌机能的腺体。胰腺的外分泌物称胰液，胰液是无色、无臭的碱性液体，含有无机盐和蛋白质，蛋白质部分几乎全是酶，这些酶对食品的消化起重要的作用，其中包括胰蛋白酶、糜蛋白酶、羧肽酶、弹性蛋白酶、胰激肽释放酶和磷脂酶等酶原和脂肪酶、α-淀粉酶、脱氧核糖核酸酶和核糖核酸酶等。

药用胰酶是胰腺中酶的混合物，主要含有胰蛋白酶水解酶类、淀粉酶和脂肪酶等。胰酶对蛋白质的水解作用，实际上是胰腺中各种蛋白质水解酶协同作用的结果。α-淀粉酶可将淀粉水解为糊精和麦芽糖，脂肪酶是水解脂肪中甘油酯键的酶。

胰酶为助消化药，在肠液中消化淀粉、蛋白质及脂肪，用于缺乏胰液的消化不良，食欲缺乏及肝、胰腺疾病引起的消化障碍。

2. 生产工艺 根据目前中国药典对胰酶主要测定蛋白酶活力的标准、胰蛋白酶原激活以及胰脏中其他蛋白水解酶又多受胰蛋白酶激活的原理，我国现行生产工艺一般采用稀醇提取、低温激活、浓醇低温沉淀来制取。其工艺流程如下：

冻猪胰脏 —刨碎→ 冻脏碎屑 —提取、激活、过滤→ 胰乳液 —激活、浓乙醇深沉→ 沉淀 —过滤→ 粗胰酶干块 —制粒→ 粗胰酶颗粒 —乙醚→ 胰酶原等

3. 工艺要点

（1）*提取和激活* 将冻胰脏绞碎，在5～10℃放置4h左右，放入预先配制预冷至10℃以下的1.2～1.5倍量（体积）的25%～30%乙醇中，于0～10℃搅拌提取12h，过滤，得胰乳液。胰渣以25%～30%乙醇浸泡过夜，过滤后，滤液供下批投料提取用。胰乳液于0～5℃放置激活24h。

（2）*沉淀* 将已激活的胰乳液，在搅拌下加到预冷至5～10℃以下的乙醇中，并使乙醇浓度达60%～70%，于0～5℃静置沉淀18～24h（如能在－5℃以下静置更好）。

（3）*粗制* 次日虹吸去上层醇液，下层沉淀即为胰酶。将沉淀灌袋过滤，直至滤去大部分乙醇，最后压干即为粗胰酶。压干后的粗胰酶制成12～14目颗粒。

（4）*乙醚脱脂* 将粗制胰酶颗粒用乙醚循环脱脂，至洗出的乙醚用滤纸法试验无脂肪为止。在

40℃以下热风吹干，用球磨制成60～80目细粉，即得胰酶原粉。

三、胸腺素

1. 概述 胸腺是一个激素分泌器官，对免疫功能有多方面的影响。胸腺依赖性的淋巴细胞群——T细胞直接参与有关免疫反应。胸腺对T细胞发育的控制，主要通过胸腺产生的一系列胸腺激素进行。现已知某些免疫缺陷病、自身免疫性疾病、恶性肿瘤以及老年性退化性病变等皆与胸腺功能的减退及血中胸腺激素水平的降低有关。

根据国内外的临床实践，胸腺素临床应用主要有以下几个方面：

①多发性和继发性免疫缺陷病，如反复上呼吸道感染等。

②自身免疫病，如肝炎、肾病、红斑狼疮、类风湿性关节炎、重症肌无力等。

③变态反应性疾病，如支气管哮喘等。

④细胞免疫功能减退的中年人和老年人疾病，并可抗衰老。

⑤肿瘤的辅助治疗。

2. 生产工艺 介绍胸腺素（组分5）的提取、纯化方法，猪胸腺素注射液的生产工艺是参考这个方法进行的。工艺流程如下：

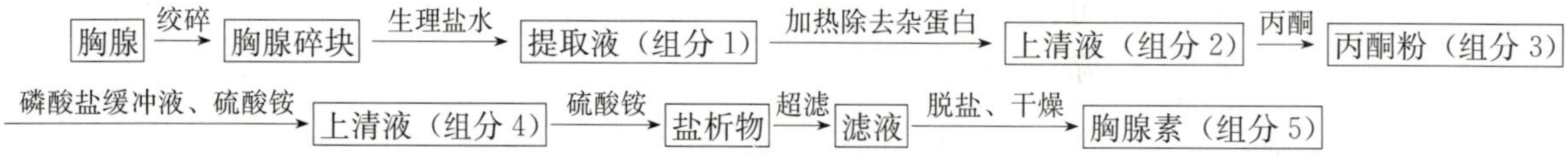

胸腺 —绞碎→ 胸腺碎块 —生理盐水→ 提取液（组分1） —加热除去杂蛋白→ 上清液（组分2） —丙酮→ 丙酮粉（组分3） —磷酸盐缓冲液、硫酸铵→ 上清液（组分4） —硫酸铵→ 盐析物 —超滤→ 滤液 —脱盐、干燥→ 胸腺素（组分5）

四、细胞色素

1. 概述 细胞色素C是一种以铁卟啉为辅基的呼吸酶，广泛存在于所有需氧组织中，在心肌和剧烈运动的肌肉中含量最为丰富，可用于治疗组织缺氧引起的一系列疾患。

2. 生产工艺 心肌碎肉用酸性水破膜，暴露于线粒体膜外表面的细胞色素C即可溶出。提取液中带正电荷的细胞色素C，用阳离子交换剂吸附，硫酸铵溶液洗脱，盐析去除杂蛋白，再用三氯乙酸沉淀制得粗制品。粗制品经阳离子交换树脂层析分离得精制品。精制品于HSO_3^--SO_3^{2-}缓冲体系中被还原，并加稳定剂得制剂。工艺流程如下：

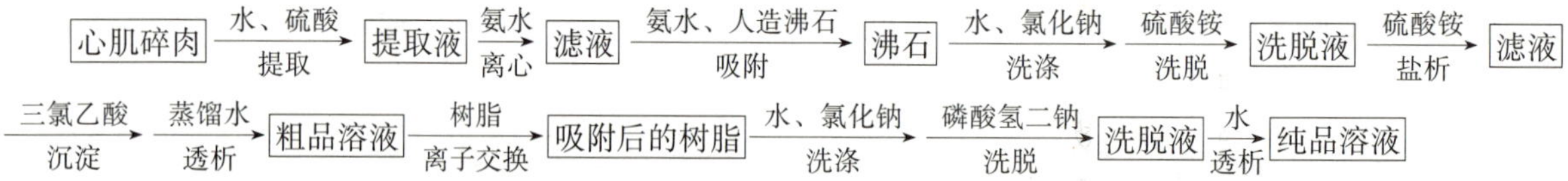

心肌碎肉 —水、硫酸/提取→ 提取液 —氨水/离心→ 滤液 —氨水、人造沸石/吸附→ 沸石 —水、氯化钠/洗涤→ —硫酸铵/洗脱→ 洗脱液 —硫酸铵/盐析→ 滤液 —三氯乙酸/沉淀→ —蒸馏水/透析→ 粗品溶液 —树脂/离子交换→ 吸附后的树脂 —水、氯化钠/洗涤→ —磷酸氢二钠/洗脱→ 洗脱液 —水/透析→ 纯品溶液

五、肝素

1. 概述 肝素在哺乳动物的很多组织中存在，如肠黏膜、十二指肠、肺、肝、心、胰、胎盘、血液等。肝素和大多数黏多糖一样，在体内与蛋白质结合成复合体，此复合体无抗凝血活性，只有将其中蛋白质除去，肝素才能发挥其抗凝活性。

肝素为抗凝血药，能阻抑血液凝结，防止形成血栓；它也能降低血脂和提高免疫功能；肝素可以配合治疗暴发性流脑、败血症和肾炎；我国和德国等国家使用肝素软膏治疗皮肤病等。

2. 生产工艺 组织内肝素与其他黏多糖在一起，并与蛋白质结合成复合物，所以肝素的制备，一般包括肝素-蛋白质复合物的提取、肝素-蛋白质复合物的分解和肝素的分级分离三步。其工艺流程如下：

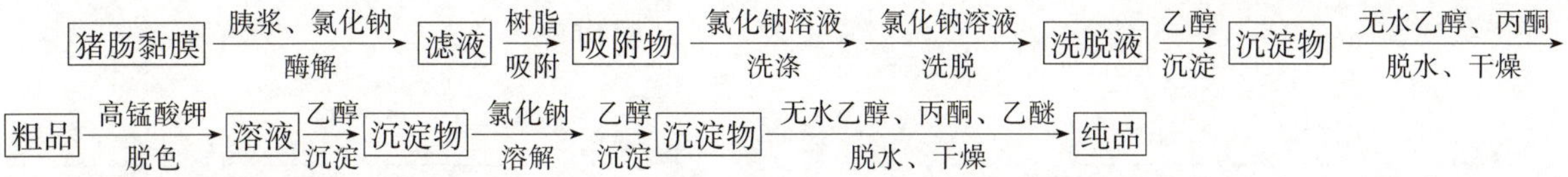

猪肠黏膜 $\xrightarrow[\text{酶解}]{\text{胰浆、氯化钠}}$ 滤液 $\xrightarrow[\text{吸附}]{\text{树脂}}$ 吸附物 $\xrightarrow[\text{洗涤}]{\text{氯化钠溶液}}$ $\xrightarrow[\text{洗脱}]{\text{氯化钠溶液}}$ 洗脱液 $\xrightarrow[\text{沉淀}]{\text{乙醇}}$ 沉淀物 $\xrightarrow[\text{脱水、干燥}]{\text{无水乙醇、丙酮}}$ 粗品 $\xrightarrow[\text{脱色}]{\text{高锰酸钾}}$ 溶液 $\xrightarrow[\text{沉淀}]{\text{乙醇}}$ 沉淀物 $\xrightarrow[\text{溶解}]{\text{氯化钠}}$ $\xrightarrow[\text{沉淀}]{\text{乙醇}}$ 沉淀物 $\xrightarrow[\text{脱水、干燥}]{\text{无水乙醇、丙酮、乙醚}}$ 纯品

六、胆固醇

1. 概述 胆固醇（即胆甾醇）是脊椎动物细胞的重要组成成分，存在于机体的所有组织中，在动物的神经组织（脑和脊髓）、肾上腺、卵黄和羊毛脂中含量最为丰富。它是胆结石的主要成分。动物油脂与植物油脂的主要区别之一，在于前者富含胆固醇。

胆固醇是医药和化工原料，是人工牛黄的成分之一。可以胆固醇为起始原料来合成其他甾类化合物，如维生素 D_3 等，胆固醇作为表面活性剂可用于药物制剂。胆固醇还广泛用于化妆品工业。

2. 生产工艺 在我国，胆固醇主要从动物的神经组织中提取纯化。其方法是将脑、脊髓先制成干燥物，用丙酮选择性提取胆固醇。将丙酮提取液蒸发至近干，加入适量95%的乙醇，加热使残余物溶解。将此乙醇溶液放冷，胆固醇即结晶析出。取胆固醇粗结晶，用酸水解或用碱皂化或水洗，除去黏附的磷脂等，再在95%的乙醇中重结晶。将结晶置于70～80℃干燥除去可能存在的结合水即可。熔点为147～150℃。如此制备的胆固醇中可能含有少量的二氢胆甾烷醇。

从脊髓中制备胆固醇，也可将脊髓在热压容器中于高温下对石灰乳进行皂化。胆固醇用二氯乙烯进行萃取。将萃取液冷却以除去非胆固醇物质，蒸发除去溶剂，回收胆固醇。脊髓亦可不先行皂化而直接用二氯乙烯提取。

从脑组织制备胆固醇，也可以将脑组织与无水硫酸钙混合，粉碎得到的坚硬物质，用乙醚提取得粗胆固醇，再进行纯化。

制造胆固醇的另一种方法，是利用胆固醇与草酸形成结构松弛的化合物。将羊毛蜡醇溶于二氯乙烯，于此溶液中加入草酸，静放过夜后，滤取草酸加成物，经水处理后，即可将胆固醇与草酸分离开来。

尿素、氯化氢也都可用来与胆固醇形成加成化合物。将它们的加成化合物分别用水或氢氧化钠处理，即可释出胆固醇。

思考题

1. 试述肠衣的加工工艺。
2. 胆红素有哪些生理功效？
3. 简述溶菌酶的作用。写出溶菌酶提取的工艺路线。
4. 简述超氧化物歧化酶的本质、作用机理及应用。
5. 超氧化物歧化酶的生产原料有哪些？简述其主要工艺路线。
6. 简答胆固醇在动物组织的分布情况。了解胆固醇在国内的大致生产方法。

参考文献

陈文华，成晓瑜，冯平，等，2007. 鲜骨超细粉碎技术研究［J］. 肉类研究（10）：20-21.

但卫华，程凤侠，2006. 制革化学及工艺学：下册［M］. 北京：中国轻工业出版社.

李超，2013. 猪血浆蛋白粉的生产工艺及其在饲料中的应用前景［J］. 当代畜禽养殖业（1）：44-46.

李飞，隋新，郝芮瑶，等，2014. 亚硝基血红蛋白类腌肉色素合成与应用的研究进展［J］. 中国食品添加剂（5）：180-184.

李金峰，2018. 血浆蛋白粉在仔猪营养与饲料中的应用［J］. 畜禽业，29（2）：7.

刘玉兰，2009. 油脂制取与加工工艺学［M］. 2版. 北京：科学出版社.

祁秀梅，2018. 畜禽骨的加工利用与产品开发［J］. 农业与技术，38（2）：123.

施春权，孔保华，2009. 由猪血液制备的亚硝基血红蛋白对红肠品质影响的研究［J］. 食品科学（1）：80-85.

施春权，孔保华，张天琪，等，2008. 亚硝基血红蛋白的组成与功能［J］. 肉类研究（7）：30-34.

孙明亮，2013. 亚硝基血红蛋白红色素制备及保藏性研究［D］. 哈尔滨：黑龙江大学.

王丽媛，高艳蕾，张丽，等，2022. 畜禽副产物的加工利用现状及研究展望［J］. 食品科技，47（6）：174-183.

王羡，2009. 猪骨综合加工技术及其产品研究［D］. 长沙：湖南农业大学.

王玉田，2009. 动物性副产品加工利用［M］. 北京：化学工业出版社.

许茂思，梁宇祥，刘志平，2016. 肉骨粉应用现状及毛皮动物胴体加工肉骨粉前景［J］. 黑龙江畜牧兽医（20）：209-211.

于福满，喻洪湛，姜无边，等，2011. 猪血深加工制品在肉制品中的应用研究进展［J］. 肉类研究，25（7）：37-40.

张丽萍，李开雄. 2009. 畜禽副产物综合利用技术［M］. 北京：中国轻工业出版社.

张旭，王卫，汪正熙，等，2020. 畜禽血食用产品及其研究进展［J］. 中国调味品，45（4）：194-196.

郑超斌，2012. 现代毛皮加工技术［M］. 北京：中国轻工业出版社.

Honikel K O，2011. Composition and calories［M］//Handbook of analysis of edible animal by-products. Boca Raton FL，USA：CRC Press.

Lynch S A，Mullen A M，O' Neill E，et al.，2018. Opportunities and perspectives for utilisation of co-products in the meat industry［J］. Meat Science，144：62-73.

Mora L，Toldrá-Reig F，Reig M，et al.，2019. Possible uses of processed slaughter by-products［M］// Sustainable Meat Production and Processing. London，UK：Academic Press/Elsevier.

Mullen A M，Álvarez C，Zeugolis D I，et al.，2017. Alternative uses for co-products：Harnessing the potential of valuable compounds from meat processing chains［J］. Meat Science，132：90-98.

Shen X，Zhang M，Bhandari B，et al.，2018. Novel technologies in utilization of byproducts of animal food processing：a review［J］. Critical Reviews in Food Science and Nutrition，59（21）：3420-3430.

Toldrá F，Mora L，Reig M，2016. New insights into meat by-product utilization［J］. Meat Science，120：54-59.

Toldrá F，Reig M，Mora L，2021. Management of meat by- and co-products for an improved meat processing sustainability［J］. Meat Science，181：108，608.